INTRODUCTION TO PREVENTION OF DISASTERS MANAGEMENT

방재관리총론

송창영

방재관리 총론 | 머리말

최근 재난안전에 대한 관심이 고조되고 있으며, 특히 현대 사회에서는 폭발, 화재, 환경오염사고, 교통사고, 세계적인 감염병의 발생 등 사회재난의 증가뿐만 아니라 지구온난화현상과 세계 전역에서 동시다발적으로 발생하는 기상이변현상으로 인하여 집중호우, 해일, 지진 등의 대규모 자연재난이 계속해서 일어나고 있습니다. 이와 같은 각종 재난은 그 피해액도 추정하기 힘들 정도로 크며 그에 따른 인명피해와 사회적 손실은 한 나라의 사회·경제적 분야에 영향을 줄 만큼 점점 대형화, 거대화되고 있습니다. 또한, 과거 농경사회가 주로 자연재난으로 인한 피해를 입었다면, 현대 산업사회와 미래 첨단사회는 복합재난이나 국가핵심기반재난 그리고 새로운 유형의 신종재난 등으로 인해 예측하기 어렵고, 그 피해규모가 막대한 복합재난에 의한 피해가 주를 이루고 있습니다.

대한민국 헌법 제34조 제6항에는 국가의 의무에 관하여 '국가는 재해를 예방하고 그 위험으로부터 국민을 보호하기 위하여 노력하여야 한다.'고 명시하고 있습니다. 그러나 대한민국은 과연 '재난에 대하여 국민들을 완벽하게 보호하고 있는가?', 그리고 '재난은 왜 지속적으로 반복되고 있는가?'에 대한 의문점은 항상 머릿속을 맴돌고 있습니다.

2014년 4월 16일 세월호 참사로 인하여 사망자 295명, 실종자 9명 등 총 304명의 희생자가 발생하였으며, 2015년 5월 메르스 사태에서도 동일한 재해 시나리오가 재현되었습니다. 그리고 이 글을 쓰고 있는 지금도 하루 10만 명이 넘는 코로나19 확진자가 발생하고 있습니다. 이처럼 재난은 끊임없이 변화하며 발생하고 있으나, 이를 대처할 만한 적절한 대응·관리체계는 2022년 현재까지도 미흡한 실정입니다. 그렇기 때문에 현재 대한민국은 재난이 발생하였을 때 초동대응을 잘못하여 사태가 확장되면 그 누구도 컨트롤타워의 역할을 원하지 않고 있으며, 컨트롤타워의 역할을 수행하는 책임자가 잘못된 판단을 내려도 이를 감지하지 못해 위기상황은 더욱 심화되고 있습니다.

본서는 재난안전에 대한 철학과 진정성을 기반으로 재난유형과 국민안전관리체계, 4차산업을 적용한 재난관리, 재난안전 교육과 훈련·시설물 자산관리 등 방재 및 재난관리에 대한 총괄적인 개념을 다루고 있습니다. 또한 실무경험을 바탕으로 방재분야의 초보자부터 실무자, 전문가까지 방재 및 재난 분야에 쉽게 접근할 수 있는 가이드라인을 제시하고 있습니다.

본서의 특징은 다음과 같습니다.

> 1. 방재 및 재난관리 분야의 초보자부터 전문가까지 활용 가능한 내용을 포함하고 있다.
> 2. 재난안전의 철학과 현대 재난관리에 필수적인 4차산업을 적용한 재난관리 내용을 포함하고 있다.
> 3. 재난관리 분야의 전반적인 이론뿐만 아니라 재난안전산업, 시설물 자산관리 및 위험관리 등 재난관리 실무에 필수적인 내용을 함께 다루고 있다.
> 4. 재난사고 사례를 통해 국내 재난관리의 문제점을 분석하고 시사점을 도출하고 있다.

본서를 집필하는 과정에서 많은 도움을 주신 여러 실무자 여러분께 진심 어린 감사를 표하며, 본 서적이 방재 및 재난관리 초보자부터 전문가에 이르기까지 도움이 되는 참고자료가 되었으면 하는 바람입니다. 특히 (재)한국재난안전기술원 연구진들과 함께 출간의 기쁨을 공유하고 싶습니다. 끝으로 본서의 출판을 위해 열심히 도와주신 예문사 임직원 여러분께 깊은 감사를 전하며, 저의 해피바이러스인 보민, 태호, 지호 그리고 아내 최운형에게 사랑한다는 말을 전하고 싶습니다.

저자 **송창영**

CONTENTS
목차

PREVENTION OF DISASTERS

PART 01 재난안전 일반

01 ┃ 국민안전 일반
    1. 국민안전의 정의 ·· 3
    2. 국민안전의 범위 ·· 3
    3. 재난안전 마스터플랜 ·· 4

02 ┃ 재난관리 일반
    1. 재난의 정의와 개념 ··· 11
    2. 재난의 특성 ·· 12
    3. 재난관리의 역사 ·· 13
    4. 재난관리 4단계 ·· 21
    5. 재난안전 이론 ·· 24

03 ┃ 기후변화와 재난
    1. 기후변화와 재난환경 ······································ 40
    2. 환경변화에 따른 재난의 특성 ························ 42

PART 02 재난유형과 국민안전

01 ┃ 자연재난
    1. 자연재난의 개념 ·· 51
    2. 태풍 ··· 53
    3. 호우 ··· 61
    4. 대설 ··· 69
    5. 지진 ··· 75
    6. 황사 ··· 82

02 ┃ 사회재난
    1. 사회재난의 개념 ·· 86
    2. 화재 ··· 87
    3. 붕괴 ··· 92
    4. 테러 ··· 95
    5. 감염병 ·· 99

03 ┃ 생활안전
    1. 생활안전의 개념 ·· 104
    2. 어린이 놀이시설의 안전 ······························· 105
    3. 어린이의 가정안전 ······································· 109

  4. 가스사고 ·· 113
  5. 물놀이 사고 ·· 118

04 ▎산업안전
  1. 산업안전의 개념 ······································ 124
  2. 위험성 평가기법 ······································ 124
  3. 안전보건경영시스템(KOSHA 18001) ········ 130

PART 03 국민안전 관리체계

01 ▎재난안전 관련 법·제도
  1. 재난 및 안전관리 기본법 ························ 135
  2. 자연재해대책법 ······································ 137
  3. 재해경감을 위한 기업의 자율 활동 지원에 관한 법률 · 138
  4. 산업안전보건법 ······································ 139
  5. 중대재해 처벌 등에 관한 법 ···················· 141
  6. 생활안전 관련 법 ···································· 142

02 ▎국가 재난안전 관리
  1. 국가 재난안전 관리체계 ·························· 145
  2. 재난안전 의사결정기구 ·························· 146
  3. 재난안전 대응기구 ································ 152
  4. 재난안전상황실 ······································ 158
  5. 안전관리계획 ·· 160
  6. 재난관리책임기관 ···································· 163
  7. 재난관리주관기관 ···································· 166

03 ▎재난의 예방
  1. 재난관리책임기관의 재난예방조치 의무 ······ 168
  2. 국가핵심기반 지정 및 관리 ···················· 168
  3. 특정관리대상지역의 지정 및 관리 ·········· 169
  4. 민간소유 특정관리대상시설의 안전점검의무 부과 ······ 171
  5. 안전점검결과 안전조치 ·························· 171
  6. 재난방지시설 관리 ································ 171
  7. 재난안전분야 종사자 교육 ······················ 172
  8. 재난예방을 위한 긴급 안전점검 ·············· 172
  9. 정부합동 안전점검단 운영 ······················ 173
  10사법경찰권 ·· 173
  11재난관리체계 평가 ·································· 174
  12재난관리실태 공시 ·································· 174

04 | 재난의 대비

1. 재난관리자원 ··· 175
2. 재난현장 긴급통신수단 마련 ·· 181
3. 국가재난관리기준 ··· 182
4. 기능별 재난대응활동(13개 협업기능)
   계획 작성·활용 ··· 183
5. 재난분야 위기관리 매뉴얼 작성·운용 ······························ 188
6. 다중이용시설 등의 위기상황 매뉴얼 작성,
   관리 및 훈련 ··· 192
7. 안전기준 등록 및 심의 ··· 193
8. 재난대비 훈련 ·· 193

05 | 재난의 대응

1. 응급조치 ·· 194
2. 긴급구조 ·· 198

06 | 재난의 복구

1. 피해조사 및 복구계획 ·· 202
2. 특별재난지역 선포 ··· 203
3. 재정 및 보상 등 ··· 204
4. 재난구호 ·· 206

07 | 안전문화 진흥

1. 안전문화 진흥을 위한 시책 추진 ······································ 210
2. 안전점검의 날 및 안전관리 헌장 ······································ 210
3. 주요 안전문화 시책 ·· 211
4. 재난 및 안전관리를 위한 특별교부세 교부 ······················ 212

08 | 보칙

1. 재난관리기금 적립·운용 ·· 213
2. 정부합동 재난원인조사단 운영 ·· 213
3. 재난상황 기록관리 ··· 214
4. 재난 및 안전관리 과학기술 진흥 ······································ 215
5. 재난관리정보통신체계 구축 및 정보의 공동 이용 ··········· 215
6. 재난 및 안전관리 담당 공무원 우대 ································ 216
7. 안전책임관 지정 ··· 216
8. 재난관리에 대한 문책 ·· 216

09 | 국가위기관리 커뮤니케이션과 재난관리 리더십

1. 위기관리 커뮤니케이션의 중요성 ····································· 218
2. 재난보도준칙과 의의 ··· 218
3. 재난상황 위기관리 커뮤니케이션 전략 ···························· 222
4. 재난관리 리더십의 이해와 사례 ······································· 230

10 | 재난안전을 위한 민·관 협력
   1. 재난대응과 자원봉사 ·· 234
   2. 안전문화운동 추진 중앙협의회 ······································ 235
   3. 지역자율방재단 ·· 237
   4. 전국안전모니터링봉사단 ·· 238

PART 04 재난안전 관리와 ICT

01 | 재난안전관리와 ICT
   1. 개요 ·· 243
   2. ICT 기반 재난안전관리 ··· 243
   3. 재난안전 APP ··· 252

02 | 주요 재난관리정보시스템
   1. 국가재난관리정보시스템(NDMS) ································· 256
   2. 긴급구조표준시스템 ·· 257
   3. 국가지진종합정보시스템 ·· 258
   4. 국가통합지휘무선통신망 ·· 259
   5. 재난현장 영상전송시스템 ·· 259
   6. 스마트 빅보드(Smart Big Board) ································· 260

03 | 재난안전에 적용 가능한 융복합 ICT 기술
   1. 사물인터넷(IoT ; Internet of Things) ···························· 263
   2. U-City ·· 270
   3. 웨어러블 컴퓨터 ·· 271
   4. Social Networking Service(SNS) ································· 274
   5. 클라우드 컴퓨팅 ·· 276
   6. 빅데이터 ·· 278
   7. 스마트 안전관리 ·· 279
   8. 인공지능(AI) 기반 재난안전관리 ································· 284

PART 05 도시재난과 안전도시

01 | 도시재난
   1. 도시재난의 정의와 유형 ·· 291
   2. 메가시티와 리스크 ·· 293
   3. 지역안전지수 ·· 297

02 | UN DRR 롤 모델 도시
   1. UN DRR 롤 모델 도시란? ·· 301
   2. UN DRR 롤 모델 도시의 인증 절차 ·························· 307
   3. UN DRR 롤 모델 도시 추진 사례 ······························ 309

03 | WHO 안전도시
   1. WHO 안전도시란? ··· 315
   2. WHO 안전도시의 필요성 ··· 316
   3. WHO 안전도시 공인체계 ··· 318

01 | 재난안전산업 개요
1. 재난안전산업의 유형과 현황 ·· 323
2. 재난안전 R&D 투자정책과 전망 ··· 327

02 | 해외 재난안전산업 현황
1. 해외 재난안전산업 현황 ··· 332
2. 해외 재난안전산업 사례 ··· 344

03 | 국내 재난안전산업 현황
1. 국내 재난안전시장과 전망 ·· 348
2. 국내 재난안전산업 정책사례 ··· 350

04 | 방재분야 신기술 동향
1. 한국방재협회의 방재산업 신기술 현황 ································ 359
2. 일본 사면방재대책기술협회의 방재산업 신기술 현황 ·· 363
3. 방재산업 신기술의 방향성 ·· 363

01 | 재난대비훈련
1. 재난대비훈련의 이해 ··· 367
2. 재난대비훈련체계 ··· 372
3. 재난대응 안전한국훈련 ·· 374

02 | 국내재난안전 교육훈련기관
1. 공공분야 교육훈련기관 ·· 384
2. 민간분야 교육훈련기관 ·· 386

03 | 해외재난안전 교육훈련기관
1. 미국의 교육훈련체계 ··· 388
2. 일본의 교육훈련체계 ··· 392
3. 독일의 교육훈련체계 ··· 395
4. 영국의 교육훈련체계 ··· 397
5. 프랑스의 교육훈련체계 ·· 399

04 | 사면회의론
1. 사면회의의 개념 및 특징 ·· 401
2. 사면회의 절차 ·· 402

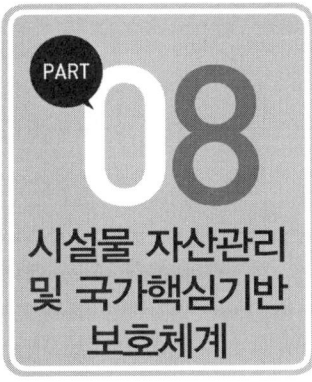

PART 08 시설물 자산관리 및 국가핵심기반 보호체계

01 | 시설물 자산관리
1. 시설물 자산관리의 도입배경 및 의미 ·················· 411
2. 시설물 자산관리의 개념 및 체계 ······················· 412
3. 국내외 시설물 자산관리 현황 및 분석 ················ 415

02 | 국가핵심기반 위험관리
1. 국가핵심기반 보호체계 개요 ···························· 427
2. 국가핵심기반 보호계획 수립 ···························· 454
3. 국가핵심기반 보호체계 해외 사례 ···················· 460

PART 09 재난 · 사고 사례

01 | 아시아나 항공 여객기 사고
1. 사고 개요 ·· 471
2. 경과 및 조치사항 ··· 472
3. 시사점 ·· 474

02 | ㈜코리아 냉장창고(안성)화재
1. 사고 개요 ·· 477
2. 경과 및 조치사항 ··· 477
3. 시사점 ·· 481

03 | 포항 · 울주 산불
1. 사고 개요 ·· 483
2. 경과 및 조치사항 ··· 484
3. 시사점 ·· 489

04 | 대구 지하철 화재
1. 사고개요 ·· 491
2. 경과 및 조치사항 ··· 492
3. 문제 및 시사점 ·· 495

05 | 구미 불산 누출
1. 사고 개요 ·· 497
2. 경과 및 조치사항 ··· 498
3. 시사점 ·· 501

06 | 경주 마우나리조트 붕괴
1. 사고 개요 ·· 504
2. 경과 및 조치사항 ··· 505
3. 시사점 ·· 506

07 | 세월호 침몰
1. 사고 개요 ·· 509
2. 경과 및 조치사항 ·· 510
3. 문제 및 시사점 ·· 512

08 | 싱크홀
1. 개요 ·· 514
2. 도심지 싱크홀 ·· 515
3. 미국의 싱크홀 방재대책 ···························· 518
4. 시사점 ·· 520

09 | 시설물의 노후화
1. 사고 개요 ·· 522
2. 경과 및 조치사항 ······································ 522
3. 향후 조치계획 ·· 524

10 | 메르스 사태
1. 사고 개요 ·· 526
2. 경과 및 조치사항 ······································ 526
3. 향후 조치계획 ·· 528

11 | 태풍 루사
1. 사고 개요 ·· 531
2. 경과 및 조치사항 ······································ 532
3. 시사점 ·· 535

12 | 국내 주요 지진
1. 사고 개요 ·· 537
2. 경과 및 조치사항 ······································ 538
3. 문제점 및 시사점 ······································ 541
4. 사고 개요 ·· 542
5. 경과 및 조치사항 ······································ 543
6. 문제점 및 시사점 ······································ 545

13 | 집중호우
1. 사고 개요 ·· 547
2. 경과 및 조치사항 ······································ 548
3. 문제 및 시사점 ·· 550

14 | 폭설/한파
1. 사고 개요 ·· 551
2. 경과 및 조치사항 ······································ 551

15 | 폭염
1. 사고 개요(전세계 폭염) ··· 554
2. 경과 ··· 555
1. 사고 개요(우리나라 폭염) ······································· 556
2. 경과 ··· 557
3. 문제점 및 시사점 ··· 559

16 | 강원 동해안 산불
1. 사고 개요 ·· 560
2. 경과 및 조치사항 ··· 561
3. 시사점 ·· 564

17 | 고양 백석동 온수배관 파열 사고
1. 사고 개요 ·· 565
2. 경과 및 조치사항 ··· 566
3. 시사점 ·· 568

18 | KT 아현지사 화재 사고
1. 사고 개요 ·· 569
2. 경과 및 조치사항 ··· 570
3. 시사점 ·· 573

19 | 동일본 대지진
1. 사고 개요 ·· 574
2. 경과 및 조치사항 ··· 575
3. 시사점 ·· 578

20 | 허리케인 카트리나
1. 사고 개요 ·· 579
2. 경과 및 조치사항 ··· 580
3. 시사점 ·· 582

PART 10 사업연속성 관리체계 (BCP/BCM/COOP)

01 사업연속성 관리체계의 이해
1. 개요 ·· 585
2. 문서체계 ··· 586

02 기업재난관리표준
1. 개요 ·· 591
2. 주요 내용 ··· 591

03 국외 표준 현황
1. BS 25999-1 ··· 595
2. NFPA 1600 ·· 598
3. ISO 22301 ··· 601

04 기업재해경감활동 제도
1. 개요 ·· 604
2. 관계법률 제·개정 추진경위 ································ 604
3. 기업재해경감활동체계 ··· 606

05 재해경감 우수기업
1. 개요 ·· 612
2. 인증평가 기준 ··· 612
3. 인증평가 절차 ··· 614

06 우수기업지원체계
1. 개요 ·· 615
2. 주요 지원내용 ··· 616

07 기능연속성계획(COOP)
1. 개요 ·· 618
2. 법적 근거 및 대상 ·· 618
3. 주요 내용 및 절차 ·· 619
4. 기능연속성계획 구축 사례 ································· 621

PART 01 재난안전 일반

PREVENTION OF DISASTERS

1 국민안전 일반
1. 국민안전의 정의
2. 국민안전의 범위
3. 재난안전 마스터플랜

2 재난관리 일반
1. 재난의 정의와 개념
2. 재난의 특성
3. 재난관리의 역사
4. 재난관리 4단계
5. 재난안전 이론

3 기후변화와 재난
1. 기후변화와 재난환경
2. 환경변화에 따른 재난의 특성

01 국민안전 일반

01 국민안전의 정의

국민의 정의는 국가를 구성하는 사람 또는 그 나라의 국적을 가진 사람이며, 안전의 정의는 위험이 발생하거나 사고가 날 염려가 없는 상태를 의미한다.[1]

따라서 국민안전은 "국민에게 위험이 발생하거나 사고가 날 염려가 없는 안전한 상태"로 정의할 수 있으며, 태풍·홍수와 같은 자연재난, 화재·폭발·교통사고, 테러·파업·시위 등의 사회적 재난, 식품안전 및 범죄안전 등의 신체적·물질적 모든 위험에 대한 염려가 없는 상태를 의미한다.

02 국민안전의 범위

대한민국은 헌법에 국가의 의무에 관해서 다음과 같은 내용을 포함하고 있다.

> ▶ **헌법에 따른 국민안전**
> - 제34조 ⑥ 국가는 재해를 예방하고 그 위험으로부터 국민을 보호하기 위하여 노력하여야 한다.
> - 제35조 ① 모든 국민은 건강하고 쾌적한 환경에서 생활할 권리를 가지며, 국가와 국민은 환경보전을 위하여 노력하여야 한다.
> - 제36조 ③ 모든 국민은 보건에 관하여 국가의 보호를 받는다.

국민안전의 개념은 기존 재난분류에 따른 자연재난, 사회재난과 특수재난, 산업안전, 생활안전 영역을 포함한다. 국민안전 관련 분류는 국민의 생명·신체 및 재산과 국가에 피해를 주거나 줄 수 있는 것으로서 태풍, 홍수, 호우, 강풍, 풍랑, 해일, 대설, 한파, 낙뢰, 가뭄, 폭염,

---

[1] 고용노동부, 2003년 11월

지진, 황사, 조류 대발생, 조수, 화산활동, 소행성·유성체 등 자연우주물체의 추락·충돌 등 자연현상으로 인하여 발생하는 자연재난과 화재·붕괴·폭발·교통사고(항공사고 및 해상사고를 포함한다)·화생방사고·환경오염사고 등으로 인하여 발생하는 대통령령으로 정하는 규모 이상의 피해와 국가핵심기반의 마비, 「감염병의 예방 및 관리에 관한 법률」에 따른 감염병 또는 「가축전염병예방법」에 따른 가축전염병의 확산, 「미세먼지 저감 및 관리에 관한 특별법」에 따른 미세먼지 등으로 인한 피해 등 사회재난으로 구분된다. 또한, 일상생활에서 발생하는 각종 안전사고와 관련된 다양한 생활안전의 새로운 영역[2]을 포함하고 특별한 원인물질(유해화학물질, 방사능재난물질, 화생방무기, 고성능 폭발물)이 원인이 되는 사고 및 테러를 포함한다. 즉, 국민안전의 범위는 자연재난, 사회재난 등의 국민의 신체적·물질적 모든 분류를 포함한다.

03 재난안전 마스터플랜

1. 재난안전 마스터플랜의 전략체계

재난안전 마스터플랜은 해당 기관의 재난안전 문제점 및 취약성을 분석하고 이를 바탕으로 관련자 및 전문가의 의견 수렴과 우선순위를 통해 구성된다.

우선 문제점 및 취약성 분석부분은 해당 기관의 취약부분 분석(풍수해 등 자연재난, 교통, 화재 등 사회재난), 법적 정합성(재난 및 안전관리기본법 등 관련 법령에서 재난관리책임기관의 이행 여부), 국가정책과의 연계성(국가안전관리기본계획 반영 여부), 국제표준(ISO22301, ISO22320, UN DRR, WHO 안전도시 등), 내부 담당자의 애로점 등을 분석하여 문제점 및 취약성을 도출한다.

이를 통해 관련 전문가, 시민, 민간 NGO 등 관련 재난안전 자문단에 의해 재난안전의 시급도, 중요도, 위험도 등을 고려하여 우선순위가 도출된다.

우선순위 항목에 의해 도출된 사안과 전반적인 재난안전 제반 여건을 종합적으로 고려하여 재난안전 비전 및 전략이 수립되고, 향후 중장기적으로 필요한 세부과제의 근거, 방법, 일정 등이 제시됨으로써 마스터플랜이 작성된다.

그리고 해당 재난안전 마스터플랜에서 제시된 비전, 전략, 세부과제에 의한 방향성에 의해 해당 실무부서에서는 구체적인 실행 및 운영방법을 제시하고 추진함으로써 중장기 마스터플랜을 운영한다.

---

2) 국민생활 안전관리를 위한 전략개발 및 운영방안, 행정자치부, 2007

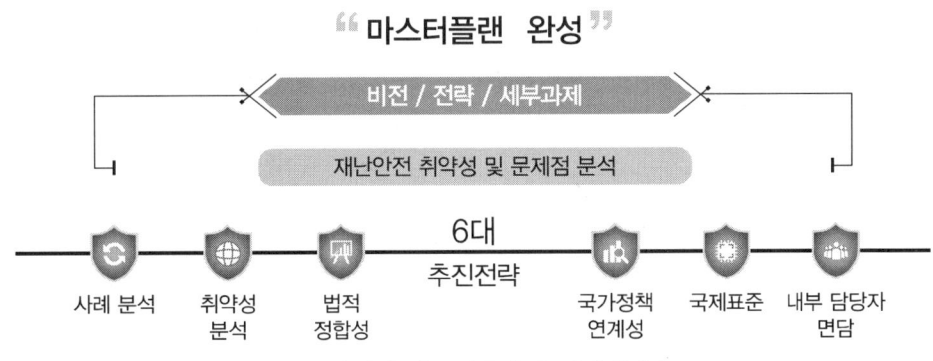

| 재난안전 마스터플랜의 전략체계 |

2. 공공부분의 재난안전 마스터플랜 사례

1) ○○공사의 재난안전 마스터플랜(2021~2025)[3]

○○공사에서는 재난 및 위기대응 역량 강화를 위해 ○○공사의 재난·위기대응 현황을 진단하고, 취약요소 도출을 통해 재난·안전 중장기 마스터플랜을 제시하였다.

○○공사는 중장기적 관점에서 ○○공사의 재난안전 발전전략과 이를 실현하기 위한 중장기 계획으로서 다음과 같은 배경에 의해 추진되었다.

- 정부에서 '국민안전과 생명을 지키는 안심사회 구현'을 국정과제로 선정함에 따라 제4차 국가안전관리 기본계획에 맞는 재난관리 마스터플랜 수립 추진
- ○○공사 안전관리 분야의 최상위 종합계획으로 정부계획과 연계한 마스터플랜 수립을 통해 중장기 계획과 안전관리체계 구축

본 마스터플랜은 정부의 국가안전관리기본계획, 재난안전 관련 법률의 정합성, 국제 트렌드 등과 반영·연계된 재난·안전 중·장기 계획, 모든 유형의 재난·안전에 대한 '전 과정'을 혁신하는 종합계획, 중장기적 관점에서 ○○공사의 재난안전 발전전략과 이를 실현하기 위한 실행계획으로서 의미가 있다. 특히 국가안전관리기본계획, 국가법령의 정합성(재난안전법, 시설물안전법 등), 국제표준(ISO 22301), 실무자 면담(본사, 사업소)조사 등을 통한 재난안전 진단 결과를 재난관리체계와 연계하여 중장기 마스터플랜을 제시하였다.

---

[3] 송창영 외, KEPCO 재난관리 중장기 마스터플랜 수립 용역, (재)한국재난안전기술원, 2021

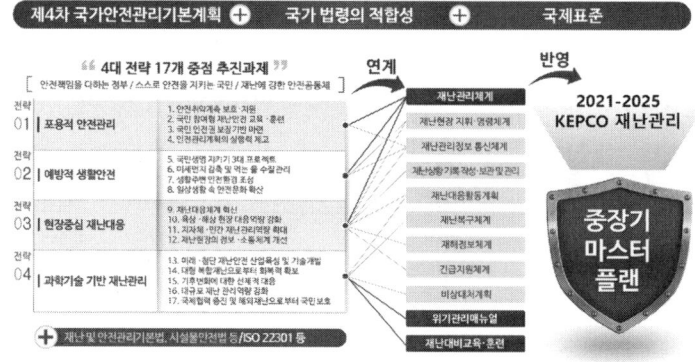

┃ ○○공사 재난안전 마스터플랜 수립절차 ┃

이에 따라 "에너지분야 재난안전 글로벌 선두기업"이라는 비전으로 ① 핵심역량 중심 재난관리체계 강화, ② 업무지속성 중심 복원력 확보, ③ 디지털 기반 재난대응 신기술 중심 현장 작동성 강화, ④ 협업소통 중심 지원체계 강화 등 4대 추진전략을 제시하였다.

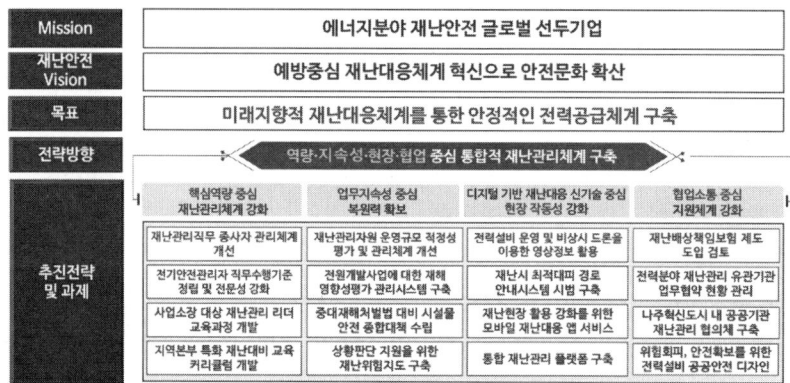

┃ OO공사 재난안전 마스터플랜의 비전 및 추진전략 ┃

2) K공사의 안전관리 마스터플랜(2015~2019)[4]

K공사에서는 안전관리업무 관련 계획 간 연계성과 과제 연속성이 다소 미흡하여 K공사 안전관리 분야의 최상위 종합계획으로 정부계획과 연계한 마스터플랜 수립(최초)을 통해 전사적인 안전관리체계를 구축하였다. 이에 향후 5년간 K공사의 재난 및 안전관리 업무를 통합적으로 운영할 수 있는 체계와 이를 이행하기 위한 추진과제들을 제시하여, 업무 분야별 연간 안전관리 세부계획 수립 시 기본지침을 제시하였다.

---

[4] 송창영 외, K-water 위기대응 역량강화 컨설팅, 한국수자원공사, 2015

국가안전관리 기본계획('15~'19)과 연계한 K공사 재난안전 마스터플랜 수립을 통해 위기관리 대응체계 및 관리역량 강화를 위해 "안전한 K공사, 행복한 국민"이라는 비전으로 ① 컨트롤타워 기능 강화, ② 예방 중심 안전관리정책, ③ 위기대응 실전역량 강화 등 3대 추진전략을 제시하였다.

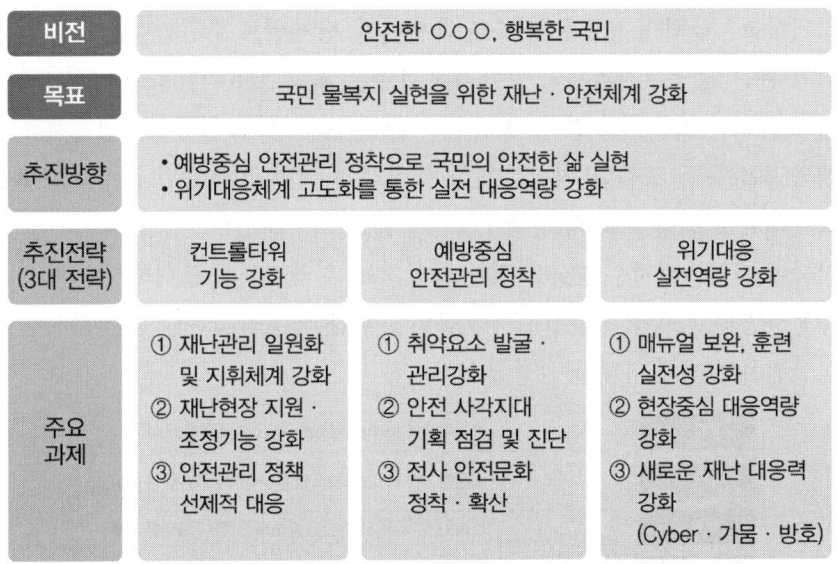

┃K공사 안전마스터플랜의 비전 및 추진전략┃

3) 지자체의 안전관리 마스터플랜

지금까지 지자체에서는 안전도시 구축을 위한 비전과 목표, 종합적인 전략과 시책을 담은 기본계획(재난안전 마스터플랜)이 없기 때문에 전체적인 시각에서 안전도시에 관한 체계적인 정책 집행이 어렵고, 단기적·단편적 사업만으로는 안전도시를 조성하는 데 한계가 있었다.

이에 광주광역시, 경기도 파주시, 전남 화순군 등 지자체에서는 시민의 삶의 질 향상과 도시경쟁력을 높이고 방재에 강한 도시를 만들기 위하여 안전관리 마스터플랜을 추진하고 있다.

광주광역시는 다양한 유형의 재난이 발생하는 대내외 환경변화에 따라 재난안전관리를 체계적이고 효율적으로 실시해 전국에서 가장 안전한 도시를 만들기 위해 중장기(2019~2028년) 세부실행과제를 발굴했다.

광주광역시 재난안전 마스터플랜은 '재난과 사고예방을 통한 시민이 행복한 도시'라는 비전과 '재난과 사고의 피해 최소화를 통한 안전한 환경조성과 재난대응역량강화'를 목표로, 이를 실행하기 위한 5대 추진전략으로 구성되어 있다.

5대 추진전략은 ① 지속 가능한 재난안전관리체계수립 ② 전 시민이 참여하는 건강한 안전도시 구축 ③ 안전약자를 위한 재난관리시스템 구축 ④ 협업중심의 재난대응체계 강화 ⑤ 현장중심의 재난대응 역량강화 등이다.

중장기 세부실행계획으로 19개 유형 116개 과제를 선정하였으며, 이 중 중점추진과제는 화재·교통안전·폭염·감염병 등 11개 유형 79개 과제이며, 일반과제는 산불·승강기사고·낙뢰 등 8개 유형 37개 과제이며, 단계별로 추진한다.

이와 관련, 중점추진과제와 일반과제 유형은 ▲광주시 위험성평가(시민 안전의식조사와 유관기관 설문조사 결과) ▲광주시 안전관리계획 ▲현장조치행동매뉴얼 등 연구진행과정을 통해 도출한 위험문제를 해결하기 위한 우선순위 ▲시급성 ▲발생가능성 ▲피해규모 등을 고려해 정책 1, 2, 3그룹으로 구분했다.

더불어 지역안전지수 향상을 위한 핵심지표, 취약지표를 분석해 안전지수 개선을 위한 중점사업과 WHO국제안전도시 재공인을 위해 국내외 사례를 통한 시사점을 도출해 핵심안전사업 96개 과제를 선정했다.5)

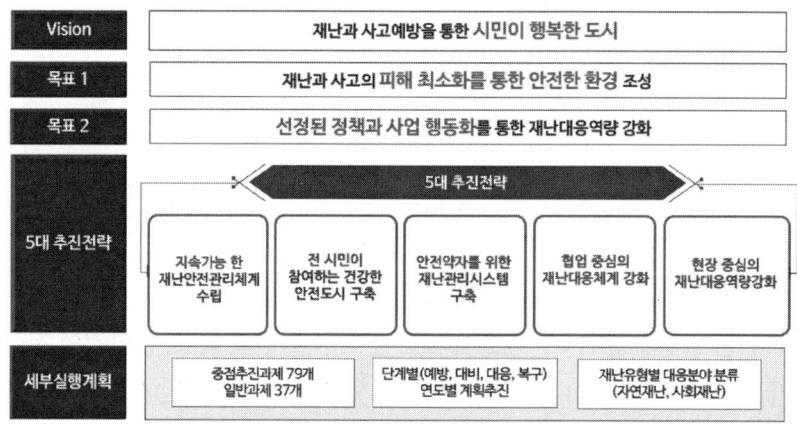

| 광주광역시 재난안전 마스터플랜의 비전 및 추진전략 |

파주시의 경우 전 지역(672.78km²)을 대상으로 파주시 환경·위험·취약 분야, 재난안전관리체계, 시민 안전의식, 국가정책 및 관련 법률과의 정합성 등을 조사 분석해 파주시 지역안전지수 및 지역안전도 향상 방안 도출, 재난안전 중장기 계획을 수립하였다.6)

---

5) 송창영 외, 광주광역시 재난안전 마스터플랜 수립 연구용역, 광주광역시, 2020
6) 송창영 외, 파주시 재난안전 중장기계획 수립 연구용역, 경기도 파주시, 2019

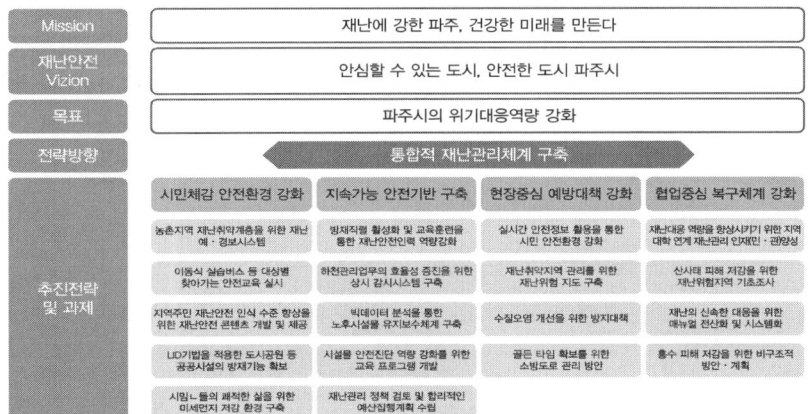

파주시 재난안전 마스터플랜의 비전 및 추진전략

전남 화순군은 화순군의 재난관리체계를 진단하여 화순군 재난안전 마스터플랜 수립을 추진하고 있다. 이를 위하여 첫째, 국내 지자체 재난안전 정책현황조사를 통하여 시사점을 분석하고, 둘째, 화순군 재난안전관리체계 문제점을 진단하여 방향성을 제시하며, 셋째, 화순군 재난안전 마스플랜 제시를 통해 화순군 재난도시 중장기 종합계획을 수립하고 있다.

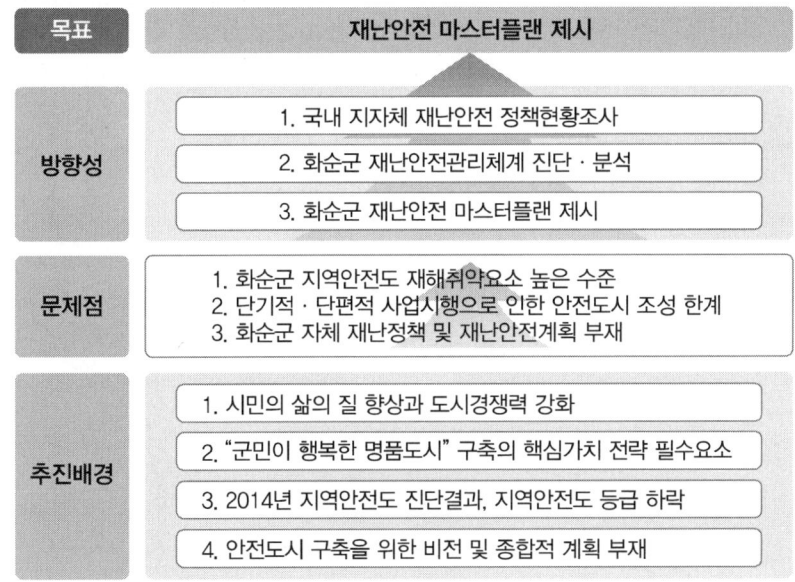

전남 화순군의 재난안전 마스터플랜 추진배경 및 목표

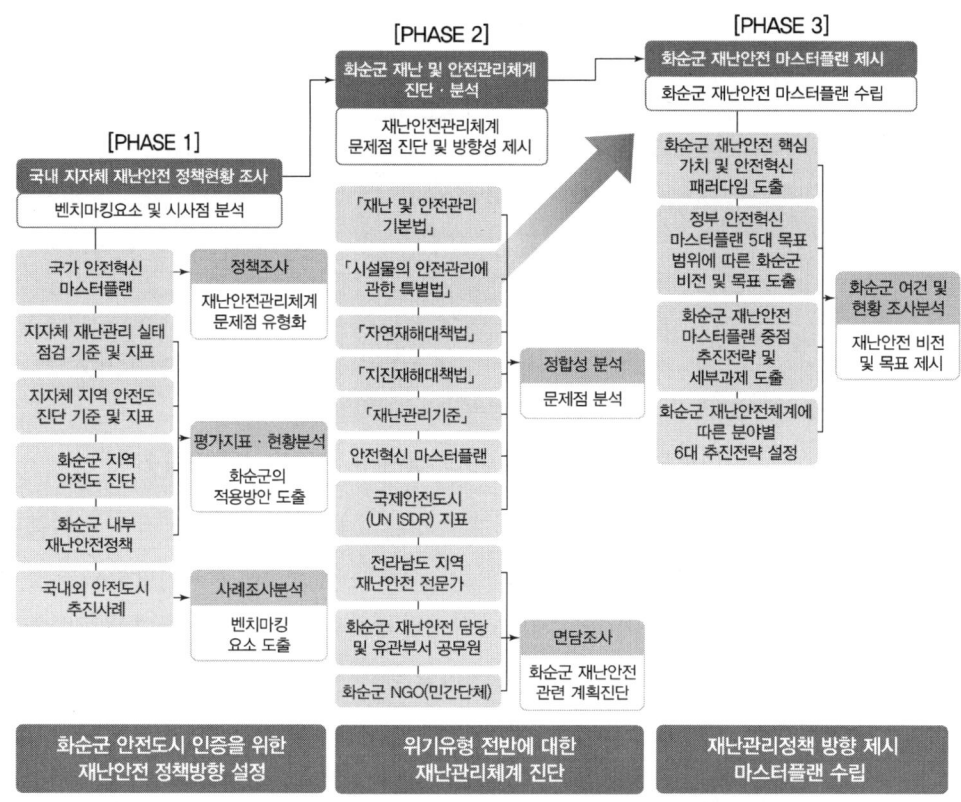

▌ 전남 화순군의 재난안전 마스터플랜 수립절차 ▌

02 재난관리 일반

01 재난의 정의와 개념

재난의 정의를 정확하게 규정하는 것은 매우 어려운 일이며, 많은 견해가 있다. 재난의 정의는 국가별·시대별 및 사회적 배경에 따라 많은 의미가 혼용되어 왔으며, 각 견해에 따라서 분류가 다양하게 발전하였다. 왜냐하면 재난과 유사한 용어가 많이 있어서 각각의 의미가 혼용되어 사용되기 때문에 혼란을 초래할 뿐만 아니라 재난의 개념과 분류가 학자들의 견해에 따라 다르고, 각 나라마다 다양하게 사용되고 있기 때문이다. 또한 같은 나라에서도 시대적 배경과 사회적 환경의 변화에 따라 재난의 범주가 다르게 사용되며, 문명이 발달하고 인명이 중요하게 되면서 재난의 범주는 점차 늘어나고 있는 추세다.

국내법에서 다루고 있는 재난은 「재난 및 안전관리 기본법」에서 국민의 생명·신체·재산과 국가에 피해를 주거나 줄 수 있는 것으로 정의되며, 이는 자연재난과 사회재난으로 구분된다.[7] 그리고 재해는 「자연재해대책법」 제2조에 따라 재난으로부터 입은 피해를 의미하고 있다.[8] 따라서 실제 인적·물적 피해가 발생하지 않았어도 사회나 구성원들에게 미친 영향이 크다면 재난으로 구분될 수 있으며[9] 사회여건에 따라 작은 사고조차도 재난으로 받아들여질 수 있다.[10]

- 자연재난 : 태풍, 홍수, 호우(豪雨), 강풍, 풍랑, 해일(海溢), 대설, 한파, 낙뢰, 가뭄, 폭염, 지진, 황사(黃砂), 조류(藻類) 대발생, 조수(潮水), 화산활동, 소행성·유성체 등 자연우주물체의 추락·충돌, 그 밖에 이에 준하는 자연현상으로 인하여 발생하는 재해
- 사회재난 : 화재·붕괴·폭발·교통사고(항공사고 및 해상사고를 포함한다)·화생방사고·환경오염사고 등으로 인하여 발생하는 대통령령으로 정하는 규모 이상의 피해와 국가핵심기반의 마비, 「감염병의 예방 및 관리에 관한 법률」에 따른 감염병 또는 「가축전염병예방법」에 따른 가축전염병의 확산, 「미세먼지 저감 및 관리에 관한 특별법」에 따른 미세먼지 등으로 인한 피해

---

[7] 재난 및 안전관리 기본법, 제3조(정의), (2020.12.22)
[8] 자연재해대책법, 제2조(정의), (2021.06.08)
[9] 백동승, 도시재난관리체제에 관한 연구, 안양대학교, 2005
　1979년 Three Mile Island 원전폭발사고를 예로 들었다. Three Mile Island 원전폭발사고는 인적·물적 피해가 없었으나 무형적인 사회적 충격이 큰 사건으로, 전 세계적인 원전 반대운동의 시발점이 되었다.
[10] 류충, 재난관리론, 미래소방, 2014

미국 국토안보부(DHS ; Department of Homeland Security)의 재난안전기구인 연방재난관리청(FEMA ; Federal Emergency Management Agency)에서는 '재난은 통상적으로 사망이나 상해, 재산의 피해를 가져오고 실질적인 절차나 정부의 자원으로 관리할 수 없는 심각하고 규모가 큰 사건을 말하며, 갑작스럽게 발생하기 때문에 신속한 복구를 위해서는 정부와 민간조직들이 즉각적이고 협력적으로 대처해야 하는 사건'이라고 정의하고 있다.(FEMA, 1984 : 1-3)

위와 같이 재난의 의미에 대한 정의는 약간씩 차이가 있다. 하지만 각 정의의 공통점을 보면, 재난은 '자연적 혹은 인위적 원인으로 생활환경이 급격하게 변화하거나 그 영향으로 인하여 인간의 생명과 재산에 단기간 큰 피해를 주는 현상'이라고 할 수 있다.[11]

02 재난의 특성

재난의 분류 중 첫째, 자연재난은 기상요인에 의한 재해와 지질 활동에 의한 재해를 의미한다. 자연재해는 인위적인 힘으로 완전히 근절시키는 것이 불가능하다는 특성이 있으나 대비시설의 구축, 사전 예측활동에 의한 예방 및 복구대책 수립을 통하여 피해를 최소화시킬 수 있다.

둘째, 사회재난은 화재, 붕괴, 폭발, 교통사고, 환경오염사고 등 대부분이 발생과 동시에 심각 단계에 돌입하는 특성 때문에 큰 피해가 발생할 수 있으며, 재난의 양상과 형태가 다양하고 발생 빈도는 점점 증가하고 있다. 따라서 예방대책의 마련과 철저한 원인 규명 등을 통하여 재난 발생을 방지하거나 재난 발생 시 신속한 조치를 통하여 피해를 최소화하도록 해야 한다. 또한, 에너지·통신·교통·금융·의료·수도 등 국가핵심기반의 마비와 감염병 등으로 인한 재난은 개인 혹은 집단의 정치·종교·이념 등 목적 달성을 위해 인간의 생명과 재산을 위협하거나 사회질서를 파괴하는 행위 등 집단의 이익을 위한 행동으로서 의도적·고의적인 특징이 있다. 일반적으로 재난은 다음과 같은 특성을 지닌다.

- 실제 위험이 크더라도 방심하거나 위험을 체감하기 어려움
- 본인 및 가족과의 직접적인 피해 외에는 무관심함
- 시간과 기술·산업 발전에 따라 발생빈도 및 피해 규모가 다름
- 인간의 면밀한 노력이나 철저한 관리에 의해 상당 부분 근절 가능함
- 발생과정이 돌발적이며 강한 충격을 가짐
- 동일한 유형의 재난이라도 피해의 형태, 규모, 영향 범위가 다름

---

11) 송창영, 재난안전이론과 실무, 한국재난안전기술원, 2011

- 재난 발생 가능성과 상황 변화를 예측하기 어려움
- 고의든 과실이든 타인에게 준 피해는 배상의 책임을 짐
- 위험이 재해로 연결될지, 언제, 어디서, 누구에게 얼마나 크게 나타날지 예측이 어려움
- 복합적 원인으로 발생하는 재난의 증가로 인해 위험에 대한 불확실성이 증대됨
- 재난 자체의 복잡성과 관련 기관 간의 복잡성을 동시에 가지고 있어 관련 기관 간의 권한, 역할, 조정의 문제가 야기됨
- 위험의 상호작용으로 인하여 단일한 피해를 입는 것이 아니라 피해주민과 피해지역의 기반시설, 그리고 재난 자체가 서로 영향을 미치면서 위험이 점차 확산됨
- 기반시설의 마비로 피해주민이 대피함에 따라 대피지역에 연쇄적인 경제적·정신적 피해가 발생하며, 피해복구에 필요한 경제적 손실과 인력 등 다양한 상호적 피해가 발생

03 재난관리의 역사

우리나라 역사에 나타난 최초의 국가 위기경보체계는 변괴가 생기거나 적이 침범해 오면 저절로 울렸다는 낙랑국 자명고를 들 수 있다. 하나의 공동체가 경보체계를 운용한다는 것은 첫째, 위기 징후를 감지할 수 있는 과학적 정보 수집체계가 구축되어 있으며, 둘째, 수집된 정보를 통해 위기의 심각도를 판단할 수 있는 능력이 있고, 셋째, 위기의 심각성을 필요한 곳에 알릴 수 있는 정보전달체계가 구축되어 있을 때 가능하다고 볼 수 있다. 삼국사기에 나타난 낙랑국은 강대국 고구려와의 전쟁이라는 위기 상황 속에 있기 때문에 경보제도의 운용이 가능했을 것이다.[12]

고대의 재난에 대한 인식은 천재지변을 왕과 관련한 정치적 의미로 받아들이는 경우가 많았으며, 재난의 발생 사실 이외에 피해와 대책 등에 대해서는 기록이 많지 않다. 이는 인명 또는 재산 피해를 지역 통치자의 사적 소유물에 대한 피해로 간주하였기에 국가 차원의 조사가 불필요하다는 인식이 있었기 때문이다. 또한, 국가에는 재난관리를 위한 특별한 조직이 없었다. 이러한 재난관리체계는 통일신라, 고려, 조선으로 오면서 왕은 백성의 어버이로서 항시 그 어려움을 보살펴야 한다는 의무가 보편화되고 중앙집권적 통치체제가 완비되어감에 따라 많은 변화가 이루어진다. 이후 우리나라는 재난 발생과 그에 대한 국가적 차원에서의 극복을 국가 운영의 근간으로 이해하고 국가적 제도와 조직을 통하여 재난관리를 구체적으로 다루기 시작했다.[13]

---

12) 이상경, 재난관리의 과거, 현재, 그리고 미래, 삼성방재연구소 위험관리지, 2006
13) 5000년 재난관리 역사로 보는 소방방재청의 VISION, 소방방재청, 2005

▼ 율곡 이이의 양병십만론

養兵十萬論 양병십만론

國勢之不振極矣 국세지부진극의
不出十年當有土崩之禍 불출십년당유토붕지화
願豫養十萬兵 원예양십만병
都城二萬 도성이만
各道一萬 각도일만
復戶鍊才 복호연재
使之分六朔遞守都城 사지분육삭체수도성
而聞變則合十萬把守 이문변즉합십만파수
以爲緩急之備 이위완급지비
否則一朝變起 부즉일조변기
不免驅市民而戰 불면구시민이전
大事去矣 대사거의

나라의 기운이 부진함이 극에 달했습니다.
10년이 못 가서 땅이 무너지는 화가 있을 것입니다.
원하옵건대 미리 10만의 군사를 길러서
도성에 2만,
각 도에 1만을 두되,
그들의 세금을 덜어주고 무예를 훈련시키며
6개월로 나누어 교대로 도성을 지키게 하였다가,
변란이 있을 경우에는 10만 명을 합쳐 지킴으로써
위급한 때의 방비를 삼으소서.
이와 같이 하지 아니하고 하루아침에 갑자기 변이 일어날 경우,
백성들을 내몰아 싸우게 하는 일을 면치 못하여
전쟁에 지고 말 것입니다.

조선 선조시대 율곡 이이는 당시 일본의 도요토미 히데요시가 자국을 통일하고 남은 강력한 무력을 해외로 돌려 침략을 감행할 것을 미리 예상하고 일본의 침략에 대비하여 십만양병과 군사훈련의 필요성을 주장하였다. 하지만 이는 선조와 대신들의 반대로 뜻을 이루지 못하였고 결국 조선은 임진왜란이라는 큰 재난을 겪게 되었다. 재난의 발생 가능성이 확실하지 않은 상황에서 국가적인 차원에서 천문학적인 비용을 지불한다는 것은 예나 지금이나 충분히 부담스러울 수 있다. 하지만 임진왜란의 사례에서 알 수 있듯이, 실제로 재난이 발생한 이후의 피해를 생각한다면 비용이 그 얼마가 들어가더라도 재난의 대비는 필수적이라고 볼 수 있다.

▼ 다산 정약용의 목민심서 11장 진황육조

진황육조(賑荒六條)

1. 비자(備資 : 흉년 대비 물자 비축)
2. 권분(勸分 : 재해 의연의 권장)
3. 규모(規模 : 사랑의 정 발휘)
4. 설시(設施 : 구호시설의 확충)
5. 보력(補力 : 힘을 보탬)
6. 준사(竣事 : 재민 구호의 결산)

조선 정조시대 다산 정약용은 목민심서 11장 진황육조를 통해 목민관은 언제든지 재난이 발생할 수 있다는 생각을 하고 미리 대비하라고 하고 있다. 인간의 부주의나 잘못으로 인한 재난이나 자연으로 인한 재난을 당한다는 것은 불행한 일이다. 다산은 재난 구제를 위해 첫째, 재난 방비를 위한 유비무환의 정신과 둘째, 신속한 대응을 강조하고 있다.

지구상에 인류가 생존하면서부터 인류는 많은 재난을 겪으며 살아 왔다. 인류가 쌓아 놓은 부와 환경도 끊임없이 닥쳐오는 각종 재난과 전쟁 등으로 인하여 소실되거나 멸실되었으며 인류는 이것들을 재건하거나 사전대비를 위한 생활을 반복하였다 하여도 과언은 아니다. 한 번 재난이 닥치면 개인은 물론 집단, 지역사회와 나아가 국가까지도 큰 영향을 끼치게 된다. 특히 지진, 태풍, 해일, 폭발 등 계속되는 자연재해는 매년 반복되어 이를 극복하기 위한 노력과 학습으로 어느 정도의 적응력을 키웠다고 보겠으나 자연 앞의 인간은 너무 연약한 존재에 지나지 않는다. 아울러 우리의 기술이나 문명 등이 부족했던 시대에는 그저 일방적으로 당하기만 하는 숙명적인 삶을 살아 왔으나 과학문명과 기술 등이 발달한 지금은 재난에 대한 경험과 반복적인 학습 등으로 어느 정도는 사전대비하고 사후대응능력도 많이 갖춘 것이 사실이다.

시대 발전에 따른 재난의 규모나 관리방식 등의 발전 모습 및 미래의 발전 과정을 더듬어 보고자 한다.

재난의 효시는 창세기에 나오는 노아의 대홍수라 할 수 있다. 이때는 신이 인간인 노아에게 재난을 대비하도록 계시를 통해 알려 줌으로써 극복할 수 있었다. 고대 사회에서 재난은 신이 내리는 불가항력적인 재앙으로 받아들여졌다. 또한, 홍수나 가뭄 등에 대한 대처방법은 신에게 기도하는 등의 샤머니즘 외에는 별로 없었다.

┃ 노아의 방주(창세기) ┃ 14)

고대 문명이 발달하였다고 전해지는 아테네와 로마시대에는 화재가 많았으며 그 사례도 현재까지 전해지고 있다.

아우구스투스 　　　　　　　　　네로

┃ 재난에 대비한 로마시대 황제들 ┃

당시의 아테네와 로마에는 인구가 많이 집중되어 있고 건물도 밀집되어 있어 불이 나면 그 피해가 상당하였다고 한다. 로마공화정시대에는 파밀리아 퍼블리카(Familiar Publica)라는 소방대를 조직하여 집정관의 감독하에 로마의 출입문과 성벽 등에 배치하였다.

---

14) Nuremberg Chronicle(1943)

AD 6년에는 아우구스투스(Augusdias) 황제가 로마시의 화재를 계기로 이 조직을 재편하여 전문 소방대인 자경단으로 편성·배치하였다. 그리고 그 조직은 1,000여 명의 대원이 7개의 소부대로 편성되어 각기 로마 14개 행정구역 중 2개 구역씩 관리하여 화재피해 방지를 위한 국가 차원의 예방 조치를 취했다.

AD 64년 7월 19일 로마 시내에서 발생한 대화재는 수천 명의 사망자와 수십만 명의 이재민을 발생시켰다. 네로(Nero) 황제는 화재지역을 봉쇄하여 불난 주택의 소유자와 거주자들을 각자의 집으로 돌아가 잔해를 치우고 복구하지 못하도록 하였다. 또한 비상구호식량을 싣고 온 선박들에게는 화재의 잔해들을 외부로 치우도록 하였다. 도시의 화재 방지를 막기 위해 건축관련법들을 정비하고 화재확대 방지를 위하여 많은 공간을 확보하는 등 의도적인 도시계획을 시행하였으며, 유사시 대피할 수 있는 대피소를 만들고 곳곳에 소방용수를 확보하여 물 공급을 책임지는 관리를 임명하였다. 이처럼 도시를 복구하려는 노력을 계속하였으나 재난은 화재에서 폭동, 감염병, 지진 등으로 확대되었으며, 재난장비는 손펌프, 갈고리, 도끼와 사다리 등으로 원시적인 장비뿐이었다.

∥ 1405년 베른의 화재 ∥ 15)

중세 시대의 화재는 보통 가정이나 작업장에서 사용하는 불, 방화, 천재지변이나 전쟁을 통해 발생되었다. 하지만 이러한 화재들은 건물자재나 도시구조, 부족한 소방시설로 인하여 큰 화재로 발전하는 경우가 많았기 때문에 화재와 관련한 법률들을 제정하기 시작하였다.

---

15) Der Brand von Bern 1405 in der Amtlichen Berner Chronik 1478

중세 초기에는 건축에 대한 별도의 지침이 없었으나, 13세기에 이르러 화재 방지, 통행안전 등을 위한 도시건축령이 공포되었으며 동시에 도시 화재를 막기 위하여 화재 방지와 방화 척결에 대한 규정들이 생겼고, 부주의로 인한 화재 발생이나 의도적인 방화, 도시 화재 및 건축규정 위반에 대하여 엄격하게 처벌하였다.

지붕을 기와나 슬레이트로 얹는 등 화재방재의 대부분은 건축법과 관련되어 있었다. 또한, 화재가 발생할 가능성이 높은 대장간이나 주물소, 빵집, 도자기, 목욕탕 등은 시 외곽이나 바깥으로 이전하도록 하였으며, 불이 번지는 것을 막기 위한 장치가 없는 화로나 난로는 단속의 대상이었다. 이처럼 중세 시대에서는 화재가 인류의 가장 큰 재난 중 하나였다. 이러한 재난을 모두 막을 수는 없었지만 그 시대의 여건에서는 최선을 다하여 재난에 대비하였다.

┃유럽 인구의 1/3이 사망한 흑사병(Piter Bruegel the Elder)┃16)

중세의 도시는 화재뿐만 아니라 감염병도 역시 공포의 대상이었다. 14세기 중세 유럽의 가장 대표적인 재난인 흑사병은 당시 유럽인구의 약 1/3 정도인 2천 5백만 명의 목숨을 앗아간 사례이다. 최초의 흑사병이 확산된 이후 18세기에 이르기까지 약 100여 차례의 흑사병 발생이 전 유럽을 휩쓸었다. 이러한 재난 앞에 중세 인류의 대응은 너무나 무기력하였다.

---

16) The Triumph of Death, Piter Bruegel the Elder, 1562, Madrid

중세의 도시는 화재나 감염병으로 인한 피해가 극심하긴 했지만 르네상스시대라고 불리는 문화예술과 항해술이 발전한 시대이기도 하였다. 또한 해상무역과 탐험이 활발한 시대이기도 하였다.

항해 중에는 언제든 폭풍우와 격랑, 해적 등 다양한 종류의 재난이 발생할 수 있다. 이렇게 선원들이 항해 중 사고를 당할 경우 남겨진 가족들의 생계에 대한 문제가 발생할 수 있으며, 사업적인 측면에서 정해진 기간 내에 교역이 진행되지 못할 경우 큰 손실을 입어야 했기 때문에 재난에 대한 대비가 필요하였다.

이러한 분위기 속에서 재난에 대비하기 위한 방안으로 오늘날 보험제도의 기원이라고 할 수 있는 형태가 만들어지는데 해상 무역 종사자들끼리 사고 후 보상 처리에 대한 방안을 논의하였고 그 결과 보험이라는 것이 만들어지게 되었다.

┃ 리스본 대지진 ┃ 17)

근대사회에는 어느 정도 문명이 발달한 반면 대지진, 홍수, 대화재 등 수많은 재난을 경험하였다. 그래서 건축법을 제정하는 등 재난을 극복하기 위한 노력을 기울이기 시작하였다. 재난이 발생하면 주로 공무원, 군대 및 시민을 동원하여 재해 진압 및 복구에 임하였으며 대도시를 중심으로 상수도가 보급되고 있었으므로 목조수차를 이용하여 물을 공급하게 되었다. 재난 시 혼란한 틈을 타 약탈이 자주 일어나므로 군대를 동원하여 이를 저지하였다. 그리고 1755년 11월 발생한 포르투갈 리스본 대지진 시 도둑질이나 폭리 등을 막기 위해 여러 개의 교수대를 세우고 약탈자 34명을 교수형에 처하였다. 그리고 리스본 대지진부터는

---

17) Deutsch : Lissabon 1755

주민이 괴상한 유언비어로 동요되는 것을 막기 위해 언론 통제를 실시, 주간지(신문) 등을 통해 정확한 정보를 전달해 주려고 노력하였다. 또한 재난과 관련된 과학적인 연구가 18세기부터 시작되었으며 리스본 대지진은 지진에 관한 과학적 조사가 활발히 진행되는 계기가 되었다. 근대사회에서의 재난관리의 가장 큰 특징은 위와 같이 재난을 과학적으로 분석함으로써 근본적인 대응 의지를 보여 주었다는 점이다.

현대사회의 재난관리제도는 세계 제1·2차 대전을 경험하면서 급속히 발전하였다. 특히, 재난 발생 시 인명구조의 발전은 전쟁 시 부상자를 치료하고 병원으로 신속히 후송하기 위한 구급차의 개발과 항공구급 개념이 도입되면서 인간의 재난 대응능력이 더욱 가속화되는 계기가 되었다. 근대사회 이전의 재난관리가 화재를 중심으로 소방대가 설치·운영되어 오던 것이 그 특징이라면 현대사회로서의 발전과 함께 사회재난의 유형도 매우 다양하고 발생빈도도 급속히 증가하게 되었다.

이러한 과정에서 재난의 개념은 물리적인 개념에서 사회적인 개념으로 변화되었고 이와 더불어 재난으로부터 국민을 보호해야 할 국가의 의무가 강조되기 시작하였다. 이러한 국민적 욕구에 부응하기 위해 국가는 재난의 예방과 대응, 복구과정에 대처하기 위한 행정체제를 갖추고 재난과 관련된 수많은 법을 제정하기에 이른 것이다. 그리고 현대사회의 재난은 기술적 요인과 관련된 사회재난이 빈발하고 있다는 점이 그 특징이다.

▌ 독일의 사회학자 울리히 벡18) ▐

독일의 사회학자 울리히 벡(Ulrich Beck) 교수는 1986년 『위험사회론』에서 성찰과 반성 없이 근대화를 이룬 현대사회를 위험사회로 정의하였다. 우리나라에서는 성수대교와 삼풍백화점 붕괴 등 대형사고가 발생한 1990년대 중반 이후 주목을 받기 시작한 이론으로, 이에 따르면 산업화와 근대화를 거친 과학기술의 발전이 현대인들에게 물질적 풍요 제공과 함

---

18) Ulich Beck, Riskogesellschaft, 1986

께 새로운 위험을 몰고 왔다는 것이다. 근대화 초기에는 물질적인 풍요를 확보하는 것이 중요했지만, 근대화 후기로 갈수록 위험요소는 더욱 커지게 되었다는 것이다.

즉, 위험은 성공적인 근대화가 초래한 딜레마이며, 산업사회에서 경제가 발전할수록 위험요소도 증가한다. 후진국에서 발생하는 현상이 아니라 과학기술과 산업이 성공적으로 발달한 선진국에서 나타나며, 무엇보다 예외적 위험이 아니라 일상적 위험이라는 데 문제의 심각성이 존재한다. 현대인들이 환경보호와 건강에 관심을 쏟고 각종 보험에 가입하는 행위도 결국 불확실성의 불안을 극복하려는 방법의 일환이다. 따라서 그는 근대화 발전의 성공에 따른 경제적 풍요를 동반한 대형 사건·사고의 위험을 지적하면서, 지금껏 진행되어 온 근대화의 한계를 극복하고 '새로운 근대' 또는 '제2의 근대'로 나아갈 것을 제안했다. 그리고 과학과 산업의 부정적 위험성을 감소시키고 궁극적으로 '성찰적 근대화'의 방향으로 사회를 재구성해야 한다고 강조한다. 또한 위험사회론은 국가정책의 최우선 과제는 사회적 안전장치 마련에 맞춰져야 한다는 것으로 귀결된다.

04 재난관리 4단계

재난관리란 국민의 생명, 신체 및 재산의 피해를 각종 재해로부터 예방하고 재난 발생 시 그 피해를 최소화하기 위한 일련의 행위로서 예방, 대비, 대응, 복구의 4단계로 구분한다.

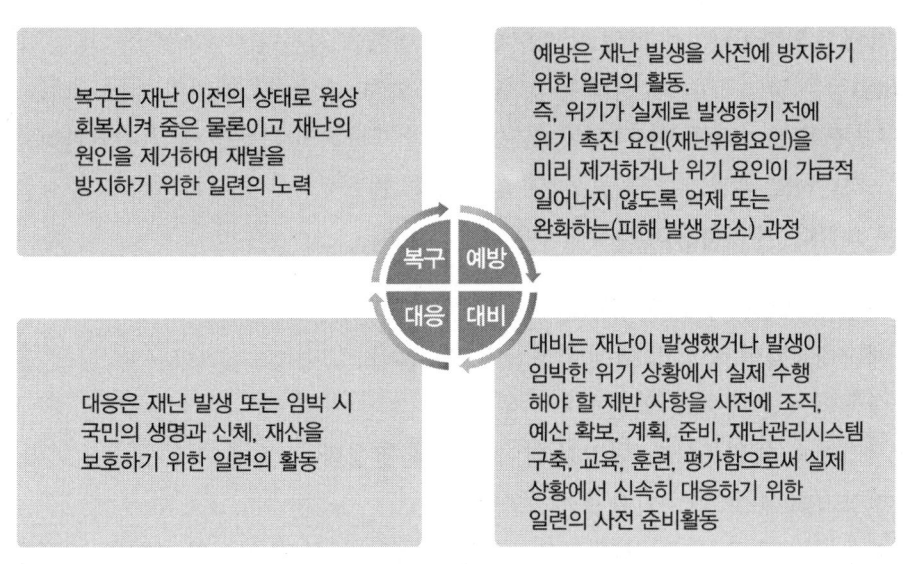

| 재난관리 4단계 |

재난관리 4단계는 상호순환적인 성격을 가지고 있으며, 각 과정이 시간적 순서에 따라 진행된다. 재난관리의 단계별 활동 내용 및 결과는 다음 단계에 영향을 미치며 최종 복구활동의 결과는 최초 예방단계의 활동에 환류되어 장기적인 재난관리 능력을 향상시키는 데 도움을 준다.

1. 예방단계

예방은 재난 발생을 사전에 방지하기 위한 일련의 활동을 의미한다. 즉, 위기가 실제로 발생하기 전에 위기 촉진 요인(재난위험요인)을 미리 제거하거나 위기 요인이 가급적 일어나지 않도록 억제 또는 완화하는(피해 발생 감소) 과정을 의미한다.

예방은 재난 원인의 발생 방지를 위한 비구조적 예방(Prevention) 활동과 재난 발생 시 위험도를 줄이기 위한 구조적 경감(Mitigation) 활동을 포함한다. 예방활동의 예로는 위험물질의 원천 제거, 안전 점검, 화재 예방교육 등이 있으며, 경감활동의 예로는 스프링클러 설치, 사방댐 건설, 내진설계, 구제역 예방 백신 개발 등이 있다.

2. 대비단계

대비는 재난이 발생했거나 발생이 임박한 위기 상황에서 실제 수행해야 할 제반 사항을 사전에 조직, 예산확보, 계획, 준비, 재난관리시스템 구축, 교육, 훈련, 평가함으로써 실제 상황에서 신속히 대응하기 위한 일련의 사전 준비활동이다. 즉, 실제 재난이 발생했을 때 대응을 잘 하기 위한 준비활동이라 할 수 있으며, 재난에 대한 대비능력은 실제 재난 상황에서 피해의 확산이나 2차 피해 발생 여부 등에 영향을 끼친다.

대비활동은 장비·물자·인력 등 방재자원의 확보, 재난대응계획의 개발, 교육·훈련 등 비구조적 활동이 주를 이루며, 지방자치단체별 재난관리 기능을 국가 재난관리체계에 맞추어 정비하고 유관기관 및 실무기관과 긴밀한 협조체계를 유지하는 것도 중요한 대비활동에 속한다. 대비활동의 세부내용은 다음과 같다.

① 재난 경보체계의 구축·운영
② 재난매뉴얼의 작성 및 이에 기초한 교육·훈련
③ 대국민 재난 대응 및 안전교육 시행
④ 시민단체, 자원봉사자 등 민간 참여 유도 및 활성화
⑤ 현장지휘, 홍보, 다수기관 응원·조정
⑥ 수송, 정보통신, 소방, 의료, 구조·구급, 에너지, 구호 및 이재민 관리 등 긴급 현장지원 기능 구축

3. 대응단계

대응은 재난 발생 또는 임박 시 국민의 생명과 신체, 재산을 보호하기 위한 일련의 활동이다. 이러한 대응(발생한 재난의 원인을 제거하거나 재난의 원인을 제거하지 못하는 경우에는 피해확산을 방지하는 활동)은 재난 발생 시 피해의 확산 방지를 위한 활동과 재난 발생 임박 시 피해 발생 억제를 위한 활동을 포함한다.

대응활동은 재난의 피해를 최소화하고 2차적 재난 발생 가능성을 감소시킨다. 재난대응활동에는 재난 예·경보의 발령, 상황 관리 및 전파, 구호, 구조·구급, 자재·장비·인력 등 방재자원의 동원, 방역, 응급복구, 재난폐기물 처리, 전기·통신·가스·도로 등 국가핵심기반의 긴급 복구 등이 있다.

최근 재난의 대형화·광역화로 복합재난이 증가함에 따라 재난 대응활동에 있어 중앙정부, 광역단체, 기초 자치단체 간의 수직적 협업은 물론 중앙부처 상호 간 수평적 상호협력의 중요성이 강조되고 있다.

정부는 법에 의거하여 극심한 인명 또는 재산의 피해가 발생하거나 발생할 것으로 예상되는 경우, 피해를 감소시키는 목적으로 긴급조치가 필요하다고 판단되는 경우 재난사태를 선포할 수 있으며, 재난사태 선포는 긴급안전점검, 긴급안전조치, 응급조치, 응급부담, 동원, 대피명령, 강제대피조치, 위험구역 설정, 통행제한, 긴급구조 등의 위험회피 또는 피해경감을 위한 직접적인 수단 등이 있다.

4. 복구단계

일반적으로 복구는 재난 발생 이전상태로 회복시키는 활동을 말한다. 기존에는 자연재해로 발생하는 피해의 구조적인 복구가 중심이었으나, 최근 재난유형의 다양화와 예방단계로의 환류가 중요시되면서 재난 발생 이전보다 더 나은 상태로 발전시키는 비구조적인 복구로 의미가 확장되고 있다. 이는 재난 발생으로 손상된 지역사회의 총체적 기능을 재건하고 재난의 재발 방지를 위해 제도적 장치를 마련하거나 운영체제를 보완하는 일련의 활동까지 포함한다.

복구는 재난 이전의 상태로 원상회복시켜 줌은 물론이고 재난의 원인을 제거하여 재발을 방지하기 위한 일련의 노력으로 이루어지며, 복구단계의 활동은 다음을 포함하고 있다.

① 피해조사 및 복구계획 수립을 위하여 관련 연구기관과 연계한 과학적인 원인조사
② 필요시 특별재난지역을 선포하고 효과적인 복구를 위하여 지방자치단체 상호 간 협력
③ 지역의 복구 및 회복을 조기에 마무리하고 재발 방지를 위한 안전대책 마련 등의 활동
④ 지역공동체의 회복, 지역사회의 경제적·심리적 안정 등 비구조적 활동

05 재난안전 이론

1. 재난안전공학 개요

1) 안전(Safety)과 사고(Accident)

(1) 안전(Safety)

'안전'이란 사람의 사망, 상해 또는 설비나 재산의 손실, 상실의 요인이 전혀 없는 상태, 즉 재해, 질병, 위험 및 손실(Loss)로부터의 자유로운 상태를 말한다. '안전'이란 재해 발생이 없는 동시에 위험도 또한 없어야 한다는 것으로, 사업장 위험요인을 없애는 노력 속에서 얻어지는 무재해 상태를 말한다. '무재해'란 위험이 존재하고 있어도 재해가 일어나지 않으면 되는 것이 아닌 결국 위험요인도 없는 상태를 말한다. 이러한 안전의 개념은 정신주의적 안전의 시대에서 System 안전으로서 결합된 종합적 안전을 구하는 관리·기술적 안전의 시대까지 아래와 같이 전개되었다.

① 정신주의적 안전의 시대 : 안전의 초기 개념으로 인간적 대책만의 시대
② 의학·심리학적 안전대책과 기술분야의 대책이 상호 진점된 시대 : 재해예방에 있어서의 물적, 인적 안전대책의 기초를 마련하게 된 시대
③ 인간-기계 System적 관점에 의한 안전대책의 시대 : 인적 요인과 물적 요인의 상호관계를 중시한 시대
④ System 안전으로서 결합된 종합적 안전을 구하는 관리·기술적 안전의 시대 : 인간-기계 System의 결합을 더욱 발전시켜 System 안전기술로서의 신뢰성 공학, System 공학 등을 결합한 시대

안전재해 발생의 기본 모델은 불안전한 상태와 행동을 통해 기인물과 가해물 등 안전관리상의 결함을 통해 사고의 현상(재해)이 발생하는 것이다.

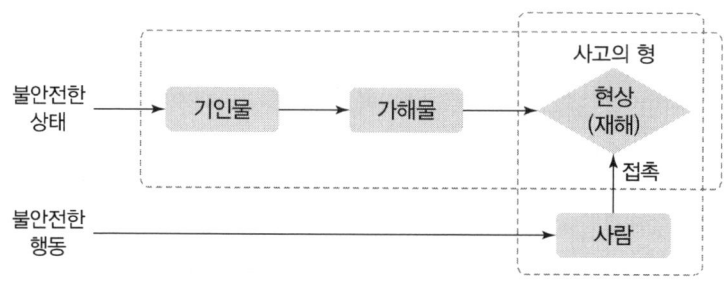

‖ 안전재해 발생의 기본 모델 ‖

(2) 사고(Accident)

'사고'란 흔히 안전사고라고도 불리며, 공의성이 없는 어떤 불안전한 행동이나 상태(조건)가 선행되어 직접 또는 간접적으로 인명이나 재산의 손실을 가져올 수 있는 상태를 말한다. 사고는 사고발생이 직접 사람에게 상해를 주는 인적 사고로 사람의 동작(추락·충돌·협착·전도·무리한 동작), 물체의 운동(낙하·비래·붕괴·도괴 등), 접촉·흡수에 의한 사고(감전, 이상온도 접촉, 유해물 접촉 등)로 분류된다.

2) 안전관리 프로세스

(1) 안전관리

공학적 개념의 '안전관리'란 모든 과정에 내포되어 있는 위험한 요소의 조기발견 및 예측으로 재해를 예방하려는 안전활동을 말하며 안전관리의 근본이념은 인명 존중에 있다. 안전관리의 목적은 인도주의가 바탕이 된 인간존중과 기업의 경제적 손실 예방, 생산성 향상 및 품질향상, 대외 여론 개선으로 신뢰성 향상, 사회복지의 증진에 있다. 이러한 안전관리 순서는 다음과 같다.

① 제1단계 계획(Plan) : 계획의 수립, 현장실정에 맞는 적합한 안전관리 방법결정
② 제2단계 실시(Do) : 안전관리 계획에 대한 교육·훈련 및 실행
③ 제3단계 검토(Check) : 안전관리활동에 대한 검사 및 확인, 실행된 안전관리 활동에 대한 결과 검토
④ 제4단계 조치(Action) : 검토된 안전관리활동에 대한 수정 조치, 더욱 향상된 안전관리활동을 고안하여 다음 계획에 진입
⑤ P → D → C → A 과정의 Cycle화 : 단계적으로 목표를 향해 진보, 개선, 유지해 나가고 Cycle 반복에 의하여 안전관리 수준을 향상시켜 나가면서 안전을 확보

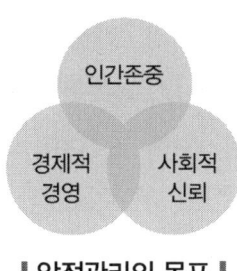

▎ 안전관리의 목표 ▎

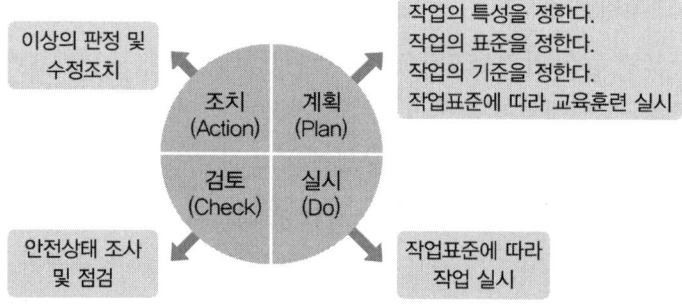

┃ 안전관리의 순서 ┃

(2) 안전관리업무

'안전관리업무'란 인적·물적 모든 재해의 예방 및 재해의 처리대책을 행하는 작업을 말하며, 안전관리업무는 크게 5단계로 분류할 수 있다.

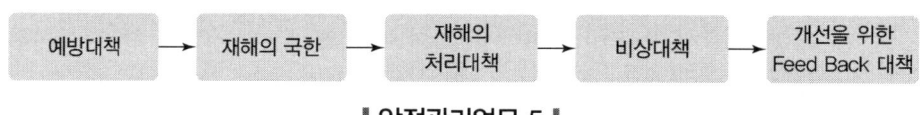

┃ 안전관리업무 5 ┃

① 제1단계 : 인적 재해나 물적 재해를 일으키지 않도록 사전대책을 행하는 작업(예방대책)
② 제2단계 : 예방대책에 의해서 막을 수 없었던 부분에 대해 재해발생 시 그것을 국한시켜 피해를 최소한으로 멈추게 하는 대책의 작업(재해를 국한하는 대책)
③ 제3단계 : 제2단계의 대책에 의해서도 재해발생 시 신속하게 재해를 처리하는 작업(재해의 처리대책)
④ 제4단계 : 상기의 대책으로 재해를 진압할 수 없을 때 사람의 피난이나 2, 3차의 큰 재해를 막기 위해 시설의 비상처리를 행하는 작업(비상대책)
⑤ 제5단계 : 재해발생 시 직접·간접 원인의 분석 및 그 발생과 경과를 분명히 하여 재차 유사재해가 일어나지 않도록 대책을 행하는 작업(개선을 위한 Feed Back 대책)

2. 안전공학 이론

1) 등치성 이론

(1) 개요

'등치성 이론'이란 사고원인의 여러 가지 요인들 중에서 어느 한 가지 요인이라도 없으면 재해는 발생되지 않으며, 재해는 여러 사고요인이 연결되어 발생한다는 이론을 말한다. 재해방지를 위해서는 재해의 형에 따라 등치요인의 발굴이 중요하며, 이러한 요인에 대한 원인분석을 통해 재해를 예방하는 것이 무엇보다 중요하다. 등치의 요인은 재해요인이 있더라도 한 가지 요인을 배재시키면 재해의 예방이 가능하기에 등치가 아닌 요인은 재해의 요인이 아닌 것으로 정하고 있다.

(2) 발생형태

이에 등치성 이론에 따른 재해 발생형태는 아래와 같다.

① **집중형(단순자극형)** : 상호 자극에 의하여 순간적으로 재해가 발생하는 유형으로 재해가 일어난 장소에 그 시기에 일시적으로 요인이 집중되는 형을 말한다.
② **연쇄형** : 하나의 사고요인이 또 다른 요인을 유발시키며 재해를 발생시키는 유형으로 단순연쇄형과 복합연쇄형으로 분류된다.
   - 단순연쇄형 : 어떤 사고요인이 발생하여 그것이 원인이 되어 계속적으로 사고요인을 만들어 재해가 발생하는 형태
   - 복합연쇄형 : 2개 이상의 단순연쇄형에 의해 재해가 발생하는 형태
③ **복합형** : 집중형과 연쇄형이 복합적으로 구성되어 재해가 발생하는 유형

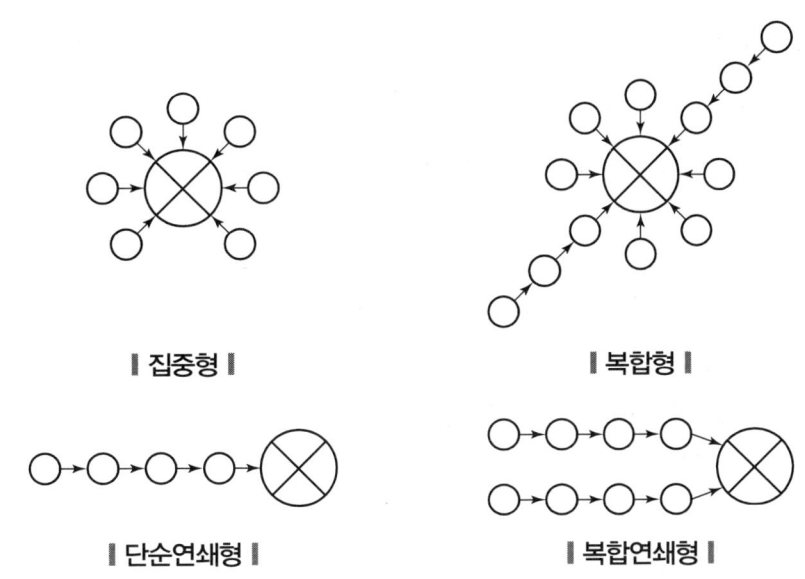

| 집중형 | 복합형 |
| 단순연쇄형 | 복합연쇄형 |

2) 하인리히의 법칙

1920년대 미국의 한 여행보험회사의 관리자였던 허버트 W. 하인리히(Herbert W. Heinrich)는 7만 5,000건의 산업재해를 분석한 결과 아주 흥미로운 법칙 하나를 발견했다. 그는 조사 결과를 토대로 1931년 〈산업재해예방(Industrial Accident Prevention)〉이라는 책을 발간하면서 산업안전에 대한 1 : 29 : 300 법칙을 주장했다. 이 법칙은 산업재해 중에서도 큰 재해가 발생했다면 그 전에 같은 원인으로 29번의 작은 재해가 발생했고, 또 운 좋게 재난은 피했지만 같은 원인으로 부상을 당할 뻔한 사건이 300번 있었다는 사실을 밝혀냈다. 이를 확률로 환산하면, 재해가 발생하지 않은 사고(No-Injury Accident)의 발생 확률은 90.9%, 경미한 재해(Minor Injury)의 발생 확률은 8.8%, 큰 재해(Major Injury)의 발생 확률은 0.3%라는 것이다.

(1) 하인리히의 연쇄성 이론(Domino's Theory)

하인리히는 재해 발생을 사고요인의 연쇄반응의 결과로 보고 연쇄성 이론을 제시하였으며, 불안전한 상태와 불안전한 행동을 제거하면 사고는 예방이 가능하다고 주장하였다.

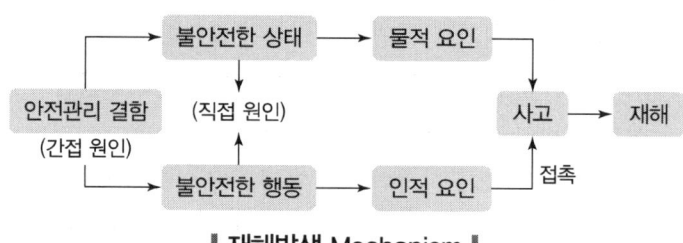

❚ 재해발생 Mechanism ❚

하인리히의 사고발생 연쇄성 이론은 유전적 요인 및 사회적 환경과 개인적 결함, 불안전 상태 및 불안전 행동, 사고, 재해로 구분된다.

① 유전적 요인 및 사회적 환경(선천적 결함)
- 인간성격의 내적 요소는 유전이나 환경의 영향을 받아 형성
- 유전이나 사회적 환경은 인적 결함의 원인

② 개인적 결함(인간의 결함) : 선천적(유전) · 후천적(환경) · 인적결함(부모, 탐욕, 신경질, 흥분, 안전작업무시 등)

③ 불안전 상태 및 불안전 행동
- 불안전 상태 : 사고발생의 직접적인 원인으로 작업장의 시설 및 환경불량과 안전장치의 결여, 기계설비의 결함, 부적당한 방호상태, 보호구 결함 등

- 불안전 행동 : 직접적으로 사고를 일으키는 원인으로 인간의 불안전한 행위와 안전장치의 기능제거, 기계·기구의 잘못 사용, 보호구 미착용 등

④ 사고(인적 사고·물적 사고)
- 직접 또는 간접적으로 인명이나 재산의 손실을 가져올 수 있는 상태
- 재해로 연결될 우려가 있는 이상상태로 인적 사고와 물적 사고로 분류됨

⑤ 재해(상해·손실)
- 사고로부터 생기는 상해
- 사고의 최종 결과로 인적·물적 손실이 발생된 상태

하인리히 연쇄성 이론에서는 위와 같은 요인과 환경, 결함, 상태, 행동, 사고, 재해를 예방하기 위해 아래와 같은 4원칙을 정하고 있다.
① 손실 우연의 원칙 : 재해손실의 크기는 우연성에 의하여 결정
② 원인 계기의 원칙 : 필연적인 사고발생과 원인의 관계
③ 예방 가능의 원칙 : 재해는 원칙적으로 원인만 제거되면 예방이 가능
④ 대책 선정의 원칙 : 재해예방을 위한 안전대책은 반드시 존재

(2) 하인리히의 재해손실비(Accident Cost)

'재해손실비'란 업무상의 재해로서 인적 상해를 수반하는 재해에 의해서 생기는 손실비용을 말하며, 하인리히는 직접손실비용에 대한 간접손실비용의 비율을 1 : 4로 제시하였다.

이러한 방식은 직접비와 간접비의 합이 총 재해비용으로 그 비율이 1 : 4이며 직접비와 간접비의 내용은 다음과 같다.

① **직접비** : 법령으로 정한 피해자 또는 유족에게 지급되는 보상비로 요양보상비, 휴업보상비, 장해보상비, 유족보상비, 장례비
② **간접비** : 재산손실, 생산중단 등으로 발생된 손실
- 인적손실 : 작업대기, 복구정리 등 본인 및 제3자에 관한 것을 포함한 손실
- 물적손실 : 기계, 공구, 재료, 시설의 복구에 소비된 손실
- 생산손실 : 생산감소, 생산중단, 판매감소 등에 의한 손실
- 특수손실 : 근로자의 신규채용, 교육훈련비, 섭외비 등에 의한 손실
- 기타손실 : 병상 위문금, 여비 및 통신비, 입원 중의 잡비 등

3) 버드의 법칙

버드(F.E. Bird)는 연쇄반응의 결과로 재해가 발생된다는 신연쇄성 이론과 재해손실비 평가방식에서 간접비가 직접비의 5배 이상을 점유한다는 빙산이론을 제시하였다.

(1) 버드의 신연쇄성 이론(Domino's Theory)

버드(F.E. Bird)는 손실 제어 요인(Loss Control Fator)이 연쇄반응이 결과로 재해가 발생된다는 신연쇄성 이론을 제시했으며, 관리를 철저히 하고 기본 원인을 제고하면 사고예방이 가능하다고 주장하였다.

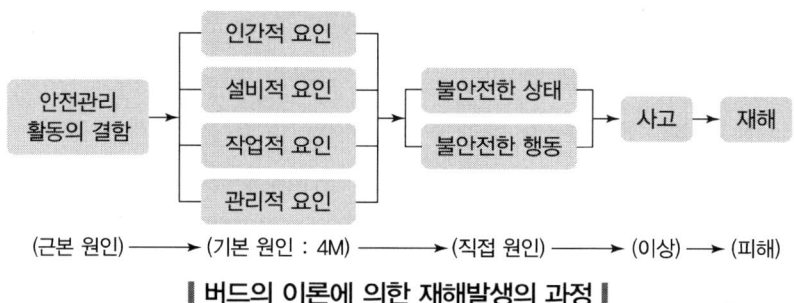

┃ 버드의 이론에 의한 재해발생의 과정 ┃

버드의 최신 재해 연쇄성 이론은 제어의 부족에 따른 기본원인과 직접원인, 사고, 재해를 아래와 같이 분석하고 있다.

① **제어의 부족(안전관리 부족)** : 안전관리의 부족으로 주로 안전관리자 또는 Staff의 관리(제어) 부족에 기인하고 있으며 안전관리계획에는 재해·사고의 연쇄 속에 모든 요인을 해결하기 위한 대책이 포함되어야 함

② **기본원인** : 사고발생 원인은 개인적, 작업상에 관련된 요인이 존재하며 재해의 직접원인을 해결하는 것 보다는 기본원인의 정비가 효과적임
  - 개인적 요인 : 지식부족, 육체적·정신적 문제 등
  - 작업상 요인 : 기계설비의 결함, 부적절한 작업기준, 작업체계 등

③ **직접원인(징후)** : 불안전 상태 및 불안전 행동을 말하며 근본적인 요인의 발견 및 그 요인의 근본적인 원인을 발출

④ **사고(접촉)** : 사고는 신체 또는 정상적인 신체활동을 저해하는 물질과의 접촉으로 보며 이는 불안전한 관리 및 기본원인에 의한 신체 접촉에 기인

⑤ **재해(상해·손실)** : 육체적 상해 또는 물적 손실로 사고의 최종결과는 인적·물적 손실을 의미

버드의 재해구성비율은 1 : 10 : 30 : 600으로 641회 사고 가운데 사망 또는 중상 1회, 경상(물적 · 인적 손실) 10회, 무상해 사고(물적 손실) 30회, 상해도 손해도 없는 사고가 600회의 비율로 발생한다. 재해의 배후에는 상해를 수반하지 않는 방대한 수(630건/98.28%)의 사고가 발생하며 630건의 사고, 즉 무상해사고의 관리가 사업장 안전관리의 중요한 과제이다.

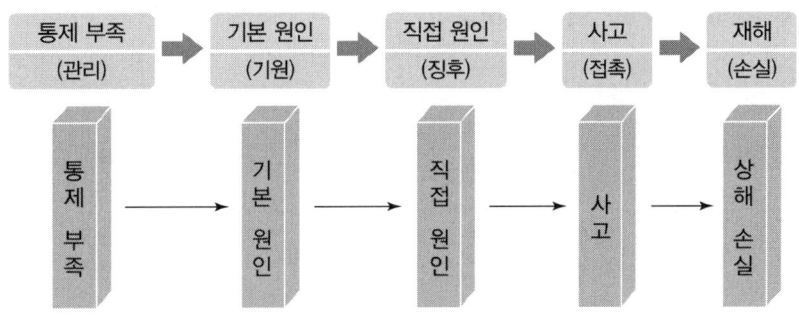

| 버드의 도미노 이론 도해 |

(2) 버드의 빙산이론

'재해 손실비(Accident Cost)'란 업무상의 재해로서 인적 상해를 수반하는 재해에 의해서 생기는 손실비용을 말하며, 버드는 재해손실비 평가방식에서 간접비가 직접비의 5배 이상을 점유한다는 빙산이론을 제시하였다.

재해손실비 산정 시 안전관리자가 쉽고 간편하게 산정할 수 있는 방법과 기업의 규모에 관계없이 일률적으로 채택될 수 있는 방법을 고려해야 한다. 또한 일반적 산업에서 집계될 수 있는 방법과 사회가 신뢰하는 방법을 고려해야 한다.

버드의 재해손실비는 직접비와 간접비의 비율이 1 : 5로 그 내용은 아래와 같다.

① **직접비(보험료)** : 의료비, 보상금
② **간접비(비보험 손실비용)** : 건물손실비, 기구 및 장비 손실, 제품 및 재료손실, 조업 중단, 지연으로 인한 손실, 비보험 손실(시간비, 조사비, 교육비, 임대비 등)

4) 하인리히와 버드의 연쇄성 이론 비교

하인리히는 재해 발생의 연쇄반응은 사고요인으로 제시하고 있으나 버드는 이를 손실 제어요인으로 제시하고 있다. 때문에 하인리히는 불안전한 상태 및 행동을 제거하는 것이 사고를 예방한다고 주장하고 버드는 철저한 관리와 기본원인을 제거하는 것이 사고를 예방한다고 강조한다.

재해 구성 비율에 있어 하인리히는 1 : 29 : 300으로 330회 사고 가운데 사망 · 중상 1회, 경상 29회, 무상해사고 300회의 비율로 발생하여 재해의 배후에는 상해를 수반하지 않는 방대한 수(300건/90.9%)의 사고가 발생하고 있다. 버드는 1 : 10 : 30 : 600으로 641회의 사고 가운데 사망 또는 중상 1회, 경상(물적·인적 손실) 10회, 무상해 사고(물적 손실) 30회, 상해도 손실도 없는 사고가 600회의 비율로 발생하여 재해의 배후에는 상해를 수반하지 않는 방대한 수(630건/98.2%)의 사고가 발생하고 있다. 즉, 하인리히와 버드 모두 무상해 사고의 관리가 사업장 안전관리의 중요한 과제임을 주장하고 있다.

▼ 하인리히와 버드의 이론 비교

구분	하인리히	버드
재해발생비	1 : 29 : 300 [중상해 : 경상해 : 무상해 사고]	1 : 10 : 30 : 600 [중상 : 상해 : 물적만의 사고 : 상해도 손해도 없는 무상해 사고]
도미노 이론	재해발생 5단계 1. 선천적 결함 2. 개인적 결함 3. 직접원인(인적+물적 원인) 4. 사고 5. 상해	재해발생 5단계 1. 제어의 부족 2. 기본원인 3. 직접원인 4. 사고 5. 상해
직접원인 비율	불안전한 행동 : 불안전한 상태 =88% : 10%	
재해손실 비용	1 : 4(직접비 : 간접비)	1 : 5(직접비 : 간접비)
재해예방의 5단계	1. 조직 2. 사실의 발견 3. 분석평가 4. 대책의 선정 5. 대책의 적용	
재해예방의 4원칙	1. 손실우연의 원칙 2. 원인계기의 원칙 3. 예방가능의 원칙 4. 대책선정(강구)의 원칙	

5) 위험요소 분석기법

(1) 위험요소 분석기법의 정의

위험요소(Hazards)란 사고, 심각한 부상, 병과 재산피해 등의 잠재성을 가지고 있는 변수들의 조합에서 야기될 수 있거나 존재하는 작업상태를 말한다. 위험성 평가는 안전에 관련된 정보를 얻기 위한 목적으로 실시하는 것 이외에도 설비의 운전성, 경제성 및 환경문제까지를 조사하는 데 사용된다.

위험성 평가의 특징은 사고를 유발할 수 있는 잠재된 기계적 결함 및 인적 실수를 분석하는 기술로서 이 기법들은 사고의 가능성이 있는 원인을 조사하거나 계획 변경의 설비관리 수단 및 특별한 정비, 시험, 검사 등 설비보전 차원에서 주요기계의 기계적 안전성을 확인하기 위한 공정안전관리 기술로도 활용되고 있다.

연구 및 개발, 개념설계, 시험설비, 상세설계, 시공 및 시운전, 운전, 공정변경 또는 확장 및 폐쇄 등 모든 사업의 단계에 적용할 수 있으며 이들 사업단계에 따 평가기법이 선정될 수 있다.

위험성 평가 시시결과로서 기대되는 효과들은 아래와 같다.

① 공정의 수명기간 동안에 사고의 감소
② 사고 발생 시에 사고영향의 최소화
③ 공정에 대한 보다 증진된 훈련과 이해
④ 보다 효과적으로 생산적인 운전
⑤ 관계법의 만족과 공공사회와의 관계 개선
⑥ 비상시 대응조치의 개선

위험성 평가기법들은 각각의 독특한 장점과 단점을 가지고 있다. 따라서 특정의 목적을 위한 위험성 평가 기법을 선정하는 것은 매우 어려운 일이다. 위험성 평가의 결과는 회사의 의사결정자에게 전달되어 의사결정자로 하여금 개선의 여부와 어떻게 개선할 것인가를 판단하기 위한 자료로 활용하게 된다. 이러한 일련의 계획과 절차에 따라 그 조직은 활성화되고 생산성 제고와 함께 안전이 확보된다.

(2) 위험요소 분석기법

① 초기위험분석(PHA ; Preliminary Hazard Analysis)

'만일 법칙(What if procedure)' 또는 '예비위험분석'이라고도 불린다. 그 이유는 만일 무엇이 일어난다면 어떻게 될까 하며 고찰해보는 방법이기 때문이다. 위험요소조사(Hazard Review)는 분석대상의 시스템에 필요한 모든 정보가 갖추어지지 않았을 때 그리고 불필요할 때 이루어진다. 이 방법은 초기단계에 적용되는 분석방법이다.

또한 새로운 공정이 도입되면, 이에 대한 초기단계의 위험요소를 파악하기 위해 사용되기도 한다. 그리고 공장에 새로운 변경이 이루어졌을 때도 사용된다. 얼마나 효과적이냐 하는 것은 참여하는 간부사원들(Staff)의 경험과 전문성에 달려 있다. 초기위험분석은(만일의 법칙) 안전조사위원회나 이와 유사한 기능을 하는 부서(주로 경영진)에 점검사항(Checklist)을 재공하기 위해서 행해지며, 미래의 PHA의 지침을 제공하는 데도 유용하게 쓰인다.

조사팀원 편견을 갖지 말도록 하며, 잘못되는 실수를 피하기 위해 다른 여러 관심

분야에 걸쳐 중요한 질문들을 가져보아야 한다. PHA에서는 입수할 수 있는 최대의 자료에 기준하여 계획된 설계, 기능에 관련한 위험상태를 평가하는 것이나 혹은 그것들을 배제 혹은 제어하기 위한 안전대책, 대체 방법에 대한 고려 사항 등이 필요하게 된다.

PHA를 실시하기 위한 또 다른 양식의 일례는 다음과 같다.
- 목적 : 시스템의 초기 개발단계에서 시스템 고유의 위험성을 파악하고 예상되는 재해의 위험수준을 결정
- 내용 : 시스템 내의 위험요소가 어떠한 위험상태에 있는가를 정성적 평가

② 고장단계 및 영향분석(FMEA ; Failure Mode & Effects Analysis)

Sub 시스템 · Hazard 해석과 시스템 · Hazard 해석을 위해 일반적으로 사용되는 전형적인 정성적 · 귀납적 해석수법으로 시스템에 영향을 미치는 모든 요소의 고장을 형태별로 해석하고 그 영향을 검토하는 것이다.

FMEA는 도표 등을 사용하지 않고 미리 정해진 서식에 따라서 요소(기기나 부품)의 이상이나 고장이 시스템 또는 Sub 시스템에 미치는 영향을 고장의 형태(Mode)에 대응하여 자세하게 기재해 감으로써 시스템 또는 Sub 시스템이 가동 중에 기기나 부품의 고장에 의해서 재해나 사고를 일으키게 할 우려가 있는가 없는가를 해석하는 것이다.

FMEA는 원래 완성된 기기나 부품 등의 제품 고장을 대상으로 하는 것이지만 그들의 제품이 제조되는 과정에서의 결함을 대상으로 하는 것도 가능하므로 최근에는 공정설계나 제조과정에 대한 FMEA도 행해지고 있다. FMEA는 원래 시스템 안전해석 속에서도 전형적인 정성적 해석수법이지만 이것을 보충하기 위해 FMEA에 수량적인 항목을 가하여 정량화를 기하려고 하는 많은 제안이 이루어졌다. 시스템에 영향을 미칠 수 있는 고장의 종류는 많으나 일반적으로 사용되는 고장의 형태는 다음 표와 같다.

▼ 고장의 형태

구분	고장의 형태
1	개로 또는 개방의 고장
2	폐로 또는 폐쇄의 고장
3	기동의 고장
4	정지의 고장
5	운전계속의 고장
6	오동작

③ 결함수 분석(FTA ; Fault Tree Analysis)

결함수 분석은 1962년 미국 벨전화국연구소의 왓슨(Watson)이라는 사람이 Minuteman 발사조정 시스템의 안전성 평가를 위해서 개발하여 실제 적용하였다. 이 방법은 연역적(Deductive)인 방법(명제나 결론을 설정한 뒤 설명)으로 추론한다. 그후 이 분석방법은 미항공우주국(NASA)의 우주선의 설계에도 광범위하게 적용되었으며, 항공학, 원자력 공학 등 여러 분야에서 널리 적용되고 있다.

정상사상이라고 불리는 재해현상으로부터 기본사상이라고 불리는 재해원인을 향해 연역적인 분석을 행하는 것이 특징이다. 여러 가지 장비의 결함(Fault)과 또는 실패(Failure)의 조합을 표시하는 그래픽 모델(Graphic Model)방법이다. 분석자는 시스템과 공장 그리고 여러 가지 장비의 실패단계(Failure Modes)에 대해 완전히 통달하고 있어야만 정확한 분석이 가능하다.

④ 위험점수공식

위험점수공식은 인식된(Recognized) 위험(Hazard)에 기인한 위험(Risk)의 심각성을 계산하는 데 사용된다. 이 공식의 3가지 인자는 ① 중대결과(C), ② 노출(E), ③ 확률(P)이다.

- 위험점수 계산공식 : Risk Score(RS) = C × E × P

  (여기서, RS는 Risk Score 위험점수, C는 Consequence 중대결과, E는 Exposure 노출정도, P는 Probability 발생확률)

위험점수가 50정도 나오면 E나 P값을 감소시키는 방안을 연구하여 위험점수 RS값을 떨어뜨려야 사고를 미연에 예방할 수 있다. 그렇지 않으면 과거 1979년의 대연각화재사건이나 1994년의 성수대교 사건과 같은 대형참사를 피하기 어렵게 될 것이다. 그리고 수정 작업이 적정한가의 여부는 아래의 J값을 구하여 판단해 볼 수 있다.

- 수정작업의 정당성(J값, Justification for Corrective Action)

$$J = \frac{C \times E \times P}{(CF) \times (CD)}$$

  (여기서, CF는 비용인자(수정예상비용), DC는 수정 정도(현재의 위험제거 정도 또는 발생가능성 정도)

수정작업의 적절성은 위의 공식을 이용하여 J값으로 계산하여 J값이 10 이상 나오면 사고예방을 위한 수정작업이 적절(필요)하나 10 이하는 적절하지 못하다

(대비책이 금전적으로 타당하지 않다고 판단). 하지만 10에 가까운 값이 나오면 (예를 들어 8이나 9 정도) 모든 요소를 다시 고려해 보고, 공학적 제어기법을 사용하여(즉 돈을 들여 문제의 부품을 교체하건 사고가능성이 있는 부분을 수리하거나 대치하여 사고예방을 하는 경우) 문제점을 예방하는 것이 바람직하다.

⑤ 사고분석(Accdent Analysis)

경영자와 작업자가 안전에 대한 흥미와 달성하려는 의지가 없다면 사고방지는 이루어질 수 없다. 이를 이루기 위해서 안전관리자가 적극 노력해야 한다. 다행히 안전에 대한 관심을 안전관리자가 일으킬 수 있고, 사고가 발생했을 경우 사고원인의 파악을 위한 적절한 분석방법을 채택하여 올바른 대책을 강구한다면 비슷한 사고의 유발을 막을 수 있을 것이다.

그러므로 사고발생에 대해 올바른 사실을 조사하고 기록하여, 문제가 되는 조건과 환경을 파악하고, 올바른 조처가 취해질 수 있도록 조사보고서의 결론을 내리는 것이 필요하다.

원인분석은 효과적인 치료법을 선택하기 위해 필요한 선행조건이다. 더 나아가 특히 유형상 거의 유사함이 없는 사고들을 고려해 볼 때 처방법을 선택하기 전에 원인을 기록하는 것은 매우 중요하다. 왜냐하면 단지 유형의 관점에서 보아 예방하는 방법이 외관상 다르고 어려운 듯이 보이는 많은 사고에 대해서도 원인과 처방법은 같을 수 있기 때문이다.

6) 안전사고 원인분석 기법

(1) 안전사고 원인분석 분류체계

재해발생 원인분석에서는 인적 요인(사람), 물적 요인(物)을 관리적 요인으로 구분하고 있으며, 재해발생 경과(시간) 차원에서 재해사례 원인분석을 실시하고 있다. 재해발생 원인분석 분류체계는 아래 표와 같이, 인적 요인은 사람의 행동과 내용, 단독작업 / 공동작업, 공동작업자의 역할로 원인을 구분하며, 물적 요인은 복장 / 보호구, 기상 / 환경, 물질 / 재료, 안전장치 / 유해물억제장치 등으로 원인을 구분하고 있다. 관리적 요인은 안전관련 법령, 동종재해 / 유사재해 유무와 대책, 관리 / 감독 상황으로 구분한다.

▼ 재해발생 원인분석 분류체계

요인	세부요인	
사람	행동과 내용	성별, 연령, 직종, 신분, 경험, 자격, 기타
	단독, 공동	
	공동작업자의 역할	
물적	복장, 보호구	
	기상, 환경	
	물질, 재료	
	안전장치, 유해물 억제장치	
관리	안전관련 법령	
	동종재해, 유사재해의 유무와 대책	
	관리, 감독상황	명령, 지시, 타협, 준비, 지도, 교육, 지휘, 점검, 순시, 확인, 보고, 연락, 수속, 기타
재해발생 경과	9개 전개	누가, 언제, 어디서, 무엇을, 왜, 어떻게, 할 것인가, 할 수 있는가, 하였는가
	조건설정	

재해발생 원인분석은 재해발생 원인분석 분류체계를 바탕으로 아래 그림과 같이, 재해원인 분석을 특성요인 분석 방법을 활용하여 피시본(Fish Born) 다이어그램을 통해 알 수 있다.

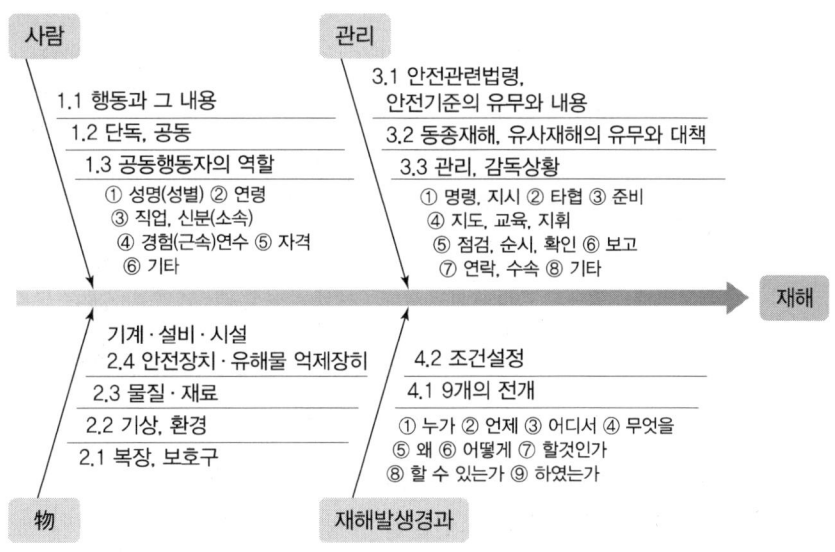

∥ 재해발생 원인분석 Framework ∥

안전사고 원인분석에서는 기존의 재해발생 원인분석 요인인 사람, 물적(物), 관리에 자연환경적 요인과 사회적 요인을 추가 개발하여 안전사고 원인분석 요인에 대한 분류체계를 나타낸다.

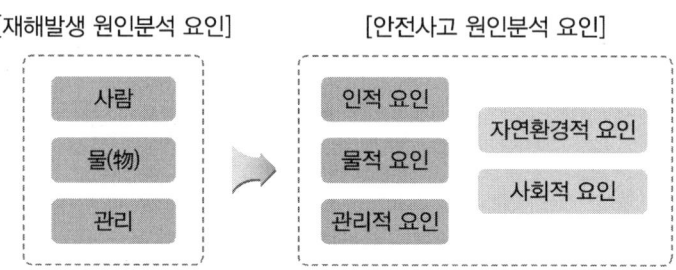

| 안전사고 원인분석 분류체계 추가사항 |

안전사고 원인분석 분류체계는 아래 표와 같이, 인적 요인, 물적 요인, 관리정책적 요인, 자연환경적 요인, 사회적 요인으로 구분하여 안전사고 원인요인 분류체계를 구분할 수 있다.

▼ 안전사고 원인요인 분류체계

대분류	중분류
인적 요인	불안전한 행동
	신체적 결함
물적 요인	불안전한 상태
	기술적 결함
관리정책적 요인	관리적 요인
	정책적 요인
자연환경적 요인	이상기후
	자연재난
사회환경적 요인	파업
	테러
	폭동
	기타

위와 같이 사고원인분석과 원인인 분류체계를 통해 특성요인도 분석기법을 활용하여 특성에 따른 크고 작은 요인들을 유형화하여 안전사고 발생의 메커니즘을 적용하였다.

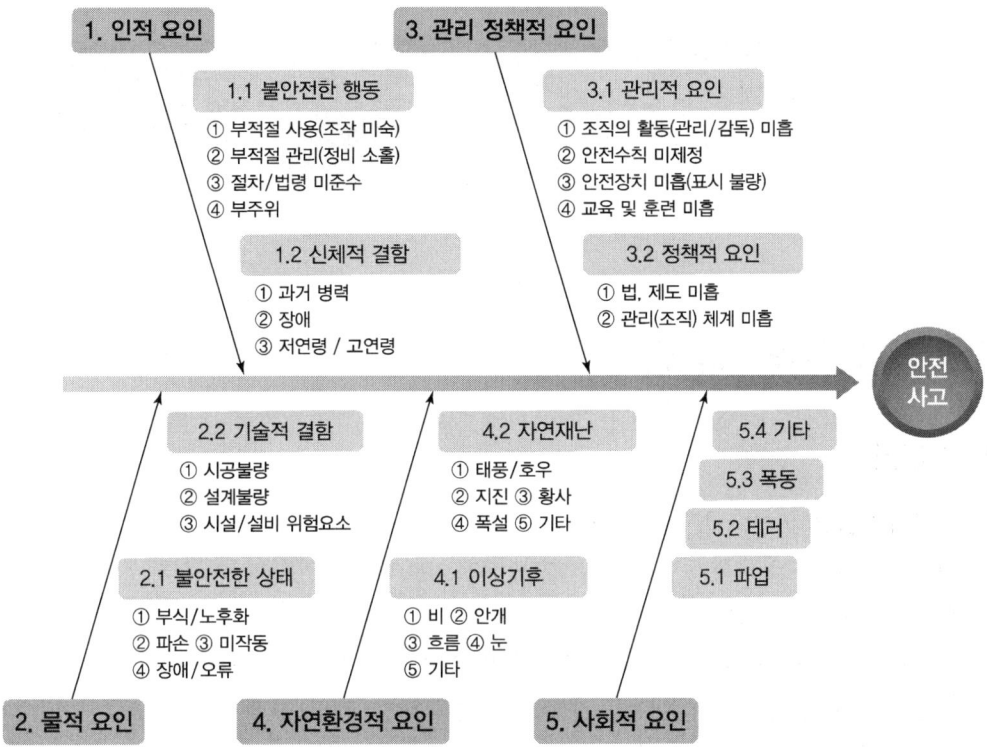

▌안전사고 발생 메커니즘 특성요인도 ▌

03 기후변화와 재난

01 기후변화와 재난환경

1. 기후변화

기상학자들은 우리나라를 포함하여 전 세계적으로 기후변화가 가속화될 것으로 전망하고 있다. 기후변화는 20세기 중반 이후 전 세계적으로 확산되었으며, 지구촌 전체가 기상이변으로 몸살을 앓고 있다.

1990년 이후 세계 평균기온 0.74℃ 상승하였으며, 지난 100년간 우리나라 6대 도시의 평균기온도 1.7℃ 상승하였다. 이는 기후변화로 인해 해양, 산림, 식생 등 한반도 주변 생태계가 급격하게 변화하고 있음을 암시하며, 향후 기상이변에 따른 지구촌의 피해는 더욱 심각해질 전망이다.

- 기온 상승 전망 ➡ 2020년대 0.9℃ ↑
  2050년대 2.0℃ ↑
  2100년대 4.2℃ ↑
- 기온 상승 결과 ➡ 2℃ 상승 – 투발루섬 침몰
  3℃ 상승 – 아마존 밀림과 알프스 만년설 증발
  6℃ 상승 – 바다생물 멸종

지난 100년간 우리나라 6대 도시의 강수량은 19% 증가, 강우일수는 14% 감소, 강우강도는 18% 증가하였다. 국립기상연구소 통계에 의하면 2000년 대비 2050년에는 15%, 2100년에는 17%로 계속해서 증가할 것으로 전망된다.

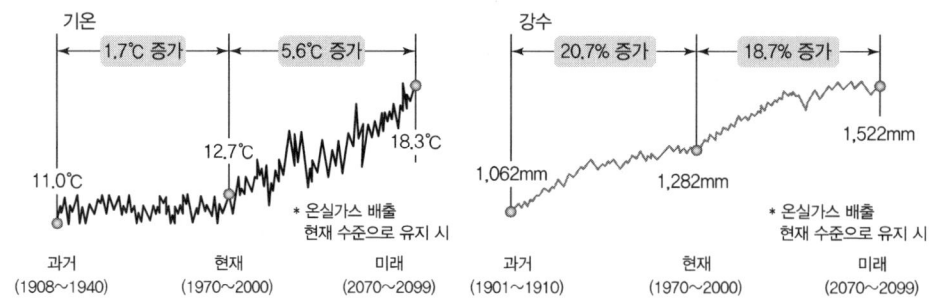

┃ 우리나라의 기후 및 강수 변화 추이(국립기상연구소) ┃

우리나라의 해수면은 지난 30년 동안(1990~2019년) 매년 3.12mm씩 상승하였다. 해역별 평균 해수면 상승률은 제주 부근(연 4.20mm)이 가장 높았고, 그 뒤로 동해안(연 3.83mm), 남해안(연 2.65mm), 서해안(연 2.57mm) 순으로 나타났다. 관측지점별로 보면 울릉도가 연 5.84mm로 가장 높았으며, 이어 제주, 포항, 가덕도, 거문도 순이었다. 최근 10년(2010~2019년)간 전 연안의 평균 해수면 상승률은 매년 3.68mm로서 과거 30년간 평균 상승률의 약 1.18배 수준으로 나타났는데, 이는 해수면이 지난 30년보다 최근 10년새 더 많이 상승했음을 보여주는 것이다. 특히, 동해안과 남해안, 제주 부근의 최근 10년간 평균 해수면 상승률은 과거 30년간 평균 상승률 대비 약 1.3배 이상 더 빠른 것이다. 동해안의 경우 지난 30년간 평균 해수면 상승률이 연 3.83mm이지만, 최근 10년간 평균 해수면 상승률은 연 5.17mm, 남해안과 제주 부근의 30년간 평균 해수면 상승률도 각각 연 2.65mm 및 4.20mm였으나, 최근 10년간 평균 해수면 상승률은 각각 연 3.63mm 및 5.69mm로 나타났다.

발생빈도 급증
→ 전 세계적 현상(지진, 태풍 등)

[규모 3.0 이상 지진]
최근 3년간 30여 회, 연간 50여 회 발생
→ 우리나라도 지진 안전지대 아님

규모의 대형화

동일본 지진(9.2 이상), 후쿠시마 원전 폭발
→ 사망·실종자 22만여 명, 피난자 33만여 명
→ 마이너스 3.7% 경제 성장률
• 우리나라의 경우 낙뢰, 강풍, 폭설 등

대규모 인명·재산피해

재난유형 다양화
→ 화재(유흥주점, 샌드위치 패널, 고층건물, 화력발전소 정전 등)
→ 시설물 붕괴, 폭발, 열차 탈선
→ 원전 방사능 사고

‖ 기후변화와 재난 ‖

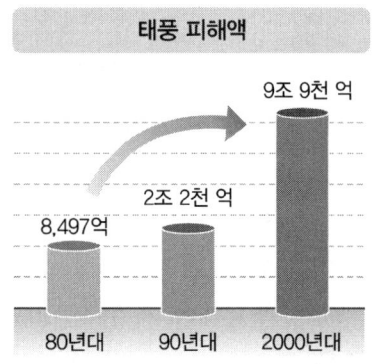 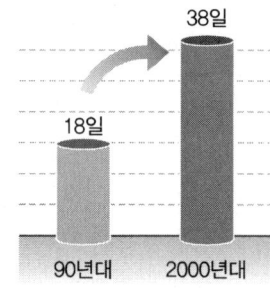

| 태풍 피해액과 집중호우 |

2. 재난의 변화

최근 대규모 태풍과 집중호우가 빈번하게 발생하고 있으며, 태풍 피해액은 매 10년 단위로 3.2배 증가하고 있다. 우리나라 자연재난 피해액은 지속적인 증가 추세에 있으며, 2000년 이후의 대형재난 피해액은 2000년 이전 연평균 피해액에 비하여 4배에 달한다. 다행히 인명피해는 지속적으로 감소추세를 보이고 있으나 도시화에 따른 복잡한 사회시스템, 국가 핵심기반 확충 등으로 인해 재산피해가 급격한 증가추세를 보이고 있다.

기상재난의 요인 중 그 피해액 분포는 태풍(46%), 호우(31%), 태풍·호우(15%)로서 태풍과 호우가 대다수를 차지한다. 80mm/일(12시간) 이상 집중호우 일수는 1990년 대비 2000년에는 2.1배 증가하였으며 집중호우, 낙뢰, 강풍, 폭설, 이상파랑 등 기상이변이 속출하고 있다.

02 환경변화에 따른 재난의 특성

1. 환경변화

최근 인구의 고령화와 노령화 등에 따른 급격한 사회구조 변화로 인해 안전의 취약성은 증가하고 있다. 또한, 대규모 감염병이 창궐하고, 가축 전염병의 국가 간 확산 등 다양한 재난이 발생하고 있다. 2009년 11월에 발생한 신종 인플루엔자, 2010년 11월에 발생한 구제역 등과 같이 새로운 유형의 재난도 발생하고 있다. 2009년 11월에 발생한 신종 인플루엔자, 2010년 11월에 발생한 구제역 등과 같이 새로운 유형의 재난도 발생하고 있다. 2010년 10월에 발생한 부산 해운대 고층아파트 화재와 2012년 9월에 발생한 구미 불산 누출사고에서 보듯이 재난안전에 대한 취약성은 새로운 사회문제가 되고 있다. 지난 기간 동안 정부대책은 재난 상황의 관리에만 집중되었으며, 지난 2014년 세월호 사건과 마찬가지로 사후약방문 수습대책이라는 부정적인 평가를 받아왔다. 또한, 다양하고 복잡한 재난과 사고유형에 대해서 범정부적 차원의 통합적 관리도 미흡한 실태이며 많은 국민이 사회 전반의 위험으로부터 불안을 느끼고 있다.

2. 재난의 특성

2014년 세월호 사건 이후 국민의 인식에는 큰 변화가 있었다. 2013년에 안전행정부가 일반국민을 상대로 시행한 안전의식조사 결과를 보면, 26.5%가 재난·안전사고·범죄로부터 '불안하다'고 응답하였으며, '보통이다'는 52.5%, '안전하다'는 21.1%로 응답하였다.[19] 전문가들도 우리나라 안전수준을 선진국에 비해 낮게 평가하고 있다. 우리나라의 안전수준은 7점 만점에 3.89점으로 평가되어 OECD 평균 4.95점보다 낮은 것으로 평가되었다. 이는 사회 전반에 걸쳐 안전불감증이 만연해 있고 안전에 대한 국민의식도 낮다는 것을 방증하는 결과이다.

2014년 10월 한국교통연구원에서 실시한 '세월호 사고 6개월 국민안전의식 변화' 설문조사 결과를 보면 세월호 사고로 국민 70.6%가 가족의 안전과 행복에 대한 인생관이 변화되었으며, 국민 72.2%가 자녀의 성적보다 안전을 더 중요하다고 여기게 변화됨을 알 수 있다. 이는 국민 70.5%가 정부의 정책이 경제성장보다 재난안전을 더 중요시해야 한다는 것으로 변화되었음을 암시한다.[20] 이와 같이 안전에 대한 국민의식이 과거와는 달리 매우 높아졌으며, 국가적으로도 기존의 안전체계를 선진화시키기 위한 지속적으로 노력이 필요함을 알 수 있다.

① 최근 발생된 재난의 특성
   ㉠ 지구 온난화로 자연재해 피해 증가(풍수해, 설해, 가뭄 등)
   ㉡ 피해의 범세계화(신종 플루, 조류인플루엔자, 구제역, 황사)
   ㉢ 도시화, 산업화, 시설 노후화로 인적 재난 증가
   ㉣ 다수기관이 관련되고 여러 유형의 재난이 관련된 복합재난 증가
   ㉤ 신종 재난(유럽 농산물 슈퍼박테리아, 지카 바이러스 등) 등장
   ㉥ 사이버 테러 증가

---

19) 안전행정부 안전의식조사('13.3~4월, 일반국민 1,100명, 전문가 38명 대상 설문)
20) 보도자료, 세월호 사고 6개월 국민안전의식 변화 설문조사 결과, 한국교통연구원, 2014

② 재난의 미래 전망

20세기	21세기
경제적 안정 요구	안전한 사회에 대한 요구
개별적 재난관리	통합적 재난관리
경험에 의존한 재난관리	과학적 체계적 재난관리
사후복구중심의 재난관리	예방 중심의 재난관리
지역적 재해 대응	국가적 재해 대응
소규모 재해(국내)	대규모 재해(국제협력)
관 주도형 재난관리	시민 참여형 재난관리
인력을 이용한 재난관리	과학기술을 이용한 재난관리

③ 환경의 변화에 따른 재난 발생 사례

1994년 성수대교 붕괴	1995년 삼풍백화점 붕괴

사망 32명, 부상 17명	사망 502명, 부상 939명

1999년 7월 경기북부지역의 기록적 폭우(3일 연속강우 752.9mm)	

연천댐 붕괴	파주 시가지 침수

2003년 태풍 매미에 따른 피해(남해 425.5mm)

부산 신간만 부두 크레인 붕괴

부산 해운대 해상호텔 전복

2003년 대구 지하철 화재 | 2005년 양양 산불

사망 192명, 부상 148명

산림 973ha 소실, 건물 544동 소실

2006년 7월 강원 인제지역의 기록적 폭우(강수량 679mm)

인제 교량 붕괴

인제 가리산리 마을 유실

2007년 태안 앞바다 기름 유출사고	2008년 숭례문 화재
 어류 대량 폐사, 양식장·어장 8천 헥타르 오염	 숭례문 전소
2010년 9월 수도권의 기록적 폭우(5시간 동안 240mm)	
 신용산역 내부 침수	 광화문 일원 침수
2010년 1월 서울지역 폭설	2011년 강원 영동지방 폭설
 서울 25.8cm	 동해 100.1cm, 강릉 89.7cm, 울진 69.5cm

2011년 7월 수도권의 기록적 폭우로 우면산 산사태 발생

2013년 5월 안성 냉동창고 화재	2014년 5월 고양종합터미널 화재

재산피해 1,366억 원, 2·3차 환경재난	사망 8명, 부상 58명

PART 02 재난유형과 국민안전

1 자연재난
1. 자연재난의 개념
2. 태풍
3. 호우
4. 대설
5. 지진
6. 황사

2 사회재난
1. 사회재난의 개념
2. 화재
3. 붕괴
4. 테러
5. 감염병

3 생활안전
1. 생활안전의 개념
2. 어린이 놀이시설의 안전
3. 어린이의 가정안전
4. 가스사고
5. 물놀이 사고

4 산업안전
1. 산업안전의 개념
2. 위험성 평가기법
3. 안전보건경영시스템(KOSHA 18001)

01 자연재난

01 자연재난의 개념[1]

1. 자연재난의 정의

자연재난(Natural Disaster)은 자연현상에 기인한 재해를 말하며, 그 원인과 결과의 형태에 따라 다양한 자연재난으로 구분할 수 있다. 우리나라는 자연재난을 태풍, 홍수, 호우, 강풍, 풍랑, 해일, 대설, 한파, 낙뢰, 가뭄, 폭염, 지진, 황사, 조류 대발생, 조수, 화산활동, 소행성·유성체 등 자연우주물체의 추락·충돌, 그 밖에 이에 준하는 자연현상으로 인하여 발생하는 재해라고 정의하고 있다.[2]

태초에 인간은 자연재난의 극복을 통해 인류문명을 이룩했으며, 자연재난을 극복하기 위하여 본능적으로 행동하였다. 예를 들어, 비를 피하고자 동굴에 들어가고, 가뭄을 극복하기 위하여 우물을 팠으며, 병충해로부터 이기기 위하여 약초를 먹었다.

이러한 자연재난은 인위적으로 완전히 근절시킬 수 없는 불가항력적인 성격을 가지고 있지만, 재난의 사전 예측에 따른 예방조치와 방어시설물의 구축 등을 통해 재난 발생 시 신속한 복구대책을 수립함으로써 재난으로 인한 피해가 확산하는 것을 최소화하거나 방지할 수 있다.

2. 자연재난의 특성

자연재난은 주로 기상과 지구의 지질작용으로 발생하게 되며, 큰 의미로 지진·화산활동 등에 의한 지질재난과 기상요인에 의한 기상재난으로 구분된다. 우리나라에서 발생하는 대부분의 자연재난은 이상 기상현상에 의해 발생하는 기상재난에 해당한다.

21세기에 들어서면서, 지구온난화 현상이 발생함에 따라 극단적인 건조나 호우가 발생하

---

[1] 재난안전 A to Z, 송창영, 2014
[2] 재난 및 안전관리 기본법 제3조(정의) [시행 2021. 6. 23.] [법률 제17698호, 2020. 12. 22., 일부개정]

고, 엘니뇨 현상으로 인해 가뭄이나 홍수가 발생할 가능성이 커졌다. 최근 자연재난의 발생 증가의 근본적인 원인은 지구온난화라 할 수 있는데 그에 따른 경제적 피해 또한 지속적으로 증가하고 있다.

자연재난 유형별 발생 건수로 보면 1980년대 중반 이후 홍수 관련 재난이 가장 빈번하게 발생하였다. 그 다음으로 태풍, 가뭄, 지질재난(지진, 화산 등)의 순서로 발생하였다. 재산 피해는 태풍, 홍수, 지진, 기타, 가뭄, 산사태의 순서로 많이 발생하였다.

3. 기상 예·경보 기준[3]

기상청의 기상특보는 주의보와 경보로 나뉜다. 주의보는 재해가 일어날 우려가 있는 경우나 사회·경제 활동에 큰 영향을 미칠 가능성이 있을 경우 이를 발표하는 예보이다. 경보는 중대한 재해가 일어날 수 있음을 경고하는 예보이다. 특보를 발표하게 되는 기상 현상의 종류는 강풍·풍랑·호우·대설·건조·해일(폭풍해일·지진해일)·한파·태풍·황사·폭염이다.

태풍의 경우, 태풍 특성상 강한 바람, 비, 풍랑을 동반하기 때문에 태풍으로 인해 풍랑주의보나 호우주의보, 강풍주의보의 기준에 도달하면 모두 태풍주의보가 발표된다. 하지만, 태풍경보는 태풍주의보와는 달리, 호우에 있어서는 총 강우량을 기준으로 하여 발표된다. 다음은 기상 현상에 따른 예·경보 기준이다.

종류	주의보	경보
강풍	육상에서 풍속 14m/s 이상 또는 순간풍속 20m/s 이상이 예상될 때. 다만, 산지는 풍속 17m/s 이상 또는 순간풍속 25m/s 이상이 예상될 때	육상에서 풍속 21m/s 이상 또는 순간풍속 26m/s 이상이 예상될 때. 다만, 산지는 풍속 24m/s 이상 또는 순간풍속 30m/s 이상이 예상될 때
풍랑	해상에서 풍속 14m/s 이상이 3시간 이상 지속되거나 유의파고가 3m 이상이 예상될 때	해상에서 풍속 21m/s 이상이 3시간 이상 지속되거나 유의파고가 5m 이상이 예상될 때
호우	6시간 강우량이 70mm 이상 예상되거나 12시간 강우량이 110mm 이상 예상될 때	6시간 강우량이 110mm 이상 예상되거나 12시간 강우량이 180mm 이상 예상될 때
대설	24시간 신적설이 5cm 이상 예상될 때	24시간 신적설이 20cm 이상 예상될 때. 다만, 산지는 24시간 신적설이 30cm 이상 예상될 때
건조	실효습도 35% 이하가 2일 이상 계속될 것이 예상될 때	실효습도 25% 이하가 2일 이상 계속될 것이 예상될 때
폭풍해일	천문조, 폭풍, 저기압 등의 복합적인 영향으로 해수면이 상승하여 발효기준값 이상이 예상될 때. 다만, 발효기준값은 지역별로 별도 지정	천문조, 폭풍, 저기압 등의 복합적인 영향으로 해수면이 상승하여 발효기준값 이상이 예상될 때. 다만, 발효기준값은 지역별로 별도 지정

---

[3] 기상특보 발표기준, 기상청, 2016

	주의보	경보
지진해일	한반도 주변해역(21~45N, 110~145E) 등에서 규모 7.0 이상의 해저지진이 발생하여 우리나라 해안가에 해일파고 0.5~1.0m 미만의 지진해일 내습이 예상될 때	한반도 주변해역(21~45N, 110~145E) 등에서 규모 7.0 이상의 해저지진이 발생하여 우리나라 해안가에 해일파고 1.0m 이상의 지진해일 내습이 예상될 때
한파	10~4월에 다음 중 하나에 해당하는 경우 ① 아침 최저기온이 전날보다 10℃ 이상 하강하여 3℃ 이하이고 평년값보다 3℃가 낮을 것으로 예상될 때 ② 아침 최저기온이 -12℃ 이하로 2일 이상 지속될 것이 예상될 때 ③ 급격한 저온현상으로 중대한 피해가 예상될 때	10~4월에 다음 중 하나에 해당하는 경우 ① 아침 최저기온이 전날보다 15℃ 이상 하강하여 3℃ 이하이고 평년값보다 3℃가 낮을 것으로 예상될 때 ② 아침 최저기온이 -15℃ 이하로 2일 이상 지속될 것이 예상될 때 ③ 급격한 저온현상으로 광범위한 지역에서 중대한 피해가 예상될 때
태풍	태풍으로 인하여 강풍, 풍랑, 호우, 폭풍해일 현상 등이 주의보 기준에 도달할 것으로 예상될 때	태풍으로 인하여 다음 중 어느 하나에 해당하는 경우 ① 강풍(또는 풍랑) 경보 기준에 도달할 것으로 예상될 때 ② 총 강우량이 200mm 이상 예상될 때 ③ 폭풍해일 경보 기준에 도달할 것으로 예상될 때
황사	황사로 인해 1시간 평균 미세먼지(PM10) 농도가 $400\mu g/m^3$ 이상으로 2시간 이상 지속될 것으로 예상될 때	황사로 인해 1시간 평균 미세먼지(PM10) 농도가 $800\mu g/m^3$ 이상으로 2시간 이상 지속될 것으로 예상될 때
폭염	일최고기온이 33℃ 이상인 상태가 2일 이상 지속될 것으로 예상될 때	일최고기온이 35℃ 이상인 상태가 2일 이상 지속될 것으로 예상될 때

02 태풍[4]

1. 태풍의 정의와 특징

세계기상기구(WMO)는 열대저기압 중에서 중심 부근의 최대풍속이 33m/s 이상인 것을 태풍(TY), 25~32m/s인 것을 강한 열대폭풍(STS), 17~24m/s인 것을 열대폭풍(TS), 그리고 17m/s 미만인 것을 열대저압부(TD)로 구분한다. 우리나라와 일본에서도 태풍을 이와 같이 구분하지만, 일반적으로 최대풍속이 17m/s 이상인 열대저기압 모두를 태풍이라고 부른다. 태풍은 따뜻하고 수증기가 많은 기온에서 공기층이 불안정할 때 발생한다. 수온이 27℃ 이상인 해면에서 주로 발생하며, 우리나라의 경우 7~10월에 주로 발생한다. 태풍이 발생하

---

[4] 태풍특보시 국민행동요령, 국민안전처, 2016

면 중심 부근에 강한 비바람을 동반하며 보통 육지에 도달할 경우 속도가 느리고 위력이 급속히 감소한다. 태풍의 발생 초기에는 서북 방향으로 진행하며, 부상하며 편서풍을 타고 북동 방향으로 진행한다. 강한 폭풍우의 범위는 태풍 중심에서 200~500km 정도이며 중심으로 갈수록 기압은 하강하고 풍속은 증가하나 중심 부근에는 바람과 구름이 없는 지역인 '태풍의 눈'이 존재한다.

2. 사고 사례

1) 2002년 태풍 루사

2002년 8월 31일 전라남도 고흥에서 강원도 속초를 관통한 태풍으로 우리나라로 상륙한 태풍 중 가장 세력이 강한 태풍이었으며, 남해상 해수면 온도가 평년보다 2~3℃ 높아 태풍 발달을 촉진시켰다.[5] 8월 23일 태풍 발생과 함께 일본 남쪽 해상을 거쳐 서귀포 동쪽 해상으로 진출하여 한반도를 관통하였고, 9월 1일 15시경 동해 북부 해상으로 빠져나갔다. 태풍 루사는 최대풍속 56.7m/s의 초강풍이었으며, 연평균 강우량(1,401.9mm)의 62%가 한번에 내린 것으로 기록되었다. 이로 인해 지방 2급 하천 및 소하천 상류부의 피해가 심하였으며, 집중호우로 인한 외수범람과 내수배제 불량으로 도심지 저지대를 중심으로 대규모 침수피해가 발생하였다. 태풍 루사는 강한 바람을 동반하여 시가지의 입간판 피해와 과수원의 낙과 피해 및 연안의 방파제 및 수산증양식 시설 등의 피해가 극심하였고, 산사태로 인한 인명피해가 많이 발생하였다. 전국적인 피해규모는 인명피해 321명(사망 209, 실종 37, 부상 75), 이재민 21,318세대 63,085명, 주택침수 27,562가구, 농경지 유실이 17,749ha이며 재산피해는 5조 1,479억 원이 발생하였다.

2) 2010년 태풍 곤파스

2010년 8월 29일 일본 오키나와 남동쪽 약 880km 부근 해상에서 강도 약, 크기 소형 태풍이 발생하였다. 8월 31일 10시경 강도는 강, 크기는 중형인 태풍으로 발달하였고 9월 2일 당초보다 빠른 속도로 중부지방에 상륙, 오전 6시 35분 강화도 남단지역에 상륙 이후 오전 10시 50분께 강원도 고성 앞바다로 빠져나간 태풍이다.

이 태풍을 통해 사망 4명, 부상 3명, 감전사로 추정되는 안전사고 1명의 인명피해가 있었고, 주택 전파 2동, 반파 27동, 침수 1동, 부분파손 488건의 주택피해가 있었다. 문학경기장 지붕막 7개 파손(인천), 실내야구연습장 전파 1동(전남 강진), 휴양림 건물 3동·차량 5대 파손(태안·서산·가평), 간판 496개(서울 492, 전북 4)의 건축물 피해가 있었고, 비

---

5) 태풍의 에너지원은 높은 수온에서 증발하는 수증기로, 우리나라의 경우 여름철 해수면 온도가 높아져 수증기를 공급받기 쉬운 조건이 되어 태풍이 발달하기 좋은 조건이 된다.[출처 : 기상청]

닐하우스 6,778동, 축사 162동, 양식장 6어가 12칸, 가두리양식장 7동의 농업시설 피해와 도복 4,658ha, 과수낙과 2,774ha, 광어 140마리 폐사의 농작물 피해가 있었다.

3. 태풍 발생 관련 국민행동요령

태풍이 발생했을 때 위치별·지역별 국민의 행동요령은 다음과 같다.

1) 태풍 대비 요령

- TV나 라디오, 인터넷을 통해 태풍의 이동경로 등의 정보를 숙지
- 가정과 집 주변의 하수구, 배수구, 빗물받이 등을 점검 및 정비
- 생필품인 비상식량, 식수, 응급 약품, 손전등 등을 사전에 준비 및 비치
- 태풍에 의해 날아갈 위험이 있는 지붕이나 물건 등을 점검하고 단단히 고정
- 거주지역이 상습침수지역이나 저지대에 위치해 있는지 사전에 확인
- 상습침수지역이나 저지대에 거주하는 주민은 피난 가능한 대피소와 대피로를 사전에 숙지
- 비상시 대처방법을 사전에 숙지하고 비상연락망 구축

2) 태풍주의보 시 대처방법

(1) 모든 지역

- TV나 라디오, 인터넷을 통해 기상예보 및 태풍 상황을 숙지
- 가정과 집 주변의 하수구, 배수구, 빗물받이 등을 수시로 점검
- 상습침수지역이나 저지대에 거주하는 주민은 대피 준비
- 공사장 근처는 여러 위험이 발생할 수 있으므로 접근 금지
- 고압전선, 전신주, 가로등, 신호등은 접근하거나 접촉 금지
- 옥내·외 전기 수리는 감전의 위험이 있으니 금지
- 운전 중일 경우 감속운행하며 친숙한 도로를 이용

- 천둥, 번개가 칠 경우 건물 안이나 낮은 곳으로 대피
- 날아갈 위험이 있는 물건 등을 다시 점검하고 단단히 고정
- 송전탑이 넘어졌을 경우 119나 시·군·구청 또는 한전에 즉시 연락
- 집안의 창문이나 출입문을 잠금
- 외출을 삼가며 특히 어린이나 노약자는 집안에 머무름
- 각종 공사장은 안전사항을 수시로 점검 및 정비

(2) 도시지역

- 간판 등 떨어지거나 날아갈 위험이 있는 물건은 단단히 고정
- 아파트 등 대형 및 고층건물의 출입문·창문 등은 닫고 잠금
- 고층건물 등의 옥상에서 낙하위험 시설물의 제거 또는 결속
- 고층건물 등의 옥상 출입 삼가

(3) 농촌지역

- 농경지의 용·배수로 점검 및 정비
- 논둑을 미리 점검하고 물꼬 조정
- 병충해 방제를 위한 조치 실시
- 산간계곡의 야영객은 안전한 곳으로 대피
- 비닐하우스 등의 농업시설물을 점검 및 정비
- 집 주변의 산사태 등 사전징후를 숙지하고 관찰
- 농기계와 가축 등을 안전한 장소로 이동

(4) 해안지역

- 바닷가 근처나 저지대에 있는 주민은 대피 준비
- 선박에 고무 타이어를 충분히 부착
- 어업활동을 금지하고 선박을 단단히 고정

- 가시설물은 철거하고, 해수욕장은 이용 금지
- 해안 저지대 위험지역 경계 및 예찰 활동 강화

3) 태풍 경보 시 대처방법

(1) 모든 지역

- TV나 라디오, 인터넷을 통해 기상예보 및 태풍 상황을 수시로 확인
- 상습침수지역이나 저지대 등 재해위험지구 주민 대피
- 옥내·외 전기설비 고장 시 수리 금지
- 모래주머니나 튜브 등을 이용하여 물이 넘쳐서 흐르는 것을 방지
- 바람에 날아갈 물건이 주변에 있다면 사전에 제거
- 운전 중일 경우 감속운행하며 친숙한 도로 이용
- 다리는 안전한지 확인한 후에 이용
- 천둥·번개가 칠 경우 가로수 주변은 피하고 건물 안이나 낮은 곳으로 대피
- 정전 시 사용 가능한 손전등을 주변에 비치하고 비상상황에 대비
- 가족이나 이웃 간의 연락망을 점검하고 비상시 대피방법을 재차 확인
- 각종 공사장의 안전 조치 및 작업 중단

(2) 도시지역

- 침수가 예상되는 건물의 지하공간에는 주차 금지
- 지하에 거주하고 있는 주민은 대피
- 건물의 간판 및 위험시설물 주변으로는 이동 및 접근 금지
- 고층아파트 등 대형·고층건물에 거주하는 주민은 유리창에 신문지나 테이프를 붙여 파손에 대비
- 아파트 등 고층건물 옥상, 지하실 및 하수도 맨홀에 접근 금지

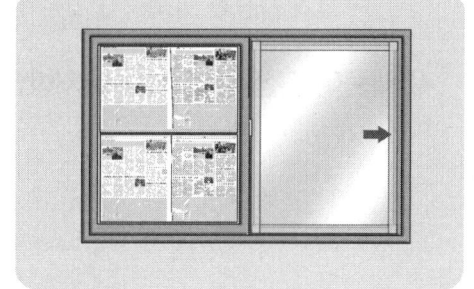

(3) 농촌지역

- 산사태 위험이 있는 주택의 경우 사전에 대피
- 농경지 침수 예방을 위해 모래주머니 등을 이용하여 하천물이 넘치는 것을 방지
- 농작물의 보호 조치 및 용·배수로 수시 점검
- 논둑을 수시로 점검하고 물꼬를 조정
- 산사태가 일어날 수 있는 비탈면 근처에 접근 금지
- 비닐하우스나 인삼재배시설 등을 단단히 고정하고 보강

(4) 해안지역

- 해안가나 항구 등에는 접근 금지
- 해안가 위험 시설물은 점검 및 임시철거
- 해안도로는 차량 운행 통제
- 해안가의 저지대 주민은 안전한 곳으로 대피
- 선박을 단단히 고정하고 어망·어구 등을 안전한 곳으로 이동
- 선박 출항은 통제하고 안전결박 및 조업 어선 신속 대피조치
- 철거 가능한 어로시설 및 수산증식시설 철거

4) 태풍이 진행 중일 때의 대처방법

(1) 집에서

- TV나 라디오, 인터넷을 통해 기상예보 및 태풍 상황을 수시로 확인
- 축대나 담장이 무너질 염려가 없는지, 바람에 날아갈 물건은 없는지 다시 한 번 확인
- 긴급 상황 시 신속하게 대피

- 가족이나 이웃, 행정기관과 연락망을 수시로 확인
- 수방자재 및 구호물자를 적극 활용

(2) 길에서

- 고압전선, 전신주, 가로등, 신호등은 접근하거나 접촉 금지
- 천둥·번개가 칠 경우 건물 안이나 낮은 곳으로 대피
- 건물의 간판 및 위험시설물 주변으로는 보행 및 접근 금지
- 산사태가 일어날 수 있는 비탈면 근처는 보행 및 접근 금지
- 물에 잠긴 도로는 가급적 피하고 조그만 개울이라도 건너지 말고 안전한 길을 이용

(3) 도로에서

- 운행 중 태풍에 따른 교통정보를 청취
- 물에 잠긴 도로나 잠수교는 운행 금지
- 친숙한 도로를 이용하며 감속운행
- 하천 등 물가 주변에 주차된 차량은 안전한 곳으로 이동
- 해안도로 운행은 금지

(4) 산에서

- 비상시를 대비하여 지정된 안전한 장소로 대피
- 행정기관과 수시로 연락하면서 권고에 따라 행동
- 자만심을 부리거나 무리한 산행 금지
- 산사태나 절개지 등 붕괴 위험지역은 접근 금지

(5) 강이나 계곡에서

- 신속히 하산하거나 급히 고지대로 대피
- 물살이 거센 계곡은 절대로 건너지 말 것
- 야영 중에 급격히 물이 불어날 때는 절대 물건에 미련을 두지 말고 몸만이라도 신속히 대피
- 낚시를 하고 있는 사람은 안전지대로 신속히 대피

(6) 공사장에서

- 작업을 중지하고 떠내려가거나 파손될 우려가 있는 기자재는 안전한 곳으로 이동
- 굴착한 웅덩이에 물이 들어가는지, 무너질 염려가 없는지를 확인하고 보강시설 등 안전대책 강구
- 하천을 횡단하는 공사장에서는 상류지역의 강우량을 지속적으로 파악하고 수위 상승에 대비하여 차량 통제
- 기타 필요한 조치를 취하여 귀중한 생명을 잃지 않도록 노력

5) 태풍이 멈춘 후 대처방법

- 파손된 상하수도나 도로를 발견하면 시·군·구청이나 읍·면·동사무소에 연락
- 비상 식수를 모두 마셨더라도 아무 물이나 마시지 말며 물은 꼭 끓인 후 섭취
- 전기·가스·수도시설은 손대지 말고 전문 업체에 연락하여 점검 후 사용
- 침수된 집안은 가스가 차 있을 수 있으니 환기
- 사유시설 등에 대한 보수·복구 시에는 반드시 사진 촬영
- 연약해진 제방이 붕괴될 수 있으니 제방 근처에 접근 금지

- 파손된 전기시설은 손으로 만지거나 접근 금지
- 늘어진 고압선이나 전선주에 접근 금지
- 습기 찬 곳에서 가전도구 건조 금지
- 태풍이 멈추었다고 해서 방심은 절대 금물

03 호우[6]

1. 호우의 정의와 특징[7]

호우는 일반적으로 많은 비가 오는 것을 의미하며 대우나 강우 등과 같은 뜻으로 사용한다. 단시간에 많은 비가 오는 것을 강우 또는 집중호우라고 하고, 반드시 단시간에 제한되지 않고 총 강수량이 많은 것을 호우라고 하며, 홍수 및 침수 등의 피해를 발생시키는 정도의 많은 비를 뜻한다.

한반도의 호우는 주로 여름철 장마전선 상에서 나타나는 경우가 많고, 태풍 내습 시에도 호우를 동반한다. 또한, 봄철에 발달한 저기압이 한반도를 통과할 때도 많은 비가 오는 경우가 많다.

대체로 여름철 우리나라에 정체전선의 형태로 머물면서 오랫동안 비를 내리거나 흐린 날씨가 지속될 때를 장마라고 하며, 보통 한 시간에 30mm 이상의 비가 내리거나 하루에 80mm 이상 또는 하루 강수량이 연 강수량의 10% 이상의 비가 내릴 때를 집중호우라고 한다. 또한, 시간당 최고 80mm 이상의 비가 순식간에 직경 5km의 좁은 지역에 양동이로 퍼붓듯이 쏟아지는 폭우를 국지성 집중호우라고 하며, 오랜 기간 빠른 속도로 비구름대를 진행하며 동시다발적으로 넓은 지역에 비를 내리는 현상을 게릴라성 집중호우라 한다. 다음 표는 호우의 통보 구분과 그 내용을 나타낸다.

▼ 호우의 통보

구분	내용
호우정보	호우의 발생이 예상되어 사전에 주의를 환기시킬 필요가 있을 때
호우주의보	24시간 강우량이 80mm 이상 예상되고 재해가 일어날 우려가 있을 때
호우경보	24시간 강우량이 150mm 이상 예상되고 재해가 일어날 우려가 있을 때

---

6) 호우특보시 국민행동요령, 국민안전처, 2016
7) 재난상황관리 정보 제10호 호우, 소방방재청, 2014

2. 사고 사례

1) 2011년 수도권의 집중호우[8]

2011년 7월 26~28일까지 서울, 경기도, 강원도 영서지역에 집중호우가 내려 서울 강남 지역이 침수되고 우면산 산사태가 발생하였다. 중부지방에서는 7월 27일 단 하루 동안 이 지역 연평균 강수량인 1,100~1,400mm의 약 1/4 정도가 내렸다. 특히 서울은 시간당 87mm의 집중호우 발생으로 우면산 산사태가 발생하게 되었고 이로 인해 사망 57명, 실종 12명의 인명피해가 발생하였으며 주택 파손, 차량 침수, 정전 등 약 2천 5백억 원의 재산피해가 발생하였다.

2) 2010년 추석 서울, 경기도의 집중호우

2010년 9월 21일 추석 연휴 첫날 서울 전역과 경기도 지역, 영월 등 강원도 영서 일부 지역에 집중호우가 발생하여 광화문 일대가 물에 잠기고 지하철 운행이 중단되었으며, 중심가 도로 및 주택이 침수되는 등 큰 피해가 발생하였다. 이날 하루 동안 서울에서 내린 비는 259.5mm로, 서울의 9월 평균 강수량인 170mm의 1.5배에 이르는 정도였다. 9월 하순 일강수량으로는 1907년 관측 시작 이래 가장 많은 비가 내린 것으로 기록되었다.

3. 호우 발생 관련 국민행동요령

호우 발생 시 위치별·지역별 국민행동요령은 다음과 같다.

1) 호우 대비 요령

- TV나 라디오, 인터넷을 통해 호우정보 숙지
- 가정과 집 주변의 하수구, 배수구, 빗물받이 등을 점검 및 정비
- 생필품인 비상식량, 식수, 응급 약품, 손전등 등을 사전에 준비 및 비치
- 지붕이나 벽의 틈새로 빗물이 새는 곳이 있는지 점검 및 정비
- 빗물받이 덮개를 제거하고, 주변을 점검 및 정비
- 거주지역이 상습침수지역이나 저지대에 위치해 있는지 사전에 확인

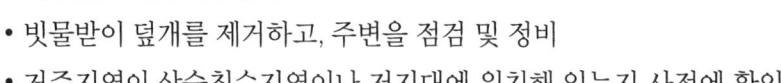

---

8) 2011년 이상기후 보고서, 산림청, 2011

- 상습침수지역이나 저지대에 거주하는 주민은 피난 가능한 대피소와 대피로를 사전에 숙지
- 비상시 대처방법을 사전에 숙지하고 비상연락망 구축

2) 호우주의보 시 대처방법

(1) 모든 지역

- TV나 라디오, 인터넷을 통해 기상예보 및 호우상황 숙지
- 가정과 집주변의 하수구, 배수구, 빗물받이 등을 수시로 점검
- 상습침수지역이나 저지대에 거주하는 주민은 대피 준비
- 공사장 근처는 여러 위험이 발생할 수 있으므로 접근 금지
- 고압전선, 전신주, 가로등, 신호등은 접근하거나 접촉 금지
- 옥내·외 전기 수리는 감전의 위험이 있으니 금지
- 운전 중일 경우 감속운행하며 친숙한 도로를 이용
- 천둥·번개가 칠 경우 건물 안이나 낮은 곳으로 대피
- 물에 떠내려갈 위험이 있는 물건은 안전한 장소로 이동
- 바람에 지붕이 날아가지 않도록 점검 및 정비
- 송전탑이 넘어졌을 경우 119나 시·군·구청 또는 한전에 즉시 연락
- 집안의 창문이나 출입문을 잠금
- 외출을 삼가며 특히 어린이나 노약자는 집안에 머무름
- 각종 공사장은 안전사항을 수시로 점검 및 정비

(2) 도시지역

- 아파트 등 대형 및 고층건물의 출입문·창문 등은 닫고 잠금
- 건물의 지하주차장에는 주차 삼가
- 지하에 거주하는 주민은 대피 준비

(3) 농촌지역

- 농경지의 용·배수로를 점검 및 정비
- 논둑을 미리 점검하고 물꼬를 조정
- 비닐하우스 등의 농업시설물을 점검 및 정비
- 농작물을 보호하기 위한 조치 실시
- 집 주변의 산사태 등 사전징후를 숙지하고 관찰
- 농기계나 가축 등을 안전한 장소로 이동
- 소하천 및 간이 취입보 등의 점검 및 정비

(4) 해안지역

- 해안가 근처나 저지대에 있는 주민은 대피 준비
- 선박에 고무타이어를 충분히 부착
- 어업활동을 금지하고 선박을 단단히 고정
- 가시설물을 철거하고 해수욕장 이용 금지
- 해안 저지대 위험지역 경계 및 예찰 활동 강화
- 선박 출항의 통제 및 조업 어선 신속 조치
- 수산·양식시설물 점검

3) 호우경보 시 대처방법

(1) 모든 지역

- TV나 라디오, 인터넷을 통해 기상예보 및 호우상황을 수시로 확인
- 상습침수지역이나 저지대 등 재해위험지구 주민은 대피
- 옥내·외 전기설비 고장 시 수리 금지

- 모래주머니나 튜브 등을 이용하여 물이 넘쳐서 흐르는 것을 방지
- 운전 중일 경우 감속운행하며 친숙한 도로 이용
- 다리는 안전한지 확인한 후 이용
- 천둥·번개가 칠 경우 가로수 주변은 피하고 건물 안이나 낮은 곳으로 대피
- 정전 시 사용 가능한 손전등을 주변에 비치하고 비상상황에 대비
- 가족이나 이웃 간의 연락망을 점검하고 비상시 대피방법을 재차 확인
- 각종 공사장의 안전 조치 및 작업 중단
- 위험물질이나 위험시설물은 사전에 제거

(2) 도시지역

- 침수가 예상되는 건물의 지하공간에는 주차 금지
- 지하에 거주하는 주민은 대피
- 고속도로 이용 차량은 감속운행
- 침수가 예상되는 건물의 지하 공간은 영업중지 및 대피조치
- 지하실 및 하수도 맨홀에 접근 금지
- 침수도로구간의 보행 및 접근 금지

(3) 농촌지역

- 산사태 위험이 있는 주택의 경우 사전에 대피
- 농경지 침수 예방을 위하여 모래주머니 등을 이용하여 하천 물이 넘치는 것을 방지
- 농작물의 보호 조치 및 용·배수로 수시 점검
- 논둑을 수시로 점검하고 물꼬를 조정
- 산사태가 일어날 수 있는 비탈면 근처에 접근 금지
- 비닐하우스나 인삼재배시설 등을 단단히 고정하고 보강

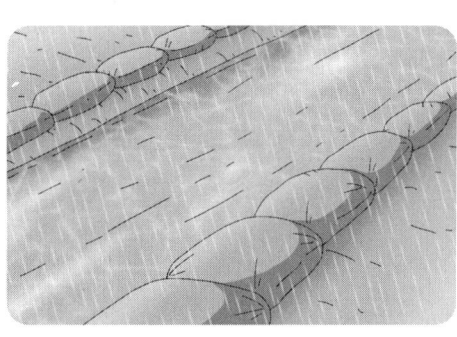

(4) 해안지역
- 해안가나 항구 등에는 접근 금지
- 해안도로는 차량 운행 통제
- 해안가의 저지대 주민은 안전한 곳으로 대피
- 선박을 단단히 고정하고 어망·어구 등을 안전한 곳으로 이동
- 선박 출항은 통제하고 안전결박 및 조업 어선 신속 대피 조치 실시

4) 호우가 진행 중일 때의 대처방법

(1) 집에서
- TV나 라디오, 인터넷을 통해 기상예보 및 호우상황을 수시로 확인
- 천둥·번개가 치면 전기기구 스위치를 끄고 콘센트를 분리
- 긴급 상황 시 신속하게 대피
- 욕조에 물을 저장하여 상수도 오염에 대비
- 대피 시 중간밸브뿐만 아니라 계량기 옆의 메인 밸브까지 잠금
- 가족이나 이웃, 행정기관과 연락망을 수시로 확인
- 수방자재 및 구호물자를 적극 활용
- LP 가스를 사용하는 가정은 용기에 부착된 용기밸브를 잠그고 체인 등을 이용하여 안전한 장소에 고정

(2) 길에서
- 천둥이나 번개가 칠 때는 우산을 쓰지 말고 전신주나 큰 나무 아래를 피하여 근처 큰 건물 안으로 대피
- 조그만 교량이나 개울이라도 건너지 말고 안전한 길을 이용
- 침수 지역에서 불가피하게 이동해야 하는 경우 부유물 등을 이용

- 고압전선, 전신주, 가로등, 신호등은 접근하거나 접촉 금지

(3) 도로에서

- 운행 중 호우에 따른 교통정보를 청취
- 물에 잠긴 도로나 잠수교는 차량 운행 금지
- 친숙한 도로를 이용하며 감속운행
- 하천 등 물가 주변에 주차된 차량은 안전한 곳으로 이동
- 침수된 지역에서 자동차 운행 금지
- 해안도로는 차량 운행을 통제

(4) 산에서

- 비상시를 대비하여 지정된 안전한 장소로 대피
- 휴대용 랜턴, 라디오, 밧줄, 구급약품 등을 준비
- 행정기관과 수시로 연락하며 권고에 따라 행동
- 자만심을 부리거나 무리한 산행 금지
- 집중호우 시, 나무 등을 걸쳐 놓은 임시다리 이용 금지

(5) 강이나 계곡에서

- 신속히 하산하거나 급히 고지대로 대피
- 기상관측에 잡히지 않는 게릴라성 집중호우에 유의
- 물살이 거센 계곡은 절대로 건너지 말 것
- 야영 중에 급격히 물이 불어날 때는 절대 물건에 미련을 두지 말고 몸만이라도 신속히 대피
- 낚시를 하고 있는 사람은 안전지대로 신속히 대피

(6) 공사장에서

- 작업을 중지하고 떠내려가거나 파손될 우려가 있는 기자재들은 안전한 곳으로 이동
- 굴착한 웅덩이에 물이 들어가는지, 무너질 염려가 없는지를 확인하고 보강시설 등 안전대책 강구
- 하천을 횡단하는 공사장에서는 상류지역의 강우량을 지속적으로 파악하고 수위 상승에 대비하여 차량 통제
- 기타 필요한 조치를 취하여 귀중한 생명을 잃지 않도록 노력

5) 호우가 멈춘 후 대처방법

- 파손된 상하수도나 도로가 있다면 시·군·구청이나 읍·면·동사무소에 연락
- 비상 식수를 모두 마셨더라도 아무 물이나 마시지 말며 물은 꼭 끓여서 섭취
- 전기·가스·수도시설은 손대지 말고 전문 업체에 연락하여 점검 후 사용
- 침수된 집안은 가스가 차 있을 수 있으니 환기
- 물에 젖었던 가스보일러는 반드시 점검을 받은 후 사용
- 사유시설 등에 대한 보수·복구 시에는 반드시 사진 촬영 실시
- 연약해진 제방이 붕괴될 수 있으니 제방 근처에 접근 금지
- 파손된 전기시설은 손으로 만지거나 접근 금지
- 늘어진 고압선이나 전선주에는 접근 금지
- 습기 찬 곳에서 가전도구 건조 금지
- 물에 몸이 젖은 경우 깨끗이 샤워
- 호우가 멈추었다고 해서 방심은 절대 금물

04 대설[9]

1. 대설의 정의와 특징

대설은 아주 많이 내리는 눈을 의미하며 24절기 중 21번째 절기로 소설과 동지 사이에 있는 절기를 의미하기도 한다. 대설은 일 년 중 눈이 가장 많이 내리는 절기로 음력 11월, 양력으로는 12월 7~8일 무렵에 해당하며 태양의 황경은 255도에 도달한 때를 말한다. 그러나 이는 중국 화북지방의 기후를 기준으로 한 것으로 우리나라의 경우 눈이 많이 내리지 않는 경우도 많으며 12월보다 오히려 1월이나 2월에 평균적으로 더 많은 눈이 내린다.

저기압이 우리나라를 통과할 때 남풍으로 유입된 온습한 수증기가 차가운 공기와 만나는 저기압의 북동쪽에서 주로 많은 눈이 내리며, 동해안 지방은 지형적 영향이 가세하여 동해상의 수증기가 유입되며 지속적으로 많은 눈이 내린다. 시베리아 고기압이 확장하며 한파가 몰려올 때 매우 찬 공기가 서해상의 따뜻한 해수면 위를 지나면서 낮은 눈구름이 발달하고 북서풍을 따라 충청도 서해안과 전라도 서해안으로 밀려와 해안지방을 중심으로 지속적인 눈을 내린다. 특히 영동지방의 경우 태백산맥을 넘는 습윤 공기와 동해에 위치한 찬 북동 기류가 만나는 현상이 대설의 원인이 된다.

대설은 교통을 마비시키므로 운송과 유통 등의 업종에 영향을 주며, 비닐하우스 등의 약한 구조물을 훼손하여 농가에 피해를 준다. 또한, 심한 교통정체를 일으키고 각종 구조물의 붕괴에 따른 재산피해와 인명피해를 발생시키기도 한다.

우리나라는 24시간 신적설량이 5cm 이상 예상될 때 대설주의보를 통보하며, 24시간 신적설량이 20cm 이상 예상될 때(산지는 30cm 이상 예상될 때) 대설경보를 통보한다.

2. 사고 사례[10]

1) 2004년 중부지역의 폭설[11]

2004년 3월, 이틀에 걸쳐 서울, 경기도를 비롯한 중부지역에 폭설이 내렸다. 기상 관측 이래 3월 중 최고 적설량 기록을 갱신한 것으로, 서울은 18.5cm의 적설을 기록하였다. 갑작스러운 폭설로 경부고속도로 등이 마비되어 최고 37시간 동안 고속도로 안에서 발이 묶이기도 하였다. 도시 기능이 마비되어 내린 눈을 전부 치우는 데 일주일 이상이 소요되었으며, 이로 인한 피해액은 6,734억 원에 달한다.

---

9) 대설, 이관호, 2010 / 대설특보시 국민행동요령, 국민안전처, 2016
10) 생활안전 길라잡이 1, 서울시, 2013
11) 2004년도 기상연감, 기상청, 2004

2) 2010년 서울, 수도권의 폭설

2010년 1월 수도권에 평균 20cm 안팎의 기록적인 폭설이 내렸다. 특히 서울은 하루 동안 최대 25.8cm의 눈이 쌓여, 관측 사상 최대 신적설을 기록하였다. 서울 주요 도로에서 극심한 교통 혼잡이 빚어졌고, 인왕산길·북한산길 등 도로 곳곳의 통행이 통제되었다. 폭설로 크고 작은 교통사고가 급증했고, 운전자들의 운전 포기로 보험사들의 긴급출동 서비스 이용전화가 폭주하였다.

3. 대설 발생 시 국민행동요령

대설 발생 시 위치별·지역별 국민행동요령은 다음과 같다.

1) 대설 대비 요령

- TV나 라디오, 인터넷을 통해 대설정보를 숙지
- 교통통제 및 교통상황 파악을 생활화
- 지하철이나 버스 등 대중교통 이용을 생활화
- 노후화된 아파트나 건축물의 안전점검 및 정비
- 녹은 눈의 원활한 배수를 위해 배수로 점검 및 정비
- 자택이나 이동로 제설을 위한 염화칼슘이나 모래 등을 준비
- 자택 앞의 제설을 위한 눈삽 등의 제설장비를 사전에 준비
- 생필품인 비상식량, 식수, 응급 약품, 손전등 등을 사전에 준비
- 비상시를 대비하여 피난 가능한 대피소와 대피로를 사전에 숙지

2) 대설주의보 및 경보 시 대처방법

(1) 모든 지역

- TV나 라디오, 인터넷을 통해 대설 상황을 파악
- 제설장비와 염화칼슘 등을 사용하기 용이한 장소에 비치
- 노후하거나 약한 주택의 거주자는 이웃이나 친척 집으로 대피

- 가능한 외출을 삼가고 특히 노약자나 어린이는 집안에 머무름
- 외출 시에는 행선지와 일정을 가족이나 동료에서 미리 일러둠
- 옥내·외 전기 수리는 감전의 위험이 있으니 금지
- 각종 공사장은 안전사항을 수시로 점검 및 정비

(2) 도시지역

- 출퇴근은 가능한 자가용 대신 버스나 지하철 등 대중교통 이용
- 원활한 제설 작업을 위하여 도로변에 차량 주차 금지
- 평소보다 일찍 출근하거나 등교하고 일찍 귀가
- 아파트나 대형 건물의 과도한 난방으로 인한 전열기 과부하 주의

(3) 농촌지역

- 비닐하우스 등 작물재배시설의 붕괴를 방지하기 위하여 받침대를 보강하는 등의 조치 실시
- 하우스의 골조를 보호하기 위하여 작물을 재배하지 않는 빈 하우스는 비닐을 걷어냄
- 외진 장소에 위치한 이웃에게 수시로 연락하여 안전을 확인
- 온실작물의 동해 방지를 위해 적절한 보온을 실시
- 하우스나 온실 주변의 배수로를 정비하여 녹은 눈이 스며들지 않도록 예방
- 축사 등의 붕괴를 방지하기 위하여 안전 점검 및 정비 실시

(4) 해안지역

- 대설에 따른 한파에 대비하기 위하여 월동장을 설치
- 보온장비나 방풍망을 설치하여 육상양식장의 보온 조치

- 육상 장양식의 붕괴를 방지하기 위하여 안전 점검 및 정비 실시
- 양식어류가 동사 시 냉동 저장하여 판매함으로써 피해를 최소화
- 방파제나 선착장 등 접근을 삼가
- 각종 선박의 화물을 내리고 대설로 인한 위험 예방 조치 실시
- 주민이나 낚시객 등 해안가 접근 삼가
- 선박의 입출항을 통제하고 결박 조치

3) 대설이 진행 중일 때의 대처방법

(1) 집에서

- TV나 라디오, 인터넷을 통해 기상 예보 및 대설상황을 수시로 확인
- 자택 앞에 쌓인 눈은 자신이 제설하는 주민정신 발휘
- 자택 주변이나 이동로의 빙판에는 염화칼슘이나 모래 등을 뿌려 미끄럼 사고 예방
- 가능한 외출을 삼가고 특히 노약자나 어린이는 집안에 머무름
- 노후가옥의 붕괴사고를 예방하기 위하여 안전 점검 및 정비
- 비상시 언제든 대피할 수 있도록 준비
- 가족이나 이웃, 행정기관과 연락망을 수시로 확인

(2) 길에서

- 빙판길에 주의하며 이동
- 등산화나 바닥면이 넓은 운동화를 착용하여 미끄러지는 것을 방지
- 미끄러운 길을 보행 시에는 주머니에 손을 넣지 말고 보온장갑을 착용
- 보행 시에는 핸드폰의 사용 등을 삼가
- 횡단보도를 건널 때에는 차량이 멈춘 것을 확인 후 횡단
- 육교 등의 계단을 오르내릴 때에는 난간을 붙잡고 보행
- 야간 보행은 여러 위험이 발생할 수 있으므로 조속히 귀가

- 야간 보행 시에는 밝은 길을 이용하고 도로로의 보행은 절대 금지

(3) 도로에서

- 라디오 등을 통하여 교통상황 청취
- 자가용 차량의 이용은 가능한 삼가고 버스나 지하철 등 대중교통 이용
- 출발 전 기상정보와 교통정보를 숙지
- 만일을 대비하여 목적지까지의 우회도로를 사전에 숙지
- 대설로 인한 차량 고립 등에 대비하여 생필품을 차량에 휴대
- 가능한 국도를 이용하며 고속도로 이용은 삼가
- 체인 등의 대설 대비용 장비를 차량에 휴대 및 장착
- 결빙구간이나 고가도로 등을 운행 중에는 감속 운전
- 바닥이 미끄러운 지하철 공사구간의 복공판 통행 시에는 감속 운전
- 차량 간의 안전거리를 유지하며 브레이크 사용을 자제
- 브레이크 사용 시에는 엔진브레이크를 사용
- 눈길에서의 제동거리를 고려하여 교차로나 횡단보도 등을 통과 시에는 서행 운전

(4) 대설에 의해 차량이 고립되었을 때

- 당황하지 말고 침착하게 도로관리기관이나 119, 경찰서 등에 도움을 요청
- 가족이나 지인들에게 상황을 알리고 구조기관에 협조할 것을 요청
- 불필요한 휴대폰의 사용을 삼가여 비상시 연락에 대비
- 라디오나 휴대폰을 이용하여 교통상황이나 차량 고립 시 행동요령을 숙지한 후 행동
- 몸을 가볍게 움직이거나 담요 등을 이용하여 체온 유지
- 차량의 히터 작동 시에는 창문을 조금 열어 두는 등의 환기 조치 실시
- 차량 주변을 제설하고 동승자가 있을 시에는 교대로 휴식

(5) 산에서

- 등산 시에는 겨울 등산 장비를 완벽히 갖춘 후 등반
- 비상시 눈사태에 대비하여 지정된 안전한 장소로 대피
- 휴대용 랜턴, 라디오, 밧줄, 구급약품 등을 휴대
- 행정기관과 수시로 연락하며 권고에 따라 행동
- 자만심을 부리거나 무리한 산행 금지

(6) 공사장에서

- 타워크레인 등의 작업을 중지
- 각종 기자재를 안전한 장소로 이동
- 안전화나 안전줄 등의 각종 안전장비 착용
- 기타 필요한 안전조치를 취하여 귀중한 생명을 잃지 않도록 노력

4) 대설이 멈춘 후 대처방법

- 가스, 수도, 전기 등 공급관을 조사하고, 작동 여부를 확인
- 파손된 상하수도나 도로를 발견하면 시·군·구청이나 읍·면·동사무소에 연락
- 부상자나 고립된 사람이 있는지 철저히 수색
- 사유시설 등에 대한 보수·복구 시에는 반드시 사진 촬영
- 파손된 전기시설은 손으로 만지거나 접근 금지
- 자신의 집 피해가 크더라도 절대 흥분하지 말고 침착하게 처리
- 대설이 멈추었다고 해서 방심은 절대 금물

05 지진[12]

1. 지진의 정의와 특징

1) 지진의 정의

지진은 지구 내부에 지각변동이 발생하면 그 충격으로 생긴 에너지가 순간적으로 방출되면서 그 에너지의 일부가 지진파의 형태로 사방으로 전파되어 지표면까지 도달하여 지반이 흔들리는 현상을 의미한다. 지진과 관련된 용어를 정리하면 다음과 같다.

- 진원 : 지진이 발생할 때 지반의 파괴가 시작된 위치로, 지진파가 발생한 지점
- 진앙 : 진원의 바로 위 지표면의 지점
- 규모 : 지진으로 방출되는 에너지를 지진계로 측정한 크기
- 진도 : 지진으로 인해 땅이나 사람 또는 다른 물체들이 흔들리고 파괴되는 정도를 미리 정해놓고 등급으로 나타낸 것

▼ 지진의 규모와 진도에 따른 현상

규모	진도		현상 설명
1.0~2.9	I	I	특별히 좋은 상태에서 극소수의 사람만이 느낌
3.0~3.9	II~III	II	건물의 위층에 있는 소수의 사람만이 느낌
		III	• 실내, 특히 건물 위층에 있는 사람들이 뚜렷하게 느낌 • 정지하고 있는 차가 약간 흔들리며, 트럭이 지나가는 듯한 진동 • 지속시간이 산출됨
4.0~4.9	IV~V	IV	• 실내에서는 많은 사람이 느끼나, 야외에서는 거의 느끼지 못함 • 밤에는 일부 사람이 잠을 깸 • 그릇, 창문, 문 등이 흔들리며 벽이 갈라지는 듯한 소리를 냄 • 대형 트럭이 건물에 부딪히는 듯한 느낌을 줌 • 정지한 차가 뚜렷하게 흔들림
		V	• 거의 모든 사람이 느낌 • 많은 사람이 잠에서 깸 • 그릇과 창문이 깨지기도 하며, 고정되지 않은 물체는 넘어지기도 함
5.0~5.9	VI~VII	VI	• 모든 사람이 느낌 • 많은 사람이 놀라 대피함 • 무거운 가구가 움직이기도 하며, 건물 벽에 균열이 생기기도 함

---

12) 생활안전 길라잡이, 서울시, 2013 / 지진 발생 시 행동요령, 국민안전처, 2016

규모	진도	현 상 설 명
5.0~5.9	Ⅵ~Ⅶ	Ⅶ	• 모든 사람이 놀라 뛰쳐나옴 • 설계와 건축이 잘 된 건축물에서는 피해를 무시할 수 있으나, 보통 건축물은 약간의 피해 발생 • 부실 건축물은 상당한 피해 발생 • 굴뚝이 무너지기도 하며, 운전자도 지진동을 느낄 수 있음
6.0~6.9	Ⅷ~Ⅸ	Ⅷ	• 특수 설계된 건축물에 약간의 피해 발생 • 일반 건축물에도 부분적인 붕괴 등 상당한 피해 발생 • 부실 건축물은 극심한 피해 발생 • 상품, 굴뚝, 기둥, 기념비, 벽돌이 무너짐
		Ⅸ	• 특수 설계된 건축물에도 상당한 피해 발생 • 견고한 건축물에 부분적 붕괴 발생 • 지표면에 균열 발생 • 지하 송수관 파손
7.0 이상	Ⅹ~Ⅻ	Ⅹ	• 대부분의 건축물이 기초와 함께 부서짐 • 지표면에 심한 균열이 생김 • 철로가 휘고 산사태가 발생함
		Ⅺ	• 남아 있는 건축물이 거의 없으며, 지표면에 광범위한 균열이 생김 • 지표면이 침하하고 철로가 심하게 휨
		Ⅻ	• 전면적인 파괴 상황 발생 • 지표면에 파동이 보임 • 수평면이 뒤틀리며 건물이 하늘로 던져짐

2. 사고 사례

1) 2011년 일본 도호쿠 지방 태평양 해역의 지진(동일본 대지진)

동일본 대지진으로 불리는 도호쿠 지방 태평양 해역 지진은 2011년 3월 11일 14시 46분경 일본 해저의 태평양판과 북미판이 충돌한 것이 원인이 되어 동일본 미야기 현 센다이 동쪽 179km 지점의 산리쿠오키(三陸沖) 해역에서 일본 지진관측사상 최대의 지진으로 규모 9.0의 강진이 발생하였다. 지진으로 이와테(岩手)현에서 이바라키(茨城)현에 걸친 약 400km² 지역이 지진 및 최대 8.5m 높이가 넘는 쓰나미의 영향을 받아 인적·물적으로 큰 피해를 입었다. 무엇보다 지진해일의 영향으로 후쿠시마현 소재의 동경전력 원자력발전소(제1원전)에 전기 공급이 중단되면서 핵 연료봉이 공기 중으로 노출되는 심각한 긴급사태가 발생했다. 사회·경제적 피해 또한 적지 않았는데, 지바현 이치하라 정유공장에서는 대형 화재가 발생했고 제철소가 폭발했으며, 주요 항구에서 하역작업에 막대한 차질이 발생하는 등 자동차, 철강, 정유, 전력, 반도체, 물류 등 산업 전반에서 피해가 확산되었다.

이 지진으로 인해 사망 15,879명, 실종 2,712명, 부상 6,126명, 간접적 요인에 의한 재해 관련 사망자 2,303명이 발생하였다.

2) 2010년 아이티 대지진

2010년 1월 12일 16시 53분, 규모 7.0의 강진이 아이티의 수도 포르토프랭스(인구 200만 명) 인근에서 발생하였다. 포르토프랭스 남쪽에 위치하는 '엔리키요 플랜틴 가든[13]' 단층이 서로 역방향으로 이동하는 주향이동 단층[14]운동이 일어나면서 발생한 아이티 지진은 '엔리키요 플랜틴 가든' 단층 약 40km에 걸쳐서 발생하였다. 지진 발생 후 규모 5.9, 5.5의 강한 여진이 50여 차례 추가로 발생했다.

이 지진으로 인해 사망자 15만 명, 부상자 25만 명, 이재민이 100~150만 명이 발생하였으며, 재산 피해는 약 79억 달러로 2009년 아이티 GDP의 약 1.2배 수준이었다.

3. 지진 발생 관련 국민행동요령

지진 발생 시 위치별·지역별 국민행동요령은 다음과 같다.

1) 지진 대비 요령

- 냉장고나 장롱 등의 대형 가구는 넘어지지 않도록 사전에 고정 조치
- 안전한 공간을 확보할 수 있도록 가구 배치
- 찬장 등의 문을 고정기구로 고정하여 물건이 쏟아지는 것을 방지
- 투명 필름 등을 이용하여 창문의 유리가 깨졌을 때 흩어지는 것을 방지

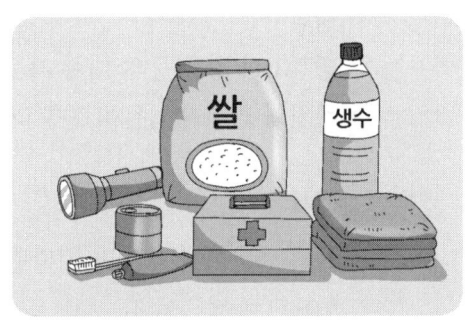

- 평소 실내용 슬리퍼를 준비하여 유리 등이 깨졌을 시에 대비
- 높은 곳의 물건을 정리하여 지진에 의해 낙하하면서 발생할 수 있는 피해를 예방
- 수면 시 머리를 두는 위치에는 무겁거나 깨지기 쉬운 물건을 사전에 제거
- 열기구 등은 각별히 주의하여 안전한 장소에 보관 및 관리

---

13) 2010년 1월 12일 발생한 아이티 대지진은 나라의 남쪽 절반을 가로지르는 '엔리키요 플랜틴 가든' 단층에서 발생한 것으로 '엔리키요 플랜틴 가든' 단층은 카리브판과 북미판 경계에 있다.
14) 주향이동 단층(Strike-slip Fault, 走向移動斷層)은 단층면을 따라 수평으로 이동된 단층으로, 엔리키요 플랜틴 가든 단층이 주향이동 단층임. 주향이동 단층은 단층면을 따라 천발지진(진앙 0~70km)이 발생하는 것이 특징임

- 소방기구는 불을 사용하는 장소의 주위나 비상시 신속하게 사용할 수 있는 장소에 비치
- 생필품인 비상식량, 식수, 응급 약품, 손전등 등을 사전에 준비
- 비상시 대처방법을 숙지하고 가족이나 이웃 등 비상연락망을 구축
- 비상시 대피장소와 대피로를 사전에 숙지

2) 지진 발생 시 대처방법

(1) 집에서

- 책상이나 테이블 밑으로 몸을 피신하고 테이블 등이 없을 때는 방석 등을 이용하여 머리를 보호
- 지진 발생 시 소방차의 출동이 어려우므로 화재가 발생하면 가족 및 이웃과 협력하여 적극적으로 화재를 진압
- 유리창이나 간판이 지진에 의해 떨어질 수 있으므로 무작정 밖으로 대피하는 것은 위험
- 냉장고나 장롱 등의 대형 가구가 넘어질 수 있으므로 접근 금지
- 지진에 의해 출입문이 변형되어 열리지 않을 수 있으므로 신속히 출구를 확보

(2) 길에서

- 블록 담장이 무너지면서 깔릴 수 있으므로 접근 금지
- 자판기 등이 고정되어 있지 않은 대형 건물에 접근 금지
- 번화가는 대형 건물의 유리창 파편이나 간판이 낙하할 수 있으므로 신속히 대피
- 가방 등으로 머리를 보호하며 대피

(3) 대형 건축물에서
- 혼란을 일으키거나 혼란에 휩쓸리지 말고 침착하게 안내자의 지시에 따라 대피
- 화재 발생 시에는 자세를 낮추어 신속히 대피
- 승강기는 여러 위험요소가 있으므로 사용 금지

(4) 승강기에서
- 승강기 탑승 중 지진이 발생하면 가장 먼저 평정심을 유지
- 현재 위치에서 가장 가까운 층에 내려 신속하게 대피
- 승강기에 갇혔을 시에는 인터폰으로 구조를 요청

(5) 전철에서
- 손잡이나 기둥을 잡아 넘어지거나 꼬꾸라지는 것을 방지
- 선반 위의 물건이 낙하하는 것에 주의하여 몸을 보호
- 혼란을 일으키거나 섣불리 행동하지 말고 안내방송에 따라 침착하게 행동
- 출구로 무작정 뛰어나가면 더 큰 위험이 발생할 수 있으므로 안내방송이나 안내자의 지시에 따라 대피

(6) 운전 중
- 지진에 의해 자유로운 운전이 불가능하므로 교차로를 피해 길 오른쪽에 정차
- 긴급차량이나 대피자들이 통행할 수 있도록 도로 중앙에 정차 금지
- 자동차의 라디오 등 안내방송에 따라 행동
- 대피 시에는 차 열쇠를 꽂아 두고 문을 잠그지 말고 신속히 대피

(7) 산에서
- 안전한 장소로 신속히 대피하여 산사태나 절개지 붕괴에 의한 피해를 방지
- 낙석 등에 따른 위험이 있으므로 머리를 보호하며 신속히 대피

(8) 해안가에서
- 안내방송이나 안내자의 지시에 따라 행동
- 어업 등으로 항해 중인 선박은 라디오 등 방송을 청취하며 안전한 장소로 대피
- 지진해일이 발생할 수 있으므로 라디오나 안내방송에 집중
- 지진해일 특보가 발령되면 안내에 따라 신속하게 안전한 장소로 대피

(9) 부상자 발생 시

- 지진이 발생하면 구조대나 의료기관도 평소같이 활동하지 못한다는 것을 인지
- 부상자의 위치가 안전한 장소라면 이송을 삼가고 응급처치 실시
- 부상자의 위치가 안전하지 못하다면 부상자를 비교적 안전한 장소로 이송하고 응급처치 실시
- 당황하지 말고 사전에 숙지해둔 응급처치 방법을 침착하게 실시

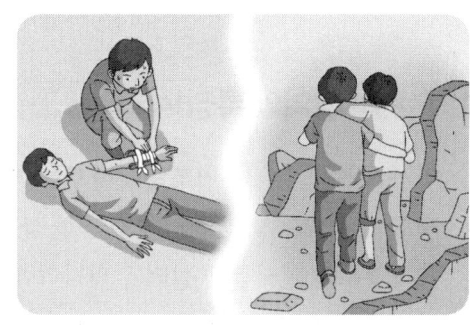

3) 지진이 멈춘 후 대처방법

- 지진에 의해 약해진 건물은 여진에도 취약할 수 있으므로 긴장을 늦추지 말고 여진 시 대피
- 정전이 되었다면 손전등을 사용하고 가스가 누출되었을 수도 있으므로 라이터 등은 사용 금지

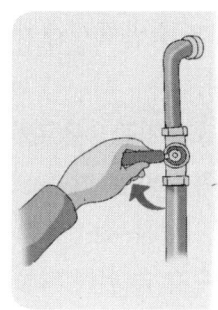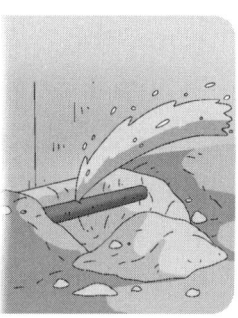

- 유리 파편 등 잔해물의 위험이 있으므로 반드시 신발을 착용
- 안전 점검을 받은 후 건물 안으로 진입
- 지진으로 인한 각종 피해 상황을 파악하고 사진 등 기록을 남김
- 가스 냄새나 가스 새는 소리가 나면 밸브는 잠그고 창문은 열어둔 채로 대피한 후 안전 점검을 받은 후 사용
- 수도관이나 하수관 등 피해 여부를 확인한 후 사용
- TV나 라디오, 인터넷 등을 활용하여 지진 관련 사항을 파악
- 외출은 가급적 삼가며 반드시 나가야 할 경우에는 지진 피해로 인한 각종 위험에 주의
- 피해 지역을 구경하거나 접근하는 행위는 금지
- 해안의 경우 해일이 발생할 수 있으므로 대비
- 지진이 멈췄다고 안심하거나 방심은 절대 금물

06 황사[15]

1. 황사의 정의와 특징[16]

황사는 중국대륙이 건조해지면서 고비사막, 타클라마칸사막 등 중국과 몽골의 사막지대 및 황하 상류 지대의 흙먼지가 강한 상승기류를 타고 3,000~5,000m 상공으로 올라가 초속 30m 정도의 편서풍에 실려 우리나라에 날아와서 지면 가까이 내리는 현상을 의미한다. 황사 알갱이의 크기는 10~1,000μm까지 다양하고 1,000μm의 입자는 황사라 칭하며, 10μm의 입자는 황진이라 칭한다. 우리나라에서는 주로 4월에 관측되며 "아시아 먼지"라고 말하기도 한다.

황사는 급속한 공업화로 아황산가스 등 유해물질이 많이 배출되고 있는 중국을 경유하면서 오염물질이 섞여 건강에 매우 해롭다. 황사가 발생하면 석영(실리콘), 카드뮴, 납, 알루미늄, 구리 등이 포함된 흙먼지가 대기를 황갈색으로 오염시키기 때문에 대기의 먼지 양은 평균 4배나 증가한다.

작은 황진이 사람의 호흡기관으로 깊숙이 침투할 경우 천식, 기관지염 등의 호흡기 질환을 일으키거나 눈에 붙어 결막염, 안구건조증 등의 안질환을 유발할 수 있다. 또한, 황사가 심할 경우에는 항공기, 자동차, 전자장비 등 정밀기계에 장애를 일으키거나 태양 빛을 차단하여 농작물이나 활엽수가 숨 쉬는 기공을 막아 성장을 방해한다.

황사는 모래 성분인 규소가 대부분이나, 중국 도시나 공업지대 상공을 지나면서 황산염, 질산염 같은 중금속을 품고, 황사비는 염기성을 띠게 된다. 이는 주로 산성인 국내 토양을 중화시켜주는 긍정적인 역할을 하고 해양 플랑크톤에 무기염류를 제공, 생물학적 생산성을 증대시키는 이점도 있지만, 피해의 규모는 훨씬 더 크다.

우리나라에서는 1시간 동안 평균 미세먼지 농도가 400~800$\mu g/m^3$ 범위로 2시간 이상 지속될 것으로 예상될 경우에는 황사주의보가 발효되고, 1시간 동안 평균 미세먼지 농도가 800$\mu g/m^3$ 이상으로 2시간 이상 지속될 것으로 예상되면 황사경보를 발효한다.

2. 피해 사례

1) 호흡기질환 등의 증가

황사로 인한 미세먼지 농도의 증가는 기관지염, 천식 등 호흡기 질환, 자극성 결막염 등

---

15) 생활안전 길라잡이 3, 서울시, 2014 / 황사대비 국민행동요령, 국민안전처, 2016
16) 동북아지역의 황사 피해 분석 및 피해저감을 위한 지역 협력방안 II, 한국환경정책평가연구원, 2004

안질환 등의 유발에 영향을 미친다. 2002년 3월 황사 발생 시 비황사 발생 시보다 호흡기계 진료환자는 4.9%, 이비인후과 진료환자는 7.2% 증가하였으며, 서울 등 7개 도시 병원 입원자료('99~'03년) 조사결과, 천식으로 인한 병원 입원 건수는 황사 발생일부터 2일 후까지가 대조일에 비해 4.6~6.4% 증가하였다.

2) 교통 · 항공 부문

육상, 해상 및 항공 부문 교통수단의 중단 · 지연 및 사고 증가를 초래할 수 있으며, 특히 가시거리 감소로 인한 항공기 결항 등으로 인해 경제적 손실이 발생할 수 있다.

3) 농업 부문

토양 생태계에 미치는 영향 정도는 심각한 수준은 아니나, 식물생장 저해, 투과율 저하로 시설작물의 생산성 하락 등의 피해를 가져온다. 인공 황사를 이용한 실험결과 비닐하우스 내 투광률이 약 18% 감소하였으며, 황사 발생 후 1~4일 사이에 한우의 호흡기질환 발생두수가 증가하였다.

3. 황사 발생 관련 국민행동요령

황사발생 시 위치별 · 지역별 국민행동요령은 다음과 같다.

1) 황사 대비 요령

- TV나 라디오, 인터넷을 통해 기상정보를 확인
- 창문 등을 점검 및 정비하여 황사가 실내로 들어오는 것을 예방
- 사전에 실내 공기정화기와 가습기 등을 준비
- 황사 발생 시 외출에 필요한 보호안경, 마스크 등을 사전에 준비
- 황사세척용 장비를 사전에 점검 및 정비
- 귀가 후에는 손발을 깨끗이 씻는 습관을 들일 것

2) 황사주의보 및 경보 시 대처방법

(1) 모든 지역

- TV나 라디오, 인터넷을 통해 황사 정보를 숙지
- 황사는 비염이나 기관지 천식 등을 유발하므로 가능한 외출을 삼가
- 노약자나 어린이, 호흡기 질환자 등은 외출을 삼가
- 가능한 외출을 삼가고 외출 시에는 마스크, 보호안경 등을 착용
- 창문 등 개구부를 막아 황사가 실내로 침입하는 것을 방지
- 외출 뒤 집에 들어오면 손발을 깨끗이 세척
- 과일이나 채소 등은 평소보다 더욱 신경을 써서 씻은 후 조리
- 집안 습도를 일정하게 하기 위하여 가습기 등을 이용

(2) 도심지역

- 각종 야외행사 일정은 취소 조치
- 운동 등의 야외활등은 최대한 삼가
- 급식소나 음식점 등은 요리재료를 깨끗이 씻고 청결에 주의
- 출장이나 외근 등 외출 시에는 마스크나 보호안경 등을 착용
- 아파트나 대형 건물 등 개구부가 많은 건물은 개구부를 철저히 점검하고 폐쇄

(3) 농촌지역

- 황사의 노출을 방지하기 위하여 방목되어 있는 가축은 축사 안으로 대피
- 황사의 유입을 최소화하기 위하여 축사의 출입문이나 창문 등을 폐쇄

- 비닐이나 천막을 이용하여 실외에 사료용 볏짚이나 건초를 덮음
- 온실이나 비닐하우스의 출입문 등을 폐쇄

(4) 어촌지역
- 육상 양식장의 출입문이나 창문 등을 폐쇄
- 어류 건식장의 황사 대처를 위한 조치 실시
- 야외에서 어망 등의 어구 정비를 삼가
- 해변 등으로 외출을 삼가

3) 황사가 멈춘 후 대처방법
- 창문 등을 열어 실내공기를 환기시키고 먼지 제거 등 청소 실시
- 황사에 노출된 물품은 오염 가능성이 있으므로 충분히 세척하여 사용
- 급식소나 음식점 등은 소독을 실시하여 청결에 주의
- 황사로 인한 감염병을 방지하기 위하여 예방접종을 실시
- 황사에 노출된 시설물들은 세척이나 소독을 실시
- 축사나 가축을 철저히 소독하고 세척하여 질병을 예방

02 사회재난

PREVENTION OF DISASTERS

01 사회재난의 개념

1. 사회재난의 정의[17]

사회재난이란 1) 화재, 붕괴, 폭발, 교통사고, 화생방사고, 환경오염사고 등으로 인하여 발생하는 대통령령으로 정하는 규모 이상의 피해와 2) 에너지, 통신, 교통, 금융, 의료, 수도 등 국가핵심기반의 마비, 3)「감염병의 예방 및 관리에 관한 법률」에 따른 감염병 또는「가축전염병예방법」에 따른 가축전염병 확산 등으로 인한 피해를 의미한다.

과학기술의 발전에 따라 사회가 고도화되면서, 사회재난은 도시화, 정보화, 고속화, 시설의 고밀도화, 산업화 등과 밀접한 관계를 갖고 피해 규모는 대형화되었다. 또한, 사회재난은 에너지, 정보통신, 교통수송, 보건의료, 환경 등 일상생활에 필수적인 기반시설 사고와 밀접한 관련이 있다.

2. 사회재난의 특성

산업구조가 복잡·다양해지면서 예측 불가능한 재난이 발생함으로 인해 대규모 인적·물적 피해가 증가하고 있다. 태풍과 같은 자연재난의 경우 예측이 가능하므로 '관심 → 주의 → 경계 → 심각' 등 단계별 준비가 가능하지만 사회재난은 대부분 발생과 동시에 심각 단계에 돌입하는 경우가 많기 때문에 큰 피해를 일으키고 있다.

이러한 사회재난은 재난의 양상과 형태가 다양하며 발생빈도도 점점 증가하는 추세로 인적 재난에 대한 상세한 원리조사와 그에 기반을 둔 예방대책을 마련함으로써 재난 자체의 발생을 방지하거나 재난 발생 시 신속한 복구대책을 수립하여 인명 및 재산의 피해를 최소화하고자 노력하여야 한다.

---

17) 재난 및 안전관리 기본법, 국민안전처 [시행 2016.1.25.] [법률 제13440호, 2015.7.24., 타법 개정]

02 화재 [18]

1. 화재의 정의와 특징

화재는 사람의 의도와는 상관없이 발생하거나 고의에 의해 일어나는 방화로 소화시설 등을 사용하여 소화할 필요가 있는 것을 의미한다.

우리나라의 화재 발생 추이를 보면 1980년대 중반까지 완만한 증가추세를 보이던 화재 발생 건수는 1987년 1만 건을 기점으로 급격한 증가추세를 보이며, 2004년 3만 건 이상으로 증가와 감소를 반복하고 있다. 이는 성장 위주의 경제산업 정책에 따른 안전의식 미약, 생활환경 변화와 에너지 사용 증가 등 화재 유발인자의 다양화에 기인한 것으로 분석되고 있다.

화재 발생의 원인으로는 전기화재, 가스화재, 유류화재, 기타 화재가 있으며, 화재가 발생하기 위해서는 나무나 종이와 같이 탈 수 있는 가연물, 성냥이나 라이터와 같은 점화원, 공기(산소)가 필요하고 이 세 가지를 '연소의 3요소'라고 한다. 따라서 이 중 하나를 제거하거나 줄이게 되면 화재를 예방하거나 소화할 수 있다.

2. 사고 사례

1) 2004년 대구지하철 화재사고

2003년 2월 18일 09시 53분경 대구지하철 1호선 중앙로역 지하철 전동차 1079호 내부에서 발생한 화재이다. 열차 승객 중 실어증과 우울증을 가진 방화자는 열차가 중앙역에 도착하였을 때 가방에 들어 있는 인화물질 병뚜껑을 열어 라이터로 불을 붙였고, 화염이 차량 좌석 시트에 인화되면서 급격히 차 내부가 연소된 사고이다. 1079호 열차에 화재가 발생하였으나 잘못된 통제로 인해 맞은편에 1080호 열차가 진입하였고 화재가 확산되었다. 이 사고로 인해 사망 192명, 부상 151명이라는 인명피해와 615억 원의 재산피해가 발생했다.

2) 2013년 포항·울산 일대의 산불사고

2013년 3월 9일은 이상고온으로 인한 건조한 날씨에 강풍이 동반되면서 전국에서 25건의 산불이 발생하였으며, 특히 아파트, 주택 등이 인접한 도시주변에서 발생한 포항·울산 산불의 경우 강풍(15m/sec)이 동반되어 30분만에 인접한 야산으로 계속 비산화[19]되

---

18) 생활안전 길라잡이 3, 서울시, 2014
19) 불이 날아서 흩어지는 현상

면서 주민들이 긴급 대피하는 등 긴박한 상황이 발생하였다. 포항 산불의 경우 학생들의 불장난으로 발생하였고, 울산의 산불은 가해자 미상으로 쓰레기 소각장에서 처음으로 화재가 발생한 것으로 추정된다. 이 사고로 인해 포항과 울산 일대에서 사망 1명, 부상 32명, 이재민 169명의 인명피해와 16,529백만 원의 재산피해가 있었다.

3. 화재 발생 관련 국민행동요령[20]

화재 발생 시 원인별 국민행동요령은 다음과 같다.

1) 화재 발생 원인별 예방사항

(1) 전기화재 예방을 위한 점검사항

- 전기기구 구입 시 전기용품 안전 인증을 확인
- (전) 또는 KS 마크가 있는 제품을 사용
- 한 개의 콘센트에 여러 개의 전기기구 플러그를 꽂아 사용 금지
- 퓨즈는 철사나 구리줄이 아닌 정격 용량을 사용
- 플러그를 뺄 때에는 전선을 잡아당기지 말고 플러그 몸체를 잡고 빼기
- 문틈으로 전기코드를 연결하여 사용 금지
- 전선이 벗겨진 부분은 없는지 확인하고 연결부위의 절연테이프가 잘 감겨 있는지 확인
- 전기기구를 사용하지 않을 때는 항상 플러그를 뽑아 놓기
- 전기장판이 접히지 않도록 하고 장판 밑으로 코드가 지나가지 않도록 사용

(2) 가스화재 예방을 위한 점검사항

- 사용 전에 문을 열어 환기를 시킨 뒤 가스가 새는 곳이 없는지 냄새가 나는지 확인
- LPG(액화석유가스) 가스는 바닥에서부터, LNG(액화천연가스) 가스는 천장부터 쌓이기 시작하는 가스의 특성을 확인
- 가스 불을 사용할 때 창문을 열어 신선한 공기로 실내를 환기
- 가스레인지 주위에 가연성 물질을 가까이 두었는지 확인

---

20) 화재발생시 국민행동요령, 국민안전처, 2016

- 비눗물이나 세제의 거품으로 가스 기구와 호스의 연결 부분을 수시로 점검하여 누설 여부를 확인
- 가스레인지는 항상 깨끗이 청소하여 버너가 막히지 않도록 관리
- 조리 중 불이 꺼지지 않았는지 수시로 확인
- 가스레인지 사용이 끝난 후 콕(Cock)과 중간 밸브를 잠갔는지 확인

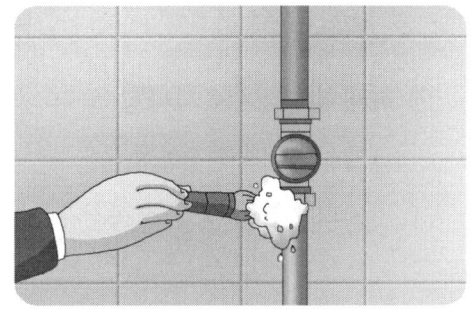

(3) 유류화재 예방을 위한 점검사항
- 난로 등에 기름을 넣을 때는 전원이 꺼졌는지 확인
- 주유 중 새어 나온 유류의 유증기가 공기와 적당히 혼합된 상태에서 불씨가 닿을 위험은 없는지 확인
- 난로 등 유류 기구를 끄지 않고 작동 중 이동 금지
- 난로 가까이에 불에 타기 쉬운 가연성 물건의 방치 금지
- 조리 시 조리 기름이 가열되어 넘치지는 않았는지 확인
- 조리 도중 자리를 비우지 않기
- 유류는 다른 물질과 함께 저장하지 않고 환기가 잘 되는 곳에 보관
- 석유 난로, 버너 등은 사용 도중 넘어지지 않도록 고정

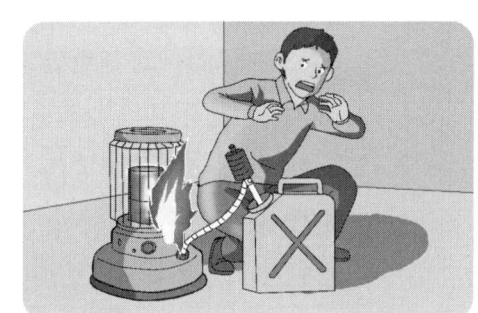

(4) 기타 화재 예방을 위한 점검사항
- 화기시설 주변에 가연물질 방치 금지
- 어린이의 불장난을 철저히 단속
- 복도, 계단실 등에서 가연물질을 제거 또는 정리정돈 철저
- 감시카메라 등의 설치로 사각점 해소 및 정기적으로 순시 체제 확립
- 용접 작업장 부근에 연소위험이 있는 위험물, 가연물을 제거한 후 용접 작업 실시
- 인화성 물질이 있는 곳에서는 금연

- 담배꽁초를 아무 곳에나 함부로 버리지 않기

2) 화재 발생 시 조치사항

(1) 발화 초기의 안전조치

- 화재 발생 시 최초 목격자는 큰소리로 "불이야!"를 외쳐 외부 사람에게 알림
- 두꺼비집, 차단기를 내려 전기 흐름을 차단함
- 화재 발생 상황을 판단하여 초기 소화가 가능하다고 판단된 경우에는 소화에 임함(전기, 유류 화재는 물소화가 불가능함)
- 초기 소화에 실패할 경우 즉시 출입문을 닫고 밖으로 대피함

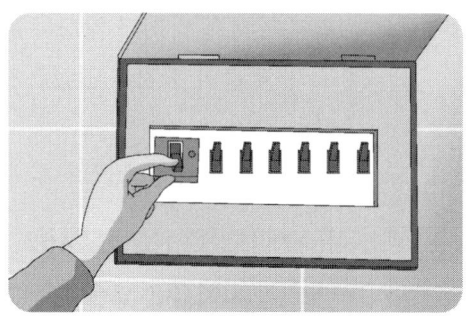

(2) 화재신고 요령

- 초기소화가 불가능하다고 판단되면 즉시 전화를 이용하여 119에 신고함
- 신고 시 화재 발생 장소, 주소, 주변 주요 건축물, 화재의 종류, 상황 등을 침착하게 설명함

(3) 피난유도 및 대피 요령

- 화재 시를 대비하여 피난 계획을 세워둠
- 화재 시 피난 유도가 이루어질 수 있도록 피난 통로 확보 및 피난 유도 훈련을 실시함
- 피난 유도 시 큰소리를 외치는 것보다 가급적 불안감을 느끼지 않도록 차분하고 침착하게 행동함
- 대피 시 수건 등에 물을 적셔서 입과 코를 막고 숨을 짧게 쉬며 낮은 자세로 엎드려 신속하게 외부로 대피함

- 고층건물이나 복합·지하상가는 안내원의 지시에 따르거나 통로의 유도등을 따라 낮은 자세로 침착하고 질서 있게 대피함
- 건물 내 귀중품을 꺼내기 위해 절대 건물 안으로 진입해서는 안 됨
- 아래층으로 대피할 수 없을 경우에는 옥상으로 대피하여 구조를 기다려야 하며 반드시 바람을 등지고 구조를 기다림
- 건물 내 엘리베이터는 화재 발생 층에서 열리거나 정전으로 멈추어 안에 갇힐 염려가 있으며, 엘리베이터 통로 자체가 굴뚝 역할을 하여 질식할 우려가 있으므로 절대 이용하지 않음
- 대피 시 창문이나 출입문을 함부로 열지 말고 주변 상황을 침착하게 판단하여 행동함
- 소방대가 현장에 도착 시 현재까지의 상황 정보를 알려 줌

(4) 불이 난 건물 내에 갇혔을 때의 조치 요령

- 무리하게 대피하지 말고 건물 내에서 안전조치 후 갇혀 있는 사실을 외부에 알림
- 연기가 새어 들어오면 낮은 자세로 엎드려 타올 등에 물을 적셔 입과 코를 막고 짧게 호흡을 함
- 일단 실내에 고립되면 화기나 연기가 없는 창문을 통해 소리를 지르거나 물건 등을 창밖으로 던져 갇혀 있는 사실을 외부에 알림
- 화상을 입기 쉬운 얼굴이나 팔 등을 물에 적신 수건으로 감싸 화상을 예방함
- 구조된다는 신념을 가지고 기다리며 무리한 대피는 피함

3) 화재 진압 후 조치사항

- 화재 진화 후 전기 배선 및 전열 기구에 다량의 물이 묻어 있을 수 있으므로 함부로 만지지 않도록 주의함
- 전기 및 가스시설의 이상 유무는 전문 인력에 의해 확인 후 조치를 취함
- 전력 공급의 재개는 재해 현장의 조치 및 복구가 완료된 후에 실시함

- 관계인 및 조사원 이외에는 건물 내 진입을 금지함
- 건물 내 잔여 불씨로 인한 2차 화재와 건물 붕괴의 우려가 있을 경우 모든 인원은 화재 현장에서 떨어진 곳으로 대피함
- 화재 진화 후 모든 활동은 소방대장의 지시에 따르며 소방 활동을 지원함

03 붕괴[21]

1. 붕괴의 정의와 특징

붕괴는 각종 시설물(건축물, 교량, 육교 등)이 시공된 후 노후, 관리 소홀, 지반 약화 등으로 무너져 내려 인명과 재산피해가 발생한 사고를 의미한다.

붕괴는 외부의 영향이 아닌 폭발, 화재 등에 따라 건물 또는 구조물의 내부 결함이나 부식 등으로 일부 또는 전부가 무너져 내리는 것으로, 이는 안전의식 미약 및 부실시공 증가 등 붕괴 유발 인자에 기인한 것으로 분석되고 있다.

세부 붕괴 원인으로는 무리한 구조 변경 및 무단설계, 부실시공 및 공사 감독 소홀, 부실 건축 및 구조 설계, 정기적 안전진단을 통하여 건물의 안정성 점검 소홀, 안전 불감증에 따른 안전성 미흡, 장시간에 걸쳐 나타나는 붕괴 조짐과 구조물 진단의 미흡, 초기 사고 대처능력의 부족에 따른 예방능력의 미흡 등이 있다.

2. 사고 사례

1) 2014년 마우나오션리조트 체육관 붕괴사고[22]

2014년 2월 17일 저녁 9시경 경상북도 경주시 마우나오션리조트 체육관이 붕괴된 사고이다. 체육관을 떠받치는 보조기둥의 고정 볼트 숫자가 부족한 것으로 파악되어 설계·시공 및 감리 과정의 문제가 나타났으며, 사고 당시 경북 동해안 지역에 이례적인 폭설로 지붕 위에 엄청난 양의 눈이 쌓여 있었으나 시설관리자는 제설작업을 하지 않고 체육관을 개방하여 오리엔테이션을 진행 중이던 부산외국어대학교 학생들이 매몰되는 사고가 발생하였다. 이 사고로 인해 사망 10명, 중상 2명, 부상 128명의 인명피해가 발생하였다.

---

21) 생활안전 길라잡이 3, 서울시, 2014
22) 마우나오션리조트 체육관 붕괴사건 수사결과(보도자료), 대구지방검찰청, 2014

2) 1995년 삼풍백화점 붕괴사고

1995년 6월 29일 17시 55분경 서울 서초구의 삼풍백화점이 붕괴한 사고이다. 사고원인은 총체적 부실시공에 의한 삼풍백화점 A동 5층 식당부 바닥이 가라앉으면서 전 층 바닥판 하중이 인접기둥으로 추가로 전달되었고 연쇄적인 전단파괴가 발생하여 붕괴되었다. 이로 인해 사망 502명(남 106명, 여 396명 / 사망확인 472명, 사망인정[23] 30명), 부상 937명, 실종 6명의 인명피해가 있었으며, 건축물 A동 붕괴 및 B동 파손, 차량 310대 및 869개 업체의 물품 파손의 재산피해가 발생하였다.

3. 붕괴 발생 관련 국민행동요령[24]

붕괴 발생 시 위치별 국민행동요령은 다음과 같다.

1) 건물의 붕괴 징조

- 건물 바닥이 갈라지거나 함몰되는 현상이 발생할 때
- 갑자기 창이나 문이 뒤틀리고 여닫기가 힘들 때
- 철거 중인 구조물에 화재가 발생하거나 화염에 철강재가 노출된 때
- 바닥의 기둥 부위가 솟거나 중앙 부위에 쳐짐 현상이 발생할 때
- 기둥이 휘거나 대리석 등 마감재가 부분적으로 떨어져 나갈 때
- 기둥 주변에 거미줄형 균열이나 바닥 슬래브의 급격한 쳐짐 현상이 발생한 때
- 계속되는 지반침하와 석축, 옹벽에 균열이나 배부름 현상이 나타날 때
- 벽이나 바닥에서 얼음이 깨지는 듯한 균열 소리가 날 때
- 개 등 동물이 갑자기 크게 짖거나 평소와 달리 매우 불안해할 때

---

23) 사망인정제도 : 시체를 찾지 못해도 인정해주는 경우
24) 건축물 붕괴사고 발생 시 국민행동요령, 국민안전처, 2016

2) 건물 내부에 있을 때의 대처방법

- 엘리베이터 홈, 계단실 등과 같이 하중에 견디는 힘이 강한 벽체가 있는 안전한 곳으로 임시 대피함
- 평소에 완강기, 밧줄(로프), 손전등 등 탈출에 필요한 물품이 있는 곳을 확인함
- 붕괴사고 발생 시 건물 밖으로 탈출 가능한 통로를 찾고, 주위 사람들과 협력하여 완강기, 밧줄 등을 이용하여 노약자, 어린이, 여성 등을 우선으로 탈출시키도록 함
- 이동 중에는 장애물 등을 될 수 있으면 움직이지 않도록 하고 불가피하게 제거해야 할 때에는 추가 붕괴위험에 대비함
- 유리 파편이나 낙하물에 대비하여 코트, 담요, 신문, 상자 등으로 머리와 얼굴을 보호함
- 사랑하는 가족을 생각하면서 생존을 위해 계속 탐색하며 구조될 수 있다는 희망을 갖음
- 구조대의 호출이 들리면 침착하게 반응하고, 체력 비축을 위해 불필요하게 고함을 지르지 않음
- 가스 누출 위험이 있는 경우에는 폭발의 위험이 있으므로 성냥, 난로 등을 켜지 말아야 함

3) 건물 외부에 있을 때의 대처방법

- 붕괴 건물 밖에 있는 주민들은 추가 붕괴, 가스폭발, 화재 등의 위험이 있으니 피해가 없도록 사고현장에 접근하지 않음
- 붕괴지역 주변을 보행할 때나 이동할 때에는 위험지역 또는 불안정한 물체에서 멀리 떨어지고 유리 파편 등에 다치지 않도록 가방, 방석, 책 등으로 머리를 보호함

04 테러[25]

1. 테러의 정의와 특징

테러는 정치, 종교, 사상 등의 목적을 달성하기 위해 폭력적인 수단을 이용하여 개인, 단체, 국가를 상대로 위해를 가하는 것을 의미한다. 즉, 테러는 대상에게 공포심을 불러일으켜 어떤 행동을 강요하거나 혹은 어떤 행동을 중단하게끔 강요하는 행위를 말한다. UN 안보위원회 결의 1373호에 의하면 테러는 무고한 민간인을 상대로 사망 혹은 중상을 입히거나 인질 행위를 하는 것을 말하며 특정인, 대중, 정부, 국제 조직 등으로 하여금 특정 행위를 강요하거나 혹은 하지 못하도록 막고자 하는 의도를 가진 범죄행위를 테러리즘이라 정의한다. 테러의 유형은 폭발물 테러, 항공기 테러, 생화학 테러, 핵 테러, 사이버 테러, 납치, 암살 및 인질위협으로 구분된다.

2. 사고 사례

1) 2001년 미국 911 테러 사건

2001년 9월 11일 발생한 미국 뉴욕의 110층 세계무역센터(WTC) 쌍둥이 빌딩과 워싱턴의 국방부 건물에 대한 항공기 동시 다발 자살테러사건이다. 발생일자를 따서 9.11 테러 사건이라고 불리며, 4대의 민간 항공기를 납치한 이슬람 테러단체에 의해 동시다발적으로 이루어졌다. 이 사건으로 인해 4대의 항공기에 탑승한 승객 266명이 전원 사망하였으며, 워싱턴 국방부 청사에서 사망 또는 실종이 125명, 세계무역센터에서 사망 또는 실종이 2,500~3,000명 등 정확하지 않지만 대략 2,800~3,500명의 인명피해가 발생하였다. 또한 세계무역센터 건물 가치 11억 달러, 테러 응징을 위한 긴급지출안 400억 달러, 재난극복 연방 원조액 111억 달러 등의 재산피해가 발생하였다.

2) 1995년 미국 오클라호마시티 폭탄 테러 사건

미국 중부 오클라호마 주 오클라호마시티에 있는 앨프리드 P. 뮤러 연방정부청사에서 발생한 폭탄 테러 사건이다. 9.11 테러 이전 미국 내에서 일어난 테러 중 가장 인명피해가 컸던 폭탄 테러 사건으로 1995년 4월 19일 수요일 아침 폭발물을 가득 실은 트럭을 앨프리드 P. 뮤러 연방정부청사 북측 면에서 폭발시킨 사건이다(폭발 당시 200m 불꽃 및 55km까지 진동 발생). 이 사건으로 인해 사망 168명, 부상 680명의 인명피해가 발생하

---

25) 생활안전 길라잡이 3, 서울시, 2014

였고, 반경 16블록 내에 있는 324채의 건물이 파괴되거나 손상을 입었으며, 86대의 차량이 파괴되거나 화재를 입었고, 근처 258개 건물의 유리창이 파손되는 재산피해가 발생하였다.

3. 테러 발생 관련 국민행동요령26)

테러 발생 시 국민행동요령은 다음과 같다.

1) 폭발물이 발견된 때

- 폭탄물로 의심되는 물건 발견 시에는 건드리지 말고 신고 후 신속히 대피
- 대피 시 주변 사람들에게 전달하며, 건물 안에서는 계단을 이용하여 대피하고 엘리베이터 이용 금지
- 전자파가 발생하는 전자기기(핸드폰, 라디오 등)의 사용을 금지(폭발물 기폭장치를 작동시킬 가능성에 의해)
- 최초 폭발 발생 시 연쇄적인 폭발 가능성에 유의해 일정 시간 후 되도록 멀리 대피하며, 폭발 시 낙하물에 유의

2) 억류·납치됐을 때

- 인질로 억류, 납치 시 저항하지 말고 탈출을 위한 급작스러운 행동 금지
- 납치범의 지시에 순순히 응하고, 자극하지 않기
- 침착하게 외부의 구출작전을 기다리며 구출작전이 개시되면 즉시 엎드림

3) 총격 테러가 발생된 때

- 총기 테러 대피 시 표적이 되지 않게 자세를 최대한 낮추어 안전한 장소로 이동
- 총격 시 경찰·작전요원들의 사격 시야에 방해되지 않게 구조요원들의 지시를 따름

4) 생화학 테러가 발생된 때

- 생화학 테러 물질을 발견 시에는 건드리지 말고 신고 후 신속히 대피

---

26) 테러 국민행동요령, 국민안전처, 2016

- 대피 시 옷이나 손수건·휴지 등을 이용해 코와 입을 가리고 호흡하여 그 자리를 피하며, 대피 후에는 신속하게 옷을 벗고 비누로 샤워를 실시
- 오염 현장에서 착용했던 옷, 신발 등은 반드시 소독 후에 밀봉해서 폐기
- 오염된 장소 근처의 오염이 의심되는 식수나 음식의 섭취를 피하고 오염물질을 만지지 않기
- 생화학 테러 관련 소식을 언론매체를 통해 수시로 확인하고 보건당국의 행동지침을 따름

5) 방사능 테러가 발생된 때

- 방사능 오염지역의 접근을 삼가고 방사능에 오염된 물질 또한 접촉을 피함
- 방사능 유출 시 방독면을 쓰거나 옷, 손수건, 휴지 등을 이용해 코와 입을 가리고 호흡하여 방사능에 오염되지 않은 곳으로 대피
- 대피 장소에서는 창문을 잠그고 에어컨·히터·환풍기 등은 작동을 정지함
- 방사능 노출이 예상될 시 신속히 옷을 벗고 온몸을 깨끗이 씻음

6) 우편물 테러가 의심될 때

- 경찰서나 소방서에 신속히 신고하고 주변 사람들의 접근을 막기
- 우편물을 함부로 만지거나 충격을 가하지 않기
- 우편물 인근에서 가연성 도구(양초, 가스레인지, 라이터 등) 및 전자기기(라디오, 휴대전화 등)의 사용을 금지
- 생화학물질이 의심될 경우 노출을 방지하기 위해 비닐 등을 통해 밀봉하며, 노출 시 옷은 신속히 갈아입고 비눗물을 사용하여 깨끗이 씻기

- 오염의 확산 우려가 있을 경우 우편물이 있는 장소를 밀폐하고, 타인과의 접촉을 금지

7) 화재가 발생한 때

- 경보기를 이용해 주변 사람들에게 신속히 알리며, 바로 119에 신고
- 피난 경로를 통해 화재 현장을 신속히 빠져나가며, 대피 시 낮은 자세를 유지하고, 옷이나 손수건 등을 물에 적셔 코와 입을 가려 호흡 실시
- 대피 시 절대 엘리베이터를 이용하지 않으며, 고온이 의심되는 손잡이의 문은 열지 않기
- 귀중품 등을 챙기려고 지체하지 말고 즉시 대피
- 원활한 구조활동을 위해 대피 시 좌측 통행을 하여 구조대원의 이동로를 확보

8) 매몰·붕괴된 때

- 먼지 흡입을 막기 위해 옷이나 손수건 등으로 코와 입을 가려 호흡 실시
- 핸드폰이나 도구를 이용해 자신의 위치를 알림
- 추가 붕괴 사고에 대피해 단단한 벽체 옆이나 견고한 책상 아래로 대피
- 고립 시 침착하게 구조대원들을 기다리며, 물이나 음식을 찾아 체력을 유지

05 감염병

1. 감염병의 정의와 특징[27]

감염병은 세균, 스피로헤타, 리케차, 바이러스, 기생충 등과 같은 병원체에 의해 감염 증상이 여러 사람에게 전파되는 것을 의미한다. 감염병은 면역체계가 약화되었을 때, 강한 독성의 병원체가 침입했을 때, 대량의 병원체 침입으로 인체의 면역체계의 기능이 저하되었을 때 주로 발생한다. 감염병의 유형은 다음과 같다.

▼ 감염병의 유형

구분	내용 및 종류
제1군 감염병	페스트, 콜레라, 장티푸스, 파라티푸스, 세균성 이질, 장출혈성 대장균감염증, A형 간염
제2군 감염병	파상풍, 홍역, 유행성 이하선염, 풍진, 폴리오, B형 간염, 일본뇌염, 수두, 디프테리아, 백일해
제3군 감염병	쯔쯔가무시증, 렙토스피라증, 브루셀라증, 탄저(炭疽), 공수병, 신증후군출혈열, 인플루엔자, 후천성 면역결핍증(AIDS), 매독, 크로이츠펠트-야콥병(CJD) 및 변종크로이츠펠트-야콥병(vCJD), 말라리아, 결핵, 한센병, 성홍열, 수막구균성 수막염, 레지오넬라증, 비브리오패혈증, 발진티푸스, 발진열
제4군 감염병	해외 유행 감염병이나 새로 발생되거나 우려가 있는 감염병으로 보건복지부령으로 정하는 감염병
제5군 감염병	기생충에 의한 감염병, 정기적인 조사 및 감시가 필요하여 보건복지부령으로 정하는 감염병
지정 감염병	제1~5군 감염병 외에 유행 여부를 조사, 감시를 위해 보건복지부장관이 지정하는 감염병
세계보건기구 감시대상 감염병	국제공중보건의 비상사태 대비를 위해 세계보건기구가 감시대상으로 지정한 질환, 보건복지부장관이 고시하는 감염병
생물테러 감염병	테러 등의 목적으로 이용된 병원체에 의하여 발생된 감염병, 보건복지부장관이 고시하는 감염병
성매개 감염병	성 접촉에 의한 감염병, 보건복지부장관이 고시하는 감염병
인수공통 감염병	사람과 동물 간 전파되는 감염병, 보건복지부장관이 고시하는 감염병
의료 관련 감염병	의료행위를 적용받는 중 환자나 임산부 등에게 발생한 감염병, 감시활동이 필요하여 보건복지부장관이 고시하는 감염병

---

[27] 감염병의 예방 및 관리에 관한 법률 시행규칙, 보건복지부 [시행 2016.6.30.] [보건복지부령 제416호, 2016.6.30., 일부 개정]

2. 사고 사례

1) 2009년 신종플루 확산

2009년 4월 24일 세계보건기구(WHO ; World Health Organization)에서는 멕시코, 미국, 그리고 캐나다에서 공식 명칭 인플루엔자 A(H1N1)에 의한 환자가 발생하였다고 발표하였다. 세계보건기구는 수년간 유지해 오던 인플루엔자 대유행 위기 3단계를 2009년 4월 27일 4단계로, 28일에 다시 5단계로 격상시켰으며, 신종인플루엔자가 전 세계로 확산되면서 결국 2009년 6월 11일에 대유행 단계를 6단계로 격상시켜 인플루엔자 대유행을 선언하였다. 국내의 경우 멕시코를 여행한 52세 여성이 2009년 5월 2일 첫 확진자로 판명되었으며, 7월부터 집단 발병이 수차례 발생하면서 7월 21일 정부는 국가전염병 위기단계를 '주의'에서 '경계'로 상향조정하였다. 이로 인해 전 세계적으로 1만여 명의 확진환자와 총 1만 8,500명의 사망자가 발생하였으며, 국내의 경우 263명의 사망자가 발생하였다.

2) 2010년 구제역 확산[28]

2010년 11월 29일 경북 안동시 와룡면의 2개 돼지농가에서 최초로 구제역 발생이 확인(양성 판정)되었고, 곧 안동시내 한우 농가로 걷잡을 수 없이 확산되기 시작하였다. 경기도에서 발생한 구제역은 안동시 구제역이 최초로 확인되기 12일 전인 11월 17일 안동 발생 농장에 출입한 차량을 통해 경기 북부지역에 바이러스가 전파되어 발생한 것이며, 결국 전국적인 구제역으로 발전하게 되었다. 12월 29일 (前)행정안전부 장관이 주재하는 상황판단회의를 거쳐 위기경보단계를 '경계'에서 '심각'단계로 격상시키고, '구제역중앙대책본부'를 구성·설치하여 대응하였다. 구제역 확산으로 인해 사망 11명, 부상 226명(사상자 237명 : 공무원 189명, 민간인 41명, 군인 6명, 경찰 2명)의 인명피해가 있었으며 소 150,871마리, 돼지 3,3317,864마리, 기타 사슴·염소 등을 합쳐 약 350만 마리를 총 4,799개소의 매몰지에서 살처분하였다.

3. 감염병 발생 관련 국민행동요령[29]

감염병 발생 시 국민행동요령은 다음과 같다.

---

28) 세이프 코리아, vol.36, 소방방재청, 2014
29) 감염병 위기관리 표준매뉴얼, 보건복지부, 2014 / 전염병 확산 시 행동요령, 국민안전처, 2016

1) 감염병 사고 대비 요령

(1) 인플루엔자

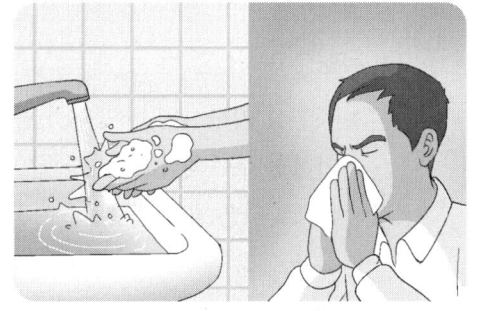

- 인플루엔자 바이러스에 의한 감염으로 급성 호흡기 감염에 따른 고열과 두통, 피로감, 기침, 인후통, 콧물, 코막힘, 근육통과 같은 증상 발생
- 소아에게는 메스꺼움, 구토, 설사가 동반
- 노약자에게는 폐렴과 같은 합병증 동반 및 당뇨와 같은 기존 질환 악화
- 손을 자주 씻는 등 개인 위생수칙 준수
- 노약자, 만성질환자 등 예방접종 권장 대상자는 예방접종을 받아야 함
- 손수건이나 휴지 등으로 입을 가리고 기침이나 재채기하기

(2) 수두

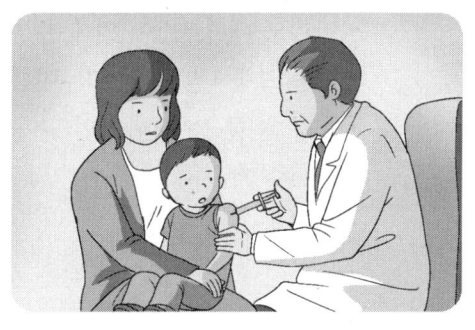

- 수두 바이러스 의해 전염, 대부분 소아에서 발생
- 미열로 시작해 몸통에서부터 피부발진이 시작되 얼굴, 어깨로 퍼져 나가고, 발진이 수포로 변해 5~6일 후 딱지가 생김
- 발진 및 수포로 인해 가려워 긁게 됨
- 수두를 앓은 적이 없거나 예방접종을 받지 않은 소아는 보건소 및 병·의원에서 예방접종을 받아야 함
- 외출 후 손발을 청결하게 씻고 양치질하기
- 전염력이 강해 집단발병을 막기 위해 환자는 수포 발생 후 6일간 또는 가피(딱지)가 앉을 때까지 가정에서 안정을 취해야 함

(3) 홍역

- 홍역은 홍역바이러스(Measles Virus)에 의해 발생하는 급성 호흡기 감염
- 몸에 울긋불긋한 발진 발생
- 감염 후 처음 3~5일간은 발열, 기침, 콧물 등의 증상 발생 후 귀 뒤부터 얼굴, 목, 팔과 몸통, 대퇴부, 발 순으로 발진이 퍼짐

- 환자가 있는 방에 감수성자는 들어가지 말고, 환자는 1인용 방에 격리
- 홍역환자는 이동할 시 마스크를 착용
- 감수성자와 접촉 시 72시간 이내에 예방접종

(4) 유행성 이하선염

- 유행성 이하선염 바이러스 감염에 의해 발생
- 이하선 부종의 급성 열성 질환
- 1~2일간은 발열, 두통, 근육통, 구토 등의 증상이 나타나며, 이하선에 침범하여 압통과 종창(부어오름)을 나타냄
- MMR 기초접종과 추가접종을 생후 12~15개월과 만 4~6세에 각각 실시
- 보건소 및 병·의원에서 예방접종
- 손을 자주 씻고, 양치질하기 등 개인 위생수칙 준수
- 유치원, 학교, 병원, 집단수용시설 등에서의 집단발병을 막기 위해 환자는 증상 발견 후 9일까지 가정에서 안정

(5) 유행성 각결막염

- 아데노 바이러스에 의해 발생
- 연중 보통 4월부터 시작, 여름철 발생률이 높음
- 동통, 눈물, 눈부심, 양안, 충혈, 귓바퀴 앞 림프절 종창, 결막하 출혈증상이 나타나 3~4주 지속
- 개인위생 철저
- 수건이나 개인 소지품 같은 것들을 같이 사용하지 않아야 함
- 감염병 유행 시 인구 밀집 장소의 출입 자제

2) 감염병 발생 시 대처방법

- 감염병에 감염되었거나 감염 증상이 의심될 경우 즉시 병원에서 진료를 받고 보건당국의 역학조사를 받기
- 인파가 많은 곳에는 가급적 가지 말고 불필요한 외출이나 만남을 피함
- 오염지역, 생물학 오염표지판이 설치된 지역은 접근하지 않기

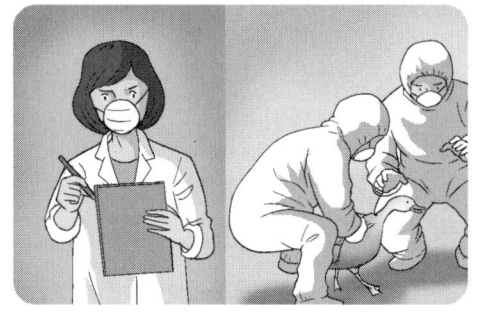

- 감염병 발병지역이나 바이러스가 퍼져 있는 지역에서는 행정관서에서 지침에 따라 안전한 지역으로 대피
- 보건당국의 통제에 따라 대피 후에는 감염병 감염 여부와 피복 및 소지품 안전 여부를 확인
- 오염이 의심되는 물질은 15분 이상 끓인 후 사용
- 별도의 방수용기를 준비해 오염물질을 씻어 낸 물은 담아두거나 당국의 지시를 받아 처리
- 코와 입술을 보호하기 위해 방독면 또는 마스크를 착용, 신체를 보호하기 위해 비옷이나 보호의를 입기
- 가축이 감염된 경우 관계기관의 통제에 따라 격리 또는 도살처분, 매몰
- 보건당국에 의해 감염병으로부터 안전하다고 판정된 인원은 귀가

03 생활안전

01 생활안전의 개념[30]

1. 생활안전의 정의

현재 도시의 고밀도화, 기상이변 현상의 증가, 산업 고도화 등에 의해 예측하기 어려운 재난이 발생하고 있으며, 그 피해양상 또한 다양하고 복잡해지고 있다. 또한 우리의 일생생활에서는 안전에 대한 의식 부족으로 교통·전기·가스화재·폭발·지진 등의 안전사고가 지속적으로 발생하고 있다.

이에 예측 불가능한 안전사고를 예방하기 위해서는 안전에 관한 올바른 지식과 안전행동의 습관화가 필수적이다. 다시 말해서, 안전사고 발생 시 능동적으로 대처할 수 있는 지식을 항상 숙지하고, 직·간접적인 체험을 통해 기술을 익혀 사고로 인한 경제적 손실과 인명피해를 최소화하는 것이 중요하다.

2. 생활안전의 특성

안전은 인간의 기본적인 삶을 유지하기 위한 필수 수단으로서 일상생활의 질을 높이기 위해서는 안전지식과 행동요령의 학습이 필요하다. 안전사고는 발생 전까지는 그 중요성을 인지하기 어려우나 사고 발생 후에는 그 중요성이 급속히 확산된다. 따라서 가정, 학교, 직장 등의 장소별·시대별·세대별 등 특성에 따른 안전지식이나 기술을 습득할 수 있도록 지속적인 안전교육이 필요하다.

21세기는 정보화·산업화·도시화 등 환경변화가 빨리 진행되고 있으며, 그로 인해 발생하는 안전사고에 대한 인식 부족, 안전 불감증도 지속적으로 증가하고 있다. 그리고 화재, 물놀이 사고, 전기·가스·지진·폭염사고 등 우리의 생활 주변에서 예측하기 어려운 다양하고 복잡한 유형의 재난사고가 증가하고 있다. 따라서 재난사고의 위험 가능성과 피해를 최소화하기 위해서는 본인 스스로가 안전지식과 행동요령을 숙지하는 하는 것이 필요하다.

---

[30] 국가안전관리기본계획, 국민안전처, 2016

02 어린이 놀이시설의 안전

1. 어린이 놀이시설 안전사고의 정의와 특징

어린이 놀이시설 안전사고는 어린이가 집 근처, 학교, 유치원, 공원 등의 놀이터에서 추락·미끄러짐·넘어짐·충돌 등으로 인해 발생하는 사고를 의미한다.

사고의 원인을 두 가지 측면에서 살펴보면, 먼저 시설적 측면은 부적합한 놀이기구의 설계, 설치, 배치가 있으며, 관리적 측면은 형식적인 놀이시설 관리계획과 관리자 안전의식 및 관리 미숙, 부적절한 점검과 보수 등이 있다. 또한, 어린이는 인지능력과 민첩성이 부족하여 놀이기구를 이용하는 중에 사고가 발생할 가능성이 큰 특성이 있다.

놀이시설은 전국적으로 주택단지가 가장 많으며, 도시공원 어린이집, 유치원 등에서도 놀이시설을 보유하고 있다. 놀이기구별 사고는 그네가 가장 많고 미끄럼틀, 복합놀이시설물 순서이며, 사고 부위는 다리, 머리, 얼굴 등의 순서이다. 놀이기구 이용 시 어린이의 부상은 피부의 긁힘이 제일 많고, 추락에 의한 사고가 대부분이다. 주요 국가별 놀이시설 안전사고에서도 추락에 의한 사고가 대부분이며, 이는 오르는 기구 또는 그네와 같은 놀이기구에서 대부분 발생한다.

2. 어린이 놀이시설 관련 국민행동요령[31]

어린이 놀이시설 이용 시 안전사고를 예방하기 위한 국민행동요령은 다음과 같다.

1) 어린이 놀이시설 안전사고 예방방법

- 어린이의 안전한 놀이시설이 이용을 위해 지속적인 교육 실시
- 놀이시설 이용 전, 어린이의 복장 상태 확인
- 날씨에 따라 놀이시설 이용을 금지
- 어린이의 놀이기구별 이용에 대해 관심을 기울임
- 놀이기구 주변 장애물, 유리조각, 돌 등의 유무를 확인
- 놀이기구별 시설 노후화, 파손 등의 이상 유무 발견 시 관리자에게 반드시 알림

---

[31] 어린이 안전사고 예방 가이드, 교육부 학교안전 정보센터, 2016 / 어린이 놀이시설 안전사고 예방대책, 국립재난안전연구원, 2013 / 생활안전 길라잡이 2, 서울시, 2013

2) 어린이 놀이시설 내 게시사항(예시)

- 놀이시설명 : ○○ 어린이 놀이터
- 관리자 : ○○○
- 연락처 : 000-0000 / H.P 000-0000-0000

파손된 시설물 발견 시 연락하여 주시기 바랍니다. 어린이놀이터에 설치된 놀이기구는 어린이의 놀이를 위해 설치된 것으로 어른들의 사용을 금하오니 협조하여 주시기 바랍니다. 어린이놀이터 내 모래의 위생관리를 위해 애완동물의 출입을 삼가오니 주민 여러분의 협조를 부탁드립니다.

3) 「어린이 놀이시설 안전관리법」에 의한 게시사항(예시)

➤ 「어린이 놀이시설 안전관리법」에 따른 표시
  1. 품 명 : 어린이 놀이기구
  2. 종 류 : 조합놀이대
  3. 모 델 명 : 0000
  4. 제조연월 : 0000. 00. 00
  5. 주소 및 전화번호 : 서울시 ○○구 ○○동 ○○번지 ○○(TEL : 00-000-0000)
  6. 제조자명 : ○○○○
  7. 제조국명 : 대한민국

➤ **사용상 유의사항**
  1. 사용연령 : 36개월 이상 사용 가능
  2. 동시 사용 최대인원 : ○○명
  3. 사용 요령 및 유의사항
     - 36개월 미만 어린이는 보호자의 관리감독 요망
     - 매월 안전점검 실시

4) 놀이기구별 안전사고 예방방법

(1) 미끄럼틀

- 미끄럼틀 이용 시 가방을 메거나 장난감을 들고 타지 않기
- 미끄럼틀을 올라갈 때는 손잡이를 잡고 계단을 이용하여 천천히 올라가며 미끄럼판으로는 절대 올라가지 않기
- 앞사람과의 간격을 유지하여 올라가고, 서로 밀치거나 당기는 장난을 하지 않으며, 한 사람씩 차례로 내려오기

- 바른 자세로 미끄럼틀 타기(엎드리거나 서서 타지 않기)
- 미끄럼틀 하강 후에는 바로 비켜주어 다른 아이들과 부딪치지 않게 주의하기

(2) 그네

- 그넷줄을 꼭 잡고 중앙에 앉아서 타며, 타는 도중 뛰어내리지 않기
- 그네에 엎드리거나 서서 타지 않으며, 그넷줄을 꼬며 타지 않기
- 한 그네에 두 명 이상 타지 않기
- 그네를 타고 있는 아이의 앞으로 지나가지 않으며, 그네가 정지한 후 타고 있던 아이가 내리면 타기

(3) 흔들놀이기구

- 절대 시소 위에서 뛰거나 서 있는 행위를 하지 않기
- 이용 시 반드시 손잡이를 두 손으로 꼭 잡고 타기
- 내릴 경우 시소 밑에 발을 두지 않으며 상대방에게 미리 알리고 내리기

(4) 회전놀이기구

- 회전대 밑부분으로 발을 넣지 않기
- 회전대를 너무 빠르게 회전시키지 않기
- 회전 도중에는 뛰어서 오르내리지 않으며, 친구들과 장난하지 않기
- 회전하는 회전대를 무리하게 멈추려고 붙잡지 않기

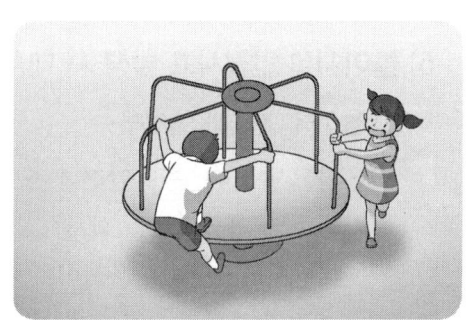

(5) 정글짐

- 비가 오거나 기온이 높은 날씨에는 이용을 금지
- 정글짐에 오를 경우 두 손으로 천천히 손잡이를 꽉 쥐며 올라가기
- 정글짐 꼭대기에서 눕거나 앉지 말고, 뛰어다니지 않기
- 거꾸로 매달리거나 손을 놓고 걸어 다니지 않기
- 정글짐에서 내려올 때는 천천히 손잡이를 이용해 내려오며 절대 뛰어내리지 않기

(6) 건너는 기구

- 받침대는 한 번에 한 칸씩 건너기
- 흔들다리 이용 시에는 손잡이를 꽉 잡고, 뛰지 않기
- 흔들다리의 손잡이와 받침대 사이로 빠져나가는 행동을 하지 않기

(7) 공중놀이기구

- 좌석형 공중놀이기구는 절대 서서 이용하지 않기
- 정해진 인원만 탑승하기
- 승차 시 차례로 타며 뒤에서 밀지 않기

(8) 조합놀이대

미끄럼틀, 오르는 기구, 건너는 기구 등과 같은 여러 기구가 조합된 놀이기구로 각 조합된 기구의 안전사항을 준수하여 이용하기

5) 놀이시설 안전사고 발생 시 대처방법

(1) 놀이터 내, 실내 놀이터

- 사고 발생 시, 즉시 안전한 곳으로 이송 후 응급처치를 실시
- 어린이에게서 과다출혈이나 의식과 호흡 상태의 이상 발견 시 즉시 119에 신고

(2) 놀이공원

- 사고 발생 시 놀이공원 내 안전요원이나 119에 연락하여 응급조치를 받기
- 연락 시 사고내용과 응급환자의 상태를 정확히 전달하여, 지시에 따라 응급상황에 대응
- 운행 중이던 놀이기구가 정지한 경우 침착하게 안전요원의 지시를 따름(놀이기구 운행 재가동까지 장시간이 소요될 수 있으니, 안전요원의 안내를 받아 비상계단을 이용함)

6) 놀이시설 안전사고 발생 후 대처방법

- 사고 발생 후 사고의 원인분석을 위해 이용을 금지
- 시설물에 의해 사고가 발생했을 경우 보수·개선될 때까지 놀이시설의 접근을 금지
- 발생한 안전사고에 대하여 사고일지를 작성하며, 중대사고의 경우 시·도 및 시·도 교육청에 보고

03 어린이의 가정안전[32]

1. 어린이 가정안전사고의 정의와 특징

어린이 가정안전사고는 가정 내에서 일어나는 어린이의 안전사고로 성인에 맞게 설계된 구조 및 물품에 의해 어린이가 사망 또는 부상 등에 이르는 사고를 의미한다.
일반적으로 야외보다 가정에서 어린이의 안전사고 발생이 빈번한데, 이러한 어린이 가정안전사고를 예방하기 위해서는 베란다나 난간 등에 밟고 올라설 수 있는 물건은 제거하고, 방충망과 함께 안전장치를 설치해야 한다.

2. 어린이 가정안전사고 관련 국민행동요령

어린이 가정안전사고 발생에 따른 국민행동요령은 다음과 같다.

---

32) 생활안전 길라잡이 2, 서울시, 2013

1) 어린이 가정안전사고 발생 전 예방방법

(1) 침실·거실

- 각진 가구에는 모서리 보호 덮개를 붙임
- 끼임 방지를 위해 안전문 고정장치를 설치
- 바닥에 걸려 넘어질 만한 물건 및 전선을 제거
- 어린이에게 위험한 물건은 어린이의 손이 닿지 않는 곳에 두기
- 추락사고로 이어지지 않도록 침대에 난간이나 안전망을 설치
- 난로·선풍기에 손가락을 집어넣지 못하게 안전망 및 틈이 좁은 제품을 구입

(2) 창·베란다

- 방충망은 아이의 추락을 예방해주지 못하므로, 추락 방지용 창살을 설치
- 창문과 베란다에는 어린이들이 밟고 올라갈 수 있는 물건을 두지 않기
- 블라인드 끈이 어린이 손에 닿지 않게 짧게 묶어 두기

(3) 욕실 및 화장실

- 안전 패드나 미끄럼 방지 스티커를 바닥에 붙여 미끄러짐을 예방
- 세제는 안전캡을 사용하고 손이 닿지 않는 곳에 보관
- 욕조는 익사로 이어질 수 있으므로 어린이는 혼자 욕실에 두지 않기
- 아이들의 손이 젖어 있는 상태에서 전기기구를 만지지 않도록 하기

(4) 주방

- 뜨거운 냄비나 음식은 손이 닿지 않는 곳에 두기
- 정수기의 온수는 어린이가 사용하지 못하도록 하고, 잠금장치가 있는 것을 구입
- 가스레인지를 켤 수 없도록 항상 중간밸브를 잠그고, 잠금장치를 설치
- 가위, 식칼, 믹서기 등 날카로운 물건들은 수납장에 보관하고 잠금장치를 설치
- 주방가구를 구입할 때는 되도록 모서리가 둥글게 처리된 것을 고르고, 모서리가 뾰족한 경우 안전보호대를 씌우기

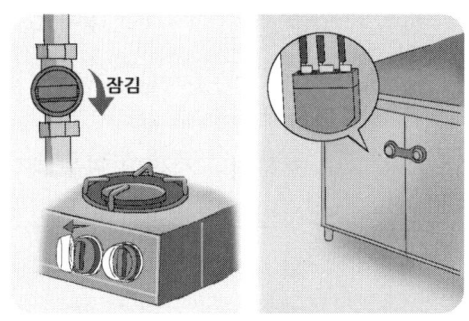

(5) 계단과 복도 및 현관

- 계단과 복도는 평소 미끄럽지 않도록 관리
- 어린이가 계단을 오르내릴 때 보호자는 아래쪽에서 보호하며 걷거나 손을 잡기
- 계단과 복도에 날카로운 부위가 없는지 수시로 점검

2) 어린이 가정안전사고 발생 시 대처방법

(1) 어린이가 떨어지거나 가구에 부딪혔을 때

- 가벼운 상처는 소독약을 바르고 세게 눌러서 지혈하기
- 혹이 생겼다면 얼음팩을 마른 수건으로 감싸 냉찜질하기
- 골절이 의심되면 골절 부위를 펴거나 움직이지 않도록 하기
- 아이가 의식을 잃었다면 신경 손상의 가능성이 있으므로, 아이를 끌어안거나 들어서 흔들지 말고 119 구조대에 도움을 요청하기
- 기도가 막히지 않도록 옆으로 돌려 눕히고, 담요로 덮어주기
- 머리에 상처나 출혈이 있을 때는 소독된 거즈나 깨끗한 수건으로 상처와 주변을 눌러서 지혈하기

- 상처가 없더라도 다음의 증상이 있을 경우 119 구조대에 도움을 요청하고, 도착할 때까지 몸을 따뜻하게 해주기
  - 토하거나 경련이 있을 때
  - 눈빛이 흐려지고 안색이 창백할 때
  - 계속 잠만 자려 할 때
  - 귀나 코에서 피가 날 때
  - 심한 통증이나 식은땀을 흘리며 숨쉬기 힘들어 할 때

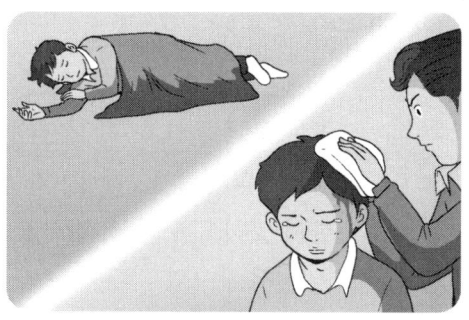

(2) 어린이가 이물질을 코에 넣었을 때

- 이물질이 작고 동그란 경우 반대쪽 콧구멍과 입을 막아주며, 코를 풀게 하기
- 이물질이 크거나 한두 번의 시도에 빠지지 않으면, 무리해서 빼지 말고 병원에 가서 치료를 받기

(3) 아이가 이물질을 삼켰을 때

- 목구멍에 이물질이 걸린 경우, 즉시 아이를 옆으로 눕혀서 이물질이 더 깊숙이 들어가지 못하게 하기
- 바로 119 구조대에 도움을 요청하고, 이물질이 보일 경우에 빼도록 시도하며, 무리해서 빼지 않도록 하기
- 유독물질을 마신 경우 섣불리 토하게 하거나 물을 마시게 하지 말고, 성분이 적힌 용기를 확인해 119 구조대에 도움을 요청
- 병원에 갈 때, 독성물질의 성분이 적힌 용기를 함께 가지고 가면 치료에 도움이 될 수 있음

04 가스사고[33]

1. 가스사고의 정의와 특징

가스사고는 일반적으로 가스의 누출로 인한 화재·폭발·가스중독 및 질식 등의 사고를 의미하며 가스설비시설, 가스 관련 용기·용품 등의 노후화, 고장 등이 원인으로 작용되어 인명과 재산 피해를 발생시킨다.

가정에 공급되는 LP 가스와 도시가스에 의한 가스사고가 많이 발생하며, '사용자 부주의'와 '시설미비'가 주된 사고의 원인이다.

2. 사고 사례

1) 1994년 서울 아현동 도시가스 폭발사고[34]

1994년 12월 7일 14시 53분경 서울시 마포구에서 한국가스공사(주) 외 2개 가스회사 직원 7명이 정압실 내 배관 및 계량기 밸브스테이션 점검 작업 중 가스 누출로 주위의 착화원에 의한 폭발화재가 발생하였다. 이로 인해 사망 12명, 부산 49명의 인명피해가 발생하였고, 승용차 17대, 화물차 7대, 차량 52대 등 약 6억 원의 재산피해가 발생하였다.

2) 1995년 대구 지하철 도시가스 폭발사고[35]

1995년 4월 28일 대구광역시 달서구 태백프라자 상인점 공사현장 뒷편의 소방도로에서 사고 당일 (주)표준개발 측이 그라우팅보일 천공작업을 하던 중, 7시 10분경 천공작업 인부가 지하에 매설된 도시가스 중압배관(100m)을 천공기로 관통시켜, 분출된 가스가 일부 파손된 우수관을 통하여 지하철 공사장으로 가스가 유입, 원인 미상의 불씨에 의하여 인화, 폭발된 사고이다. 이로 인해 사망 101명, 부상 202명의 인명피해가 발생하였고, 건물피해 346건 37억, 차량 150대 5억 8백만 원의 재산피해가 발생하였다.

3. 가스사고 관련 국민행동요령[36]

가스사고 발생에 따른 국민행동요령은 다음과 같다.

---

33) 생활안전 길라잡이 1, 서울시, 2013
34) 대구 지하철 공사장 도시가스 폭발사고, 국민안전처 국가화재정보센터, 2007
35) 아현동 가스폭발사고, 국민안전처 국가화재정보센터, 2007
36) 가스사고 발생 시 국민행동요령, 국민안전처, 2016 / 가스폭발사고 발생 시 국민행동요령, 국민안전처, 2016

1) 가스사고 예방대책

- 평상시 가스점검을 생활화함
- 외출 시, 취침 시 가스차단밸브를 잠금
- 가스 용품은 통풍이 잘되는 곳에 설치
- LPG 가스용기는 통풍이 원활하며 직사광선이 없는 곳에 보관
- 정기적으로 가스배관 및 용기 등의 설치·노후화 상태를 점검
- 가스시설 주변으로 아이들이 접근하지 못하게 함

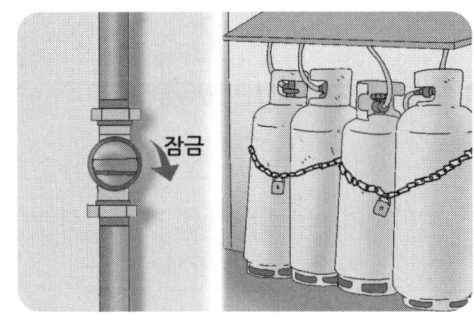

2) 가스사고 전 대책

(1) 가스레인지 사용 시

- 가스레인지의 불구멍 막힘 여부 확인 등 청결상태 확인
- 가스레인지를 사용하기 전엔 반드시 실내를 환기
- 가스 누출 방지를 위해 점화 시 불이 붙었는지를 확인
- 조리 시에 외부 요인(바람, 물넘침 등)으로 불이 꺼지지 않는지 확인(가스가 자동으로 차단(소화안전장치)되는 제품 사용)
- 가스 사용 후 가스밸브 잠금을 생활화

(2) 해빙기

- 해빙기에는 가스배관상태를 반드시 점검
- LP 가스의 용기와 밸브, 호스의 연결 상태 점검
- 가스시설 설치 장소의 균열 상태나 붕괴 우려에 대한 점검

(3) 여름철

- 폭염, 불볕더위 지속 시 LPG 용기에 차광막을 설치하여 보관
- 휴가철 장기간 집을 비울 경우 LPG는 용기밸브, 도시가스는 계량기 전단의 메인밸브까지 잠금

- 갑작스런 호우로 침수 우려 시 LPG 사용자는 용기밸브를 잠근 후 용기를 옥상 등 안전한 곳으로 이동
- 장마철 LP 가스 누출 시 바닥에 체류 가능성이 있으므로 점검 실시
- 침수 후, 가스레인지는 깨끗이 이물질을 씻겨 말린 후 사용하며, 가스보일러는 반드시 A/S를 통해 점검 후 사용

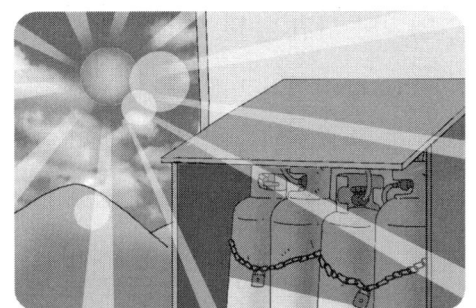

(4) 가을철
- 가스보일러 배기통 부근의 청결상태 확인
- 배기통의 접속부, 외형 부분에 이상 여부 확인 후 이상 발견 시 제조회사나 시공사에 수리를 의뢰

(5) 겨울철
- 보일러 사고를 예방하기 위해 설치장소의 환기, 배관상태 등 사고 유발과 관련된 시설 점검을 실시
- 겨울철 기온 저하로 LPG 공급이 잘 되지 않을 시 두꺼운 헝겊으로 용기 감싸기(용기에 불, 온수 사용 금지)
- 보일러에서 과열·소음·진동·이상한 냄새가 날 경우, 즉시 보일러를 끄고 가스밸브를 잠근 후 서비스센터로 연락하여 점검을 실시
- 보일러실의 환기구는 항시 개방

(6) 이사 시
- 사용하게 될 가스 종류 확인(LPG, 도시가스)
- 가스시설 설치, 철거는 반드시 전문가에게 의뢰하여 안전사고 예방
- LPG는 지역판매업소, 도시가스는 도시가스 지역관리소로 연락

3) 가스사고 발생 시 대처방법

(1) LPG 용기 가스 누출사고 시

- 우선 연소기의 콕, 중간밸브, 용기 밸브(도시가스는 계량기 밸브)를 잠금
- 창문과 문을 열어 환기를 시키고 LPG 용기 근처 화기를 제거
- 얇은 천(수건 등)을 물에 적셔 누출량을 최소화
- 가스공급업체에 점검을 의뢰

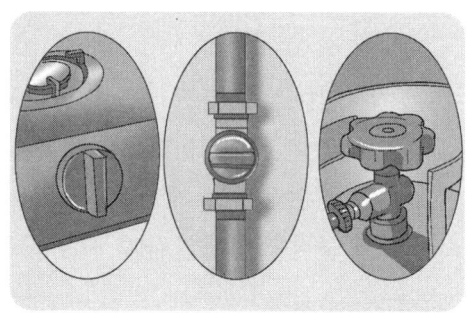

(2) LPG 설비시설 가스 누출사고 시

- 가스용기 및 주 밸브를 차단
- 바로 가스 사용을 중지하고, 주변 화기 사용을 금지
- 창문과 문을 열어 환기를 시키고 LPG 용기 근처 화기를 제거
- 얇은 천(수건 등)을 물에 적셔 누출량을 최소화
- 가스공급업체에 점검을 의뢰

(3) 가스 위해사고 시

① 가스 흡입·중독

- 환자 주위 공기를 환기시키고 신선한 공기가 통하는 장소로 옮김
- 환자의 기도를 개방하고, 입안의 이물질 제거
- 호흡곤란 시 인공호흡, 산소호흡을 실시
- 가능한 즉시 고압산소호흡이 가능한 병원으로 이송

② LPG에 의한 동상
- 동상 부위를 미지근한 물 등으로 서서히 따뜻하게 해줌
- 얼어버린 의류는 무리해서 떼어내지 않고 주변의류부터 잘라냄
- 거즈로 환부를 보호하고 의사의 치료를 받음

③ 가스에 의한 화상
- 화상 즉시 깨끗한 물로 씻어 즉시 병원치료를 받음
- 화상 입은 부분을 함부로 건드리지 않기(환부를 가제 등으로 보호, 물집 등은 터트리지 않음)

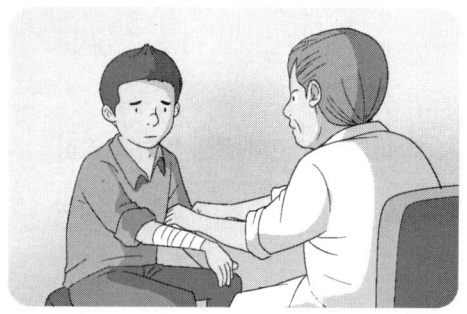

(4) 암모니아 누출사고 시
- 가스 발생지역 주변의 출입 금지 및 화기 제거
- 가스 점검 장비로 누출부위를 조사
- 바람을 등지고 방독 마스크, 공기호흡기, 보호의 등을 착용 후 작업
- 부상자 발생 시 즉시 안전한 장소로 옮기고, 구급차량을 요청

(5) 염소가스 누출사고 시
- 사고 발생 시 가스 확산 방향, 상태를 확인하여 인근 주민들을 대피시킴
- 누출사고 발생 시 염소중화설비 작동 여부를 확인하고 미작동 시 수동제어로 가스 확산을 방지
- 액체 누출 시 염소가스용기 누출 부위를 위쪽으로 돌림
- 가스 누출 조치 시 방독 마스크, 공기호흡기, 보호의 등을 착용 후 바람을 등지고 작업 실시
- 누출부위가 작으면 임시적으로 나무, 납 등을 사용해 막기
- 염소설비시설 근처 화재 시 신속히 염소 투입을 중단
- 화재로 인한 염소설비 내 가스압력 상승 시 대량의 물을 뿌려 냉각 조치 실시

05 물놀이 사고[37]

1. 물놀이 사고의 정의와 특징

물놀이 사고는 여름철인 6~8월에 자주 발생하며 해수욕장·계곡·수영장·하천 등에서 물놀이 인파의 안전부주의로 인해 발생되는 익사·조난·시설안전사고 등을 의미한다. 물놀이 사고를 예방하기 위해서는 반드시 정해진 안전 수칙에 따라야 하며 물놀이 사고가 자주 발생되는 곳이나 입수 금지 구역에서는 절대 물놀이를 하지 않아야 한다. 물놀이 사고의 발생 원인과 특징은 다음과 같다.

▼ 물놀이 사고의 발생 원인과 특징

사고 원인		내용
안전수칙 불이행		• 식사 직후 입수 • 준비운동 없이 입수 • 음주 상태에서 수영 • 수영 실력 미숙 • 과로, 피로 상태에서의 물놀이 • 물놀이 위험구역에서의 물놀이 • 무리한 조난자 구조활동
기후, 환경에 의한 사고	해수욕장	• 개인의 부주의(음주, 밀물시간 미숙지, 수영 과시) • 이안류 • 독성 해파리
	하천, 계곡	• 수상 레저활동 중 구조장비 미착용 및 안전수칙 불이행 • 갑작스런 급류 발생 • 장마철 강우량 증가로 수위 증가 • 수영 실력 과시 및 음주수영
	수영장	• 수영장 내 안전수칙 미숙지 • 수영 실력 과시 및 음주수영
	저수지	• 수상 레저활동 이용 시 구조장비 미착용 및 안전수칙 불이행 • 수영 실력 과시 및 음주수영
	계곡	• 갑작스런 급류 발생 • 기상이변에 의한 게릴라성 호우로 수위 증가
	갯벌	• 갯골 지형 • 일몰시간·만조시간 미숙지

---

[37] 생활안전 길라잡이 1, 서울시, 2013 / 물놀이안전매뉴얼, 국민안전처, 2016

2. 물놀이 사고 관련 국민행동요령[38]

물놀이 사고 발생에 따른 국민행동요령은 다음과 같다.

1) 물놀이 사고 예방대책

- 입수 전 충분히 준비운동을 실시
- 자외선 차단을 위해 햇빛 차단 크림을 바르거나 수영모자 쓰기
- 음주 후, 식사 직후, 피로한 경우 사고 발생 위험이 크므로 수영을 자제
- 물에 들어가기 전에는 물을 심장에서 먼 다리, 팔, 얼굴, 가슴 등의 순으로 적신 후 입수

- 장기간 수영 및 깊은 곳, 물이 너무 차가운 곳에서의 수영은 금지
- 구조 경험이 없는 사람은 무모하게 구조하지 않기
- 조난자 발견 시 반드시 주위에 알리고 함부로 물속에 뛰어들지 않기
- 구조 시 반드시 주위의 장대나 튜브, 로프, 스티로폼 등을 이용해 구조
- 자신의 수영능력을 과신하여 무리한 행동을 하지 않기
- 어린이가 물놀이하는 경우 어른들이 볼 수 있는 곳에서 하기

2) 물놀이 전 대책

(1) 해수욕장 · 갯벌 · 하천 · 계곡

- 반드시 안전구역 내에서 물놀이 하기
- 튜브, 신발 등이 물에 떠내려가는 경우 함부로 건지러 가지 말고 도움을 요청
- 어린이 물놀이 시 사전 안전교육을 반드시 시켜주고 얕은 물이라도 즉시 구조가 가능한 위치에서 보호 관찰 실시

---

38) 물놀이 국민행동요령, 국민안전처, 2016

(2) 수영장

- 수영장 바닥은 미끄러우므로 뛰어다니지 않기
- 물안경과 수영모자 등 안전규정에 맞는 복장을 착용
- 수심이 얕은 곳에서 다이빙하지 않기
- 수심을 잘 살펴보고 수영하기
- 물놀이기구 이용 시 충돌·추락 등 사고예방을 위해 안전수칙을 반드시 준수

3) 물놀이 사고 시 대처방법

(1) 파도가 있는 곳

- 바닷물을 먹지 않으려고 참기보다는 체력 소모를 줄이기 위해 마시는 쪽이 오히려 편안할 수도 있음
- 수영은 긴장하지 말고 편안한 마음으로 하여 체력 소모를 줄임
- 큰 파도가 덮칠 때만 깊이 잠수하며, 머리는 언제나 수면 상에 내밀고 있어야 안전함
- 지쳐서 휴식을 취할 때는 누워서 배영 또는 선헤엄으로 파도에 몸을 맡김
- 큰 파도에 휩싸였을 시 몸부림치지 말고 파도에 몸을 맡겨 숨을 중지해 몸을 뜨게 하고 비스듬히 헤엄쳐 육지로 향하기

(2) 수초에 감겼을 때

- 수초에 감겼을 때는 당황하지 말고 부드럽게 팔과 다리의 수초를 풀고, 물 흐름이 있으면 흐름에 맡겨 가만히 기다리면 감긴 수초가 헐거워지므로 바로 털어 버리듯이 풀고 수상으로 나오기
- 당황하여 몸부림칠 경우 수초에 더 휘감길 수 있으므로 부드럽게 몸을 수직으로 움직여 빠져나오기

(3) 수영 중 경련이 일어났을 때

- 경련은 발가락과 손가락, 넓적다리 부위에서도 잘 발생하며, 식사 후 너무 빨리 수영을 하여 위 경련이 일어날 시 즉시 구급요청을 실시
- 경련은 피로한 근육에 가장 일어나기 쉽고 수영 중에 흔히 발생할 수 있으므로 주의가 필요
- 쥐가 난 곳은 다시 발생할 가능성이 높으므로 통증이 완화된 후 천천히 육지로 향함
- 경련 후 육지에 오른 다음에도 근육을 마사지하여 통증을 완화함

(4) 하천이나 계곡물을 건널 때

- 시선은 건너편 강변 둑을 보고 물결이 세지 않은 완만한 곳을 통해 가능한 바닥을 끌듯이 이동
- 이동 시 돌이 있으면 가능한 피함
- 지팡이와 같은 장대를 이용해 이동방향의 수심에 유의하며 이동
- 물의 흐름에 유의해 흐르는 방향에 따라 이동하며 물살이 셀 경우 물결을 약간 거슬러 이동
- 무릎 이상의 깊은 급류 이동 시 건너편 하류 쪽으로 밧줄(로프)을 설치해 한 사람씩 건너며, 밧줄이 없을 시 여러 사람이 손을 맞잡아 줄을 만들거나 어깨를 지탱하여 물 흐르는 방향과 나란히 서서 건너기

(5) 물에 빠졌을 때

- 흐르는 물에 빠졌을 경우 물의 흐름에 몸을 맡겨 비스듬히 헤엄쳐 빠져나오기
- 옷과 구두를 신은 채 물에 빠졌을 때는 심호흡을 한 후 새우등 뜨기 자세를 통해 천천히 벗기 쉬운 차례로 벗은 후 헤엄쳐 나오기

(6) 침수지역 · 고립지역 이동 시

- 도로 중앙지점을 이용하며 가능한 침수 반대쪽이나 측면 쪽으로 이동
- 무리하게 탈출을 하지 않고 옷 등을 이용해 가능한 모든 방법을 동원하여 구조 요청을 실시
- 가능하면 라디오나 방송을 통해 재난 상황에 대처

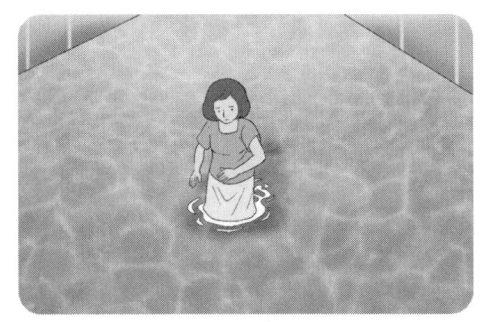

(7) 계곡에서 야영지를 선택할 때

- 계곡에서의 야영은 물의 흐름을 고려해 가능한 높은 쪽으로 선택
- 낙석, 산사태 위험지역은 피함
- 대피가 가능한 고지대나 대피로가 있는 곳을 선택

(8) 보트를 탈 때

- 보트 승선 시 모든 인원은 반드시 구명조끼를 착용
- 보트에서 내릴 경우 발이 배를 강 쪽으로 밀지 않게 유의
- 승선 후에는 중심을 낮춰 이동
- 배에서 물속으로 떨어졌을 경우 바로 수면으로 올라와 배를 붙잡아 배의 뒤편에서 몸을 솟구쳐 상체부터 올림

(9) 갯벌에서 물놀이를 할 때

- 갯벌 체험 시 탈수 예방을 위해 마실 물을 준비
- 긴 소매 옷과 모자를 착용해 자외선으로부터 피부를 보호
- 갯벌 체험은 2인 이상 동반하며 어린이는 어른과 동반
- 갯벌 진입로에서 멀리 떨어진 곳은 출입 금지
- 갯벌의 갯골은 밀물 시 수심이 깊어져 빠져나오기 어려우므로 접근하지 않기

- 갯벌에 발이 깊이 빠진 경우에는 반대방향으로 바닥에 누워 발로 몸을 밀며 나오며 위급 시 안내인의 도움을 받거나 119의 도움을 받기
- 맨발로 갯벌에 들어갈 경우 어패류 등에 의해 상처를 입을 수 있으므로 장화나 양말과 함께 샌들을 착용
- 갯벌에서 방향을 잃었을 경우 갯벌에 나타난 조류에 의한 물결모양이 완만한 쪽으로 나오기

04 산업안전

01 산업안전의 개념

산업안전(Industrial Safety)은 일반산업 사업장에 있어 산업재해가 일어날 가능성이 있는 건설물, 장치, 기계, 재료 등의 손상, 파괴에 기인하는 잠재 위험성(Hazard)을 배제해서 안전성을 확보하는 것을 목적으로 한 개념을 의미한다. 다른 의미로는 기업 내 또는 기업 간의 안전관리에 있어 재해 방지를 위한 활동을 총칭해서 말하기도 한다.[39] 산업안전의 목적은 직장의 안전을 도모하고 근로자를 재해로부터 지키며, 재해로 인한 기업의 손실을 방지하기 위한 것으로서, 일반적으로 '근로안전'이라는 용어도 산업안전과 같은 의미로 쓰인다.

02 위험성 평가기법

1. 위험성 평가의 개요[40]

위험성 평가란 사업장의 유해·위험요인을 파악하고 해당 유해·위험요인에 의한 부상 또는 질병의 발생 가능성(빈도)과 중대성(강도)을 추정·결정하고 감소대책을 수립하여 실행하는 일련의 과정을 말한다. 위험성 평가는 사업주가 주체가 되고 안전보건관리책임자, 관리감독자, 안전관리자·보건관리자, 대상공정의 작업자가 참여하여 각자의 역할을 분담하여 실시한다. 위험성 평가 절차는 사전준비, 유해·위험요인 파악, 위험성 추정, 위험성 결정, 위험성 감소대책 수립 및 실행의 순서로 진행되며 세부내용은 다음과 같다.

---

[39] 산업안전대사전, 최상복, 2004
[40] 위험성 평가 지원시스템(kras.kosha.or.kr), 2016

▼ 위험성 평가 절차

1단계	사전준비(Preparation of Risk Assessment)	위험성 평가 실시규정 작성, 평가대상 선정, 평가에 필요한 각종 자료 수집
2단계	유해 · 위험요인 파악 (Hazards Identification)	사업장 순회점검 및 안전보건 체크리스트 등을 활용하여 사업장 내 유해 · 위험요인 파악
3단계	위험성 추정 (Risk Estimation)	유해 · 위험요인이 부상 또는 질병으로 이어질 수 있는 가능성 및 중대성의 크기를 추정하여 위험성의 크기를 산출
4단계	위험성 결정 (Risk Evaluation)	유해 · 위험요인별 위험성 추정 결과와 사업장에 설정한 허용 가능한 위험성의 기준을 비교하여 추정된 위험성의 크기가 허용 가능한지 여부를 판단
5단계	위험성 감소대책 수립 및 실행(Risk Control Action & Implementation)	위험성 결정 결과 허용 불가능한 위험성을 합리적으로 실천 가능한 범위에서 가능한 한 낮은 수준으로 감소시키기 위한 대책을 수립하고 실행

2. 4M 위험성 평가[41]

4M 위험성 평가는 공정 내 잠재하고 있는 위험요인을 Machine(기계적), Media(물질 · 환경적), Man(인적), Management(관리적) 등 4가지 분야로 위험성을 파악하여 위험 제거대책을 제시하는 방법을 말한다.

1) 활용대상 및 평가 수행 주체

4M 위험성 평가는 사업장이 안전하고 쾌적한 일터인지를 확인하거나 개선하는 데 활용할 수 있으며 생산활동 및 지원활동 과정에서 내재한 산업재해 발생 위험요인을 파악하고, 그 요인을 제거 또는 감소시키는 업무에 활용할 수 있다.

4M 위험성 평가 수행 주체로는 사업주가 평가의 책임자가 되어야 하며, 책임자로 하여금 평가를 실시하도록 할 경우 부서별로 평가를 하거나 별도의 팀을 구성할 수 있다. 4M 위험성 평가의 실효성을 높이기 위해서는 위험요인 확인이나 개선대책 마련 시 해당 작업에 대한 근로자의 의견을 충분히 수렴하도록 해야 한다.

2) 평가 시기

4M 위험성 평가 시기는 다음과 같다.
- 위험성 평가를 처음 실시하는 경우
- 위험성 평가를 실시한 후 6개월이 경과한 경우
- 공정, 작업내용, 방법 및 절차가 바뀐 경우

---
41) 4M 위험성 평가 매뉴얼, 한국산업안전보건공단, 2010

- 새로운 설비를 도입하거나 새로운 물질을 사용할 경우
- 중대사고 및 재해가 발생한 경우(해당 공정 및 작업)

3) 실행방법

(1) 위험성 평가 도입을 선언

사업주는 노사가 함께 산업재해 발생 위험요인을 찾아내어 사고 발생 가능성을 최소화함으로써 안전하고 쾌적한 일터 조성을 위해 위험성 평가제도 도입을 선언

(2) 위험성 평가 담당자(책임자) 지정

사업주는 평가대상 공정 및 작업에 대해 풍부한 지식과 경험을 보유한 관리감독자를 위험성 평가 담당자(책임자)로 지정

※ 위험성 평가 담당자(책임자) 지정자격
- 50인 이상 사업장 : 안전·보건관리자 또는 관리감독자(안전보건관리자 대행기관 위탁 시 근무경력 3년 이상인 자)
- 50인 미만 사업장 : 관리감독자(조장, 반장 또는 주임)

(3) 위험성 평가 교육 이수

위험성 평가 담당자(책임자)는 공단에서 운영하는 무료 위험성 평가 교육과정을 이수

※ 향후 민간교육기관 관련교육과정 개설시 고용보험가입 사업장은 교육비 환급 예정

(4) 위험성 평가팀 구성·운영

① 위험성 평가 담당자(책임자)는 사업주의 권한을 위임받아 평가팀원을 구성

※ 평가팀원은 평가대상 작업을 잘 아는 작업책임자(반장 또는 특별한 경우 작업자), 정비작업자, 안전·보건관리자 등으로 구성

② 위험성 평가 담당자(책임자)는 사업장에 적용할 위험성 평가기법을 선정하고 팀원에게 위험성 평가 취지 및 세부 적용방법에 대해 전달교육 실시

※ 위험성 평가기법(4M 위험성 평가 기법, 체크리스트 기법 등) 중 자율적으로 선택

③ 위험성 평가 담당자(책임자)는 위험성 평가기법을 숙지하고 대상공정의 안전보건정보(아차사고 사례 포함) 수집

(5) 위험성 평가 실시

- 위험성 평가는 담당자(책임자)가 중심이 되어 수행
- 담당자는 제공된 '소분류 업종별 10대 발생원인 및 재해유형'을 먼저 확인하고 업종별 위험성 평가 모델을 적용
- 재해다발 취약요인에 대해 우선평가하고 자체적으로 판단하는 위험요인에 대해

추가적인 평가 실시
- 위험성 평가는 전 팀원이 브레인스토밍(Brain storming) 방식에 따라 적극적으로 의견을 도출해낼 수 있도록 유도

4) 단계별 수행절차

(1) 1단계 : 평가대상 공정(작업) 선정

① 생산활동 또는 지원활동을 공정 또는 작업별로 분류
② 공정 또는 작업별로 산업재해나 아차사고(산업재해까지 발생하지 아니한 잠재적 사고)를 활용하여 평가 대상 및 범위를 결정
  - 제조공정(작업)별로 작성
  - 원(재)료, 생산품, 근로자 수 파악 후 기재
  - 제조공정을 세부 작업순서대로 기재
  - 기계·기구는 운반기계, 전동구동기계 등 공정 내 모든 기계·기구 파악 후 기재
  - 유해화학물질은 주원료뿐만 아니라 첨가제 등 공정 내에서 소량 사용하는 물질도 파악 후 기재
  - 그 밖의 안전보건상 정보에는 과거의 발생재해(공상 포함), 아차사고 및 근로자(장애인, 여성, 고령자, 외국인, 비정규직, 미숙련자 등) 특성 기재
③ 평가 대상 공정에 대한 안전보건상의 위험정보 사전파악
  - 과거 3년간 사고 현황(아차사고 사례 포함)
  - 교대작업 여부
  - 근로자의 고용형태 및 작업경력
  - 근로자 특성(장애인, 여성, 고령자, 외국인, 비정규직, 미숙련자 등)
  - 작업에 대한 특별안전교육 필요 유무
  - 안전작업 허가증의 필요 작업 유무
  - 작업할 기계·설비
  - 사용하는 전기공구류
  - 취급물질에 대한 취급량, 취급시간, 무게 및 운반높이
  - 운반수단(운반차량, 인력)
  - 사용 유틸리티(전기, 압축공기 및 물)
  - 사용 화학물질의 물질안전보건자료(MSDS) 확인
  - 근로자의 노출물질(연기, 가스, 증기 및 분진)
  - 작업환경 측정결과(최근 2년간)

(2) 2단계 : 위험요인의 도출

① 1단계에서 결정된 평가대상 공정 및 작업에 대해 내재하고 있는 다음의 안전 및 보건상의 위험요인 여부를 확인
- 사용기계·기구, 사용물질 자체의 위험요소
- 소음, 분진, 유해물질 등 작업환경과 관련된 위험요소
- 작업방법 및 작업 중 예상되는 근로자의 불안전한 행동
- 무리한 동작을 유발하는 불안전한 공정
- 작업 간 물류이동(운반)의 위험요소
- 보수 및 수리 등 비정상 작업에 대한 위험원 확인
- 안전·보건 관련 조직, 교육, 검사 등 일반 관리적인 결함사항

※ 사업장에서 취급하는 화학물질, 설비 및 기계 등의 안전·보건상의 위험요인 확인을 위해서는 관련 전문가의 도움을 받는 것이 바람직함

② 위험요인 확인은 가급적 작업자와 평가자가 함께 참여하는 토의 방식으로 진행하되, 특히 위험에 노출되어 있는 현장 근로자의 아차사고 경험 여부를 확인

③ 위험요인 도출방법
- 위험을 Machine(기계적), Media(물질·환경적), Man(인적), Management(관리적) 등 4개 항목으로 구분 평가
- "기계적" 항목은 모든 생산설비의 불안전 상태를 유발시키는 설계·제작·안전장치 등을 포함한 기계 자체 및 기계 주변의 위험 평가
- "물질 및 환경적" 항목은 소음, 분진, 유해물질 등 작업환경 평가
- "인적" 항목은 작업자의 불안전 행동을 유발시키는 인적 위험 평가
- "관리적" 항목은 안전의식 해이로 사고를 유발시키는 관리적인 사항 평가

(3) 3단계 : 위험도 계산

2단계에서 파악된 안전·보건상의 모든 위험요인에 대하여 위험도를 결정

$$\text{위험도 = 사고의 빈도} \times \text{사고의 강도}$$

※ 사고의 빈도 : 위험이 사고로 발전될 확률, 폭로빈도와 시간
※ 사고의 강도 : 부상 및 건강장애 정도, 재산손실 크기

위험도는 사고가 발생할 경우 근로자의 부상 및 건강장해의 우려가 큰 위험요인을 위험도가 가장 높은 것으로 산정

(4) 4단계 : 위험도 평가

3단계에서 위험도 계산값에 따라 위험이 허용할 수 있는 범위인지를 판단 (모든 위험은 위험도가 가급적 낮은 수준으로 유지되어야 함)

(5) 5단계 : 개선대책 수립

① 개선대책을 수립할 경우 다음의 원칙을 고려
- 위험은 근원적으로 제거하거나 대체
- '산업안전기준에 관한 규칙', '산업보건기준에 관한 규칙' 등 관련 법령에서 요구하는 법적 의무사항 준수
- 최근의 안전·보건 이론 및 기술을 고려
- 안전·보건기술, 작업환경, 작업조직 등 적절히 연계
- 해당 위험작업 근로자보다 전체 근로자 보호를 우선 고려
- 고령근로자, 임산부 등 특별한 보호가 필요한 근로자를 고려
- 적정한 안전·보건수칙 등 지침을 근로자에게 제공

② 개선대책에 대해서는 관련 담당자와 조치 완료 시점을 명시하여 담당자가 책임감을 갖고 개선토록 하며, 개선대책 시행과정에서 대책의 실효성 등을 검토 및 문제점 보완

(6) 개선실행계획의 시행 및 사후관리

① 개선실행계획의 시행은 다음과 같은 원칙을 적용
- 개선실행계획서의 개선일정은 위험도 수준, 정비 일정 및 소요경비를 파악하여 사업장에서 자율적 시행
- 개선대책은 "합리적이고 실행 가능한 한 위험도를 낮게(ALARP ; As Low as Reasonably Practicable)"하도록 계획을 수립

② 이행결과 확인 및 사후관리 시 다음과 같은 사항을 수행
- 개선대책 내용의 개선 여부 확인
- 개선대책 후 잔여 위험요인에 대한 정보 등을 게시하고 안전·보건교육 실시
- 미개선 사항 등 실행과정에서 발생된 문제점, 애로사항 등에 대한 추가 컨설팅 실시
- 위험성 평가기법 교육
- 위험성 평가를 기반으로 한 안전·보건교육 실시

03 안전보건경영시스템(KOSHA 18001)

1. 안전보건경영시스템의 개요

안전보건경영시스템(KOSHA 18001)은 사업주가 자율경영방침에 안전보건정책을 반영하고, 이에 대한 세부 실행지침과 기준을 규정화하여, 주기적으로 안전보건계획에 대한 실행결과를 자체평가 후 개선토록 하는 등 재해예방과 기업손실 감소 활동을 체계적으로 추진하기 위한 자율안전보건체계를 의미한다. 인증사업장은 한국산업안전보건공단(KOSHA)이 제정한 안전보건경영시스템의 인증기준에 의해 경영체제를 평가받는다. 안전보건경영시스템 도입의 필요성은 다음과 같다.

첫째, 사업장에서 산업재해는 발생되지 않았지만 급작스런 사고 또는 경미한 사고가 많이 발생할 수도 있다. 이러한 잠재적인 유해위험요인을 근원적으로 제거하기 위해서는 실천의지를 가지고 불안전한 상태, 불안전한 행동, 관리적인 사항에 대해 위험성 평가를 근간으로 하는 안전보건경영시스템 도입과 운영이 필요하다.

둘째, 안전보건 현장 순찰, 아차사고 보고, 위험예지활동 등 여러 가지 안전보건활동에 의하여 사업장에 밀착한 산업재해 예방활동을 조직적이고 지속적으로 개선·유지하기 위한 시스템이 부족하므로 사업장의 관리감독자가 안전보건에 대한 관심이 없거나 안전보건에 경험이 없을 경우 안전보건대책은 부실해지며 지속될 수 없다. 따라서 업무의 표준화로 권한과 책임을 명확하게 하는 것과 안전보건경영시스템의 도입·운영이 필요하다.

셋째, 안전보건경영시스템은 잠재적인 유해위험요인을 제거하거나 감소시키고 안전보건 관리를 경영과 일체화함으로써 안전보건 관리의 Know-How를 계승하여 효율성을 높이고 실용화하는 시스템이라 할 수 있다. 이러한 시스템을 지속적으로 실시하고 개선하여 안전보건수준을 한 단계씩 발전시킬 수 있다.

2. 안전보건경영시스템의 인증절차 [42]

안전보건경영시스템에 의한 인증 이후 각 지역본부에서는 인증사업장을 매 1년 단위로 사후 심사를 시행한다. 인증의 유효기간은 인증일로부터 3년이며, 매 3년 단위로 그 기간을 연장할 수 있다. 연장을 위해서는 연장신청서를 제출하고 접수한 날부터 3개월 이내에 연장심사를 실시한다. 안전보건경영시스템의 신규 인증심사에 대한 인증절차는 다음과 같다.

---

[42] 안전보건경영시스템 〈KOSHA 18001〉 인증업무 처리규칙, 안전보건공단, 2012

▼ 안전보건경영시스템의 인증절차

인증절차 흐름도		주요 내용
인증 신청		• KOSHA 18001 인증신청자
계약 체결	공단 지역본부 (서울, 부산, 광주, 인천, 대구, 대전)	• 접수일로부터 15일 이내에 계약체결
심사팀 구성	공단 지역본부 (서울, 부산, 광주, 인천, 대구, 대전)	• 심사팀 구성 및 심사계획 수립
실태심사	공단 지역본부 (서울, 부산, 광주, 인천, 대구, 대전)	• 계약 후 실시 ※ 기술지원은 사업장 요청 시 시기, 방법을 정하여 별도 실시 가능
인증심사	공단 지역본부 (서울, 부산, 광주, 인천, 대구, 대전)	• 실태심사 후 실시 ※ 실태심사결과 부적합사항 보완조치 완료 후 실시
인증 여부 결정	공단본부 인증위원회	• 인증 여부 결정 : 인증위원회(위원장 : 공단기술이사)
인증서 및 인증패 수여	지도원장/지역본부장	• 공고 및 홍보 - 언론매체 등을 통해 공고 가능 ※ 인증사업장 관할 기관장이 수여

▼ 안전보건경영시스템 인증절차(계속)

인증절차 흐름도		주요 내용
사 후 심 사	지역본부 (서울, 부산, 광주, 인천, 대구, 대전)	• 지역본부 – 인증사업장을 매 1년 단위로 사후심사
연 장 심 사	인증사업장 신청	• 신청인 – 인증 유효기간(3년) 만료일 90일 전까지 신청

계 약 체 결	지역본부
	(서울, 부산, 광주,
	인천, 대구, 대전)
		• 계약 당사자
		  – 신청인, 지역본부장
		  – 상호합의하여 계약 체결

심사팀 구성	지역본부 (서울, 부산, 광주, 인천, 대구, 대전)	• 심사팀 구성 및 심사계획 수립
사후심사, 연장심사	지역본부 및 외부위탁기관	• 신청인과 상호 합의한 기간에 실시

인증서 재발급	지역본부
	(서울, 부산, 광주,
	인천, 대구, 대전)
		• 인증 유효기간
		  – 인증결정일로부터 3년
		  – 인증 후 매 1년마다 사후심사 실시

PART 03 국민안전 관리체계

1. 재난안전 관련 법·제도
2. 국가 재난안전 관리
3. 재난의 예방
4. 재난의 대비
5. 재난의 대응
6. 재난의 복구
7. 안전문화 진흥
8. 보칙
9. 국가위기관리 커뮤니케이션과 재난관리 리더십
10. 재난안전을 위한 민·관 협력

01 재난안전 관련 법·제도

01 재난 및 안전관리 기본법

2003년 2월 대구지하철 화재사고와 5월 화물연대 파업사태 등을 계기로 범국가 차원의 재난관리시스템 구축의 필요성이 대두되었다. 이에 따라 정부는 사회적 위기와 재난 상황 등 국가기능의 마비 등에 대응할 수 있는 총괄관리기구의 설치가 필요하였으며, 위기 상황 인지와 예방 등 상황관리와 비상시 긴급동원체제 확립 등에 대한 법체계 정비가 시급하였다. 이에 정부는 2004년 3월에 「재난 및 안전관리 기본법」을 제정하였다. 「재난 및 안전관리 기본법」은 각종 재난으로부터 국토를 보존하고 국민의 생명·신체 및 재산을 보호하기 위하여 국가 및 지방자치단체의 재난 및 안전관리체제를 확립하고, 재난의 예방·대비·대응·복구 그 밖에 재난 및 안전관리에 관하여 필요한 사항을 규정함을 목적으로 하고 있다.

1. 기본 이념

헌법 제34조 제6항 "국가는 재해를 예방하고 그 위험으로부터 국민을 보호하기 위해 노력하여야 한다."에 따른 국가적 의무를 이행하기 위함이다. 재난을 예방하고, 재난 발생 시 피해를 최소화하는 것이 국가 및 지자체의 기본적 의무임을 확인한다. 모든 국민과 국가 및 지자체가 안전을 우선 고려함으로써 국민이 재난으로부터 안전한 사회에서 생활할 수 있도록 한다.

2. 주요 내용

재난 및 안전관리 기본법의 주요 내용은 다음과 같다.

첫째, 재난관리에 대한 국가 등의 책무와 안전관리에 관한 중요정책의 심의 및 총괄·조정, 관계 부처 간의 협의·조정 등을 담당하는 안전관리기구의 구성과 기능, 안전관리계획의 수립, 재난의 예방, 응급대책, 긴급구조, 특별재난지역의 선포 및 복구, 재정 및 보상 등에 관한 사항을 규정하고 있다.

둘째, 자연재해와 인적 재난으로 구분되던 종전의 재난개념을 통합하고, 현재의 사회 환경이나 과학기술 수준에서 예상치 못했던 새로운 유형의 재난까지도 포함하여 확대 일원화된 재난의 개념을 정립하고 있다.

셋째, 「자연재해대책법」에 의한 방재기본계획과 「재난관리법」에 의한 재난관리계획 등 자연재해와 인적 재난 분야로 각각 수립·시행되던 재난 및 안전 관련 계획을 '안전관리계획'으로 통합하여 수립하도록 하고 있다.

넷째, 재난의 예방과 관련하여 각급 시설관리기관의 관리대상시설 중 재난 발생의 위험이 높은 분야에 대해 재난대응 조직의 구성·정비, 재난예측 및 정보전달 체계구축 등 안전관리체계를 구축하고 위험시설·설비 등에 대한 안전기준, 안전점검방법 등 안전관리규정을 제정·시행토록 재난관리책임기관의 장에게 의무를 부여한다.

다섯째, 재난 발생의 위험이 높거나 재난예방을 위하여 계속적으로 관리가 필요한 시설(이하 '특정관리대상시설')을 지정·관리·정비하는 등 재난위협요인을 사전에 제거하여 재난 발생을 억제토록 하고 있으며, 특정관리대상시설로부터의 재난 발생 위험성을 제거하기 위한 장·단기계획의 수립 및 시행, 특정관리대상시설에 대한 안전점검 또는 정밀안전진단 등 재난에 대한 사전예방 및 대비기능을 강화하고 있다.

여섯째, 도로, 철도 등 국가핵심기반, 고층화·대형화되는 건축물, 사회의 다변화에 따른 신종 재난위험업종, 유독물질 등 특정물질에 대한 안전기준의 표준화, 점검방법의 적정성 검토, 사후 유지·관리방안 마련, 상시관리체계 구축 등 사전예방체제를 강화하고 있으며, 재난관리책임기관이 수행하는 안전관리업무의 실효성 제고를 위하여 예산 확보, 기관 간의 협조, 안전관리체계와 안전관리규정의 정비·보완에 대한 업무를 의무화하고 있다.

3. 국가재난관리기준

행정안전부장관은 재난관리를 효율적으로 수행하기 위하여 다음과 같은 국가재난관리기준을 제정하여 운용한다.[1]

첫째, 재난분야 용어정의 및 표준체계 정립
둘째, 국가재난 대응체계에 대한 원칙
셋째, 재난경감·상황관리·자원관리·유지관리 등에 관한 일반적 기준
넷째, 그 밖의 대통령령으로 정하는 사항
  1. 재난에 관한 예보·경보의 발령 기준
  2. 재난상황의 전파
  3. 재난 발생 시 효과적인 지휘·통제체제 마련
  4. 재난관리를 효과적으로 수행하기 위한 관계기관 간 상호협력 방안
  5. 재난관리체계에 대한 평가 기준이나 방법
  6. 그 밖에 재난관리를 효율적으로 수행하기 위하여 행정안전부장관이 필요하다고 인정하는 사항

---

[1] 재난 및 안전관리 기본법, 제34조의3(국가재난관리기준의 제정·운용 등), 2017.07.26.
재난 및 안전관리 기본법 시행령, 제43조의4(국가재난관리기준에 포함될 사항), 2017.07.26.

02 자연재해대책법

1. 배경

「자연재해대책법」은 태풍, 홍수 등 자연현상에 따른 재난으로부터 국토를 보존하고 국민의 생명과 신체, 재산과 주요 기간시설을 보호하기 위하여 자연재해의 예방과 복구 그 밖의 대책에 관하여 필요한 사항을 규정하는 것을 목적으로 제정되었으며, 적용대상은 풍수해·가뭄·지진·황사 등에 의한 재해이다. 재난관리 단계별 적용 범위는 재난의 예방, 대비, 대응, 복구 등이다.

기존의 「풍수해대책법」은 1995년 12월 6일에 「자연재해대책법」(법률 제4993호)으로 전문개정·공표되었다. 2005년 1월 27일에 이루어진 「자연재해대책법」의 전문개정 사유는 첫째, 이전의 「자연재해대책법」의 대비·대응 관련 조항의 많은 부분이 2004년 3월에 새로 제정된 「재난 및 안전관리기본법」에 흡수·통합됨에 따라 조문의 재정리가 필요했으며, 둘째, 최근 이상 기상 현상 등으로 대규모 자연재난이 빈발하는 추세에 대응하여 재난 유형별로 근원적인 예방, 체계적 복구, 그 밖의 대책에 관한 제도적 장치의 강화가 요구됐기 때문이다.

2. 주요 내용

「자연재해대책법」의 주요 내용은 다음과 같다.

> 첫째, 방재에 대한 국가 및 재난관리책임기관의 책무 등에 대해 규정하고 있으며, 국가는 기본법 및 이 법의 목적에 따라 자연재해의 예방 및 대비에 관한 종합계획을 수립하여 시행하고, 재난관리책임기관의 장은 자연재해 예방을 위하여 자연재해 경감 협의 및 위험지구정비, 풍수해 예방 및 대비, 지진대책, 설해대책, 가뭄대책, 재해정보 및 긴급지원, 자연재해 예방을 위하여 재난관리책임기관의 장이 필요하다고 인정하는 사항 등에 해당하는 조치를 취하도록 하고 있다.
> 둘째, 자연재해의 예방 및 대비와 관련된 사항으로 '사전재해영향성 검토협의'를 비롯한 자연재해 경감 협의와 '자연재해위험지구 지정' 등을 규정하고 있다.
> 셋째, 시장·군수 및 구청장은 자연재해위험지구에 대하여 정비방향의 지침이 될 '자연재해위험지구 정비계획'을 5년마다 수립하도록 하고 있다.
> 넷째, 풍수해의 예방 및 저감을 위하여 5년마다 '시·군·구 풍수해저감종합계획'을 수립하도록 하고 있다.
> 다섯째, 상습침수지역·홍수피해예상지역 그 밖의 수해지역의 재해 경감을 위하여 필요한 경우에는 '지구단위 홍수방어기준'을 정하도록 하고 있다.
> 여섯째, 지진으로 인한 재해의 경감과 설해예방 및 경감조치, 가뭄방재를 위한 조사·연구, 재해정보 및 비상지원, 재해복구, 자연재해 저감 연구 및 기술개발에 관한 사항을 규정하고 있다.

03 재해경감을 위한 기업의 자율 활동 지원에 관한 법률

「재해경감을 위한 기업의 자율 활동 지원에 관한 법률」은 재난이 발생하는 경우 기업 활동을 중단하지 않고 안정적으로 유지될 수 있도록 하기 위해 기업의 재해경감활동을 지원함으로써 국가의 재난관리 능력을 증진하는 것을 목적으로 한다. 「재해경감을 위한 기업의 자율 활동 지원에 관한 법률」은 우리나라 경제활동의 주체인 민간 기업이 대규모 자연재난으로부터 기업의 안정적인 기업 활동 유지를 위해 예방 및 대비능력을 보유하게 하고자 제정되었다. 또한, 선진 외국의 민간기업 지원활동 및 제도 중에서 우리나라 실정에 맞는 기업 재난관리제도를 도입하여 기업이 자율적으로 재해경감 및 재난 대비활동을 할 수 있도록 지원함으로써, 국가의 재난관리 능력을 함양시키기 위하여 법안을 제정하였다.

재해경감 우수기업으로 인증받고자 하는 기업은 중앙대책본부장(또는 인증대행기관)에게 신청하여야 하며, 중앙대책본부장은 신청한 기업의 재해경감활동에 대하여 대통령령으로 정하는 아래 기준에 따라 현장평가(계획서 및 활동실적)를 실시하고 재해경감 우수기업 인증을 받을 수 있다.

> ▶ **재해경감 우수기업 인증 기준**
> 1. 재난관리 전담조직을 갖출 것
> 2. 기업 종사자 등에게 적절한 재난관리 교육을 실시할 것
> 3. 재해경감을 위한 기업의 자율활동 지원에 관한 법 제26조(재해경감활동 비용의 충당 등)에 따른 재해경감활동 비용을 충분히 충당할 것
> 4. 방재에 관한 적절한 협력체계를 구축할 것
> 5. 기업 생산설비 및 종사자 등에 대한 적절한 재난위험 및 취약성 검토·분석을 실시할 것
> 6. 그 밖에 행정안전부장관이 정하는 우수기업 평가기준에 적합할 것

재해경감 우수기업으로 인증받게 되면 다음 표 내용과 같이 "가산점 부여", "보험료 할인", "세제 지원", "자금지원 우대", "재해경감 설비자금 등의 지원"과 같은 혜택을 받을 수 있다.

▼ 재해경감 우수기업에 대한 지원

항목	내용
가산점 부여	1. 공공기관이 중소기업 정책자금 지원 대상업체를 선정·심사하는 경우의 가점 2. 책임기관에서 발주하는 물품 조달·시설공사·용역의 적격심사를 하는 경우 신인도 평가에서의 가점 3. 그 밖에 공공기관이 자금지원을 하는 경우 필요하다고 인정하여 대통령령으로 정하는 가점
보험료 할인	기업의 재난 관련 보험운영기관은 우수기업에 대한 재난 관련 보험계약을 체결하는 경우 보험료율을 차등 적용할 수 있다.
세제 지원	국가 및 지방자치단체는 기업의 재해경감활동을 촉진하기 위하여 우수기업에 대하여 「조세특례제한법」 또는 「지방세특례제한법」 등 조세 관련 법률로 정하는 바에 따라 세제상의 지원을 할 수 있다.
자금지원 우대	국가 및 지방자치단체는 우수기업의 재해경감활동에 필요한 자금의 원활한 조달을 위하여 「신용보증기금법」에 따른 신용보증기금, 「기술신용보증기금법」에 따른 기술신용보증기금 및 「지역신용보증재단법」 제9조에 따라 설립한 신용보증재단으로 하여금 우수기업을 대상으로 하는 보증제도를 수립·운용하도록 할 수 있다.
재해경감 설비자금 등의 지원	국가 및 지방자치단체는 기업이 재해경감활동에 필요한 시설의 설치·개선, 설비의 개체(改替) 및 신·증설투자사업에 대하여 다음 각 호의 기금·회계 또는 자금에서 필요한 지원을 할 수 있다. 1. 「중소기업진흥에 관한 법률」 제63조에 따른 중소기업진흥 및 산업기반기금 2. 「한국산업은행법」에 따른 한국산업은행의 설비투자지원 관련 자금 3. 그 밖에 대통령령으로 정하는 기금·회계 또는 자금

04 산업안전보건법

1. 배경

1970년대 이후 중화학공업을 중심으로 산업이 발전하면서 위험한 기계·기구를 사용하게 되었고, 산업마다 새로운 공법을 채용하면서 과거에 비해 산업재해가 더 빈번해졌으며, 그 피해 역시 매우 광범위하게 나타났다. 특히 유해물질을 대량으로 사용하는 산업이 다양해지고, 작업환경 역시 각 산업에 따라 다른 양상을 보이자 이에 따른 직업병의 발생이 기하급수적으로 증가하였다. 이러한 위험은 직접 근로자의 생명과 건강을 해칠 뿐 아니라 사용자에게도 경제적 피해를 주게 되고, 위험에 효율적으로 대처하기 위하여 적극적·종합적인 산업안전보건관리의 필요성을 자각하게 되었다. 그 결과 안전과 보건에 필요한 위험방지기준에 대한 인식이 보편화되었고, 사업장 내 안전보건관리체제의 필요성 역시 높아졌다.

「산업안전보건법」이 제정되기 이전에는 주로 산업재해를 입은 근로자는 사후보상 문제에 치중하였으나, 최근에는 생활수준과 삶의 질에 대한 욕구가 증가하면서 산업재해를 효율적으로 예방하고 쾌적한 작업환경을 조성하여 안전과 보건 수준을 증진·향상시키려는 근로자들의 욕구가 매우 높아졌다. 「산업안전보건법」은 산업안전보건에 관한 기준을 확립하고 그 책임의 소재를 명확하게 하여 산업재해를 예방하고 쾌적한 작업환경을 조성함으로써 근로자의 안전과 보건을 유지 및 증진하는 것을 목적으로 하고 있다. 또한 「산업안전보건법」은 근로기준법과 함께 산업재해 방지를 위한 유해·위험 방지기준의 확립, 책임체제의 명확화, 자율적 활동을 촉진하는 등 그 방지에 관한 종합적·계획적인 대책을 추진하고, 직장에서 근로자의 안전과 건강을 확보하며, 쾌적한 작업환경의 형성을 촉진한다.

2. 주요 내용

「산업안전보건법」은 모든 사업 또는 사업장에 적용함을 원칙으로 하지만, 유해·위험의 정도, 사업의 종류·규모·소재지 등을 고려하여 일부 사업에 대해서는 전부 또는 일부의 적용을 배제하도록 정하고 있다. 이 법은 국가·지방자치단체와 정부투자기관에도 적용되며 동법은 사업 내에서 자치적으로 산업재해를 예방하고 안전보건의 유지·증진을 위해 안전보건관리체제를 정비하도록 규정하고, 사업주는 근로자에게 이러한 내용을 고지할 의무가 있다.

또한, 사업주는 법이 위험하다고 정한 사항에 대해서, '안전상의 조치' 내지 '보건상의 조치'를 취해야 하며, 산업재해 발생의 급박한 위험이 있을 때나 중대재해가 발생하였을 때는 즉시 작업을 중지시키고 근로자를 작업장소로부터 대피시켜야 하는 안전배려 의무를 가지게 된다. 그리고 근로자의 건강 보호·유지를 위하여 근로자에 대한 건강진단을 실시하도록 법이 정하고 국가는 사업주가 위와 같은 의무를 제대로 시행하는지를 판단하기 위해, 여러 가지 감독·명령 조치를 내릴 수 있도록 법이 정하고 있다.

05 중대재해 처벌 등에 관한 법

1. 배경

2018년 12월 故김용균씨 사망사고를 계기로 산업안전보건법이 전부 개정되어 위험작업에 대한 도급이 제한되고, 산업안전보건법 위반에 대한 벌칙이 강화되었다. 그럼에도 불구하고 2020년 9월 하청업체 운전기사가 무게 2톤의 스크루에 깔려 사망한 사고가 발생하였다. 이는 산업재해에 대한 처벌이 지나치게 낮아서 안전한 작업 환경 구축이 이뤄지지 않아 산업재해가 끊이지 않고 있음을 보여준다.

이에 중대산업재해와 중대시민재해가 발생한 경우 사업주와 경영책임자 및 법인 등을 처벌함으로써 근로자를 포함한 종사자와 일반 시민의 안전권을 확보하고, 기업의 조직 문화 또는 안전관리 시스템 미비로 인해 일어나는 중대재해사고를 사전에 방지하기 위하여 2021년 1월 26일 「중대재해 처벌 등에 관한 법률」을 제정하였다.

2. 주요 내용

이 법은 사업 또는 사업장, 공중이용시설 및 공중교통수단을 운영하거나 인체에 해로운 원료나 제조물을 취급하면서 안전·보건 조치의무를 위반하여 인명피해를 발생하게 한 사업주, 경영책임자, 공무원 및 법인의 처벌 등을 규정함으로써 중대재해를 예방하고 시민과 종사자의 생명과 신체를 보호함을 목적으로 한다.

> '중대재해'란 '중대산업재해'와 '중대시민재해'를 말한다.
> '중대산업재해'는 「산업안전보건법」상 산업재해 중 사망자가 1명 이상 발생하거나, 동일한 사고로 6개월 이상 치료가 필요한 부상자가 2명 이상 발생하거나, 동일한 유해요인으로 급성중독 등 직업성 질병자가 1년 이내에 3명 이상 발생한 경우로 정의된다.
> '중대시민재해'는 특정 원료 또는 제조물, 공중이용시설 또는 공중교통수단의 설계, 제조, 설치, 관리상의 결함을 원인으로 사망자가 1명 이상 발생하거나, 동일한 사고로 2개월 이상 치료가 필요한 부상자가 10명 이상 발생하거나, 동일한 원인으로 3개월 이상 치료가 필요한 질병자가 10명 이상 발생한 경우로 정의된다. 다만, 5인 미만 사업장에서는 중대산업재해에 관한 규정이 적용되지 않는다.

사업주 또는 경영책임자 등은 사업주나 법인 또는 기관이 실질적으로 지배·운영·관리하는 사업 또는 사업장에서 종사자의 안전·보건상 유해 또는 위험을 방지하기 위하여 그 사업 또는 사업장의 특성 및 규모 등을 고려하여 중대재해를 예방하기 위해 보건 확보의무를 실시하기 위해 다음과 같이 조치를 취한다.

> 첫째, 재해예방에 필요한 인력 및 예산 등 안전보건관리체계의 구축 및 그 이행에 관한 조치
> 둘째, 재해 발생 시 재발방지 대책의 수립 및 그 이행에 관한 조치
> 셋째, 중앙행정기관·지방자치단체가 관계 법령에 따라 개선, 시정 등을 명한 사항의 이행에 관한 조치
> 넷째, 안전·보건 관계 법령에 따른 의무이행에 필요한 관리상의 조치

또한 위험의 외주화로 인한 책임을 묻기 위해 사업자나 경영책임자가 제3자에게 도급, 용역, 위탁을 맡긴 경우에도 제3자의 사업장 및 그 이용자의 안전을 위한 조치를 취해야 하고 안전조치의무를 위반하여 사망사고가 발생한 경우에는 1년 이상의 징역 또는 10억원 이하의 벌금에 처해지며, 부상자나 질병자가 발생한 중대재해의 경우에는 7년 이하의 징역 또는 1억 원 이하의 벌금에 처해진다.

06 생활안전 관련 법

1. 배경

지역사회의 생활안전을 책임지는 지역경찰관(외근경찰관)들은 범죄와 무질서로부터 지역사회와 주민들을 보호하기 위해 다양한 경찰활동을 펼쳐야 한다. 즉, 순찰활동을 통하여 범죄를 미연에 방지하기 위해 노력해야 하고, 시민들의 위급한 상황에 즉응하여 항시 출동할 수 있는 대비태세를 갖추어야 한다. 그리고 쾌적한 생활환경을 조성하기 위해 노력하고, 청소년의 지도·육성, 지역사회 경찰활동을 통한 민경협력치안 및 사회적 약자의 보호활동도 게을리해서는 안 된다.

이에 따라 생활안전 관련 법에 의하여 경찰청 산하 생활안전국이 생겨났으며, 생활안전국 산하에 생활안전과, 생활질서과, 여성청소년과가 있고, 범죄예방정책의 수립과 집행, 기타 이에 관련된 활동을 통하여 국민의 생명과 재산을 보호하고 공공의 안녕과 질서를 유지하는 경찰의 기능을 위해 「경범죄처벌법」, 「성폭력특별법」, 「즉결심판에 관한 절차법」, 「풍속영업의 규제에 관한 법률」 등을 제정하였다.

2. 경과

이전까지 생활안전을 책임지는 경찰의 부서는 방범과로서 경찰서 산하의 파출소가 범죄예방활동을 수행하였다. 2003년도에 경찰부서의 개편으로 방범과는 생활안전과로 명칭이 변경되었으며, 파출소 역시 기존 3~4개의 파출소 권역을 광역적으로 관할하는 지구대로 개편되었다. 이러한 지구대의 개편은 지역경찰관의 집중력과 기동력 향상으로 집단폭력사범에 대한 대처능력이 제고되고 범죄예방활동이 강화되는 장점이 있었으나 일부 지역주민들의 경우 지역에 경찰관이 없어지는 것으로 잘못 인식되어 불안감이 높아졌었다. 그러나 지역 여건상 지구대 조직이 적합지 못한 농어촌 지역이나 오지 등이 있어서 기존의 파출소나 분소를 다시 운용하게 되었고 지역주민들의 치안 만족도를 높일 수 있었다.

3. 주요 내용

1) 지역안전 경찰활동

- 지역사회의 안전을 지키기 위한 제반 경찰활동인 순찰활동
- 국민의 비상벨 '112', 총포·화약류의 안전관리, 수상·산악 안전 활동 및 기타 생활안전 활동

2) 쾌적한 생활환경 조성

- 경찰은 무질서를 바로잡아 국민에게 쾌적하고 편안한 생활환경을 제공하고자 '기초질서 지키기 생활화 운동'을 전개
- 오물투기, 불법 주정차 및 음주소란 등에 대해 집중 단속과 계도
- 음란·퇴폐영업행위를 하는 풍속영업소를 단속함으로써 건전한 영업풍토 조성

3) 청소년의 지도·육성

- 청소년을 선도·보호하기 위해 어려운 환경에 처한 청소년 지원활동 전개
- 청소년을 범죄와 비행으로부터 선도·보호하기 위해 '범죄예방교실'과 '사랑의 교실' 운영
- 청소년 풍기 단속과 유해환경 정화, 청소년의 약물남용 방지를 위한 활동 실시
- 명예경찰 포돌이·포순이 소년단을 운영하여 경찰에 대한 친밀감 함양

4) 지역사회 경찰활동

- 환경설계를 통한 범죄예방, 시민경찰학교 개설·운영
- 지역주민과 함께하는 생활치안간담회 개최
- 절도예방 및 현장조치 매뉴얼 발간 및 배포
- 금융기관 자위방범체제 강화
- 자율방범대 활동 내실화
- 범죄취약지역에 방범시설물 확충
- 민간경비의 지도 및 육성 등의 지역사회 경찰활동 실시

5) 사회적 약자 보호

- 사회적 약자인 여성이나 노인 및 아동에 대한 보호활동 강화
- 이를 위해 여성·아동범죄의 근절과 피해자 보호에 주력
- 여성·아동범죄에 대한 대응력을 높이고자 여성범죄나 학교폭력에 전문적으로 대응할 수 있는 인력과 제도 확충

02 국가 재난안전 관리

01 국가 재난안전 관리체계

국가 재난안전 관리체계는 의사결정기구와 재난 대응기구로 구분할 수 있다. 대표적으로 중앙안전관리위원회가 의사결정기구에 속하며, 중앙재난안전대책본부가 재난 대응기구에 속한다. 국가 재난안전 관리체계의 구체적인 내용은 다음과 같다.

▼ 국가 재난안전 관리체계

구분	의사결정 및 자문 기구		대응 기구	
	명 칭	위원장	명 칭	기구의 장
중앙	중앙안전관리위원회	국무총리	중앙재난안전대책본부	행정안전부장관
	안전정책조정위원회	행정안전부장관	중앙사고수습본부	각 부처의 장관
	실무위원회	각 부처 차관(급)	중앙긴급구조통제단	소방청장
	중앙재난방송협의회	과학기술정보통신부 장관이 지명	-	재난안전관리본부장
	중앙민관협력위원회	행정안전부 재난안전관리본부장, 민간대표	-	-
지방 (시·도)	시·도 안전관리위원회	시·도지사	시·도 재난안전대책본부	시·도지사
	안전정책 실무조정위원회	지자체 조례	시·도 긴급구조통제단	소방본부장
	시·도 재난방송협의회		-	-
	시·도 민관협력위원회		-	-

구분	의사결정 및 자문 기구		대응 기구	
	명칭	위원장	명칭	기구의 장
지방 (시·군)	시·군·구 안전관리위원회	시장·군수·구청장	시·군·구 재난안전대책본부	시장·군수·구청장
	안전정책 실무조정위원회		재난현장 통합지원본부	부단체장
	시·군·구 재난방송협의회	지자체 조례	시·군·구 긴급구조통제단	소방서장
	시·군·구 민관협력위원회			

02 재난안전 의사결정기구

1. 중앙안전관리위원회

① 법[2] 제9조
② 위원장 : 국무총리(위원수 : 위원장 포함 31명 + α)
③ 위원
- 기획재정부장관, 교육부장관, 과학기술정보통신부장관, 외교부장관, 통일부장관, 법무부장관, 국방부장관, 행정안전부장관, 문화체육관광부장관, 농림축산식품부장관, 산업통상자원부장관, 보건복지부장관, 환경부장관, 고용노동부장관, 여성가족부장관, 국토교통부장관, 해양수산부장관 및 중소벤처기업부장관(총 18개 부 장관)
- 국가정보원장, 방송통신위원회위원장, 국무조정실장, 식품의약품안전처장, 금융위원회위원장 및 원자력안전위원회위원장
- 경찰청장, 소방청장, 문화재청장, 질병관리청장, 산림청장, 기상청장 및 해양경찰청장
- 그 밖에 중앙위원회에서 위원장이 지정하는 기관 및 단체의 장

④ 주요 기능
- 재난·안전에 관한 중요정책사항 심의
- 재난 및 안전관리에 관한 중요 정책, 국가안전관리기본계획 심의

---

[2] 재난 및 안전관리 기본법은 '법'으로 약칭하여 표기함

- 재난 및 안전관리사업 관련 중기 사업계획서, 투자우선순위의견 및 예산요구서에 관한 사항
- 중앙행정기관의 장이 수립·시행하는 계획, 점검·검사, 교육·훈련, 평가, 안전기준 등에 관한 사항 조정
- 재난사태 선포, 특별재난지역 선포에 관한 사항
- 재난이나 각종 사고 수습을 위한 협력에 관한 사항, 재난 및 사고의 예방사업 추진에 관한 사항 등

⑤ 부속기구
- 안전정책조정위원회
- 시·도 안전관리위원회 및 시·군·구 안전관리위원회
- 중앙재난방송협의회
- 중앙안전관리민관협력위원회

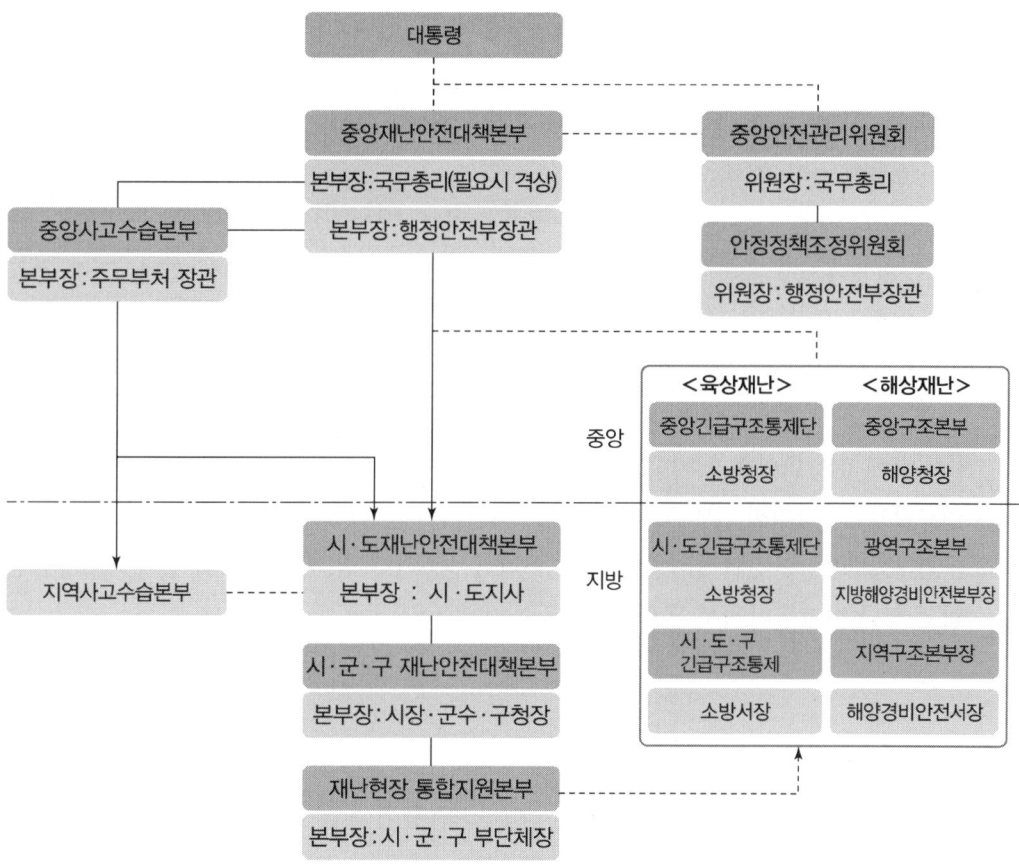

┃ 중앙안전관리위원회 ┃

2. 안전정책조정위원회

① 법 제10조
② 위원장 : 행정안전부장관
③ 위원
- 기획재정부차관, 교육부차관, 과학기술정보통신부차관, 외교부차관, 통일부차관, 법무부차관, 국방부차관, 행정안전부 재난안전관리본부장, 문화체육관광부차관, 농림축산식품부차관, 산업통상자원부차관, 보건복지부차관, 환경부차관, 고용노동부차관, 여성가족부차관, 국토교통부차관, 해양수산부차관 및 중소벤처기업부차관(이 경우 복수차관이 있는 기관은 재난 및 안전관리 업무를 관장하는 차관으로 함)
- 국가정보원 제2차장, 방송통신위원회 상임위원, 국무조정실 제2차장 및 금융위원회 부위원장
- 그 밖에 재난 및 안전관리에 관한 지식과 경험이 풍부한 사람 중에서 조정위원회 위원장이 임명하거나 위촉하는 사람

④ 조정위원회 기능
- 중앙행정기관의 장이 수립·시행하는 계획, 점검·검사, 교육·훈련, 평가, 안전기준 등에 관한 사항 조정
- 재난이나 각종 사고 수습을 위한 관계기관 협력에 관한 사항 조정
- 중앙부처에서 시행하는 재난 및 사고의 예방사업 추진에 관한 사항 조정
- 안전관리 집행계획 심의
- 국가핵심기반 지정에 관한 사항 심의
- 재난 및 안전관리기술 종합계획 심의
- 그 밖에 중앙위원회가 위임한 사항

⑤ **의사결정** : 재적위원 과반수의 출석으로 개의, 출석위원 과반수 찬성으로 의결
⑥ **운영규정** : 중앙안전관리위원회 운영규정(국무총리 훈령 제555호), 안전정책조정위원회 운영규정(행정안전부 훈령 제1호)

3. 실무위원회

① 시행령 제10조
② 8개 세부실무 운영

세부분과	분과위원장
1. 안전정책조정 실무 총괄위원회	행정안전부 재난안전관리본부장
2. 전기·유류·가스사고 대책위원회	산업통산자원부 차관
3. 환경오염사고대책위원회	환경부 차관
4. 교통안전사고대책위원회	국토교통부 차관
5. 시설물재난대책위원회	국토교통부 차관
6. 풍수해대책위원회	행정안전부 재난안전관리본부장
7. 화재사고대책위원회	행정안전부 재난안전관리본부장
8. 방사능사고대책위원회	원안위 상임위원

③ **실무위원회 위원구성** : 위원장 1명을 포함하여 50명 내외의 위원으로 구성하며 위원장은 행정안전부 재난안전관리본부장이 됨
④ **실무위원회 기능** : 재난 및 안전관리를 위하여 관계 중앙행정기관의 장이 수립하는 대책에 관하여 협의·조정, 재난 발생 시 관계 중앙행정기관의 장이 수행하는 재난의 수습에 관하여 협의·조정 등
※ 각 세부 실무위원회별로 하위 위원회를 둘 수 있도록 함(고위공무원 급)

4. 재난 및 안전관리 사업예산의 사전협의 등(법 제10조의2)

- 중앙행정기관의 장은 「국가재정법」 제28조에 따라 기획재정부장관에게 제출하는 중기사업계획서 중 재난 및 안전관리사업과 관련된 중기사업계획서와 해당 기관의 재난 및 안전관리사업에 관한 투자우선 순위 의견을 매년 1월 31일까지 행정안전부장관에게 제출

> ▶ **국가재정법 제28조**
> - 제28조(중기사업계획서의 제출) 각 중앙관서의 장은 매년 1월 31일까지 당해 회계연도부터 5회계연도 이상의 기간 동안의 신규사업 및 기획재정부장관이 정하는 주요 계속사업에 대한 중기사업계획서를 기획재정부장관에게 제출하여야 한다.

- 중앙행정기관의 장은 기획재정부장관에게 제출하는 「국가재정법」 제31조 제1항에 따른 예산요구서 중 재난 및 안전관리사업 관련 예산요구서를 매년 5월 31일까지 행정안전부장관에게 제출

> ▶ 국가재정법 제31조 제1항
> - 제31조(예산요구서의 제출) ① 각 중앙관서의 장은 제29조의 규정에 따른 예산안편성지침에 따라 그 소관에 속하는 다음 연도의 세입세출예산·계속비·명시이월비 및 국고채무부담행위 요구서(이하 "예산요구서"라 한다.)를 작성하여 매년 5월 31일까지 기획재정부장관에게 제출하여야 한다.

- 행정안전부장관은 중기사업계획서, 투자우선순위 의견 및 예산요구서를 검토하고 중앙위원회의 심의를 거쳐 매년 6월 30일까지 기획재정부장관에게 통보

> ▶ 통보사항
> 1. 재난 및 안전관리 사업의 투자방향
> 2. 부처별 재난 및 안전관리사업의 투자우선순위, 투자적정성, 중점추진방향
> 3. 재난 및 안전관리사업의 유사, 중복성 검토 결과
> 4. 그 밖에 재난 및 안전관리사업의 투자효율성을 높이기 위하여 필요한 사항

- 기획재정부장관은 국가재정상황과 재정운용원칙에 부합하지 아니하는 등 부득이한 사유가 있는 경우를 제외하고
    - 행정안전부장관에게 통보받은 결과를 토대로 재난 및 안전관리사업 예산안 편성

5. 재난 및 안전관리사업에 대한 평가(법 제10조의3)

- 행정안전부장관은 매년 재난 및 안전관리사업의 효과성 및 효율성을 평가하고 그 결과를 관계 중앙행정기관의 장에게 통보
    - 중앙행정기관의 장 또는 지방자치단체의 장에게 재난 및 안전관리 사업의 집행실적 등의 자료제출 요구
    ※ 특별한 사유가 없으면 이에 따라야 함

    - 관계 중앙행정기관의 장은 평가결과를 다음 연도 재난 및 안전관리 사업에 반영
    ※ 평가의 범위, 방법 등

6. 지역위원회(시·도 안전관리위원회 및 시·군·구 안전관리위원회)

① 법 제11조
② 시·도 안전관리위원회 : 위원장—특별시장·광역시장·특별자치시장·도지사·특별자치도지사
③ 시·군·구 안전관리위원회 : 위원장—시장·군수·구청장

④ 주요 기능
- 재난 안전관리정책에 관한 사항
- 시·도 및 시·군·구 안전관리계획 심의
- 재난 수습을 위한 관계 기관 간 협력에 관한 사항
- 다른 법률, 조례에서 위원회 권한으로 규정한 사항 등
    ※ 지역위원회 권한 사항 사전 검토 등 실무적인 사항을 논의하기 위해 지역위원회 소속으로 안전정책조정실무위원회를 둘 수 있음

⑤ 지역위원회, 실무위원회 구성 및 운영에 관한 사항은 지자체 조례로 정함
⑥ 해당 법에서 지자체 조례로 정하도록 위임된 사항

- 지역안전관리위원회 구성·운영에 관한 사항(법 제11조)
- 지역재난방송협의회 구성·운영에 관한 사항(법 제12조)
- 지역안전관리민관협력위원회 구성·운영에 관한 사항(법 제12조의2)
- 지역재난안전대책본부 및 통합지휘소 구성·운영에 관한 사항(법 제16조)
  - 지역재난안전대책본부회의의 구성·운영에 관한 사항(영 제21조의2)
- 사회재난 피해지역 지방비(시·도비, 시·군비) 부담률(규칙 제19조의2)
- 재난관리기금 용도 및 운영에 관한 사항(영 제74조, 제75조)
- 안전관리자문단 구성·운영에 관한 사항(법 제75조)

7. 재난방송협의회

① 법 제12조
② 운영부처 : 과학기술정보통신부
③ 구성 : 위원장과 부위원장 포함 25명 이내로 구성, 위원장은 과학기술정보통신부이 지명
④ 기능 : 재난에 관한 예보·경보·통지나 응급조치 및 재난관리를 위한 재난방송 내용의 효율적 전파 방안, 재난방송과 관련하여 중앙행정기관, 특별시·광역시·특별자치시·도·특별자치도(이하 "시·도"라 한다.) 및 「방송법」 제2조 제3호에 따른 방송사업자 간의 역할분담 및 협력체제 구축에 관한 사항, 언론에 공개할 재난 관련 정보의 결정에 관한 사항, 재난방송 관련 법령과 제도의 개선 사항, 그 밖에 재난방송이 원활히 수행되도록 하기 위하여 필요한 사항으로서 방송통신위원회위원장과 과학기술정보통신부장관이 요청하거나 중앙재난방송협의회 위원장이 필요하다고 인정하는 사항에 관한 심의
    ※ 지역 : 시·도재난방송협의회, 시·군·구재난방송협의회 운영

8. 중앙안전관리민관협력위원회

① 법 제12조의2, 3, 동법 시행령 제12조 3~4
② 운영부처 : 행정안전부
③ 구성 : 공동위원장 2명(행정안전부 재난안전관리본부장, 위촉위원 중에서 행정안전부 장관이 지명하는 사람) 포함 35명 이내
④ 기능
- 재난 및 안전관리 민관협력활동에 관한 협의
- 재난 및 안전관리 민관협력활동사업의 효율적 운영방안 협의
- 평상시 재난 및 안전관리 위험요소 및 취약시설의 모니터링·제보
- 재난 발생 시 인적·물적 자원 동원, 인명구조·피해복구 활동 참여, 피해주민 지원서비스 제공 등에 관한 협의
- 민관협력 활성화를 위한 교육 실시 및 관련 민간단체의 육성·지원
- 재난긴급대응단 및 재난안전 관련 민간 활동 조직의 구성·운영에 관한 사항
- 그 밖에 중앙민관협력위원회 공동위원장이 부의하는 재난안전 관련 사항 등

03 재난안전 대응기구

1. 재난안전대책본부

1) 중앙재난안전대책본부

대규모 재난의 예방·대비·대응·복구 등에 관한 사항을 총괄조정하고 필요한 조치를 하기 위하여 행정안전부장관을 본부장으로 하는 중앙재난안전대책본부(이하 '중대본')를 둔다. 다만, 해외 재난의 경우에는 외교부 장관이, 방사능 재난의 경우에는 중앙방사능방재대책본부의 장이 중앙본부장의 권한을 행사한다. 중대본에 상응하는 지역단위 기구로 지역재난안전대책본부(이하 '지대본')가 있으며 지대본에는 시·도지사가 본부장이 되는 시·도 재난안전대책본부와 시장·군수·구청장이 본부장이 되는 시·군·구 재난안전대책본부가 있다.

중대본의 구성과 운영에 관해서는 대통령 훈령인 「중앙재난안전대책본부 구성 및 운영에 관한 규정」에 자세히 규정되어 있으며 준비단계와 비상단계로 구분하여 운영된다.

준비단계는 자연 재난이나 사회재난 모두 상시대비단계와 사전대비단계로 구분 운영되나 비상단계는 재난의 종류에 따라 차이가 있다. 사회재난은 비상단계에 관한 세부적 구분이 없으나 자연재난의 경우는 재난상황에 따라 비상 1단계부터 비상 3단계까지 확대된다.

중앙본부장은 대규모 재난을 효율적으로 수습하기 위하여 관계 재난관리책임기관의 장에게 행정 및 재정상 조치, 소속 직원 파견, 그 밖에 필요한 자원을 요청할 수 있으며, 요청을 받은 관계 재난관리책임기관의 장은 특별한 사유가 없으면 요청에 따라야 한다. 또한 중앙본부장은 해당 대규모 재난의 수습에 필요한 범위에서 중앙사고수습본부장 및 지역본부장을 지휘할 수 있다.

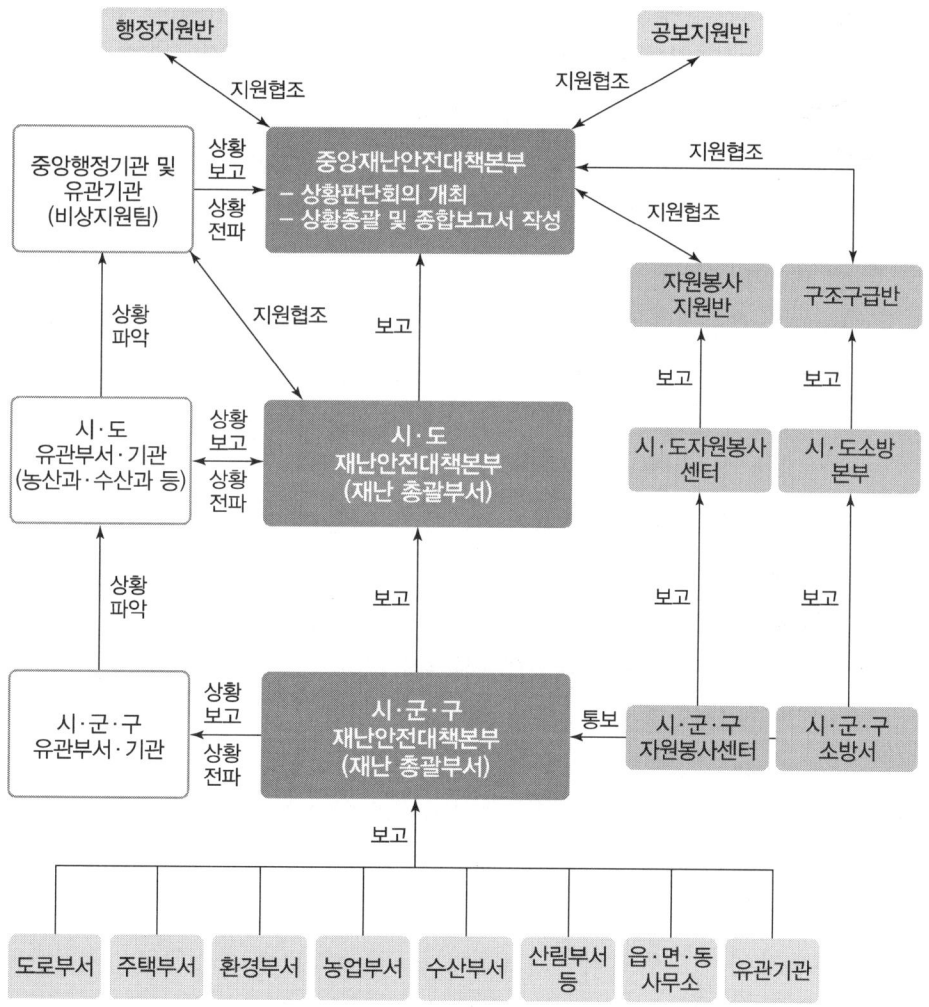

┃ 중앙재난안전대책본부의 운영체계 ┃

2) 지역재난안전대책본부

지대본의 구성과 운영은 「재난 및 안전관리 기본법」 제16조 제3항에 따라 지방자치단체의 조례로 정하도록 되어 있는데 대부분의 지방자치단체가 차장, 총괄조정관, 통제관, 담당관 등 중대본과 유사한 조직 체계를 갖추고 있다.

지역본부장은 재난 수습을 위해 해당 시·도 또는 시·군·구의 전부 또는 일부를 관할 구역으로 하는 재난관리책임기관의 장에게 행정 및 재정상의 조치나 소속직원의 파견 요청, 그 밖의 필요한 업무협조를 요청할 수 있으며 요청을 받은 재난관리책임기관의 장은 특별한 사유가 없으면 이에 따라야 한다. 또한 지역본부장은 재난의 효율적인 수습을 위한 행정상의 조치를 위하여 재난 발생 장소·일시·규모 및 원인, 재난대응조치에 관한 사항, 재난의 예상 진행 상황, 재난의 진행 단계별 조치계획, 그 밖에 지역본부장이 정하는 사항이 포함된 재난상황대응계획서의 작성 및 제출을 요청할 수 있다.

또한 법 개정으로 시·군·구 대책본부장이 재난현장 총괄·지휘 및 조정을 위해 재난현장 통합지원본부를 설치·운영할 수 있게 됨에 따라 효율적인 현장지휘체계와 유관기관 통합대응체계 구축이 필요하다.

① 법 제14조
② **본부장** : 중앙재난대책본부장 → 국무총리(대형재난), 행정안전부장관
- 대규모 재난의 효과적인 수습을 위하여 필요한 경우, 중앙대책본부장의 권한을 국무총리가 수행하도록 하여 재난 수습의 총괄·조정 역량 강화
- 국무총리 권한행사 요건
  - 사회재난으로 심각단계에 이른 경우, 많은 사상자가 발생한 경우
  - 법 정부 차원의 총괄대응이 필요하며 행정안전부장관이 건의하는 경우 등

③ **주요 기능(권한)**
- 중앙사고수습본부장, 지역대책본부장 지휘
- 재난관리책임기관의 장에게 행정상·재정상 조치 요구, 재난상황 대응계획 요청
- 중앙재난안전대책본부 회의 소집 및 운영 – 중앙수습지원단 파견
- 재난사태 선포 건의 및 선포, 특별재난지역 선포 건의
- 재난 예보·경보 발령 – 재난피해 합동조사, 재난복구계획 수립 등

④ **비상단계 가동시기**
- (법적 근거) 대규모 재난이 발생하거나 우려되는 경우, 실무반을 편성한 중앙대책본부상황실을 설치·운영하도록 규정(법 제14조 제3항)

- (중대본 규정) 중앙대책본부는 준비단계와 비상단계로 구분하고 비상단계의 운영 기준은 다음과 같음
    ※ 자연재난 : 태풍, 호우 등의 경보 상황에 따라 비상 1, 2, 3단계로 구분 운영
    ※ 사회재난
      1. 재난분야 위기관리 매뉴얼상 위험수준이 심각단계에 이른 경우로서, 재난관리 주관기관의 장(중앙사고수습본부장)이 중앙대책본부 운영을 요청한 경우
      2. 상황판단회의 결과 중앙대책본부 차원의 대응이 필요한 경우

⑤ **중앙대책본부 회의**
- 구성 : 기획재정부 16개부, 경찰청 등 고위공무원 등
- 기능 : 재난복구계획, 재난예방대책, 재난응급대책, 국고지원 및 예비비 사용 등에 관한 사항 심의
    ※ 중앙대책본부 변천
    중앙재해대책본부(자연재해대책법)   ⇨   중앙재난안전대책본부
    중앙사고수습본부(재난관리법)   (재난 및 안전관리기본법)

2. 재난현장 통합지원본부

재난이 발생하면 「재난 및 안전관리 기본법」(이하 "법"이라 한다.) 제16조에 따라 시·군·구 대책본부장은 재난현장의 총괄 지휘를 위해 재난현장 통합지원본부를 설치·운영하도록 하고, 법 제52조에 따라 긴급구조통제단장은 긴급구조 등 현장지휘를 효과적으로 하기 위하여 현장지휘소를 설치·운영하도록 하고 있다. 시·군·구의 재난현장 통합지원본부의 세부적인 사항은 「재난현장 통합지원본부 설치·운용 표준조례안」에서 정하고 있다. 시·군·구 대책본부에서 운영하는 통합지원본부와 지역 긴급구조통제단에서 운영하는 현장지휘소는 인명피해 감소, 재난확대 방지 등을 위해 응급조치(법 제37조), 대피명령(법 제40조), 위험구역의 설정(법 제41조), 강제대피 조치(법 제42조) 등의 공통적인 임무를 수행하도록 하고 있다.

시·군·구 재난현장 통합지원본부는 재난현장 통합지휘체계 구축, 기관 간의 임무조정, 자원동원·배분 및 조정 등 재난현장의 총괄·지휘 및 조정 등의 업무를 수행하고, 지역 긴급구조통제단 현장지휘소는 인명의 탐색·구조, 사상자의 응급조치 등 긴급구조활동 위주의 현장지휘 업무를 수행한다.

시·군·구 통합지원본부는 재난 발생 시 상황판단회의 등을 통해 재난현장 통합대응이 필요하다고 판단될 경우와 사망 3명 이상 또는 부상 20명 이상의 재난 등의 경우에 설치·운영하도록 하고 있으며 긴급구조통제단의 현장지휘소는 재난 발생 시 긴급구조통제단장의 현장상황 판단에 따라 설치·운영된다.

> ▶ 통합지원본부의 설치 기준(재난현장 통합지원본부 설치·운용 표준조례안)
> 1. 사망 3명 이상 또는 부상 20명 이상 발생한 재난의 경우(교통사고는 제외한다.)
> 2. 집중호우, 태풍, 폭설, 지진 등 자연재난으로 대규모 피해가 발생한 경우
> 3. 대규모 인명피해가 우려되는 지역에서 구조, 구급이 집중적으로 신고되는 경우
> 4. 국가핵심기반, 다중밀집시설, 주요 관공서 및 문화재 등에 화재가 발생하거나 붕괴된 경우
> 5. 주요 하천에서 다량의 유류·유해물질이 유출된 경우
> 6. 신종 감염병이 최초로 발생하거나 법정 감염병이 집단으로 발생된 경우
> 7. 홍수, 제방 붕괴 등의 징후가 발견되거나 홍수, 제방 붕괴 등으로 인하여 피해가 발생된 경우
> 8. 그 밖에 사회적 파장이 예상되는 사건·사고 및 시 차원에서 대응이 필요한 재난이 발생한 경우

현재 우리나라는 소방 위주의 일원화된 체계로 긴급구조 등 현장 대응을 해 왔으나 시·군·구의 재난현장 통합지원본부 규정이 신설됨에 따라 재난현장의 지휘·조정 기능에 혼선을 초래할 우려가 있으므로 원활한 재난현장 통제·조정 및 수습을 위해서는 재난대비 합동훈련, 협조체계 구축 등 통합지원본부의 장과 지역 긴급구조통제단장과의 긴밀한 협조가 필요하다.

▼ 현장지휘소의 임무

구분	시·군·구 현장통합지원본부 (재난현장 통합지원본부 설치·운용 표준조례안)	지역 긴급구조통제단 현장지휘소 (법 제52조 제2항)
임무	1. 재난현장 상황 파악 및 보고 2. 재난현장 상황변화에 신속하게 대처할 수 있는 통합대응체계의 구축 3. 지역재난관리책임기관 간의 공조협력체계 구축 4. 지역재난관리책임기관 간의 임무조정 및 부여 5. 재난현장 인력·장비 등의 자원 동원, 배분 및 조정 6. 재난현장에서의 언론대응 7. 그 밖에 경보발령, 피난권고 및 대피명령, 시설복구, 수방, 방역, 구난, 피난처 및 구호품 확보·배포, 위험구역 설정 및 출입제한 등의 조치, 통행제한 요청 등 재난현장 통합대응에 필요한 임무	1. 재난현장에서 인명의 탐색·구조 2. 긴급구조기관 및 긴급구조지원기관의 인력·장비의 배치와 운용 3. 추가 재난의 방지를 위한 응급조치 4. 긴급구조지원기관 및 자원봉사자 등에 대한 임무의 부여 5. 사상자의 응급처치 및 의료기관으로의 이송 6. 긴급구조에 필요한 물자의 관리 7. 현장접근 통제, 현장 주변의 교통정리, 그 밖에 긴급구조활동을 효율적으로 하기 위하여 필요한 사항

3. 수습지원단 파견 등

① 법 제14조의2
- 중앙대책본부장은 국내, 해외에서 발생한 대규모 재난의 수습을 지원
  - 수습지원단은 관계 중앙 행정기관, 관계기관, 단체의 재난관리 전문가 등 구성
- 중앙대책본부장은 행정안전부 소속의 전문인력으로 특수기동구조대 편성
  - 재난현장의 신속한 구조 활동을 지원하기 위하여 특수 첨단 장비와 고도의 기술로

무장된 특수기동구조대를 만들어 재난현장에 즉각 투입할 수 있는 체제를 갖추도록 함
- (특수기동구조대) 전국 어느 곳, 어떤 재난이든 즉각 투입할 수 있도록 군이나 경찰 특공대처럼 끊임없는 반복훈련을 통해 대응능력을 갖춘 기동구조대

4. 중앙 및 지역사고수습본부

① 법 제15조의2
② 주요 기능 : 종전에는 중앙대책본부가 가동된 이후 중앙사고수습본부를 운영하는 체계였으나, 법률 개정으로 앞으로는 중앙사고수습본부를 먼저 가동하는 체계로 개편
③ 중앙사고수습본부 가동시기(수습본부 운영규정(각 부처 훈령))
   - 소관부처에 재난 및 사고가 발생하여 체계적인 수습이 필요한 경우
   - 위기관리 매뉴얼에서 정하는 위험수준에 도달한 경우
   - 중앙대책본부가 운영되는 경우 등
④ 수습본부의 구성
   - 수습본부장 : 각 부처 장관
   - 부본부장, 총괄담당관, 수습본부상황실장(상황총괄반, 수습상황관리반, 복구대책반, 공보지원반, 행정지원반 등)
⑤ 상시재난안전상황실의 설치·운영
   - 행정안전부장관 : 중앙재난안전상황실
   - 시·도지사 및 시장·군수·구청장 : 시·도별 및 시·군·구별 재난안전상황실

5. 지역재난안전대책본부

① 법 제16조
② 시·도 재난안전대책본부 : 본부장 → 시·도지사
③ 시·군·구 재난안전대책본부 : 본부장 → 시장·군수·구청장
④ 지역재난안전대책본부의 기능
   - 지역재난안전대책본부가 가동되는 경우
   - 관할구역에서 발생한 재난을 총괄·조정하고, 필요한 조치를 이행하기 위해 필요한 경우
     ※ 지역재난안전대책본부 운영조례에서 세부 운영사항 규정

⑤ 재난현장 통합지원본부
- 소장 : 부단체장
- 현장지휘관 : 재난 및 안전관리업무 담당공무원 중 현장지휘소장이 임명
- 기능 : 재난 현장의 총괄·지휘 및 조정
  ※ 재난수습 전반(실내)을 지역대책본부장(시장·군수)이 총괄하고 재난현장은 부단장이 총괄·지휘하도록 하여 현장의 지휘체계를 강화하려는 것임

04 재난안전상황실

1. 법 제18조

① 행정안전부장관, 시·도지사 및 시장·군수·구청장은 재난정보의 수집·전파, 상황관리, 재난 발생 시 초동조치 및 지휘
② **중앙재난안전상황실** : 행정안전부장관
③ **시·도별 및 시·군·구별 재난안전상황실** : 시·도지사 및 시장·군수·구청장
④ 평시 재난 및 각종사고에 대해서는 중앙재난안전상황실(재난 및 각종 사고)에서 상황관리를 하고 있으며, 대규모 재난과 같은 재난시에는 중앙(지역)재난안전대책본부에서 담당
⑤ 상황실 설치기관
- 중앙 : 행정안전부 → 중앙재난안전상황실
  각 부처 → 소관 분야 상황실 설치 및 상황관리 체계 유지
- 지방 : 시·도 및 시·군·구별 재난안전상황실 설치

2. 재난안전상황실 요건

① 신속한 재난정보의 수집·전파와 재난 대비 자원의 관리·지원을 위한 재난방송 및 정보통신체계
② 재난상황의 효율적 관리를 위한 각종 장비의 운영·관리체계
③ 그 밖에 행정안전부장관이 정하는 사항
  ※ 행정안전부장관, 특별시장·광역시장·특별자치시장·도지사·특별자치도지사(이하 "시·도지사"라 한다.), 시장·군수·구청장(자치구의 구청장을 말한다. 이하 같다.) 및 소방서장은 재난으로 인하여 재난안전상황실이 그 기능의 전부 또는 일부를 수행할 수 없는 경우를 대비하여 대체상황실을 운영할 수 있음

3. 재난 신고 및 재난 상황 보고

① 법 제19조 : 재난이 발생하였을 때 누구나 행정기관에 재난신고를 할 수 있음

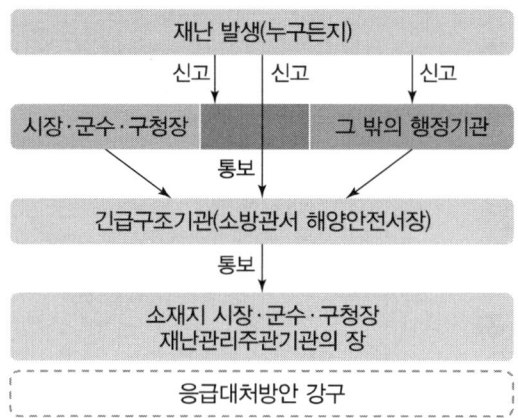

② 법 제20조 : 시장·군수·구청장, 소방서장, 해양경찰서장, 재난관리책임기관의 장 또는 국가핵심기반의 장은 그 관할구역, 소관 업무 또는 시설에서 재난이 발생하거나 발생할 우려가 있으면 대통령령으로 정하는 바에 따라 재난상황에 대해서는 즉시, 응급조치 및 수습현황에 대해서는 지체 없이 각각 행정안전부장관, 관계 재난관리주관기관의 장 및 시·도지사에게 보고하거나 통보

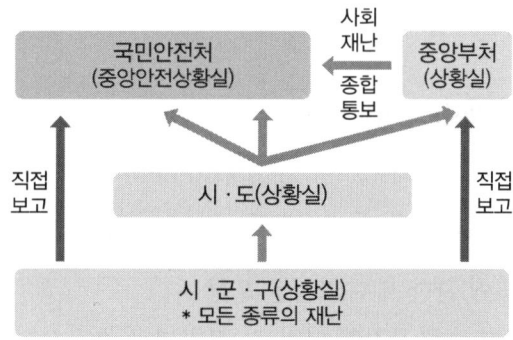

③ 이 경우 관계 재난관리주관기관의 장 및 시·도지사는 보고받은 사항을 확인·종합하여 행정안전부장관에게 통보

④ 시장·군수·구청장, 소방서장, 해양경비안전서장, 제3조 제5호 나목에 따른 재난관리책임기관의 장 또는 제26조 제1항에 따른 국가핵심기반의 장은 재난이 발생한 경우 또는 재난 발생을 신고받거나 통보받은 경우에는 즉시 관계 재난관리책임기관의 장에게 통보

05 안전관리계획

1. 안전관리계획의 종류

1) 중앙
① 국가안전관리기본계획(국무총리)
② 국가안전관리집행계획(중앙부처)
③ 세부집행계획 작성 : 재난관리책임기관 본사에 해당하는 기관

2) 지방
① 시·도 안전관리계획
② 시·군·구 안전관리계획

2. 국가안전관리기본계획 수립절차

① **작성자** : 국무총리
② **지침 내용** : 국가재난관리체계의 기본방향 등을 포함하고, 부처별로 중점 추진사항 등 안전관리계획수립에 관한 세부 지침을 포함
③ 국무총리가 시달한 수립지침에 따라 각 부처별로 소관사항에 대한 안전관리계획을 작성
④ 각 부처에서 작성한 기본계획안을 국무총리에게 제출(행정안전부에서 대행)
⑤ 국무총리는 각 부처에서 제출한 기본계획을 종합하여 국가안전관리기본 계획 작성
⑥ 행정안전부장관이 위원장인 조정위원회 사전조정(심의)을 거친 후, 국무총리가 위원장인 중앙안전관리위원회 심의를 거쳐 국가안전관리 기본계획 확정

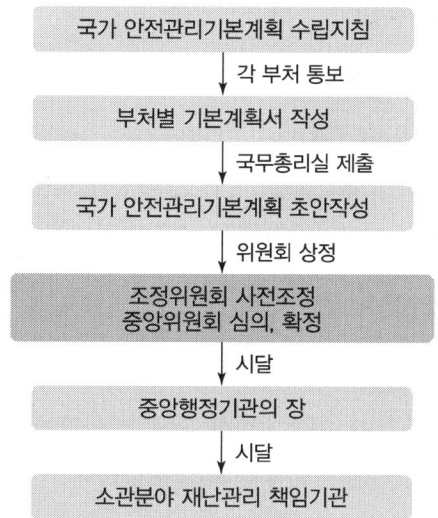

3. 각 부처에서 수립하는 안전관리 집행계획

① **집행계획의 정의** : 집행계획은 국가안전관리기본계획에서 제시한 목표를 실현하기 위하여 당해 연도에 추진할 내용을 체계적으로 정리한 세부 실천계획이라 할 수 있음

② **수립시기** : 매년 11월 30일까지

③ **집행계획 수립대상자** : 중앙행정기관의 장

④ **집행계획 수립 지침** : 행정안전부장관이 집행계획 작성 지침을 마련하여 통보

⑤ **집행계획 작성에 필요한 자료 제출 요구** : 중앙행정기관의 장은 세부집행계획을 작성하는 재난관리책임기관*에 필요한 자료제출 요청

　＊ 세부집행계획 작성자 : 법 제3조 제5호 나목에 해당하는 재난관리책임기관의 본사

⑥ **집행계획 승인절차** : 안전정책조정위원회 심의를 거쳐 국무총리가 승인

⑦ **확정된 집행계획 변경** : 중앙행정기관의 장은 행정안전부장관과 협의한 후 변경사항을 국무총리에게 보고, 경미한 사항은 제외

　※ 경미한 사항
　　• 집행계획 중 재난 및 안전관리에 소요되는 비용 등의 단순 증감에 관한 사항
　　• 다른 관계 중앙행정기관의 재난 및 안전관리에 영향을 미치지 않는 사항

4. 시·도 안전관리계획 수립

① 시·도 안전관리계획의 정의
- 시·도 단위에서 수립하는 재난 및 안전에 관한 최상위 계획
- 국가안전관리계획과 집행계획을 기초로 행정안전부장관이 시달하는 수립 지침과 시·도 단위의 재난관리책임기관에서 제출한 자료를 종합하여 수립

② 시·도 안전관리계획 작성 시기 : 매년 1월 31일까지 작성

③ 시·도 안전관리계획 내용
- 영 제26조 제2항에 따라 1) 재난에 관한 대책, 2) 생활안전, 교통안전, 산업안전, 범죄안전, 식품안전, 그밖에 안전관리에 대책을 포함하여 작성

④ 시·도 안전관리계획 확정절차(법 제24조 제3항, 영 제29조 제2항)
- 시·도안전관리위원회 심의를 거쳐 확정하며, 필요한 경우 안전정책 실무 위원회 사전검토를 거칠 수 있음

⑤ 시·도 계획 수립 절차

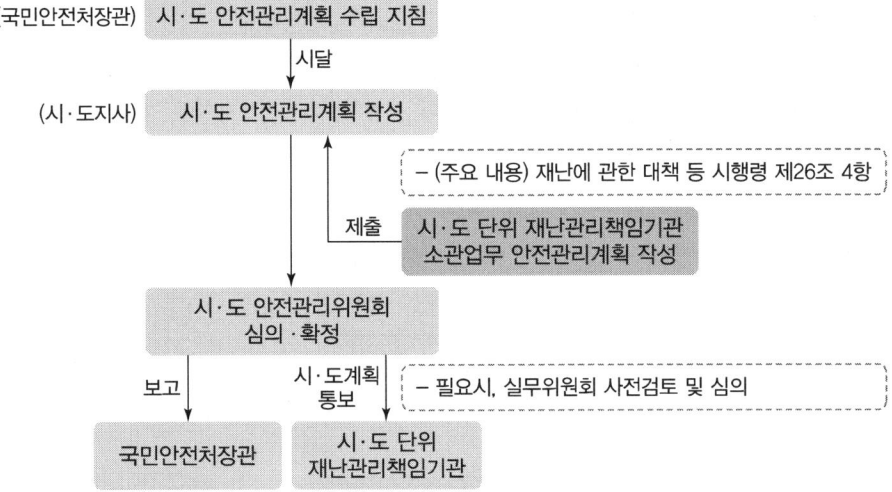

⑥ 시·군·구 계획 수립 절차

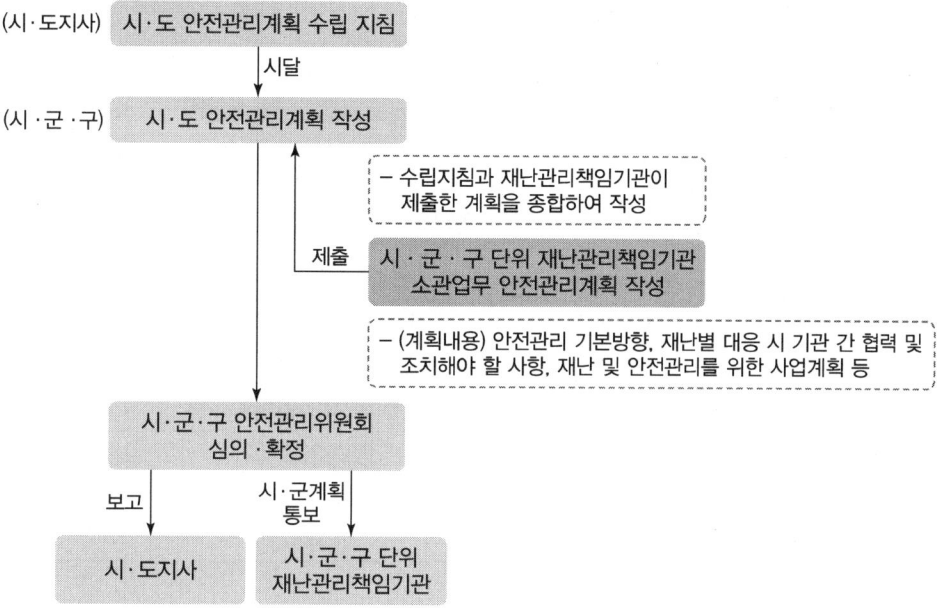

06 재난관리책임기관

1. 임무와 역할[3]

재난관리책임기관에는 대표적으로 중앙행정기관과 지방자치단체가 있고, 이외에도 지방행정기관·공공기관·공공단체 및 재난관리의 대상이 되는 중요시설의 관리기관 등으로 대통령령에서 총 99개의 기관을 지정하고 있다.

재난관리책임기관의 장은 소관 관리대상 업무 분야에서 재난 및 사고의 발생의 예방, 대비, 대응, 복구 등 각 재난관리단계마다 가장 기본적이고 광범위한 임무와 역할을 수행하도록 법에 구체적으로 규정되어 있고, 재난관리책임기관의 유형에 따라 그 책무가 다양하게 규정되어 있다.

---

[3] 2014년 재난안전관리자과정, 중앙민방위방재교육원, 2014

▼ 재난관리책임기관의 유형에 따른 임무와 역할

임무와 역할	근거	대상
지역 안전관리위원회 설치	법 제11조	지자체
재난안전상황실 설치 · 운영	법 제18조, 영 제23조	공통
소관 안전관리업무의 기본계획 수립	법 제22조 제3항 및 제5항	중앙부처
국가안전관리기본계획에 따른 소관 업무 관련 집행계획 수립	법 제23조 제1항 및 제2항, 제5항	중앙부처
시 · 도 안전관리계획의 수립	법 제24조, 영 제26조	시 · 도
시 · 군 · 구 안전관리계획의 수립	법 제25조 및 영 제29조 제1항	시 · 군 · 구
특정관리대상시설 등의 관리	법 제27조, 영 제31조, 제32조	공통
재난관리 실태 공시	법 제33조의3	시 · 군 · 구
재난 예 · 경보체계 구축 종합계획의 수립	법 제38조의2	지자체
재난대비훈련	법 제35조	공통
재난관리기금의 적립	법 제67조	지자체

① 재난관리책임기관장의 재난예방조치

재난관리책임기관의 장은 소관 관리대상 업무의 분야에서 재난 발생을 사전에 방지하기 위하여 다음 각 호의 조치를 함

- 재난에 대응할 조직의 구성 및 정비
- 재난의 예측과 정보전달체계의 구축
- 재난 발생에 대비한 교육 · 훈련과 재난관리예방에 관한 홍보
- 재난이 발생할 위험이 높은 분야에 대한 안전관리체계 구축 및 안전관리규정 제정
- 국가핵심기반의 관리
- 특정관리대상시설 등에 관한 조치
- 재난방지시설의 점검 · 관리
- 재난관리자원의 비축 및 장비 · 인력의 지정
- 그 밖에 재난을 예방하기 위하여 필요하다고 인정되는 사항

2. 재난관리책임기관 현황

재난관리책임기관은 「재난 및 안전관리 기본법」 제3조 제5호에 의해 중앙행정기관 및 지방자치단체(제주시, 서귀포시 등 행정시 포함), 지방행정기관 · 공공기관 · 공공단체(지방조직 포함) 및 재난관리의 대상이 되는 중요시설의 관리기관 등으로서 대통령령으로 정하는 기관으로 지정된다. 중앙부처(소속기관 포함) 47개 기관(18부, 4처, 18청, 5개 위원회), 지방자치단체 245 기관(17개 시 · 도, 228 시 · 군 · 구), 공사/공단 등 850개 기관(재난기본법 시행령 기관)이 재난관리책임기관이다.

▼ 재난관리책임기관(제3조 관련)

1. 재외공관
2. 농림축산검역본부
3. 지방우정청
4. 국립검역소
5. 유역환경청, 지방환경청 및 수도권대기환경청
6. 지방고용노동청
7. 지방항공청
8. 지방국토관리청
9. 홍수통제소
10. 지방해양수산청
11. 지방산림청
12. 시·도의 교육청 및 시·군·구의 교육지원청
13. 한국철도공사
14. 서울교통공사
15. 대한석탄공사
16. 한국농어촌공사
17. 한국농수산식품유통공사
18. 한국가스공사
19. 한국가스안전공사
20. 한국전기안전공사
21. 한국전력공사
22. 한국환경공단
23. 수도권매립지관리공사
24. 한국토지주택공사
25. 한국수자원공사
26. 한국도로공사
27. 인천교통공사
28. 인천국제공항공사
29. 한국공항공사
30. 삭제 〈2017. 1. 6.〉
31. 삭제 〈2017. 1. 6.〉
32. 국립공원공단
33. 한국산업안전보건공단
34. 한국산업단지공단
35. 부산교통공사
36. 국가철도공단
37. 국토안전관리원
38. 한국원자력연구원
39. 한국원자력안전기술원
40. 농업협동조합중앙회
41. 수산업협동조합중앙회
42. 산림조합중앙회
43. 대한적십자사
44. 「하천법」 제39조에 따른 댐등의 설치자(관리자를 포함한다)
45. 「원자력안전법」 제20조에 따른 발전용원자로 운영자
46. 「방송통신발전 기본법」 제40조에 따른 재난방송 사업자
47. 국립수산과학원
48. 국립해양조사원
49. 한국석유공사
50. 대한송유관공사
51. 한국전력거래소
52. 서울올림픽기념국민체육진흥공단
53. 한국지역난방공사
54. 삭제 〈2017. 1. 6.〉
55. 한국관광공사
56. 국립자연휴양림관리소
57. 한국마사회
58. 지방자치단체 소속 시설관리공단
59. 지방자치단체 소속 도시개발공사
60. 한국남동발전주식회사
61. 한국중부발전주식회사
62. 한국서부발전주식회사
63. 한국남부발전주식회사
64. 한국동서발전주식회사
65. 한국수력원자력주식회사
66. 「유료도로법」 제10조에 따라 유료도로관리청으로부터 유료도로관리권을 설정받은 자
67. 삭제 〈2020. 6. 2.〉
68. 삭제 〈2020. 6. 2.〉
69. 삭제 〈2020. 6. 2.〉
70. 공항철도주식회사
71. 서울시메트로9호선주식회사
72. 여수광양항만공사
73. 한국해양교통안전공단
74. 사단법인 한국선급
75. 한국원자력환경공단
76. 독립기념관
77. 예술의전당
78. 대구도시철도공사
79. 광주광역시도시철도공사
80. 대전광역시도시철도공사
81. 부산항만공사
82. 인천항만공사
83. 울산항만공사
84. 경기평택항만공사
85. 의정부경량전철주식회사
86. 용인경량전철주식회사
87. 신분당선주식회사
88. 부산김해경전철주식회사
89. 삭제 〈2020. 6. 2.〉
90. 삭제 〈2020. 6. 2.〉
91. 삭제 〈2020. 6. 2.〉
92. 삭제 〈2020. 6. 2.〉
93. 삭제 〈2020. 6. 2.〉
94. 삭제 〈2020. 6. 2.〉
95. 해양환경공단
96. 가축위생방역지원본부
97. 국토지리정보원
98. 항공교통본부
99. 김포골드라인운영 주식회사
100. 경기철도주식회사
101. 주식회사에스알
102. 남서울경전철
103. 제1호부터 제29호까지, 제32호부터 제53호까지, 제55호부터 제66호까지, 제70호부터 제88호까지 및 제95호부터 제102호까지에서 규정한 사항 외에 행정안전부장관이 재난의 예방·대비·대응·복구를 위하여 특별히 필요하다고 인정하여 고시하는 기관·단체(민간단체를 포함한다) 및 민간업체. 이 경우 민간단체 및 민간업체에 대해서는 해당 단체·업체와 협의를 거쳐야 한다.

07 재난관리주관기관

1. 재난관리주관기관 역할[4]

재난관리주관기관은 재난이나 각종 사고에 대하여 그 유형별로 예방 · 대비 · 대응 및 복구 등의 업무를 주관하여 수행하도록 대통령령으로 정하는 관계중앙행정기관을 의미한다. 재난관리주관기관은 재난관리책임기관이지만 모든 재난관리책임기관이 재난관리주관기관이 되는 것은 아니다.

재난관리주관기관은 재난이 발생할 우려가 있거나 재난이 발생할 경우 중앙사고수습본부를 신속하게 설치 · 운영하여야 하며 표준매뉴얼을 작성하여 행정안전부와 내용을 협의 조정하고 실무매뉴얼 및 행동매뉴얼을 조정 · 승인 후 지도 · 관리해야 한다.

2. 재난관리주관기관의 현황

▼ 재난 및 사고유형별 재난관리주관기관(제3조의2 관련)

재난관리주관기관	재난 및 사고의 유형
교육부	학교 및 학교시설에서 발생한 사고
과학기술정보통신부	1. 우주전파 재난 2. 정보통신 사고 3. 위성항법장치(GPS) 전파혼신 4. 자연우주물체의 추락 · 충돌
외교부	해외에서 발생한 재난
법무부	법무시설에서 발생한 사고
국방부	국방시설에서 발생한 사고
행정안전부	1. 정부중요시설 사고 2. 공동구 재난(국토교통부가 관장하는 공동구는 제외한다) 3. 내륙에서 발생한 유도선 등의 수난 사고 4. 풍수해(조수는 제외한다) · 지진 · 화산 · 낙뢰 · 가뭄 · 한파 · 폭염으로 인한 재난 및 사고로서 다른 재난관리주관기관에 속하지 아니하는 재난 및 사고
문화체육관광부	경기장 및 공연장에서 발생한 사고
농림축산식품부	1. 가축 질병 2. 저수지 사고
고용노동부	사업장에서 발생한 대규모 인적 사고
보건복지부	보건의료 사고

---

4) 2014년 재난안전관리자과정, 중앙민방위방재교육원, 2014

재난관리주관기관	재난 및 사고의 유형
산업통상자원부	1. 가스 수급 및 누출 사고 2. 원유수급 사고 3. 원자력안전 사고(파업에 따른 가동중단으로 한정한다) 4. 전력 사고 5. 전력생산용 댐의 사고
보건복지부 질병관리청	감염병 재난
환경부	1. 수질분야 대규모 환경오염 사고 2. 식용수 사고 3. 유해화학물질 유출 사고 4. 조류(藻類) 대발생(녹조에 한정한다) 5. 황사 6. 환경부가 관장하는 댐의 사고 7. 미세먼지
국토교통부	1. 국토교통부가 관장하는 공동구 재난 2. 고속철도 사고 3. 도로터널 사고 4. 육상화물운송 사고 5. 도시철도 사고 6. 항공기 사고 7. 항공운송 마비 및 항행안전시설 장애 8. 다중밀집건축물 붕괴 대형사고로서 다른 재난관리주관기관에 속하지 아니하는 재난 및 사고
해양수산부	1. 조류 대발생(적조에 한정한다) 2. 조수(潮水) 3. 해양 분야 환경오염 사고 4. 해양 선박 사고
금융위원회	금융 전산 및 시설 사고
원자력안전위원회	1. 원자력안전 사고(파업에 따른 가동중단은 제외한다) 2. 인접국가 방사능 누출 사고
소방청	1. 화재·위험물 사고 2. 다중 밀집시설 대형화재
문화재청	문화재 시설 사고
산림청	1. 산불 2. 산사태
해양경찰청	해양에서 발생한 유도선 등의 수난 사고

2021년 1월 5일 개정 기준

비고 : 1. 재난관리주관기관이 지정되지 않았거나 분명하지 않은 경우에는 행정안전부장관이 「정부조직법」에 따른 관장 사무와 피해 시설의 기능 또는 재난 및 사고 유형 등을 고려하여 재난관리주관기관을 정한다.
2. 감염병 재난 발생 시 중앙사고수습본부는 법 제34조의5제1항제1호에 따른 위기관리 표준매뉴얼에 따라 설치·운영한다.

03 재난의 예방

01 재난관리책임기관의 재난예방조치 의무

법 제25조의2에 따라 재난관리책임기관의 장은 소관 관리대상 업무의 분야에서 재난 발생을 사전에 방지하기 위하여 다음 각 호의 조치를 하여야 한다.
① 재난에 대응할 조직의 구성 및 정비
② 재난의 예측과 정보전달체계의 구축
③ 재난 발생에 대비한 교육·훈련과 재난관리예방에 관한 홍보
④ 재난이 발생할 위험이 높은 분야에 대한 안전관리체계 구축 및 안전관리규정 제정
⑤ 국가핵심기반의 관리
⑥ 특정관리대상시설 등에 관한 조치
⑦ 재난방지시설의 점검·관리
⑧ 재난관리자원의 비축 및 장비·인력의 지정
⑨ 그 밖에 재난을 예방하기 위하여 필요하다고 인정되는 사항

02 국가핵심기반 지정 및 관리

① 법 제26조, 제26조의 2
② 국가핵심기반 정의
   - 국가핵심기반이란 에너지, 정보통신, 교통수송, 보건의료 등 국가경제, 국민의 안전·건강 및 정부의 핵심기능에 중대한 영향을 미칠 수 있는 시설, 정보기술시스템 및 자산 등을 말한다.
   - 국가차원에서 관리해야 할 중요한 시설로서 중앙행정기관의 장이 지속적으로 관리할

필요가 있다고 인정하여 안전정책조정위원회 심의를 거쳐 지정

※ 2021년 1월 기준 : 11개 분야 340개 지정시설, 138개 관리기관

③ 국가핵심기반 지정 분야

구분	지정기준
에너지	전력·석유·가스 공급에 필요한 생산·공급시설과 비축시설
정보통신	• 교환기 등 주요 통신장비가 집중된 시설 및 정보통신 서비스의 전국상황 감시시설 • 국가행정을 운영·관리하는 데에 필요한 기간망과 주요 전산시스템
교통수송	인력 수송과 물류 기능을 담당하는 체계와 실제 운용하는 데에 필요한 교통·운송시설 및 이를 통제하는 시설
금융	은행 및 투자매매업·투자중개업을 운영하는 데에 필요한 시설이나 체계
보건의료	응급의료서비스를 제공하는 시설과 이를 지원하는 혈액관리 업무를 담당하는 시설
원자력	원자력시설의 안정적 운영에 필요한 주제어장치(主制御裝置)가 집중된 시설과 방사성 폐기물을 영구 처분하기 위한 시설
환경	「폐기물관리법」에 따른 생활폐기물 처리를 위한 수집부터 소각·매립까지의 계통상의 시설
정부중요시설	중앙행정기관이 입주하고 있는 주요 시설
식용수	식용수 공급을 위한 담수(湛水)부터 정수(淨水)까지 계통상의 시설
문화재	「문화재보호법」 제2조제2항제1호에 따른 국가지정문화재로서 문화재청장이 특별히 관리할 필요가 있다고 인정하는 문화재
공동구	「국토의 계획 및 이용에 관한 법률」 제2조제9호에 따른 공동구로서 행정안전부장관 또는 국토교통부장관이 특별히 관리할 필요가 있다고 인정하는 공동구

03 특정관리대상지역의 지정 및 관리

① 법 제27조
② 특정관리대상지역 도입 배경
- 1994년 성수대교 붕괴사고를 계기로 시설물 안전에 관심이 높아지고 정부 차원의 체계적인 관리가 필요하다는 의견이 대두됨에 따라 1995년 「시설물의 안전 및 유지관리에 관한 특별법」이 제정되었고, 2003년 대구 지하철 화재사고를 계기로 정부 차원의 체계적인 재난관리의 필요성이 대두됨
- 「시설물의 안전 및 유지관리에 관한 특별법」에서 제외된 시설물에 대한 체계적인 안전관리를 위해 「재난 및 안전관리 기본법」에 특정관리대상시설 등의 안전관리를 위

한 제도가 도입되었으며 2017년 7월 26일 개정되면서 특정관리대상지역으로 확대됨
③ **지정 주체** : 중앙행정기관의 장, 지방자치단체의 장
④ **지정 대상(영 제31조)**
- 자연재난으로 인한 피해의 위험이 높거나 피해가 우려되는 지역
- 재난예방을 위하여 관리할 필요가 있다고 인정되는 지역(시행령 별표 2의2)
- 그 밖에 재난관리책임기관의 장이 재난의 예방을 위하여 특별히 관리할 필요가 있다고 인정하는 지역
- 특정관리대상지역의 지정·관리 등에 관한 지침
  - 특정관리대상지역의 지정·관리 등에 관한 지침을 제정하여 관계 재난관리책임기관의 장에게 통보해야 하고 특정관리대상지역의 지정·관리 등에 필요한 사항을 포함해야 함

> 첫째, 특정관리대상지역의 지정을 위한 세부기준에 관한 사항
> 둘째, 특정관리대상지역에 대한 조사 방법 및 특정관리대상지역의 지정·해제 절차 등에 관한 사항
> 셋째, 특정관리대상지역의 안전등급의 평가기준에 관한 사항
> 넷째, 특정관리대상지역의 안전점검과 유지·관리의 방법에 관한 사항

- 특정관리대상지역의 안전등급 및 안전점검 등
  - 재난관리책임기관의 장은 특정관리대상지역을 관련 지침에서 정하는 안전등급의 평가기준에 따라 해당하는 등급으로 구분하여 관리해야 함

> A등급 : 안전도가 우수한 경우
> B등급 : 안전도가 양호한 경우
> C등급 : 안전도가 보통인 경우
> D등급 : 안전도가 미흡한 경우
> E등급 : 안전도가 불량한 경우

  - 특정재난관리책임기관의 장은 특정관리대상지역에 대한 안전점검을 실시함

> 1. 정기안전점검
>   가. A등급, B등급 또는 C등급에 해당하는 특정관리대상지역 : 반기별 1회 이상
>   나. D등급에 해당하는 특정관리대상지역 : 월 1회 이상
>   다. E등급에 해당하는 특정관리대상지역 : 월 2회 이상
> 2. 수시안전점검 : 재난관리책임기관의 장이 필요하다고 인정하는 경우

04 민간소유 특정관리대상시설의 안전점검의무 부과

① 법 제27조 3항
② 특정관리대상시설 등으로 지정된 시설 중에서 대규모시설의 소유자·관리자 또는 점유자는 안전점검을 하고 그 결과를 시장·군수·구청장에게 제출
  ※ 중앙행정기관의 장 또는 지방자치단체의 장이 재난발생위험이 높거나 계속적으로 관리할 필요가 있어 지정한 시설 및 지역

> (시특법) 규모가 큰 시설(1종, 2종 시설로 구분)의 안전관리
>   ※ 1종 : 21층 이상 또는 연면적 5만 이상 건축물, 2종 : 16층 공동주택, 연면적 3만 m^2 이상 건축물 등
> (재난법) 시특법 제외 시설 중 재난취약 시설을 특정관리대상시설로 지정, 안전관리
>   ※ 예 공동주택 5층 이상~15층 이하, 숙박시설·공연시설·집회시설 등 다중이용건축물 등

05 안전점검결과 안전조치

① 법 제31조 1항
② 행정안전부장관 또는 재난관리책임기관의 장(행정기관만 해당)은 안전점검 결과 위험이 있는 시설에 대해 정밀안전진단, 보수·보강 등의 정비를 하도록 명할 수 있음

06 재난방지시설 관리

① 법 제29조
② 재난방지시설
  • 소하천·하천 부속시설, 국토법상 방재시설, 하수관거 및 공공하수처리시설, 농업생산기반시설 중 저수지, 양수장 등, 사방시설, 댐, 어촌·허항법상 기반시설, 도로 부속물, 재난 예·경보 시설부속물, 항만시설 등
③ 관리 주체 : 시설을 관리하는 재난관리책임기관
④ 비용부담 원칙 : 재난방지시설을 관리하는 기관(법 제62조 비용부담 원칙)

⑤ 관리실태 점검 : 행정안전부장관은 실태를 점검하고 보수 · 보강 등의 조치 요구를 할 수 있으며, 요청받은 기관은 이에 따라야 함

07 재난안전분야 종사자 교육

① 법 제29조의2
② 전문교육 실시 주체 : 행정안전부장관
③ 전문교육의 종류 및 교육 대상자
- 관리자 전문교육 : 재난관리책임기관에서 재난 및 안전관리업무를 담당하는 부서의 장
- 실무자 전문교육 : 재난관리책임기관에서 재난 및 안전관리업무를 담당하는 실무공무원 또는 직원

④ 교육의 종류 : 관리자 전문교육, 실무자 전문교육
⑤ 교육기간 및 교육주기 : 전문교육은 3일 이내, 신규교육을 받은 후 매 2년마다 정기교육 이수
　※ 신규교육 : 재난 및 안전 업무를 맡은 후 1년 이내 신규교육 이수
⑥ 교육기관 : 중앙행정기관 및 시 · 도 소속 공무원 교육기관 등

08 재난예방을 위한 긴급 안전점검

① 법 제30조, 제31조
② 긴급안전점검 주체 : 행정안전부장관, 행정기관인 재난관리책임기관
　※ 행정안전부장관은 다른 재난관리책임기관에 긴급점검을 하도록 요구할 수 있음
③ 안전점검 대상 : 특정관리대상시설, 긴급점검이 필요하다고 인정하는 시설 및 지역
④ 안전점검 결과 조치(법 제31조)
- 긴급 안전점검결과 위험이 높은 시설 및 지역 다음의 안전조치를 하도록 관계인(소유자, 관리자 또는 점유자)에게 명령

※ 정밀안전진단, 보수 또는 보강 등 정비, 위험요인 제거
- 안전조치를 이행하지 않을 경우 행정대집행법 준용
⑤ 불이행 시 조치 : 1년 이하의 징역 또는 500만 원 이하의 벌금

09 정부합동 안전점검단 운영

① 법 제32조
② 운영기관 : 행정안전부장관
③ 점검단 구성
- 점검단장 : 행정안전부장관이 지명
- 점검단원 : 관계 재난관리책임기관 공무원 및 직원을 파견받아 구성
④ 안전점검 구분
- 정기점검 : 계절적 요인 등을 고려하여 정기적으로 점검
- 수시점검 : 사회적 쟁점, 유사 사고 방지 등을 위해 수시로 실시
⑤ 점검시기, 대상 및 분야 조정
- 국무총리는 점검 중복 등을 방지하기 위해 중앙기관의 점검계획을 제출받아 조정

10 사법경찰권

① 법 제32조의2
② 긴급안전점검을 하는 공무원은 사법경찰 관리의 직무를 수행할 자와 그 직무범위에 관한 법률에서 정하는 바에 따라 사법경찰 관리의 직무를 수행
※ 사법경찰 관리의 직무를 수행할 자와 그 직무범위에 관한 법률

11 재난관리체계 평가

① 법 제33조의2
② 평가의 목적
- 재난관리책임기관의 재난관리 역량을 높이고 자율적인 책임행정 구현
- 평가결과를 환류함으로써 재난관리 업무의 효율성을 높이고 선진화된 재난 관리체계로 발전
③ 주관기관 : 행정안전부장관
④ 평가 항목(법 제33조2, 영 제42조)
- 재난 발생에 대비한 단계별 예방·대응 및 복구 과정
- 재난관리책임기관의 재난대응 조직의 구성 및 정비실태
- 재난 위험이 높은 분야에 대한 안전관리체계 구축 및 안전관리규정 제정
⑤ 평가 대상 기관 : 중앙행정기관, 지방자치단체, 공공기관 및 단체
⑥ 평가결과 조치 : 우수기관 예산지원 및 포상 실시, 시정·보완 요구

12 재난관리실태 공시

① 법 제33조의3
② 제도 도입배경
- 매년 1회 이상 재난관리실태를 공시하여 지역주민의 알권리를 충족
- 자치단체별 선의의 경쟁을 유도, 성실한 재난관리 수행에 기여
③ 공시의무자 : 시장·군수·구청장
④ 공시내용
- 전년도 재난의 발생 및 수습 현황
- 재난예방조치 실적, 재난관리기금 적립 현황
- 지역안전도 진단결과 등
⑤ 공시시기 : 매년 3월 31일까지
⑥ 공시방법 : 지방자치단체에서 발행하는 시보·군보 등 공보에 게재 공고

04 재난의 대비

PREVENTION OF DISASTERS

01 재난관리자원

1. 재난관리자원의 이해

재난관리자원이란 「재난 및 안전관리 기본법」 제34조에 따라 각종 재난으로부터 예방, 대비, 대응 및 복구 활동 과정에 필요한 물자 및 자재와 응급조치에 필요한 자원 등으로서 주관기관이 고시한 자원(자재, 장비, 인력 등)을 말한다. 재난 발생 시 재난관리자원을 공동으로 활용하기 위한 노력의 일환으로 '재난관리자원의 분류 및 시스템 이용에 관한 규정'(2014)과 '재난관리자원의 운영관리 기준'(2014)이 마련되어 있다.

2. 재난관리자원의 유형

1) 자원의 분류

「재난관리자원의 분류 및 시스템 이용에 관한 규정」 제4조(자원의 분류)에 의하면 재난관리자원을 재난상황에 맞게 적용하고 활용하는 측면에서 기준을 정하기 위해 범주화한 것으로 대분류, 중분류, 소분류로 나누어 구분한다.

대분류는 자재, 장비, 인력 3개 분야로 대별하고, 자재는 재난유형, 장비는 기능, 인력은 작업유형과 팀 또는 개인단위로 중분류하여 다음과 같이 정의한다.

1. "자재"는 재난 발생 시 응급조치 및 복구에 동원이 가능하도록 재난활동에 활용되는 기본적인 재료들을 말하며, 재난 발생 시 응급조치 및 복구에 동원이 가능하도록 풍수해, 제설, 가뭄, 화생방, 환경오염, 화재, 의료방역, 재난구호, 기타 재난으로 관리한다.
2. "장비"는 재난 발생으로 인해 긴급 및 응급조치, 복구활동에 동원이 가능하도록 사용되는 장비로서, 사용 목적에 따라 구조·구급, 의료방역, 재난구호, 복구, 재난현장 환경정비 및 기타 기능으로 관리한다.
3. "인력"은 재난 발생 시에 대비하여 대응 및 복구활동에 응원 및 동원될 수 있는 사람으

로서 전문기관으로부터 특수한 자격과 인증을 받았거나 전문적인 기술과 기능을 보유한 인적 자원을 말한다.

자재·장비는 주요 자재 및 장비를 중분류에 근거하여 선정하고, 자원의 공동활용과 개별활용으로 구분하여 관리하여야 한다. 인력은 재난유형에 따라 작업유형과 팀으로 분류하고, 재난 발생 시 각 재난유형에 따라 구조·구급, 의료방역, 재난구호, 복구, 사회질서·유지, 재난현장 환경정비, 재난수습, 자원봉사, 정보통신으로 분류하며 각 재난에 맞는 작업유형과 특화된 팀 또는 개인으로 관리하여야 한다.

2) 자원의 현황

(1) 공동활용 자원

▼ 공동활용 자재 52종(중복 제외)

대분류	중분류	소분류(분류번호)
자재	풍수해	차수판, 차수관, 차수매트
	제설	염화칼슘, 염수
	가뭄	송수호스
	화생방	N95-마스크, 가성소다, 다중감지키트, 방독면, 보안경, 중화제, 활성탄, 보호의, 탐지지, 화학작용제 탐지기, 화생방폐기물백
	환경오염	N95-마스크, 가성소다, 그물망, 방재작업복, 분말염소, 소석회, 오일펜스, 유흡착재, 유처리제, 중화제, 흡착포, 흡착롤, 이동식 폐유저장장치, 유겔화제, 저장용기, 이송펌프, 흡수성 헝겊
	화재	방독면, 방열복
	의료방역	N95-마스크, 기도유지장치, 우물소독약, 의약품, 인공호흡마스크, 예방주사약, 이동식 분사기, 방진안경
	재난구호	일시구호세트, 응급구호세트, 재가구호세트, 천막, 침구류
	기타	배터리, 송배수관, 황산반토, 광케이블, 다이너마이트, 재난안전선, 화약류, 폐기봉투, 저장용기

▼ 공동활용 장비 95종(중복 제외)

대분류	중분류	소분류(분류번호)
장비	구조·구급	구명보트, 구급차, 유압펌프, 로프총, 유압잭, 잠수세트, 천공기, 착암기, 헬기, 에어백, 에어매트리스, 매몰자탐지기, 사다리차, 산소호흡기, 심실제세동기, 공압고성능절단기, 구조용 하네스, 구조용 캔, 구조자용 스트랩, 수상구조용 라이트, 유니목
	의료방역	구급차, 동력분무기, 심실제세동기, 방역차, 연막소독기, 제독차, 소방화학차
	재난구호	구호물품운반차, 급수차, 헬기

대분류	중분류	소분류(분류번호)
장비	복구	굴삭기, 가스복구차, 구조공작차, 그레이더, 덤프트럭, 도자, 모래 살포기, 발전기, 양수기, 크레인, 통신복구차, 트랙터, 하수구준설차, 압축기, 전기복구차, 전기톱, 페이로더, 발전차 배토판, 컴프레서, 축전기
	재난현장 환경정보	고압세척기, 덤프트럭, 도자, 분뇨수거차, 발전차, 살수차, 시신운구차, 유회수기, 집게차, 청소차, 폐유저장탱크, 폐기물운반차, 폐유운반차, 유압구조장비세트, 맨홀구조기구, 등짐형 유압장비세트, 방제차량, 세절기, 비치클리너, 모래살포기
	기타	기계화 진화장비, 관정장비, 배연차, 산불진화차, 헬기, 제설차, 청소선, 특수소방차, 흡착선, 등짐펌프, 크레인, 컨테이너, 소방선, 칼슘살포차, 잡목벌채기, 방사선 측정기, 지게차, 방사선감지경보기, 기중기선, 화물트럭, 구조경보기, 예비변압기, 소방용 펌프, 공압고성능절단기, 유압엔진펌프, 유독가스감지기, 진화안전장비세트, 방제정, 물탱크차, 현장지휘소, 임시주거용 조립주택, 세탁용 이동차량

▼ 공동활용 인력 26개 유형 12개 팀(중복 제외)

대분류	중분류		소분류(분류번호)
인력	구조·구급	작업유형	산악지역 수색구조, 해안지역 수색구조, 급류 등 홍수 관련 수색구조, 건축물 붕괴 관련 수색구조, 광산 및 터널 수색구조
		팀	의용소방대, 주부환경협의회, 적십자봉사대, 새마을부녀회, 산악구조대, 수중구조대
	의료방역	작업유형	응급치료, 현장의료, 방역, 긴급후송, 격리와 전염병 관리
		팀	의용소방대, 주부환경협의회, 적십자봉사대, 새마을부녀회
	재난구호	작업유형	급식, 구호, 재난심리
		팀	의용소방대, 해병전우회, 아마추어 무선봉사대, 적십자봉사대, 새마을부녀회, 모범운전자회, 여성단체 협의회, 지역자율방재단
	복구	작업유형	긴급복구, 복구지원
		팀	의용소방대, 해병전우회, 아마추어 무선봉사대, 적십자봉사대, 새마을부녀회, 모범운전자회, 여성단체협의회, 지역자율방재단
	사회질서 유지	작업유형	-
		재난현장 환경정비	모범운전자회, 해병전우회
	재난현장 환경정비	작업유형	위험물질취급, 청소, 오폐수수거, 내수면방제, 해안방제
		자원봉사	의용소방대, 해병전우회
	재난수습	작업유형	피해보상, 지원정산, 기록물 관리
		팀	-
	자원봉사	작업유형	-
		팀	의용소방대, 해병전우회, 아마추어무선봉사대, 적십자봉사대, 새마을부녀회, 모범운전자회, 여성단체협의회, 지역자율방재단
	정보통신	작업유형	기계공, 전기공, 통신공
		팀	아마추어무선봉사대

(2) 개별 활용 자원

▼ 개별 활용 자재 74종(중복 제외)

대분류	중분류	소분류(분류번호)
자재	풍수해	곡괭이, 돌망태, 덮개류(덮개), 마대류(마대), 비닐(비닐덮개), 삽(야삽), 포대류(포대), 묶음줄, 말목, 물매트, 배수관, 호스, 모래주머니, 안전표지판, 작업공구
	제설	곡괭이, 밀대, 삽(야삽), 제설함(적사함), 토치램프, 싸리비, 모래
	가뭄	곡괭이, 삽, 전선
	화생방	오염표지판
	환경오염	고무통, 뜰채, 모래주머니, 밀대, 양동이(바가지)
	화재	갈퀴, 불털이개, 소화포, 소화호스, 소화기
	의료방역	들것, 살충제, 살균제, 수동식인공호흡기, 압박붕대, 대퇴부골절받침, 허리보호대(척추보호대)
	재난구호	라디오, 빵, 엠프, 음료, 양곡, 기타 생필품
	기타	로프, 목고정장치, 물갈퀴, 수동식 인공호흡기, 사이렌, 손전등, 요구조자용 안전벨트, 완강기, 조난자 구조판, 구조망(망), 메가폰, 축전지, 비닐, 비닐끈, 삽(야삽), PE필름, 곡괭이, 구명환, 구명동의, 빗자루, 들것, 안전펜스, 도끼, 안전화, 구조로켓, 전선, 밀대, 구조용장갑, 발열조끼

▼ 개별 활용 장비 29종(중복 제외)

대분류	중분류	소분류(분류번호)
장비	구조구급	견인차, 무전기, 용접기, 절단기, 외부심장압박장치, 등강기, 아이젠, 8자 하강기, 헤머드릴, 긴급구조 잠수세트
	의료방역	척추고정판, 제독기, 고압세척기
	재난구호	-
	복구	펌프모터, 고정형 비상발전기, 벌목톱
	재난현장 환경정보	-
	기타	소방차, 선박, 제설삽날(덤프트럭용), 헬기용 물버켓, 배수펌프, 수중펌프, 소방정, 교반기

3. 재난관리자원 공동활용시스템

재난관리자원 공동활용시스템이란 재난관리책임기관의 장이 비축·관리하는 재난관리 자원의 정보를 효과적으로 관리·활용하도록 전자적인 방법으로 공동활용할 수 있도록 구축된 시스템을 말한다. 법 제34조 제1항, 제3항에 따라 행정안전부장관은 재난관리책임기관의 장이 비축·관리하는 재난관리자원을 체계적으로 관리 및 활용할 수 있도록 자원관리시스템을 구축·운영할 수 있다.

법 제34조 제4항에 따라 행정안전부장관은 자원관리시스템을 공동으로 활용하기 위하여 재난관리자원의 공동활용 기준을 정하여 재난관리책임기관의 장에게 통보할 수 있으며 이 경우 재난관리 책임기관의 장은 통보받은 재난관리자원의 공동활용 기준에 따라 재난관리자원을 관리해야 한다. 재난관리자원 공동활용시스템 이용에 관한 기준은 행정안전부장관이 별도로 정한다. 다만, 자원관리시스템이 구축·운영되기 전에는 우선적으로 행정안전부에서 운영·관리하고 있는 국가재난관리시스템(NDMS)을 활용하여 자원을 관리할 수 있다.

> ▶ **재난관리자원 공동활용을 위한 관계기관 협약서(샘플)**
> 중앙행정기관, 지방자치단체 간 재난관리자원의 지원 등 협력체계 구축을 위해 다음과 같이 협약을 체결한다.
> 제1조(목적) 이 협약은 국가의 재난관리 역량을 강화하기 위해 중앙행정기관 및 지방자치단체(이하 "관계기관"이라 한다.) 간 재난관리자원의 지원협력체계를 구축하여 신속하고 효율적인 재난 대응 및 수습으로 피해를 최소화하는 데 목적이 있다.
> 제2조(근거) 이 협약은 다음의 근거에 따라 체결한다.
> 1. 재난 및 안전관리 기본법, 시행령, 시행규칙
> 2. 재난관리자원의 운영관리 기준(예규)
> 3. 재난관리자원의 분류 및 시스템 이용에 관한 규정(고시)
>
> 제3조(정의) 이 협약서에 사용하는 용어에 대한 정의는 다음과 같다.
> 1. 주관기관 : 정부차원에서 재난이 발생할 때부터 응급 복구할 때까지 재난관리자원을 총괄 운영 관리하고 중앙행정기관 및 지방자치단체 등 재난관리책임기관, 유관기관 간 재난관리자원의 제공 요청 시에 재난관리자원을 동원하거나 조정·지원하는 재난관리자원 총괄기관으로 행정안전부를 말한다.
> 2. 지원기관 : 주관기관의 업무를 지원하기 위해 필요한 인력, 장비, 자재 및 시설을 갖춘 재난관리 책임기관이나 민간기관·단체 등을 말한다.
> 3. 사용(이용)기관 : 재난관리자원의 정보를 제공 요청 및 기록·관리하거나 재난 발생 시에 공동활용 할 수 있도록 주관기관의 승인을 받은 기관 또는 단체 등을 말한다.
> 4. "재난관리자원 공동활용시스템"(이하 "자원관리시스템"이라 한다.) : 재난관리책임기관의 장이 비축·관리하는 재난관리자원의 정보를 효과적으로 관리·활용하도록 전자적인 방법으로 공동활용할 수 있도록 구축된 시스템을 말한다.
>
> 제4조(책임) 재난관리자원에 관한 중앙행정기관 및 지자체 상호 간에 협력체계의 구축을 통해 재난으로부터 국민의 생명과 재산을 보호하기 위해 노력해야 하며, 이 협약에서 정한 모든 사항을 성실히 이행할 책임이 있다.

제5조(적용기관) 이 협약은 중앙행정기관, 17개 시·도에 적용되며, 중앙행정기관 산하기관·단체와 시·군·구에서도 이 협약의 이행사항을 준수하여야 한다.
제6조(적용지역) 재난이 발생하였거나 발생할 우려가 있는 긴급한 지역으로 하고, 필요시 전시재난지역에도 일부 적용되며, 국가재난사태가 선포된 지역(특별재난 포함)에도 일정규모 이상의 피해상황 등을 고려하여 적용한다.
제7조(협력범위) 재난으로 자재·장비·인력 등 재난관리자원의 긴급지원과 제공요청 및 동원에 필요한 시기, 범위, 인력 및 예산 등에 적용된다.
제8조(비상연락)
① 관계기관 간 신속하고 효율적으로 재난관리자원을 적기에 동원하기 위하여 재난관리자원 업무 전담부서 및 담당자 연락처를 상호 간 통보하며, 비상연락망을 구축하고 최소 연 4회 이상 점검한다.
② 비상연락망 구축방법은 개인정보보호에 어긋나지 않는 범위 내에서 전용전화, 팩스(FAX) 등 다양한 수단을 활용한다.
③ 관계기관 간 비상연락망 구축 및 유지를 위해서 자원관리시스템을 통하여 자원관리 기관별 비상연락망을 등록하고 협력에 차질 없도록 조치하여야 한다.
제9조(정보공유)
① 관계기관 간에는 재난관리자원을 효율적이고 신속하게 투입·지원할 수 있도록 재난관리자원을 자원관리시스템을 통해 입력하여야 한다.
② 관계기관의 장은 공동활용 대상자원이 보안에 어긋나지 않는 범위 내에서 적정한 수준과 방법으로 공유할 수 있도록 하여야 한다.
제10조(지원요청)
① 관계기관 간에 재난이 발생하거나 발생할 우려가 있는 때에는 다음 각 호의 경우에 한하여 그 응급조치를 위한 재난관리자원의 지원을 요청할 수 있다.
  1. 민·관의 재난방재 및 복구지원이 구비되어 있지 않거나 재난정보에 비추어 현저히 부족한 경우
  2. 민·관의 재난방재 및 복구지원이 즉각 가동되기 어렵거나 재난정보에 비추어 현저히 적합하지 않은 경우
② 제1항에 따른 지원 요청은 재난관리자원의 응원요청서에 따르며 자원관리시스템을 통하여 요청할 수 있다. 다만, 긴급한 때에는 우선 유선으로 지원을 요청하고 나중에 제출할 수 있다.
제11조(자원지원)
① 관계기관 중 사용기관으로부터 지원요청을 접수한 경우에는 지원기관의 기본업무에 지장이 없고 가용자원의 범위 내에서 지원한다. 다만, 재난지역선포 등 긴급한 상황의 경우에는 먼저 지원을 실시하여야 한다.
② 제1항에 따라 재난관리자원을 지원할 때 요청내용이 지원기관의 가용능력을 초과하면 필요한 최소한의 범위 내에 제한할 수 있다.
③ 지원기관은 사용기관(요청기관)에 재난관리자원의 자재 및 장비의 종류별 수량 등에 대하여 재난관리자원의 동의통보서에 따라 통보하여야 하며 자원관리시스템을 통한 방법으로 시행할 수 있다.
제12조(재난관리자원의 현장지휘)
① 대규모 재난으로 인한 재난현장에서 모든 자원의 지원활동은 사고수습 주관기관의 장이 현장지휘 주체가 되어, 관계 중앙 및 지방자치단체와 긴밀한 협력하에 실시한다.
② 지역재난 사고수습 현장에서 재난 및 안전관리 기본법(이하 "법"이라 한다) 제44조에 따른 응원 요청 시 해당 지역 시장·군수·구청장이 현장지휘의 주체가 되어, 관계기관 및 단체와 긴밀한 협력하에 실시한다.

제13조(비용부담)
① 재난관리자원 응원을 받은 기관은 법 제63조에 따라 그 응원에 드는 유류비, 응급복구용 물품비 등 응급조치에 소요되는 비용을 부담한다.
② 재난관리자원 응원을 받은 기관은 법 제64조에 따라 재난관리자원 등이 고장이나 파손된 경우 수리에 소요되는 비용을 부담한다.
③ 제1항 및 제2항의 규정에 따른 비용의 정산은 응원을 받은 기관 간 상호 협의하여 부담한다.

제14조(치료 및 보상)
① 재난관리자원의 지원업무를 수행하는 중에 부상을 입은 경우에는 치료를 실시하여야 한다.
② 재난관리자원의 지원업무를 수행하는 중에 사망(부상으로 인하여 사망한 경우 포함)하거나 신체에 장애를 입은 경우에는 그 유족이나 장애를 입은 사람에게 법 제65조 제1항 및 제2항, 같은 법 시행령 제72조 및 제73조에 따라 치료 및 보상금의 부담 및 지급기준, 지급절차에 따라 보상하여야 한다.

제15조(종사자에 대한 교육 및 훈련)
① 관계기관의 장은 자체 재난관리자원의 전담요원을 지정·관리하여야 하고, 재난관리자원 주관기관의 전문교육과정을 매년 1회 이상 이수하도록 조치하여야 한다.
② 관계기관의 장은 재난관리자원의 관리역량 강화를 위해 안전한국훈련 등 재난대비훈련에 재난관리자원 상호협력기능별 훈련을 매년 1회 이상 실시하여야 한다.

제16조(이견조정) 이 협약서 이외의 사항은 제2조에 열거된 근거법령에 따르며, 해석상 이견이 있는 경우에는 법 시행령 제9조부터 제9조의2에 따른 안전정책조정위원회 또는 기관 간 상호협의하에 조정한다.

제17조(비밀유지) 관계기관에서는 해당 기관의 사전 동의 없이 관련 내용을 공개하지 않으며 이용 및 제3자 제공을 금지하여야 한다.

제18조(협약서의 효력) 이 협약은 최종 서명한 날부터 효력이 발생하고 유효기간 종료에 대한 별도의 합의가 없는 한 효력은 지속하는 것으로 보며, 조직 변경 시에도 유효한 것으로 본다. 효력기간 중 개정 및 폐지는 상호 협의하여 정한다.

이상과 같이 각종 재난 발생 현장에 관계기관의 요청이 있을 경우에, 재난관리자원의 지원 등 협력체계 구축에 관한 업무협약을 체결하여 신속하게 제공하고 이행할 것을 협약함

2016. ○○. ○○.
(서명)

02 재난현장 긴급통신수단 마련

① 법 제34조의2
② 입법 취지
- 재난현장에서 통화폭주, 기지국 마비 등 통신장애로 연락이 두절되는 경우 인명구조, 긴급대응, 재난복구활동에 지장을 초래하는 실정

※ 태풍 '곤파스'(10년) 전력공급 중단으로 수도권 일대 기지국 마비, '볼라덴'(12년) 전남 신안군청 통신두절, '산바'(12년) 기지국 유실로 88고속도로 차량 통신두절
- 평상시 통신두절에 대비한 재난현장의 긴급통신수단 필요성 대두

③ 주요 내용
- (재난관리책임기관) 통신두절에 대비하여 유선, 무선, 위성통신망을 활용할 수 있도록 긴급통신수단을 마련하고, 관리지침에 따라 수시 점검·관리
- (행정안전부장관) 재난현장에서 긴급통신수단이 공동 활용될 수 있도록 재난관리책임기관, 긴급구조기관, 긴급구조지원기관이 보유하고 있는 통신장비 현황을 조사하여 관리체계 구축
  ※ '긴급통신수단 관리지침' 마련 통보(행정안전부장관)

03 국가재난관리기준

① 법 제34조의3
② 국가재난관리 기준
- 모든 유형의 재난에 공통적으로 활용할 수 있도록 재난관리의 전 과정을 통일적으로 단순화·체계화한 것

③ 재난관리기준 내용
- 재난분야 용어정의, 표준체계
- 국가재난 대응 체계에 대한 원칙
- 재난경감, 상황관리, 자원관리, 유지관리 등에 관한 일반적 기준
- 재난의 예보·경보의 발령 기준
- 재난상황 전파, 지휘·통제 체제, 기관 간 상호협력 방안, 평가 등

④ 재난관리기준 활용
- 재난관리에 관한 원칙이나 일반적인 기준을 정해 놓은 문서로 재난관리 업무를 수행하는 데 필요한 일반적 원칙으로 적용

04 기능별 재난대응활동(13개 협업기능) 계획 작성·활용

1. 법 제34조의4

1) 개요

협업은 모든 행정 분야에서 요구되고 있지만 특히 재난관리 분야에서 그 중요성이 더 크다. 최근 들어 기후변화와 도시화의 진행으로 예측이 불가능한 돌발적 재난의 발생이 증가하고 있을 뿐만 아니라 일단 재난이 발생하면 그 규모가 매우 크고 여러 유형의 재난이 동시 다발적으로 발생하는 복합재난의 성격을 띠고 있기 때문에 이러한 재난에 대응하기 위해서는 다양한 분야의 기관·단체가 보유한 자원을 공동으로 활용하고 기능을 연계해야 한다. 재난은 고난도의 협업행정이 요구되는 분야이기 때문에 경우에 따라서는 중앙·광역·기초정부 간 수직적 협업뿐만 아니라 각 정부수준에서도 다양한 기관·단체 간 수평적 협업도 이루어져야 한다.

2) 협업행정과 재난대응 공통 기능

효율적인 재난관리를 위해서는 다양한 기관단체 간 수직적·수평적 협업체계의 구축이 매우 중요하다. 그러한 점에서 현행 위기관리 매뉴얼 체계인 표준-실무-행동매뉴얼 체계는 많은 문제점을 안고 있다. 기존 매뉴얼들은 개별 기관의 임무와 역할 중심으로 작성되어 있을 뿐만 아니라 주관기관과 실무기관의 종적 대응활동 위주로 작성되어 있어 다수기관의 횡적 상호협력체계에 대한 고려가 미흡하다.

이에 따라 다양한 기관·단체 간의 수평적 협업행정 강화를 위해 개정된 법에서 제34조의4를 신설하여 재난유형에 관계없이 공통·필수적으로 작동되어야 할 기능에 대해 '기능별 재난대응 활동계획'을 작성하도록 규정하고 있다.

> ▶ **재난 및 안전관리 기본법**
> 제34조의4(기능별 재난대응 활동계획의 작성·활용) ① 재난관리책임기관의 장은 재난관리가 효율적으로 이루어질 수 있도록 대통령령으로 정하는 바에 따라 기능별 재난대응 활동계획(이하 "재난대응활동계획"이라 한다.)을 작성하여 활용하여야 한다.
> ② 행정안전부장관은 재난대응활동계획의 작성에 필요한 작성지침을 재난관리책임기관의 장에게 통보할 수 있다.
> ③ 행정안전부장관은 재난관리책임기관의 장이 작성한 재난대응활동계획을 확인·점검하고, 필요하면 관계 재난관리책임기관의 장에게 시정을 요청할 수 있다. 이 경우 시정 요청을 받은 재난관리책임기관의 장은 특별한 사유가 없으면 요청에 따라야 한다.
> ④ 제1항부터 제3항까지에서 규정한 사항 외에 재난대응활동계획의 작성·운용·관리 등에 필요한 사항은 대통령령으로 정한다.

동 조항에 근거하여 우리나라 현실에 맞는 13개 공통기능을 도출하여 이에 대한 다수 기관·단체 간 수평적 협업행정 기반을 마련하기 위한 표준행동절차(SOP) 작성이 추진 중이며, 재난관리기관은 법에서 정하는 위기관리매뉴얼과 표준행동절차를 동시에 숙달함으로써 효율적인 재난 대응이 가능하다.

현재 13개 공통기능 중 긴급생활안정지원은 '피해주민 원스톱 지원서비스'를 시행 중이며, 이는 피해주민이 각 시책 해당 기관에 별도로 직접 피해를 신고해야 하는 번거로움이 있었지만 각 기관과 협력하여 피해주민이 피해신고만으로 '재난지원금'뿐만 아니라 '세제·융자 등 간접지원'까지 지원받을 수 있도록 행정절차 및 구비서류 등을 간소화하여 원스톱으로 제공하고 있다.

2. 재난대응 13개 협업 기능

▼ 재난관리 협업행정 기능(재난대응 공통필수 기능)

구분	주요 내용	주관기관	지원기관
① 상황관리 총괄	다수기관이 수행해야 할 전반적 재난관리활동 지원·조정	행안부	외교부, 국토부, 산업부, 환경부, 기상청
② 긴급생활 안정지원	재난 발생지역에 대한 세제·금융지원, 전기·통신료 감면 등 통합지원	행안부	과기정통부, 농식품부, 산업부, 복지부, 국세청
③ 재난현장 환경정비	육상·해상 환경오염물질에 대한 수거·처리 지원	환경부, 해수부	국방부, 국토부, 농식품부, 원안위
④ 긴급통신지원	재난관리책임기관간의 두절 없는 재난현장 긴급정보통신체계 운영	과기정통부, 행안부	국방부, 방통위, 경찰청, 해경청
⑤ 시설응급복구	피해시설 응급복구	행안부	환경부, 농식품부, 국토부, 해수부
⑥ 에너지 기능복구	가스, 전기, 유류 등 파손된 에너지 체제의 신속한 복구	산업부	국방부, 국토부, 행안부, 원안위
⑦ 재난수습홍보	재난대처 관련 각종 정보 배포·조정	행안부	과기정통부, 문체부, 방통위
⑧ 물자관리 및 자원지원	방재자원의 공동활용체계 구축을 통한 신속한 자원동원·조정·정산	행안부	국방부, 산자부, 국토부, 조달청
⑨ 교통대책	육상·항공, 해상 교통대책 지원	국토부, 해수부	국방부, 경찰청, 해경청
⑩ 의료·방역	감염병, 가축병 의료 및 방역 서비스	복지부, 농식품부	국방부, 환경부, 식약처, 관세청, 해경청, 질병청
⑪ 자원봉사관리	재난지역 배정, 자원봉사자 동원, 공공근로 및 기술지원	행안부	국방부, 복지부, 여가부, 경찰청
⑫ 사회질서 유지	교통통제, 범죄예방, 현장통제, 안전관리, 주민대피	경찰청	행안부, 국방부

구분	주요 내용	주관기관	지원기관
⑬ 수색, 구조·구급	인명구조, 응급처치, 응급운송, 사망·실종자 수색	행안부, 소방청, 해경청	국방부, 복지부, 경찰청, 산림청

기준일 : 2021.3.

1) 상황관리 총괄

[다수기관 수행 전반적 재난관리활동 지원·조정]

- 지역재난안전대책본부 운영
- 중앙사고수습본부 및 중앙재난안전대책본부 운영
- 재난진행상황 등 모니터링 결과 보고·전파
- 대처상황보고서 등 상황보고서 관리
- 학교 휴업, 도로·공항·선박 통제, 예찰 등 권고
- 재난현장 통합지원본부 설치·운영

2) 긴급생활안정 지원

[재난 발생지역 세제·금융지원, 전기·통신료 감면]

- 긴급생활안정지원체계 구축 및 가동 준비
- 부처별 긴급생활안정 지원정책 확인 및 시행 준비
- 재해구호물자 및 임시주거시설 긴급지원 준비
- 재해구호물자 응원 등 유관기관 상호협력체계 확인
- 이재민 구호비용(재난지원금, 재해구호기금) 지출 준비
- 피해지원 정책 종합홍보 사전준비
- 건강보험료 감면, 국민연금 납부 예외
- 국세 납기 연장
- 지방세 등 감면 및 기한 연장
- 재해복구 융자 지원(주택·농업·어업·산림)
- 재해복구 융자 지원(소상공인·중소기업)
- 전기요금 감면

3) 재난현장 환경정비

[육상·해상 환경오염물질에 대한 수거·처리 지원]

- 임시 적환장(운동장, 공원, 폐기물처리시설) 사전지정
- 과거 사례를 참고하여 재난폐기물 발생량 추정

- 대규모 재난폐기물 대비 장비동원체계 점검

4) 긴급통신 지원

[긴급구조기관, 긴급구조지원기관 간 정보통신체계 운영]

- 신속한 상황관리를 위한 기관별 비상연락망 정비
- 긴급통신 지원을 위한 통신 공동활용자원 파악
- 전력시설 파괴로 인한 통신시설 전력공급대책 마련
- 전용회선 등 기간통신사업자의 통신망 두절에 대비

5) 피해시설 응급 복구

- 군부대, 공공·유관기관 및 민간업체 협정 체결을 통한 비상시 긴급투입 가능한 응급복구 장비·물자 보유현황 파악
- 재난 발생 즉시 동원 가능토록 관련 기관에 준비 지시
- 피해 극심 지역의 부족장비 파악, 광역지원체계 운영
- 재난피해 대비 특별지시 및 계도

6) 에너지 기능 복구

[가스·전기·유류 등 피해시설 기능 회복 지원]

- 에너지 기능 고장으로 인한 피해 예측
- 신속한 상황관리를 위한 비상연락망 점검
- 대규모 에너지 시설물 피해대비 응급복구체계 점검
- 인명구조현장, 이재민수용시설의 에너지 지원 준비
- 에너지 단절 시 국민행동요령 홍보 실시

7) 재난수습 홍보

[재난대처 관련 각종 정보 배포·조정]

- 재난에 관한 보도자료 작성 및 배포
- 언론사 브리핑 준비 및 실시
- 방송사에 자막방송 요청
- SNS 및 외부전광판, 홈페이지 등 온라인 홍보
- 언론사 인터뷰 실시
- 재난피해 예상지역에 위성중계차량 파견

8) 물자관리 및 자원지원

[재난관리자원 공동활용체계 구축을 통한 신속한 자원배분]

① 평시
- 군부대, 공공·유관기관 및 민간업체와 협정 체결을 통한 비상시 긴급투입 가능한 응급복구장비·물자 보유현황 파악
- 재난 특성에 맞는 방재 자재 비축 조치
- 상호협력기능별로 필수장비 확보
- 장비동원 준비 및 관계기관·단체 등과 사전 협약

② 재난 발생 시
- 재난 대응 유관기관 비상근무체계 유지
- 피해예상지역 부족자원(물자·장비 등) 동원대책 수립
- 대규모 재난 시 민방위대, 군·경 동원 등

9) 교통대책

[육상(육로, 항공), 해상 교통수단 지원]
- 유관기관 및 지자체 비상연락체계 가동
- 교통시설물 응급복구 인력·장비 동원태세 점검
- (도로) 낙석 발생, 붕괴 우려 급경사지, 침수 우려 도로 점검, 우회도로 지정 및 안내간판 등 통제장비 점검
- (철도) 지하철 방화시설 및 수방자재 등 사전점검
- (해상) 항해선박 피항 유도 및 안전운행 계도
- (항공) 공항별 비상근무체계 유지 및 운항 통제

10) 의료·방역

[공중보건서비스, 전염병 방역 서비스]
- (의료) 보건소, 의료기관 등 비상연락망 점검, 응급 의료물자 비축현황 관리, 전염병 예방교육 및 감시체계 운영
- (방역) 방역물자 비축현황 및 방역요원 비상연락망 정비

11) 자원봉사관리

[재난지역 배정, 자원봉사자 동원, 공공근로 및 기술지원]
- 대규모 자원봉사활동 지원을 위한 상황체제 점검

- 자원봉사자 인력활용 준비 · 점검
- 지역자율방재단 소집을 위한 사전협의 및 인력 점검
- 광역자치단체 재난안전네트워크 현황 점검

12) 사회질서 유지

[교통통제, 현장통제, 안전관리, 주민대피]
- 재해 발생 우려지역 순찰강화 및 출입통제
- 피해지역 범죄예방 및 치안 유지
- 재해 발생 우려지역 등 사전 교통통제 예상지역 조사

13) 수색, 구조·구급

[인명구조, 응급처치, 응급운송, 사망·실종자 수색]
- 긴급구조 통제단(소방, 119) 운영
- 인명피해 발생 대비 응급의료기관의 준비상황 및 비상연락망 점검
- 고립지역, 침수역, 산사태, 화학·방사능 등으로 접근곤란 예상지역 현황 파악 및 인명구조·대피계획 수립

05 재난분야 위기관리 매뉴얼 작성·운용

1. 법 제34조의5

1) 위기관리 매뉴얼 문서체계

우리나라는 재난 등의 위기상황에 대하여 각 관계기관이 표준매뉴얼을 구비하고 있으며, 표준매뉴얼에는 재난관리 관계기관의 임무와 역할이 수록되어 있다. 또한 위기관리에 대한 실무매뉴얼은 각 유관기관에서 실제 적용 및 시행할 수 있도록 제작하고 있으며 현장 조치행동의 경우 안전 및 재난관리 기본법에 따라 매뉴얼을 제작하고 관리하도록 규정하고 있다.

위기관리 매뉴얼에는 위기유형과 경보에 대한 설명, 위기관리의 기본방향에 대한 설명, 각 유형별 위기 시 정부의 위기관리 목표와 방향, 의사결정체계, 위기경보체계, 부처·기관의 책임과 역할 등을 규정하고 있다. 또한 본격적으로 위기관리 예방과

대비, 대응과 복구에 대한 설명과 사례 등이 기록된 참고 자료가 수록되어 있다.

(1) 국가위기관리 매뉴얼 관리체계

　① 표준·실무·행동매뉴얼은 각 기관에서 작성하여 재난대응 시 활용
　　• 표준매뉴얼은 행정안전부에서 내용을 협의·조정
　　• 실무·행동매뉴얼은 각 재난관리 주관기관(중앙부처·기관)에서 조정 및 승인

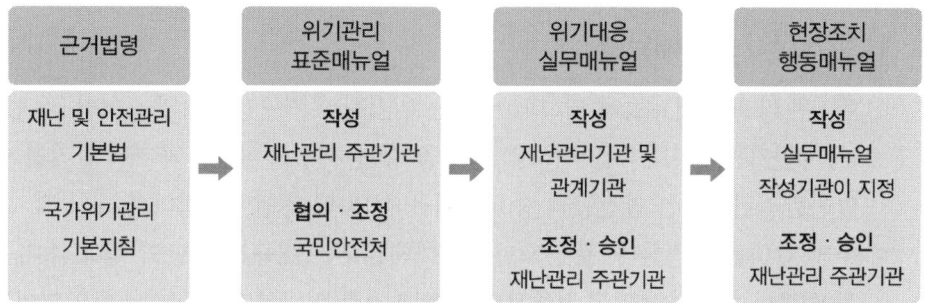

┃ 매뉴얼 관리체계 ┃

(2) 위기관리 표준매뉴얼(31종)

　① 재난관리 주관기관의 임무와 역할 수록
　② 위기관리 활동의 기준과 방향을 제시하는 기본규범
　　• 행정안전부, 산림청, 환경부, 해양수산부, 국토교통부, 원자력안전위원회, 농림축산식품부, 보건복지부, 과학기술정보통신부, 금융위원회, 산업통상자원부, 고용노동부, 문화재청
　　• 자연재난(13종) : 풍수해, 지진·지진해일, 대형 화산폭발, 적조, 가뭄, 조수, 우주전파재난, 녹조, 산사태, 낙뢰, 한파, 폭염, 자연우주물체의 추락·충돌
　　• 사회재난(28종) : 산불, 유해화학물질 유출사고, 대규모 수질오염, 대규모 해양오염, 공동구 재난, 댐 붕괴, 지하철 대형사고, 고속철도 대형사고, 다중밀집시설 대형화재, 인접국가 방사능 누출, 해양선박사고, 사업장 대규모 인적사고, 다중밀집건축물 붕괴 대형사고, 교정시설 재난 및 사고, 가축질병, 감염병, 정보통신, 금융전산, 원전안전, 전력, 원유수급, 보건의료, 식용수, 육상화물운송, GPS 전파혼신, 해상유도선 수난사고, 경기장 및 공연장 발생사고, 초미세먼지

(3) 위기대응 실무매뉴얼(397종)

　위기관리 표준매뉴얼에 규정된 관련 기관의 임무와 역할을 충실히 수행하기 위해 각 기관별 세부 조치사항과 행동절차 수록
　　• 정부부처, 정부부처 및 기관의 지방청, 소속 및 산하기관, 시·도

(4) 현장조치 행동매뉴얼(9,308여 종)

실제 국가위기 상황 시 지자체, 공공기관 등의 현장투입 부서가 수행해야 할 임무와 조치사항을 구체적으로 기술
- 시·군·구, 공사, 공단 등

2. 매뉴얼 문서체계

1) 위기관리 표준매뉴얼

위기관리 표준매뉴얼에 제시되어 있는 위기관리 기구는 총 6개소이다. 우선 대통령실(국가위기관리실)은 위기정보와 상황을 종합하며, 모니터링과 사후관리를 한다. 중앙안전관리위원회는 안전관리 중요정책을 심의 및 총괄·조정하며 재난 및 안전관리업무의 협의를 조정한다. 중앙재난안전대책본부는 대규모 재난의 예방/대비/대응/복구 등에 관한 사항을 총괄 조정하고 필요한 조치를 취하기 위해 구성·운영되며, 각 자치단체에는 해당 지역의 재난을 총괄하는 지역재난안전 대책본부가 있다. 또한, 긴급구조활동을 담당하는 중앙긴급구조 통제단과 지역긴급구조 통제단이 각각 구성되어 있다. 대응은 신속한 초동 대응태세의 가동으로 인명과 재산피해를 최소화하는 데 그 목적이 있다. 이를 위해 유관기관 간의 공조로 신속한 응급조치를 시행해야 한다. 세부적으로 보면 인터넷과 유·무선, 모바일 등 다양한 매체를 활용해 유관기관에 위기상황을 전파하며, 초동대응 조치 시행과 응급복구 지원본부를 설치해 운용하고, 대국민 홍보활동을 전개하며, 긴급 지원체계를 신속하게 가동하도록 되어 있다.

재난관리책임기관의 장은 재난을 효율적으로 관리하기 위하여 재난유형에 따라 위기관리 표준매뉴얼, 위기대응 실무매뉴얼, 현장조치 행동매뉴얼을 작성·운용한다.

위기관리 표준매뉴얼은 국가적 차원에서 관리가 필요한 재난에 대하여 재난관리체계와 관계기관의 임무와 역할을 규정한 문서로 위기대응 실무매뉴얼의 작성 기준이 되며, 재난관리주관기관의 장이 작성한다.

2) 위기대응 실무매뉴얼

위기대응 실무매뉴얼은 위기관리 표준매뉴얼에서 규정하는 기능과 역할에 따라 실제 재난대응에 필요한 조치사항 및 절차를 규정한 문서로 재난관리기관의 장과 관계 기관의 장이 작성하며, '21년 7월 기준 397개의 실무매뉴얼이 운용 중이다.

또한 위기 발생 시 관련된 주관, 유관, 실무기관이 위기관리 표준매뉴얼에 규정된 기능과 역할에 따라 실제 적용하고 시행해야 할 조치사항 및 절차, 위기상황 인지 및 보고·

전파, 상황분석, 평가판단, 조치사항 등 위기대응을 위한 절차, 기준, 요령과 각종 양식, 보도자료 또는 담화문 예문 등에 관한 사항이 기술되어 있다.

3) 현장조치 행동매뉴얼

현장조치 행동매뉴얼은 재난현장에서 임무를 직접 수행하는 기관의 행동조치 절차를 구체적으로 수록한 문서로서 위기대응 실무매뉴얼을 작성한 기관의 장이 지정한 기관의 장이 작성한다. 다만, 시장·군수·구청장은 재난 유형별 현장조치 행동매뉴얼을 통합하여 작성할 수 있다. 그리고 위기 발생 시 위기현장에서 임무를 직접 수행하는 기관의 행동조치 절차를 구체적으로 수록한 문서, 위기 발생 시 현장에서 임무를 수행하는 기관의 구체적인 임무와 행동절차, 안전수칙, 장비보유 현황 및 관련 기관 연락처 등에 관한 사항을 기술하고 있다.

4) 주요 상황 위기대응 매뉴얼

국가 차원의 위기로 취급해야 할 사고는 아니지만 범정부적 대응이 필요한 사고에 대해 대응 방향과 절차, 관련 부처의 조치사항 등을 수록한 문서로 정부중요시설, 도로터널, 항행안전시설장애, 항공기사고, 항공운송마비, 가스, 내수면유도선사고, 황사, 접경지, 위험물사고, 저수지붕괴, 문화재, 학교시설, 국방시설, 인공우주물제 추락·충돌, 식품·의약품 안전사고를 포함하여 16종의 유형이 있다.

▼ 주요 상황 위기대응 매뉴얼

분야	위기유형	주관기관	비고
주요 상황 대응 (11)	항공기사고	국토부	표준 매뉴얼 없음
	도로터널	국토부	
	접경지역사고	국토부(댐), 산림청(산불), 복지부(감염병), 환경부(환경오염)	
	정부 중요시설	행정안전부	
	항공운송 마비	국토부	
	항행안전시설 장애	국토부	

3. 국가위기관리지침

1) 국가위기관리지침(대통령훈령)

① 위기관리표준매뉴얼

국가적 차원에서 관리가 필요한 유형별 위기관리체계 및 관련 기관의 임무와 역할

② 위기대응실무매뉴얼

위기 발생 시 주관, 유관, 실무기관이 위기관리 표준매뉴얼에 규정된 기능과 역할에 따라 실제 적용하고 시행하여야 할 조치사항과 절차 수록

③ 현장조치행동매뉴얼

위기 발생 시 위기현장에서 임무를 직접 수행하는 기관의 행동조치 절차를 수록

④ 주요 상황대응매뉴얼

국가차원의 위기로 취급해야 할 사고는 아니나, 범정부적 대응이 필요한 사고에 대해 대응방향과 절차, 관련 부처의 조치사항 수록

2) 위기정보수준

관심(Blue), 주의(Yellow), 경계(Orange), 심각(Red)

06 다중이용시설 등의 위기상황 매뉴얼 작성, 관리 및 훈련

① 법 제34조의6
② 대규모 등 다중이용시설 등의 소유자·관리자 또는 점유자는 위기상황에 대한 매뉴얼을 작성·관리

※ 다른 법령에서 위기상황에 대비한 사항 등을 규정하고 있는 경우에는 그 법령을 준수

③ 소유자·점유자는 위기상황매뉴얼에 따른 훈련을 주기적으로 실시
④ 행정안전부장관, 관계중앙행정기관의 장 또는 지방자치단체의 장은 위기 상황 매뉴얼의 작성·관리 및 훈련실태 점검
  • 필요한 경우 개선명령을 할 수 있음

07 안전기준 등록 및 심의

① 법 제34조의7
② (행정안전부장관) 안전기준을 체계적으로 관리·운용하기 위하여 통합관리 체계를 갖추어야 함
③ 안전기준 범위 및 분야
  1. 건축 시설 분야, 2. 생활 및 여가 분야, 3. 환경 및 에너지 분야, 4. 교통 및 교통시설 분야, 5. 산업 및 공사장 분야, 6. 정보통신 분야, 7. 보건·식품 분야, 8. 그 밖의 분야
④ 안전기준의 등록·관리
- 중앙행정기관이 안전기준을 신설·변경하는 때에는 행정안전부장관에게 등록 요청
- 안전기준심의회 심의를 거쳐 이를 확정한 후 관계 중앙기관기관의 장에게 통보

08 재난대비 훈련

① 법 제35조
② 훈련 주관기관 : 행정안전부장관, 시·도지사, 시장·군수·구청장, 긴급구조기관(소방서, 해양안전서 등)
③ 훈련 참여기관 : 재난관리책임기관, 긴급구조지원기관, 군부대 등 관계기관
④ 훈련 주기 : 정기적 또는 수시
⑤ 재난대비 훈련 계획 수립 : 훈련주관기관 수립 → 참여기관에 통보
  ※ 재난대비 훈련 기본계획을 행정안전부장관이 매년 수립
⑥ 재난대비 훈련 평가
- 평가자 : 훈련 주관기관의 장
- 평가결과 우수기관 포상 : 행정안전부장관은 우수기관 포상 등 필요한 조치 이행
  ※ 재난관리주관의 장은 실무매뉴얼에 따라 훈련 실시

05 재난의 대응

01 응급조치

1. 재난사태 선포

① **선포 요건** : 대규모 재난이 발생하거나 발생할 우려가 있는 경우 사람의 생명, 신체 및 재산이 미치는 중대한 영향이나 피해를 줄이기 위해 긴급한 조치가 필요한 경우

② **선포자**
- 행정안전부장관이 중앙위원회 심의를 거쳐 선포
- 다만, 중앙위원회의 심의를 거칠 시간적 여유가 없을 때는 우선 선포하고 지체 없이 중앙위원회의 심의를 받아야 하고 승인을 받지 못하며 즉시 해제 조치

③ **선포 해제** : 재난으로 인한 위험이 해소되었다고 인정 또는 추가적 발생 우려가 없을 때 즉시 해제

④ **선포 후 조치**
- 재난경보 발령, 인력·장비 및 물자 동원, 위험구역 설정, 대피명령, 응급지원 등 응급조치
- 해당 지역에 소재하는 행정기관 소속공무원의 비상소집
- 해당 지역에 대한 여행 등 이동 자제 권고
- 그 밖에 재난예방에 필요한 조치

※ 재난사태와 특별재난지역 선포 차이
「특별재난지역 선포」는 재난 발생 이후의 복구에 초점을 맞춘 제도라 한다면 「재난사태선포」는 재난피해 최소화 및 피해 확산 방지를 위한 사전 대처에 초점을 맞춤
- 선포사례 : 고성양양 산불('05년), 태안 기름 유출 사고('07년) 등 2차례

▼ 재난사태와 특별재난지역 선포 비교

구분	하인리히	버드
선포대상	• 극심한 인명 또는 재산의 피해가 발생하거나 발생할 것으로 예상되어, − 시 · 도지사가 재난사태의 선포를 건의하거나 − 중앙본부장이 재난사태의 선포가 필요하다고 인정되는 경우	• 자연재난으로서 선포기준에 의한 재산피해가 발생한 재난(선포기준 : 시행령 별표 2) • 사회재난 중 시 · 도 자체 수습 곤란으로 국가적 차원의 지원이 필요한 재난 • 그 밖에 재난 발생으로 국가적 차원의 특별한 조치가 필요한 재난
선포요건	• 사람의 신체 · 생명 및 재산에 중대한 영향 • 피해경감을 위하여 긴급조치 필요시	• 국가의 안녕 및 사회질서의 유지에 중대한 영향 • 수습 및 복구를 위한 특별조치 필요시 (행 · 재정적으로 국가차원의 지원 필요)
선포절차	• 중앙본부장(시 · 도지사 건의) → 중앙위원회 심의 → 총리건의 또는 직접 선포	• 중앙본부장 → 중앙위원회 심의 → 대통령에게 건의 → 대통령 선포
선포자	• 국무총리(3개 시 · 도 이상) • 중앙본부장(2개 시 · 도 이하)	• 대통령
선포 후 조치	• 재난경보 발령, 인력 · 장비 및 물자의 동원, 위험구역 설정, 대피명령 등 응급조치 • 해당 지역 공무원 비상소집 • 해당 지역 여행자제 권고 • 그 밖에 재난예방에 필요한 조치	• 재난관리책임기관의 장이 재난복구계획 수립 · 시행 • 국가 또는 지방자치단체는 응급대책 및 재난구호와 복구에 필요한 행정 · 재정 · 금융 · 의료상의 특별지원
선포 및 해체	• 선포 방법에 대한 특별규정 없음 ※ 대국민 발표문 형식으로 선포 • 추가적으로 재난 발생할 우려가 해소된 경우 즉시 해제	• 특별재난지역의 범위 등을 명시하여 공고
특징	• 피해예방 및 확산 방지를 위한 대국민 경각심 제고 및 선제적인 대응에 초점	• 특별재난지역으로 선포된 지역에 대하여는 국가차원의 특별지원 혜택 부여

2. 응급조치(법 제37조)

① (시기) 재난이 발생할 우려가 있거나 재난이 발생한 경우 즉시
② (조치의무) 시장 · 군수 · 구청장, 시 · 도 및 시 · 군 · 구 긴급구조통제단장은 관계 법령이나 재난대응활동계획, 위기관리매뉴얼에서 정하는 바에 따라 응급조치 수행
③ 응급조치 기능
  • 경보의 발령 또는 전달이나 피난 권고 또는 지시
  • 긴급안전점검 결과 따른 긴급 안전조치
  • 진화 · 수방 · 지진방재, 그 밖의 응급조치와 구호
  • 피해시설의 응급복구 및 방역과 방범, 그 밖의 질서 유지

- 긴급수송 및 구조 수단의 확보
- 급수 수간의 확보, 긴급피난처 및 구호품의 확보
- 현장지휘통신체계의 확보 등

※ 긴급구조통제단장(소방)은 응급조치 기능 중 진화, 긴급구조, 현장지휘통신체계 확보 등에 한정

3. 위기경보 발령 및 절차

재난관리주관기관은 재난이 발생하였거나 발생할 우려가 있을 때 표출된 위험과 재난의 발생 가능성들을 종합 평가하여 경보를 발령하여야 한다. 법 제38조에서는 중앙재난안전대책본부장, 중앙사고수습본부장, 시·도지사(또는 시장·군수·구청장)의 재난 예·경보에 대한 발령권을 규정하고 있다. 재난관리책임기관의 장은 예·경보가 신속하게 발령될 수 있도록 재난과 관련한 위험정보를 취득한 경우 즉시 중앙재난안전대책본부장, 중앙사고수습본부장, 시·도지사(시장·군수·구청장)에게 통보해야 한다.

경보의 종류와 발령절차에 대해서는 국가위기관리지침에 상세히 규정되어 있으며 재난관리 주관기관은 기본지침에 근거하여 소관 재난에 대한 표준매뉴얼에 위기경보 발령에 관한 구체적 사항을 규정한다.

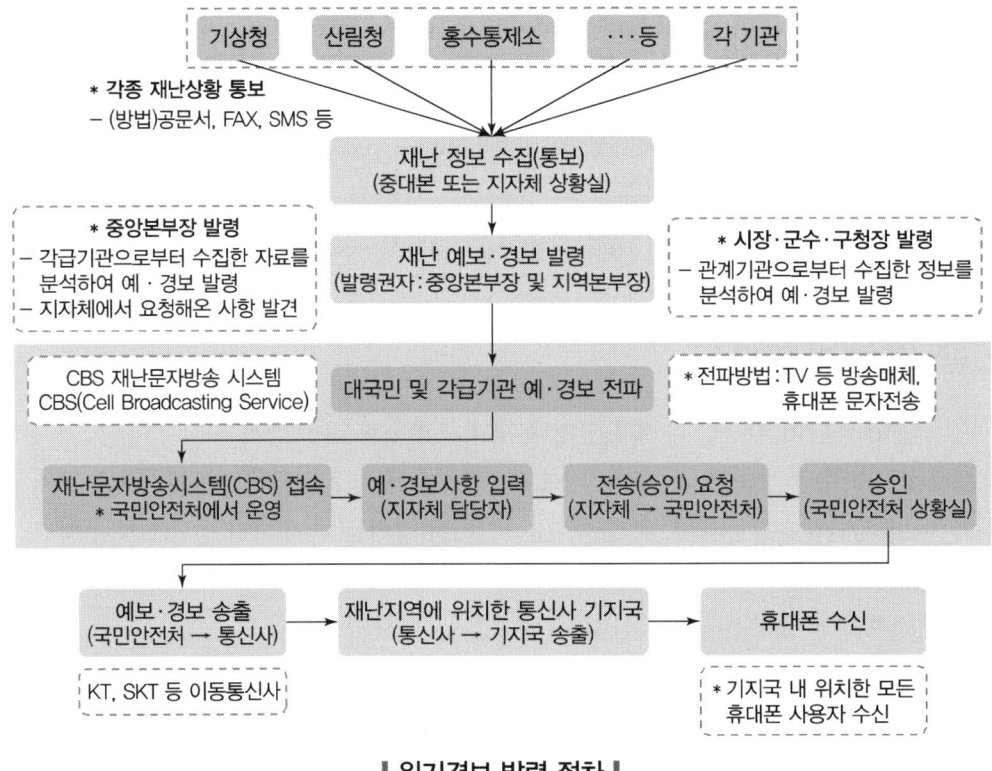

┃ 위기경보 발령 절차 ┃

▼ 재난 예·경보의 종류와 판단기준

구분	판단기준
관심 (Blue)	위기징후와 관련된 현상이 나타나고 있으나 그 활동수준이 낮아서 국가위기로 발전할 가능성이 적은 상태(징후 감시활동을 하고, 비상연락망 등 관련 기관 간 협조체계를 점검)
주의 (Yellow)	위기징후의 활동이 비교적 활발하여 국가위기로 발전할 수 있는 일정 수준의 경향이 나타나는 상태(관련 정보수집 및 정보공유 활동을 강화하여 관련 기관과의 협조체계를 가동)
경계 (Orange)	위기징후의 활동이 활발하여 국가위기로 발전할 가능성이 농후한 상태(주관기관은 조치계획을 점검하고 관련 기관과 함께 인적·물적 자원의 동원을 준비함)
심각 (Red)	위기징후의 활동이 매우 활발하여 국가위기의 발생이 확실시되는 상태(주관기관은 국가위기관리실에 통보 후 경보를 발령하며 관련 기관과 함께 관련 역량을 최대한 투입하여 위기 발생에 즉각적으로 대응할 수 있는 태세를 유지함)

재난유형별로 세부적인 위기경보의 종류가 재난 및 안전관리 기본법 이외에도 개별 법령(하천법, 기상법, 수질 및 수생태계 보전에 관한 법률, 여권법 등)의 규정에 따라 발령기관별로 발령되어 동일한 재난에 대해 이중적 경보가 발령될 수 있다.

> ▶ 개별 법령에 규정된 예·경보
> - 홍수 예보 : 홍수 예보 – 홍수 주의보
> - 기상 예보 : 기상 예보 – 기상 특보
> - 조류 경보 단계 : 조류주의보 – 조류경보 – 조류대발생경보 – 해제
> - 전력 경보 단계 : 준비 – 관심 – 주의 – 경계 – 심각
> - 여행 경보 단계 : 여행유의 – 여행자제 – 여행제한 – 여행금지

4. 시장·군수·구청장(지역대책본부장)이 수행하는 대응조치

① **동원명령 조치(법 제39조)** : 민방위 대원의 동원명령, 재난관리책임기관의 장에게 직원 출동 및 재난관리자원 동원조치 요청, 군부대 장비 인력 지원요청

② **대피명령(법 제40조)** : 재난발생 및 우려지역에 있는 사람 대피명령
   ※ 대피명령 미이행자 200만 원 이하 과태료 부과

③ **위험구역의 설정(법 제41조)** : 위험구역 설정 출입제한 등의 조치
   ※ 중앙행정기관의 장이 필요시 위험구역 설정을 시장·군수·구청장에게 요청 가능

④ **강제대피조치(법 제42조)** : 대피명령 또는 위험구역 안에 있는 사람

⑤ **통행제한(법 제43조)** : 응급조치 물자 긴급수송 등을 위해 통행제한을 경찰서장에게 요청

⑥ **응원(법 제44조)** : 다른 시·군·구, 군부대 등 필요한 응원 요청

⑦ **응급부담(법 제45조)** : 응급조치를 위해 필요한 경우 응급조치 종사명령서 발급, 토지 등의 일시 사용, 장애물 제거 등의 조치 가능

02 긴급구조

1. 긴급구조의 이해

긴급구조란 재난이 발생할 우려가 현저하거나 재난이 발생하였을 때에 국민의 생명·신체 및 재산을 보호하기 위하여 긴급구조기관과 긴급구조지원기관이 하는 인명구조, 응급처치, 그 밖에 필요한 모든 긴급한 조치를 의미한다.[5]

2. 긴급구조기관

긴급구조기관은 재난 발생 시 초동대응의 핵심기관으로 행정안전부와 소방본부 및 지방해양경비안전본부, 소방서 및 해양경비안전서에 해당하며, 재난이 발생할 우려가 현저하거나 재난이 발생하였을 때 국민의 생명, 신체 및 재산을 보호하기 위하여 인명구조, 응급조치, 그 밖에 필요한 모든 긴급조치를 마련한다.

긴급구조기관의 장은 법 제49조, 제50조에 따라 긴급구조통제단장의 역할도 수행하는데 긴급구조를 위하여 필요할 경우 긴급구조통제단장의 자격으로 긴급구조지원기관의 장에게 긴급구조지원활동을 요청할 수 있고 요청을 받은 기관의 장은 특별한 사유가 없으면 즉시 요청에 따른다.

① 긴급구조통제단(법 제49조, 제50조)
- 중앙긴급구조통제단장 : 행정안전부장관이 소방공무원 임명
- 지역긴급구조통제단장 : 시·도 소방본부장, 시·군·구 소방서장
- 주요기능
  - 긴급구조대책의 총괄·조정, 긴급구조활동의 지휘·통제
  - 긴급구조를 위한 현장활동계획 수립 등

② 긴급구조(법 제51조)
- (긴급구조) 긴급구조기관과 긴급구조지원기관이 수행하는 인명구조, 응급처치 등의 긴급한 조치(법 제3조 제6호)
- 지역통제단장은 재난이 발생하면 긴급구조요원을 신속하게 재난현장에 출동시켜 구조활동 전개
  ※ 긴급구조기관 : 소방서, 해양안전서 등
  긴급구조지원기관 : 중앙 및 지역단위 기관 등 약 1,560여 개 기관·단체

---

[5] 「재난 및 안전관리 기본법」 제3조 제6호

③ 현장 지휘(법 제52조)
- 재난현장에서 긴급구조활동을 하는 긴급구조요원 또는 긴급구조기관의 인력·장비 또는 물자운용에 관하여 긴급구조통제단장(소방)의 지휘·통제를 따르도록 명확히 함
  ※ 해양에서 발생한 재난은 「수난구호법」상 지역구조본부장(해양관서)이 수행하도록 함
- 시장·군수·구청장이 운영하는 재난현장 통합지원본부에 긴급구조통제단장이 인력이나 물자 등의 지원을 요청하는 경우 최대한 협조할 것
- 재난현장의 언론 발표 등은 긴급구조통제단장이 지명하는 자로 일원화하여 언론대응의 혼선 방지

④ 긴급구조대응계획 수립(법 제54조)
- 수립권자 : 긴급구조기관의 장(소방본부, 해양본부, 소방서)
- 계획의 주요 내용
  - 기본계획 : 기본방침절차, 운영책임 등에 관한 사항
  - 기능별 대응계획 : 지휘통제, 비상경고, 피해상황분석, 구조진압 등
  - 재난유형별 대응계획 : 단계별 긴급구조활동, 매뉴얼, 경고방송 메시지 등
- 수립절차 : 매년 수립지침 작성 통보(행정안전부장관 → 지역 소방본부 및 서장)
- 수립결과 보고 : 시도계획 → 행정안전부장관 보고, 시군구계획 → 시도본부장에게 보고

⑤ 재난대비 능력보강(법 제55조)
- 긴급구조기관의 장은 긴급구조지휘대 등 긴급구조체제 구축, 출동태세 유지
- 긴급구조 교육 : (대상) 긴급구조기관 및 지원기관의 긴급구조 업무담당자, 현장활동요원 (시기) 연 1회 이상

⑥ 긴급구조지원기관 능력평가(법 제55조의2)
- 긴급구조지원기관의 장은 긴급구조지원기관의 능력을 평가(매년)
- 평가항목 : 전문인력 현황, 시설이나 장비, 물자, 운영체계 등
- 평가절차 : 평가지침을 매년 수립 통보(행정안전부장관)

⑦ 해상에서의 긴급구조(법 제56조)
- 해상에서 선박, 항공기 등의 조난사고는 "수난구호법"을 적용

⑧ 항공기등 조난사고 긴급구조(법 제57조)
- 행정안전부장관은 항공기 수색 구조계획을 수립 시행

3. 긴급구조지원기관

긴급구조지원기관은 긴급구조에 필요한 인력·시설 및 장비, 운영체계 등 긴급구조능력을 보유한 기관이나 단체로서 대통령령으로 정하는 기관과 단체를 말한다. 긴급구조지원기관에 대해서는 시행령 제4조 및 시행규칙 제2조 별표 1에 자세히 규정되어 있다.

> ▶ 긴급구조지원기관(영 제4조 관련)
> 법 제3조제8호에서 "대통령령으로 정하는 기관과 단체"란 다음 각 호의 기관과 단체를 말한다.
> 1. 교육부, 과학기술정보통신부, 국방부, 산업통상자원부, 보건복지부, 환경부, 국토교통부, 해양수산부, 방송통신위원회, 경찰청, 기상청 및 산림청
> 2. 국방부장관이 법 제57조제3항제2호에 따른 탐색구조부대로 지정하는 군부대와 그 밖에 긴급구조지원을 위하여 국방부장관이 지정하는 군부대
> 3. 「대한적십자사 조직법」에 따른 대한적십자사
> 4. 「의료법」 제3조제2항제3호마목에 따른 종합병원
> 4의2. 「응급의료에 관한 법률」 제2조제5호에 따른 응급의료기관, 같은 법 제27조에 따른 응급의료정보센터 및 같은 법 제44조제1항제1호·제2호에 따른 구급차등의 운용자
> 5. 「재해구호법」 제29조에 따른 전국재해구호협회
> 6. 법 제3조제7호에 따른 긴급구조기관과 긴급구조활동에 관한 응원협정을 체결한 기관 및 단체
> 7. 그 밖에 긴급구조에 필요한 인력과 장비를 갖춘 기관 및 단체로서 행정안전부령으로 정하는 기관 및 단체

2016.03.14. 현재

> ▶ 긴급구조지원기관(재난 및 안전관리 기본법 시행규칙 제2조 관련)
> 1. 유역환경청 또는 지방환경청
> 2. 지방국토관리청
> 3. 지방항공청
> 4. 「지역보건법」에 따른 보건소
> 5. 「지방공기업법」에 따른 지하철공사 및 도시철도공사
> 6. 「한국가스공사법」에 따른 한국가스공사
> 7. 「고압가스 안전관리법」에 따른 한국가스안전공사
> 8. 「한국농어촌공사 및 농지관리기금법」에 따른 한국농어촌공사
> 9. 「전기사업법」에 따른 한국전기안전공사
> 10. 「한국전력공사법」에 따른 한국전력공사
> 11. 「대한석탄공사법」에 따른 대한석탄공사
> 12. 「한국광물자원공사법」에 따른 한국광물자원공사
> 13. 「한국수자원공사법」에 따른 한국수자원공사
> 14. 「한국도로공사법」에 따른 한국도로공사
> 15. 「한국공항공사법」에 따른 한국공항공사
> 16. 「항만공사법」에 따른 항만공사
> 17. 「한국원자력안전기술원법」에 따른 한국원자력안전기술원 및 「방사선 및 방사성동위원소 이용진흥법」에 따른 한국원자력의학원
> 18. 「자연공원법」에 따른 국립공원관리공단
> 19. 「전기통신사업법」 제5조에 따른 기간통신사업자로서 소방청장이 정하여 고시하는 기간통신사업자

2021.12. 현재

▼ 긴급구조지원기관의 역할(제11조 제1호 관련)

계획 번호 / 긴급구조지원기관 등	1 지휘통제	2 비상경고	3 대중정보	4 상황분석	5 구조진압	6 응급의료	7 오염통제	8 현장통제	9 긴급복구	10 긴급구호	11 재난통신
소방청	O	O	O	O	O	△	△	△	△	△	O
국방부	△				△	△	△	△	△	△	△
과학기술정보통신부		△	△	△			△		△	△	△
산업통상자원부				△			△		△		
보건복지부					△	O	△	△		△	△
환경부						△	O		△		△
국토교통부	△		△					△		O	
방송통신위원회			△						△		△
경찰청	△	△	△	△			△	O			△
기상청		△									
산림청					△						△
대한적십자사						△	△		△	O	

비고
1. "O"는 책임기관을 말한다.
2. "△"는 지원기관을 말한다.
3. 위 구분에도 불구하고 해양에서 발생한 재난에 대해서는 해양경찰청장이 기능별 긴급 구조대응계획의 모든 분야에서 책임기관이 된다.

06 재난의 복구

01 피해조사 및 복구계획

1. 재난피해신고 및 조사

① 피해조사 : 재난피해를 입은 사람은 시장·군수·구청장에게 신고, 신고받은 시장·군수·구청장은 피해상황을 조사한 후 결과를 중앙대책본부장에게 통보
   ※ 피해상황 신고 : 피해주민 → 시·군·구(읍·면·동) 신고

② 중앙재난피해합동조사단 편성·운영
   - 조사단장 : 행정안전부 소속 공무원
   - 조사단원 : 재난관리책임기관 공무원이나 직원을 파견받아 구성
   - 세부규정 : 조사단 운영에 필요한 세부사항은 중앙대책본부장이 정함
   ※ 자연재난조사 및 복구계획 수립 요령, 사회재난 중앙대책본부 운영규정

2. 재난복구계획 수립, 시행(법 제59조)

① 복구계획 수립권자
   - 자체 재난피해복구계획 : 재난관리책임기관의 장
   - 중앙 재난피해복구계획 : 중앙대책본부장
   - 복구계획 포함내용 : 피해시설별·관리주체별 복구 내용, 복구비용 등

② 수립절차(중앙합동 피해조사의 경우)
   - 중앙재난피해합동조사단 피해조사 → 중앙대책본부 회의 심의 후 확정 → 재난관리책임기관 통보 → 자체복구계획 수립 → 지방예산 반영
   ※ 기획재정부 예산조치(예비비 사용) 협의 → 국가재정법 제51조(예비비의 관리와 사용)

02 특별재난지역 선포

1. 특별재난지역 선포(법 제60조)

① 선포권자 : 대통령
② 선포절차 : 지역대책본부장 건의 → 중앙대책본부장 타당성 검토 → 중앙위원회 심의 → 대통령에게 선포건의 및 재가 → 공고(관보)
③ 특별재난지역 선포 대상(영 제69조)
  - 자연재난 : 일반 국고지원 대상 기준금액의 2.5배를 초과하는 경우(정량적)
  - 사회재난 : 지방자치단체의 행정능력이나 재정능력으로 수습이 곤란하여 국가차원의 지원이 필요한 경우(정성적)
  - 그 밖에 재난 발생으로 생활기반 상실 등 극심한 피해의 수습 및 복구를 위해 국가적 차원의 특별 조치가 필요한 경우
④ 일반재난지역과 특별재난지역 국고지원비율

구분	일반지역		특별재난지역
	지방자체부담	국고지원	
공공시설 복구비	• 국가관리공공시설 -시설관리부처 복구 • 지자체관리공공시설 -지방비 100%	• 국가관리공공시설 -국비 100% • 지자체관리공공시설 -국비 50% -지방비 50%	• 국가관리공공시설 -국비 100% • 지자체관리공공시설 -국비 50%+국고추가지원 -지방비 : 국비를 제외한 나머지 ※ 지방비 부담분 50~80%를 추가 지원
재난지원금 (사유시설)	• 지방비 100% ※ 재난지원금 총액이 3천만 원 이하인 경우	• 국비 70%, 지방비 30% -피해금액이 국고지원대상(규정 제5조 제1항)에 못 미치는 경우 국비 50%, 지방비 50%	• 국비 70%+국고추가지원 -지방비 : 국비를 제외한 나머지 ※ 국고추가지원 기준을 충족하지 못하는 경우 : 국비 80%, 지방비 20%

※ 근거 : 재난구호 및 재난복구비용 부담기준 등에 관한 규정 : 제7조(국고의 추가 지원)

2. 특별재난지역 지원(법 제61조)

① 일반 재난지역의 지원사항 외에 응급대책 및 구호, 복구비용 추가 지원
  - 자연재난 : 「재난구호 및 재난복구비용 부담기준 등에 관한 규정」(대통령령) 제9조에서 정하는 국고 추가지원
  - 사회재난 : 지방자치단체의 재정능력과 피해규모를 고려하여 지원(영 제70조 제3항)

② 사회재난 지원대상
  - 사망자, 부상자에 대한 지원
  - 피해주민 생계안정 지원
  - 피해지역 복구비 지원
  - 의료, 방역, 방제 및 쓰레기 수거 활동 등에 대한 지원
  - 농어업인 및 중소기업 운전자금 융자, 상황 유예·기간연기 등

③ 사망자 유족 및 부상자 보상금 지원
  - 사망자 : 「최저임금법」 월 최저임금 240배 또는 「국가배상법」 배상기준금액 중 많은 금액
  - 부상자 : 사망자 지급액 1/2범위에서 부상 정도에 따라 차등 지급

④ **지원절차** : 피해금액, 복구비용, 국고지원내용 등을 관계중앙행정기관의 장과 협의 후 중앙대책본부 회의 심의를 거쳐 확정

03 재정 및 보상 등

1. 재난관리 비용부담 원칙(법 제62조)

재난관리에 필요한 비용은 다른 법령에 특별한 규정이 없는 경우 안전관리계획에서 정하는 바에 그 시행의 책임이 있는 자가 부담

※ 재난방지시설 : 재난방지시설 유지·관리 책임이 있는 자가 부담
※ 시·도지사, 시장·군수·구청장이 다른 재난관리책임기관에 대해 응급조치를 실시한 경우 해당 재난관리책임기관이 부담

2. 손실보상(법 제64조)

① 응급조치 등을 실시하면서 손실을 입힌 경우 국가 또는 지방자치단체는 보상 책임
② 보상원칙 : 협의보상, 협의가 안 된 경우 「공익사업을 위한 토지 등의 취득 및 보상에 관한 법률」 준용

3. 치료 및 보상(법 제65조)

① 대상
  - 긴급구조 활동, 복구 등에 참여한 자원봉사자, 응급조치 명령 종사자, 민간긴급구조 지원요원이 부상을 입거나 사망한 경우
  - 재난 복구 등에 참여한 장비 등의 고장이나 파손
② 지급기준
  - 부상자 → 치료비용 실비
  - 사망자 또는 부상자 → 「의사상자 등 예우 및 지원에 관한 법률」 지급기준 준용
  - 장비 등 파손 : 수리가 불가한 경우 → 교환가격, 고장·파손 → 수리비용 실비
  ※ 지자체 업무 및 시설과 관련된 경우 지자체가 부담

4. 재난지역에 대한 국고보조 등 지원(법 제66조)

① 재난피해 지원 법령 체계

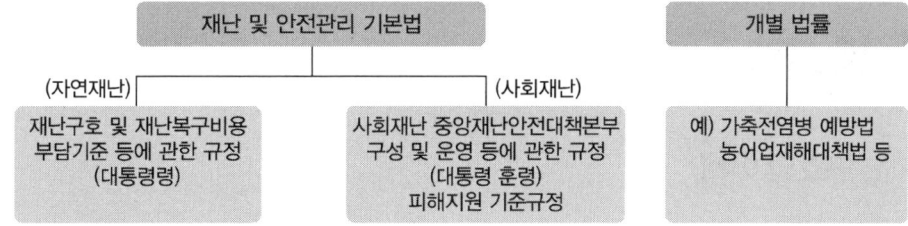

② 국가 지원 : 1. 자연재난 피해
             2. 사회재난 중 특별재난지역으로 선포된 지역
③ 국고지원 비율 : 자연재난 → 재난구호 및 재난복구비용 부담기준 등에 관한 규정
              사회재난 → 중앙대책본부 규정에서 규정(국고 70% 이상)
  ※ 지방비 부담률 : 시·군·구의 부담률이 50%를 넘지 않는 범위에서 조례로 정함
④ 지원금 중복 방지 : 국가 또는 지방자치단체가 보상금을 지급하거나 피해원인이 보험금 등을 지급할 시 지급된 보상금, 보험금에 상당하는 금액 제외

⑤ 지원 대상
- 국가와 지방자치단체에서 재난으로 피해를 입은 시설 복구와 생계 안정을 위해 지원할 수 있는 대상

> 1. 사망·실종·부상을 입은 사람 등 피해주민에 대한 구호
> 2. 주거용 건축물의 복구비 지원
> 3. 고등학생의 학자금 면제
> 4. 관계법령에서 정하는 바에 따라 농업·임업·어업인의 자금의 융자, 상환기한 연기 및 그 이자의 감면 또는 중소기업 및 소상공인의 자금 융자
> 5. 세입자 보조 등 생계안정 지원
> 6. 관계법령에서 정하는 바에 따라 국세·지방세, 건강보험료·연금보험료, 통신요금, 전기요금 등의 경감 또는 납부유예 등의 간접지원
> 7. 주생계 수단이 농업·어업·임업·염생산업(鹽生産業)에 피해를 입은 시설의 복구를 위한 지원
> 8. 공공시설 피해에 대한 복구사업비 지원
> 9. 그 밖에 중앙재난안전대책본부회의에서 결정한 사항

⑥ 세부 지원기준
- 자연재난 : 대통령령(「재난구호 및 재난복구 비용 부담기준 등에 관한 규정」)으로 결정
- 사회재난 : 특별재난지역 선포된 경우 중앙대책본부회의의 심의를 거쳐 확정
  ※ 사회재난 중 특별재난지역으로 선포되지 않은 재난은 지방자치단체 재원(예비비 등)으로 지역대책본부회의의 심의를 거쳐 지원기준 확정

04 재난구호

1. 재난구호의 이해

재난구호는 재해나 재난 등으로 인해 어려움에 처한 사람을 도와 보호하는 것을 의미한다. 예를 들면 재난이 발생했을 시에 이재민에 대한 서비스를 어떻게 할 것인가를 목적으로 활동하는 것은 재난구호라 할 수 있다. 또한 재난구호는 재난 발생 상황이나 전개 도중에 하는 활동으로 인명구조, 재산피해의 최소화, 복구의 촉진 등 재난관리 행정활동으로서 정부는 재난 발생 시 신속하고 원활한 구호활동을 위하여 기초자치단체와 유기적인 협조하에 구호업무를 수행한다.

2. 재난구호기관 현황

1) 전국재해구호협회(희망브리지)6)

전국재해구호협회는 1961년 전국의 방송사와 신문사, 사회단체가 모여 설립하였으며, 현재 희망브리지라는 이름으로 활동하고 있다. 희망브리지의 미션은 첫째, 재난 피해자들이 정상생활로 복귀하는 데 필요한 물적, 심리적 도움을 줌으로써 희망의 공동체를 구현하는 것, 둘째, 공동체와 사회 구성원들이 재난으로부터 안전하게 살 권리를 구현하는 데 최고의 협력자가 되는 것이다. 전국재해구호협회는 재난 피해자를 위한 최고의 모금 및 구호기관, 최고 수준의 협력 네트워크 허브, 최고 수준의 예방 연구기관이 되는 것을 목표로 한다.

전국재해구호협회의 사업 활동에서 국내사업은 재해지역 복구사업, 재난예방 교육사업, 재난위기가정 지원사업, 구호자원 운영사업 등이 있으며 해외사업은 해외 긴급구호, 수자원 개발사업, 어린이 구호사업, 해외봉사단 파견사업 등이 있다.

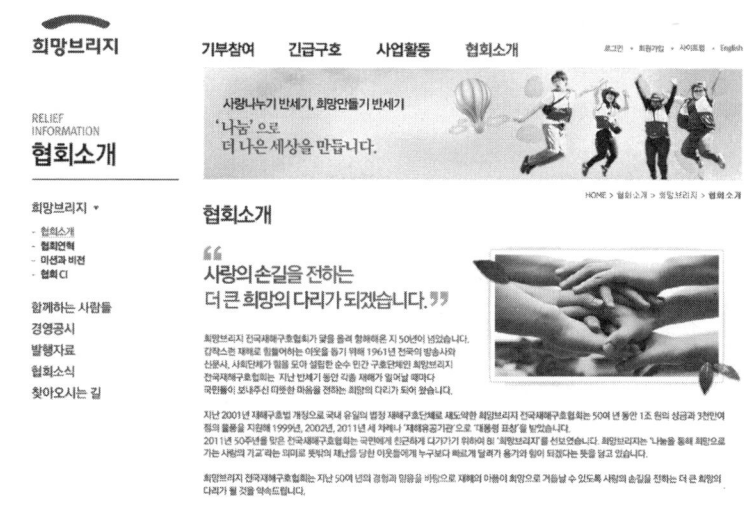

▌전국재해구호협회(relief.or.kr)▐

---

6) 전국재해구호협회(relief.or.kr)

2) 대한적십자사[7]

대한적십자사는 1903년 1월 8일 대한제국 정부가 최초의 제네바협약에 가입한 후 2년 뒤인 1905년 10월 27일 고종황제 칙령(제47호)으로 처음 설립되었다. 1919년 상해 임시정부하에서 독립군과 재외 거주동포를 위한 인도적 활동을 전개하였으며, 1950년 6·25 전쟁에서도 수백만에 이르는 피난민에 대한 구호 활동을 실시하였다. 1960년대 초기 4·19 혁명과 1980년 5·18 광주민주화 운동 등 정치적 격변의 시기에도 구호 활동을 해 왔다. 또한 1994년 성수대교 붕괴현장 및 서울 마포 가스폭발 사고현장 등에 적십자 구호요원과 봉사원을 파견해 긴급구호활동을 펼쳤으며, 1995년 삼풍백화점 붕괴 사고 현장에서도 연 인원 3천여 명의 구호요원을 파견해 인명구조활동 등 다양한 봉사활동을 전개하였다.

[7) 대한적십자사(redcross.or.kr)

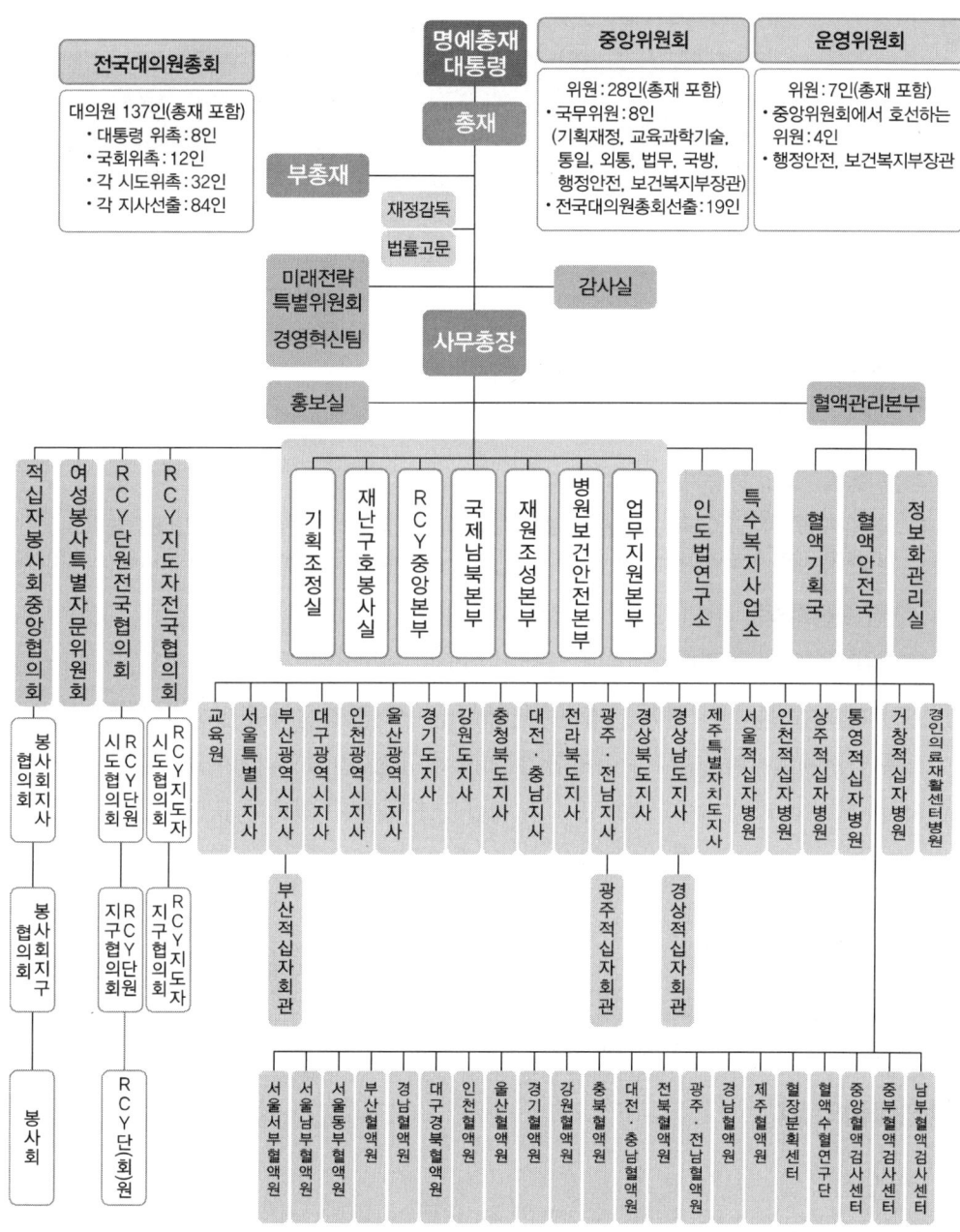

▌ 대한적십자사의 조직체계 ▌

07 안전문화 진흥

01 안전문화 진흥을 위한 시책 추진

① 추진 주체 : 중앙행정기관 및 지방자치단체
  ※ 안전문화활동 : 안전교육, 안전훈련, 홍보 등을 통하여 안전에 관한 가치와 인식을 높이고 안전을 생활화하도록 하는 등 재난이나 그 밖의 각종 사고로부터 안전한 사회를 만들어가기 위한 활동

② 안전문화진흥활동 총괄·조정 : 행정안전부장관
  ※ 중앙협의체 및 지역협의체 구성·운영근거 마련(영 제73조의3 제1항)

③ 안전체험시설 설치 : 국가와 지방자치단체는 국민이 안전문화를 실천하고 체험할 수 있도록 안전체험시설을 설치·운영할 수 있도록 규정(법 제66의2 제3항)

④ 지원 : 국가와 지방자치단체는 필요한 예산을 지원할 수 있도록 규정

02 안전점검의 날 및 안전관리 헌장

1. 안전점검의 날

① 국민안전의 날 : 매년 4월 16
  ※ 세월호 침몰사고 계기

② 안전점검의 날 : 매월 4일

③ 방재의 날 : 매년 5월 25일(영 제73조의4)
  ※ '95년부터 자연재해대책법(제23조)에 규정하던 것을 '04년 기본법 제정 시 이관
     우리나라는 여름철 우기 전에 위험요소 점검·정비 등 각종 예방 활동을 실시하기 위해 5월 지정
  ※ 세계 자연재해경감의 날 : 매년 10월 둘째 주 수요일(UN에서 '89.12.22. 지정)

2. 안전관리헌장

① 재난 및 안전관리 업무에 종사하는 자가 지켜야 할 사항 천명
② 재난관리 업무와 관련된 시설이나 지역에 상시 게시
③ 연혁 : 제정 '01.11.4. 개정 '14.1.29.(안전행정부 고시 제7호)
  • 제정권자 : 국무총리
  ※ 전문 및 5개 실천 강령으로 구성

03 주요 안전문화 시책

① 대국민 안전교육 실시(제66조의5)
  중앙행정기관 및 지자체는 대국민 안전교육 및 취약시설 안전교육 및 훈련 실시, 행정안전부장관 교재개발 등 지원, 교육시행 요청
② 국민생활 안전 전문인력 양성(제66조의6)
  국민생활안전 교육 및 시책 등을 추진할 수 있는 전문인력 양성 근거 및 비용지원 근거 마련
③ 안전정보의 구축·활용(제66조의7)
  행정안전부장관은 재난 및 각종 사고에 관한 통계, 지리정보, 안전정책 등 안전정보를 체계적으로 관리하는 "안전정보통합관리시스템" 구축·운영
④ 지역별 안전지수 공표제 도입(제66조의8)
  지역별 안전수준을 객관적으로 판단할 수 있는 안전지수를 공표함으로써 지역의 자발적 참여유도 및 지역간 선의경쟁 유도
⑤ 지역축제 안전관리계획 수립 의무화(제66조의9)
  시·군·구 지역축제 안전계획 수립을 의무화하여 안전관리대책 강화
⑥ 안전도시 지정 및 지원(제66조의10)
  시·군·구를 대상으로 안전도시를 선정, 지원할 수 있는 근거 마련

04 재난 및 안전관리를 위한 특별교부세 교부

행정안전부장관이 실질적인 기능을 수행, 재해예방에 관한 특별교부세 교부권한 부여. 「지방교부세법」 제9조 제1항 제2호에 따른 특별교부세를 행정안전부장관이 교부하도록 함

▼ '14년도 특별교부세 예산현황

구분	예산액(억 원)	비고
계	9,861	※ '13년 예산액 대비 △3,288
지역현안 수요(40%)	3,944	자치단체 지역현안 사업
시책 수요(10%)	986	지자체와 협력이 필요한 시책 사업 행·재정 우수 지자체 인센티브
재난안전 수요(50%)	4,931	각종 재난복구 및 예방 사업

08 보칙

01 재난관리기금 적립·운용

① 법 제67조, 68조
② 적립기준 : 보통세 수입결산액 3년 평균의 1%
③ 적립기관 : 시·도 및 시·군·구
④ 기금의 운용·관리 : 전용계좌로 별도 관리, 적립기준 총액의 15% 금융기관 의무예치
⑤ 재난관리기금의 용도 : 다음의 범위에서 지자체 조례로 정함
  - 재난 및 안전관리를 위한 공공분야 재난 예방활동
  - 자연재해저감시설의 보수·보강(재난 예보·경보시설은 신설 가능)
  - 재난피해시설(국가 또는 지방자치단체 시설로 한함)에 대한 응급복구 또는 긴급한 조치
  - 지방자치단체의 긴급구조능력 확충사업
  - 대피명령 또는 퇴거명령을 이행하는 주민에 대한 이주 지원 및 주택 임차비용 융자
  - 재난의 원인분석 및 피해 경감 등을 위한 조사·연구
  - 감염병 또는 가축전염병의 확산 방지를 위한 긴급대응 및 응급복구
  ※ 의무예치율 규정 변경 : 매년도 적립기준금액의 10배를 초과하여 예치하고 있는 경우 예치율을 15% → 5%로 낮춰 예치 가능

02 정부합동 재난원인조사단 운영

① 법 제69조
② 도입 배경
  - 재난 및 각종 사고에 대한 정확한 원인조사·분석을 통해, 유사사고 반복 및 근원적 개

선대책을 마련할 필요성 제기
- 행정안전부장관이 재난원인조사를 실시할 수 있는 법적 근거 마련

③ 조사단 운영
- 운영 주체 : 행정안전부장관
  ※ 국립재난안전연구원 및 국립과학수사연구원이 주도적으로 운영
- 조사대상 : 재난이나 각종 사고의 발생원인 및 대응과정에 관한 사항 조사·분석
  - 사회재난 중 특별재난지역으로 선포된 재난
  - 유사사고 재발방지를 위해 원인조사가 필요하다고 인정되는 재난
  ※ 자연재난, 개별법에 따른 조사대상, 수사 중인 사고는 제외 가능
- 조사절차 및 결과보고
  - (조사절차) 재난발생 → 원인조사 계획 작성(행정안전부 협의 후 확정) → 원인조사 실시 → 조사보고서 작성 → 결과 통보(연구원·국과수 → 행정안전부)
  - (결과보고) 행정안전부장관은 조사결과를 중앙위 및 조정위에 보고
- 하위규정 : 「정부합동 재난원인조사단 운영 지침」('14.3.17. 제정)

03 재난상황 기록관리

① 법 제70조
② 자연재난 → 재해연보, 사회재난 → 재난연감 매년 발행
③ 재난관리책임기관의 피해상황 기록관리 의무
- 기록관리 사항 : 피해상황 및 대응상황, 복구상황 등
  ※ 자치단체장은 피해상황 기록을 재난복구가 끝난 후 5년간 보관
④ 재난관리주관기관의 장은 특별재난지역으로 선포된 사회재난 또는 재난상황을 기록한 "재난 백서" 작성
- 작성된 재난백서는 관계기관에 통보하여 재난대응에 참고

04 재난 및 안전관리 과학기술 진흥

① 법 제71조
② 정부는 재난 및 안전관리 분야 과학기술 진흥시책을 추진하도록 천명
③ 행정안전부장관이 추진하는 연구개발사업(R&D)을 출연금으로 지원할 수 있도록 규정
　※ 출연금 : 국가연구개발사업의 수행, 공공목적을 수행하는 기관운영 등 특정한 목적을 달성하기 위해 법률에 근거하여 지원(국가재정법 제12조)
④ 재난 및 안전관리 기술개발 종합계획 : 행정안전부장관이 매 5년마다 수립
⑤ 재난 및 안전관리 기술개발 시행계획 : 행정안전부장관이 관계 중앙행정기관의 시행 계획을 종합하여 매년 수립
　※ 국가과학기술심의회 심의를 거쳐 확정(종합계획) 또는 보고(시행계획)

05 재난관리정보통신체계 구축 및 정보의 공동 이용

① 법 제74조, 제74조의2
② 재난업무의 효율적 추진을 위해 행정안전부, 재난관리책임기관, 긴급구조기관 등 표준화된 재난관리정보통신체계 구축·운영 → 국가재난관리정보시스템(NDMS) 등이 이에 해당
③ 재난관리정보의 공동 이용
　※ 재난관리정보 : 재난관리를 위해 필요한 재난상황정보, 자원정보, 시설물정보, 지리정보 등
- 재난관리책임기관 등 각 기관에서 수집·보유하고 있는 재난정보를 공동 이용할 수 있는 법적 근거 마련, 필요시 해당 기관에 공동 이용 신청할 수 있도록 함

06 재난 및 안전관리 담당 공무원 우대

① 법 제76조3
② 국가 또는 지방자치단체는 재난관리 업무를 담당하는 공무원이 사명감을 가지고 근무할 수 있도록 인사상 특별히 우대

07 안전책임관 지정

① 법 제76조
② 안전책임관 지정 : 국가기관 및 지방자치단체
　※ 해당 기관에서 재난 및 안전관리를 실질적으로 총괄하는 지위에 있는 사람으로 임명
③ 안전책임관의 업무
- 재난이나 그 밖의 각종 사고가 발생하거나 발생할 우려가 있는 경우 초기대응 및 보고에 관한 사항
- 위기관리 매뉴얼의 작성·관리에 관한 사항
- 재난 및 안전관리와 관련된 교육·훈련에 관한 사항
- 재난 및 안전관리 연간 활동계획의 수립 및 평가에 관한 사항
- 재난·안전사고 모니터링 및 경보시스템 구축·운영 지원에 관한 사항
- 재난·안전사고 예방을 위한 안전성 진단에 관한 사항
- 재난 및 안전관리 유관기관, 민간 등과의 협력체제 구축에 관한 사항
- 재난 및 안전관리 관련 정보의 공개·활용 등에 관한 사항
- 재난·안전사고 통계의 기록 및 관리에 관한 사항0

08 재난관리에 대한 문책

① 법 제77조
② **문책을 요구할 수 있는 자** : 국무총리, 행정안전부장관(중앙통제단장), 시·도지사, 시장·군수·구청장, 지역통제단장
③ 문책 요구 대상
   - 대상 : 재난관리책임기관에서 근무하는 공무원이나 임직원, 중앙행정기관 또는 지자체장에 대한 기관 경고
   - 사유 : 재난응급대책, 안전점검, 재난상황관리 등의 재난관리 업무 수행 시 상급기관의 지시를 위반하거나 부과된 업무를 게을리한 경우
④ **조사권** : 행정안전부장관, 시·도지사, 중앙통제단장, 지역통제단장은 문책요구를 위한 사실입증에 필요한 조사를 실시할 수 있음
⑤ 문책 요구 절차
   - 문책요구 대상자가 소속된 기관의 장에게 위반사실 등 조사결과서를 통보
   ※ 통보기관의 상급기관 또는 주무부처 감사부서에 동시 통보
⑥ 문책 요구를 통보받은 기관의 조치
   - 통보받은 소속 기관의 장은 관련 법령에 따라 징계 등의 문책 조치
     - 공무원 : 국가공무원법 또는 지방공무원법 적용
     - 공무원이 아닌 자 : 해당 기관 또는 단체에서 정하는 내규에 따름
   - 해당 기관에서 문책조치를 이행한 때에는 문책을 요구한 기관의 장에게 결과 통보

09 국가위기관리 커뮤니케이션과 재난관리 리더십

PREVENTION OF DISASTERS

01 위기관리 커뮤니케이션의 중요성

위기관리에서 가장 큰 어려움은 위기상황이 언제, 어디서, 어떤 방식으로 발생할지 예측하기 어렵다는 것이다. 또한 미디어와 정보통신 기술의 비약적 발전은 위기를 공중에게 전달하는 시간을 단축시키고 있으며, 작은 위기도 순식간에 커다란 사회적 문제로 부각되기 쉽게 만들었다. 미디어는 위기와 관련된 보도를 한 번에 수많은 사람들에게 알릴 수 있기 때문에 이에 대한 적절한 위기관리 커뮤니케이션 전략이 필요하다. 또한 위기라는 것은 급박한 상황 속에서 통제 불가능한 경우가 많기 때문에 텔레비전 뉴스와 같이 조직이 통제하기 힘든 영역인 미디어 보도에 의한 위기관리 커뮤니케이션 전략이 필요하다.

02 재난보도준칙과 의의

지난 2014년 4월 세월호 참사 당시, 주요 방송사들이 '전원 구조' 등의 오보를 내고 많은 언론사가 선정적인 보도를 경쟁적으로 쏟아낸 것이 재난보도준칙 마련의 배경이 되었다. 재난보도준칙은 총 44개 조문을 갖추고 있으며 '재난이 발생했을 때 언론의 취재와 보도에 관한 세부 기준을 제시함으로써 취재 현장의 혼란을 방지하고 언론의 원활한 공적 기능 수행에 기여함을 목적으로 한다.'고 제1조(목적)를 통해 밝히고 있다. 준칙의 세부 내용은 재난보도 취재 시 언론의 역할과 의무, 피해자 인권 보호 등을 골자로 하며 보도의 핵심을 신속성보다 정확성에 두고, 준칙 실현을 위해 필요시 '재난현장 취재협의체'를 구성하기로 규정하였다.

위기회피용 보여주기 방식의 준칙 제정이 아니라 실제 운용 과정에서 보다 실효성을 담보하기 위해선 언론인들의 동의와 참여가 최우선이라는 판단에 따라 수차례 언론계 안팎의 전문가 자문과 공청회를 거쳐 언론의 현실과 당위 사이 간극을 좁히려 시도했다. 다음은 재난보도준칙[8]의 전문이다.

> ▶ **재난보도준칙**
>
> 재난이 발생했을 때 정확하고 신속하게 재난 정보를 제공해 국민의 생명과 재산을 지키는 것도 언론의 기본 사명 중 하나이다. 언론의 재난보도에는 방재와 복구 기능도 있음을 유념해 피해의 확산을 방지하고 피해자와 피해지역이 어려움을 극복하고 하루빨리 일상으로 돌아갈 수 있도록 기능해야 한다. 재난 보도는 사회적 혼란이나 불안을 야기하지 않도록 노력해야 하며, 재난 수습에 지장을 주거나 피해자의 명예나 사생활 등 개인의 인권을 침해하는 일이 없도록 각별히 유의해야 한다. 2014년 4월 16일 세월호 침몰 참사를 계기로 우리 언론인은 이런 의지를 담아 재난보도준칙을 제정하고 이를 성실하게 실천할 것을 다짐한다.
>
> **제1장 목적과 적용**
> 제1조(목적) 이 준칙은 재난이 발생했을 때 언론의 취재와 보도에 관한 세부 기준을 제시함으로써 취재 현장의 혼란을 방지하고 언론의 원활한 공적 기능 수행에 기여함을 목적으로 한다.
> 제2조(적용) 이 준칙은 다음과 같은 재난으로 대규모 인명피해나 재산피해가 발생하거나 발생할 가능성이 있을 경우에 적용한다. 전쟁이나 국방 분야는 제외한다.
> ① 태풍, 홍수, 호우, 산사태, 강풍, 풍랑, 해일, 대설, 낙뢰, 가뭄, 지진 등과 이에 준하는 자연 재난
> ② 화재, 붕괴, 폭발, 육상과 해상의 교통사고 및 항공 사고, 화생방 사고, 환경오염, 원전 사고 등과 이에 준하는 인적 재난
> ③ 전기, 가스, 통신, 교통, 금융, 의료, 식수 등 국가기반체계의 마비나 이에 대한 테러
> ④ 급성 감염병, 인수공통전염병, 신종인플루엔자, 조류인플루엔자(AI)의 창궐 등 질병재난
> ⑤ 위에 준하는 대형 사건 사고 등 사회적 재난
>
> **제2장 취재와 보도**
> 1. 일반준칙
> 제3조(정확한 보도) 언론은 재난 발생 사실과 피해 및 구조상황 등 재난 관련 정보를 국민에게 최대한 정확하고 신속하게 보도해야 한다.
> 제4조(인명구조와 수습 우선) 재난현장 취재는 긴급한 인명구조와 보호, 사후수습 등의 활동에 지장을 주지 않는 범위 안에서 이루어져야 한다. 재난관리 당국이 설정한 폴리스라인, 포토라인 등 취재제한은 특별한 사유가 없는 한 준수한다.
> 제5조(피해의 최소화) 언론의 역할 중에는 방재와 복구기능도 있음을 유념해 재난 피해를 최소화하는 데 기여해야 한다.
> 제6조(예방 정보 제공) 언론은 사실 전달뿐만 아니라 새로 발생할지도 모르는 피해를 예방하기 위해 안내와 사전 정보를 제공하고, 피해자 및 지역주민에게 필요한 생활정보나 행동요령 등을 전달하는 데도 노력해야 한다.
> 제7조(비윤리적 취재 금지) 취재를 할 때는 신분을 밝혀야 한다. 신분 사칭이나 비밀 촬영 및 녹음 등 비윤리적인 수단과 방법을 통한 취재는 하지 않는다.
> 제8조(통제지역 취재) 병원, 피난처, 수사기관 등 출입을 통제하는 곳에서의 취재는 특별한 사유가 없는 한 관계기관의 동의를 얻어야 한다.

---

8) 한국기자협회(journalist.or.kr)

제9조(현장 데스크 운영) 언론사는 충실한 재난 보도를 위해 가급적 현장 데스크를 두며, 본사 데스크는 현장 상황이 왜곡돼 보도되지 않도록 현장 데스크와 취재기자의 의견을 최대한 존중한다.

제10조(무리한 보도 경쟁 자제) 언론사와 제작책임자는 속보 경쟁에 치우쳐 현장기자에게 무리한 취재나 제작을 요구함으로써 정확성을 소홀히 하도록 해서는 안 된다.

제11조(공적 정보의 취급) 피해 규모나 피해자 명단, 사고 원인과 수사 상황 등 중요한 정보에 관한 보도는 책임 있는 재난관리당국이나 관련 기관의 공식 발표에 따르되 공식발표의 진위와 정확성에 대해서도 최대한 검증해야 한다. 공식 발표가 늦어지거나 발표 내용이 의심스러울 때는 자체적으로 취재한 내용을 보도하되 정확성과 객관성을 최대한 검증하고 자체 취재임을 밝혀야 한다.

제12조(취재원에 대한 검증) 재난과 관련해 인터뷰나 코멘트를 하는 인물에 대해서는 사전에 신뢰성과 전문성을 충분히 검증해야 한다. 재난 발생 시 급박한 취재 여건상 충실한 검증이 어려운 점을 감안해 평소 검증된 재난 전문가들의 명단을 확보해 놓고 수시로 검증하여 활용하도록 한다. 취재원을 검증할 때는 다음과 같은 사항들을 확인하기 위한 노력을 기울여야 한다.
① 취재원의 전문성은 충분하며, 믿을 만한가
② 취재원이 고의, 또는 실수로 사실과 다른 발언을 할 가능성은 없는가
③ 취재원은 어떤 경위로 그런 정보를 입수했는가
④ 취재원의 정보는 다른 취재원을 통해서도 확인할 수 있는가
⑤ 취재원의 정보는 문서나 자료 등을 통해서도 검증할 수 있는가

제13조(유언비어 방지) 모든 정보는 출처를 공개하고 실명으로 보도하는 것을 원칙으로 한다. 확인되지 않거나 불확실한 정보는 보도를 자제함으로써 유언비어의 발생이나 확산을 막아야 한다.

제14조(단편적인 정보의 보도) 사건 사고의 전체상이 파악되지 않은 상황에서 불가피하게 단편적이고 단락적인 정보를 보도할 때는 부족하거나 더 확인돼야 할 사실이 무엇인지를 함께 언급함으로써 독자나 시청자가 정보의 한계를 인식할 수 있도록 노력한다.

제15조(선정적 보도 지양) 피해자 가족의 오열 등 과도한 감정 표현, 부적절한 신체 노출, 재난 상황의 본질과 관련이 없는 흥미위주의 보도 등은 하지 않는다. 자극적인 장면의 단순 반복 보도는 지양한다. 불필요한 반발이나 불쾌감을 유발할 수 있는 지나친 근접 취재도 자제한다.

제16조(감정적 표현 자제) 개인적인 감정이 들어간 즉흥적인 보도나 논평은 하지 않으며 냉정하고 침착한 보도 태도를 유지한다. 자극적이거나 선정적인 용어, 공포심이나 불쾌감을 줄 수 있는 용어는 사용하지 않는다.

제17조(정정과 반론 보도) 보도한 내용이 사실과 다를 경우에는 독자나 시청자가 납득할 수 있는 적절한 방법으로 신속하고 분명하게 바로잡아야 한다. 반론 보도 요구가 타당하다고 판단될 때는 전향적으로 수용해야 한다.

2. 피해자 인권 보호

제18조(피해자 보호) 취재 보도 과정에서 사망자와 부상자 등 피해자와 그 가족, 주변사람들의 의견이나 희망사항을 존중하고, 그들의 명예나 사생활, 심리적 안정 등을 침해해서는 안 된다.

제19조(신상공개 주의) 피해자와 그 가족, 주변사람들의 상세한 신상 공개는 인격권이나 초상권, 사생활 침해 등의 우려가 있으므로 최대한 신중해야 한다.

제20조(피해자 인터뷰) 피해자와 그 가족, 주변사람들에게 인터뷰를 강요해서는 안 된다. 인터뷰를 원치 않을 경우에는 그 의사를 존중해야 하며 비밀 촬영이나 녹음 등은 하지 않는다. 인터뷰에 응한다 할지라도 질문 내용과 질문 방법, 인터뷰 시간 등을 세심하게 배려해 피해자의 심리적 육체적 안정을 해치지 않도록 각별히 유의해야 한다.

제21조(미성년자 취재) 13세 이하의 미성년자는 원칙적으로 취재를 하지 않는다. 꼭 필요하다고 판단될 경우에는 부모나 보호자의 동의를 얻어야 한다.

제22조(피해자 대표와의 접촉) 피해자와 그 가족들이 대표자를 정했을 경우에는 이들의 의견을 적절히 수용하고 보도에 반영함으로써 피해자와 언론 사이에 불필요한 마찰이나 갈등, 오해가 생기지 않도록 노력한다. 자원봉사자와의 접촉도 이와 같다.

제23조(과거 자료 사용 자제) 과거에 발생했던 유사한 사건 사고의 기사 사진 영상 음성 등을 사용하는 것은 해당 사건 사고와 관련된 사람의 아픈 기억을 되살리고 불필요한 불안감을 부추길 수 있으므로 가급적 자제한다. 부득이 사용할 경우에는 과거 자료라는 점을 분명히 밝힌다.

3. 취재진의 안전 확보

제24조(안전 조치 강구) 언론사와 취재진은 취재 현장이 취재진의 생명과 안전을 위협할 수 있다고 판단될 경우에는 취재에 앞서 적절한 안전 조치를 강구해야 한다.

제25조(안전 장비 준비) 언론사는 재난 취재에 대비해 언제든지 취재진에게 지급할 수 있도록 기본적인 안전 보호 장비를 준비해두어야 한다. 취재진은 반드시 안전 장비를 갖추고 취재에 임해야 한다.

제26조(재난 법규의 숙지) 재난 현장에 투입되는 취재진은 사내외에서 사전 교육을 받거나 회사가 제정한 준칙 등을 통해 재난 관련 법규를 숙지해야 하며 반드시 안전지침을 준수해야 한다.

제27조(충분한 취재지원) 언론사는 재난 현장 취재진의 안전 교통 숙박 식사 휴식 교대 보상 등을 충분히 지원해야 하며, 사후 심리치료나 건강검진 등의 기회를 제공해야 한다.

4. 현장 취재협의체 운영

제28조(구성) 각 언론사는 이 준칙이 제대로 지켜질 수 있도록 협의하고 협력하기 위해 필요한 경우 현장 데스크 등 각사의 대표가 참여하는 '재난현장 취재협의체'(이하 취재협의체)를 구성할 수 있다. 각 언론사는 취재협의체가 현장의 여러 문제를 줄이고, 재난보도준칙의 효과를 기대할 수 있는 현실적이고도 유효한 대안이라는 점에 유념해 취재협의체 구성에 적극 협력하고 그 결정을 존중한다.

사전에 이 준칙에 대한 동의 의사를 밝힌 사실이 없는 언론사라 하더라도 취재협의 체에 참여하게 되면 준칙 준수에 동의한 것으로 간주한다.

제29조(권한) 취재협의체는 이 준칙에 따라 원활한 취재와 보도를 할 수 있도록 재난관리 당국에 현장 브리핑룸 설치, 브리핑 주기 결정, 브리핑 담당자 지명, 필요한 정보의 공개, 기타 취재에 필요한 사항 등과 관련해 협조를 요구할 수 있다.

제30조(의견 개진) 취재협의체는 재난관리 당국이 폴리스라인이나 포토라인 설정 등 취재에 직간접적인 영향을 주는 사안을 결정할 경우 사전에 의견을 개진하고 사후 운영 방법에 대해서도 개선이나 협의를 요청할 수 있다.

제31조(대표 취재) 취재협의체는 재난 현장에 대한 접근이 제한받을 경우, 과도한 취재인원으로 피해자의 인권을 침해하거나 구조작업 등에 지장을 줄 우려가 있을 경우, 기타 필요하다고 판단될 경우에는 논의를 거쳐 대표 취재를 할 수 있다.

제32조(초기 취재 지원) 취재협의체는 취재 초기에 취재진이 미처 준비하지 못한 생활용품이나 단기간의 숙박 장소, 전기·통신·이동수단 등을 확보하기 위해 현장의 관계당국이나 자원봉사 단체 등과 협의할 수 있다. 취재협의체는 사후 정산을 제안하거나 수용할 수 있으며 언론사가 소요경비를 분담해야 할 경우 각 언론사는 취재협의체의 결정을 존중해야 한다.

제33조(현장 제재) 이 준칙에 따라 취재협의체가 합의한 사항을 위반한 언론사의 취재진에 대해서는 취재협의체 차원에서 공동취재 배제 등의 불이익을 줄 수 있다. 위반 정도에 따라 소속 언론 단체에 추가제재도 요청할 수 있다.

제3장 언론사의 의무

제34조(지원 준비와 교육) 언론사는 재난보도에 관한 교재를 만들어 비치하고 사전 교육을 실시함으로써 취재진의 빠른 현장 적응을 돕는다.

제35조(교육 참여 독려) 언론사는 사내외에서 실시하는 각종 재난교육과 훈련 프로그램에 소속 기자들이 적극적으로 참여하도록 독려한다. 언론사는 가능하면 재난보도 담당 기자를 사전에 지정해 평소 전문지식을 기르도록 지원한다.

제36조(사후 모니터링) 언론사는 재난 취재에서 돌아온 취재진을 대상으로 설문조사나 의견청취, 보고서 제출 등을 통해 다음 재난 취재 시 더 실질적이고 효율적인 지원을 할 수 있는 방안을 강구한다.

제37조(재난취약계층에 대한 배려) 언론사는 노약자, 지체부자유자, 다문화가정, 외국인 등 재난 취약계층에게도 재난정보를 신속하고 정확하게 전달할 수 있는 방안을 마련하는 데 힘쓴다.

제38조(언론사별 준칙 제정) 언론사는 필요할 경우 이 준칙을 토대로 각사의 사정에 맞춰 구체적이고 효율적인 자체 준칙을 만들어 시행한다.

제39조(재난관리당국과의 협조체제) 언론사는 회사별로, 또는 소속 언론사 단체를 통해 재난관리당국 및 유관기관과의 상시적인 협조체제를 구축함으로써 효율적인 방재와 사후수습, 신속 정확한 보도를 위해 노력한다.

제40조(준칙 준수 의사의 공표) 이 준칙의 제정에 참여했거나 준칙에 동의하는 언론사는 자체 매체를 통해 적절한 방법으로 준칙 준수 의사를 밝힌다.

제41조(자율 심의) 이 준칙의 제정에 참여했거나 준칙에 동의하는 언론사는 각 언론사별, 또는 소속 언론사 단체별로 자율심의기구를 만들어 준칙 준수 여부를 심의하도록 한다.

제42조(사후 조치) 이 준칙의 제정에 참여했거나 준칙에 동의하는 언론사의 특정 기사나 보도가 준칙을 어겼다고 판단될 경우에는 심의기구별로 적절한 제재조치를 취한다. 구체적인 제재 절차와 방법, 제재 종류 등은 심의기구별로 자체 규정을 만들어 운영한다.
① 한국방송협회 회원사, 또는 방송사업자는 방송법에 따라 방송통신심의위원회의 사후 심의를 받는다.
② 한국신문협회 회원사와 한국온라인신문협회 회원사, 신문윤리강령 준수를 서약한 신문사는 기존의 자체 심의기구인 한국신문윤리위원회의 신문윤리강령 및 실천요강과 이 준칙에 따라 심의를 받는다.
③ 한국인터넷신문협회 회원사와 인터넷신문위원회 서약사는 기존의 자체 심의기구인 인터넷신문위원회의 인터넷신문윤리강령과 이 준칙에 따라 심의를 받는다.

부칙
제43조(시행일) 이 준칙은 2014년 9월 16일부터 시행한다.
제44조(개정) 이 준칙을 개정할 경우에는 제정 과정에 참여한 5개 언론단체 및 이 준칙에 동의한 언론단체로 개정위원회를 만들어 개정한다.

03 재난상황 위기관리 커뮤니케이션 전략

1. 커뮤니케이션의 기본 원칙

1) 목표

위기 시에 정확하고 시의적절한 정보를 제공함으로써 재해를 예방하고, 효율적인 구조

활동을 지원하며, 피해자를 배려하는 한편, 위기관리 대응에 관한 정부의 신뢰를 확보하는 데 있다.

▼ 단계별 점검사항

위기 단계	공보업무 점검사항
위기 대비 평소 준비사항	언론사 및 기자 명단 보유
	'위기관리 커뮤니케이션 매뉴얼'에 따른 교육, 훈련
	재난 예방 및 보도에 관한 언론 협조사항 숙지
위기 발생	본부 및 현장에 취재지원센터(브리핑실) 설치
	대변인 지정 및 공보지원반 구성
	기자 연락
	브리핑 준비 및 실시(관계부처 협의)
	보도자료 배포
	여론모니터링 : 오보, 유언비어 파악 및 브리핑 보도 현황 점검
	재난방송협의회 운영
	접근제한선(폴리스라인) 설치 요청
	주관방송사와 국가기간 통신사 활동 협력, 지원
	홍보 전문 부서(국민소통실)와 협력
위기 진행	언론의 정보 요구사항 파악
	시의적절한 정보 제공(관계부처 협의)
	오보 및 유언비어 대응
	온라인 소통 협력체계 구축 및 SNS 활용 정보 공유
	공동취재단 구성 및 언론 현장 취재지원
	기관장, 전문가 등 브리핑 추진
위기 종료	결과 브리핑
	사고 수습에 기여한 인물에 대한 자료 제공
	위기대응 평가 및 사례 자료집 발간
	'위기관리 커뮤니케이션 매뉴얼' 개선 방안 마련

2. 대변인 지정 및 공보지원반 역할

1) 대변인 지정

① 중앙재난안전대책본부 : 본부장(장관)이 지정하는 자(차관 또는 1급 이상 공무원)
② 중앙사고수습본부 : 본부장(장관)이 지정하는 자(부처대변인 등 고위공무원)
③ 현장 : 각급통제단장이 지명하는 자(부기관장 또는 이에 상응하는 직급)

2) 대변인의 지위·역할

① 대외적으로 유일한 공식 창구
② 위기 관련 모든 회의 참석, 상황을 파악하고 관련 기관 간 메시지 조율
③ 브리핑 등을 통해 신속하고 시의적절한 홍보 활동 시행
- 중앙재난안전대책본부 대변인 : 현장 지원 및 범정부 대책 중심 브리핑
- 현장 대변인 : 구조 등 수습활동에 대한 상황 중심 브리핑

3) 공보지원반 활동

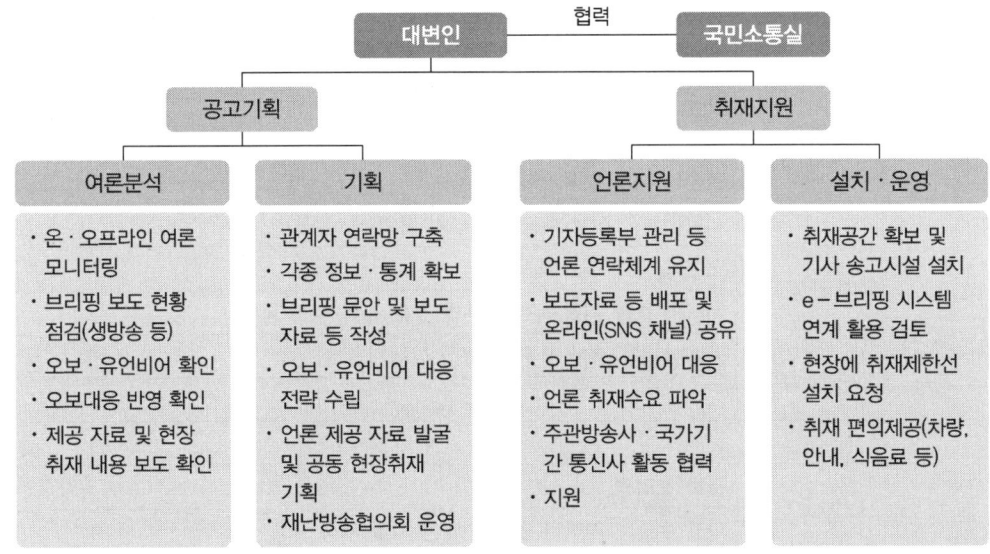

3. 위기관리 커뮤니케이션의 원칙

1) 초기에 신속히 대응하되 정확한 정보에 근거해 브리핑하라

(1) 위기 시 초기 발표가 정부의 신뢰를 좌우한다.

- 첫 발표는 반드시 확인된 사실만을 발표
- 확신이 없는 사안은 확인해서 알려주고, 추측성 답변이나 주관적 견해, 정보의 부분적 유출은 추후 불필요한 논란과 부정확한 보도를 야기할 수 있으므로 삼가
- '현재 파악한 바로는', '잠정', '몇 시경', '회사 측이 제공한 자료에 의하면' 등의 표현을 사용

※ [첫 발표 예시]
"4월 16일 오전 8시 58분경 전남 진도군 조도면 병풍도 북쪽 해상에서 인천을 출발해 제주로 향하던 여객선 '세월호'가 침몰 중이라는 신고를 해경이 접수했습니다. 현재 해경, 해군 등 관련 기관이 현장에 출동해 구조 작업을 수행하고 있습니다. 보다 진전된 사항은 확인되는 대로 수시로 브리핑하겠습니다."
→ 추가 질문이 있는 경우, "현재로서는 더 이상 답변할 사항이 없습니다. 진전된 사항이 있으면 다시 와서 알려 드리겠습니다."

(2) 반드시 문서로 작성한 발표 자료만 브리핑한다.

초기에 대변인이 현장 상황을 정확히 파악하지 못한 상태에서는 정리된 자료만을 기초로 발표하는 것이 원칙

2) 창구를 단일화하고 한 목소리를 유지하라

여러 채널을 통해 상호 모순되는 정보가 제공되면 정부에 대한 불신이 생기고 언론과 국민으로부터 비판을 받게 된다.

- 정보는 반드시 공식 대변인을 통해 전달하고 필요시 대변인 승인하에 관계자 인터뷰 진행
- 정부 내에서 통일된 입장을 정리하여 유지

3) 현장을 질서 있게 관리하라

언론의 보도 경쟁이 과열될 경우 공익과 무관한 뉴스가 양산되고 피해자들의 인권이 침해될 수 있다.

- 사고 현장에 접근제한선(폴리스라인)을 설치하고 엄격하게 통제
- 필요시 공동취재단을 구성해 풀(Pool) 기자들이 공보담당자의 인솔하에 현장을 방문, 취재하도록 안내

4) 최대한 준비한 뒤 언론을 대하라

현장 상황에 대한 정보를 실시간으로 수집하고 언론 모니터를 통해 여론·사회적 분위기를 파악해야 적절한 메시지를 전달할 수 있다.
- 전체 상황을 고려해 핵심 메시지, 정부 입장 등을 발표문으로 준비하고 언론 예상 질문에 대한 답변도 미리 정리

5) 피해자 등 국민 정서를 항상 염두에 두고 발언, 행동하라

위기 시 국민감정과 동떨어진 발언이나 행동은 국민적 공분을 낳는다.
- 피해자의 입장에서 해야 할 말과 하지 말아야 할 말 구분
- 정부 인사의 태도나 행동이 여론의 비판 대상이 될 수 있다는 점을 유념하면서 진지하고 신중한 자세를 유지
- 정부의 입장이 아닌 국민·언론 등 제3자적 입장에서 메시지를 생각하고 냉정하게 평가

6) 언론에 적극적으로 새로운 정보를 제공하라

- 특히, 해양 선박사고 발생 시 해양 환경오염 발생 등에 따른 어촌 및 어업인 피해 최소화를 위한 조치사항의 언론보도를 적극 추진한다.
    - 수산물 및 인근 해역 수질 등에 대한 안정성 조사 결과의 신속한 언론 홍보를 통한 수산물 소비 감소 예방
- 기자가 충분한 정보를 얻지 못하면 제3자의 정보에 의존하게 돼 오보 가능성이 높아진다.
    - 기자들의 요구사항을 수시로 파악하고 알맞은 정보를 제공해 언론의 정보 수요 충족
    - 상황이 허락하고 논란이 없는 사안에 관해서는 최선을 다해 협조하고, 안전·보안 등의 이유로 불가피하게 취재가 어려운 경우에는 언론에 충분한 이해를 구함
    - 사진·영상 자료 등을 다양하게 확보해 온오프라인을 통해 수시 제공

7) 모든 정보를 공식화하라

'오프더레코드(Off The Record)'는 지켜지기 어렵고, '노코멘트(No Comment)'는 문제가 있거나 숨기고 있다는 암시를 준다.

8) 오보에는 즉각 대응하라

한 번 보도되면 사실로 받아들여지고 첫 오보에 대응하지 않으면 추가적인 오보가 이어진다.
- 온오프라인 수시 모니터링으로 오보를 신속하게 확인
- 담당 기자에게 사실을 설명하고 정정이나 반론 보도를 요구
- 보도 해명자료를 즉시 배포하고 온라인에 해명 글 게재
- 명백한 오보임에도 정정보도가 받아들여지지 않는 경우 법적 대응 검토

9) 위기 관련 전문가와 오피니언 리더들에게 상황을 충분히 설명하라

위기 시 언론이 접촉하는 전문가 의견은 여론에 큰 영향을 미친다.
- 주요 전문가 및 관련 오피니언 리더들에게 사건 관련 정보 제공

10) 외신 기자 취재 지원 계획을 수립하라

외신 보도는 대외적 국가 이미지 형성에 큰 영향을 미치고 내외신 보도는 상호 영향을 받게 마련이다.
- 외신 담당관을 지정해 적극적으로 외신에 대한 취재 지원 실시
- 브리핑이나 현장 방문 풀(Pool) 구성 시 외신 기자 포함

4. 브리핑 및 취재지원 요령

1) 복장은 정복이나 비상근무복을 착용하라
- 대변인이 아닌 경우에도 브리핑, 기자회견 참석자는 이 원칙을 준수
- 여성의 경우 화려한 액세서리, 짙은 화장 등 거부감 있는 차림 자제

2) 브리핑 직전까지 상황을 최대한 파악하라

현장 상황 등에 대한 최신 정보 및 최신 관련 언론 보도 내용을 숙지

3) 브리핑 전 리허설을 가져라

언론의 예상 질의에 대한 답변 준비, 언급을 삼가야 할 주제나 용어 파악

4) 브리핑 계획을 사전에 통보하라

기자들의 정보 소외에 대한 불안을 해소하고 정보 제공에 대한 예측 가능성을 높임

5) 사람 중심 시각에서 브리핑하라

인적 피해는 물적 피해에 앞서 언급하고, 인적 피해에 대해서는 용어 사용에 신중을 기하며 진솔한 애도와 위로를 표명

6) 쉽고 정확한 용어를 사용하라

- 전문용어나 업계에서 통용되는 약어 사용을 삼가고 정부 발표를 직접 인용으로 기사화할 수 있도록 쉬운 용어로 브리핑
- 용어로 설명이 어려운 경우 그림·사진 및 영상 등을 함께 제공

7) 다른 조직에 책임을 전가하는 발언을 삼가라

- 다른 조직과 관련된 사항은 사전 조율 없이 발표하지 않는 것이 원칙
- 여러 부처가 관련된 사안은 상시적으로 관계부처 협의를 열고, 핫라인을 통해 입장을 조율

8) 초기 사고원인, 피해상황에 대한 언급은 신중하게 하라

- 주관적 판단이 결부된 추측성 답변, 예단하는 발언은 혼란을 부추기고 비판을 받게 된다는 점을 명심
- '구체적인 사고 원인, 피해상황은 현재 조사 중', '모든 가능성을 열어두고 사고 원인을 조사 중' 등의 답변 전달

9) 질문에 대한 답변은 간결하고 명확하게, 결론부터 말하라

편집 가능성을 항상 염두에 두고, 답변 내용을 강조할 필요가 있는 경우에는 답변을 한 번 더 되풀이

10) 질문에 얽매이지 마라

- 질문이 잘못된 사실이나 가정을 전제로 한 경우 전제에 동의하지 않는다는 점을 분명히 할 것
- 확언 요구 등 답변이 곤란한 경우 '사태 해결을 위해 최선을 다하고 있다' 등 언급

11) 발표 시마다 정부의 위기대응 조치가 진전되고 있음을 보이라

정부가 사태 해결을 위해 최선의 노력을 다하고 있으며, 조치가 상황에 맞춰 진전되고 있음을 알 수 있도록 정보 제공

12) 인터뷰에서는 간략하게 말하라

- 방송 인터뷰의 경우 편집되지 않도록 10초 내에 짧게 답변하고 준비되지 않은 돌발 인터뷰는 삼가
- 한 번 잘못 언급한 말은 지속적으로 방송된다는 점을 명심

13) 위기대응 활동의 설명에 도움이 되는 인사와 자료를 활용하라

현장 지휘책임자, 기관장 등의 브리핑이나 기자회견 기회를 마련하고, 관련 통계 정보도 함께 제공

※ 세월호 침몰 사고의 경우, 구조에 참여한 해군 잠수요원

14) 알려질 사실을 은폐하거나 축소하지 마라

부정적 사안이라 할지라도 기사화된다는 것을 명심하고 선제적으로 발표, 사정과 맥락을 충분하게 설명

15) 언론의 마감시간을 고려하라

- 언론의 기사 마감시간(조간 : 오후 5시, 석간 : 오전 10시) 이전 자료 배포
- 방송은 반드시 화면 제작에 필요한 시간을 고려

16) 언론을 공평하게 대하라

특정 매체에만 정보를 주어서는 안 되며, 취재기자 리스트에 근거해 공평하게 정보 제공

17) 정직이 최우선이다

솔직하고 겸손한 태도로 정부가 위기 상황에서 진정성을 갖고 대처하고 있다는 평가가 이루어질 수 있도록 함

> ➤ 사고현장 취재지원센터의 설치 및 운영

(장소)
- 사고현장에 가깝고 취재진이 쉽게 접근할 수 있는 곳
- 현장 대책본부 활동이 언론에 노출되지 않도록 분리된 곳
- 충분한 공간(취재진 규모 예상) 확보

(시점) 현장 사고대책본부 설치와 동시

(기능)
- 수시 상황브리핑 실시 및 보도자료 배포
- 언론 상황 파악 및 대응
- 취재 송고시설 및 행정서비스 지원
- 사고현장 안내 및 취재제한선 준수 협조

(취재지원팀의 배치)
- 언론지원 담당
  - 기자등록부 관리 등 언론연락체계 유지
  - 보도자료 등 배포(이메일, 문자, SNS 등)
  - 언론 요구사항 파악(공동 현장취재 수요 파악 및 현장 안내 등)
- 센터 설치·운영 담당
  - 브리핑실·기자실 등 취재공간 확보 및 기사송고시설 설치
    ※ 현장에서 송고시설 등 설치가 어려울 경우 가장 가까운 장소 및 시설 확보
  - 현장에 취재제한선(폴리스라인, 포토라인) 설치 요청
  - 공동 현장취재 등 이동용 차량 준비, 취재진 편의 제공
    ※ 구비물품 리스트 : 마이크, 백드롭, 책걸상, 화이트보드, 발표대, 전화, TV, 컴퓨터, 인터넷 등 송고시설, 취재기자 등록부, 프린터, 팩스, 필기구, 지도, 음료수 등

04 재난관리 리더십의 이해와 사례

1. 재난관리 리더십의 이해

리더십이란 '조직의 목적을 달성하기 위해 상사가 부하에게 영향력을 행사하는 관점'이라고 말할 수 있다. 재난관리에서 대중이나 군중을 통제하는 것은 매우 중요한 일이며, 대중을 통제하는 하나의 요소로서 특히 리더십의 역할이 중요하다. 대중통제는 재난관리 프로그램의 핵심적인 부분이다. 대중들은 피해자들을 구조하는 업무 절차들을 방해하고 파괴할 수도 있으며 반대로 그 일들을 도울 수도 있다. 이렇게 재난관리 과정에 큰 영향을 미치는 대중들을 통제하는 방법을 배우기 위해서는 군중심리와 행동을 이해해야만 한다. 따라서 군중심리와 행동의 패턴은 재난관리 교육과정의 일부분이 되어야 하며, 넓은 범위에서는 대중을 통제하는 리더의 역할과 책임이 재난관리 교육과정에 포함되어야 한다.

사람들의 생명을 구하고 그들에게 필요한 도움을 제공하기 위하여 재난관리 조직은 최선을 다해야 한다. 이러한 재난관리 조직의 활동 영역을 확보하는 것이 재난관리 리더의 책무이며, 최종적인 리더의 사명은 군중을 진정시키고 납득시키는 것이다.

2. 재난관리 리더십 사례

실패 사례[9] : 부시와 허리케인 '카트리나'

2009년 1월 6일자 중앙일보 기사에서는 재난관리 리더십의 부재가 정권상실로 이어진 원인을 소개하고 있다.

2005년 8월 말 허리케인 '카트리나'가 미 남부 루이지애나 주 뉴올리언스를 강타했다. 1,800여 명이 목숨을 잃었고, 뉴올리언스는 3년 뒤 인구가 3분의 1로 줄었다. 조지 W. 부시 대통령은 현장을 전용 비행기 안에서만 둘러보고, 위기상황에 제대로 대처하지 못한 연방재난관리청장의 보고에 대해 칭찬을 하는 등 상황을 제대로 파악하지 못한 행보를 보였다. 부시는 재난 대응 능력에 대한 '무능력'을 여실히 보여줬고 미국 국민들의 지지율은 급락했다. 허리케인 '카트리나'로 인한 피해 대처 당시의 정부 관계자들은 3년 뒤 인터뷰를 통해 그들이 깨달은 교훈을 얘기했다. 그들은 위기상황에서는 신속한 정책 집행이 중요하고, 의례적인 발언보다 솔직하게 국민들에게 실상을 알려야 한다고 말했다. 또한 관료주의에 빠지지 않도록 책임 소재를 명확히 해야 한다고 전했다. 특히, 당시 상황에 대한 보고를 제대로 하지 못한 연방재난관리청장은 국민들에게 그저 최선을 다하고 있다는 정치적이고 의례적인 언급만을 한 것에 대해 큰 잘못이 있었다고 반성했으며, 또한 장관의 참여를 막고 대통령에게 직접 보고해 신속하게 문제를 처리했어야 했지만 그러지 못한 점을 탓했다. 카트리나 사태로 한 번 무너진 신뢰는 회복되지 못했다.

성공 사례[10] : 허드슨 강의 기적, 미국 US-Airways의 기장 체슬리 슐렌버거 3세

미국의 항공사 US-Airways의 기장인 체슬리 슐렌버거는 위기관리의 모범 케이스이다. 미국 동부 시각 2009년 1월 15일 오후 3시 26분, 북캐롤라이나 주의 샬럿으로 가고 있던 US-Airways 1549편 여객기가 새 떼에 부딪히면서 엔진 2개가 모두 고장 나고 연기에 휩싸이게 된다. 당시 여객기는 뉴욕 상공을 날고 있었으며, 자칫 잘못하면 고층 건물에 부딪히는 끔찍한 사고로 이어질 수도 있는 순간이었다. 관제소에서는 소공항으로 유도를 했지만 그마저도 불가능한 상황에서 기장 슐렌버거는 빠른 판단과 과감한 선택으로 허드슨 강을 따

---

9) 김정욱, 카트리나 재난 대응 잘못해서 부시, 무능력한 지도자로 전략, 중앙일보, 2009
10) 김호, 허드슨 강의 기적 이끈 4가지 비결, Dong-A Business Review, 2009

라 수면 위로 착륙을 시도하게 된다. 이륙에서 착륙까지 소요된 시간이 4분에 불과한 상황에서 슐렌버거의 빠른 대처 능력 덕분에 승객과 승무원 155명이 모두 무사히 구조되었다. 위기 상황에서 기장의 결정이 승객과 비행기의 운명을 가르듯, 위기 상황에서 최고위기관리자의 결정은 조직의 생사를 결정한다. 슐렌버거로부터 조직의 책임자들이 배울 수 있는 위기관리의 교훈은 1. 현실 직시, 2. 신속한 대응, 3. 이성적 판단, 4. 평상시 훈련이다.

① 현실을 직시하라

위기 상황에서는 희망을 보는 긍정적인 생각보다 냉혹한 현실을 직시하는 능력이 필요하다. 슐렌버거는 관제소에서 지시하는 착륙이 불가능할 것이라는 것을 빠르게 판단하였다. 슐렌버거는 얼마나 더 비행을 할 수 있는지 현실적으로 직시하고 있었으며, 희망에 근거하여 상황을 바라보지 않았기에 올바른 판단을 내릴 수 있었다. 위기상황에서의 희망적인 상황 읽기는 올바른 대처를 하지 못하게 만들 수 있다.

② 신속하게 대응하라

당시 엔진이 멈춘 시각은 15시 27분, 슐렌버거가 허드슨 강 위로 착륙을 시도한 시각은 15시 30분이다. 위기 발생 후 슐렌버거가 판단을 하고 실행에 옮긴 시간은 3분이 채 되지 않았다. 슐렌버거는 전투기 조종사 출신으로 빠른 의사결정을 내려야 하는 상황에 대해 끊임없이 연구하고 훈련하는 군대 조직에 있었기에 신속한 대응이 가능했다.

③ 이성적으로 판단하라

슐렌버거가 상황을 직시하는 능력과 훌륭한 기술을 가졌다고 하더라도 비행기를 어떻게 착륙시킬 것인지에 대한 판단을 잘못 내렸다면 사고는 커다란 재앙이 됐을 것이다. 짧은 순간에 그는 냉정하게 현실상황을 읽고 허드슨 강 위로 착륙하도록 과감하게 결정하여 성공적으로 해냈다. 위기상황에서 가장 중요한 것은 조직 내 리더의 판단이다. 조직이 아무리 능력이 있다고 하더라도 리더가 잘못된 판단을 내리면 위기는 재앙이 될 것이다. 위기라는 한자가 위험(危)과 기회(機)를 의미하는 것을 보면 위기는 판단력을 발휘해 어떻게 결정을 내리는지에 따라 상태가 극복되거나 악화되거나 하는 결정적인 순간을 뜻한다고 할 수 있다. 이 위험과 기회의 사이를 가르는 것은 리더의 판단 능력일 것이다.

④ 평상시에 훈련하라

현실 직시, 신속 대응, 이성적인 판단이 가능하더라도 능숙한 비행 기술이 없었더라면 소용이 없었을 것이다. 판단에 대한 실행을 할 수 있는 기술을 평상시에 훈련해 두어야만 위기 대응 능력이 완성될 수 있다. 슐렌버거의 경우 19,000시간의 비행경력이 있는 베

테랑이었을 뿐만 아니라 공군에서 생존훈련을 비롯해 다양한 최악의 시나리오에 대한 훈련을 철저하게 받았다. 위기관리의 마무리가 되는 실행력은 평소의 훈련에서 비롯된다는 것을 명심해야 한다.

10 재난안전을 위한 민·관 협력

01 재난대응과 자원봉사[11]

통상적으로 재난이 발생하면 소방, 경찰, 군인이 인명구조작업을 벌이고 행정기관은 대피소 설정이나 긴급물자를 조달하게 된다. 그러나 이제까지 재난의 경험에 비춰볼 때, 가장 먼저 위기상황에 개입하는 사람은 인근 지역사회 주민조직 혹은 특수 기능 집단의 자원봉사자인 경우가 많다. 그 이후에 법률이나 제도에 정해진 전문구호집단의 조직적 활동이 시작되고, 동시에 일반적 자원봉사자들의 긴급참여가 뒤따르며 또 전문 의료진과 토목, 건축기술자 등 자격증을 소지한 자원봉사자들이 일반 자원봉사자가 하기 힘든 영역을 담당하는데 이러한 활동은 전문적인 구호활동이라 할 수 있다. 일반 자원봉사자에 의한 구호활동은 어느 누구라도 의지만 있으면 할 수 있는 활동으로 특히 노약자, 장애인 등 비상사태에 대처하기 힘든 사람들을 지지하고 지원하는 활동이다.

재난 분야의 자원봉사활동에는 자원봉사자의 의지와 능력 및 참여형태에 따라 활동유형이 달라질 수 있다. 직무 부여는 무엇보다 자원봉사자의 의지가 중요하지만, 과업의 유형에 따라 보유하고 있는 능력을 감안하여 직무를 배정해야 한다.

1) 전문성, 조직성이 있는 자원봉사자

전문성, 조직성이 있는 자원봉사자는 재난이 발생했을 때 자발적이고 적극적으로 활동할 수 있는 단체에 소속되어 있는 자원봉사자를 말한다. 대한적십자사와 같은 형태의 단체로 대부분의 단체는 그 활동 영역이나 활동 목적이 어느 정도 명확히 되어 있어 단체 중에 활동의 조정 역할을 하는 관리자가 있는 경우도 있다. 다만, 의사나 간호사 등의 전문기능집단은 이 범주에 들지 않는다. 재난이 일어나면 이들 단체끼리 네트워크를 형성하여 정보를 공유하거나 협력하여 행동한다면 큰 힘을 발휘할 것이다.

---

11) 성기환, 재난관리 자원봉사자의 임파워먼트, 대영문화사, 2009

2) 전문성은 있으나 조직에 속하지 않은 자원봉사자

전문성은 있으나 조직에 속하지 않은 자원봉사자는 의사, 간호사, 인명구조단, 보육교사 등으로 구호활동이나 이재민의 지원에 큰 힘이 된다. 그러나 자원봉사자가 효율적인 힘을 발휘하기 위해서는 행정이나 공적인 기관과 연관된 활동을 하는 것이 바람직하다.

3) 전문성은 없으나 조직에 속한 자원봉사자

전문성은 없으나 조직에 속한 자원봉사자는 재난을 대비한 훈련 경험이 없는 기업체의 사원, 지역단체 등에 속해 있는 자원봉사자이다. 많은 자원봉사자가 필요하거나 계속적인 인원의 투입이 필요한 상황에서는 반드시 특정한 지식이나 경험이 없어도 큰 힘이 될 수 있다. 이러한 자원봉사자의 힘을 최대한 발휘하기 위해서는 단체들 간의 연계와 역할분담이 중요하다.

4) 특별한 전문성도 없고 조직에도 속하지 않는 자원봉사자

특별한 전문성도 없고 조직에도 속하지 않는 자원봉사자는 대규모 재난이 발생할 때 가장 많이 모이는 봉사자이다. 직접 재난을 당한 사람이 있는 곳에 가서 활동하는 것보다는 재난 지역의 상황이나 필요한 작업 내용과 타 단체의 활동상황의 정보가 집약되어 있는 시청, 구청을 통하든가 자원봉사단체에 가입하는 것이 필요하다.

02 안전문화운동 추진 중앙협의회

민간단체·중앙부처·공공기관 등 80여 개 기관이 함께 참여하여 안전문화운동 추진 중앙협의회(이하 '안문협')를 조직, 출범('13. 5. 30.)하였으며 안문협에서는 전국적인 안전문화운동 캠페인의 총괄 기능을 부여한다. 안문협은 행정안전부장관과 민간대표가 공동위원장, 지방협의회는 자치단체장과 민간대표 공동위원장이며, 사회·교통·생활·산업안전 분야에서 9개 안전문화 실천과제를 선정, 국민이 일상생활 속에서 안전을 생활화하는 실천운동을 적극 전개한다.
사회, 교통, 생활, 산업안전 각 분과별로는 관련 분야 13개 정부부처와 함께 14개 공공기관 및 관련 분야 42개 민간단체가 참여한다.

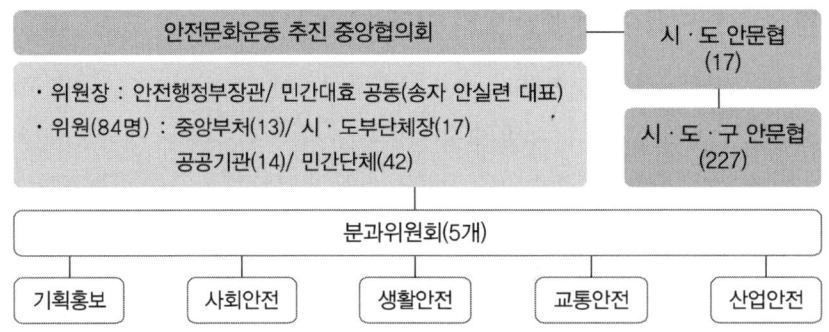

안전문화운동 추진 중앙협의회의 조직현황

▼ 분야별 안전문화운동 참여기관

분과	민간단체(42)	부처(13) · 공공기관(14)
기획홍보	안전생활실천시민연합, 한국방송협회, 한국신문협회, 한국기독교총연합회, 한국교회연합, 한국불교종단협의회	행정안전부, 문체부, 방통위, 한국언론진흥재단
기획홍보	새마을운동중앙회, 바르게살기운동중앙협의회, 한국자유총연맹	행정안전부, 문체부, 방통위, 한국언론진흥재단
사회안전	한국여성인권진흥원, 청소년폭력예방재단, 패트롤맘, 한국청소년성문화센터협의회, 어머니포순이봉사단	행정안전부, 교육부, 여가부, 법무부, 경찰청, 학교안전공제회, 한국양성평등교육진흥원
사회안전	한국식품산업협회, 한국음식업중앙회	행정안전부, 식약처
사회안전	사이버지킴이연합회, 한국무선인터넷산업연합회	행정안전부, 과기부, 한국정보화진흥원
생활안전	안전모니터봉사단중앙회, 한국어린이안전재단, 세이프키즈코리아, 한국생활안전연합, 한국레저안전협회, 한국안전교육강사협회, 한국어린이놀이시설협회, 한국화재보험협회	행정안전부, 산업부, 한국소비자원, 한국전기안전공사, 한국가스안전공사, 승강기안전관리원
교통안전	대한교통학회, 녹색어머니회, 어린이안전학교, 어머니안전지도자회, 교통문화운동본부, 전국모범운전자연합회, 사랑실은교통봉사대, 새마을교통봉사대, 한국자전거단체협의회, 손해보험협회	행정안전부, 국토부, 경찰청, 한국도로공사, 도로교통공단, 교통안전공단
산업안전	대한산업안전협회, 한국노총, 경영자총협회, 대한산업보건협회, 대한건설협회, 한국안전진흥협회	행정안전부, 고용부, 산업부, 안전보건공단, 한국시설안전공단, 한국산업단지공단

안문협은 사회, 생활, 교통, 산업안전 4개 분야의 9개 실천과제를 선정하고 국민이 일상생활 속에서 안전을 생활화하는 실천운동을 지속적으로 전개한다.

▼ 안전문화 실천과제 : 4대 분야 9개 실천과제

분야	슬로건	실천운동 과제
사회 안전	안심 사회 (Safe Society)	① 우리동네 안심마을 만들기 : 성·가정·청소년 폭력 없는 마을, 어두운 곳 밝히기, 건전 음주문화 등
		② 클린 인터넷(폭력·음란물 NO) : 인터넷, 스마트 폰, SNS 건강하게 사용하기 등
		③ 불량식품 안 사먹고 안 만들기 : 불량식품 근절, 식품표시 바로알기 등
생활 안전	안심 생활 (Safe Life)	④ 1가정 1안전요원 : 가정 안전 점검, 심폐소생술 등 응급조치 습득, 소화기 갖기 등
		⑤ 비상구 확인하기 : 안전통로·비상구가 어딘지, 작동하는지 확인 등
교통 안전	안심 운전 (Safe Traffic)	⑥ 보행자 배려 운전하기 : 정지선·표지판(Stop Sign) 지키기, 보행자와 수신호 하기 등
		⑦ 생활도로에서 30km/h 이하로 서행하기 : 어린이·노인·장애인보호구역, 이면도로 등에서 서행
산업 안전	안심 일터 (Safe Work)	⑧ 작업 전·후 안전점검 습관화 : 점검요령 및 점검표에 의한 안전점검 및 정리정돈
		⑨ 작업장 안전보호구 착용 생활화 : 안전보건지킴이 활용하여 보호구 착용 확인, 내 안전모 갖기 운동 등

03 지역자율방재단

자연재해 발생 시 우선적으로 가족을 보호하고 이웃을 돕고 나아가 방재활동에 참여하여 타 지방자치단체를 지원하기 위한 조직을 지역자율방재단이라 한다. 지역자율방재단은 각종 재난에 대비하여 내 가족의 생명과 지역의 안전을 스스로 지키기 위해 뜻있는 개인이나 단체(민간단체, 기업체, 학교, 종교단체, 동호회 등)를 모아서, 평상시 순찰 및 위험지역 신고, 홍보, 재난 발생 시 정보수집 및 전달, 재해지역 응급복구 참여 등 재해 관련 전반적인 임무를 수행한다.

지역자율방재단은 자연재해대책법 제66조에 의해 구성과 운영은 각 시·군·구 조례로 규정되어 있다. 단장, 부단장, 대표, 협의회 위원 등이 중심으로 조직을 갖추며, 훈련을 통하여 필요한 직관력을 갖추고 지역실정에 맞도록 적절할 조직을 갖추어 역할을 분담하여야 한다. 재난 시에 임기응변적이고 탄력적으로 운영하며 단장의 지시에 따라 적절히 대처하여 임무를 분담한다.

지역자율방재단은, 대규모 재난이 발생하는 경우, 지역주민이 우선적으로 행동하여 피해를 최소화하고, 평상시에는 지역의 안전점검을 주민 스스로 하며, 방재지식을 익히고 교육을 받는다. 또한 방재훈련을 주기적으로 실시하여 풍수해 등 각종 재난에 대비한다. 실제로 풍수해 등이 발생하면 초기에 자율방재활동을 하여 피해자를 구조·구급하고, 정보를 수집하며, 피난처를 운영하는 등의 활동을 자발적으로 실시하며 비상시에 중요한 역할을 담당한다.

1) 평상 시

지역의 위험성과 가정 내의 안전점검 등을 지역 특성에 고려하여 실시하고 각종 방재훈련을 하며 평상시 대규모 재난에 대비하는 활동을 한다.
- 지역 내 안전점검
- 방재교육 및 계몽
- 방재훈련

2) 재난 시

대규모 재난이 발생하면 인명을 구조하고 재난이 광범위한 지역에서 일어난 경우 필요로 하는 활동을 한다.
- 초기 대응
- 구조구급
- 정보수집 및 전달
- 피난 유도
- 피난처 관리·운영

04 전국안전모니터링봉사단

1) 역할 및 기능

전국안전모니터링봉사단은 일상생활에서 발생하는 크고 작은 재난안전 사고로부터 사전에 사고가 발생할 소지가 있는 위해요인을 미리 예측하여 위험상황에서 미리 대처하도록 제보활동을 하며 안전부주의, 안전불감증 등 국민들의 안전의식 수준을 높이는 안전문화 생활화 실천 활동을 전개한다.

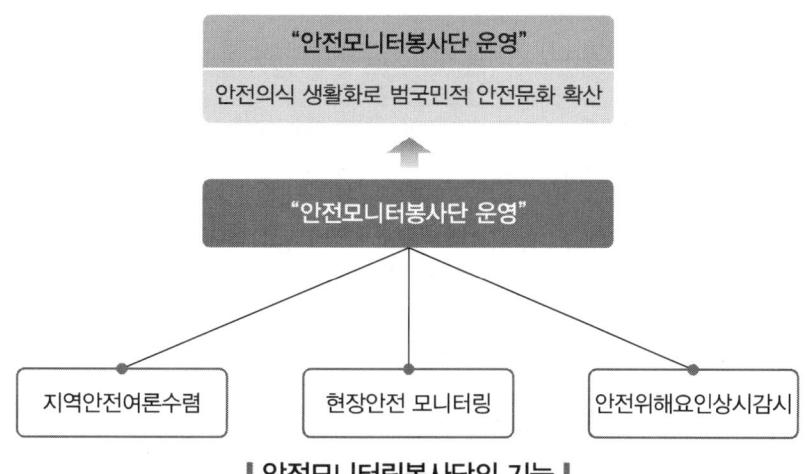

| 안전모니터링봉사단의 기능 |

2) 운영 및 기본방향

- 활동방법 : 도보, 자전거, 및 대중교통 이용 등 자율
- 활동내용 : 재난안전 위해 요소 발견 시 신고 제보
- 제보방법 : 홈페이지 또는 스마트폰 애플리케이션(APP)

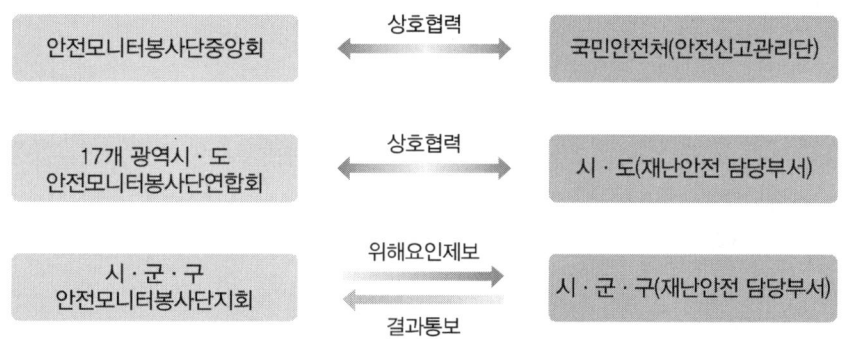

| 안전모니터링봉사단의 기본방향 |

▼ 기관별 역할

구 분	역 할
자원봉사센터	안전모니터봉사단원 봉사활동 인증 등록
시·군·구	• 봉사단 위촉장 수여(기초단체장 명의) • 안전모니터봉사단과 협조체계 구축 및 행정직 지원 • 재난안전 위해요소 제보 관련 간담회 실시 • 제보사항 : 해당 부서에 통보, 처리결과 확인 • 제보 접수내역, 처리결과 시·도에 제출
시·도	• 안전모니터봉사단과 협조체계 구축 및 행정직 지원 • 시·군·구 접수내역, 처리결과 취합－행안부에 제출
안전모니터봉사단 중앙회(연합회, 지회)	• 전국 안전모니터봉사단 운영계획 수립 및 진행 • 봉사단 배지, 활동 가이드북, 매뉴얼 배부 등 • 발대식, 워크숍 개최, 우수사례 발굴 공유
행정안전부	• 안전모니터봉사단 운영계획 수립 • 안전모니터봉사단 운영 우수공무원, 봉사활동 우수 봉사단원 정부 표창 • 지자체 합동평가 평가시책에 반영 등

PART 04 재난안전 관리와 ICT

1 재난안전관리와 ICT
1. 개요
2. ICT 기반 재난안전관리
3. 재난안전 APP

2 주요 재난관리정보시스템
1. 국가재난관리정보시스템(NDMS)
2. 긴급구조표준시스템
3. 국가지진종합정보시스템
4. 국가통합지휘무선통신망
5. 재난현장 영상전송시스템
6. 스마트 빅보드(Smart Big Board)

3 재난안전에 적용 가능한 융복합 ICT 기술
1. 사물인터넷(IoT ; Internet of Things)
2. U-City
3. 웨어러블 컴퓨터
4. Social Networking Service(SNS)
5. 클라우드 컴퓨팅
6. 빅데이터
7. 스마트 안전관리
8. 인공지능(AI) 기반 재안안전관리

01 재난안전관리와 ICT

01 개요

ICT는 정보통신기술(Information & Communication Technology)의 약자로서 우리가 흔히 알고 있는 IT에 Communication을 결합한 것이다. ICT는 기존의 정보기술인 IT와 통신산업 간 컨버전스(융합, 결합, 통합) 등을 통한 포괄적인 산업을 포함한다. IT는 인터넷, 휴대전화 등에 사용되는 전반적인 기술을 말하는 큰 개념인 데 비해 ICT는 IT라는 큰 개념에서 통신(Communication)에 관련된 사업과 IT의 범주 내에서 통신사업과 관련된 부분을 지칭한다.

ICT는 전 세계 산업전반뿐만 아니라 우리 생활에도 큰 영향을 미치고 있으며, 사물인터넷(IoT)부터 웨어러블(Wearable)기기까지 인터넷에 연결된 정보화 기술이라면 모두 포함할 수 있다. 최근 ICT 산업 중 모바일기기, 콘텐츠, 전자상거래, 소셜네트워크 분야가 경쟁력을 보이며 성장하고 있다. 예를 들면 소셜네트워크(페이스북, 트위터), 플랫폼(iOS, 안드로이드), 모바일 콘텐츠, 스마트폰, 태블릿PC용 앱, 클라우드, e러닝 등이 있다.

02 ICT 기반 재난안전관리

1. 해외의 ICT 기반 재난안전관리

1) 미국

미국의 재난관리 ICT는 전사적 범위 시스템(Enterprise-wide Systems)과 다수의 프로그램 중심 시스템(Program-centric System)으로 구성되어 있다.

(1) 국가긴급관리정보시스템(NEMIS)

국가긴급관리정보시스템은 인적자원, 인프라 지원, 예방 및 경감, 비상조정 및 비상지원 등의 업무를 지원하는 통합시스템으로서 전체 재난의 통합적 관리와 자동화된 자원을 제공하며, 재난 관련 타 시스템들과의 인터페이스 지원 등의 기능을 제공한다.

① 인적 지원 : 피해자들에 대한 정보 확인, 분석, 결정 및 지원상황에 대한 정보 제공과 각종 복구비 산정 및 결정 등의 기능
② 인프라 지원 : 재난의 피해상황에 대한 조사 및 이를 바탕으로 복구를 위한 재정적 지원을 확정·시행하는 기능
③ 예방 및 완화 : 재난피해를 줄이기 위한 대비활동으로 자료조사, 정보 수집 및 분석, 계획 수립 등의 기능
④ 긴급조정 : 재난에 대한 대응, 의사결정의 지원 및 각종 재난 관련 정보를 수집·보고하는 기능
⑤ 긴급지원 : 재난 관련 인원, 장비, 지원품, 재정관리 등에 관한 기능

(2) FEMA의 지리정보시스템(GIS)

FEMA의 지리정보시스템(GIS)은 재난관리에 필요한 지리정보뿐만 아니라 인구, 실시간 재난정보, 복구 및 구조를 위한 등록자 정보 등 재난관리에 관련된 모든 데이터베이스의 연계 및 통합을 위한 핵심 기술로 사용된다. 정부는 지리정보시스템의 관련 자료 제작, 공급, 관리를 위하여 지도제작 분석센터(GIS Mapping and Analysis Center)를 설립하였으며 MAC-GIS에서는 다양한 방재 관련 GIS 데이터 제공과 함께 침수위 분석을 포함한 모델링의 지원과 피해산정자료 등을 포함하는 다양한 자료를 제공하고 있다. 또한, FEMA의 지리정보시스템의 다양한 데이터 및 정보는 재난관리 계획 및 예방, 대비, 대응, 복구 전 단계에서 사용하고 있으며 피해예측, 피해조사, 정확한 의사결정 지원 등에 효율적으로 사용하고 있다. 마지막으로 FEMA의 지리정보시스템의 데이터 유형으로는 시설물, 도로, 기반시설 등이 있으며, 필수 데이터를 구축하여 기관 간 연계하여 사용한다.

(3) 재난 통신을 위한 시스템

미국 연방정부는 공공의 안전을 효율적으로 유지하기 위한 통신수단을 확보하고, 지자체, 주정부, 연방정부들 간의 상호운용성을 확보하기 위하여 다양한 통신서비스를 이용한다.

① 고도지능망 서비스(AIN)
- PSTN에서 독립적인 서비스 구조를 이용하여 비용 대비 효율성을 높이고 서비스에 대한 이용자의 통제를 강화하기 위하여 도입
- 부가서비스에 관한 프로세스 절차들을 일관되게 관리하는 서비스

② 정부비상통신 서비스(GETS)
- 긴급사태 발생 시에 연방정부의 특정 이용자에게 특별 ID가 부착된 카드나 액세스 번호(710+지역번호) 부여
- 운용 중에 있는 공중통신 네트워크나 정부기관의 전용선을 이용하여 네트워크 폭주와는 무관하게 일반전화, 팩스, 이동전화 등 통신을 사용할 수 있도록 하는 서비스

③ 우선순위통신 서비스(TSP)
- 긴급사태 혹은 위기상황 발생 시 국가중요통신 서비스의 우선순위를 다른 어떠한 서비스보다도 높게 보장
- 국가안전보장 및 비상대비 이용자들이 안정적으로 업무를 할 수 있는 통신 서비스

④ 우선접촉 서비스(PAS)
- 긴급사태에 대응하는 비상통신 정부관계자의 리스트를 사전 작성하고 리스트에 따라 이동통신망에서의 우선적인 접속을 허용하는 서비스

⑤ 통신자원 공유프로그램(SHARES)
- 통신시스템이 파괴되었거나, 통신망을 이용하여 국가안보 및 비상대비 정보를 전송할 수 없을 경우 HF(High Frequency) 무선자원을 이용하여 기관 간 비상메시지를 처리하는 서비스

(4) 재난통신시스템

재난통신시스템은 예방, 대비, 대응, 복구 단계에서 다양한 ICT 기술을 활용한다.

① 예방 · 대비 관련 기술
- 지리정보시스템, 위치기반서비스, 공간영상정보시스템 등과 연계하여 피해 예측 및 시뮬레이션 등에 활용
- 지역적 특성이나 산업적 특성에 따라 발생 가능한 취약성 및 위험요소를 적용하여 시설물에 대한 피해를 사전에 분석하여 예방 및 대비 활동에 활용

② 대응 · 복구 관련 기술
- 위성영상(Remote Sensing), LIDAR 등의 항공촬영, 모바일 매핑, 영상지휘 통신(SNG ; Satellite News Gathering) 차량을 이용하여 재난현장에서 피해 정보를

수집·전파함으로써 신속한 대응을 위한 의사결정 지원
- 통합지휘무선 통신망을 구축하여 재난관리 관련 기관, 경찰, 군, 민간단체 등 재난관리업무를 담당하는 기관들의 신속한 현장대응 지원
- 재난현장에서의 항공촬영이나 피해지역에서의 무선단말기를 통해 현장에서 입력함으로써 자동으로 피해조사 및 평가가 가능하도록 하는 자동화 시스템을 구축하여 운영

▼ 미국의 국가안전관리 정보시스템 현황

구분		내용	구분	내용
전사적 범위 시스템 (Enterprise-wide Systems)	NEMIS	• 인적 지원 • 인프라 지원 • 예방 및 완화 • 긴급조정 • 긴급지원	FMS	• 시설물 관리 데이터 • 작업계획추적 • 작업요청 • 시설목록 조정 • 취득물 • 재정관리 • 수취 및 배분 • 활동추적
	Enterprise GIS	• 지형공간데이터 • 홍수지도 • 예방, 대비, 대응, 복구를 지원하기 위한 GIS 정보	IFMIS	• 통합 재정 관리 데이터 • GPRA 재정 기록 데이터 • 회계 및 예산 조정 • 관련 재정 데이터 • 조달 • 취득 • 보조금 • 인원 • 재무 제표 • 외상 매출금
	PRISM	• 인력 가용성 및 준비 자료 • 지원활동 인력자원 • 긴급대응팀 당번 • 급여 자료 • 숙소 설명 등		
	LIMS	• 재고/자본/국채 관리 • 시스템 관리 및 보안		
기타 시스템 및 데이터 베이스		• 국가홍수보험프로그램 데이터베이스(National Flood Insurance Program(NFIP) Data Base) • 대비, 교육 및 훈련 시스템(Preparedness, Training, and Exercises(PT&E) Systems) • 국가긴급조정센터(National Emergency Coordination Center(NECC)) • 모바일운영센터(Mobile Operating Centers) • 화재사고기록시스템(National Fire Incident Reporting System(NFIRS)) • 세부 서비스(Internal Revenue Service) • Small Business Administration(SBA) 등		

2) 일본

일본에서는 재난관리체계를 지원하기 위한 중앙정부 차원에서의 재난관리정보시스템을 운영 중이다. 예를 들면 국토교통성의 홍수 예·경보 시스템, 토사재해 발생 감시 시스템이 있으며 수방활동과 토사류 및 사면 붕괴로 인한 재해 예방 활동을 하고 있다. 또한 일본 정부는 한신/아와지 지진 이후, 재난정보관리시스템의 개선을 강화하여 지진 발생 후 8년 동안, 각 정부 부처와 기관은 자체적인 정보 시스템을 구축하고, 정보를 신속하게 수집, 전환할 수 있도록 하였다. 일본은 일찍부터 방재관리에 있어 정보시스템을 도입하여 운영함으로써 재난 발생 예측과 재난 발생 시 신속하고 적절한 대응을 지원하고 있다.

(1) 재해대책본부의 의사결정시스템

① 재해 발생 시, 의사결정이 어렵고 곤란한 상황에서 재해대책 매뉴얼에 따라 신속하고 정확하게 초동체제 구축 지원
② 재해정보를 수집, 분석하여 관련 기관과의 연계 등을 자동으로 지원하며 방재기본계획, 지역방재계획 등에 근거한 재난대응상황 시나리오를 사전에 작성하여 재난 발생 시, 재난 상황에 따라 실행
③ 자동가이던스 기능을 통해 재난상황에 따라 실행해야 할 상황 시나리오를 업무 담당자별로 자동으로 표시해주며, 작업항목의 누락 및 재난 중복대응 등의 작업 오류를 방지하고, 관련 시스템과의 연계에 따른 통합조작환경 제공
④ 또한 재해대책매뉴얼(시나리오)을 바탕으로 재난대응 훈련기능을 이용한 교육 및 훈련을 통하여 재난대응능력 강화
⑤ 의사결정지원시스템의 주요 기능으로는 자동가이던스 기능, 재난대응이력 관리기능, 부처 내외 연계기능, 문서보고서 관리기능, 방재훈련 기능 등이 존재

(2) 지진방재정보시스템(DIS)

① 지진피해정보가 수집되지 않아도 지진의 진도정보, 지형, 지반, 인구, 건물 등의 정보를 GIS 상에 표시하고 피해규모정보를 표시하여 초동체제 구축을 지원하는 시스템
② 지진 발생 시, 지진피해 파악 지연이 초동체제 구축 지연으로 연계되지 않도록 구축
③ 지진피해조기평가시스템(EES)과 응급대책지원시스템(EMS)으로 구성

(3) 오사카시 도시방재정보시스템

고베 대지진의 경험과 교훈을 살려 재난 발생 시, 시민의 피해를 최소화하고 재난 응급대책활동에 필요한 7가지 응급대책 처리를 패턴화하여 신속하고 정확하게 초동체제 구축을 지원하고 있음
① 기상정보, 재난정보 제공 및 피해보고 기능
② 재난 발생 시 초동체제 구축 지원, 피난 유도 및 피난소 관리 지원
③ 부상자 구호, 구급 및 긴급수송 지원 등

(4) 오사카시 도시정보화시스템의 주요 서브시스템

① **통합형 GIS** : 재난규모 및 재난지역을 표시하고, 의사결정 지원
② **지진피해 예측** : 지진 발생 시 지진계 데이터를 기초로 교량, 건물 등의 피해규모 예측 지원
③ **공간영상** : 재난 발생 시 영상정보를 표시하여 재난상황 및 대응상황 파악
④ **방재정보통합기능** : 각 부서에서 방재 관련 데이터를 연계하여 방재정보의 통합 관리 지원

3) ICT 활용 재난안전 관리 기술 사례[1]

구분	사례명	주요 내용
조기 예측을 통한 선제적 예방과 대비	센서를 통한 홍수예측 [EU, Urban Flood 프로젝트]	제방에 센서를 설치하여 홍수 발생 전에 상태를 미리 감지하고 홍수 발생을 예측함으로써 홍수 위험을 완화하는 홍수 조기경보 시스템 구축
	빅데이터 분석을 통한 자연재해 사전대응 [PDC, DisasterAWARE]	NOAA, NASA 등 기상 및 지질 관련기관으로부터 수집된 양질의 정보를 정보통합, GIS 매핑, 통신 기술을 활용하여 재난의 잠재적 영향력과 위험을 시각화하여 재난관리자들의 의사결정 지원
	빅데이터 분석을 통한 범죄예측 [미국, CrimeMapping]	범죄지도를 통해 국민들에게 살고 있는 곳과 가까운 지역에서 발생한 범죄에 대한 정보를 제공하고, 범죄 발생 지역과 유형을 세밀하게 분석하여 후속 범죄 가능성을 예측해 사전에 예보
	빅데이터 분석을 통한 실시간 범죄패턴 파악 [뉴욕경찰, RTCC]	뉴욕시와 미국 전체의 범죄 관련 기록을 고도의 데이터 분석 및 시각화 도구를 통해 실시간으로 범죄패턴을 분석하여 현장에 있는 경찰과 수사관들에게 즉각 제공하여 치안활동 개선
	빅데이터 분석을 통한 전염병 예측 [구글, 독감 트렌드]	방대한 양의 검색데이터를 이용하여 실시간에 가깝게 전 세계의 독감 유행 수준을 측정하여 질병 발생을 조기에 감지할 수 있도록 지원
	빅데이터 분석을 통한 바이오위협 예측 [미 국토안보부, 바이오위협경보시스템]	응급의료보고서, 의료기관 데이터 및 소셜 미디어 등을 포함한 다양한 데이터 집합 분석을 통해 공공안전에 대한 위협의 징후를 감지하고 경고할 수 있도록 설계된 범국가적 바이오 관측 시스템

[1] ICT를 활용한 사회현안 해결 해외사례 분석-(1) 재난/안전, 2013

구분	사례명	주요 내용
즉각적인 재난 상황 전달로 피해 규모 축소	센서를 통한 교통사고 사망자 수 감소 [EU, eCall 시스템]	교통사고 발생 즉시, 차량에 부착된 센서가 자동으로 사고를 감지하여 구조센터에 연락함으로써 피해 지역 정보를 제공하여 교통사고에 따른 사망자 수를 줄이고, 추가적인 교통사고 예방
	모바일을 통한 즉각적인 재난정보 전달 [국제적십자사, 테라 SMS]	재난과 위기 발생 시, 구호단체와 피해자들에게 재난 관련 정보를 즉각적으로 전달하고, 피해자들의 요구사항을 전달받기 위한 재난경보 문자 서비스
첨단 기술을 통해 극한 재난 현장에서의 인간 한계 극복	극한작업 로봇을 이용한 재난현장 대응 [일본, 후쿠시마원전 구조로봇]	방사선 노출위험에 따라 사람이 접근할 수 없었던 후쿠시마 원전 재난 현장에 다양한 종류의 로봇을 차례로 투입하여 피해현장 정보를 수집하고 구호 활동 진행
	첨단로봇을 통한 CBRENE 대응 [일본, 최첨단 구조로봇 퀸스(Quince)]	화학 – 바이오 – 방사능 – 핵 – 고폭탄(Chemical – Biological – Radiological – Nuclear – High Yield Explosive) 재해 발생 시 구조요원 대신 현장에 투입하여 상황을 조사하는 역할을 수행하는 최첨단 재난구조 로봇
	로봇을 통한 초기산불 진화 [독일 지능형 자율주행 소방방재 로봇 올루]	산불 발생 시 스스로 산불을 찾아 초기에 진화가 가능한 자율주행 소방방재 로봇
	무인항공기(UAV)를 이용한 허리케인 대응 [NASA의 HS3]	허리케인 발생 시, 두 대의 무인항공기를 허리케인 외부와 내부에 직접 투입하여 강도변화를 예측함으로써 미리 대응할 수 있도록 지원
	무인비행기를 이용한 재난현장 실시간 감시 [일본 NEC 사의 재난 감시용 무인비행기]	무인비행기에 소형카메라와 센서, 통신장치를 탑재하여 산불 · 지진 · 해일 발생 직후 사람의 접근이 어려운 현장 상황의 정보를 실시간으로 전달

2. 우리나라의 ICT 기반 재난안전관리[2]

1) 국가재난관리계획을 통해 사회환경 변화에 대처

① 정부는 1995년 7월 재난관리법을 제정하고 중앙부처와 지방 자치단체에 재난관리 전담기구와 인력을 확보하였으며, 공공 및 민간시설물 등 제반시설물에 대한 안전점검 실시와 위험시설물의 보수 · 재건축 추진 등 60여 개의 재난 관련 법령 재정비를 통해 재난 예방 장치를 강화

② 국가재난관리체계의 효율적 개선을 위해 '국가 재난관리 종합대책'을 수립('03.3)하고, 국가 최초의 재난관리 전담기구인 전 소방방재청 설립('04.6)

---

2) 재난 · 안전 분야의 新ICT융합전략, 한국정보화진흥원, 2014

※ 자연재해대책법 제 75의2(지역안전도 진단)에 의거하여 위험 취약지역을 평가
③ 국립재난안전연구원은 국가 재난 및 안전관리 총괄 연구기관으로서 재난관리기술 연구와 정부의 재난 및 안전관리 정책 개발을 지원하고 있으며, IoT, AI를 활용한 재난관리시스템 고도화 연구를 수행하고 있는 등 실질적인 재난안전 정책수립에 기여
④ 전 미래창조과학부는 '정보통신진흥 및 융합 활성화 기본 계획'을 발표('14.5), 재난·안전사고의 현장 정보를 실시간으로 분석·공유하고 범부처가 재난재해에 공동 대응하는 시스템 구축 추진
⑤ 국가차원의 총괄적 대응체계인 '국민안전처' 신설 등 통합적인 재난안전체계 구축
⑥ 행정안전부는 ICT기반의 각종 재난상황관리시스템 등을 활용하여 실시간 상황관리 등 신속한 의사결정 및 대응지원으로 현장 중심의 선제적 재난안전체계 구축·운영

2) 재난·안전분야 정보화는 4대 영역으로 추진

① 국가정보화 발전 및 기술·사회 변화에 따라 전략적으로 추진되어 온 재난·안전 분야 정보화는 '기반 인프라 구축'과 '활용 서비스 구축'으로 구분
② 재난안전 중점영역에 대한 4대 전략은 국민안전을 최우선으로 고려한 안전체감도 향상과 재난·안전의 관리체계 개선 및 정보교류 활성화 기회 제공
③ 4대 전략은 전문성과 기술력을 가진 민간과의 협업으로 재난·안전 부문의 선제적 예측·대응이 가능

▼ 국내 재난·안전분야 ICT 4대 중점영역 및 4대 전략

구 분	중점 추진영역	4대 전략
기반 인프라 구축	생활안전 인프라 구축	국민안전 리스크 관리체계 고도화
	재난재해 인프라 구축	선제적 예방·대응체계 강화
활용 서비스 구축	민간데이터 연계·활용	민·관 협업 플랫폼 구축
	정보교류 채널 확대	자발적 참여형 빅데이터 조성

4대 전략의 추진은 ICT의 생산적·효율적 융합과 민관협업을 바탕으로 이뤄진다. 2014년에 수립된 4대 ICT융합전략 및 세부 추진과제는 아래 표와 같다.

▼ 4대 ICT융합전략

4대 전략	향후 추진과제
국민안전 리스크 관리 체계 고도화	① 국민 생활안전의 위험요인을 분석·평가할 수 있는 '국민 안전리스크 관리체계' 구축 　- 위험 분야별 리스크 지표를 설정·분석하여, 지역별 중요리스크에 대한 조기 감지·대응체계 구축 ② '안전정보통합관리시스템' 서비스 고도화 및 활용 확대 　- 안전 분야별 실시간 세부 데이터 연계·수집으로 안전 위해 요소를 분석하고, 국민에게 제공하여 활용도 확산 　- 분석결과를 안전관리 업무에 활용하기 위해 '범부처 국민안전관리 업무 재설계(BPR)' 고려
선제적 예방·대응체계 강화	③ 자연재해 및 사회재난 예측을 위한 정보 인프라 구축 　- 재해·재난 예측 정보를 수집·관리하여 향후 발생 가능성이 있는 안전사고 위험에 대해 사전대비할 수 있는 체계 마련 ④ 재해·재난 위험정보 상세 공개를 통한 지역 안전도 개선 　- 지역별 위험 정보를 상세히 공개하여 안전 개선에 활용하고, 대국민 생활에 직접적으로 활용할 수 있도록 홍보 추진
민·관 협업 플랫폼 구축	⑤ 재해·재난 관리를 위한 민간 데이터 활용체계 구축 　- 재해·재난 예측 및 대응에 유용한 민간 데이터(Street-level 상세 지도 데이터, 유·무선 통신 데이터 등)를 선별하여 수집 　- 수집한 데이터를 기존의 공공 데이터와 융합하여 재해·재난예측을 위한 분석 및 사고 발생 시 신속한 대응에 활용 ⑥ 재난·안전 정보 서비스 제공을 위한 민간 플랫폼 활용 　- 재난·안전 정보를 Open API 형태로 민간에 공개할 수 있도록 제공하고, 이를 활용한 민간 서비스 개발 확대 추진
자발적 참여형 빅데이터 기반 조성	⑦ 국민이 재난·안전관리 업무에 참여할 수 있는 기반 마련 　- 안전관리 업무에 국민의 자발적 참여를 유도하여, 국민이 생성한 데이터를 안전관리·개선에 활용 ⑧ 국민이 생성한 빅데이터 분석·활용 체계 구축 　- 재난 발생 시 국민이 제공한 실시간 데이터가 유용하게 활용될 수 있으므로, 실시간 분석 기반 구축 추진 　- 재해·재난 예측에 필요한 정보 중 국민이 입력한 데이터를 공공 데이터와 융합하여 재난 대응에 활용할 수 있는 방안 마련

3) 첨단 ICT 기술과 융합한 재난안전 분야의 다양한 솔루션 제공

① ICT를 재난예방에 접목한 재난안전 솔루션 분야는 국내뿐만 아니라 전 세계적으로 급성장하고 있으며, 공공안전 및 재난예방 ICT 세계시장 규모는 2016년 기준 각각 약 501억달러 및 325억달러에 이르렀으며, 2022년까지 공공안전 ICT 분야 시장규모는 연평균 41.75% 증가해 약 4,125억달러, 재난예방 ICT 분야 시장규모는 연평균 10.95% 증가해 603억달러로 각각 성장할 것으로 전망

② 국내 공공안전 ICT 시장규모는 연평균 17.87% 증가해 약 1조2584억 원(2016년)에서 약 3조3,916억 원(2022년)으로, 재난예방 ICT 시장규모는 연평균 19.74% 증가해 약 305억 원(2016년)에서 약 867억 원(2022년)으로 각각 성장할 것으로 전망된다. 재난정보 전달을 위한 재난안전방송 분야를 포함하는 방송·스마트미디어 공공복지 및 재난안전시장은 2016년 248억 원에서 2022년 371억 원 규모로 연평균 7.0% 이상 성장할 것으로 예측

▼ 공공안전/재난예방 ICT 관련 국내 시장 규모 및 전망

(단위: 억 원)

구 분	2016	2017	2018	2019	2020	2021	2022	CAGR
공공안전ICT	12,584	14,812	17,494	20,642	24,358	28,743	33,916	17.87%
재난예방ICT	305	376	447	527	622	734	867	19.74%
방송·스마트미디어 공공복지 및 재난안전	248	265	284	303	324	347	371	7.0%

③ 국립재난안전연구원의 지능형 CCTV를 활용한 하천범람 감지 기술을 개발, 한국전기안전공사의 지속적으로 취득되는 전기안전 감시 데이터를 활용한 전기설비 이상 감지, 이상 데이터 검출, 사전위험요인 예측, 전기시설 노후도 측정 서비스 개발 등 국가 연구기관 중심으로 ICT 기술을 융합한 재난안전 관련 기술개발이 활발하게 이뤄지고 있음

03 재난안전 APP

재난안전 애플리케이션(APP)은 정부에서 국민중심, 기관 간 협업을 통해 단계적으로 추진하여 한 번의 애플리케이션 설치로 다양한 서비스를 이용할 수 있도록 통합·연계가 추진되고 있다.

1) 안전디딤돌

중앙·지자체에서 개발한 재난정보 관련 유사한 애플리케이션은 11개 기관별로 15개의 애플리케이션을 분산 운영 중이었다. 2014년 4월부터 이러한 애플리케이션들을 통합하거나 연계하여 재난정보 포털 앱인 '안전디딤돌' 서비스를 개시하였다. '안전디딤돌'은 정부대표 모바일 재난안전정보 포털 앱으로써 위급한 상황시에 재난신고를 할 수 있을 뿐 아니라 재난 뉴스 등의 문자서비스, 비상시 행동요령, 주변의 대피소 정보를 확인할 수 있다. 아래 표는 해당 기관과 '앱' 명, '안전디딤돌' 서비스와의 통합·연계 여부를 나타낸다.

▼ 재난정보 제공 관련 '앱' 현황

통합·연계 대상 '앱'(대국민 서비스)			통합·연계
기관명(11개)	'앱'명(15개)	정보 제공 내용	
행정안전부	튼튼안전 365	국민행동요령, 어린이교통안전	통합
국토교통부	스마트구조대	화재, 산불, 해양사고, 성폭력, 조난	유지(연계)
한국시설안전공단	시설물재난관리시스템	시설물에 대한 위험상황 전파 등	유지(연계)
소방청	재난안전알리미	재난문자(속보), 국민행동요령, 사건·사고정보, 대피소 정보 등	통합
소방청	119 신고	119 신고(영상, 문자), 응급처리요령	유지(연계)
소방청	물놀이 GO!	물놀이 안전수칙, 구명조끼 착용법, 전국 물놀이 장소 추천	통합
강원도 소방본부	강원 119 신고	위급상황 시 위치정보 119 신고	유지(연계)
경기도	경기도 119	실시간 재난정보, 민원상담	유지(연계)
광주	스마트안전센터	재난대응요령, 기타 재난 관련 정보, 위치파악 등	유지(연계)
경찰청	여성, 아동용 112 긴급신고	위급상황 시 112 긴급신고	유지(연계)
산림청	산사태정보	산사태예측정보, 행동요령	유지(연계)
서울특별시	서울안전지키미	재난재해 및 사고정보 제공	통합
서울특별시	서울 119	재난현황, 응급처치, 사고대응	통합
부산시	부산재난안전	재난정보, 관측정보, 교통정보	통합
광주광역시	119 신고	신고자위치 파악, 119 신고	통합
경기도	경기스마트 119	안전문화운동, 소방교육, 민원안내	유지(연계)
제주도	안심제주	기상, 대피시설, 행동요령	유지(연계)

포털 앱 '안전디딤돌'의 주요 서비스 구성은 앱을 설치하는 스마트폰 사용자에게 긴급재난문자 제공(※ 수신지역선택, 알림음 차단 등 메시지 설정 기능), 재난뉴스, 기상정보 제공 및 위급한 상황에 긴급 신고 기능, 지진옥외대피장소, 민방공대피소, 병원, 약국 등 다양한 재난안전 시설물 정보 제공 등이 있다.

▼ 포털 앱 '안전디딤돌' 구성

구성	세부 서비스 내용
문자&뉴스	재난문자, 재난뉴스, 공지사항 ※ 문자 전송 시 관련 국민행동요령 제공
재난신고	119 소방신고, 112 경찰신고, 122 해양신고, 080 산불신고(080-880-4119), 119 소방문자신고, 유해화학물질 유출신고
국민행동요령	민방위(4개), 자연재난(15개), 사회재난(23개), 생활안전(16개)
재난안전정보	시설물 정보(8개), 교통정보(3개), 기상정보(4개), 물놀이정보(3개), 민방위교육(1개), 방사선정보(1개), 재난유형정보(1개), 산사태정보(2개), 소방정보(1개), 하천·강우(4개), 전력수급(1개), 해양사고·훈련(5개), CCTV(6개), 타 기관 앱 소개(1개) ※ 맞춤형 설정
환경설정	재난문자(기지국 기반, 수신알림 설정, 수신지역 설정), 유해화학물질신고 설정, SNS 계정 설정

2) 안전신문고

'안전신문고'는 국민들이 생활 속에서 발견한 위험을 스마트폰으로 사진 촬영하여 포털(www.safetyreport.go.kr)이나 앱을 통해 신고하는 시스템으로 2014년 9월 도입되었다. 안전신문고 시스템으로 접수된 안전신고는 처리 결과를 7일 이내 신고자에게 통보해 주고 있다. 신고 대상은 교통시설, 취약시설, 다중이용시설, 공공시설, 기타 생활환경 등으로, 앱을 통해 안전신고가 접수되면 중앙부처, 지자체, 공공기관 등 해당 기관의 부서에서 7일 이내에 처리하고 이를 문자 또는 이메일로 신고자에게 알려준다.

안전신문고는 정부의 홍보 활동과 신고 편리성으로 인해 개설 이후 안전신고가 매년 큰 폭으로 증가하여 2020년 12월 말 기준 총 360만여 건이 접수되었고, 이 가운데 302만여 건의 안전위험요인이 개선되어 안전사고를 예방하는 데 크게 기여하고 있다.

▼ 신고 대상(예)

시설명	위험 요소
교통시설	도로 · 맨홀 파손, 도로구조 · 신호등 · 안내표지판 개선 등
취약시설	절개지, 노후 옹벽 · 축대, 가건물 등 위험 개소 및 건축물
다중이용시설	대중교통(전철 · 버스 · 철도 · 선박), 유원시설 등
공공시설	댐, 저수지, 상 · 하수설비, 가스 · 전기시설 등의 위협요소
기타 생활환경	학교폭력, 학교 주변 유해업소, 불량식품 등

3) 자가격리자 안전보호앱

2020년 1월 20일 코로나-19 첫 확진환자 발생 이후 행정안전부는 상황관리반을 즉시 가동하였다. 1월 27일 위기경보가 '주의'에서 '경계'로 격상됨에 따라 대책지원본부로 강화하여 운영하였으며, 2월 23일에는 코로나-19의 전국적 확산 가능성에 대비해 위기경보가 '심각'으로 상향됨에 따라 중앙재난안전대책본부를 운영하였다. 자가격리자 안전보호 앱, 안심밴드, GIS 상황판단 시스템 등 ICT 기술을 개발 · 도입함으로써 전국적으로 급증하는 자가격리자를 빈틈없이 관리하고 매일 중앙재난안전대책본부 회의 개최, 언론 브리핑을 통해 일반 국민들과 적극적으로 상황을 공유하여 정부 방역활동에 대한 국민들의 신뢰와 협조를 이끌어 낼 수 있었다.

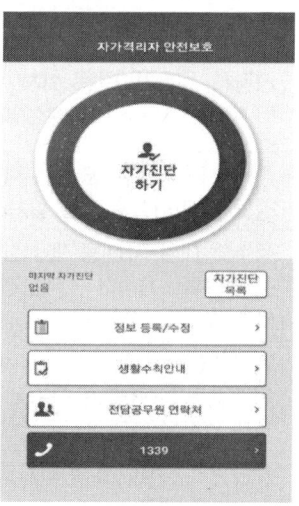

┃ 자가격리자 안전보호앱 ┃

(출처 : 행정안전부, 대한민국 재난안전관리)

02 주요 재난관리정보시스템

01 국가재난관리정보시스템(NDMS)[3]

국가재난관리정보시스템(National Disaster Management System)은 재난에 체계적인 예방, 대비, 신속한 대응, 복구업무 지원 및 화재·구조구급 등 119 서비스 업무 전 과정을 정보화하여 대국민 재난안전 서비스를 제공하는 것을 목적으로 한다.

1. 방재분야 시스템

재난 감지	재난정보공동활용 시스템	재난관리책임기관별로 보유·관리하고 있는 재난관리정보를 범국가적으로 공동활용할 수 있도록 전자지도 기반의 통합화면을 제공(43개 기관, 223종 정보연계)
	재난영상정보 (CCTV) 통합·연계시스템	지자체, 유관기관별로 설치·운영 중인 재난관리용 CCTV를 통합·연계(5,400대)하여 재난영상정보를 공동 활용할 수 있도록 제공
상황 전파	상황전파시스템	중앙, 시·도, 시·군·구, 재난관리책임기관이 메신저 기반으로 재난상황정보 및 피해상황 등을 실시간 전파·수신할 수 있도록 지원
대응 복구	중앙 및 지자체 재난관리시스템	풍수해, 대설, 지진 등 재난유형별로 재난관리(예방 → 대비 → 대응 → 복구)를 정보화·자동화 → 재난정보를 수집·전파하고 표준행동절차(SOP)에 따른 업무를 지원
	지진재해 대응시스템	지진 발생 후 상황 예측이 불가능한 초기 상황에 지진재해대응시스템을 통하여 예측된 피해결과를 근거로 구조·구급 및 초기복구를 신속하게 진행하기 위해 업무를 지원
정보수집 분석	재난관리 정보DB센터	재난관리 정책수립 및 의사결정을 지원하기 위한 기반 구축 및 분석 예측 서비스를 제공
대국민 서비스	국가재난정보센터	태풍, 호우 등 국민행동요령 플래시 애니메이션(24종 65편), 민방위 교육일정·대원정보, 사이버 방재교육 등의 정보를 제공

---

3) SAFE KOREA 국가재난관리정보시스템, 소방방재청

2. 소방분야 시스템

구분	시스템명	설명
119 신고 서비스	시·도 긴급구조표준시스템	각종 재난 및 긴급신고를 119로 일원화하고 화재, 구조, 구급 등의 신고접수와 재난현장 지휘를 지원하며, 119 신고접수, 지령관제 등 현장 대응 업무를 지원
	119 다매체신고시스템	음성신고가 불가한 상황·장애인·외국인 등 사회적 취약계층에 대한 119 신고 서비스 제공
	U-119 시스템	기존의 신고체계에 구호가 필요한 사람 및 재난취약계층에게 고품질 맞춤형 서비스를 제공
대국민 서비스	소방민원정보시스템	소방관서에서 건축허가 동의, 다중이용업소 설치허가, 위험물 설치허가, 소방대상물 검사 등 관련 민원업무 처리를 지원
정보수집 분석	국가화재정보시스템	전국 소방관서에서 입력하는 표준화된 화재정보로부터 얻어지는 객관적 정보를 바탕으로 화재조사업무의 정확성 및 편의성을 도모하고, 화재정책 수립 및 화재위험관리 등의 업무를 지원

02 긴급구조표준시스템

긴급구조표준시스템은 화재, 구조, 구급 등의 응급상황 발생 시 신고전화 접수에서부터 출동지령, 상황관제에 이르기까지 전체적인 재난관제시스템을 위하여 대한민국의 소방방재청(현 국민안전처)에서 추진하고 있는 소방정보화 시스템을 의미한다. 전국 지역 소방본부에서는 자체 개발한 긴급구조 시스템을 활용했는데, 이로 인한 협업시스템 및 통계 작업이 수월하지 않은 문제점을 개선하고자 추진되었다.

긴급구조표준시스템 구축은 2006년부터 추진되어 2015년에 서울시를 마지막으로 전국 17개 지역 소방본부의 긴급구조시스템 표준화 사업이 완료되었으며, 지난 2005년 소방방재청(현 국민안전처)이 개발한 긴급구조 표준시스템은 신고접수, 위치파악, 출동지령, 현장대응 등 모든 119 상황처리를 전산화한 표준 플랫폼이다. 긴급구조시스템이 표준화되면서 출동, 구조차량 배차, 출동 이력을 체계적으로 관리할 수 있을 뿐만 아니라 시·도 간 현장 대응 시스템까지 구축할 수 있다.

03 국가지진종합정보시스템[4]

국가지진재해대응시스템(NECIS)이란 국내외 지진 관측자료를 통합 관리하고, 관·학·산·연 지진자료의 공유체계 구축 및 활용을 위한 시스템이다. 즉, 국가지진재해 경감(방재) 및 지진기술개발, 지진산업 활성화를 위해 구축한 지진종합정보시스템 웹서비스를 의미한다. 또한 국가지진재해대응시스템은 지진 관련 기관, 학계 및 연구계, 산업계를 대상으로 국가지진자료 공유 및 자료검색, 제공 등의 서비스를 제공하는 웹 포털로서의 역할을 수행한다. 기상청은 서비스 영역을 지진자료에서 지구물리자료까지 양적·질적으로 확대하여 지진현상 이해뿐만 아니라 국가안보, 재난안전 등 여러 분야에 활용하도록 개발되었다. 2020년 04월 21일부터 신규 NECIS시스템이 구축되어 사용자 이전이 시작되었다. 기능이 방대해진 만큼 보안상의 이유로 인해 신규 NECIS는 기관사용자 중 선정된 기관의 사용자만이 이용할 수 있게 되었다.

∥ 웹서비스 초기화면 ∥

▼ 주요 서비스 내용

주요 서비스	내용
관측소 정보	지진/지자기 관측소 상세정보 및 운영현황
지진 이벤트	지진 이벤트 이력 조회, 지진 이벤트 파형(지진파 형태) 다운로드
지진연속파형	관측소/센서/관측성분별 연속파형 원시자료 조회/다운로드
지진통계	연도/지역/규모별 및 진앙분포 조회
역사지진	한반도 역사지진 기록(삼국시대 ~ 근대) 조회
지구자기장	청양 지구자기 관측자료(2009년 ~ 현재)

---

4) 보도자료 : 이제 다양한 지진정보 한곳으로 모은다-국가지진종합정보 웹서비스 운영, 기상청, 2013

04 국가통합지휘무선통신망

국가통합지휘무선통신망(TETRA)은 재난 및 안전관리기본법 제3조에 의한 재난관리책임기관, 긴급구조기관 및 긴급구조지원기관 간 일원화된 지휘체계를 확보함으로써, 유사시 통합방위 등 국가적 위기관리시스템으로 활용하고, 재난·재해 현장에서 신속·정확한 의사결정 및 신속한 현장지휘체계를 가동하며, 재난예측 정보의 수집 및 공동 활용 등으로 체계적인 재난관리업무를 수행하는 것을 목적으로 한다. 평상시에는 각 기관의 무선통신망으로 사용하고, 재난·재해 발생 시에는 신속한 지휘를 위해 여러 기관의 무선망을 통합하며, 현재 서비스가 불가능한 지역에서 재난·재해가 발생하는 경우 이동기지국, 위성통신 등을 활용하여 각 재난관련 기관 간 원활한 무선통신이 가능하도록 하는 시스템이다.

05 재난현장 영상전송시스템

재난영상전송시스템이란 휴대폰(#4949)을 활용하여 재난 및 안전사고 영상을 현장과 센터 간 신속하게 주고받을 수 있는 쌍방향 재난관리시스템이다. 그동안의 재난상황 파악은 팩스나 전화, CCTV 또는 지상파에 의존하였다. 따라서 CCTV가 없는 지역에서는 정확한 재난상황 파악이 어려워 신속한 초기대응에 미흡했으며, 재난상황을 실시간 영상으로 신속·정확히 파악하여 대처할 수 있는 시스템의 필요성에 의해 재난영상전송시스템이 개발되었다.
재난 발생 시 일반국민 및 국토교통부 소속·산하기관의 소속 직원과 현장담당자가 휴대폰을 이용하여 재난 상황을 담은 동영상, 사진, 문자 등을 #4949로 전송하면 유관기관에서 재난상황을 실시간으로 파악하여 조치하고 신속히 상황을 전파하여 피해를 최소화하는 긴급재난대응시스템이다. 현재 국토교통부 소속·산하기관(266개)뿐만 아니라 타 부처 소속·산하기관(927개)에서도 공동 활용하고 있으며 국토교통부 산하 한국시설안전공단에 설치된 국토해양재난정보센터에서 운영하고 있다.

06 스마트 빅보드(Smart Big Board)[5]

스마트 빅보드는 실시간 첨단 스마트 재난상황실이며, 재난 또는 안전사고가 발생했을 때 CCTV, 기상정보, 인공위성 영상, 전자지도 정보, 재난이력 등 모든 정보를 통합해 현장의 상황을 모니터링하여 분석 및 대응하고, 무인항공기 등의 실시간 모니터링 장비를 이용해 재난상황을 입체적으로 파악하는 시스템이다. 이 시스템은 기상, CCTV, 재난이력 등의 다양한 정보를 통합하고 스마트폰을 기반으로 하는 스마트 모니터링 체계의 도입, 트위터를 중심으로 하는 빅데이터 분석 및 실시간 모니터링 장비(위성, UAV, MMS 등)의 활용을 통하여 공간적인 재난상황을 파악한다.

SNS 기반의 국민참여형 재난관리와 각종 정보의 통합은 대응에서 복구까지의 재난관리프로세스를 모니터링할 수 있다는 점은 스마트 빅보드의 차별화된 특징이다.

1. 기존 정보의 연계

스마트 빅보드는 기존 재난관리 유관기관에서 개별적으로 관리·서비스하고 있는 정보를 연계한다. 다양한 유형의 재난에 대해 신속하게 관련 정보에 접속하여 상황판단에 필요한 정보를 참조하고 최적의 상황대응 의사결정을 지원하는 데 그 목적이 있다. 현재 시범구축에 활용하고 있는 대표적인 기존 재난정보로는 기상청에서 제공하고 있는 기상 정보, 재난·도로용 CCTV 영상, 재난 감지와 모니터링 등 특정 목적을 위해 설치된 센서 정보 등이 있다.

2. 스마트 모바일 현장정보

기존 정보의 연계메뉴가 수동적이고 간접적인 상황 정보 획득 수단이라면 모바일 현장정보 메뉴는 보다 직접적이면서 적극적인 상황정보 획득방법을 제공한다. 상황 발생 시 현장에 파견된 조사인력에 의해 취득된 영상 및 텍스트 정보는 실시간 서버에 전송되어 상황실 내에서도 현장상황에 대한 정확하고도 구체적인 정보를 실시간으로 공유하는 것이 가능하다. 이는 재난대응 프로세스 전반에 대한 시간적 측면의 업무효율을 증대시키고 지속적으로 변화하는 상황전개 과정에서 적절하게 대응할 수 있는 재난관리시스템의 기능을 강화시키는 데 그 목적이 있다.

---

[5] 새로운 재난관리 플랫폼 : 스마트 재난 빅보드, 김진영(국립재난안전연구원)

3. 빅데이터

스마트 빅보드에서는 재난관리에 활용성이 높은 실시간 트윗 정보, 과거 재난이력 및 원인 분석 결과, 위성영상, 시뮬레이션, 관련 웹사이트 등을 빅데이터 메뉴로 분류하여 예방, 대비, 대응, 복구의 재난 관리 전체 프로세스에 대한 과학적이면서도 직관적인 재난관리 수행에 도움을 주고자 하였다. 특히 빅데이터 메뉴는 재난 발생 및 상황 전개에 대한 인과관계 유추가 가능하다는 점에서 기존 접근방식과 다른 차별성이 있다.

4. 시범 적용 모델

스마트 재난 빅보드의 기능과 적용성 검증을 위해 지난 2011년 7월 강남역 침수피해를 대상으로 각 구성요소를 적용하고, 관련 정보를 GIS 상에 융복합적으로 표출하였다. 이 검증 과정에서 스마트 빅보드는 기상, SNS(트윗) 등 실시간 정보가 수집 및 표출되고, 위험기준에 따라 재난 발생가능지역을 예측하며, 그 지역에 과거 재난이력과 침수예상도를 표출하여 상세한 재난위험지역을 분석한다. 또한 CCTV를 통해 확인·점검함으로써 현장 중심의 각종 재난정보들이 연계·분석·표출되어 보다 효과적인 재난예측과 대응을 지원한다.

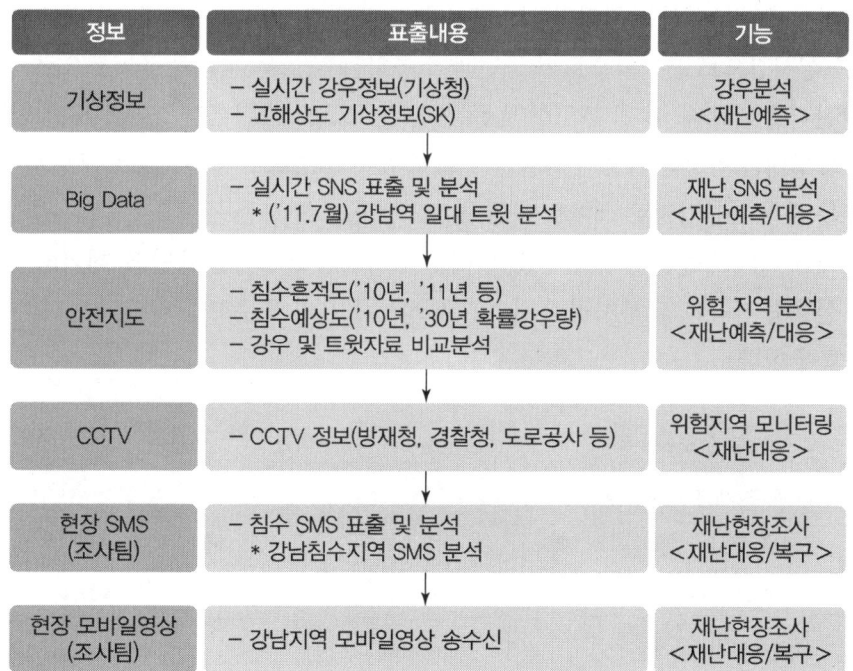

| 스마트 재난 빅보드 메인화면 |

(출처 : 국립재난안전연구원, 스마트 재난 빅보드)

특히, 재난 발생지역 현장조사자들의 스마트폰을 활용한 현장모니터링과 상황 전파를 통해 상황실에서 재난현장의 상황을 보다 면밀히 파악하고, UAV(무인헬기) 등 첨단장비를 이용하여 접근이 곤란한 재난지역의 모니터링을 수행할 수 있도록 지원한다.

상기의 내용과 같이 스마트 재난 빅보드는 기존의 재난정보를 효과적으로 연계하고, 새로운 재난정보로서 SNS와 민간 재난정보를 융합하여 통합표출 및 분석함으로써 기존 재난관리와는 다른 스마트한 재난관리를 지향한다.

5. 기존 재난관리 문제점 및 개선

현재의 재난관리는 경제적, 행정적, 기술적인 이유에서 재난정보를 제한적으로 다루고 있으며, 다양한 경로로 획득 가능한 재난정보가 있음에도 불구하고 한정된 정보원만을 활용하고 있기 때문에, 통합적인 재난분석과 모니터링을 수행하는 데에는 한계가 있다. 이러한 실정을 개선하고자 국립재난안전연구원은 재난 및 안전사고 시 현장 중심의 모든 가용한 정보를 이용하여 현장의 상황을 모니터링하고 분석하는 스마트 재난관리 플랫폼(SBB ; Smart Big Board)을 개발하고 있다.

스마트 재난관리 플랫폼은 재난 및 안전사고 시 현장중심의 모든 정보네트워크를 가동하여 위험상황을 분석하는 최첨단 시스템을 목표로 하고 있다. 특히, 재난현장에서 발생하는 SNS를 실시간으로 분석함으로써 국민과 소통하는 새로운 개념의 플랫폼으로 추진한다. "재난관리를 빠르게, 쉽게, 유연하게 돕는다."는 모토로 계획했던 스마트 재난 빅보드에 대한 최종형태는 이상과 기술의 적절한 조화 속에서 앞으로도 지속적으로 보완해야 한다. 다른 모든 툴과 마찬가지로 스마트 재난 빅보드는 필요한 모든 구성요소들의 준비가 되어 있을 때에 최적의 기능을 발휘할 수 있기 때문에 시스템 요소기술 개발 및 데이터 연계방안에 대한 실용화 전략과 각 부처및 유관기관의 정보 공유와 표준화를 위한 제도적 기반도 함께 마련해야 한다.

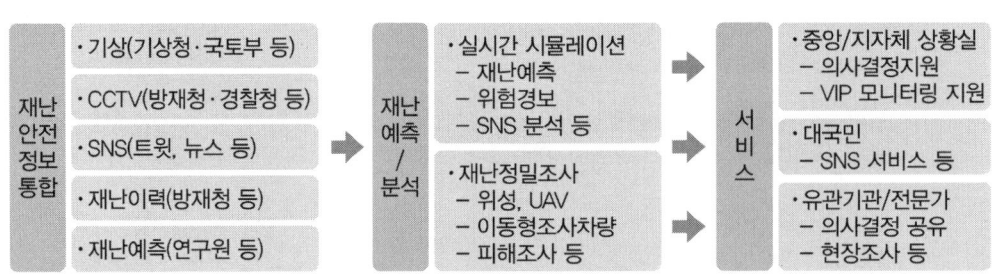

재난정보 흐름체계 개선(안)

(출처 : 국립재난안전연구원, 스마트 재난 빅보드)

03 재난안전에 적용 가능한 융복합 ICT 기술

01 사물인터넷(IoT ; Internet of Things)

최근 ICT 환경은 블루투스(Bluetooth), NFC(Near Field Communication), RFID(Radio Frequency Identification), 센서, 스마트폰, 태블릿 PC 등 통신망과 인식기술, 스마트 디바이스의 발전으로 급격히 변화하고 있다. 특히 스마트폰 시장의 폭발적인 성장과 ICT 기술의 비약적인 성장으로 사회는 실시간 연결 사회를 넘어 초연결 사회(Hyper Connected Society)로 진화하고 있으며, 통신 산업은 다른 산업과 융합되면서 구조적으로 변화하고 있다. 진일보한 ICT 기술과 지능형 통신 인프라, 규모의 경제성이 확보된 부품시장 등을 기반으로, 초연결 시대를 열 스마트폰 이후의 혁신적인 환경, '사물인터넷'이 세계의 주목을 받고 있다.

1. 사물인터넷의 정의

사물인터넷(IoT ; Internet of Things)은 1세대 PC 인터넷, 2세대 모바일 인터넷을 잇는 '3세대 미래 인터넷' 개념으로, 모든 사물이 인터넷으로 연결되는 환경을 의미하며, 모든 사물에는 사람, 자동차, 안경, 시계, 동식물, 공간 등 환경을 이루는 모든 물리적 객체가 포함된다. 사물인터넷은 IT 기술의 발전에 따라 정보처리, 네트워크, 사물 간 지능통신에 대한 패러다임이 변화하고 진화해 왔다.

사물인터넷이라는 용어가 일반인들에게는 다소 생소하게 느껴질 수도 있으나, 초기 사물인터넷이라고 할 수 있는 USN(Ubiquitous Sensor Network), M2M(Machine to Machine) 등이 발전·확장하는 과정에서 우리는 이미 넓은 의미의 IoT를 경험하고 있다. RFID 기반 음식물 쓰레기 수거나 스마트폰으로 자동차를 원격 관리하는 텔레매틱스, 고속도로 하이패스가 대표적인 예이다. 즉, 사물 간 정보를 교환하고 상호 소통하는 인프라가 사물인터넷이며, 보다 발전된 개념으로 사람의 개입이나 도움 없이 인터넷에 연결된 기기가 서버가 되어 스스로 정보를 주고받으며, Mash-up하는 자율적인 지능 통신 환경이라 할 수 있다.

사물인터넷은 출근 전 복잡한 교통상황을 인지한 알람시계가 평소보다 일찍 울린다거나, 사람의 출입에 따라 집안의 전등이 스스로 켜지고 꺼지며, 공장에서는 온·습도, 압력, 진동 센서를 통해 작업 환경이 분석되어 불량품 발생 시기를 예측하여 알려주는 형태이다. 또한 도심에서는 사고가 발생하는 순간 교통 체증 예상도를 만들어 10분 후 어느 경로의 흐름이 양호한지 안내하고, 목적지에 도착하기 5분 전 미리 주차 위치를 확보하여 안내해 줄 수도 있다.

2. 사물인터넷 지원기술

사물인터넷 주요 기술로는 센싱 기술, 유무선 통신 및 네트워크 인프라 기술 등이 있다. 센싱 기술은 열, 빛, 온도, 압력, 소리, 가스 등 다양한 센서를 이용하여 원격감지, 위치 및 모션 추적 등을 통해 대상물에 관한 유용한 정보를 얻는 기술로, 유럽에서는 MEMS 센서, 일본은 이미지 센서, 미국은 정부 주도의 보안 및 산업용 센서를 중심으로 발전하여 센서 시장을 주도하고 있고, 센서 퓨전을 통해 다양한 센서의 센싱 데이터가 각개 센서 값을 보완하여 복합적인 상황 인지 데이터까지 제공하는 등 더욱 정확하고 신뢰성 높은 센싱을 실현하고 있다.

센서는 그 종류가 무궁무진한 분야로 적용분야도 기하급수적으로 늘고 있다. 초기 자이로스코프와 가속도 센서, 압력 감지센서 등에서 진일보해 진동, 기체, 자기장, 음성, 터치, 행동, 얼굴표정, 생체신호를 감지하는 센서까지 등장하면서, 기존 센서에 논리, 판단, 통신 기능이 결합된 스마트 센서 혹은 지능형 센서에 대한 중요성이 증대되고 있다.

스마트 센서란 센싱 기능과 지능형 신호처리를 결합해 단순한 센싱 기능과 데이터 처리, 자동보정, 자가 진단 등이 가능한 고정밀 고기능의 센서를 의미하고, 검출한 데이터로부터 특정 정보를 추출하는 가상 센싱 기능을 통해 사물인터넷 서비스 인터페이스에 적용된다.

사물정보를 전달·공유하기 위해서는 통신 기술 및 네트워킹 기술 또한 중요하며, 사물인터넷에서는 수요가 많고 보다 비용이 저렴한 근거리무선통신 위주로 확대될 것이라 예상하고 있으며, 관련 무선통신 기술은 WiFi, Zigbee, 2.4GHz, Bluetooth 등으로 다양하게 구분된다.

사물인터넷 서비스를 보다 편리하게 구현하기 위해서는 정보 전송, 메시지 처리, 통신 프로토콜 등에 대한 기술이 중요하며, 사물인터넷이 현실화되려면 필수적으로 저전력 무선연결 가능성이 더욱더 중요해질 전망이다.

1) 유비쿼터스 컴퓨팅(Ubiquitous Computing)

유비쿼터스 컴퓨팅은 1991년 미국의 마크와이저에 의해 도입된 개념으로, 사용자가 주위 환경과 네트워크, 컴퓨터에 대해 영향을 받지 않고, 시간과 장소를 가리지 않으며 네트워크에 언제 어디서든 접속이 가능한 정보통신 환경으로, 어떠한 단말기로든 각종 정보, 콘텐츠를 자유자재로 이용할 수 있는 네트워크 환경이다.

정부는 2003년 IT-839 전 정보통신부(현 과학기술정보통신부)R&D 정책으로 핵심기반기술을 개발하고, 이의 활성화를 위해 국가적 유비쿼터스 비전인 U-Korea를 선포한 후, U-City산업발전을 위해, 2008년 3월 유비쿼터스 도시의 건설 등에 관한 법률을 제정해 새로운 유비쿼터스 문명시대를 선도하고 있다.

현재 우리는 도시사회 생활 속에 생산(자), 소비(자), 영업, 마케팅, 홍보 등 일정한 시간, 일정한 장소(시간)에 발생하는 경제의 주요 행위, 방법론이 시간과 공간을 초월하여 24시간, 언제, 어디서나 이루어지는 Web 경제, 즉 신개념 유비쿼터스 경제에 속해 있다. 예를 들어 생산자는 특정시간에 생산제품을 광고(영업), 매매하는 E-shopping(Home-Shopping)을 더욱 발전시킨, 가상현실 속에 V-market 을 구축하고, 생산자, 소비자를 실제 모사한 아바타를 통해 시간과 장소의 구애 없이 입어보고, 맛을 보고, 느껴보는 오감체험으로 구매를 결정하거나 소통을 통해 소비자가 더 좋은 제품생산에 참여하는 양방향 가치 창조형 경제 행위를 들 수 있다. 이는 유비쿼터스와 가상현실이 융합하는 새로운 형태의 경제개념과 시장형태에 대한 심도 깊은 융합연구가 요구된다.

2) RFID(Radio Frequency Identification)

RFID는 IC칩과 무선을 통해 식품·동물·사물 등 다양한 개체의 정보를 관리할 수 있는 인식 기술을 지칭하며, '전자태그' 혹은 '스마트 태그', '전자 라벨', '무선식별' 등으로 불린다. RFID는 기업의 제품에 활용할 경우 생산에서 판매에 이르는 전 과정의 정보를 초소형 칩(IC칩)에 내장시켜 이를 무선주파수로 추적할 수 있다.

RFID는 지금까지 유통분야에서 일반적으로 물품관리를 위해 사용된 바코드를 대체할 차세대 인식기술로 꼽힌다. RFID는 판독 및 해독 기능을 하는 판독기(Reader)와 정보를 제공하는 태그(Tag)로 구성되는데, 제품에 붙이는 태그에 생산, 유통, 보관, 소비의 전 과정에 대한 정보를 담고, 판독기로 하여금 안테나를 통해서 이 정보를 읽도록 한다. 또 인공위성이나 이동통신망과 연계하여 정보시스템과 통합하여 사용된다. 기존의 바코드는 저장용량이 적고, 실시간 정보 파악이 불가할 뿐만 아니라 근접한 상태에서만 정보를 읽을 수 있다는 단점이 있다. 그렇지만 RFID는 완제품 상태로 공장 문 밖을 나가 슈퍼마켓 진열장에 전시되는 전 과정을 추적할 수 있다. 소비자가 이 태그를 부착한 물건을 고르면 대금이 자동 결제되는 것은 물론, 재고 및 소비자 취향관리까지 포괄적으로 이뤄진다. 또한 RF판독기는 1초에 수백 개까지 RF태그가 부착된 제품의 데이터를 읽을 수 있다. 대형 할인점에 적용될 경우 계산대를 통과하자마자 물건가격이 집계되어 시간을 대폭 절약할 수 있으며, 정보를 수정하거나 삭제할 수 있는 점도 바코드와 다르다.

또한 RFID는 도난과 복제 방지를 위한 목적으로 사용할 수도 있고, 도서관에서는 도서 출납에 이용할 수도 있다. 현재 월-마트를 필두로 베네통, 독일의 유통체인인 메트로 등에서 상용화를 추진 중이다. 우리나라의 경우 RFID는 대중교통 요금징수 시스템은 물론, 그 활용 범위가 넓어져 유통분야뿐만 아니라, 동물 추적장치, 자동차 안전장치, 개인 출입 및 접근 허가장치, 전자요금 징수장치, 생산관리 등 여러 분야로 활용되고 있다.

3) NFC(Near Field Communication)

NFC란 Near Field Communication의 약자로 가까운 거리에서 이뤄지는 비접촉식 통신 기술로 차세대 인식 기술인 전자태그(RFID ; Radio Frequency Identification)의 일종으로 주파수는 13.56Mhz 대역을 사용하고 10cm 가까운 거리에서 단말기 간 데이터를 전송할 수 있다. IC칩과 무선을 통해 식품이나 동물, 사물 등 다양한 개체의 정보를 관리할 수 있는 기술이다.

기존의 QR코드와 비교를 해보면 QR코드는 스마트폰 앱을 실행한 후 카메라 화면상에서의 코드 크기, 위치, 초점을 맞추어야 하는 불편함이 있지만 NFC의 경우는 스마트폰을 그대로 10cm 이내로 접근시키는 행위로도 태그의 정보를 읽어올 수 있어 QR코드와는 비교할 수 없을 정도로 간단하고 직관적이다. 인식과정 역시 주변의 조명이나 야간시간의 실외 등에 주변 환경의 영향을 받는 QR코드와는 달리 NFC는 인식과정에 있어서 주변의 조명이나 실내외 상태에 영향을 받지 않는 장점이 있다. NFC를 CRM(고객관계관리)과 적용해 보자면 현실 공간이나 제품의 적절한 곳에 NFC 태그를 부착 후, 이용자가 스마트 폰을 태그에 접근시키면 공간이나 제품의 성격, 이용자의 성향에 맞는 5C서비스를 제공받을 수 있다.

5C서비스는 이용자가 스마트폰을 NFC태그에 접근시켰을 때, 그 공간이나 이용자 특성, 사물의 특성들을 반영하여 상거래를 중개하며, 콘텐츠를 제공, 이용자 간의 협업, 의사소통, 커뮤니티의 구축을 가능하게 해주는 서비스이다. 소비자에게 5C서비스를 제공하여 공간이나 제품의 가치를 높이는 효과를 줄 수 있으며 그 과정에서 획득하여 축적되는 이용자의 정보를 기반으로 고객과의 관계를 관리할 수 있는 서비스이다.

NFC 기반의 소셜 서비스의 동향으로는 사이버상의 가상공간과 현실에 존재하는 물리적 공간 같은 공간과 가까운 거리와 먼 거리를 나타내는 거리에 따라 유비쿼터스 사회연결망, 모바일 사회연결망, 온라인 사회연결망으로 나뉘며 소셜 서비스의 진화 방향은 물리적 공간과 근거리 중심으로 이동할 것으로 전망된다.

그러나 현실적으로 공간마다 기술적 인프라의 수준이 다르고, 같은 공간을 사용하는 사용자 각각 기술 채택 및 적용의 속도가 다르기 때문에 기준이 되는 한 가지 중심기술을 통한 구현으로는 만족시킬 수 없다. 따라서 중심 기술과 이를 보완할 수 있는 기술이 합리적이고 조화롭게 구성된 "최적화 조합"을 고려해야 한다.

4) USN(Ubiquitous Sensor Network)

USN(Ubiquitous Sensor Network)은 다양한 위치에 설치된 태그 및 센서노드를 통해 사람/사물 및 환경 정보를 인식하고, 인식된 정보를 통합·가공하여 언제, 어디서나, 누구나 자유롭게 이용할 수 있게 하는 정보 서비스 인프라를 의미한다. USN은 모든 사물에 컴퓨팅 기능과 네트워크 기능을 부여하여 인간의 편리성과 안전성을 고도화할 수 있는 센서노드 기술, 다수의 센서노드를 연결하여 네트워크를 구성하는 USN 네트워크 기술, 센서 네트워크와 USN 응용을 유연하게 연결하기 위해 이종 센서 네트워크의 통합 관리, 센싱 데이터 관리 및 질의 처리, 기존 시스템과의 연동, 상황정보 관리 등을 제공하는 USN 미들웨어 기술, USN 구현을 위한 기본적인 서비스 모델, 서비스의 요구사항과 구현을 위한 USN 응용기술 및 제반 USN 기술 등을 적용하여 하나의 응용 영역을 구축하는 데 필요한 적용기술을 대상으로 한다.

5) M2M

M2M은 Machine to Machine의 약자로서 텔레매틱스, 원격제어, 원격모니터링 등의 개념에서 Web 2.0 양방향 개념의 등장과 함께 사람과 기기(Devices) 또는 사물 간의 커뮤니케이션 개념을 지향하는 신기술이다. M2M은 Wireless 기술로 인해 공간과 거리의 제약을 탈피하여 인력으로 이루어졌던 작업들을 기계들이 자동으로 양방향 소통할 수 있도록 하는 핵심요소이다.

전력량계로부터 사용량을 주기적으로 측정하고 이를 인력 없이 무선으로 서비스 제공자에게 전달하는 전력 원격 모니터링 시스템의 경우 Wireless M2M Device을 기반으로 이루어져 있고, 긴급 서비스, 대중교통, 모바일 컴퓨팅, 산업처리, 보안·감시, 화물 및 화물차량, 자동 텔레매틱스 등의 분야에서도 혁신적인 사물 간 소통 기능을 지원할 수 있다.

6) IoT(Internet of Things, 사물인터넷)

IoT는 Internet of Things를 의미하는 약어로 1999년 Kevin Ashton이 '객체(사물)를 인터넷과 연결하는 것'이라는 개념으로 처음 사용한 용어이다. IoT는 이동통신망을 거쳐 단순 데이터 전달을 통하여 사람과 사람, 사람과 사물 간의 커뮤니케이션을 했던 기술인 M2M과는 다르게 가상과 현실세계의 사물 및 개체들을 상호 네트워킹하여 사람과 사물, 사물과 사물 간에 언제 어디서나 시간에 제약 없이 서로 소통할 수 있도록 하는 미래 인터넷 기술로서, 세계적인 시장 조사기관인 가트너는 미래에 떠오르는 핵심기술(Emerging Tech)로 꼽고 있다.

IoT의 필수적인 요소기술은 1) 사물을 식별하기 위한 RFID/QR/NFC 식별 기술, 2) 사물에게 컴퓨팅 요소를 부여하기 위한 하드웨어 기술, 3) 사람과 사물 또는 사물 간의 상호 연결을 담당하는 Web 3.0 통신 및 네트워크 기술, 4) 네트워킹된 수많은 객체를 관리하고 지능적인 서비스를 제공하기 위한 소프트웨어 기술, 5) 모든 사물이 네트워크로 연결되기 때문에 보안 등의 보호 기술 등이 있다.

IoT의 특징은 다음과 같다.
① 인터넷이 자연스럽게 사용되는 것처럼 인간과 사물 간에도 양방향으로 서로 공유하고 새로운 아이디어를 지속적으로 창출할 수 있다.
② 인터넷과 스마트폰 기반의 네트워크를 통하여 일부 장치나 사물만을 연결하는 것이 아니라, 우리가 원하는 모든 장치나 사물, 가상공간까지 연결하여 양방향으로 참여, 개방, 소통할 수 있다.
③ 특정한 인프라가 필요하지 않고, 특별한 과학적 요소가 아닌, 충분히 사용 가능한 기술을 사용하여 사물 인터넷 기반의 미래 선도적, 창조적 상품을 창출할 수 있다.

3. 사물인터넷 기반 ICT 융합기술

최근 10여 년간 ICT에 기반한 융합에 대한 높은 관심에도 불구하고 방송과 통신이 성공적으로 융합된 IPTV 등 일부 분야를 제외하면 사실상 일반인들이 체감할 수 있는 성과는 제한적이었다. 이에 대한 규제의 문제점과 융합을 촉진할 수 있는 정책 및 제도개선 등이 필요하다는 점은 항상 지적되어 왔다. 또한, 경쟁 관점에서 산업 내 대표 사업자들은 ICT 융합을 통해 타 사업자가 해당 산업에 진입하는 것에 대한 거부감으로 인해 진입장벽은 더욱 높아졌다.

결과적으로 ICT융합을 추진하면서도 산업 내 주도권을 잃지 않으려는 방어적 자세를 견지하다보니 혁신의 속도가 더디어지고 일반인들이 체감할 수 있는 혁신적 제품이나 서비스

출현이 어려워지는 현상이 반복되었다. 하지만 사물인터넷이 확산 기로에 들어서면서 융합산업은 새로운 전기를 마련하게 되었다. 가장 중요한 점은 사물인터넷으로 인해 소비자 접점이 산업 외부의 사업자들에게 쉽게 노출된다는 점이다. 예를 들어 웨어러블 기기는 누구나 의료, 보안, 자동차 분야에 활용할 수 있는 소비자 접점이 된다. 이는 해당 사업자가 제공하는 제품만 이용할 수 있었던 과거와 비교해본다면 결과적으로 산업 내 주요 사업자들이 손에 쥐고 있던 대표적 경쟁우위가 약해진다는 의미이다. 결국 사물인터넷으로 인해 지금까지 추진되어 오던 다양한 융합산업의 패러다임은 변화할 수밖에 없다. 따라서 오랫동안 화두가 되어 왔던 에너지, 보안, 의료, 자동차 등 기존 융합 산업에 대해서도 새롭게 살펴볼 필요가 있다.

4. 사물인터넷의 활용분야

사물인터넷은 매우 다양한 분야에 활용될 수 있다. 사물인터넷을 연구한 사례에 따르면 사물인터넷의 활용 영역은 크게 교통 및 물류(Transportation and Logistics), 헬스케어(Healthcare), 집, 사무실, 공장 등의 스마트환경(Smart Environment-home, Office, Plant), 개인 및 소셜(Personal Andsocial)의 4가지 분야로 나누며, 여기에 미래 상상(Futuristic) 분야를 추가로 제시한다.

교통 및 물류 분야에서는 자동차 운행에 필요한 정보를 제공받고 자동화된 운전까지 가능하게 하는 주행 보조(Assisted Driving), 환경 모니터링, 증강현실 기술을 지도에 구현한 증강 지도(Augmented Map) 등에 사물인터넷이 활용될 것으로 보인다. 헬스케어 분야에서는 의료 정보를 인식 및 수집하고 추적함으로써 의료 서비스 품질 향상에 활용 가능하다. 스마트 환경 분야에서는 사무실 환경과 산업현장에 사물인터넷 기술을 적용해 보다 편리하고 지능화된 업무 구현이 가능하며, 박물관/미술관과 헬스클럽 시설에 사물인터넷을 적용한 스마트 환경 구축이 가능할 것으로 예상된다.

개인 및 소셜 분야에서는 사물인터넷을 활용한 SNS와 도난 방지 시스템, 미래상상 분야에서는 로봇택시, 도시 정보화 모델, 확장형 게임 룸 등에 사물인터넷이 활용될 수 있을 것으로 기대된다.

02 U-City

U-City(유비쿼터스 도시)란 첨단 정보통신 인프라와 유비쿼터스 정보서비스를 도시공간에 융합하여 도시생활의 편의 증대와 삶의 질 향상, 체계적 도시관리에 의한 안전보장과 시민복지 향상, 신산업 창출 등 도시의 제반 기능을 혁신시킬 수 있는 21C 한국형 신도시를 말한다.

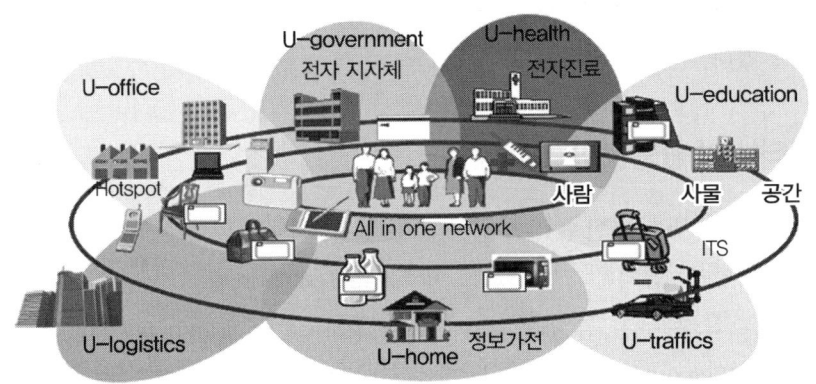

┃ 18 U-City 개요도 ┃

(출처 : KT U-City 추진사례 및 전략)

U-City 구축에 대한 서비스의 가장 큰 구축효과는 국민의 안전 확보이다. 정부는 핵심 U-City 서비스를 선정하여 언제 어디서나 재난과 범죄로부터 국민을 안전하게 보호할 수 있는 U-City 국민 안전망 구축을 우선으로 하고 있다. 국민 안전망 구축을 위한 핵심 U-City 서비스는 경제적 파급 효과와 함께 서비스의 실효성이 높은 방범 방재, 교통 및 시설물 관리 분야 등을 대상으로 중점적으로 검토하여 선정하게 된다.

효과가 입증된 핵심 U-City 서비스는 전국적으로 확산하고 검증이 필요한 서비스는 상대적으로 U-City 인프라가 잘 구축된 수도권과 대도시 위주로 구축된다. 조사에 따르면 인구 수 12만 명 기준의 1개 U-City 서비스 건설 시 교통서비스를 통해 약 45.5억의 편익이 발생하며 상수도누수관리와 관련하여 4.5억, 방범서비스와 관련하여 약 146.4억의 편익효과가 발생한다고 파악되었다.(한국토지공사, 2009)

U-City 구축의 주요 추진 목표 중 다른 하나는 재난·재해 현장 대응력 강화를 위한 스마트 안전관리 시스템 구축에 있다. 유비쿼터스 기술을 접목하여 재난 재해 및 강력 범죄 등을 실시간으로 모니터링하고 신속하게 대응할 수 있는 지능형 관제 시스템과 스스로 위험을 감지하고 전파할 수 있는 지능화된 CCTV 기반의 관제 시스템, 그리고 기존의 음성 전달

방식 외에 다양한 매체를 통해 상황 정보를 전달할 수 있는 스마트형 정보 제공 시스템 등을 통해 재해 현장의 대응력을 강화시킬 수 있다.

▌U-City를 통한 정보통신 인프라와 서비스 등 도시 부가가치 제공 ▌

(출처 : KT U-City 추진사례 및 전략)

03 웨어러블 컴퓨터

웨어러블 컴퓨터는 우리가 착용하고 다니는 안경, 시계 등과 같은 액세서리 혹은 옷 형태로 이루어진 컴퓨터를 의미하며, 궁극적으로는 두 손이 자유로운 상태에서 인간의 지적 능력을 보완하거나 증강시키기 위한 컴퓨팅 환경 구현을 목표로 하고 있다. 현재의 웨어러블 컴퓨터는 완전한 컴퓨팅 기능을 가지지 않은 형태의 디바이스까지도 포괄적으로 포함하도록 개념이 확장되었다. 현재의 웨어러블 컴퓨터는 착용할 수 있는 디바이스에 속하면서 자체적인 컴퓨팅 하드웨어와 기능을 수행하는 것으로 정의할 수 있으나, 단순한 센서로 다른 스마트기기와 연동하는 디바이스를 포함함으로써 그 경계가 모호해진 상황이다.

웨어러블 컴퓨터는 사용자에게 가장 근접한 형태로 밀착하여 다양한 서비스를 제공할 수 있는 컴퓨팅 장치이기 때문에, 인간 중심의 컴퓨팅 환경으로 진화하고 있는 컴퓨팅 패러다임의 변화 속에서 핵심 기기라고 볼 수 있다. 따라서 웨어러블 컴퓨터는 사용자의 요구에 즉각적으로 반응해야 하며, 기기 사용에 따른 안정성을 보장해야 하고, 착용에 따른 문화적 이질감을 극복할 수 있어야 하며, 장치를 사용하는 것보다는 장치와 융합할 수 있는 사용자 인터페이스를 지원해야 한다.

1. 웨어러블 디바이스의 분류

웨어러블 디바이스는 기술적 관점에서 보면 액세서리와 같은 단순착용형(Portable), 피부에 부착하거나 의류형태인 의류일체형(Attachable), 신체에 직접 부착하거나 생체에 이식하는 형태의 이터블(Eatable)로 분류되고, 기능적 관점에서는 사용자들의 선호에 맞춰 피트니스 기능, 헬스케어 기능, 인포테인먼트 기능, 군사·산업 기능으로 분류된다.

2. 웨어러블 디바이스의 전망

웨어러블 디바이스는 인간과 가장 가깝게 위치할 수 있기 때문에 인간의 생체신호, 감정, 행동, 의도 등을 파악하기 용이하며, 인간 중심(Human Centric)의 기술 구현에 있어 유리한 위치에 있다. 앞으로 IT, BT, NT, 섬유, 의류 등 여러 기술 분야가 협력하여 인간의 감성에 가깝고 사용자의 편익을 증대시킬 수 있는 진정한 기술 융합을 이룬다면 웨어러블 컴퓨터의 일상 생활화는 앞당겨질 것으로 전망된다.

3. 웨어러블 디바이스의 활용사례

전 안전행정부의 '라이프태그'는 만성질환자, 중증질환자, 희귀난치성 질환자 등 의료취약계층에서 본인이 원하면 발급함으로써 생명을 해칠 수 있는 응급상황에 효율적으로 대처하기 위한 서비스이다. 팔찌 형태의 라이프 태그를 휴대하고 있는 사람이 응급상황에 처하게 되면 누구라도 스마트폰 접촉을 통해 응급환자의 병명, 응급상황 시 행동요령, 119 긴급통화, 보호자 통화 등의 정보를 확인해 대응할 수 있다.

4. 웨어러블 디바이스의 안전관리 활용 방안

1) 소방안전을 위한 스마트 소방헬멧 도입 방안

현장 지휘관은 현장상황, 즉 현장의 온도, 가연성 연기의 농도, 현장대원들의 활동상황 등을 객관적이고 정량적으로 수치화하여 파악하지 못하고 대원들의 주관적인 판단에 의존할 수밖에 없으며, 이를 토대로 한 현장의 정보를 다시 다른 대원들에게 제공하고 현장을 지휘하게 된다. 이러한 현장상황의 주관적인 정보를 객관적이고 과학적인 정보로 전환하기 위해서는 현장상황을 정확히 확인할 수 있는 영상장비, 온도파악 장비, 가연성 연기농도를 확인할 수 있는 장비가 필요하나 현재 소방활동에서는 위의 장비가 부재하거나 활용이 미흡한 실정이다. 증강현실(AR ; Augmented Reality)이란 사용자가 눈으로 보는 현실세계에 가상물체를 겹쳐 보여주는 기술로서 현실의 세계에 실제로 볼 수 없는 가상의 사물과 부가정보를 제공함으로써 현실세계에 이해를 극대화할 수 있는 기술이다.

증강현실시스템이 적용된 소방헬멧을 사용할 경우 화재가 발생한 건물에 대한 신속한 정보 수집이 가능하며 소방대원들이 화재가 발생한 건물 내부에 있는 위험물 등 위험상황을 인지할 수 있으며, 화재가 급격하게 진행되어 화재를 진압하는 소방대원들이 신속히 화재현장에서 탈출하여야 할 경우 소방헬멧에 적용된 증강현실시스템에 문자정보를 보내주어 화재현장에서 발생되는 소음에 영향을 받지 않고 소방대원들이 위험지역에서 신속히 탈출할 수 있도록 서비스를 지원할 수 있다.

2) 소방안전을 위한 스마트 방화복 도입 방안

재난현장에서 화염, 열과 연기 또는 각종 장애물로부터 신체를 보호하기 위하여 착용하는 방화복은 대원의 신체를 보호한다는 장점은 가질 수 있으나 외부의 환경변화와 착용자 신체의 변화에 대한 객관적 정보를 제공받거나 지휘부에 정보를 제공하지 못한다는 단점을 가지고 있다. 그리고 인명구조 경보기는 30초 이상 움직임이 없을 경우 경보음을 발생하여 대원의 위험을 알리도록 되어 있으나, 대형건축물 및 지하층 화재의 경우 그 구조가 복잡하고 연기로 인한 시야 확보가 어려워 위험에 처한 대원의 위치를 찾기 어렵다. 뿐만 아니라 화재 및 재난현장에서 유독가스 및 유해화학 물질이 누출되어도 대원들은 공기호흡기의 착용으로 누출 여부를 쉽게 인지할 수 없으며, 현장활동에서는 유독가스 누출을 확인할 수 있는 장비가 부족하고 상시휴대장비가 아니므로 가스누출을 빨리 인지할 수 없는 실정이다.

내피에는 호흡, 심박, 체온을 측정할 수 있는 직물기반센서가 내장되고 외피에는 소방대원의 움직임 및 자세, 현재 위치, 외부온도를 측정할 수 있는 센서가 내장된 방화복과 유해물질 감지센서가 부착된 안전화 등 그 특성과 활용성에 맞는 웨어러블 디바이스를 활용한다면, 현장에서 활동하는 소방대원들은 외부의 환경변화와 방화복 내부인 신체징후의 변화를 좀 더 객관적으로 파악할 수 있으며 이러한 정보가 실시간 지휘팀에 전송됨으로써 현장의 안전을 책임지고 있는 현장지휘관 및 안전점검관은 진입공간별 상황별 대원들이 위치한 환경의 외부적 상황과 대원들의 신체변화를 모니터링할 수 있어 안전하고 효율적인 현장지휘가 가능할 것이다. 또한 대원들의 실시간 위치를 파악할 수 있으며, 각 상황에 위치한 대원들의 외부적 환경에 대한 정보 또한 함께 파악이 가능하므로 위험한 상황에 처한 대원들을 사전에 파악하여 안전한 곳으로 대피할 수 있도록 유도할 수 있을 것이다.

3) 소방안전을 위한 소방용 스마트 밴드 도입 방안

대형 화재의 경우 장시간 현장활동에 임하게 되는 소방대원의 건강 상태를 확인하는 일은 무엇보다 중요하지만 현장상황의 긴박함과 위험성을 용인하는 가운데 임무수행을 완수해야 하는 사명감에 소방대원 개개인의 건강 상태를 확인하는 절차는 뒷전으로 밀려나 있다. 그리고 언제 어디서 위험이 닥칠지도 모르는 예측 불가능한 재난현장에서 현장활동 소방대원의 생체신호(심장박동수, 맥박, 체온, 혈압 등)를 실시간으로 모니터링할 수 있는 현장시스템이 없는 한 소방대원의 안전 확보는 어려운 실정이다.

이에, 현장활동 중 소방대원의 생체정보를 파악하기 위하여 착용이 편리한 시계 형식으로 제작된 웨어러블 디바이스를 소방관들이 손목에 차면 현장 지휘팀으로 무선통신을 통해 생체정보(심장박동수, 혈압, 맥박, 체온)를 실시간으로 전송할 수 있다. 그리고 현장지휘팀에서는 무선으로 수신된 각 대원별 건강정보를 통해 적정 범위를 벗어난 이상 징후 대원을 파악하여 충분한 휴식을 취하도록 조치한다면 안전사고 예방에 기여할 것으로 기대된다.

04 Social Networking Service(SNS)

SNS는 Web 2.0의 기술적 개념을 그대로 이어받아 서비스로 조금 더 구체화한 것으로 컴퓨터 온라인상에서 불특정 타인과 관계를 맺을 수 있도록 한 서비스를 의미한다. SNS를 통해 경제 행위의 주체인 생산자와 소비자는 특정한 목적을 가지고 경제행위에 도움이 되는 새로운 네트워크(인맥)를 구축하거나, 기존 인맥(고객)과의 관계를 강화할 수 있다.

또한 SNS는 미국의 트위터, 페이스북, 한국의 다음 카카오 같은 1인 미디어와 정보공유 등을 포괄하는 개념으로 사용되며, 다른 사람과 정치적·경제적, 또는 생활 속의 의사소통 프로세스를 활용하여 정치인은 국민들과 소통하는 방법으로, 경제인은 고객과 소통하는 방법으로, 연예인이나 작가 들은 팬들과 소통하는 방법으로, 고객 또는 사용자, 참여자의 요구에 또는 사상에 꼭 맞는 정보, 상품 및 서비스를 제공하는 새로운 형태의 인적 네트워크 구축이 가능하다.

1. 민간의 SNS 위력을 보여주는 사례

1) 상황 1

2014년 4월, 정부는 전남 진도 해상에서 발생한 여객선 침몰 사고의 구조자 수를 발표하는 데 계속 혼선을 빚었다. 사건 당일인 16일 하루에 탑승객 숫자가 477명에서 459명, 462명, 475명으로 4차례나 바뀌었고 구조 인원 역시 중복집계 문제로 인해 160명에서 368명, 164명, 175명, 179명, 174명, 172명 등으로 수차례 정정됐다. 이때마다 인터넷 사이트와 SNS에서는 '구조자 수 집계 오류' 사실을 지적하는 글들이 올라왔다.

2) 상황 2

2010년 12월 튀니지 남동부 지방도시인 시디 부지드에서 무허가 노점상을 하던 한 청년은 경찰의 단속에 항의해 분신자살을 했다. 이 소식은 트위터와 페이스북을 통해 급속하게 퍼졌고, 이는 정부에 저항하는 국민들의 시위를 촉발시켰다. 이로 인해 23년간 독재를 해오던 벤 알리(Zine El-Abidine Ben Ali) 정권은 퇴진하게 된다.

위 두 사례는 스마트폰, 무선인터넷, 소셜네트워크의 발달로 세계가 실시간으로 연결되면서 생긴 변화를 잘 보여준다. 과거에는 정부가 발표하면 '그런가보다'라고 받아들였을 일을, 이제 시민들은 더 이상 순수하게 모든 정보를 진실로 받아들이지 않는다. 이제 언제 어디서든 일어나고 있는 일들이 실시간으로 유튜브, 페이스북에 업로드되고, 전 국민이 이를 동시에 보는 세상이 되었다.

정부는 재난 발생 시 재난현장에서 발생하는 트윗을 통해 재난전조를 파악하고 현장상황을 모니터링할 수 있는 기반을 구축하였다. 재난현장의 SNS(트윗) 적용 가능성에 대해서는 2011년 강남역 침수 시 발생했던 트윗을 통해 새로운 재난정보로서의 활용 가치를 검증하였으며, ICT 강국인 우리나라 실정에 효과적으로 활용할 수 있는 수단이 된다.

2. SNS와 국가재난안전 통신망

소셜 네트워크의 발달은 민간인들의 정보전달 속도를 매우 빠르게 만들었다. 사람들은 불이 나면 소방대가 출동하기 전에 먼저 스마트폰으로 사진을 찍어 유튜브에 올리고 부당한 일을 당했을 때, 변호사를 찾아가기 앞서 SNS에 이를 토로한다. 이제 국민들은 재난, 사고, 제도의 불합리 등에 대해 더 이상 모르고 넘어가지 않는 시대가 되었다.

이제 국가기관은 '복잡한 지휘체계'와 '기관별로 상이한 통신망'으로 인해 현장의 실상을 파악하는 데 민간보다 더 늦는 상황에 처했다. 이러한 문제로 인해 정부는 재난사태 때마다 초동대응 실패 여론의 비난에 시달리고 있으며, 정부 입장에서는 민간 이상으로 빠르게 정보를 수집할 수 있는 통신망의 구축이 절실해진 상황이다.

이에 따라 정부는 정부기관을 모두 포함하는 강력한 통신망인 국가재난안전통신망을 구축하고 있다. 새롭게 리뉴얼된 국가재난안전통신망은 정부가 민간보다 더 질적으로 높은 정보(문자, 음성, 영상 등)를 수집하고, 이를 최상단의 컨트롤 타워로 빠르게 전달하는 방식이 될 것이다. 현재 재난안전통신망의 기술방식으로 700메가헤르츠(MHz)대역을 활용한 공공안전용(PS ; Public Safety)-LTE가 확정되었고, 시범사업자를 선정해 평창동계올림픽 지역(강릉, 평창, 정선)에 시범사업을 진행하고 있으며, 이를 바탕으로 2017년까지 전국적인 재난안전통신망을 구축할 계획이다.

05 클라우드 컴퓨팅

클라우드 컴퓨팅이란 컴퓨터와 관련된 이용자의 모든 정보를 클라우드라는 서버에 저장하고, 이 정보를 각종 IT 기기를 통하여 언제 어디서나 이용할 수 있다는 개념을 의미한다. 클라우딩 서비스는 인터넷 상의 구름(Cloud)과 같이 무형의 형태로 존재하는 하드웨어·소프트웨어 등의 컴퓨팅 자원을 자신이 필요한 만큼 빌려 쓰고 사용요금을 지급하는 방식의 컴퓨팅 서비스로, 서로 다른 물리적인 공간에 존재하는 정보 자원을 가상화 기술로 통합해 제공하는 기술을 말한다.

클라우드 컴퓨팅은 기본적으로 인프라스트럭처(하드웨어) 형태(IaaS : Infrastructure as a Service), 소프트웨어 형태(SaaS : Software as a Service), 플랫폼 형태(PaaS : Platform as a Service)로 나뉘며 하드웨어, 소프트웨어, 플랫폼을 서비스 형태로 사용자 또는 기업에게 제공한다.

IaaS는 컴퓨터나 서버 / 네트워크 장비 등의 물리적인 하드웨어를 직접 구매, 설치하는 것이 아니라 IaaS 형태의 클라우드 업체가 제공하는 가상의 장비를 임대, 사용하여 간편하게 시스템을 제공하는 서비스 형태를 의미한다.

클라우드 컴퓨팅의 장점은 사용자의 IT작업 비용이 획기적으로 줄어든다는 점이다. 사용자는 지금처럼 별도의 시스템을 구입해 설치하는 비싸고 번거로운 작업을 할 필요가 없다. 대신 저렴한 사용료를 지불하고 클라우드 시스템에 접속하기만 하면 가상의 서버, 저장공간, 소프트웨어를 마음껏 이용할 수 있다. 일반적인 IT 작업을 위해 시스템 구축비용이 최소 수백만 원 수준인 것에 반해 클라우드 컴퓨팅 서비스의 경우 사용료가 시간당 또는 기가바이트당 수백 원 수준이다.

단점은 서비스 안정성 및 개인정보 유출 가능성에 대한 회의적 시각이 존재한다는 점이다. 최근 각종 인터넷 서비스에서 문제가 되고 있는 것이 해킹이나 기타 원인으로 인한 개인 정보 유출 문제, 특히 가상화 기반의 클라우드 컴퓨팅 기반 서비스는 모든 데이터가 서버 쪽에 집중되어 있기 때문에 이 문제에 있어 더욱 큰 위험성을 내포하고 있으며, 서비스 중단에 따라 클라우드 컴퓨팅 기반으로 모든 업무를 처리하는 회사의 경우 업무 마비에 빠질 수도 있는 위험한 상황이 발생할 수 있다.

1. 클라우드 컴퓨팅 사례

1) 아마존(Amazon)

아마존은 클라우드 서비스 시장을 선점하기 위해 2010년 3월 말 개인 온라인 저장 공간인 '클라우드 드라이브(Cloud Drive)'와 이에 연계한 '클라우드 플레이어(Cloud Player)' 서비스를 출시하였다. 이러한 아마존의 움직임은 CD와 도서 판매에 대한 의존도를 줄이는 대신, 디지털 콘텐츠 사업에서 세력을 확장하겠다는 전략이 반영된 것이다.

2) 구글(Google)

구글은 2009년 10월 클라우드 음악 서비스 업체인 심플리파이(Simplify) 인수를 통해 보유하게 된 클라우드 컴퓨팅 기술로 음악 시장 진출의 발판을 마련하였으며, 2010년 5월에는 클라우드 기반 음악 스토리지 및 스트리밍 서비스인 '뮤직 베타(Music Beta by Google)'를 공개하였다.

3) 애플(Apple)

iCloud는 애플에서 제공하는 클라우드 컴퓨팅 서비스이다. 2011년 6월 6일 애플 세계 개발자 회의에서 처음 공개해 2011년 10월 12일 정식 서비스를 시작했다. 구매한 응용 프로그램이나 음악 파일 등을 아이폰, 아이팟, 아이패드, 맥OS X, 마이크로소프트 윈도우 운영체제의 컴퓨터 등의 다수의 장비에 다운로드하며 공유할 수 있다.

4) 네이버(Naver)

네이버 클라우드란 2009년 7월 n드라이브라는 이름으로 출시되었으며, 2015년 11월 5일 명칭을 네이버 클라우드로 변경하였다. 현재 무료 이용자를 대상으로 30GB의 무료 저장공간을 제공하며, 한 번에 올릴 수 있는 최대 파일크기는 4GB이다. 유료서비스 이용자를 대상으로 100GB~1TB의 용량을 제공한다.

06 빅데이터

빅데이터란 디지털 환경에서 생성되는 데이터로 그 규모가 방대하고, 생성 주기도 짧고, 형태도 수치 데이터뿐 아니라 문자와 영상 데이터를 포함하는 대규모 데이터를 말한다. 빅데이터 환경은 과거에 비해 데이터의 양이 폭증했다는 점과 함께 데이터의 종류도 다양해져 사람들의 행동은 물론 위치정보와 SNS를 통해 생각과 의견까지 분석하고 예측할 수 있다. 빅데이터의 특징은 3V로 요약할 수 있다. 즉, 데이터의 양(Volume), 데이터 생성 속도(Velocity), 형태의 다양성(Variety)을 의미한다(O'Reilly Radar Team, 2012). 최근에는 가치(Value)나 복잡성(Complexity)을 추가하기도 한다.

이처럼 다양하고 방대한 규모의 데이터는 미래 경쟁력의 우위를 좌우하는 중요한 자원으로 활용될 수 있다는 점에서 주목받고 있다. 대규모 데이터를 분석해서 의미있는 정보를 찾아내는 시도는 예전에도 존재했지만, 현재의 빅데이터 환경은 과거와 비교해 데이터의 양은 물론 질과 다양성 측면에서 패러다임의 전환을 의미한다. 이런 관점에서 빅데이터는 산업혁명 시기의 석탄처럼 IT와 스마트혁명 시기에 혁신과 경쟁력 강화, 생산성 향상을 위한 중요한 원천으로 간주되고 있다(McKinsey, 2011).

기업은 보유하고 있는 고객 데이터를 활용해 마케팅 활동을 활성화하는 고객관계관리(CRM ; Customer Relationship Management) 활동을 1990년대부터 시작했다. CRM은 기업이 보유하고 있는 데이터를 통합하는 데이터웨어하우스(Datawarehouse), 고객 데이터 분석(Data Mining)을 통한 고객유지와 이탈 방지 등과 같은 다양한 마케팅 활동을 진행하는 것을 뜻한다. 기업의 CRM 활동은 자사 고객 데이터뿐 아니라 제휴회사의 데이터를 활용한 제휴 마케팅도 포함한다. 최근에는 구매 이력 정보와 웹로그(web-log) 분석, 위치기반 서비스(GPS) 결합을 통해 소비자가 원하는 서비스를 적기에 적절한 장소에서 제안할 수 있는 기술 기반을 갖추었다.

이러한 고객분석은 빅데이터 시대를 맞이해 전환점을 맞고 있다. 분산처리방식과 같은 빅데이터 기술을 활용해서 과거와 비교가 안 될 정도의 대규모 고객정보를 빠른 시간 안에 분석하는 것이 가능하다. 또한 트위터와 인터넷에 생성되는 기업 관련 검색어와 댓글을 분석해 자사의 제품과 서비스에 대한 고객 반응을 실시간으로 파악하여 즉각적인 대처를 시행하고 있다.

소셜빅보드는 하루 평균 360만 건에 달하는 전국 트윗을 실시간 수집하여 재난안전 관련 트윗만 자동 필터링하고 71개 재난안전유형으로 자동으로 분류함으로써 급상승하고 있는 재난 이슈, 지역별 트윗 발생 빈도, 트윗 원문 등 다양한 재난정보와 인사이트를 제공하는 실시간 트윗 모니터링 시스템이다. 이 시스템은 재난관리분야에서 소셜미디어의 잠재력을 활용하기 위한 것으로 엄청난 양의 소셜 빅데이터, 즉 국민들의 목소리로부터 재난 이슈는 물론 국민들의 재난 감성까지 파악할 수 있다. 향후 소셜미디어를 통한 실시간 재난 발생 제보를 자동감지하고 알리는 기술개발을 통해 보다 신속하고 정확한 재난대응을 실현할 수 있을 것이다.

스마트 빅보드는 재난 및 안전사고 시 현장 중심의 모든 가용한 정보를 이용해 현장의 상황을 모니터링하고 분석하는 스마트 재난관리 플랫폼으로써 사용자 중심의 'Simple but Enough'를 목표로 한다.

스마트 빅보드는 각종 재난 정보를 한 화면에 가장 효과적이고 단순하게 표출하며 기상, CCTV, 재난이력 등의 다양한 정보를 통합하고 스마트폰을 기반으로 하는 스마트 모니터링 체계의 도입, 트위터를 중심으로 하는 빅데이터 분석 및 실시간 모니터링 장비(위성, UAV, MMS 등)의 활용을 통해 공간적인 재난 상황을 파악할 수 있다. 특히, SNS 기반의 국민 참여형 재난관리와 각종 정보의 통합을 통해 대응에서 복구까지 전 단계의 재난관리프로세스를 모니터링할 수 있다는 점은 스마트 빅보드의 차별화된 특징이다.

현재 우리가 고위험에 노출되어 있는 복잡 다양한 재난상황에서 보다 효율적으로 대응하기 위해서는 기존의 재난관리방식이 아닌 새로운 패러다임의 전환이 필요하다. 이 패러다임은 정부 중심의 일방향 재난관리, 경험에만 의존하는 재난관리가 아닌 데이터를 기반한 분석력이 강화된 재난관리이어야 한다.

강화된 재난관리를 위해서는 과거 재난이력 및 원인분석결과, 위성영상, 시뮬레이션 등 재난안전 빅데이터의 의미적 통합분석이 필요하며, 무엇보다 국민의 상황을 파악할 수 있는 소셜 빅데이터 융합을 연계하여 재난관리에 활용한다면 정부중심 재난대응 · 전파에서 벗어나 국민과 소통하는 양방향 재난관리를 실현할 수 있을 것이다.

07 스마트 안전관리

사회가 발전할수록 구조적인 위험과 내재된 위험이 증가하고 있고, 현대 사회의 재난위험들은 대형화 · 세계화 · 다양화 · 복합화 등의 특징을 보이거나 돌발적으로 발생하고 있다. 이러한 사회위험 추세에 효과적으로 대비하기 위해서는 선제적 예방, 신속한 대응 및 민관 연계협력 등의 새로운 접근방안이 필요하다.

현대 사회위험에 효율적인 대응을 위해서 '선제적 예방', '신속한 대응복구'와 '국민참여 및 협력강화' 측면에 대한 고려 필요하다. 우리나라 국가재난관리시스템(NDMS)은 예방

보다는 재난의 발생 후 상황전파, 피해상황보고, 복구비 지원 등 사후 대응 및 복구 위주의 시스템으로 구성되어 재난의 선제적인 예방보다는 재난 상황전파 및 복구 위주의 시스템으로 구성되어 있다. 이러한 한계점을 극복하기 위해서는 센서, 스마트폰, 지도서비스 등 Smart IT를 연계한 플랫폼을 제공함으로써 국민들이 직접 참여할 수 있는 재난의 상시적 민관협력 대응체계를 마련하고 재난의 예방, 대비, 대응, 복구에 국민참여 및 협력을 강화해야 한다.

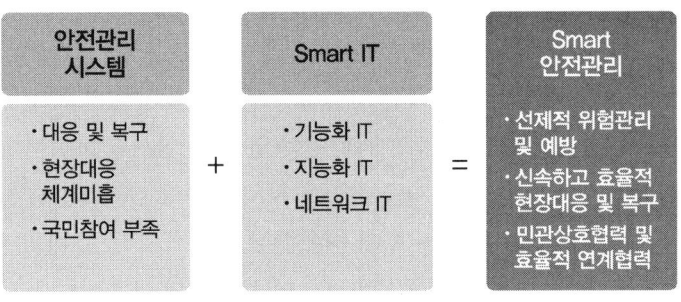

∥ 스마트 안전관리의 개념 ∥
(출처 : 한국정보화진흥원. 사회위험 전망과 스마트 안전관리)

현재 우리나라는 자연재난, 인적재난 등 국가재난의 총괄적인 안전관리를 위해 다양한 IT 시스템인 국가재난관리시스템(NDMS2), 휴대폰재난문자(CBS3) 등 풍수해, 지진, 화재, 붕괴 등의 재난에 대비한 다양한 시스템을 구축·운용하고 있다. 그러나 이러한 시스템의 활용에도 불구하고 여전히 선제적 재난예방이 아닌 재난상황전파 및 사후 피해보고가 중심이다. 현재 국가재난관리시스템(NDMS)은 상황전파 및 재난신고접수와 피해상황의 보고 및 복구진도관리 위주로 운용되고 있으며, '재난관리 DB'에 축적된 과거 재난 데이터를 분석하여 재난을 예측하고 이에 대한 대비를 위한 활용성을 제고할 필요가 있다.

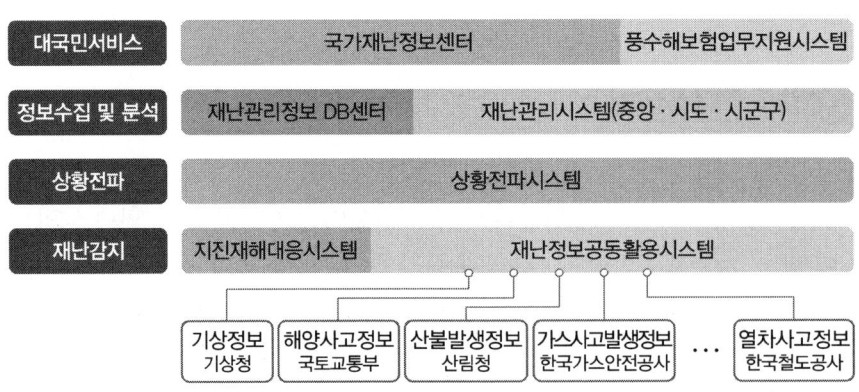

∥ 국가 재난관리 정보시스템 개요 ∥
(출처 : SK C&C, 2010)

▼ 우리나라 주요 재난관리 시스템 현황

	서비스명	내용
자연 재난	시·군·구재난관리시스템	재난 신고접수 및 피해상황 보고
	범정부재난관리시스템	중앙부처에서 시·군·구 및 소방방재청으로 상황전파
	구각재난관리시스템(NDMS)	전국 4,709개 기관 피해, 상황전파, 물자관리 시스템
	재난방송시스템	비상시 주요방송사 TV자막을 통해 재난전달
	지진재해대응시스템	지진발생 시 지역, 피해추정, 전파 및 복구지원
	휴대폰재난문자서비스(CBS)	비상시 시·군·구단위로 휴대폰 재난문자 전송
	자동우량경보시스템	전국 145곳 강우, 수위 실시간관측 및 자동경보
	재해상황판단분석	강우분석 및 침수위험지역주민들에게 통보
	방재기상정보시스템	위성, 레이더 영상, 기상특보 활용 재난관리
	홍수통제 시스템	댐 방류량, 하천수위 등을 통해 홍수 경보
소방	소방위험물 정보관리	폭발·인화성 위험물의 위치, 종류, 수량 정보관리
	소방현장 통제시스템	화재현장 소방관의 음성영상정보의 상활실 전파
	3D 입체도면 DB 구축	주요대상 건축물 3D 도면 DB 작업

Smart 안전관리란 기존 안전관리 시스템에 SmartIT를 활용하여 Smart화시키는 안전관리 방안으로서 기존의 IT 기반 안전관리 시스템에 네트워크화, 지능화, 기능화를 지원하는 Smart IT를 접목하면 기존보다 효율적인 안전관리 시스템의 구현이 가능하다. 예를 들면 위험정보를 자동으로 수집·분석하는 지능화 IT를 통해 상시적으로 모니터링하고 관리·예측하여 선제적으로 대비하는 예방 전략을 세우고, 센서 네트워크 등을 통해 실시간으로 자동으로 재난정보를 수집하여 사전에 재난의 발생을 미리 감지하는 상시 위험 모니터링을 수행할 수 있다. 또한 인터넷, 센서 등의 위험요소 스캐닝을 통해 위험을 사전에 발굴하여 선제적이고 상시적으로 관리하는 사전적 위험관리를 실시함으로써 온라인상의 데이터를 기반으로 데이터마이닝, 시멘틱 등의 정보 처리기술을 활용하여 위험요소를 선제적으로 발굴·예측하는 선제적 위험예측을 수행할 수 있다.

1. 스마트 안전관리를 위한 스마트 예방대비 사례 모음

1) 미국 HP의 센스(CeNSE ; Central Vervous System for Earth) 사례

① 미국 HP의 센스(CeNSE)는 닌텐도 위(Wii)보다 1,000배 민감한 핀 하나 크기의 센서 기반의 광범위 센서 네트워크
② 이를 통해 붕괴, 지진 등의 정보를 실시간 수집하고 Smart 폰 등으로 언제, 어디서나 전송 및 확인 가능

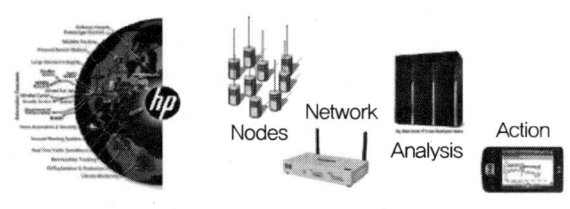

| HP CeNSE 개념도 |

2) 싱가포르의 RAHS(Risk Assessment & Horizon Scanning) 사례

① 싱가포르는 RAHS 시스템을 통하여 발굴된 각종 위험정보를 수집 및 가공
② 수집위험정보는 시뮬레이션, 시나리오 기법 등을 통해 분석되어 사전에 위험을 예측 및 대응모색

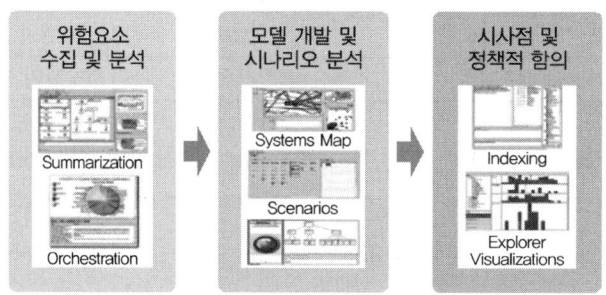

| 싱가포르 RAHS 시스템 개념도 |

3) 미국 구글(Google)의 독감 트렌드 예상 사례

① 미국 구글(Google)은 검색어를 분석, 세계 각국의 독감 트렌드를 예측하였고 대부분의 국가에서 실측 데이터 통계와 일치하는 것으로 나타남
② 이를 이용하면 테러, 질병 등 다양한 사회적 위험을 사전에 감지 가능

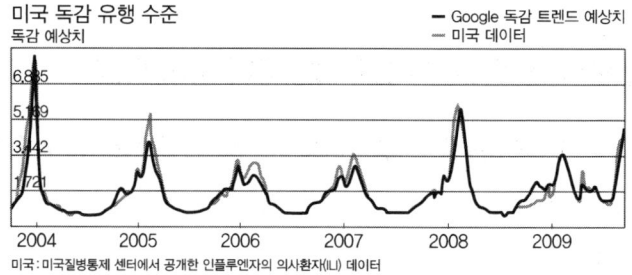

| 구글 독감 트랜드 예상과 실제 데이터 비교 |

4) 일본 재난통신망(MCA) 사례

일본은 1982년부터 800Mhz MCA(Multi Channel Access) 망과 위성통신망을 기반으로 통합방재망을 구축 활용

※ 서비스지역이 20~30km의 이동전화 기반망으로 평상 시에는 전화로, 재난 발생 시에는 무전기로 사용

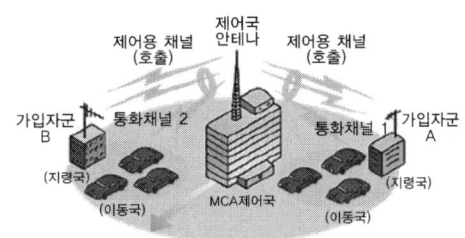

| 일본 MCA 체계도 |

5) 미국, 일본의 로봇 활용 사례

① 미국 무인정찰기 글로벌 호크를 통해 일본원전 관측
② 일본의 뱀로봇은 붕괴현장 잔해 속 7m를 뚫고 영상전송
③ 미국의 BEAR 로봇은 275kg을 들고 계단을 오르내릴 수 있음

 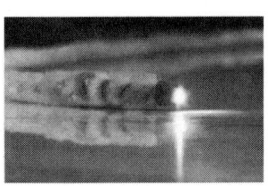 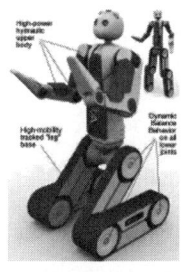

| 무인정찰기 | | 재난 참사 로봇 | | 구조용 로봇 |

6) 케냐의 우샤히디(Ushahidi) 사례

케냐의 우샤히디(Ushahidi)는 이메일, 트위터, 휴대폰 등으로 다양하게 취합된 재난현장정보를 웹지도상에서 보여주는 네트워크 IT 활용 Smart 플랫폼

※ 우샤히디는 아이티 지진, 러시아산불, 칠레지진, 영국 지하철 파업 등 다양한 재난현장에서 활용

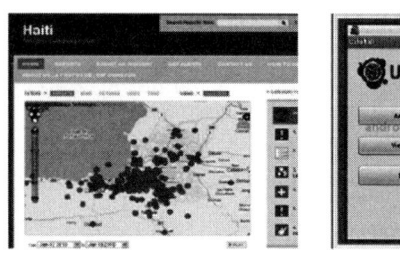

┃ 아이티 지진 시 현황 및 휴대폰용 앱 ┃

7) 영국의 패치베이(Pachube) 사례

영국의 패치베이(Pachube)는 공공기관, 민간기업, 개인 등이 보유하고 있는 전력, 환경 등의 센서정보를 개방·공유하는 플랫폼
① 개방된 소스로 재난안전관리 시스템들간 상호연계를 지원
② 공유데이터를 기반으로 웹프로그램, 스마트폰 앱 개발 등에 응용 및 활용

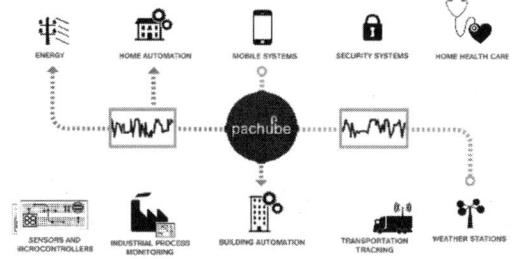

┃ 패치베이 개념도 ┃

(출처 : 한국정보화진흥원. 사회위험 전망과 스마트 안전관리)

08 인공지능(AI) 기반 재난안전관리

인공지능(Artificial Intelligence, AI)이란? 인간의 학습능력, 추론능력, 지각능력, 논증능력, 자연언어의 이해능력 등을 인공적으로 구현한 컴퓨터 프로그램 또는 이를 포함한 컴퓨터 시스템이다. 하나의 인프라 기술이기도 하며, 인간을 포함한 동물이 갖고 있는 지능 즉, natural intelligence와는 다른 개념이다.

전통적으로 인공지능은 운영환경을 지원하고 지식과 경험을 학습하여 지능적인 행동을 취하거나 의사결정을 스스로 할 수 있는 기계나 대리주체(agent)를 의미하였다. 또한 지금까지 인공지능 구성요소에 대한 합의된 정의가 따로 존재하지 않았기 때문에 대중들은 공상과학 영화나 소설에 언급된 휴머노이드 로봇을 주로 상상하는 것이 일반적이다. 실제로 로보틱스는 신경망 이론을 포함한 다양한 머신러닝 기법이 가장 광범위하게 적용된 분야이기도 하며, 이외 산업 부문에서는 실시간 수치해석, 국방 및 안보, 소셜미디어 분석, 광고 등에서 다양하게 응용되고 있다.

최근 국내에서는 코로나19 펜데믹으로 인한 비대면 서비스, 의료 분야의 인공지능 활용 등의 수요 증가로 인공지능 산업의 급성장 추세이다. 따라서 기술의 발전에 따라 기존의 산업 기반뿐만 아니라 생산성 증가, 공공분야 및 사회 전반에 끼치는 영향력이 클 것으로 예상된다. 이처럼 국가적 산업 경쟁력 향상을 위해 인공지능 적용이 필요하며, 국내외 ICT 기업들이 관심을 가지고 주력하는 AI 분야는 기업별로 상이하나 AI 기술을 다양한 분야에 접목하여 산업 확장을 도모할 전망이다.

▼ AI의 기술별 분류

기술	내용
추론 및 기계학습	인간의 사고능력을 모방하는 기술
지식표현 및 언어지능	사람이 사용하는 자연어 이해를 기반으로 사람과 상호작용하는 기술
청각지능	음성/음향/음악을 분석, 인식, 합성, 검색하는 기술
시각지능	사물의 위치, 종류, 움직임, 주변과의 관계 등 시각 이해를 기반으로 지능화된 기능을 제공하는 기술
복합지능	시공간, 촉각, 후각 등 주변의 상황을 인지, 예측하고, 상황에 적합한 대응을 제공하는 기술
지능형 에이전트	개인비서, 챗봇 등 가상공간 환경에 위치하여 특별한 응용 프로그램을 다루는 사용자를 도울 목적으로 반복적인 작업들을 자동화시켜 주는 기술
인간-기계 협업	인간의 감성이나 의도를 이해하고 인간의 뇌활동에 기계가 연동되어 작동하게 해주는 기술
AI 기반 HW	초고속 지능정보처리를 구현하게 지원해주는 HW

자료: 4차 산업력명을 선도하는 주요 기술 대상 기술수준평가 및 기술수준 향상방안

국내외 인공지능(AI) 시장 동향과 전망은 IDC가 2020년 발표한 세계 AI 시장에 따르면 2018년 세계 AI 시장 규모는 1,337억 달러로 평가되었으며 연평균 성장률 17.1%로 2024년 3,446억 달러로 성장 전망하고 있다.

▼ 세계 AI 시장 전망(단위: 십억 달러. %)

구분	2018	2019	2020	2021	2022	2023	2024	CAGR
세계시장	133.7	156.5	183.3	214.6	251.3	294.3	344.6	17.1

자료: IDC(2020.08)

국내 AI 시장은 한국 IDC가 2020년 발표한 국내 인공지능 시장 규모 전망에 따르면 2018년 국내 인공지능 시장 규모는 2,821억 원으로 평가되었으며 연평균 성장률 17.8%로 2024년 7,539억 원으로 성장 전망하고 있다.

▼ 국내 AI 시장 전망(단위: 억원. %)

구분	2018	2019	2020	2021	2022	2023	2024	CAGR
국내시장	2,821	3,323	3,915	4,612	5,433	6,400	7,539	17.8

자료: IDC(2020.08)

AI 시장이 급성장함에 따라 글로벌 기업들은 적극적인 대규모 펀딩과 M&A를 확대하는 등 기술 경쟁력을 강화하기 위한 투자에 총력을 기울이고 있으며, 벤처 스캐너의 통계자료에 따르면 미국은 AI에 대한 투자가 2016년 30억 달러에서 2018년 대략 80억 달러로 상승했고 중국은 2016년 10억 달러에서 2018년 80억 달러를 초과하였다.

▼ 인공지능 분야 주요 글로벌 기업 M&A 동향

인수기업	피인수 스타트업	스타트업 보유 기술
구글	Api.ai	음성 인식/ 언어 이해 기술
	AIMatter	모바일 기반 컴퓨터 비전
	Halli Labs	딥러닝/기계학습 시스템 개발
아마존	Pop Up Archive	음악 검색 엔진
	Init.ai	대화 비서
	Regaind	컴퓨터 비전 SW
페이스북	Ozlo	통합 지식 플랫폼
	Zurich Eye	컴퓨터 비전 SW/HW 바이두
바이두	Raven Tech	인공지능 음성 비서
	xPerception	머신 비전

자료: 한국과학기술기획평가원, 인공지능(SW)(2018)

1. 인공지능(AI) 재난안전관리 동향

1) AI와 IoT 센서 이용 시설물 재난안전 관리시스템 개발

인공지능기술(이하 AI)과 축적된 IoT 센서 데이터를 기반으로 건축물 등 시설물의 위험도를 분석하고 예측, 분석된 위험에 대응하는 AI기술 개발을 통해 건축물 설계과정에서 관련 기술이 적용되면 건축물 안전관리의 효율성이 제고될 것으로 기대되고 있다.

2) 인공지능을 활용한 재난안전 정보 제공

울주군은 2020년 11월 19일 군청에서 인공지능(AI)기술을 재난대응에 접목한 '인공지능 방사능방재 상황전파 및 안전내비게이션시스템(안전내비게이션 챗봇)' 구축사업 용역 최종보고회를 재개최했다. 안전내비게이션 챗봇은 (방사능)재난 발생 시 주민들에게 재난에 대한 주요 정보와 행동요령을 실시간 스마트폰으로 알려줄 뿐만 아니라, 공무원들에게는 임무 정보 등을 알려줘 효율적인 주민보호조치가 가능하도록 구현한 시스템이다. 안전내비게이션 챗봇의 주요 지원내용은 주민들에게 GPS 기반 현재 원전으로부터의 거리를 비롯하여 구호소 위치, 수송수단별 지정대피로, 주민행동요령, 방사능재난 관계 용어 등을 안내해 줄 뿐만 아니라, 지역 지리를 잘 알지 못하는 관광객 등 외지인들에게도 가까운 집결지, 구호소 위치 및 이동 경로 등을 대화형으로 안내한다. 향후 타 재난으로의 확장성을 염두에 둔 고도화를 통해 주민들에게 행동요령을 알려 주는 '재난알리미'로 자리잡을 수 있도록 기대하고 있다.

3) IoT · 빅데이터 · AI · 드론 등 'IT 재난안전' 시대 본격화

현재 각종 재난안전 분야에서 IoT, 인공지능(AI), 클라우드 등 지능형 신기술이 본격적으로 활용되고 있다. 특히 미국 등 해외에선 이미 IoT, 빅데이터, 인공지능, 드론 등 지능형 재난안전 체계가 널리 실용화되고 있으며, 재난현장에서 구조 요원 간의 상황 인지나 정보 전달을 위한 앱도 개발, 보급되고 있다. 또한 지능형 IT 기술이 발전함에 따라 유무선 통신망을 활용하여 연구개발, 검증, 테스트하고 실제 현장에 활용하는 드론, 로봇 및 웨어러블/히어러블 서비스를 도입하고 있는 추세이다. 이처럼 드론 및 자율주행, 해상인명구조 드론, 스마트 가로등 네트워크, 차량용 긴급대응 솔루션, 모바일 위기상황 알림과 현장출동 요원 보조 장치로 핸즈프리/히어러블 서비스 등 신기술, 솔루션 적용이 확대되고 있는 등 국내에서도 현재 미국의 공공안전 시스템과 앱을 벤치마킹, 공공안전 앱 활용 생태계를 조성하고 있다.

PART 05 도시재난과 안전도시

1 도시재난
1. 도시재난의 정의와 유형
2. 메가시티와 리스크
3. 지역안전지수

2 UN DRR 롤 모델 도시
1. UN DRR 롤 모델 도시란?
2. UN DRR 롤 모델 도시의 인증 절차
3. UN DRR 롤 모델 도시 추진 사례

3 WHO 안전도시
1. WHO 안전도시란?
2. WHO 안전도시의 필요성
3. WHO 안전도시 공인체계

01 도시재난

01 도시재난의 정의와 유형

도시재난이란 토지이용의 고밀화, 건축물의 다중이용, 산업시설 복합화 등에 따라 도시에서 대형화되고 복합화되어 발생하는 재난을 의미한다.[1] 도시재난은 기상이변과 같은 기후변화와 초고층 건물, 고속철도, 화학산업단지 건설과 같은 도시화·산업화에 따라 발생 빈도가 높다.

도시재난이라는 용어는 법적 근거로 명확하게 정립되어 있지는 않지만 현재 도시구조에 따라 각종 재난 발생 시 2차, 3차 피해로 확대되어 도시의 기능을 마비시키는 위험성을 내포하지 않을 수 없기 때문에 재난의 연쇄성 측면에서도 도시재난이라는 용어를 사용하고 있다. 이러한 도시재난은 인명피해뿐만 아니라 건축·시설물의 파괴 및 붕괴, 라이프라인 단절 및 기능 정지 등 다양한 피해로 도시기능을 마비시키고 경제적인 손실을 초래한다.[2]

┃ 기상이변 및 기후변화에 따른 자연재난 ┃

---

1) 도시재난 감소를 위한 재난위험도평가 방안, 서울시정개발연구원, 2009
2) 도시재난 발생 시 표준운영절차(SOP) 작성에 관한 연구, 구원회, 2014

도시환경 변화에 따른 사회재난

대부분의 도시에서는 홍수, 내수침수, 가뭄, 산사태, 지진 및 지진해일, 시설물 피해, 교통사고, 화재, 폭발, 화생방 사고, 정보통신망의 파괴 등 다양한 재난이 발생하고 있다. 또한, 사회 환경 변화에 따라 도시재난의 위험요인이 증가함으로써, 특히 지구온난화, 도시화, 산업화로 인해 다양한 위험에 노출되었다. 도시화율은 60년대에 39%, 70년대 50%, 2000년대 90%로 증가하였으며, 인구의 도시집중, 고령화 사회 진입 등 생활안전의 수요도 증대되었다.

또한 초고층화, 지하공간의 증가, 전기·가스 등의 사회기반시설의 밀집으로 재난 발생 시 복합재난으로 발전할 수 있는 취약요인의 증가로 인해 피해규모가 대형화될 가능성이 커졌다. 이 외에도 사이버 테러, 개인정보 불법 유출, 테러·납치 등의 새로운 유형의 재난이 발생하게 되었으며, 기술 발달로 인해 예측하지 못한 위험요소가 증가함으로써 사회적 불안 심리가 동시에 증가하게 되었다. 이러한 도시재난 유형은 발생원인, 장소, 대상, 직·간접적 영향, 발생과정의 진행속도 등의 기준에 따라 분류되고 있으며 다양한 특성을 보여준다. 다음은 국내의 사회환경 변화에 따른 사회 재난의 유형이다.

1. 국내의 사회환경 변화에 따른 위험 요인

1) 안보 불안

① 북한체제의 불안정성 심화 : 경제난·권력교체 등 계기로 급변사태 발생 가능성
② 남북 간 대치 국면 심화
③ 한반도를 둘러싸고 역내 국가 간 갈등 노정 : 군사·비군사적 분쟁 발생 소지

2) 국가 혼란

① 국내외에서의 공공·민간 분야 사이버 공격·테러 등 침해행위 증가
② 공공·민간 분야 전산업무 시스템, 재난·오류 등으로 업무 서비스 마비 등 비상사태 발생 가능성
③ 전력수요 증가에 따른 공급과의 불균형과 수급 불안 지속

3) 테러

① 우리나라 국민의 해외여행·진출 증가에 따른 해외 테러 위험의 증대
② 북한의 탈북자에 대한 암살테러 시도
③ 국내체류 외국근로자의 반한감정으로 인한 외국 테러집단과의 연계 가능성

4) 감염병

① 전 세계적으로 신종플루, 조류독감 등 인수공통 전염병의 지속 발병과 피해 발생
② 유럽에서 신종 슈퍼 박테리아 감염 사망자 발생
③ 생명과 건강을 위협하는 전염병의 지속·신규 발병
④ 불량 식·의약품 유통 및 이로 인한 사고로 불안감 확산

02 메가시티와 리스크

1. 메가시티 정의

메가시티의 인구기준은 1,000만 명 이상, 인구밀도는 최소 2,000명/km² 이상인 도시이며,[3] 지구상에서 이러한 기준의 도시 – 메가시티는 40개소(2013년 기준) 정도로 알려져 있다. 인구 1,000만 이상인 도시로는 상하이, 이스탄불, 카라치, 뭄바이, 모스크바, 베이징, 상파울루, 톈진, 광저우, 델리, 서울, 선전 순으로 12개 도시이며, 인구 500만 이상의 도시는 자카르타, 도쿄, 멕시코시티, 킨샤사, 방갈로르, 뉴욕, 테헤란, 둥관, 런던, 라고스, 리마, 호치민, 보고타, 홍콩, 방콕, 다카, 하이데라바드, 카이로, 하노이, 우한, 리우데자네이루, 라호르, 아흐메다바드, 바그다드, 리야드, 싱가포르, 산티아고, 상트페테르부르크 순으로 28개소가 있다. 이 중에서 중국의 상하이가 인구 17,836천 명으로 1위이며 서울은 인구 10,575천 명으로

---

[3] 2014 아시아 메가시티 싱크탱크 협력 체계 구축 연구 및 포럼

11위이다. 메가시티들의 평균 경제규모는 282.9억 달러이며, 인구규모 14위인 일본 도쿄가 1,520억 달러로 가장 크고, 29위인 인도 하이데라바드가 12억 달러로 가장 적다.

대륙별로 구분하면 메가시티는 아시아 26개소, 미국 3개소, 유럽 2개소, 아프리카 1개소이며, 국가별로 구분하면 40개소의 메가시티 가운데 중국 도시가 8개소로 가장 많고, 이어 인도가 5개소, 러시아, 베트남, 브라질, 파키스탄이 각각 2개소, 나이지리아, 멕시코, 미국, 방글라데시, 사우디아라비아, 싱가포르, 영국, 이라크, 이란, 이집트, 인도네시아, 일본, 칠레, 콜롬비아, 콩고, 태국, 터키, 페루, 한국 등이 각각 1개소의 메가시티가 있다.

급격한 도시화를 겪는 아시아 지역의 경우 인구 500만 이상의 메가시티가 집중되어 있고, 이미 고도성장을 이룬 메가시티와 발전 잠재력이 있는 메가시티가 공존하고 있는 상태이다. 인구의 증가는 도시의 경제적 발전과 함께 다양한 문제를 발생시키고 있다. 메가시티의 도시 문제는 영향력의 범위가 넓기 때문에 지역 공통의 위기로 변모하며, 특히 메가시티가 집중된 아시아는 위기에 직면하고 있다.

▼ 세계 메가시티 인구 및 경제규모

순위	도시	국가	인구(천 명)	경제규모(억 UD)
1	상하이	중국	17,836	517
2	이스탄불	터키	13,855	301
3	카라치	파키스탄	12,991	–
4	뭄바이	인도	12,478	227
5	모스크바	러시아	11,978	520
6	베이징	중국	11,716	427
7	상파울루	브라질	11,377	473
8	톈진	중국	11,090	309
9	광저우	중국	11,071	320
10	델리	인도	11,008	167
11	서울	대한민국	10,575	774
12	선전(심천)	중국	10,358	302
13	자카르타	인도네시아	9,588	225
14	도쿄	일본	8,888	1,520
15	멕시코시티	멕시코	8,873	411
16	킨샤사	콩고공화국	8,754	–
17	방갈로르	인도	8,426	35
18	뉴욕	미국	8,337	1,210
19	테헤란	이란	8,245	–
20	동관(동완)	중국	8,220	125

순위	도시	국가	인구(천 명)	경제규모(억 UD)
21	런던	영국	8,174	452
22	라고스	나이지리아	7,938	30
23	리마	페루	7,606	67
24	호치민	베트남	7,521	36
25	보고타	콜롬비아	7,468	86
26	홍콩	중국	7,108	303
27	방콕	태국	7,025	99
28	다카	방글라데시	7,001	217
29	하이데라바드	인도	6,810	12
30	카이로	이집트	6,759	98
31	하노이	베트남	6,452	20
32	우한	중국	6,434	144
33	리우데자네이루	브라질	6,390	201
34	라호르	파키스탄	6,319	28
35	아흐메다바드	인도	5,571	65
36	바그다드	이라크	5,402	112
37	리야드	사우디아라비아	5,188	80
38	싱가포르	싱가포르	5,184	296
39	산티아고	칠레	5,013	174
40	상트레테르부르크	러시아	5,023	83

자료 : http://www.worldpopulationstatistics.com/cities/

2. 메가시티의 도시문제

메가시티는 짧은 시간에 급격한 인구증가로 경제 성장과 동시에 지진 등의 자연재해, 수질오염, 대기오염, 폐기물로 인한 환경오염, 그리고 방사능 위험과 같은 자연발생적인 위험과 소득의 양극화, 불안의 일상화, 사회정의, 사회적 신뢰 등 인위적인 위험에 직면하고 있다. 이러한 위험은 한정된 도시의 공간적 범위에 유입되는 인구가 도시의 산업화를 가속시켜 경제 성장의 동력이 된 동시에, 다양한 문제 발생의 원인으로 작용하고 있다.

이러한 도시문제는 시민들에게 사회의 위험으로 인식되며, 자연발생적인 위험과 인위적인 위험으로 발전할 수 있다. 따라서 위기에 대응하기 위한 메가시티의 개발과 안전관리의 중요성은 지속적으로 커지고 있으며, 복잡하고 다양한 도시 문제를 해결하기 위해 국가와 시정부는 다양한 형태의 재난 관련 기관들을 설립하는 등의 노력을 하고 있다. 이 외에도 정부와 기관들이 해결할 수 없는 문제의 한계를 극복하기 위한 관련 기관 간의 연대의 필요성이 증대되고 있다.

3. 생활환경 위험

우리나라의 경우 서울은 핵폐기물과 원전이 근접하여 방사능 위험에 대한 인식이 증가하고 있으며, 중국의 베이징은 위생 문제로 인한 전염병 확산과 미세먼지로 인한 대기오염이 심각한 사회문제로 대두되고 있다. 일본의 도쿄는 지진에 대한 위험이 항상 존재하고, 후쿠시마 원전 사고를 계기로 방사능 위험에 대한 인식이 주변 메가시티보다 매우 크다.

생활환경의 위험 중 환경오염은 수질오염, 대기오염, 산업폐기물로 인한 오염, 가정폐기물로 인한 오염, 소음공해, 물 부족, 식량 오염 등으로 구분된다. 특히 주요 아시아 메가시티인 서울, 베이징, 도쿄는 대기오염을 가장 위험한 도시문제로 인식하고 있다. 이러한 메가시티 내 대기의 질은 관련 정책과 시민들의 노력으로 개선되고 있으나, 주변 메가시티의 영향을 벗어나기 어려운 실정이다. 서울의 경우 대기환경 개선정책으로 이산화탄소 배출이 감소하는 등의 효과를 거두었으나 중국으로부터 발생한 황사와 미세먼지의 영향을 지속적으로 받고 있는 실정이다.

4. 사회환경 위험

우리나라는 1997년 아시아 경제 위기부터 2008년 금융위기를 겪으면서 도시의 경제적 불균형은 심각해졌다. 구조적 경제 위기는 가족과 가정의 해체, 사회에 대한 비관으로 인한 자살률 증가의 원인으로까지 이어지고 있으며 지나친 경쟁, 각종 사고, 건강 또는 가정경제의 어려움에 대한 불안이 팽배해져 있다. 서울과 도쿄의 경우 가족의 건강과 사고, 그리고 경제 위기로 인한 가정경제에 대한 불안이 가장 심하며, 베이징은 경쟁에서 뒤처지는 것에 대한 불안이 가장 심하다.

소득 수준의 차이와 불균형이 높아지면서 소득의 분배와 형평성 등에 대한 사회 정의가 문제로 인식되고 있는데, 현재 개발 혜택에 대해서는 중심지보다 더 넓은 범위의 도시 및 지역개발에 대한 문제의식이 높은 추세이다. 수입의 안정성에 대해서는 세금정책의 불평등에 대한 관심이 가장 높았으나 도쿄와 베이징은 개발에서 생겨나는 불균형이 더욱 큰 도시문제로 인식되고 있다.

03 지역안전지수

1. 지역안전지수 개념

지역안전지수는 지자체 안전수준을 분야별로 계량화한 수치로 매년 전년도 안전 관련 주요 통계를 위해지표(사망·사고건수), 취약지표(위해지표 가중), 경감지표(위해지표 경감)로 구분해 산출식에 따라 계산하여 등급을 부여한다. 행정안전부에서는 「재난 및 안전관리 기본법」 제66조의10[4])에 지역안전지수 발표의 법적 근거를 두고 있으며, 등급 부여는 시·도, 시·군·구 등 지역 유형별로 그룹화하여 최고 1에서 최저 5까지로 전국 지자체 분야별 표준편차를 고려한 10 : 25 : 30 : 25 : 10의 비율로 구분한다. 이는 226개 시·군·구 분야별 표준편차의 평균을 15 : 23 : 28 : 20 : 14인데 1등급과 5등급의 비율을 10%로 조정하고, 2~4등급에 분배하여 구분한 것이다. 분야는 화재, 교통사고, 자연재해, 범죄, 생활안전, 자살, 감염병 등 총 7개 분야로 구성된다.

지역안전에 대한 위험지수는 해당 지자체의 재해·사고 결과(사망자 수나 발생 건수)인 위해지표와 지역의 위해발생 원인이 되는 취약성 지표를 가산하는 반면, 위해 발생을 사전에 방지하고 대응하기 위한 경감지표를 감산하여 산출한다. 지역안전지수는 다음과 같은 식을 통해 산출된다.

$$지역안전지수 = 100 - (위해지표 + 취약지표 - 경감지표)$$

산출식에서 위해지표는 분야별 사망자 수·발생 건수 등 결과지표이며, 취약지표는 위해 발생의 인적·물적 요인이 되는 지표들(재난약자, 하천면적, 기초수급자수 등)이다. 또한 경감지표는 위해 발생을 사전에 방지하고 사고 발생 시 대응하기 위한 지표들(구조구급대원수, 의료기관수 등)이다.

안전지수가 높다는 것은 사고 발생건수 또는 사망자 발생건수가 적다는 적을 의미하고, 등급(1~5)이 높다는 의미는 타 지역에 비해 해당 지역 안전수준이 높다는 것을 나타낸다.

---

[4]) 행정안전부장관은 지역별 안전수준과 안전의식을 객관적으로 나타내는 지수(이하 "안전지수"라 한다)를 개발·조사하여 그 결과를 공표할 수 있다.

2. 지역안전지수의 활용

지역안전진단시스템에서 제공하는 각종 지표를 활용하여 해당 지자체의 안전수준, 보완해야 할 지표가 무엇인지 등에 대한 정보 파악이 가능하다. 지역안전지수는 다음과 같이 활용 가능하다. 첫째, 시·도/시·군·구 안전관리계획 수립 시 안전지수를 활용하여 지역여건 분석 및 안전취약요소를 진단할 수 있다. 둘째, 경험적·주관적 판단에 따른 안전사업 탈피, 과학적·객관적 정보에 의한 안전관리 및 1년 단위 안전수준 개선실적 확인이 가능하다. 셋째, 지역안전수준 개선을 위한 선의의 경쟁 유도를 통해 지자체 책임성 강화 및 각종 안전지표에 대한 진단·분석 역량을 강화할 수 있다.

3. 지역안전지수 현황

행정안전부에서 제공하는 지역안전지수 공개 사이트인 생활안전지도(www.safemap.go.kr) 웹사이트에서 확인할 수 있으며, 2020년 12월에 6개 분야에 대해서 2019년 안전통계를 활용해 지역안전지수를 산출하여 공개하였는데, 그 현황은 아래 표와 같다.('19년 자연재해 분야는 제도개선을 위한 관련규정 개정으로 공개하지 않음)

▼ 시·도별 지역안전지수 현황

시/도	화재	교통	범죄	안전사고	자살	감염병	자연재해
서울특별시	1	1	4	4	3	2	2
부산광역시	3	2	4	3	5	4	4
대구광역시	4	4	3	2	4	4	2
인천광역시	3	2	2	3	4	3	3
광주광역시	2	3	5	4	2	3	5
대전광역시	2	3	3	2	3	2	4
울산광역시	4	4	2	5	2	1	3
세종특별자치시	5	5	1	1	1	5	1
경기도	1	1	3	1	1	1	3
강원도	4	3	4	4	5	3	3
충청북도	2	2	4	2	3	3	4
충청남도	4	4	3	3	4	3	3
전라북도	3	4	2	3	3	4	1
전라남도	5	5	1	4	4	5	5
경상북도	3	3	2	3	3	4	2
경상남도	3	2	3	2	2	2	4
제주특별자치도	2	3	5	5	2	2	2

4. 자연재해 지역안전도

자연재해 안전도는 지역안전지수와는 다르게 자연대책법 제75조의2에 따라, 2007년부터 매년 실시하고 있으며, 재해위험요인, 예방대책추진, 예방시설정비 등 3가지 '재난환경 평가요소'에 대한 평가 결과에 따라 지역별 안전 정도를 1~10등급으로 구분하여 평가를 시행한다.

① **재해위험요인** : 잠재적 재해 발생 가능성 및 환경적 위험도 진단

　　최근 10년간 4개 재해유형(강우, 바람, 파고, 대설) 등급별 재해 발생빈도, 재해등급별 평균피해액, 재해취약요인(사회적 취약성, 지형적 취약성) 등 14개 항목

② **방재대책추진** : 재해저감을 위한 행정적인 노력도 진단

　　자연재해저감 종합계획 수립 및 추진, 자연해재 대응 현장모의훈련 실시, 재난자원관리, 재해예방사업 집행률 등 26개 항목

③ **시설점검정비** : 지역의 구조적인 재해방어능력 진단

　　하천기본계획 수립 및 개수율 제고, 재해위험 저수지 정비 추진, 자연재해위험 개전지구 정비 추진, 사면 및 토사재해 대비 추진, 방재시설 유지관리 평가 실시 등 13개 항목

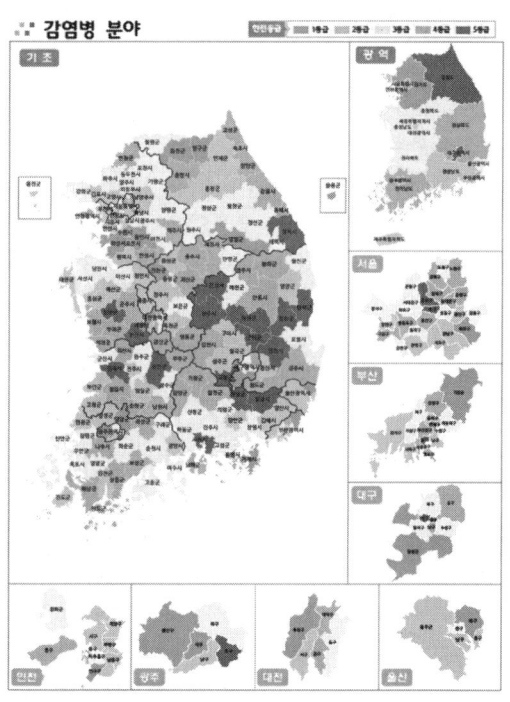

┃ **2019년 지역안전등급 지도(감염병 분야)** ┃

5. 지역안전지수와 지역안전도 비교

▼ 지역안전지수와 자연재해 지역안전도 비교

구분	지역안전지수	지역안전도(진단)
근거	「재난 및 안전관리 기본법」 제66조의8 (안전지수의 공표)	「자연재해대책법」 제75조의2(자연재해 안전도 진단)
개념	각 부처 분산 관리 중인 안전통계를 종합하여 시·도 및 시·군·구 분야별 안전상황을 상호 비교할 수 있도록 지수로 환산	지역의 재난환경(재해위험요인, 방재대책 추진, 시설 점검·정비)을 분석하여 안전도(1~10등급) 진단 ※ 진단방법 : 통계값(재해위험 요인), 실적(방재대책 추진, 시설 점검·정비)
목적	전국 지자체 대상 공통으로 작성되는 통계 기반 해당 지역의 분야별 안전수준 진단·분석, 지역별 안전전략 수립에 필요한 정보 제공 ※ 정부는 각 지자체의 안전수준 진단·분석역량 강화를 위한 컨설팅 병행	지역별 재난 취약요소 도출을 통해 자율적으로 개선토록 함으로써, 자주적인 방재역량 제고 유도
대상 지역	매년 전국 시·도 및 시·군·구	243개 지자체 17개 시·도(시범15개, 의무2개), 226개 시·군·구
주요 지표	7개 분야(교통사고, 화재, 범죄, 자연재해, 생활안전, 자살, 감염병) 38개 핵심지표 -위해지표(7개 항목) : 각종 사망자 수 및 사고 건수 등 -취약지표(18개 항목) : 재난약자 수, 인구밀도, 기초수급자수,음주율, 스트레스 인지율 등 -경감지표(19개 항목) : 응급의료기관수, CCTV 대수, 의료인력, 화재구조실적 등	3개 분야 53개 지표 -재해위험요인(14개 지표) : 재해발생 규모·빈도, 인구밀도, 재해취약인구 등 -방재대책추진(26개 지표) : 자연재해저감종합계획 수립 및 추진, 자연재해 위험개선지구 추진, 풍수해 훈련 및 매뉴얼 개선 등 -시설점검정비(13개 지표) : 소하천정비종합계획 수립 및 개수율, 재해위험 저수지 정비 추진 등
결과	시·도, 시·군·구 7개 분야별 1~5등급	A(15%), B(20%), C(30%), D(20%), E(15%) 5개 등급 ※ 시범 실시하는 15개 시·도(세종, 제주 제외 광역자치단체)는 별도로 등급 부여
공표· 공고	지수는 지역안전진단시스템(행정망)을 통해 지자체 제공, 등급은 행정안전부 홈페이지 등을 통해 대국민 서비스	행정안전부 홈페이지 등을 통해 대국민 공개
환류· 활용	지자체 안전관리계획 반영	-도출된 지역별 재난취약요소 방재정책 개선을 위한 지도 및 권고 -소방안전교부세 산정기준에 활용 -상하위 ±15%(A, E) 대상, 피해복구비 국고추가 지원율 ±2%p 가감
차이점	각종 통계값을 사용하여 7개 분야 38개 지표 산출	재난환경(위험요인분석, 방재대책, 시설정비)지표를 토대로 통계값 및 실적을 통하여 진단결과 산출

출처 : 행정안전부 홈페이지, 2020년 지역안전도 진단지침

02 UN DRR 롤 모델 도시

01 UN DRR 롤 모델 도시란?

각국의 기후변화와 재해에 우수한 대응 역량을 갖춘 도시를 선정하기 위한 '재난위험경감 롤 모델 도시' 인증은 재난위험경감과 도시 회복력에 있어 혁신적이고 지속가능한 결과를 실현해 타 도시의 모범이 되는 롤 모델 도시를 UN DRR(UN재난위험경감사무국)이 인정해 주는 제도이다.

즉, 지역단계에서의 재난위험경감에 대한 강력한 정치적 의지를 실행하기 위해 혁신적, 창의적, 포괄적 그리고 효율적인 정책을 이행하는 당국 또는 지자체를 UN DRR에서 대표적인 모범도시로 인증한 도시를 말한다.

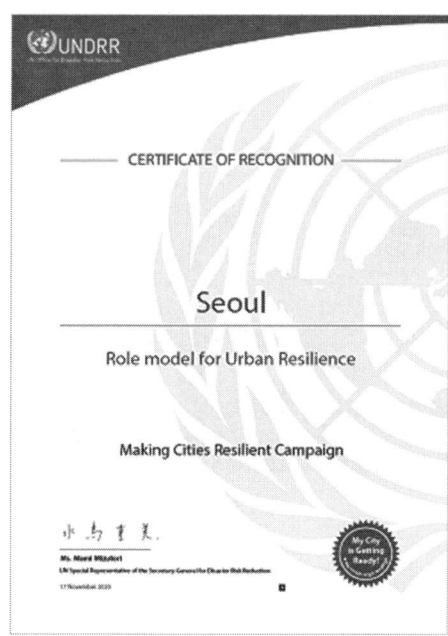

┃ UN DRR 재난위험경감 롤 모델 도시 인증서(예시: 서울시) ┃

1. UN DDR

1) 개요

(1) 명칭
United Nations Office for Disaster Risk Reduction(UN재난위험경감사무국)

(2) 소개
UN에서 1999년 12월에 국제재난경감을 목적으로 개설된 기구

(3) 주요 활동
① 사회, 경제, 환경 및 인도주의 분야에 걸쳐 국제적 재해지원 담당
② 10년 주기로 재해경감을 위한 행동 방향 및 강령 결정(WCDRR ; 재난경감회의 개최)
③ 다양한 캠페인 운영(Making Cities Resilient, Safe Schools and Hospitals, Worldwide Initiative for Safe Schools 등)

(3) 사무소
① 본부(제네바) 외 7개 사무소(인천 등), 2개 연락사무소
② 동북아사무소(인천)는 국제교육훈련 및 MCR 캠페인 담당

‖ UN DRR 홈페이지 ‖

2. UN DRR "센다이 프레임워크"

UN DRR은 재해위험경감을 위한 국제적인 가이드라인으로 센다이 프레임워크(Sendai Framework for Disaster Risk Reduction, SFDRR)를 채택하고, 센다이 프레임워크의 7대 목표와 4개 행동 우선순위를 중심으로 MCR 캠페인을 운영하고 있다.

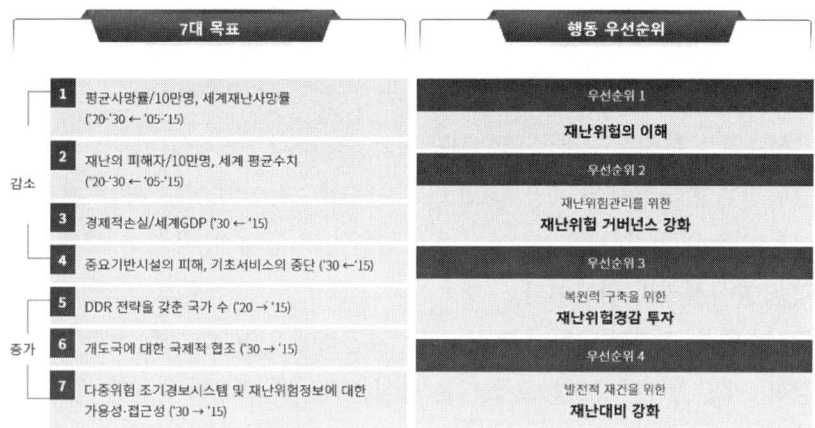

❘ 센다이 프레임워크의 7대 목표와 4개의 행동 우선순위 ❘

1) 센다이 프레임워크의 7대 목표

① 글로벌 재난으로 인한 사망자 수를 줄여 2005~2015년에 비해 2020~2030년까지 10만 명당 평균 사망자 수를 감소시킨다.
② 2005~2015년에 비해 2020~2030년 재난에 영향을 받는 사람들의 수를 최대한 줄인다.
③ 2030년까지 기본 서비스 기반과 중요 시설(보건, 교육)에 대한 재난으로 인한 피해를 최대한 줄인다.
④ 2020년까지 국가적, 지역적 차원에서 재난위험경감(DRR) 전략을 갖춘 국가들의 숫자를 늘린다.
⑤ 2020년까지 개발도상국들이 행동강령을 시행할 수 있도록 적절하고, 지속 가능한 지원을 하기 위해 국가들 간 국제적 협력을 강화시킨다.
⑥ 2030년까지 다양한 위험에 대한 초기대응시스템 구축 및 재난위험 정보량과 평가량을 늘리고 해당 지표에 대한 접근성을 늘린다.

2) 4가지 행동 우선순위

① 우선순위 1. 재난위험의 이해 : 재난위험관리는 취약성, 역량, 개인과 재산의 노출, 위험요인 특성과 환경 등의 모든 차원에서 재난위험을 이해하는 것이 되어야 한다. 이러한 지식은 위험도 평가, 예방, 경감, 대비, 대응을 위해 활용될 수 있다.

② 우선순위 2. 재난위험관리를 위한 재난위험거버넌스 강화 : 국가적, 지역적, 세계적 차원의 재난위험거버넌스는 예방, 경감, 대비, 대응, 복구, 재활을 위해 매우 중요하다. 재난위험 거버넌스는 협업과 협력이 촉진된다.

③ 우선순위 3. 복원력 구축을 위한 재난위험경감 투자 : 구조적/비구조적 방법을 통한 재난위험예방과 경감에 공공 및 민간투자는 필수적이며 이는 개인, 지역사회, 국가 및 이들이 소유한 자산뿐만이 아니라 자연환경의 경제적, 사회적, 보건과 문화적 복원력을 향상시키기 위함이다.

④ 우선순위 4. 효과적 대응과 복원, 재활, 재건축에 있어 "더 나은 재건"을 위한 재난대비 강화 : 재난위험이 증가하고 있다는 사실은 재난에 대응하기 위한 준비태세를 한층 더 강화하고 재난예측을 위한 조치를 취하며 모든 수준에서 효과적인 대응과 복구를 위한 역량을 준비해야 할 필요를 보여 준다. 복원, 재활, 재건축단계는 재난위험경감의 개발 수단과 통합시키는 등의 방법을 통해 더 나은 재건을 가능하게 하는 중요한 기회이다.

3. UN DRR "MCR 캠페인"

1) 개요

(1) 소개

① UN DRR 주관으로 2010년 5월 30일 독일의 본에서 MCR(재해에 강한 도시 만들기) 캠페인을 각 나라의 대표들(주로 지자체 단체장)이 동의하면서 시작
② 재난에 강하고 지속가능한 도시를 추구하는 UN운동
③ 복원력 활동을 증진시키고 지역단위의 재난위험도 이해를 넓힘으로써 지속가능한 도시개발을 지원함

(2) 목적

① 더 알아보기 : 위험경감을 위한 다양한 방법과 도시위험에 대한 시민과 지방정부의 인식을 제고시키기 위함
② 현명한 투자 : 국가 및 지역정부가 서비스, 사회 기반 시설 프로젝트 그리고 예산에 재난위험경감의 요소들을 포함하도록 정치적 기여도를 높임

③ 보다 안전한 건축 : 참여적 도시개발계획을 촉진하고 핵심기반시설을 보호하는 방향으로 도시개발계획을 수립함

(3) 가입현황

2021년 1월 현재 전 세계 4,360개 도시(한국 175개 도시)가 MCR캠페인 가입

(4) 지자체 지도자들에게 요구하는 사항

① 재난 복원력이 있고 지속가능한 개발을 촉진하기 위해 재난위험감소와 기후변화 대응에 대한 행동을 취하는 정치적인 기여가 요구됨

② UN DRR 롤 모델 도시 선정에 있어 지방자치단체장을 챔피언으로 내세우고, 지역 지도자를 캠페인 지지자로 독려하여 각 지자체의 모범적 사례와 활동을 공유할 수 있도록 해야 함

③ 다른 도시들이 그들의 경험과 역량을 공유하도록 권장하는 활동 등을 조직하고, MCR캠페인 참여를 권장하는 노력을 해야 함

┃ MCR캠페인의 개념 및 주요사항 ┃

자료 : https://www.unisdr.org/campaign/resilientcities/

4. 도시 재난 복원력 스코어카드

1) 개요

(1) 도시 재난 복원력 스코어카드의 목적

① 센다이 프레임워크의 실행에 있어 국가와 지방정부의 진행상황과 문제점에 대한 관찰 및 검토를 목적으로 함

② 도시 재난위험경감 전략(복원력 실행계획)을 수립할 수 있도록 지원하는 역할을 함으로써 해당 지자체의 재난 복원력 수준 측정의 토대 마련

(2) 재난 복원력 스코어카드의 사용자

① 주 사용자 : 지방자치단체
- 지역의 재난관련 업무를 담당하는 지자체 단체장(지역에 관한 행정권한 소유자)
- 지자체는 재난과 관련된 다양한 주요 이해당사자 간의 접촉과 대화의 창구 역할

② 보조 사용자 : 정부, 민간부문, 지역사회그룹, 교육기관, 개인 등
- 다양한 활동가는 도시 복원력을 유지하고 증진하는 역할

(3) 구성

① 10개 필수사항으로 구성(준비/시행/복원력 강화 단계)

② 예비 평가 47개 항목, 상세 평가 118개 항목

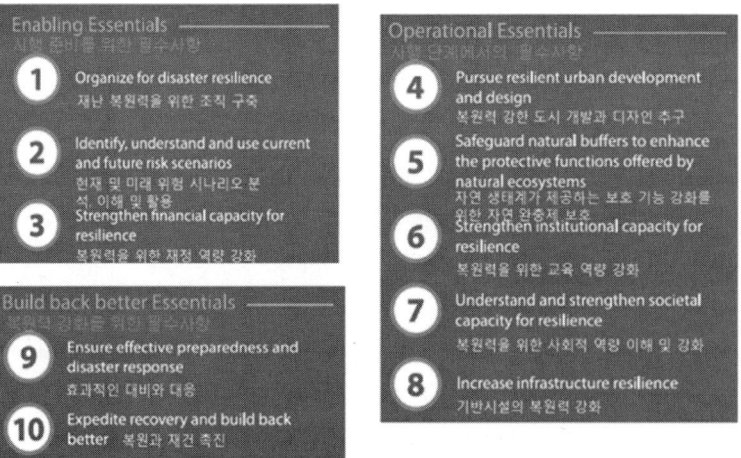

┃ 도시 재난 복원력 스코어카드의 구성 ┃

02 UN DRR 롤 모델 도시의 인증 절차

1. UN DRR 롤 모델 도시의 목표 및 현황

UN DRR(UN재난위험경감사무국)은 각국 도시의 재난위험경감 역량을 높이기 위해 2010년부터 "기후변화와 재난에 강한 도시 만들기(MCR : Making Cities Resilient)" 캠페인을 추진 중이며, 회원도시 가운데 "복원력 있는 도시 만들기를 위한 10가지 필수사항"을 이행하여 모범이 되는 도시를 롤 모델 도시로 인증한다. 2021년 1월 현재 32개국 57개 도시 롤 모델 도시가 인증(한국 인천, 울산, 서울)이 완료되었다.

2. 인증절차

1) 단계별 인증절차

① MCR캠페인에 가입한다.
- 홈페이지 : http://www.unisdr.org/campaign/resilientcities/home/signup

② 10가지 필수사항들의 지표와 도시 재난 복원력 스코어카드를 이용하여 도시의 재난 위험경감에 대한 진행상황을 점검하고, 재난위험경감 행동계획을 수립하며 센다이 강령의 목표 E를 충족시켜야 한다.
- 10가지 필수사항 : 복원력을 위한 재정력 확보, 기반시설의 복원력 강화, 신속한 복원과 더 나은 재건 등

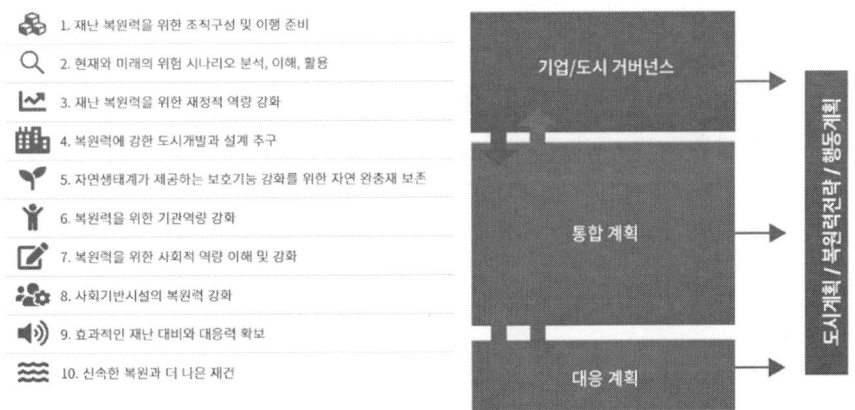

‖ MCR캠페인의 재난에 강한 도시 만들기 10가지 필수사항(10Essentials) ‖
자료 : UNISDR. 2017. 어떻게 도시 복원력을 키울 것인가? 지방자치단체 리더를 위한 핸드북.
제네바 : UNISDR.

③ 국가정부기관, MCR캠페인의 국제적 파트너, 다른 롤 모델 도시, 지방, 국가, 지역 또는 글로벌 시민사회단체, 도시에서 재난위험경감·개발 또는 관련 활동들을 이어가고 있는 UN기구, UN DRR네트워크 소속 혹은 재난위험경감·개발 또는 관련 분야의 민간부문 등의 추천을 받는다.
④ 신청서를 제출한다.(입후보 신청서, 지자체장의 지원동기서, 기존 롤 모델 도시의 추천서 포함)
⑤ 심사절차 진행, 평가 및 우수 분야에 대한 인증서 수여

2) 인증 평가 도구

City Disaster Resilience Scorecard Preliminary/Detailed
(예비 47개/상세 118개 항목)

3) 인증 평가 내용(MCR캠페인 필수이행사항)

① 재난 복원력을 위한 조직 구성 및 이행 준비
② 현재와 미래의 위험시나리오 분석·이해·활용
③ 재난 복원력을 위한 재정적 역량 강화
④ 복원력에 강한 도시개발과 설계 추구
⑤ 자연생태계가 제공하는 보호기능 강화를 위한 자연 완충재 보존
⑥ 복원력을 위한 기관 역량 강화
⑦ 복원력을 위한 사회적 역량 이해 및 강화
⑧ 사회기반시설의 복원력 강화
⑨ 효과적인 재난 대비와 대응력 확보
⑩ 신속한 복원과 더 나은 재건

03 UN DRR 롤 모델 도시 추진 사례

1. 국외 UN DRR 롤 모델 도시 추진 사례 1 – 스웨덴 칼스타드 시

1) 도시 일반 현황

① 도시명 : 스웨덴 칼스타드(Karlstad) 시(베름란드 주의 주도)
② 면적 : 42.16km²
③ 인구 : 104,232명
④ 인구밀도 : 2,472명/km²

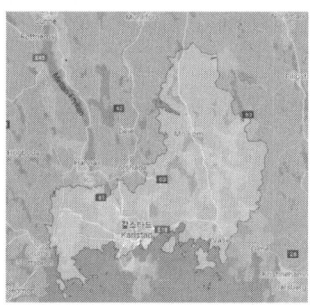

┃ 스웨덴 칼스타드 시의 지도 ┃

2) 지역적 특성

① 칼스타드 시(市)는 클라르엘벤 강이 흐르는 북유럽의 가장 큰 삼각주에 위치
② 클라르엘벤 강의 위치는 강과 호수에서 높은 수위로 홍수가 발생할 위험이 높음
③ 100년 빈도의 홍수에 영향을 받는 인구가 가장 많이 거주하는 도시

3) 강점분야 우수사례

① 제방은 빗물관리시스템을 가진 투수성 댐과 체크밸브가 장착된 4개의 펌프장을 보유함
② 7개의 수문을 건설하여 엄청난 폭우 시 제방의 수위를 조절함으로써 침수피해를 사전에 예방함
③ 시의회는 홍수와 같은 비상시에도 병원이 제 기능을 할 수 있도록 주요 간선도로를 정비하고 제방을 건축하는 정책을 마련함
④ 시(市)와 시민사회의 이해당사자에 의해 개발된 도시의 홍수관리계획은 사회기반시설의 우선순위를 정함
⑤ 현재의 아름다운 지형을 유지하면서 홍수로부터 도시를 보호할 수 있는 도시계획을 수립함

⑥ 시(市)는 풍수해에 대한 재난위험경감을 매우 중요하게 생각하며, 공공업무종사자는 기후변화 적응수단과 환경관리에 대한 교육과 훈련을 주기적으로 시행함

┃ 스웨덴 칼스타드 시의 풍수해 예방 우수사례(도시 경관과의 조화) ┃

2. 국외 UN DRR 롤 모델 도시 추진 사례 2 – 태국 방콕시

1) 도시 일반 현황

① 도시명 : 방콕(Bangkok) 시(태국의 수도)
② 면적 : 1,569km²
③ 인구 : 14,998,000명
④ 인구밀도 : 9,558명/km²

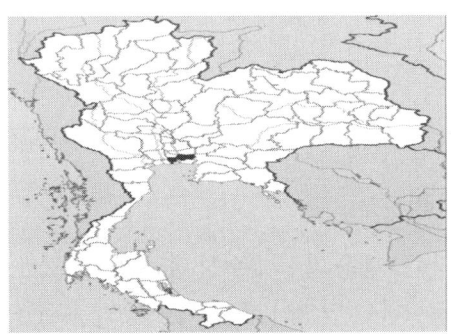

┃ 태국 방콕 시의 지도 ┃

2) 지역적 특성

① 방콕 시(市)는 단기간의 집중호우에 취약함(차오프라야 강)
② 배수시설 미비로 잦은 풍수해를 입음(1942, 1975, 1978, 1980, 1983, 1996년 등)
③ 특히 1983년 집중호우로 가장 심한 피해(6,600백만 바트)를 입음

3) 강점분야 우수사례

① 동부의 홍수피해예방을 위해 도시 전체 72km 제방을 확장하여 쌓음
② 도심의 운하를 따라 7개의 배수터널과 2011~2017년 다른 3개 운하터널을 확장하는 계획을 수립하여 시행함
③ 시의회는 홍수예방을 위한 예산을 승인하고 배수시스템, 운하시설 강화 등의 공사를 진행함
④ 시(市)는 홍수가 빈번한 지역을 알려 주는 홍수지도를 작성하고, 홍수문제 해결을 위한 대책을 세우며 풍수해 예방사업에 대한 평가를 수행함
⑤ 위험감소를 위한 인프라 투자를 실시하여, 4년 동안(2008~2011) 1,400만 바트의 예산을 투입하고 정부 차원에서 2,000억 바트를 지원함
⑥ 홍수예방과 피해경감을 위한 홍수통제센터를 구축하고, 2개 지역에 75개 지역펌프장을 설치함
⑦ 집중호우로 인한 피해 예·경보를 3~6시간 전부터 라디오와 교통방송 등으로 알리는 서비스를 시행함

∥ 태국 방콕 시의 풍수해 예방 우수사례(방수하수처리장) ∥

3. 국내 UN DRR 롤 모델 도시 추진 사례 1 − 인천시

1) 도시 일반 현황

① 도시명 : 인천(Incheon)광역시(한국의 항구 도시)
② 면적 : 1,063.27km^2
③ 인구 : 2,956,063명
④ 인구밀도 : 2781.8명/km^2

| 인천광역시의 지도 |

2) 지역적 특성

① 인천의 지형은 산지는 마니산(468m), 계양산(395m) 등을 제외하면 거의 200m 정도의 구릉으로 이루어짐

② 해안은 노년기 산지가 가라앉아 생긴 리아스식 해안이며, 간만의 차가 심하여 최고 9.27m, 최저 7.49m나 되고 경사가 완만한 넓은 갯벌이 특징을 이루고 있으며 국지성 폭우로 인한 침수피해가 있음

③ 집중호우 발생 시 인천시는 지형적으로 바다와 인접한 저지대 주택들의 침수피해가 발생

3) 강점분야 우수사례

① 재난 시 피해를 입은 시민에게는 정부와 인천시가 협력하여 구호성금 및 필수구호용품을 긴급하게 지원하고, 피해재발을 막기 위하여 사회적 인프라 개선을 지속적으로 시행하고 있음

② 재난 발생 시 비상근무는 대응기간 중 관련부서 및 유관기관 협조체제를 강구하여 상황전개에 따라 비상발령 3단계 체계로 근무하되, 통제관 책임하에 근무부서 및 인력을 탄력적으로 조정하고 있음

③ 재난 발생 시 필요한 자원을 신속하게 동원·활용하기 위한 재난관리자원 공동활용 시스템의 체계적 관리 및 현행화가 이루어지고 있음

④ 인천시는 행정안전부에서 제공하는 재난재해, 전시 및 테러, 생활안전 행동요령을 통해 시나리오별로 도상훈련, 시운전, 시뮬레이션훈련, 활동훈련, 전체모의훈련 등을 시행하고 있음

⑤ 인천시는 기존 도심 주변의 주거지역은 주택의 노후화, 필지의 부정형화 및 간선시설의 공급부족으로 인해 주거환경이 열악함에 따라 도시재생사업 및 재건축, 재개발 등의 정비사업을 통해 공동주택 위주의 주거환경 개선이 이루어지고 있음

⑥ 경인운하 주변의 자연생태계 기능과 배수 스테이션으로 인천시 전역이 국지성 집중호우 등에 보호될 수 있도록 자연성 회복과 저류기능을 갖추고 있음

┃ 인천광역시의 시설물 관리 우수사례(스마트 안전도시) ┃

4. 국내 UN DRR 롤 모델 도시 추진 사례 2 – 서울시

1) 도시 일반 현황

① 도시명 : 서울(Seoul) 시(한국의 수도)

② 면적 : 605.02km^2

③ 인구 : 9,602,227명

④ 인구밀도 : 15,865명/km^2

┃ 서울특별시의 지도 ┃

2) 지역적 특성

① 서울 도심 주변에는 도심을 관통하는 청계천의 계속된 침식으로 북악산과 남산에서 산기슭이 발달되어 기복이 많은 지형이 많음

② 집중호우 시 하천수위가 상승하면서 저지대 침수 및 피손 등의 풍수해에 의한 피해가 있음
③ 2020년 장마 기간 동안 서울 강수량은 총 951.6mm로, 평년 중부지역 강수량 366.4mm의 2.6배에 달했으며, 풍수해 시설물 피해는 315건이었고, 이 가운데 주택 침수는 150건, 주택 파손은 14건이 발생함

3) 강점분야 우수사례

① IoT센서로 미세먼지, 소음 등 도시데이터를 수집하고 활용하는 인프라 구축, 서울 전역에 지능형 CCTV를 설치해 정보를 유기적으로 연계한 정책 등을 통한 스마트 도시 구현
② 총 1,245만 그루의 나무를 심어 녹지공간을 확충하고, 노후한 가정용 보일러 90만대를 친환경 보일러로 교체하는 정책 추진, 전기·수소차 등 친환경 자동차 보급 등 파리기후협약 이행을 위한 노력
③ 공공시설 내진율 76.7% 확보, 빗물펌프장 120개소 등 풍수해 대비 시설 확충, 노후기반시설 정비 등 사회기반시설 회복력 강화
④ 위기상황에서 시민이 심폐소생술, 피난유도 등의 대처를 할 수 있도록 양성한 '시민안전파수꾼', 주민들이 일상 속 안전을 점검하는 '안전보안관', 안전신고 포상제 등 시민 주도 지역안전문제 해결
⑤ 시민·기업 등 다양한 주체가 참여해 수립한 '안전도시 서울플랜' 성과 등 재난 회복력을 위한 조직 구성

┃ 서울특별시의 풍수해 예방 우수사례(빗물저류 배수시설) ┃

03 WHO 안전도시

01 WHO 안전도시란?

안전도시는 모든 지역사회 구성원들이 사고로 인한 손상을 줄이기 위해 지속적이고 능동적으로 노력하는 도시를 의미한다. 안전도시의 개념은 1989년 9월 스웨덴 스톡홀름에서 열린 제1회 사고(Accident)와 손상(Injury)예방학술대회의 "모든 사람은 건강하고 안전한 삶을 누릴 동등한 권리를 가진다."라는 선언에 기초하고 있으며, 세계보건기구(WHO)에서 지역사회 손상예방 및 안전증진사업으로 권고하고 있는 모델이다.

안전(Safety)은 포괄적인 개념이며, 안전증진(Safety Promotion)의 기본개념은 지역사회와 지역사회에 소속된 개인이 안전의 개념을 이해하고 어떤 수단들이 행해져야 하는지를 인식하게 하는 것이다. 즉, 모든 개인이나 조직 또는 지역사회가 궁극적인 목표를 이루기 위한 모든 계획된 노력을 의미하는 것으로, 태도와 행동뿐 아니라 구조적인 변화들을 통해 안전을 충분히 제공할 수 있는 환경을 만드는 데 그 목적이 있다. 이러한 활동들이 지역사회에서 이루어지는 안전증진사업(Community Safety Promotion)을 안전도시(Safe Community)라 칭하며, 안전한 상태를 지속시키고 발전시키기 위해 개인, 지역사회, 정부 및 기업, 비정부기구들에 의해 지역적, 국가적, 국제적 수준에 적용되는 다차원적인 노력이 필요하다.

WHO 안전도시 모델은 지역사회 수준에서 손상을 예방하고 안전을 증진시키는 데 가장 효과적이며 장기적으로 볼 때 이익이 되는 접근방법으로서, 안전도시는 그 지역 공동체가 사고로부터 완전히 안전하다는 것을 의미하는 것이 아니며, 지역 공동체 구성원들이 사고로 인한 손상을 줄이기 위해 지속적이고 능동적으로 노력하는 도시를 의미한다.

선진국에서는 이미 1970년대 이후부터 사고 및 손상을 감소시키기 위해 국가 공중보건정책의 우선순위로 손상문제를 설정하여 체계적인 노력을 해왔으며, 최근에는 지역 공동체 주민들의 자발적인 참여를 유도하고 안전한 지역 공동체를 만들어 나가기 위하여 지역 공동체 특성에 맞는 손상예방 및 안전증진 활동이 활발하게 전개되고 있다.

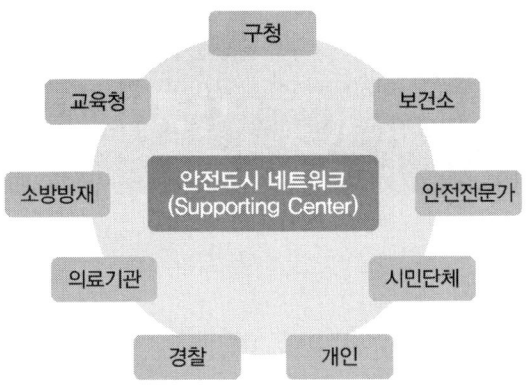

❚ WHO 안전도시의 네트워크 기본 개념 ❚

02 WHO 안전도시의 필요성

1. 건강(Health)과 안전(Safety)

건강과 안전은 인간의 기본적인 권리이며 전 인류의 건강과 복지를 유지하고 안전도시의 발전을 위해 반드시 필요한 요소이다.(Manifesto for safe Communities, 1989)

2. 손상

손상(Injury)은 의도적(예 폭력, 자살 등) 혹은 비의도적 사고(예 교통사고, 화재, Accident)의 결과로써 발생하는 신체나 정신에 미치는 건강상의 해로운 결과(Health Outcome)를 의미한다. 손상은 예기치 못한 교통사고, 화재나 폭력에 의해 우연히 발생되는 것이 아니라, 일반적인 질병과 같이 고위험군(High Risk Group), 위험환경(Risk Environment), 위험요인(Risk Factor)이 있어, 이를 적절히 통제함으로써 충분히 예방 가능하다는 견해가 널리 받아들여지고 있다.

3. 손상의 과학적 접근절차

대상 인구집단이 가지고 있는 손상문제와 위험요인을 파악하고 이를 근거로 하는 효과적인 안전증진방안을 모색하기 위해서 손상의 과학적 접근절차가 필요하다. 이후 지속적으로 손상예방·안전증진 사업의 수행과 평가를 '손상예방'이라는 궁극적 목적을 달성하기 위해 노력해야 한다.

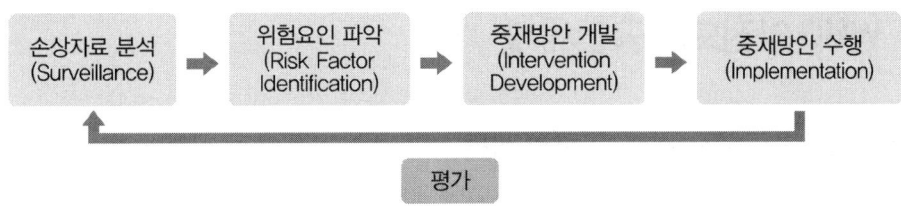

▌ 손상예방에 대한 접근절차 ▌

4. 손상의 인식 제고

우리나라의 사망원인 통계자료 중 손상으로 인한 사망은 암, 뇌혈관 질환 및 심장질환 다음으로 차지하는 비중이 높지만 일반적으로 손상은 어떤 예기치 못한 사고나 폭력에 의한 우연한 결과로 인식하고 있는 경우가 많다. 따라서 각 개인이 갖고 있는 손상은 위험인자의 관리를 통한 예방이 가능하다는 인식을 제고시킬 필요가 있으며 국가적 차원에서 적극적으로 손상예방 및 안전증진을 위한 정책을 마련해야 한다.

2004년 손상으로 인한 사망은 전체 사망 중 11.7%를 차지하였으며 주로 자살, 운수사고, 추락의 순으로 발생하였다. 손상으로 인해 조기 사망한 환자의 손실연수와 비교해 보았을 때 손상으로 인한 사망부담이 암에 이어 두 번째로 크게 나타났다. 사망자 1인당 손실연수는 손상사망에 의한 손실연수가 16.6년으로 가장 높아 다른 어느 만성질환보다 더 큰 부담을 유발했다.

최근 과학기술과 각종 산업의 발달로 인한 출생률과 사망률의 감소, 평균수명 증가 등의 요인으로 보건의료 수요구조가 변화하고 있다. 즉, 과거의 감염병 질환 중심에서 비감염병·만성퇴행성 질환과 함께 운수사고, 낙상(추락), 자살과 같은 사고로 인한 손상에 대한 관심이 높아지고 있으며, 특히 손상으로 인한 인적·물적 피해, 의료비와 생산성 손실 등 손상으로 인한 사회적 비용 등이 발생되어 이로 인한 경제적 부담 또한 가중되고 있다.

현재 우리나라에서 시행하고 있는 일부 만성질환 관리 및 예방의 어려움에 비해 손상은 그 예방적 접근에 있어 훨씬 더 효율적이며 비용절감적인 정책들을 활용할 수 있는 가능성이 있다. 그러므로 지역사회 건강증진을 위한 한 영역으로 손상문제에 대한 우선순위 부여, 손상 관련 연구 및 예방정책의 도입이 필수적이다. 손상예방의 수준에 있어서도 현재까지의 소극적인 손상예방 정책에서 벗어나 과학적인 접근을 통해 생활영역 전체에서의 손상발생을 근절할 수 있는 적극적인 안전 증진정책으로의 전환이 필요하다.

03 WHO 안전도시 공인체계

1. WHO 지역사회 안전증진 협력센터

세계보건기구는 1980년 스웨덴의 스톡홀름에 위치한 카롤린스카 연구소(Karolinska Institute) 의과대학 사회의학과를 WHO 지역사회 안전증진센터(WHO Collaborating Center on Community Safety Promotion)로 지정하였다. WHO 지역사회 안전증진 협력센터에서는 WHO 안전도시 승인센터 및 WHO 안전도시 지원센터를 지정하고, 안전도시사업을 추진하는 모든 기관과의 네트워크 구축을 통해 지역사회 안전증진사업에 대한 포괄적인 사업을 추진하고 있다.

2. WHO 안전도시 공인기준

① 지역공동체에서 안전증진에 책임이 있는 각계각층으로부터 상호 협력하는 기반이 마련되어야 한다.(An infrastructure based on partnership and collaborations, governed by a cross-sectional group that is responsible for safety promotion in their community)

② 남성과 여성, 모든 연령, 모든 환경, 모든 상황에 대한 장기적이고 지속적인 프로그램이 있어야 한다.(Long-term, sustainable programs covering both genders and all ages, environments and situations)

③ 고위험 연령과 고위험 환경 및 고위험 계층의 안전 증진을 목적으로 하는 프로그램이 있어야 한다.(Programs that target high-risk groups and environments, and programs that promote safety for vulnerable groups)

④ 프로그램은 사용 가능한 모든 근거를 기반으로 하여야 한다.(Programs that are based on the available evidence)

⑤ 손상의 빈도나 원인을 규명할 수 있는 프로그램이 있어야 한다.(Programs that document the frequency and causes of injuries)

⑥ 손상예방 및 안전증진을 위한 프로그램의 효과를 평가할 수 있어야 한다.(Evaluation measures to assess their programs, processes and the effects of change)

⑦ 국내외적으로 안전도시 네트워크에 지속적으로 참여할 수 있어야 한다.(Ongoing participation in national and international Safe Community networks)

3. WHO 안전도시 공인절차

안전도시사업 추천의사를 자치단체장 명의의 공식 문서로 제출
제출처 : WHO 안전도시지원센터(한국)

안전도시지원센터와 자치단체 간
안전도시사업 지원을 위한 업무협약 체결

WHO 안전도시 공인기준에 근거하여 사업 실시,
매년 자치단체 안전도시사업 과정 평가 보고
제출처 : WHO 안전도시지원센터(한국)

공인받기 원하는 달의 12개월 전
그동안의 사업성과를 공인심사신청과 함께 서면 보고
제출처 : WHO 안전도시지원센터(한국)

자치단체 방문실사 후 공인 여부 판단, 공인여건 충족 시
안전도시 공인신청서와 사업영문보고서 작성·제출
방문실사, 공인신청서 및 영문보고서 작성 : WHO 전도시지원센터(한국)
제출처 : WHO 지역사회 안전증진협력센터(스웨덴)

WHO 지역사회 안전증진협력센터(스웨덴)
서면실사 후 방문실사 여부 결정

안전도시 공인 여부 판정 : 지속적 발전기반이 있다고
판단될 경우만 안전도시로 공인

공인 이후 안전도시지원센터와 자치단체 간
지속적 업무협력을 위한 협력 체결

매 10년마다 재공인 실시

4. 우리나라의 WHO 안전도시 현황

▼ 국내 WHO 안전도시 현황

도시	공인 연도	홈페이지	비고
부산광역시	2014	www.busan.go.kr	
창원시	2014	www.changwon.go.kr	
삼척시	2014	www.samcheok.go.kr	
과천시	2013	www.gccity.go.kr	
강북구	2013	www.ehealth.or.kr	
천안시	2009	www.cheonan.go.kr	
원주시	2009	www.wonju.go.kr	
송파구	2008, 2013	www.songpa.seoul.kr	
제주특별자치도	2007, 2012	safejeju.jeju119.go.kr	
광주광역시	–	www.gwangju.go.kr	공인준비도시
순천시	–	www.suncheon.go.kr	공인준비도시
구미시	–	www.gwangju.go.kr	공인준비도시

자료 : 아주대학교 지역사회안전증진연구소(www.safeasia.re.kr)

PART 06 재난안전 산업

1 재난안전산업 개요
1. 재난안전산업의 유형과 현황
2. 재난안전 R&D 투자정책과 전망

2 해외 재난안전산업 현황
1. 해외 재난안전산업 현황
2. 해외 재난안전산업 사례

3 국내 재난안전산업 현황
1. 국내 재난안전시장과 전망
2. 국내 재난안전산업 정책사례

4 방재분야 신기술 동향
1. 한국방재협회의 방재산업 신기술 현황
2. 일본 사면방재대책기술협회의 방재산업 신기술 현황
3. 방재산업 신기술의 방향성

01 재난안전산업 개요

01 재난안전산업의 유형과 현황

1. 재난안전산업의 정의

일반적인 의미에서의 재난안전산업이란, 복잡·다양한 재난으로부터 국민의 생명과 재산을 보호하는 첨단 안전기술, 제품 등을 개발·제작 또는 유통하거나 관련된 서비스를 제공함으로써 재난안전관리 대응 역량을 제고할 수 있는 사회적 가치를 지닌 산업으로 정의할 수 있다.

이러한 재난안전산업은 공급자가 생산하고 서비스 실행자가 집행하여 수요자가 직간접적 혜택을 누리는 '제조+서비스' 결합형 구조로 되어 있으며, 안전서비스 제공을 위한 각종 첨단장비와 부품, CCTV, 화재감지 센서, 방호복, 방진마스크 등 다양한 제품들이 있다.

또한, 재난안전산업의 발전을 위한 기반 조성과, 체계적인 육성 및 지원을 하기 위하여 재난안전산업의 실태조사, 정보관리시스템 구성, 전문인력 양성 등 체계적인 기반을 마련하고 재난안전기술 및 제품의 개발과 보급을 지원함으로써 재난안전산업의 성장 동력을 높여 국내시장뿐만 아니라 해외시장까지 그 판로를 넓여서 국민경제의 활성화에 이바지하기 위해 '재난안전산업 진흥법안'에 대한 입법발의를 추진하고 있다.

2. 재난안전산업의 유형

이전까지 재난안전 관련 산업은 방재산업과 소방산업의 범위에 국한되었지만 행정안전부는 재난안전산업의 정의 및 범위·활용을 재정립하기 위해 '자연재해대책법' 일부 개정 및 '재난안전산업 특수분류' 추진을 통해 재난관리기능과 재난유형을 반영하여 자연재난예방산업, 사회재난예방산업, 재난대응산업, 재난복구산업, 기타 산업 등 5개의 대분류를 통해 16개 중분류, 71개 소분류로 구성되어 있다.

▼ 재난안전산업 산업특수분류

대분류	중분류	소분류
자연재난 예방산업	풍수해 관련 자연재난 예방산업	풍수해 예방 제품 제조업
		풍수해 예방 제품 판매업
		풍수해 예방 제품 수리업
		풍수해 예방 시설 공사업
		풍수해 예방 시설 설계 · 감리 및 안전 진단업
	지진 및 화산활동 관련 자연재난 예방산업	지진 및 화산 피해 예방 기기 제조업
		지진 및 화산 피해 예방 기기 판매업
		지진 및 화산 피해 예방 수리업
		지진 및 화산 피해 예방 시설 보강 공사업
		지진 및 화산 피해 예방시설 설계 · 감리 및 안전 진단업
	기타 자연재난 예방산업	황사 예방 장비 제조업
		황사 예방 장비 판매업
		대설 피해 예방 제품 제조업
		대설 피해 예방 제품 판매업
		대설 피해 예방 서비스업
		그 외 자연재난 예방 장비 제조업
		그 외 자연재난 예방 장비 판매업
		기타 자연재난 예방 장비 수리업(황사 및 대설 예방 장비 포함)
		기타 자연재난 예방 관련 서비스업(대설피해 예방 서비스업)
사회재난 예방산업	화재 및 폭발 · 붕괴 관련 사회재난 예방산업	화재 및 폭발 관련 예방 제품 제조업
		화재 및 폭발 관련 예방 제품 판매업
		화재 및 폭발 관련 예방 제품 수리업
		소방안전시설 공사업
		소방안전시설 설계 · 감리 및 안전 진단업
	교통사고 관련 사회재난 예방산업	교통사고 예방 제품 제조업
		교통사고 예방 제품 판매업
		교통사고 예방 제품 수리업
		교통사고 예방 시설 공사업
		교통사고 예방 시설 설계 · 감리 및 안전 진단업
	감염병, 화생방, 환경오염 관련 사회재난 예방산업 기타 안전사고 예방산업	감염병, 화생방, 환경오염 사고 방지용 피복 제조업
		감염병, 화생방, 환경오염 사고 방지용 피복 판매업
		감염병, 화생방, 환경오염 사고 방지용 기타 제품 제조업(피복 제외)
		감염병, 화생방, 환경오염 사고 방지용 기타 제품 판매업(피복 제외)

대분류	중분류	소분류
사회재난 예방산업	감염병, 화생방, 환경오염 관련 사회재난 예방산업 기타 안전사고 예방산업	산업재해 및 기타 안전사고 대비용 피복 제조업
		산업재해 및 기타 안전사고 대비용 피복 판매업
		산업재해 및 기타 안전사고 대비용 기타 제품 제조업(피복 제외)
		산업재해 및 기타 안전사고 대비용 기타 제품 판매업(피복 제외)
		산업재해 및 기타 안전사고 대비기기 수리업
		산업재해 및 기타 안전사고 대비 시설 공사업
		산업재해 및 기타 안전사고 대비 시설 관련 설계·감리 및 안전 진단업
재난대응 산업	재난 상황관리 관련 산업	재난지역 수색, 구조·구급지원 관련 제품 제조업(운송 및 물품취급 장비 제외)
		재난지역 수색, 구조·구급지원 관련 제품 판매업(운송 및 물품취급 장비 제외)
	재난 지역 수색 및 구조·구급 지원 산업	재난지역 수색, 구조·구급지원 관련 제품 수리업(운송 및 물품취급 장비 제외)
		구급용 자동차 제조업
		구난용 기타 운송 및 물품 취급장비 제조업
		구난용 자동차, 기타 운송 및 물품 취급장비 판매업
		구난용 자동차, 기타 운송 및 물품 취급장비 수리업
		구난용 운송 관련 서비스업
	재난대응 의료 및 방역 관련 산업	재난대응 의료 및 방역 관련 제품 제조업
		재난대응 의료 및 방역 관련 제품 판매업
		재난대응 의료 및 방역 서비스업
재난복구 산업	시설피해 복구산업	시설피해 복구 공사업
		비상전력 생산용 기기 및 장치 제조업
		비상전력 생산용 기기 및 장치 수리업
	재난현장 환경 정비 산업	재난현장 폐기물 수집 및 운반업
		재난현장 청소업
기타 재난 관련 서비스업	재난 관련 시스템 개발 및 관리업	재난안전관리 프로그래밍 및 응용소프트웨어 개발·공급업
		재난안전관리 시스템 구축 및 관리업
		재해감시시스템 서비스업
	재난 관련 안전시설관리, 위험물품 보관 및 경비·경호업	안전시설관리 서비스업
		위험물품 보관 서비스업
		경비 및 경호 서비스업(재해감시스템 제외)
	재해보험 서비스업	재해보험 서비스업
	재난 관련 교육·상담·컨설팅업	재난 관련 교육업
		재난 관련 심리상담 서비스업
		재난관리 컨설팅 서비스업(환경관련 컨설팅 제외)

3. 재난안전산업 진흥 · 육성 정책[1]

경주 · 포항 지진, 폭염, 태풍 등 다양한 자연재해로 인하여 안전산업에 대한 관심이 높아지고 있는 가운데 자연재해뿐만 아니라 산불, 건물붕괴, 해양사고, 산업재해 등 인적재해 등으로부터 안전을 확보하기 위한 수요도 늘어나는 추세이다. 하지만, 최근 재난은 대규모로 피해를 유발할 뿐만 아니라 복합적으로 발생하는 특성을 가지고 있기 때문에 재난의 유형과 양상에 따라 적합하고 신속하게 대응하는 것이 쉽지 않은 상황이다. 따라서 이런 다양한 재난에 효율적으로 대응하기 위해서는 대응역량을 강화할 수 있는 안전기술과 제품을 개발하고 보급할 수 있는 재난안전산업을 육성할 필요가 있다.

재난안전산업은 재난대응역량을 높이는 데 기여하는 산업이므로 재난관리의 연장선에도 있다고 할 수 있다. 또한, 재난안전산업은 첨단 재난안전기술을 활용하여 재난안전관리의 과학화에도 크게 기여한다. 이런 점에서 재난안전산업은 성장잠재력이 높고 타 산업에 비해 기술 간 융 · 복합이 매우 활발하여 4차 산업 시대에 새로운 시장창출이 기대되는 산업 분야로도 꼽힌다. 이처럼 재난안전산업 분야의 전망은 밝지만 국내 안전산업 업체들은 시장 미성숙, 규제 등으로 인하여 성장에 한계를 겪고 있다. 특히 우리나라는 안전제품과 안전서비스의 공공재적 특성이 강하고 개인의 직접적인 소비가 적어 성장에 한계가 있다. 따라서 정부는 재난안전산업을 활성화하기 위해서 기반조성, 기술 · 촉진, 확산 · 시장 등 3단계로 지원정책을 추진하고 있다.

첫째, 재난안전산업 기반조성이다. 재난안전산업 기반을 조성하기 위하여 가장 먼저 필요한 것은 산업에 대한 이해와 현황을 정확하게 파악하는 것이다. 산업의 기초자료 없이는 산업의 문제점을 분석하기 어렵기 때문이다. 이런 이유로, 재난안전산업의 실태조사사업을 매년 실시하여 기초통계자료를 구축하고 있다. 2018년 재난안전산업 실태조사결과에 따르면, 사업체는 총 5만 9,251개, 매출규모는 41조 8,537억 원, 종사자는 37만 4,000명인 것으로 조사되었다. 2016년과 비교하여 사업체 수는 9,787개사, 매출은 5조 2,917억 원 증가한 것으로 나타났다.

정부뿐만 아니라 국회에서도 재난안전산업의 중요성을 공감하여 2017년 이재정 의원이 대표발의하여 「재난안전산업 진흥법」 제정을 추진 중이다. 법 제정(안)에는 재난안전산업 진흥기본계획의 수립, 신기술 평가제도의 확대, 재난안전 인증범위 확대, 전문인력 양성, 안전산업 육성 · 지원 전문기관 설립 등에 관한 사항을 담고 있다.

제도적 기반과 함께 지역맞춤형 산업육성을 위한 재난안전산업 클러스터 조성 등 실질적인 인프라 구축도 필요하다. 앞서 설명한 바와 같이 재난안전산업은 자발적 성장이 제한적

---

[1] 2019년 재난안전산업 진흥정책, 산업경제 정책과 이슈 7월호, 2019

이고 관련 기업이 영세하여 기술개발과 사업화 역량이 부족하다. 또한 다양한 기술연계가 강조되는 산업이지만 클러스터형 지원이 없어 개별적인 혁신 노력에 그치는 등 고도화에 한계가 있다. 따라서 재난안전산업 클러스터를 중심으로 기업, 연구소, 지원기관이 모여 공동활동을 통해 기술혁신역량 강화와 산업경쟁력 향상을 도모할 필요가 있다.

02 재난안전 R&D 투자정책과 전망

1. 재난안전 R&D 정책

정부는 2018~2021년 '제3차 재난 및 안전관리 기술개발 종합계획'을 수립함에 따라 매년 초 시행계획을 수립하여 시행하고 있으며, 4차 산업혁명 기반의 기술을 재난안전분야에 적용·확산하기 위한 전략적 R&D 투자 및 체계적인 관리를 중점적으로 계획하였다. 과학기술을 활용한 재난안전 R&D의 확산을 위해 '제4차 과학기술기본계획'에서는 국민들의 쾌적하고 편안한 삶에 기여하기 위해 재난안전 문제해결을 위한 전략 및 과제를 추진하고 있으며, 빅데이터, 인공지능, 가상·증강현실 등 혁신성장동력기술을 활용한 향후 5년간의 '혁신성장동력 재난안전 활용 시행계획' 추진, 전략적 재난안전 R&D 투자를 위한 '재난안전 R&D 투자 시스템 혁신방안' 의결 등 다방면의 분야에서 정책활동을 진행 중에 있다. '2022년 국가연구개발 투자방향 및 기준'에서는 디지털 전환을 위한 D.N.A(Data, Network, AI) 기술에 대하여 전사업으로 융합·확산을 강조할 예정이다.

국외 또한, 재난안전 문제의 해결방안 모색을 위해 4차 산업혁명 활용 기술, 대국민 정보서비스 기술, 협업연구 등에 집중하고 있다. 먼저, 미국은 재난정보의 적극적 제공, 자연현상에 대한 이해와 위험 저감 전략 및 기술개발, 기반시설의 취약성 파악, 표준화된 방법론을 통한 재난회복력 평가 등의 핵심연구분야를 선정하여 지원하고 있으며, 4차 산업 혁명의 기술 인프라 확대를 통해 국민 개개인의 재난 대응 역량 강화와 실시간 소통을 통한 양방향 정보교환이 가능한 재난관리시스템 구축을 강조하고 있다. 바이든 행정부에서는 공공 R&D 인프라 확대와 신속한 재난대응 R&D 체계의 마련, 국가위기상황 발생 시 과학기술계의 자문 기능 활성화 등 기술역량 강화의 지속적 R&D 투자 확대를 추진 중에 있다.

일본은 지진, 지진해일, 원전파괴, 지역사회마비 등 새로운 재난형태를 발생시킨 동일본 대지진과 같은 재난대응을 위해 4차 산업혁명 패러다임 기반의 융합 기술개발을 강조하고 있으며, '전주기 재난대응 방재과학기술분야 R&D 계획' 수립을 통해 재난예측부터 복구의 전주기 R&D 계획을 수립하였다. 또한, 지진예측 및 2차 피해분야의 집중투자와 태풍, 호우 등 자연재해 대응의 기술개발을 강조하였으며, 사회변화와 기술발전의 융합적 접근을 통한 지역사회의 재난대응 역량 강화 방안을 추진하고 있다.

2. 재난안전 R&D 투자 현황[2)]

1) 재난안전 R&D 투자 현황

과거 과학·기술 분야 진흥을 위해 R&D 투자를 2012년까지 2008년 대비 1.5배 확대한다는 계획에 따라 정부 차원에서 R&D 투자를 지속적으로 확대해 왔다. 이에 정부는 「재난 및 안전관리기본법」 시행령 제77조에 따라 5년 단위의 '재난 및 안전관리기술개발 종합계획'(2008~2012)을 수립하고, 연도별 재난 및 안전관리기술개발 시행계획을 수립하여 집행하였다. 그동안 부처별로 산발적으로 분산·추진되어 온 재난안전관리 분야 R&D 사업을 총괄·조정하여 연구개발의 효율성을 제고하고, 나아가 국가 차원의 시너지 효과를 창출하고자 하는 목적이었다.

현재 4차 산업혁명 기술 기반의 국민 체검형 재난안전 기술개발혁신을 통한 국민안전 확보를 위하여 21개 중앙행정기관(11부, 1처, 8청, 1위원회) 합동으로 「제3차 재난 및 안전관리기술개발 종합계획('18~'22)」을 수립하였고 비전과 목표를 통해 3대 전략, 10대 중점 추진과제를 도출하였다.

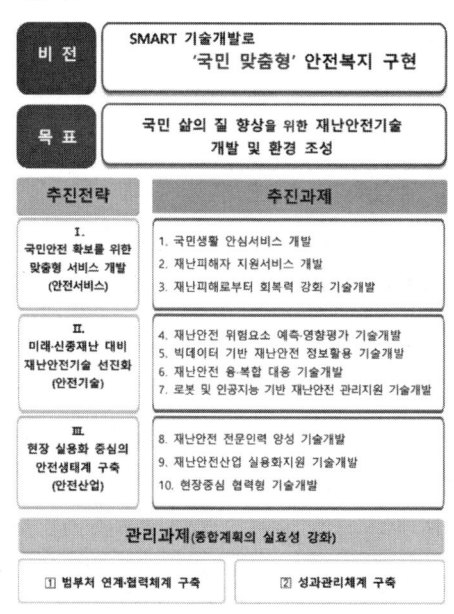

---

2) 2021년 제3차 재난 및 안전관리기술개발 종합계획 2021년도 시행계획, 관계부처 합동, 2021

정부는 재난안전 R&D 정책과 사업에 대해 2021년 1조 7,964억 원을 투자할 예정이다. 이는 전년도 1조 4,159억 원보다 3,805억 원(26.9%)이 증가한 예산으로 국가 전체 R&D 투자 예산대비 6.6%에 해당하는 저조한 예산이다. 그러나 2017년부터 2021년까지 그 비중이 지속적으로 증가하고 있는 추세이며 재난발생의 빈도와 영향력이 높아지고 있음에 따라 이러한 추세는 앞으로도 증가 추세를 유지할 전망이다.

▼ 최근 5년간 재난안전R&D 투자 현황

구분	2017년	2018년	2019년	2020년	2021년
국가전체R&D	19조4,615억원	19조6,681억원	20조5,328억원	24조2,195억원	27조4,005억원
재난안전R&D	7,839억원	8,690억원	1조555억원	1조4,159억원	1조7,964억원
비중	4.0%	4.4%	5.1%	5.8%	6.6%

2) 부처별 R&D 투자현황

2020년도 재난안전 관련 R&D 투자 실적은 전체에서 과학기술정보통신부가 2,527억 원(17.8%)으로 가장 많은 투자를 했으며, 산업통상자원부에서 1,728억 원(12.2%), 보건복지부 1,490억 원(10.5%), 국토교통부 1,186억 원(8.4%), 해양수산부 1,105억 원(7.8%) 순으로, 상위 5개 부처가 전체 예산의 56.8%를 투자하였으며, 현장대응부처인 행정안전부, 경찰청, 소방청, 해양경찰청은 전체 예산의 9.0%를 투자하였다.

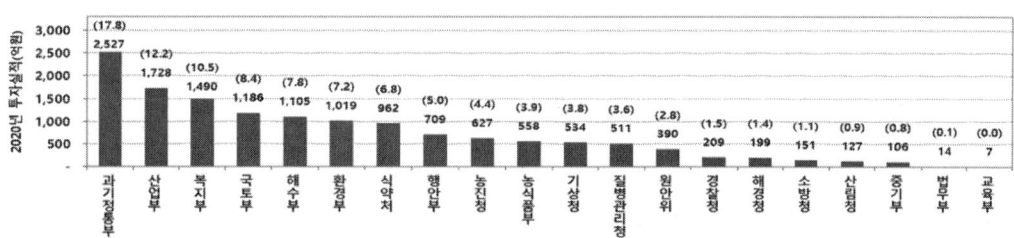

| 2020년 부처별 재난안전분야 R&D 투자실적(단위 : 억원 / %) |

3) 재난유형별 R&D 투자현황

2020년 재난안전 R&D 관련 투자실적 1조 4,159억 원을 재난유형별로 살펴보면, 사회재난이 9,698억 원(68.5%), 안전사고 2,380억 원(16.8%), 자연재난 1,354억 원(9.6%), 재난안전 일반 47억 원(0.3%) 순으로 투자가 되었다.

가장 많은 투자가 이루어진 사회재난유형은 감염병, 에너지기반 시설사고 분야에 활발히 투자되었으며, 미세먼지 분야는 '19년 실적대비 91%가 증가한 1,096억 원이 투자되었으며, 코로나-19 확산으로 인한 감염병 방역 기술개발 연구와 코로나-19 치료제·백신 임상지원 등에 2,672억 원이 투자되었다.

이어서 안전사고유형은 어업현장 현안해결지원 및 차세대 안전복지형 어선개발 등의 농어업사고, 식품사고 분야 등에 투자가 집중되었으며, 등산·레저, 물놀이 등 생활 레저사고에 대한 신규 R&D 발굴이 필요한 것으로 나타났다.

자연재난유형은 지진활동·지하단층 분석 및 지진 정밀관측기술 등 지진에 대한 투자가 집중되었고 호우·홍수 분야에도 활발한 투자가 진행되었으나, 최근 이슈가 되고 있는 강풍, 폭염, 한파 등의 분야에도 R&D 발굴이 필요한 실정이다.

재난유형이 특정되지 않은 전주기 재난관리를 위한 기술개발과 재난안전 일반유형에 대해서는 행정안전부에서 재난안전 산업육성지원 등의 분야로 중점투자를 진행했다.

▼ 재난유형에 따른 부처별 투자실적 구성비

재난유형	투자실적(비중)	세부 재난유형(비중)
사회재난	과학기술정보통신부(21.1%), 산업통상자원부(15.8%), 보건복지부(15.3%)	감염병(27.5%), 에너지시설 사고(13.1%), 미세먼지(11.3%)
안전사고	식약처(38.2%), 농업진흥청(19.8%), 해양수산부(9.7%)	농어업 사고(24.6%), 식품사고(21.8%), 의약품 사고(15%)
자연재난	기상청(37.3%), 과학기술정보통신부(37.3%), 행정안전부(12.9%)	지진(41.6%), 호우(23.1%), 홍수(10.8%)
재난안전일반	행정안전부(100%)	-

3. 재난안전 R&D 전망

정부의 재난안전 R&D 투자 방향은 재난·재해, 생활안전과 국민의 안전의식 관련 문제 해결을 위한 현장 수요자 기반 대응역량 강화와 첨단과학기술 개발을 확대함으로써 국민이 체감하는 안전사회의 구현을 목표로 하고 있다. 정부의 재난 및 안전관리기술개발 시행계획에 따른 재난안전 R&D 투자 방향은 다음과 같다.

① 현장수요 기반의 대응역량 강화를 위한 맞춤형 기술개발 필요
- 기술개발 전주기에 국민, 지자체, 지역 전문가 등의 참여를 활성화하여 현장에서 즉시 적용 가능한 맞춤형 기술개발 추진
- 「중앙-지방 재난안전 연구개발 협의체」를 통해 현장문제 해결 관련 R&D 정책·사업, 비R&D 연계 검토 등 적극적인 제안
- 피해자 중심의 재난지원 및 빠른 일상 회복을 위해 재난피해자 지원서비스 개발 분야에 대한 투자 확대

② 연구성과 체감도 제고를 위한 대국민 소통, 기술사업화 지원 확대
- 재난안전 R&D 정책·사업 공유 활성화, 우수성과 발굴을 위한 국민참여 평가회 개최 등을 통해 대국민 소통체계 다각화
- 산·학·연·관 협력 기반 마련으로 지역별 환경·조건이 다른 재난안전문제의 해결방안 도출, 지역사회 공감대 강화
- '재난안전 기술사업화' 성과지표의 성과달성을 위해 연구성과 실증·검증 및 사업화 지원사업 확대

③ 과학기술 기반 재난관리체계 강화를 위한 범부처 협력 확대 필요
- 아직 경험하지 못한 미래·신종재난 대응을 위해 재난관리주관 부처와 현장대응부처(행안부, 경찰청, 소방청, 해경청)의 협력사업 확대
- 연구성과의 현장 적용·확산을 통한 재난관리체계 고도화를 위해 지역 연계 실증·최적화 지원 및 기술규제 등 법·제도 개선

02 해외 재난안전산업 현황

01 해외 재난안전산업 현황

1. 미국

미국의 재난안전산업은 방재산업과 안전산업이 혼재되어 있으며, 9.11테러 이후 국가안보는 물론 개인 안전에 대한 관심이 높아지면서 관련 산업에 대한 관심이 증가하고 있다. 안전 및 보안장비 시장규모는 2000년 50억 USD, 2004년 850억 USD 수준으로 증가하였으며 2010년에는 1,300~2,100억 USD 수준으로 평가되고 있다. 재난관리 분야의 로봇개발, 테트라헬츠 방사선, RFID를 이용한 산업 등이 급성장하고 있는데 정부는 이에 대한 법제화를 통해 관련 산업의 안전성을 강화하고 시장을 확대하고 있다.

2002년 7월, 재난안전 관련 산업계는 새로운 로비단체로서 정부와 산업체가 공동 협력하여 테러와 각종 재난으로부터 국가를 보호하고 재난안전산업을 육성하기 위하여 산업계를 대변할 수 있는 국가안보산업협회(HSIA ; Homeland Security Industry Association)를 설립하였다. 국가안보산업협회는 비영리법인으로 설립되어 2003년 예산기준 380억 USD를 배정받았으며 현재 200여 개의 기업이 회원으로 가입되어 있다.

∥ 미국의 재난안전개념 – 위험(RISK) ∥

미국연방정부는 부처별로 각자의 재난관리 임무에 맞는 재난 R&D 프로젝트를 추진하고 있다. 재난 관리를 총괄하고 있는 국토안보부는 연간 1조 3,700억 원의 R&D 예산을 투입(2014년)하며, 상무부에서는 측정표준연구기관인 상무부 산하 NIST는 재난 관련 측정 표준 및 재난통신 관련 R&D에 연간 3,300억 원을 투입하고 있다. 기타 부처에서는 에너지부, 국립보건원, 질병관리본부, 환경부, 국방부, 교통부, NASA, NSF 등도 재난 R&D 프로젝트를 추진하고 있다. 미국의 재난안전 R&D 예산과 주요 내용, 성과는 다음 표와 같다.

▼ 연방정부의 재난안전 R&D 예산

구분	프로그램	주요 내용	2013 예산
국토안보부	국토안보부 과학기술국	첨단기술 및 운영지원(현장요원이 필요로 하는 기술을 평가, 조달, 교육)	480억 원
		RD&I 프로그램(연구+개발+혁신)	4,780억 원
		연구소 운영	1,270억 원
		University 프로그램(12개 우수연구센터)	400억 원
상부무 NIST	재난회복력 및 자연재난위험 저감 측정표준	기상 악조건에서의 구조물의 회복력 확보를 위한 측정 표준 기술	50억 원
	사이버공간 인증기술	사이버 시큐리티 확보를 위한 개인인증 기술	245억 원
	Wireless Innovation Fund	400백만 현장요원이 활용하는 재난안전 통신 기술 개발	3,000억 원
	Smart Fire Fighting	정보력 활용 소방 역량 강화 기술개발 • 스마트 빌딩 기술 & 로보틱스 • 스마트 소방장비 & 로보틱스 • 스마트 소방요원 장비	-
DOE	원자력 안전	원자력 시설의 안전	1,165억 원

※ 1$=1,000원 기준으로 환산
※ NIH, CDC-NIOSH(National Institute for Occupational Safety and Health)에서 현장요원들의 건강과 안전, 재난피해자 심리치료 등에 대한 연구와 교육을 진행하고 있으나, 구체적인 예산 파악 불가

▼ 미국 연방정부의 재난안전 R&D 성과 사례

개요	성과 내용
유해화학물질 탐지기능 스마트폰	• 유해화학물질을 탐지하고 정보를 전달하는 모바일 폰(Cell-All Unibiquitous Chemical Detection)
콘크리트벽 돌파 장비	• 강력한 콘크리트 벽을 뚫을 수 있는 휴대용 장비 • 2008년 Top 100 혁신사례로 선정 • FEMA에서 초도 보급 후 주정부의 구조팀에 보급 (Controlled Impact Rescue Tool)
구제역 백신	• 미국에서 개발된 최초의 구제역 백신 • 민간기업으로 라이센싱 준비 중
멀티밴드 라디오	• 현장요원 간 통신 개선을 위하여 기술개발 • 파일럿 개발을 끝내고, 기술실증을 위한 프로토타입 개발 완료
표준통합모델링 & 매핑 SW 툴	• 사건 발생 이전, 과정, 사후 단계에서 실시간 훈련 시뮬레이션 환경 제공(SUMMIT ; Standard Unified Modeling, Mapping Integration Toolkit)

미국 R&D 계획의 9가지 주제는 CIP(핵심인프라방호)를 위한 장기 전략목표 달성에 그 목적을 두고 있으며 기여도에 따라 선정되고 있다. 또한, 중장기적으로 물리적 사이버 인프라 시설의 보안성과 방호성을 제공하는 기반시설은 재난대응체계를 구축하는 데 있어서 중요한 기여도를 포함하고 있다. 9가지 핵심주제를 달성하기 위한 미래역량 구축, 즉 장기전략목표를 달성함에 초점을 두고 있으며 그 내용은 아래와 같다.

- 주제 1 : 감지센서시스템 → 감지센서시스템과 관련 융합기술
  미래역량 : 사건에서 무엇이 발생하고 있는지 감지하여 센싱이 가능한 운영 시스템 또는 수단
- 주제 2 : 방호와 예방 → 자산의 방호와 위협극복 가능한 예방대책
  미래역량 : 자산을 방호하기 위한 시스템, 수단, 방법, 허가권, 국가기관과의 핵심 연계
- 주제 3 : 인터넷 포털의 진입과 이용
  미래역량 : 중요장소와 시스템의 비허가 진입 예방
- 주제 4 : 내부위협의 적응
  미래역량 : 모든 통제권 관리자, 내부 보안, 자산 보유자에 대한 시스템 방호권과 주도적 진행에 대한 신뢰 향상
- 주제 5 : 의사결정 지원시스템
  미래역량 : 복합콤플렉스 빌딩의 재난상황 분석수단, 즉 가장 통합적으로 전달되는 방법으로 문제를 해결할 수 있는 의사결정 지원수단
- 주제 6 : 대응, 복구, 부흥 역량
  미래역량 : 초기대응에서 역량의 최후대처까지 핵심사건 상황관리가 가능한 준비태세
- 주제 7 : 새롭게 부상하는 위협과 취약성 분석
  미래역량 : 적대세력이 공공에 가할 수 있는 새로운 위협을 가장 빠른 시간 내에 발견하기 위한 수단, 방법, 기술의 개발
- 주제 8 : 첨단 인프라 시설과 시스템의 설계
  미래역량 : 과거 시스템의 장애와 한계를 뛰어넘는 새로운 시스템의 구축과 보안이 설계 요구사항으로 법제화되지 않던 시대에 적용한 기술을 현시대에 맞도록 대체 가능 시스템 구축
- 주제 9 : 인간과 사회이슈
  미래역량 : 사회적 변화에 의한 빠른 이해와 보다 정확한 의사결정을 가능하게 하는 빅데이터를 구성하고, 조직화하며, 제시하는 새로운 UI 정보체계

미국 DHS(재난관리청)의 CIP 지침에 의한 많은 R&D 계획은 다른 연방, 주, 지방기관 및 민

간사업에 기초기술을 제공하고 CIP R&D 계획에 포함되지 않은 많은 CIP 계획들이 CIP R&D 목표를 수행함에 있어 중대한 영향을 주고 있다.

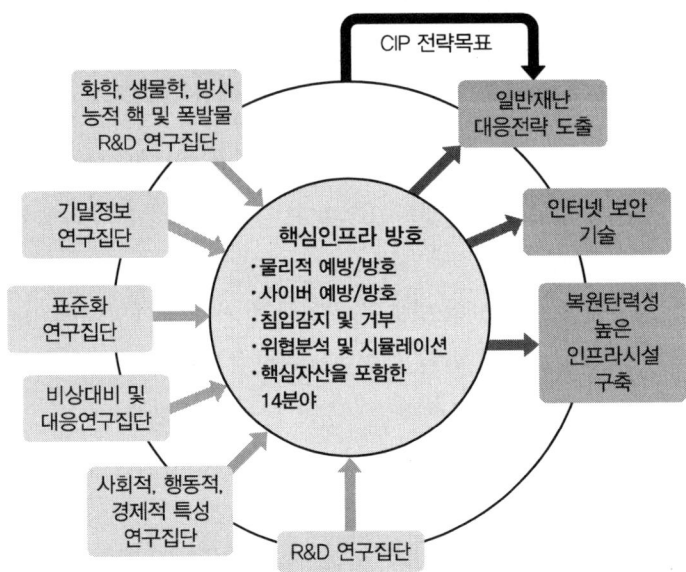

┃국가 핵심 인프라 방호(CIP) R&D 전략적 목표┃

- 첨단감지 및 센서시스템(화학, 생물학, 방사능, 핵 및 폭발 위협 감시용)
- 백신과 의료대책(생물학, 화학 또는 방사능 위협 및 노출된 사람용)
- 중화, 봉쇄, 점화기술(생물학, 화학, 방사능 및 핵 위협용)
- 국경검문소에서의 신원 확인을 위한 생체인식 기술
- 표준화 및 인증기술
- 도시 수색 및 구조
- 초기대응자용 도우미 로봇 개발
- 방호복, 첨단센서, 초기대응자(위치발견자 및 전파인증자)용 특정장비
- 핵물질의 추적용 꼬리표
- 기밀정보 수집과 합성

R&D 전략적 목표는 CIP 계획이 포함해야 할 기술적 차이를 규정하는 데 효과가 있다(예 화학적, 생물학적, 방사능, 인명방호 대책, 음식, 식수 등의 생필품, 비오염 시설 등). 반면에 CIP계획은 화학, 생물학, 방사능 노출에 대한 인프라시설 자체 방호 기술을 포함해야 한다. 이러한 이슈들이 CIP R&D 계획에 중심이 되고 미국에서 재난안전에 대한 R&D 계획은 이를 구심점으로 진행되고 있다.[3]

---

3) 재난환경변화에 대응한 인적재난 R&D 중장기 로드맵 수립 기획연구, 행정안전부, 2013

2. 일본

일본은 안심하고 안전한 사회를 구축하기 위해 안심·안전비전을 수립하여 첨단과학 및 정보기술을 활용한 재난구조 로봇, 나노테크 방호복과 같은 기자재와 장비의 개발 및 실용화 사업 등을 국가적 차원에서 전개하고 있다. 그리고 대형 인명피해를 유발할 가능성이 있는 지진과 같은 자연재해발생 빈도가 높아 재난에 대한 기술 및 산업기반이 비교적 잘 형성되어 있으며, 중앙정부의 주관하에 각 지자체의 재난관리 역량 및 대비태세를 주기적으로 점검하고 있다.

현재 일본은 '안전·안심비전'을 달성하기 위한 수단으로 관련 분야에 대한 대형 국가연구개발사업을 추진 중이며, 이를 통해 첨단 제품과 시스템을 산업화하고 있다. 2005년 3월 약 30여 명의 관련 전문가로 구성된 '자연재해경감을 위한 지구과학기술 전략회의'를 통해 산업육성을 위한 정책제언과 기능을 수행하고 있다.

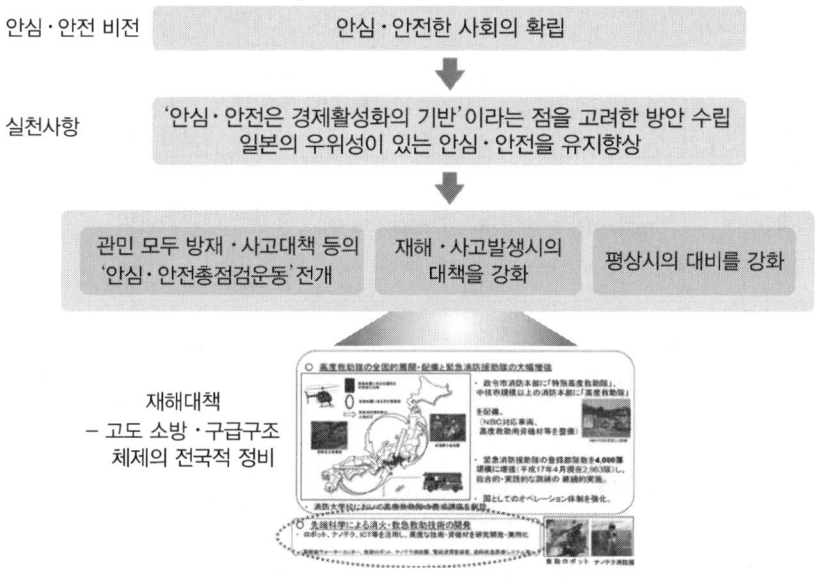

‖ 일본의 안심·안전 비전 ‖

일본은 '재난안전 및 재건'을 최우선 정책목표로 설정하였으며, 제4기 과학기술기본계획을 세웠다. 제4기 계획이 지향하는 바는 아래와 같다.

- 지진 재해로부터의 부흥, 재생을 통한 지속성장과 사회발전
- 안전하고 풍요로운 국민생활 실현
- 대규모 자연재난 등 지구문제 해결 선도
- 국가 존립의 기반이 되는 과학기술 보유국가

• 자산 창출을 지속하고, 과학기술 문화를 키우는 국가

종합과학기술회의는 "전략 이노베이션 창조 프로그램"의 일환으로 "복원력 있는 방재기능의 강화"를 목적으로 재난 R&D 사업을 2014년에 착수하였다. 주요내용으로는 지진·해일·풍수해로부터 국민보호 기술, 복잡 다양한 화재로부터 국민보호 기술, 구조수요 증가 & 재난구조 환경 구조 수요 대응기술, 산업시설의 안전 확보 기술, 현장요원 안전 확보 기술 등이 있다.

일본 종합과학기술회의의 재난 R&D 관련 중점 시책 예산은 2013년 "부흥 재생 및 재해로부터 안전성 향상" 4,500억 원, 2014년 "복원력 있는 방재기능 강화"(신규) 245억 원이다. 2013년 및 2014년의 '부흥 재생 및 재해로부터의 안전성 향상' 시책사업의 주요내용과 일본의 소방청의 대표적인 R&D 성과 사례는 다음 표와 같다.

▼ 2013년 '부흥 재생 및 재해로부터의 안전성 향상' 시책사업

정책과제	R&D 테마	부처	내용
(과제 1) 재해로부터 국민생명 건강을 보호	긴급 지진속보, 쓰나미 예측정보 정밀도 향상	국토교통성	• 긴급지진속보의 진도예측 오차를 기존 3단계 차이에서 1단계 정도로 향상 • 쓰나미 경보를 5~10분 단축
	재난 의료체제 강화	후생노동성	• 대규모 재해 발생 시 긴급의료대응 실태를 검증하고 개선점 정리 • 피해자(특히 아동, 여성고령자)의 건강상태를 조사하고, 지침을 마련
(과제 2) 재해로부터 비즈니스를 지키는 창조	농림수산업 재생 및 혁신기술을 활용하여 피해지역 고용창출 및 산업경쟁력 강화	농림수산성	• 2013년 말까지 농림수산식품분야 초기기술을 실증하여 관련 산업에 도입 • 생산비용 반감 또는 수익률 2배 향상
	피해지역 핵심산업 확립을 위한 혁신 창출	문부과학성	• 피해지역 강점 및 특성, 기업 니즈를 기초로 공동 R&D를 실시하여 1~3년 내 신제품 개발 • 5년 내 핵심 산업 확립
(과제 3) 재해로부터 거주지역을 지키는 창조	도후쿠 지역 건축물의 지진력 평가방법 제시	문부과학성 국토교통성	• 2013년 말까지 건축물의 지진력 평가방법을 정리하여 가이드라인 제시
	쓰나미에 강한 방파제 개발	국토교통성	• 2013년 말까지 쓰나미가 덮쳐도 잘 파괴되지 않는 방파제 구조 개발
(과제 4) 재해에도 물건, 정보, 에너지의 흐름을 확보하는 창조	지진쓰나미 재해 시 연결되는 정보네트워크 구축	총무성	• 2014년까지 피해지에서 긴급 운용할 수 있는 이동식 ICT 유닛 등의 정보전달 기술 확립

정책과제	R&D 테마	부처	내용
(과제 5) 방사성 오염에 대한 국민불안 경감	원전사고 이후 방사성 물질이 건강에 미치는 리스크 경감방법 개발	문부과학성	• 2년 내 사고복구 작업자의 피폭선량에 대한 종합적 평가결과 제시 • 5년 내 태아, 소아기 발암 리스크 경감방법 제시
	방사선 물질이 식품에 미치는 영향	후생노동성	• 2년 내 식품 중 방사성 물질의 모니터링 정보 발신 • 5년 내 식품 중 방사성 물질에 관한 기준치 검증작업 실시
	도로 농지의 제염기술 및 오염폐기물 처리기술 개발	문부과학성 농림수산성 환경성	• 5년 내에 다양한 방사성 오염 도로/농지 제염 기술 및 오염폐기물 처리운반보관기술 개발 및 실증
(과제 6) 재해지역의 대처방안 모색	도후쿠 지역 풍토 지역특성을 활용한 재생에너지 연구개발	문부과학성	• 2016년까지 파력발전, 조류발전, 미세조류 이용 오일생산 실험플랜트 가동, 전기자동차 이용 에너지관리 시스템 실험을 통하여 도후쿠 지역을 환경선진지역으로 발돋움

▼ 2014년 '부흥 재생 및 재해로부터의 안전성 향상' 시책사업

정책과제	R&D 테마	기간(예산)	목표
(예측) 최신 관측 예측 분석 기술로 재해 파악 및 피해 추정	지진해일 예측 기술 개발	2014~2018 (5.3억 엔)	• 고정밀 실시간 지진해일 예측하여 주민의 피난행동에 적절한 지침을 제공
	호우, 폭뇌 예측 기술 개발	2014~2018 (3.9억 엔)	• 고속, 고정밀의 강수량 추정이 가능한 MP Fast Finder와 적란운 발생초기단계 국지적 발생 관측기기 개발 • 국지폭우에 의한 도시 및 라이프라인 시설 침수, 철도망 재해지역에 대한 실시간 예측
(예방) 대규모 실증 실험에 의한 내진성 강화	대규모 실증실험 기반 액상화 대책기술 개발	2014~2018 (2.4억 엔)	• 적절한 액상화 대책 공법 제안 및 관련 지침 정비
(대책) 재해정보의 공유·활용을 통한 재해 대응력 향상	ICT활용 정보공유 시스템 개발	2014~2018 (1.6억 엔)	• 종합방재정보시스템을 관련기관이 보유하는 재해, 방재시스템에 실시간 피해정보를 끊기지 않고 제공
	실시간 피해추정시스템 개발	2014~2018 (4.8억 엔)	• 실시간 피해추정, 실태파악기술의 실현 (지진 : 1분 이내, 해일도달 : 지진발생 수분 후) • 재해 시 초기대응 지원시스템 정비
	실시간 피해추정 정보의 관계기관 공유기술 개발	2014~2018 (1.8억 엔)	• 실시간 피해추정, 실태 파악정보의 부처 공유와 재해대응에 활용

정책과제	R&D 테마	기간(예산)	목표
(대책) 재해정보의 공유·활용을 통한 재해 대응력 향상	재해정보 전달 기술 개발	2014~2018 (1.9억 엔)	• 가혹한 재난환경 하에서 재난약자를 포함한 다양한 속성의 수신자에 대하여 재해정보를 정확하게 전달하는 기술을 구현하고, 테스트베드를 이용하여 검증
	SNS 활용 재해 정보수집 분석 및 피해추정기술	2014~2018 (0.4억 엔)	• 소셜미디어 정보를 활용한 재해상황 요약, 재해대응지원 시스템 개발
	지역협력을 통한 지역재해대응 APP기술 개발	2014~2018 (1.2억 엔)	• 실시간 피해추정, 실태 파악정보를 활용하여 지역재해대응력 향상기술개발

▼ 일본 소방청의 대표 R&D 성과 사례

개요	성과내용
긴급지원정보시스템	• 재난 발생 현황과 긴급 소방대 요청, 현재 소방대원 위치 등에 대한 정보를 실시간으로 모니터링 • 정보를 토대로 긴급지원 의사결정을 효과적으로 수행하기 위한 정보시스템
소방대원용 통합단말 FiReCOS	• 음성과 데이터 교환이 가능한 통신시스템 • 핸즈프리 골전도 마이크 • Adhoc네트워크 기술로 재난 현장 단말 네트워크를 구축으로 무선통신이 가능 • 소방차량 간 통신, 지역소방본부와 소방대 간의 정보통신
고수압 구통 절단기	• 높은 수압을 이용한 절단기 • 냉각수와 불꽃의 비산량을 크게 줄임 • 인화성 가스현장에서의 인화위험을 줄이고, 산소결핍 상황이나, 수중절단도 가능해짐
물을 적게 사용하는 소화제	• 계면활성제를 기반으로 소방대가 사용할 수 있는 성능의 소화제 개발 • 방수량을 기존의 1/17 수준으로 감소 • 소방차량 및 장비의 소형 경량화로 기동성 증대

개요	성과내용
물-공기 혼합 분무소화기술 	• 도시의 고층화재 시 하층의 물피해 저감 • 소방호스의 소구경화 및 경량화로 소형화재 또는 차량화재에 효과적

3. 유럽

유럽의 재난 R&D는 재난회복력(Disaster Resilience) 기술과 디지털 보안(Digital Security)에 중점을 두고 있으며, Horizon2020(2014~2020년) 계획에서 재난회복력과 디지털 시큐리티를 12대 전략분야로 지정하였다. 재난회복력이란 예방, 대비, 대응, 복구 단계에 있어서 정상상태를 유지하거나 정상상태로의 빠른 복구가 가능한 총체적 역량을 의미한다.

유럽 전체적 관점에서 복합재난을 고려한 통합적인 재난 발생 예측 및 취약지역 감시기술 개발에 투자가 집중되고 있다. 중점투자 분야로는 대형 자연재난 대응기술, 생화학사고 재해난민 등록 및 추적관리, 현장에서 화생방사고 오염 노출수치를 파악하여 응급처치 및 후유증 발생 여부 추적, 극한 상황에서 현장대응요원의 한계능력 이상 발휘와 안전보장 장비 & 시스템, 실제 재난현장에서의 교육 훈련 및 경험 축적 등에 중점 투자를 하고 있다. 그와 관련하여 유럽의 재난 R&D 프로젝트 사례는 다음과 같다.

• ICARUS 프로젝트
  - ICARUS : Integrated Components for Assisted Rescue and Unmanned Search Operation
  - 재난구조구난활동을 위한 무인로봇기술개발 프로젝트로 육상 로봇, 해양로봇, 비행로봇을 개발

• INSIGHT 프로젝트
  - INSIGHT : Intelligent Synthesis and Real-time Response using Massive Streaming of Heteogeneous Data
  - 다양한 센서, 스마트폰, SNS 등에서 생산되는 이질적인 자료를 실시간으로 통합처리할 수 있는 방법을 개발
  - 응급재난계획 수립에 필요한 정보를 통합하여 분석·처리하는 솔루션을 개발

- SECTRONICS 프로젝트
  - 미래의 항만시설의 안전·시큐리티를 확보하기 위하여 육해공을 24시간 감시하는 혁신적인 C&C 시스템을 개발하는 프로젝트

영국은 국가재난관리를 위한 ICT 기반의 의사결정용 기술을 통해 재난관리의 체계적인 접근법과 ICT 접근법, 다중매체의 교육활용 등을 적용하고 있으며 그 내용은 다음과 같다.

- 재난관리의 체계적인 접근법 : 이 접근법은 더 효과적인 방식으로 재해들을 관리하기 위한 수단으로써 예방적이고, 반응적으로 접근하는 체계적인 재난관리시스템을 제공
- 재난관리에 있어서 ICT 접근법 : 대중인지, 교육훈련, 지역공동체 복구사례(인도)
  - 대중인지, 교육, 훈련 및 재난대비에서 ICT의 중요성을 제시
- 재난 위험도 경감을 위한 다중매체의 교육용 활용
  - 재난위험 경감에서 예방활동 문화를 고양시키기 위해 교육과정의 ICT 활용에 초점
  - 인지교육이론
  - 학교공동체 구성원을 촉진하고 민감하게 하는 보드게임형태의 멀티미디어 버전 생성용 S/W
- 자연재해위험 경감을 위한 변화하는 미디어 환경과 재난정보 전달을 위한 ICT의 효과적 사용
  - 재난정보가 위험인지 및 예방에 대하여 대중들의 행동과 어떤 관련이 있는가를 조사하기 위해 1910년에서 2005년까지 사용한 스위스의 홍수 미디어 정보범위를 소개
- 빠르게 급습하는 특성을 가진 자연재해에 대한 효과적인 재난관리, UAE의 자연재해 관리구조 및 절차를 조사, 주정부의 거버넌스, 책무에 관한 쟁점을 다루고 있다. 연방정부와 지방정부 간의 거버넌스 책임에 대한 확실히 묘사(구분)하고 관련 기관과의 효과적인 정보 경로를 논함

영국은 재난관리를 위한 첨단융합기술이 재난정보과학의 중요성을 위해 재해위험도 경감 수단으로 활용되고 ICT 수단의 효율적인 전개와 조기경보 시스템에 있어서의 미래 솔루션, MedSys, Web 2.0 소셜미디어 등에 초점을 맞추고 있다.

- 재난정보과학의 중요성을 재해위험도 경감 수단으로 정보관리
  - 재난관리를 위한 의사결정에서의 정보관리에 집중, 재난위험경감을 위한 정보관리의 개념적 프레임워크와 재난정보과학에 대한 검토
  - 결론으로 인터넷을 통한 정보보급방법과 인터넷과의 결합사용방법인 현 기술에 대한 검토

- 재난관리프로세스에서의 ICT 수단의 효율적인 전개
  - 실패를 최소화하고 협력을 극대화하여 주민과 환경에 대한 재난영향을 경감시킬 수 있는 다양한 ICT 기술의 효과적인 통합에 초점을 둠

- 조기경보시스템과 경보 기술에 있어서의 현재 기술과 미래 솔루션
  - 조기경보시스템과 경보 기술의 사용을 통한 재난예방 및 경감 논의
  - 특히 일반적 접근법과 대표적인 시스템의 효율적인 조기경보 상호운영에 관한 핵심 논의

- MedISys : 의료정보시스템
  - 의료정보시스템은 완전하게 자동화된 24/7 공중보건감사시스템으로 구성된 MedISys 의료정보시스템의 기술과 사용자 관점을 제시하며, 이 시스템은 (MedISys) 오토소스미디어로 CBRN과 인간과 동물의 감염질병을 모니터할 수 있음

- Web2.0 소셜미디어 및 위기정보를 Case study를 통해 소셜미디어 기술이 공식적, 비공식적 위기상황 및 정보관리와 어떻게 반응하는가에 대해 논의하며 위기관리를 위한 협력적 지능화 시스템의 미래개발을 위한 방향을 제시

또한, 차세대 재난관리 접근법 및 재난관리용 분산 프레임워크 기술을 중심으로 다음 분야를 제시하고 있다.

- 사건과 재난 관리 교육의 가상세계 시나리오를 사용하는 협력적 학습기회
  - 사례연구를 통해서 ICT 학습이론과 교육적 혜택 및 실습의 개요에 관한 검토를 보여줌. 이것은 헬스케어관리자를 위한 헬스케어관리 석사과정을 소개하고, play2 시뮬레이션과 Second Life®에서 주최하는 가상세계 교육시나리오의 적용을 보여준다.

- 대재앙 도시의 의사지원시스템(차세대 재난 관리기술)의 수학적 모델 생성자 : 베네수엘라 사례
  - 재난의 발생 전과 후의 영향력을 최소화할 수 있는 고도화된 의사결정시스템의 개발을 지원하기 위해 창안된 수학적 모델 시리즈를 제공한다.

- 시나리오 기반의 추론을 비상상황관리용 다범주 의사지원 시스템으로의 통합
  - 재난관리용 의사결정기술로써 다범주형 의사 분석과 시나리오 기반의 추론 제시
  - 시나리오 기반에서 결과의 평가를 촉진하고, 비상상황관리에서 새로운 형태의 시나리오를 제안할 수 있는 시나리오 통합 메커니즘으로의 이론적 프레임 워크(차세대 재난관리 프레임 워크) 제시

- POP−C^{++}와 Alpine 3D : 새로운 HPC 접근법을 위한 청원
  - 재난상황의 원인을 이해하기 위해 복합 시나리오의 시뮬레이션 가능성을 제공하는 수치모델링 기법
  - 전통적인 HPC 접근법이 재난 처리의 복잡성 및 변화의 증가로 중간 처리과정 이해 제공을 위한 방법으로서 POP−C^{++}를 제시

- 환경적 위험방지 위한 센서와 컴퓨팅 인프라 시설 : SCIER 시스템
  - 네트워크 센서와 분산 컴퓨팅 시설의 통합시스템으로서 주요 소프트웨어 요소 아키텍처에 특정 레퍼런스를 가진 플랫폼(SCIER 시스템)을 제시함-SCIER 플랫폼은 도시지역 경계면 지역의 위험대비 위기관리상 위험의 발생 예측 및 관할당국을 지원하기 위해 위험을 탐지, 모니터하는 시스템

- 맞춤형 산불피난데이터 그리드 푸시 서비스 : FFED−GPS 접근법
  - 맞춤형 산불화재 피난계획을 효과적이고 효율적으로 생성할 수 있는 방법으로서 FFED−GPS 시스템의 개념, 아키텍처 및 실행방법 제시[4]

02 해외 재난안전산업 사례

1. 태국 '뉴 타일랜드 프로젝트'

1) 태국 홍수 피해

태국은 2011년 7월부터 석 달 넘게 계속된 홍수로 381명이 사망하고, 홍수 피해 복구비로만 9,000억 바트(약 33조 2천억 원)를 투입하기로 하였다. 또한 아유타야, 빠툼타니 지역의 공단이 모두 침수 피해를 입었다. 이는 태국 전체 제조시설의 22%에 해당하며 피해액수는 약 12조 원(105억 달러)에 달한다.

태국은 대홍수 사태로 동남아시아 제조업 중심국가의 지위를 위협받고 있다. 전기·전자, 자동차 등 주요산업이 큰 타격을 입었기 때문이다. 2010년 기준, 태국 수출에서 전기·전자업과 자동차업의 비율은 각각 16.07%, 9.34%로 전체 수출의 4분의 1 이상을 차지한다. 게다가 최대투자국인 일본의 경우, 일부 기업은 공장 재가동이 어려워져 투자 철수가 예상된다.

---

4) 재난환경변화에 대응한 인적재난 R&D 중장기 로드맵 수립 기획연구, 행정안전부, 2013

| 태국 방콕 홍수 피해 |

2) 태국 대홍수의 원인

환경오염, 열대우림 파괴, 담수 관련 치수의 문제, 불안정한 태국수상 잉락을 혼란에 빠트리게 하는 수문을 이용한 음모, 부실한 댐관리, 현대인들의 과도한 소비에 대한 자연의 복수(the Revenge of Mother Nature for the Excesses of Modernity) 등이 현재 태국인들 간에 회자되는 태국홍수의 원인이다. 물론 더 나은 미래를 위해, 훗날 있을 더 큰 홍수를 위해 댐을 이용한 물관리, 다용도 목적의 댐건설 등을 이야기하는 것도 태국인이 해결해야 할 과제이지만 2011년 대홍수의 주된 원인은 "예상을 뛰어넘는 비", "50년 만의 기록적인 비"라고 보고 있다.

2011년 1월에서 9월 사이 평균 강우량은 지난 30년간의 평균 강수량 대비 엄청난 양이다. 방콕홍수에 직접적인 영향을 미치는 태국북부의 도시인 치앙마이에는 30년 평균 대비 140%, 람푼에는 196%, 람팡에는 177%, 우타라딧에는 153%, 핏싸눌록에는 146%의 비가 내렸다. 또한 북부 산악지대 외에 아유타야를 비롯 주변 지역의 저지대(Lowland)에는 더 많은 비가 내렸다. 이 대홍수는 방콕 주변의 저지대 지형으로 인해 물이 빨리 바다로 빠져나가지 못하고 방콕보다 훨씬 낮은 방콕 북부 아유타야, 파툼타니, 논타부리 주변에 오랫동안 가두어진 상황으로 인해 발생한 것이다. 그리고 차오프라야강을 가로지르는 운하를 포함, 각종 지류에 가두어진 물이 넓게 퍼져 있는 상황이 오랫동안 지속되어 왔다. 이는 태국 북부에서 오랫동안 내린 비를 아유타야를 비롯 방콕 북부 지역에서 계속 저장하다가 한 번에 방콕으로 밀려온 것으로 파악된다.

현재의 방콕지형과 방콕 북부의 지형은 예년 평균 강수량 정도면 문제가 없지만 예년 평균 강수량의 30%를 넘어가면 위험한 상황이 연출되기에 좋은 환경이다. 과거 30년 정도의 평균적인 강수량이 2011년에도 유지되었다면 방콕홍수는 일어나지 않았을 것이다. 예상을 뛰어넘는 비와 방콕북부 지역의 지형이 대홍수를 낳는 결과를 초래하였다.

태국의 전 수상인 탁신은 2005년 압승을 거두고 대대적인 홍수 대비 치수사업을 펼쳤다. 탁신 전 수상 이전에 방콕은 해마다 9~10월이 되면 부분적으로 홍수피해를 입었기 때문에 홍수는 매년 방콕 주민이 겪는 연례행사이기도 했다. 그러나 탁신 전 수상은 방콕홍수 방지를 위해 방콕시내의 저지대에 제방을 쌓았고, 방콕 시내의 배수로를 과거에 비해 크게 확장 하는 등 많은 노력을 펼침으로써 방콕홍수 상황은 많이 개선되었다. 하지만 예상을 뛰어넘는 강수량에 대응하기에는 역부족인 상황이다. 이에 대해 일본 니혼게자이 신문은 "탁신의 홍수방지대책이 계획대로 추진되었으면 2011년 10월 홍수 같은 대규모 피해는 없었을 것"이라고 지적하기도 했다.

이러한 상황까지 고려한다면 2011년 태국홍수의 원인은 기록적인 폭우, 평지라는 방콕의 지형적 특성, 지속적인 치수사업의 정부 노력 부재로 볼 수 있다.

3) 뉴 타일랜드 프로젝트

태국은 2011년 대홍수 이후 재건사업에 8,000억 바트(약 29조 원)를 투입하기로 했다. 프로젝트 이름은 '뉴 타일랜드(New Thailand)'로 홍수를 기회 삼아 사회 인프라를 새로 정비하겠다는 뜻이다. 태국 행정부 및 왕실, 군부는 그동안 빚어온 갈등을 뒤로 하고 일단 중장기적 홍수예방사업을 국책사업 1순위로 올려놓은 상태다. 29조 원의 돈이 산업단지 및 주택가 복구사업에 투입되긴 하지만 대부분 치수사업에 투입된다는 뜻으로 이후에도 상하수도 시설 사업이 꾸준히 이어질 것으로 전망된다.

태국중앙은행은 '뉴 타일랜드' 프로젝트의 재정조달을 위해 벌써 국채까지 발행하였으며, 핏차이 태국 에너지부 장관은 방콕포스트와의 인터뷰를 통해 "인프라 개발사업은 수도권과 산업단지의 홍수 예방뿐 아니라 지방의 전반적인 물관리 사업으로까지 확장될 것"이라며 "홍수로 손상된 도로와 관개시설을 복구하는 등 단기 재건사업을 위해 1,300억 바트를 우선 마련한 후 장기적 물관리 대책을 마련해 사업을 추진할 방침"이라고 밝혔다.

∥ Hi-Tech 공업단지 새로운 워터펌프 ∥

∥ 아유타야 지역 Honda Motor 홍수 방벽 ∥

사업의 핵심은 '홍수예방사업'이다. 기존 태국 정부의 수처리사업을 '실패작'으로 부르는 현지 언론들은 잉랏 총리가 태국 수도권을 관통하는 주요 강과 하천을 모두 정비해야 한다고 강하게 주장했다. 핏차이 장관은 "홍수예방사업은 피할 수 없는 것이지만 장기적으로 홍수를 예방하기 위해서는 새로운 물길을 만들어야 한다"고 밝혔다.

태국 정부 관계자들의 말하는 수처리사업의 핵심 단어는 '워터 고속도로'다. 매년 수도권을 중심으로 홍수가 반복되는 태국으로서는 집중호우로 불어난 강물을 빠르게 바다로 빼낼 물길이 필요하다는 것이 현지 전문가들의 공통된 의견이다.

'워터 고속도로'의 골자는 태국 정부가 건설을 추진 중이던 방콕의 제3순환도로를 물길로 대체하자는 것이다. 당초 태국 정부는 2개의 순환도로가 방콕 시내와 외곽을 이어주며 교통체증을 다소 해소하고 있지만 물류 이동 문제로 제3고속도로 건설을 계획하고 있다.

태국교통부에 따르면 제3고속도로는 제1·2 순환도로를 연장해 아유타야와 파툼 타니, 논차부리, 나콘파놈과 사뭇 프라칸까지 도로를 잇는 것이 핵심이었다. 그러나 2011년 대홍수 이후 제3고속도로를 운하를 겸용한 물길로 대체하자는 정부 안팎 관계자들의 의견이 제시되기 시작했다. 물을 바다로 빼내는 동시에 방콕과 외부 산업단지 지역을 잇는 선박 운행이 가능한 개념의 '워터 고속도로'는 깊이 8m, 너비 180m로 길이는 100km에 달한다.

태국 대형 엔지니어링업체인 팀그룹의 차왈릿 수자원관리국장에 의하면 '워터 고속도로'는 하루 8,000만 m^2에 달하는 물을 방콕에서 바다로 빼내는 동시에 3,000t급 이상의 선박이 운행 가능하며, 만약 이 개념으로 사업이 추진된다면 완공까지 7년이 소요되고, 자금은 대략 2,200억 바트(약 8조 500억 원)가 필요할 것으로 전망했다.

03 국내 재난안전산업 현황

01 국내 재난안전시장과 전망

1. 재난안전시장 규모

미국 정부에서 1998~2000년까지 3년간 약 4억 8,000만 달러를 투입하였고 2001년에는 2억 달러를 투입한 결과 국내 기업의 산업안전성 향상을 달성하였다. 또한 중소기업의 재난안전 역량 강화를 위해 안전성 향상과 안전장비 구매를 재정적으로 지원한 것 등을 근거로 제시하고 있다.

국내 재난안전산업 시장은 주로 사회재난 예방산업과 재난대응산업 중심으로 형성되어 있으며 사회재난 예방산업이 2만 2,035개로 31.0%, 재난대응산업 2만 2,026개로 비슷한 비중을 차지하고 있다. 세부적으로 보면 피난용 사다리, 구급용 자동차 등을 생산·판매하는 '재난지역 수색 및 구조·구급 지원 산업'이 1만 2,971개(18.3%), 내화벽돌, 방화문, 화재·가스경보기 등을 생산하는 '화재 및 폭발·붕괴 관련 사회재난 예방산업'이 9,515개(13.4%) 등으로 나타났다. 그러나, 47조가 넘는 매출액에서 국외로 수출된 금액은 5,516억에 불과하며 수출경험이 있는 업체의 비율은 1.1%밖에 되지 않아 내수 중심의 시장에 대한 한계가 드러났다.

현재, 국내 재난안전산업의 시장규모는 2020년 47조 3,493억 원으로 2019년 47조 3,000억 원 대비 약 8%가 성장하였으며, 시장 규모가 지속적으로 증가할 것으로 추정된다.

2. 재난안전 전망

재난안전산업은 방재제품, 시스템, 서비스 등을 생산 및 판매하는 기업을 중심으로 하여 공급자와 수요자, 보완적 기업 및 인프라 등으로 구성되며, 밸류체인은 여타 산업과 마찬가지로 연구개발 단계, 제작 및 생산단계, 유통 및 서비스 단계, 구매단계 등으로 구성된다. 특히 첨단 IT기술을 주축으로 한 4차 산업혁명의 경우 재난안전산업에 큰 파급효과가 있을 것으로 예상되며, 이는 방재부품 및 장비산업 성장의 기회가 될 수 있다.

재난안전산업은 가치창출이 막연히 기대되는 산업이 아닌, 기존의 기술과 제품을 활용함으로써 매출을 창출할 수 있는 시장이 이미 활성화되고 있다는 점에서 매력도가 높은 산업이다. 최근 AI 및 드론 등 첨단 기술이 재난안전분야에 접목되면서 첨단기술을 이용한 기존 제품 및 시스템의 대체가 이루어져 향후 재난안전산업의 시장은 규모가 확대되고, 고부가 가치화가 될 것으로 전망된다.

3. 안전체험관5)

재난 및 안전관리 기본법 제66조의2(안전문화 진흥을 위한 시책의 추진)에 '국가 및 지방자치단체는 국민이 안전을 지키기 위한 활동에 참여하고 일상생활에서 안전문화를 실천할 수 있도록 안전체험에 관한 시설을 설치, 운영할 수 있다.'고 명시되어 있다.

안전체험관은 체험관 이외에도 대형 트럭 및 컨테이너 등을 이용한 간이체험관을 제작하여 공단지역, 대학가, 초·중·고등학교, 지하철 역사 부근, 기타 위험개소 인근에 이동식 체험관을 설치함으로써 국민 교육용으로 보급하는 것을 고려하는 것이 필요하다. 또한 안전체험관은 사회공헌사업의 일환으로 재해 관련 민간기업에서 설치 후 일정기간 수익사업화 후 정부에 헌납하는 식의 운영을 할 필요가 있으며, 보험연합회 등에서 설치 후 재해보험 홍보관으로 사용하는 등 여러 가지 운영방안을 수립할 필요가 있다. 또한 민간기업 시공 지원사가 없을 경우, 정부에서 시공하여야 하며, 재해 관련 기금 조성 중 일부를 체험관 설치 예산으로 법제화할 필요가 있다.

현재 국내에는 서울시민안전체험관, 광나루 안전체험관, 보라매 안전체험관 등 최근 안전체험관이 늘어나고 있는 추세이다.

| 국내 안전체험관 |

---

5) 방재산업의 발전방향 -방재 R&D와 민간투자 활성화를 통한 산업육성방안, 한국에너지기술 방재연구원, 정진엽, 2007

02 국내 재난안전산업 정책사례

1. 서울시 도시수해안전망 종합개선대책

1) 서울시 우면산 산사태 및 강남지역 침수

강남물난리와 우면산 산사태를 불러온 2011년 수도권 집중호우의 원인은 무엇일까? 기상청에서 제공한 그림에서 보는 것처럼 남·동 중국해를 지나는 따뜻한 수증기를 머금은 하층의 제트기류와 중국 내륙 상층 저기압으로부터 침강하는 건조한 찬 공기가 중부지방에서 만나면서 비구름대가 급격하게 발달하여 호우가 발생했다. 우리나라 북동쪽 사할린 부근에 지상에서 상층까지 잘 발달한 키가 큰 고기압으로 인해 기압계의 흐름이 정체되면서 좁은 지역에 강수가 집중되었다. 이런 복합적인 요인들이 시너지 효과를 불러오면서 폭우를 만든 것이다.

 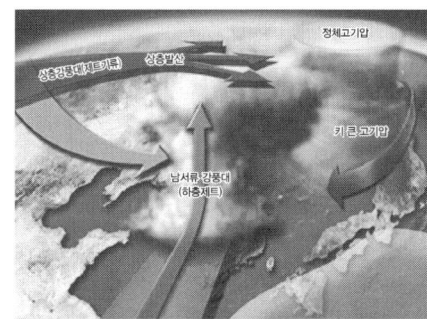

| 우면산 산사태 현황 및 호우 발생 모식도 |

서울·경기북부 지방을 중심으로 비가 집중된 이유는 관악산 북쪽에서 광주산맥(경기도)의 북쪽으로 강한 남서류가 유입되었기 때문이다. 이런 지형적 효과로 인해 강남에 물난리가 나고 우면산 일대에 강한 산사태가 발생한 것이다. 7월 27일 산사태 발생 3일 전부터 강우가 시작되어, 7월 24일 5.5mm, 7월 25일 20.0mm, 7월 26일 92.0mm, 7월 27일 241.5mm의 강우량을 기록하였다. 재해발생 1일 전 누적 강우량은 208.5mm이고, 산사태 유출기간(7월 27일, 06:00~09:00) 동안의 시우량은 14.0~49.5mm/hr로서 최대 강우강도를 보인 시간과 산사태 발생 시기는 일치한다.

결론적으로 2011년 긴 장마기간 동안의 강우에 의해 표면 유수에 의한 침식, 흙의 포화로 인한 단위면적당 중량의 증가 등이 원인으로 사면붕괴가 촉발되었다. 물 폭탄과 같은 100년 강우빈도 이상의 시우량으로 산사태가 발생하였고, 계류를 따라 토사가 하류

지역으로 유출되었다. 우면산을 구성하고 있는 모암은 편마암류로 호상편마암이 우세하며, 일반적으로 편마암류는 토심이 깊게 형성되어 산사태가 발생하기 쉽다. 일단 산사태가 발생하게 되면 피해량이 증가한다. 우면산 산사태의 피해가 커진 것은 지질적인 특성이 반영된 결과이다.

집중호우로 인해 변경된 수로가 만들어지면서 일시에 물이 유입되었던 것도 재해를 가중시킨 하나의 원인이 되었다. 여기에 우면산 지역은 주로 사유림지역으로 사방구조물의 시공이 어려웠으므로 재해를 경감시키는 사방구조물이 비교적 적었다. 산사태에 강한 산림으로 조성하기 위한 숲 가꾸기 등 산지관리가 잘 이루어지지 않은 것도 하나의 원인이었다.

우면산 생태공원 저수지는 예전부터 하단지역 논농사를 위해 있던 저수지로 상부지역 산사태발생으로 토사가 저수지로 유출되어 메워지고 둑의 일부가 붕괴되면서 피해가 가중되었다. 2010년 9월 21일 집중호우 때 산사태는 남부순환로(북서사면) 방향으로 발생한 데 비해 2011년에는 우면산 정상을 중심으로 그림처럼 다양한 방향으로 산사태가 발생하였다. 2010년 발생한 산사태에 따른 인명피해는 없었으나, 2011년에는 많은 인명피해 및 재산피해를 가져왔다.

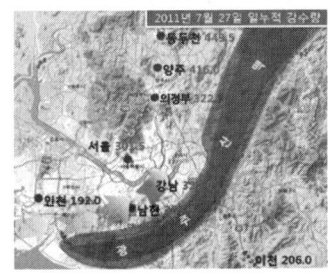 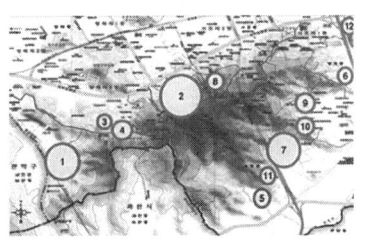

| 서울지역 집중호우 강수량 및 우면산 산사태 발생지역 |

전문가들은 2010년 산사태에는 산사태 계류의 최하류에 1980년대 시공한 사방댐(상장 약 25m)이 있어 토석류 및 토사의 유출을 억제하였으나, 2011년 산사태 지역의 계류에는 사방구조물이 없어 직접적인 피해를 가중시켰다고 말한다.

강남물난리와 우면산 산사태가 발생한 7월 27일에는 오전 0시부터 23시까지 서초구 392mm, 강남구 296mm, 관악구 260mm를 기록하였다. 서초구의 경우(우면산) 오전 6시 50분부터 8시 50분까지 2시간 동안 최대 강우량은 164mm였으며, 이는 2시간 최대 강우량의 100년 강우빈도인 156.1mm를 초과한 기록이다. 서초구청 강우량 자료에 따르면, 7월 27일 최대 시간 강우량은 7시 40분부터 8시 40분까지 총 100.5mm를 기록하였다. 2011년 1월 1일부터 7월 27일까지 208일간 총 강우량은 1,608mm로 수자원장기 종합계획(국토교통부, 2006.7, 1974~2003년 평균자료) 자료인 1,245mm보다 약 1.3배 많은 강우량을 기록하였다. 특히, 7월 26일~27일 단 이틀 동안 475mm(연 총 강우량의 30%)를 기록하는 등 2010년 우면산 토석류 발생 당시의 총 강우량 및 최대 시우량을 초과해 비가 내렸다.

| 광화문 침수 |

| 강남역 침수 |

| 오류역 침수 |

2) 기본방향

서울시는 최근 빈발하고 있는 시간당 100mm 내외의 기습폭우에 적절히 대응하기 위해 기존의 도시방재 패러다임을 이상기후 대비체제로 전환하는 것을 '기후변화 대응 도시 수해안전망 종합개선대책'의 기본방향으로 설정하고 구조적 대책안과 비구조적 대책안을 마련하였다. 구조적 대책안으로는 도시방재 목표수준을 강우강도 100mm/hr 수준으로의 상향 조정, 유역단위로의 적정 방재시설물 확충, 기존 평면적 빗물처리방식에서 탈피하여 저류시설 확충을 통한 입체적 처리방식으로의 전환, 침투시설 등 분산형 빗물관리 강화로 물순환 개선 방안을 제시하였으며, 비구조적 대책안으로는 물막이판 등 저지대 침수취약지역 소규모 침수예방사업의 최우선 실시, 재난대응·복구 체계 및 제도 개선 추진, 첨단방재시스템 도입, 지역 방재 커뮤니티(Community) 활성화 등을 제시하고 있다.

최근 도시화에 따른 불투수 면적의 증가와 기후변화로 인해 기습폭우는 급격한 증가추세를 보이고 있다. 강우유출량의 즉각적이고도 효과적인 처리를 위해서는 기존의 하수관거에만 의존하지 않고 지역형 저류조, 빗물침투시설, 빗물이용시설 등의 지역방재시설, 대형저류조와 대심도 저류배수시설(하수터널) 등의 집중방재시설을 적극적으로 활용하고, 이를 초과하는 유출량은 시민이 감내할 수 있는 허용가능 수준 내에서 홍수량으로 처리해야 한다.

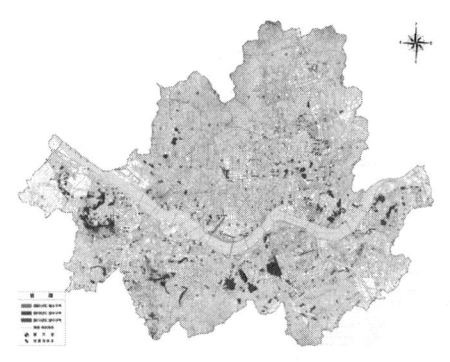

| 서울시 연도별 침수구역 |

| 방재인프라 확충 |

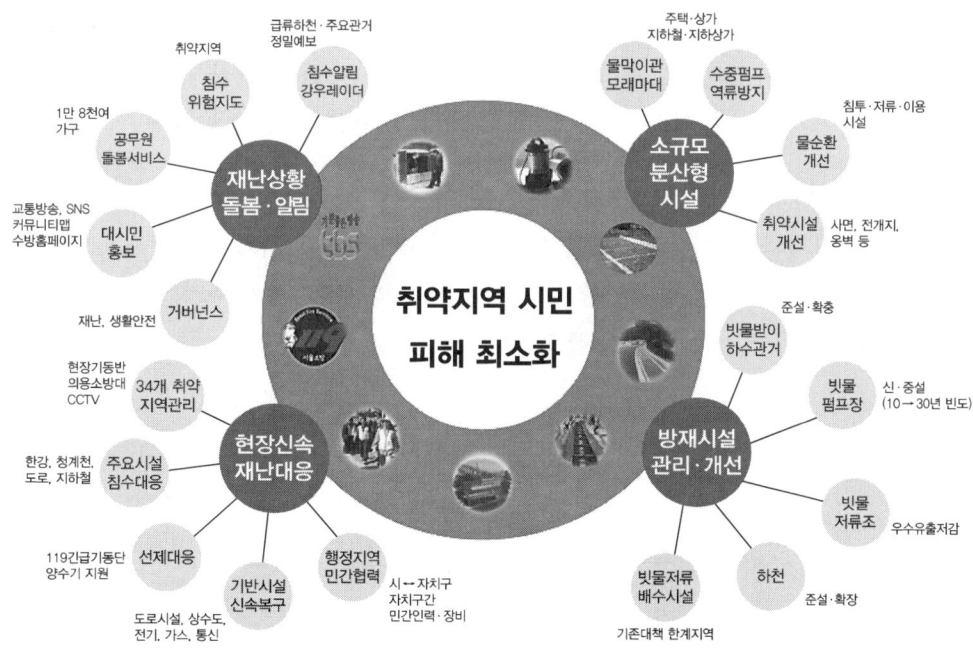

| 서울시 기후변화대응 수해안전 대책 |

3) 수방예산 투자계획[6]

서울시는 서울 전역의 수방시설을 강우강도 100mm/hr 수준 이상으로 향상시킨다고 가정할 때 약 17조 원이라는 막대한 비용과 상당한 기간이 소요될 것으로 추정하고 있다. 따라서 우선적으로 상습침수지역과 산사태 우려지역을 중심으로 향후 10년간(2012~2021년) 5조 원의 예산을 투자할 계획이다. 수방예산 투자계획의 세부 내용은 다음과 같다.

① 노후 하수관거 능력 향상(2조 1,551억 원)

기존 노후 하수관거(간선기준 75mm/hr)를 강우강도 100mm/hr 수준으로 향상시키기 위한 관거 교체 사업과 통수능 개선을 위해 47개 배수분구 내 전체 하수관거 2,614km 중 1,340km를 개량하는 사업의 원활한 추진을 위해 2조 1,551억 원을 투입한다.

② 침수지역 수해방지 우선대책(1조 5,347억 원)

상습 침수지역 하수관거 154km 개량과 빗물펌프장 47개소 및 노후 펌프 교체, 빗물저류조 25개소 설치, 하천정비 45km를 위해 1조 347억 원(2010.9.21 수해 대책, 6,693억 원 포함)을 투입한다.

③ 대심도 빗물저류배수시설(8,502억 원)

기존 하수관거의 구배가 불량하고 우수집중 및 하천수위상승에 따른 배수 불량 등 기존 방재시스템으로 처리가 곤란한 지역 7개소(광화문, 신월, 사당, 강남역, 한강로, 도림천, 길동) 총 연장 20km의 신설을 위해 8,502억 원을 투입한다.

④ 사면 및 지하주택관리(4,600억 원)

급경사지와 침수 취약구조인 지하주택의 효과적인 관리와 첨단방재시스템 구축을 위해 산사태 방지, 물막이판 추가설치, 하수 역류방지장치 추가설치, 첨단방재시스템 도입 등에 4,600억 원을 투입한다.

---

[6] 기후변화에 따른 서울시 수방정책 현황과 발전과제, 이상근, 2012

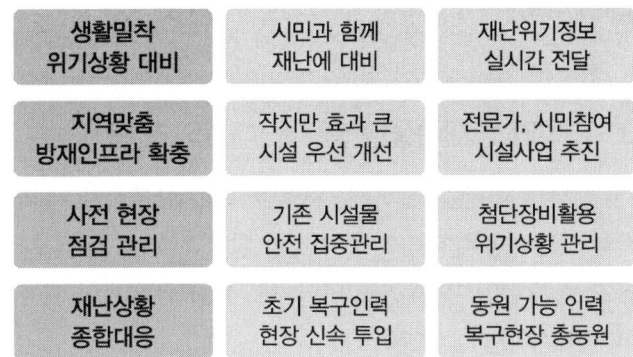

| 서울시 수해안전대책 수립 |

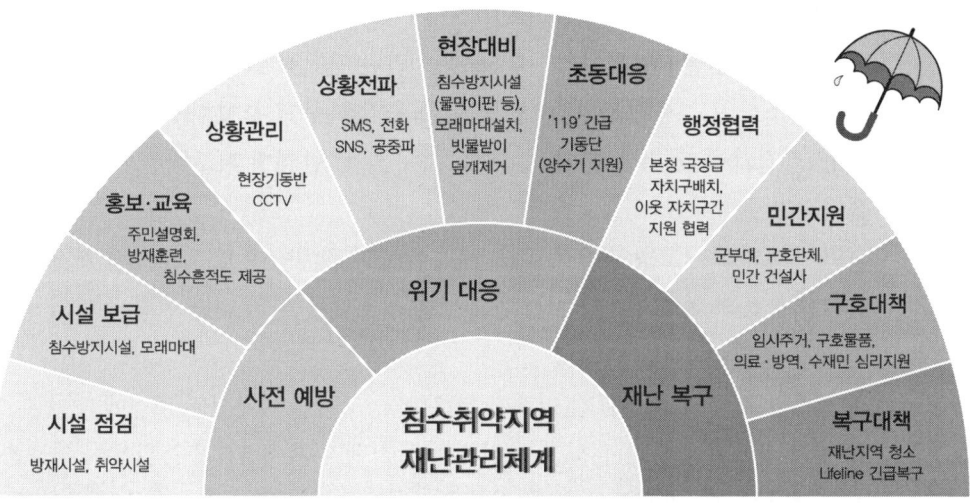

| 서울시 침수취약지역 위기관리 방안 |

2. 파주 운정 U–City

1) 개요

파주 운정 U–City는 총 면적 954.9만 m²(289만 평)에 친환경생태도시, 복합문화체험도시, 첨단신도시, 수도권 서북부 거점도시 조성을 목표로 한다. 2003년부터 2010년까지 계획 하에 파주시와 대한주택공사가 공동 시행하여 도로·철도 등 교통인프라 또는 공원·녹지 등 환경 인프라 이외에 전 세계적인 정보화 추세에 따른 첨단 정보통신 인프라를 추가하여 국민의 삶의 질 향상을 선도하는 '첨단정보화신도시'로서 방범·방재·교통·환경 등 도시 관리를 위한 공공 네트워크, 공공기관, 가정, 기업을 위한 광대역 유선·통신·방송 융합망, 이동·휴대 서비스를 위한 무선·위성통신·방송 융합방 등을 구축하였다.

2) 파주 운정 U-City의 방재시설물 및 재난대응의 한계

① 과거 파주시 재난대응대비 시스템은 다음과 같은 한계점을 내포하였다.
- 비효율적인 재난대응체계를 갖추어 재난 발생 시 신속한 예보발령 및 초기대응이 미흡하였고, 화재진압, 인명구조, 긴급구조 등 구급체계의 분산으로 현장지휘체계 혼선이 비일비재하였다. 또한 재해 및 재난담당자의 전문성 부족 및 현장수습 참여 민간단체의 효율적 활용제약 및 혼선 그리고 재난유형에 따른 대응 매뉴얼 개발 등의 사항도 미흡하였다.
- 사후복구 중심의 재난대책을 마련하여 예방보다는 사후수습을 위한 예비비 중심의 예산운영을 벌여왔다. 이에 재해, 재난 관련 지속적 연구와 산업 육성에 대한 관심이 저조하였고 재해 및 재난 발생 시 대응과 복구 조치에 대한 심도있는 평가분석과 그 결과에 대한 예방, 대비, 대응, 복구의 각 단계별 피드백 조치 반영 체계도 결여되었다.
- 시민 안전의식 제고방안이 미흡하다. 평상시 재해예방 홍보 프로그램 개발 보급과 민간단체 등의 협조체계가 미흡하고 피해 최소화를 위한 재난 현장 주민의 일차적인 대응 역량이 부족하다.
- 재난 관련 조직 및 시스템 간 연계가 부족하다. 기관별 독자사업 추진에 따른 시스템 간 연계 및 표준화가 미흡하고 사전대비 시스템 미흡 및 IT 기술 활용이 저조하다. 또한 상황실 기능 취약으로 신속, 정확한 상황대응이 미흡하고 기관별 폐쇄된 정보통신망 운영으로 정보공유의 한계점에 노출되어 있다. 뿐만 아니라 재난통신 음영지역 해소 미비 및 비상 재난통신의 부제도 관련 문제점이다.

② 파주시 방재시설물의 구성요소 및 세부 운영현황은 다음과 같다.
- 배수펌프장 : 24시간 감시체계를 통해 운영되고 있으나, 시간대 효율 면에서 그 실효성이 낙후되어 있음
- 방재시설물 CCTV : 홍수예방을 위한 장비로 임진강 유역 및 파주시 전역의 재해위험지구에 설치되어 있지만 풍수해에 대한 감시에 집중되어 지진, 산불, 화재 등 다른 재난에 대한 2, 3차 피해를 실시간으로 감시하기가 어려움
- 자동기상관측장비 : 파주시민의 특화된 기상정보나 기상 서비스 효율 면에서 실효성이 미비함

- 강우·수위관측 현황 : 재해위험지구 및 주요 하천에 설치되어 자동음성통보시스템으로 통보하나, 현재 시스템으로는 하천범람 발생부터 최종 시민 대피명령까지 시간이 오래 소요되고, 해당 담당자가 재난음성 통보를 놓치기 쉬움

3) 파주 운정 U-City 목표 시스템과 서비스 모델

파주 U-City의 방범·방재 부분의 서비스 시스템은 4가지 모델을 다음과 같이 선정하였다.

(1) 재난대응·복구지원 서비스

재해정보를 수집, 가공, 표출하여 재난재해 발생 시 신속한 대응·복구지원 서비스를 제공한다.

(2) 기상정보수집서비스

지역별 기상정보, 온도, 습도, 바람장 등의 전체적인 기상정보를 제공한다. 태풍발생과 태풍의 예상 경로 및 피해지역 표시 등 파주 운정지역의 기상정보와 연관하여 태풍피해에 대한 대응·복구용 분석정보들을 제공하며, 운정지역을 포함한 파주시 전역, 경기북부 지역의 기상예보를 실시간으로 제공한다. 파주시 및 운정지역의 우량관측 및 하천(수위)관측 정보들을 확인하고 이를 통하여 대응·복구지원 서비스를 제공한다. 기타 기상관측정보인 강우, 풍향, 황사, 구름 등의 위성정보들을 영상으로 자료화하여 제공하기도 한다.

┃파주 운정 침수취약지역 위기관리방안┃

(3) 지진정보수집서비스

파주시, 운정지역 그리고 전국에서 발생될 수 있는 지진정보들을 웹페이지로 제공하여 신속히 접수하고 유관기관에게 통보하여 대응·복구 지원서비스를 제공한다.

(4) 인적재해관리서비스

파주시 및 운정지역의 산불 및 화재정보 등의 관측정보들을 확보하고, 이를 통하여 대응·복구지원서비스를 제공한다.

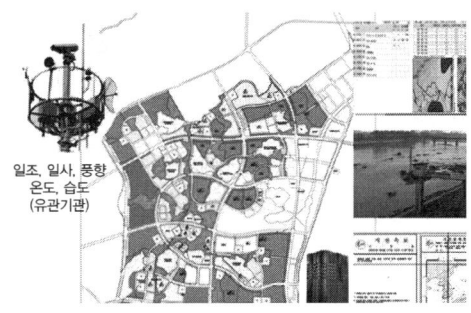

┃기상정보서비스┃

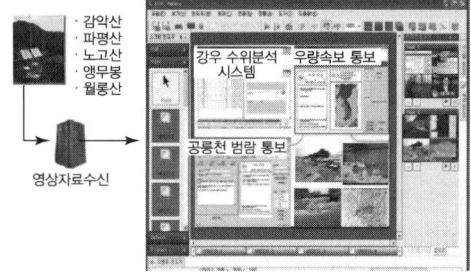

┃자동관측 우량정보관리 서비스┃

04 방재분야 신기술 동향

01 한국방재협회의 방재산업 신기술 현황

방재신기술이란, 국내에서 최초로 개발되었거나 또는 외국의 기술을 도입하여 소화·개량한 기술로서, 기존 기술과 비교하여 신규성 및 우수성이 인정되는 기술을 말한다.(행정안전부 고시 제2017-16호) 이는 국가에서 자연재해저감과 관련된 우수한 신기술로 지정함으로써, 개인, 단체, 정부기관 등은 신기술을 믿고 기용할 수 있으며, 개발된 기술을 현장에 신속하게 적용 및 보급할 수 있도록 유도하여, 자연재해로 인한 피해를 최소화하는 데 목적을 갖고 있다.

방재신기술 지정 시 신기술 인증마크 사용('NET')이 가능하고 이는 조달청 물품구매 적격심사 세부기준 신인도 평가 시 및 조달청 중소기업자 간 경쟁물품에 대한 계약이행능력심사 세부기준 신인도 평가 시 가점이 부여된다. 또한 조달청 조달우수제품 선정 시 우대를 받으며 조달청 PQ 적격심사 시 가점부여, 공공기관 대상 방재신기술 우선 활용 조치, 시범사업 및 실용화에 대한 자금우대 지원 등의 혜택이 제공된다.

국내 재난안전산업 방재신기술은 특수법인의 한국방재협회에서 관리 및 감독하고 있으며, 2007년 재난 및 안전관리기본법에 의거 행정안전부 산하기관으로 실질적인 신기술 평가 및 유지관리 등을 수행하고 있다. 현재까지 336개의 신기술이 신청되었으며 그중 181개의 신기술이 지정되었고 점진적으로 신청기술이 증가하고 있는 추세이다. 한번 지정된 신기술은 3년간 법적 보호를 받게 되며, 보호기간 만료 시 '보호기간연장신청'제도를 통해 3년 단위 신기술 지정을 연장할 수 있다. 다음은 한국방재협회의 연도별, 개발주체별 신청 및 지정현황과 지정된 기술의 기술명 및 기술분야를 나타내는 표이다.[7]

---
7) 한국방재협회 방재신기술 현황(http://www.kodipa.or.kr)

1) 연도별 신청 및 지정 현황

구분		합계	07년	08년	09년	10년	11년	12년	13년	14년	15년	16년	17년	18년	19년	20년
	총계	428	6	10	5	5	16	26	31	39	43	49	53	29	35	81
신청	신규	336	6	10	5	4	14	26	30	37	28	32	32	22	31	59
	연장	92	–	–	–	1	2	–	1	2	15	17	21	7	4	22
지정	신규	181	1	3	3	2	3	19	28	24	21	20	12	10	12	23
	연장	92	–	–	–	1	2	–	1	2	15	17	21	7	4	22

2) 재해·기술분야별 지정 현황

기술별	내수재해									
	펌프	수문	우수저류조	제진기	투수블록	상하수도	홍수방어벽	누수보수	배수제어	비상방류
지정	11	7	11	8	8	4	4	2	1	1

기술별	하천재해					
	가동보	교량	교량인상	제방호안	모니터링	하천시공
지정	9	26	4	11	2	1

기술별	사면지반						
	낙석방지망	앵커네일링	녹화	사면보강	치수·지반 보강	계측/모니터링	사방댐
지정	4	7	3	7	4	3	2

기술별	지진			해안		대설	
	내진	면진	제진	테트라포트	콘크리트매트	제설제	융설
지정	12	6	2	1	1	2	1

기술별	낙뢰			기타(재해예방기술)
	전력복구	낙뢰감지	배전반	도로포장, 안전점검 등
지정	3	1	2	10

4) 방재 신기술 지정 항목

고유번호	신기술명
제33호	관의 단부에 마감판을 접합한 파형강관을 이용한 우수유출저감시설
제43호	강합성 및 SRC합성구조의 결합을 통한 경량구조의 장경간 복합라멘교 제작 및 설치 기술
제44호	합성고무계 폴리머 접착젤을 이용한 지하공간 시설물 누수보수 기술
제49호	평상시 하천변 보행통로로 활용 가능한 부력식 홍수방어벽
제53호	기계식 다단전도 개폐방식을 도입한 가동보 제작 및 설치 기술
제55호	벽체에 설치된 강재와 단 절점부에서 프리플렉스거더를 볼트로 연결한 합성형 라멘교량공법
제60호	H형강 창호프레임 보 기둥 연결부에 경사재를 사용한 내진보강기술
제62호	방재 시설물 수변전 설비에서 한상의 결상 및 단선 시 전력복구기술
제64호	중소하천의 재해관리를 위한 프리캐스트 PSC거더 적용 라멘교량
제65호	하천의 식생 철망바구니 호안공법
제70호	약진 운동방지 및 복원성능이 개선된 전기통신 설비용 면진테이블
제71호	스프링을 이용한 육각 낙석방지망 기술
제72호	우수 침투용 투수코어 및 저류기층 블록 보도포장 설치 기술
제76호	상부 표면에 유공이 있는 저류공간형 부재가 적용된 투수성 보도블록
제77호	통합품질관리 장치를 활용한 지반보강용 동시주입 콤팩션 그라우팅 시스템 공법
제85호	와이어식 앵커판을 장착한 하상보호용 스톤네트 기술
제87호	자동주입관리를 활용한 지반보강 그라우팅 공법
제91호	셀룰러 숏크리트 이용한 경사지 경관구조물 공법
제97호	긴급 수해복구를 위한 강데크 보강 슬래브 교량 구조
제100호	전원설비에 유입되는 이상전류(낙뢰, 누전, 정전) 감지 및 통보기술
제102호	변단면 거더와 연속형 복공판을 이용한 가설교량
제104호	배면부 퇴적 방지판을 갖는 유압 전도식 가동보
제107호	PSC형 거더 상부에 돌출된 I형 강재를 적용한 거더 공법
제2016-7호	보강재와 힌지형 접속재를 이용한 깎기 비탈면 보강공법
제2016-8호	부력과 개폐도어의 하중을 이용한 무동력 역류방지 장치
제2016-10호	수문차단 시 퇴적용 이물질 제거 기능을 갖는 수문권양기
제2016-13호	조립식 비시멘트계 투수블록제를 이용한 침투형 저류기술
제2016-17호	체크홀 설치를 통해 지중구조물의 심도를 확인하는 기술
제2016-18호	탄소성 코일스프링과 인장스프링을 수직방향으로 배치한 면진기술
제2017-3호	콘크리트 분절거더와 고강성 말뚝을 일체화하여 형고를 낮춘 수해복구용 교량
제2017-5호	낙교방지스토퍼를 이용한 교량구조물 정밀인상공법
제2017-9호	상하부 가스(BHT)농도 측정에 의한 배전반 화재와 침수 징후 감지기술
제2017-10호	지점부에 콘크리트를 충전한 2중 강상자형 거더 제작기술
제2017-12호	확장형 레이크 및 회전형 전위스크린을 적용한 로터리 제진기
제2018-2호	반월형 가이드 부재가 부착된 강관과 이를 이용한 상수도관 맞대기 부설공법

고유번호	신기술명
제2018-3호	빗물 유출저감형 고강도 3개층 단면이 적용된 투수블록
제2018-4호	하천 유입부 토석류 유출저감시설
제2018-5호	비상시 자동전도가 가능하고 저층수 배출이 용이한 가동보
제2018-9호	무기질 바인더를 포함한 투수콘크리트 제조기술
제2018-10호	이중지압판과 파형주름관을 이용한 옹벽보강 소일네일링 공법
제2019-1호	재난건설산업 현장에서의 중장비 RFID 안전관리 시스템
제2019-5호	IoT 기술 및 RTLS를 활용한 밀폐공간 근로자 안전관리 시스템
제2019-6호	스프링 내장 가새장치를 이용한 건축물의 내진보강기술
제2019-8호	교량 상부 구조물의 수평변위를 제한한 동시인상 시스템
제2020-1호	CCTV 기반 실시간 소한천 자동유량 계측기술
제2020-2호	지방안정재를 이용한 토사 비탈면의 녹화용 표층개량공법
제2020-5호	PVC 프로파일 형상가이드 제관시스템을 이용한 비굴착 보구 · 보강기술
제2020-6호	원형 정착부와 이중 강연선을 이용한 장경간 가설교량 제작 및 설치 기술

5) 방재 신기술 활용실적 현황[8]

다음 표는 2007년 이후 지정된 방재신기술의 최근 3년간 활용된 실적 현황을 정리한 것으로 2013년에 588억 원 정도의 활용 효과를 볼 수 있었다. 그러나 주로 기설교량, 구조물 보강공법, 낙성 방지망 등의 구조적 보강 기법이 주를 이루고 있었으며 신기술의 개발에 비해 활용성이 크지 않아 사후 관리 및 지원 방안이 필요하다.

▼ 방재신기술 활용실적 현황

구분	연도	조사대상 (지정업체)	건수 (건)	금액(천 원)	기술 종류	비고
1	2011년	1~12호	55	24,965,304	가설교량, 구조물 교량공법, 수문, 제진기, 제설제, 식생공법, 면진장치	
2	2012년	1~29호	79	16,532,747	가설교량, 구조물 보강공법, 수문, 식생공법, 면진장치, 자동난간전도장치, 사방댐	
3	2013년	1~59호	196	58,863,740	가설교량, 구조물 보강공법, 테트라포트, 낙석방지기술, 낙석방지망, 식생매트, 소일네일링, 교량, 수문펌프, 호안공법, 우수저류조	

---
8) 방재산업 육성 · 발전 방안 연구, 안재현, 2014

02 일본 사면방재대책기술협회의 방재산업 신기술 현황

현재 일본의 소방청 관할 사면방재대책기술협회에서 평과 및 관리하고 있는 방재분야 신기술로 아래 표는 해당 협회의 대표적인 신기술을 나타낸 것이며, 산사태 조사기술과 급경사지 붕괴대책기술로 구분되고 있다.

▼ 일본 사면방재대책기술협회의 신기술 현황

기술분야	신기술 명칭	개발 주체
산사태조사기술	타후센서에 의한 산사태 사면위치 탐지 신기술	사타카 전기(주)
산사태조사기술	지오그리드 및 단섬유 혼합보강사를 이용한 법면 표층 보호 신기술	이비덴 그린텍(주)
산사태조사기술	쐐기 기능을 도입한 그랜드 앵커의 신기술	(주)일본 서부 테크노 계획
산사태조사기술	시공성·경관을 고려한 그라운드 앵커용 수압판	(주)에스이
급경사지 붕괴 대책기술	배수볼링공의 집수 효율을 대폭 향상한 이중식 배수관	(주)동건지오텍
급경사지 붕괴 대책기술	에폭시 수지분체 도장 철근을 도입한 지반보강기술	(주)일본지하기술
급경사지 붕괴 대책기술	생물다양성을 고려한 황폐지에서의 자연회복기술	국토방재기술(주)
급경사지 붕괴 대책기술	첨단확대보강재의 지압저항을 이용한 지반보강기술	강삼리빗쿠(주)

03 방재산업 신기술의 방향성

현재 국내 방재 신기술은 기설교량, 구조물 보강공법, 작성 방지망 등 구조적 보강기법이 주를 이루고 있음에 따라 신기술 지정에 따른 활용 실적 또한 몇몇 업체에 제한되어 있어 활용성의 고도화가 필요한 실정이다.

방재산업 신기술의 지정분야(자연현상 규명 예측기술, 재난 안전·소재·부품설비, 재난 저감·제어기술 3개 분야)를 확대하여 다양한 분야(취약성 진단·평가기술, 재난대응·위기관리기술, 재난정보화기술, 재난 복구·재건기술, 재난관리 제도·정책·시스템 등)에서 신기술이 개발되도록 해야 하며 방재산업 신기술의 법적 범위를 자연재해대책법보다 넓어질 수 있는 방안(재난안전산업 진흥법 제정 등)이 필요하다. 또한 방재산업 지정 신기술에 대한 지원제도를 확대하여 사업자의 기술개발 투자 및 신기술 확대방안이 마련되어야 한다.

PART 07 재난안전 교육과 훈련

1 재난대비훈련
1. 재난대비훈련의 이해
2. 재난대비훈련체계
3. 재난대응 안전한국훈련

2 국내재난안전 교육훈련기관
1. 공공분야 교육훈련기관
2. 민간분야 교육훈련기관

3 해외재난안전 교육훈련기관
1. 미국의 교육훈련체계
2. 일본의 교육훈련체계
3. 독일의 교육훈련체계
4. 영국의 교육훈련체계
5. 프랑스의 교육훈련체계

4 사면회의론
1. 사면회의의 개념 및 특징
2. 사면회의 절차

01 재난대비훈련[1]

01 재난대비훈련의 이해[2]

1. 재난대비훈련 개념[3]

재난대비훈련이란 재난관리책임기관이 재난상황에서 수행해야 할 제반 사항을 사전에 계획·준비하여 재난대응 능력을 제고시키는 활동을 의미한다. 재난대비훈련은 각종 재난으로부터 국민이 안전한 생활을 영위할 수 있도록 하는 재난관리책임기관의 기본적 이념을 추구한다. 재난대비훈련과 재난대응훈련의 의미를 구분하면 다음과 같다.

> ▶ **재난대비훈련**
> 　재난대비훈련은 재난의 예방·대비·대응·복구 등 재난관리 전체 단계에서 수행할 사항은 물론 재난구호, 재난심리, 자원봉사 등 기능훈련을 포함하는 포괄적인 개념으로 토론형 훈련(세미나, 워크숍), 실제 훈련(기능훈련, 종합훈련) 등 다양한 훈련 유형이 있음
>
> ▶ **재난대응훈련**
> 　재난대응훈련은 재난 발생 시 피해를 줄이기 위한 대응에 초점을 둔 훈련으로 소방, 군, 경찰, 의료기관, 재난관리책임기관 등 현장대응 기관부서의 활동이 주 내용이며, 대표적인 훈련유형으로 현장훈련을 들 수 있음

재난이 발생할 경우, 피해를 최소화하기 위해서는 재난현실에서의 대응역량이 중요하며, 평소에 재난대비활동을 통해 재난 발생 시의 임무와 역할을 익히고 숙달하는 것이 필요하다. 재난관리는 다수의 유관기관이 현장에 참여, 대응해야 하는 협업행정이다.

최근 증가하는 대규모 복합재난에 효율적인 대응을 위해서는 재난현장에서 일원화된 사고지휘 및 응원조정체계와 다양한 재난관리책임기관 및 단체의 역량과 고유기능에 대한 횡적·종적 상호협력체계 구축이 매우 중요하다. 따라서 사고지휘체계, 응원조정체계, 공공

---

[1] 2016년 재난대응 안전한국훈련 기본계획, 행정안전부, 2016
[2] 재난대비훈련 매뉴얼 1, 행정안전부, 2013
[3] 재난 및 안전관리 기본법 [시행 2021.6.23.] [법률 제17698호, 2020.12.22, 일부개정]

정보, 정보통신, 방재자원 지원 등 공통협력분야에 대한 상호협력체계가 전체적인 재난관리의 틀 아래에서 움직이도록 평소에 교육과 훈련을 해야 한다. 특히 재난현장에서 상호협력체계가 즉시 작동하기 위해서는 다양한 재난을 바탕으로 한 지속적이고 반복적인 재난대비 훈련을 실시해야 한다.

재난 및 안전관리 기본법에는 다음과 같이 재난대비훈련에 대한 사항이 명시되어 있다.

▼ 재난 및 안전관리 기본법

구분	근거 및 주요 내용
기본 계획 수립	• 재난대비훈련 기본계획 수립(법 제34조의 9) – 행정안전부장관은 매년 재난대비훈련 기본계획을 수립하고 재난관리책임기관의 장에게 통보하여야 한다. – 재난관리책임기관의 장은 제1항의 재난대비훈련 기본계획에 따라 소관분야별로 자체계획을 수립하여야 한다. – 행정안전부장관은 제1항에 따라 수립한 재난대비훈련 기본계획을 국회 소관상임위원회에 보고하여야 한다. • 재난대비훈련 기본계획 수립(영 제43조의 13) 행정안전부장관은 법 제34조의9제1항에 따라 재난대비훈련 기본계획을 수립하는 경우에는 다음 각 호의 사항을 포함하여야 한다. – 재난대비훈련 목표 – 재난대비훈련 유형 선정기준 및 훈련프로그램 – 재난대비훈련 기획, 설계 및 실시에 관한 사항 – 재난대비훈련 평가 및 평가결과에 따른 교육·재훈련의 실시 등에 관한 사항 – 그 밖에 재난대비훈련의 실시를 위하여 행정안전부장관이 필요하다고 인정하여 정하는 사항
실시	• 재난대비훈련 실시(법 제35조) – 행정안전부장관, 중앙행정기관의 장, 시·도지사, 시장·군수·구청장 및 긴급구조기관(이하 이 조에서 "훈련주관기관"이라 한다)의 장은 대통령령으로 정하는 바에 따라 매년 정기적으로 또는 수시로 재난관리책임기관, 긴급구조지원기관 및 군부대 등 관계 기관(이하 이 조에서 "훈련참여기관"이라 한다)과 합동으로 재난대비훈련(제34조의5에 따른 위기관리 매뉴얼의 숙달훈련을 포함한다)을 실시하여야 한다. – 훈련주관기관의 장은 제1항에 따른 재난대비훈련을 실시하려면 제34조의9제2항에 따른 자체계획을 토대로 재난대비훈련 실시계획을 수립하여 훈련참여기관의 장에게 통보하여야 한다. – 훈련참여기관의 장은 제1항에 따른 재난대비훈련을 실시하면 훈련상황을 점검하고, 그 결과를 대통령령으로 정하는 바에 따라 훈련주관기관의 장에게 제출하여야 한다. – 훈련주관기관의 장은 대통령령으로 정하는 바에 따라 다음 각 호의 조치를 하여야 한다. 　훈련참여기관의 훈련과정 및 훈련결과에 대한 점검·평가 　· 훈련참여기관의 장에게 훈련과정에서 나타난 미비사항이나 개선·보완이 필요한 사항에 대한 보완조치 요구 　· 훈련과정에서 나타난 제34조의5제1항 각 호의 위기관리 매뉴얼의 미비점에 대한 개선·보완 및 개선·보완조치 요구 – 재난대비훈련의 효율적인 추진을 위한 절차·방법 등에 필요한 사항은 대통령령으로 정한다.

구분	근거 및 주요 내용
실시	• 재난대비훈련 등(영 제43조의 14) 　- 행정안전부장관, 중앙행정기관의 장, 시·도지사, 시장·군수·구청장 및 긴급구조기관의 장(이하 "훈련주관기관의 장"이라 한다)은 법 제35조제1항에 따라 관계 기관과 합동으로 참여하는 재난대비훈련을 각각 소관 분야별로 주관하여 연 1회 이상 실시하여야 한다. 　- 제1항에 따라 재난대비훈련에 참여하는 기관은 자체 훈련을 수시로 실시할 수 있다. 　- 훈련주관기관의 장은 법 제35조제1항에 따라 재난대비훈련을 실시하는 경우에는 훈련일 15일 전까지 훈련일시, 훈련장소, 훈련내용, 훈련방법, 훈련참여 인력 및 장비, 그 밖에 훈련에 필요한 사항을 재난관리책임기관, 긴급구조지원기관 및 군부대 등 관계 기관(이하 "훈련참여기관"이라 한다)의 장에게 통보하여야 한다. 　- 훈련주관기관의 장은 재난대비훈련 수행에 필요한 능력을 기르기 위하여 제1항에 따른 재난대비훈련 참석자에게 재난대비훈련을 실시하기 전에 사전교육을 하여야 한다. 다만, 다른 법령에 따라 해당 분야의 재난대비훈련 교육을 받은 경우에는 이 영에 따른 교육을 받은 것으로 본다. 　- 훈련참여기관의 장은 법 제35조제3항에 따라 재난대비훈련 실시 후 10일 이내에 그 결과를 훈련주관기관의 장에게 제출하여야 한다. 　- 제1항에 따른 재난대비훈련에 참여하는 데에 필요한 비용은 참여 기관이 부담한다. 다만, 민간 긴급구조지원기관에 대해서는 훈련주관기관의 장이 부담할 수 있다. 　- 위의 규정한 사항 외에 재난대비훈련 및 지원에 필요한 사항은 행정안전부장관이 정한다.
평가	• 훈련의 평가(영 제43조의 15) 　- 훈련주관기관의 장은 다음 각 호의 평가항목 중 훈련 특성에 맞는 평가항목을 선정하여 법 제35조제4항에 따른 재난대비훈련평가(이하 "훈련평가"라 한다)를 실시하여야 한다. 　　· 분야별 전문인력 참여도 및 훈련목표 달성 정도 　　· 장비의 종류·기능 및 수량 등 동원 실태 　　· 유관기관과의 협력체제 구축 실태 　　· 긴급구조대응계획 및 세부대응계획에 의한 임무의 수행 능력 　　· 긴급구조기관 및 긴급구조지원기관 간의 지휘통신체계 　　· 긴급구조요원의 임무 수행의 전문성 수준 　　· 그 밖에 행정안전부장관이 정하는 평가에 필요한 사항 　- 훈련주관기관의 장은 훈련평가의 결과를 훈련 종료일부터 30일 이내에 재난관리책임기관의 장 및 관계 긴급구조지원기관의 장에게 통보하고, 통보를 받은 재난관리책임기관의 장 및 긴급구조지원기관의 장은 평가 결과가 다음 훈련계획 수립 및 훈련을 실시하는 데 반영되도록 하는 등의 재난관리에 필요한 조치를 하여야 한다. 　- 행정안전부장관은 제1항에 따른 평가 결과 우수기관에 대해서는 포상 등 필요한 조치를 할 수 있다. 　- 행정안전부장관은 체계적이고 효율적인 훈련평가를 위하여 필요한 경우 민간전문가로 이루어진 평가단을 구성하여 운영할 수 있다. 　- 위의 규정한 사항 외에 훈련평가에 필요한 사항은 행정안전부장관이 정하여 고시한다.

재난대비훈련에서는 기존의 훈련에 13개의 재난관리 공통 필수기능을 도입하여 상호협력(협업) 역량을 키우는 훈련을 다음과 같이 진행한다.

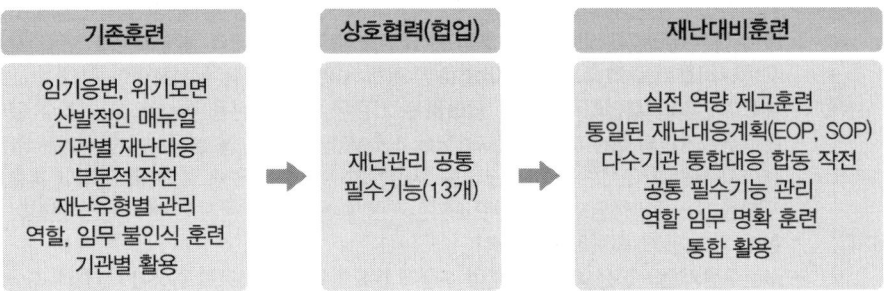

2. 재난대비훈련의 유형

재난대비훈련의 유형은 토론기반 훈련과 실행기반 훈련으로 구분된다. 훈련은 워크숍과 종합훈련을 결합하거나 세미나와 기능훈련을 결합하는 등 그 복잡성과 난이도에 따라 다양하게 실시될 수 있다. 일반적으로 세미나(워크숍 등) → 재난안전대책본부 운영 훈련(사고수습본부 운영 훈련 등) → 기능훈련 → 실제훈련(종합훈련) 순으로 훈련의 복잡성과 난이도가 높아지고, 훈련과정은 모든 훈련에 공통적으로 적용되며 그 순서는 훈련 기획−설계−수행−평가−개선계획 수립 순으로 진행된다.

토론기반 훈련은 훈련참가자가 대응계획과 매뉴얼을 숙지·숙달하는 것을 목표로 하며, 기관협력 계획과 절차를 부각시킨다. 또한 참가자의 행동을 상상 또는 가상으로 설정하여 훈련을 진행하며, 유형으로는 세미나(설명회), 워크숍, 재난안전대책본부 운영 훈련, 사고수습본부 운영 훈련, 기관장 주재 자체점검회의 등이 있다.

실행기반훈련은 토론기반훈련에서 확정된 계획, 정책, 협약 및 절차를 검증하는 것을 목적으로 하며, 토론기반훈련과는 다르게 가상 상황에 대한 실제 행동에 따른 훈련이다. 유형으로는 기능훈련과 실제 훈련(종합훈련)이 있다. 기능훈련의 경우에는 인력과 장비를 가상으로 이동하며 수행한다.

토론기반훈련과 실행기반훈련에 대한 세부 내용은 다음과 같다.

▼ 토론기반훈련

구분	훈련 내용
세미나(설명회)	• 재난대비훈련의 가장 기초단계 세미나(설명회)만을 별도로 실시하거나 다른 훈련의 사전활동으로 실시할 수 있음 −훈련 전 실시하는 관계관 회의도 설명회의 한 종류로 볼 수 있음 −세미나를 통해 대응계획과 매뉴얼에서 훈련 참가자들에게 부여된 임무를 설명하여 숙지토록 함 −개정된 법규나 수정된 대응계획과 매뉴얼 등을 설명하기 위한 회의도 세미나에 포함됨
워크숍	• 워크숍만을 별도로 실시하거나 다른 훈련의 사전활동으로 실시할 수 있음 • 특정 목표의 달성 또는 결과물(훈련목적, SOP, 정책, 계획 등)을 생산하기 위한 회의를 진행함
재난안전대책본부 운영 훈련, 사고수습본부 운영 훈련	• 재난상황에서의 임무와 역할을 발표, 토의하여 기능을 명확하게 이해하고 문제점을 개선함 • 기 작성된 재난단계별 표준행동절차에 대한 비판적 토론을 통하여 문제점을 발굴·보완하는 데 중점을 둠 • 재난대응 협력체계와 역할 분담을 확인함
기관장 주재 자체점검회의 (초기대응 훈련 등)	• 재난관리책임기관이 초기대응 역량을 강화하기 위하여 기관장 및 주요 간부가 훈련에 참여함 • 기관장 주재하에 소관분야에서 발생 가능한 재난사태 및 대처방안에 대해 논의하는 훈련임 • 초기대응방안 토의를 통해 문제점을 발굴하고 개선사항은 기관별 안전관리계획 등에 반영함

▼ 실행기반훈련

구분	훈련 내용
기능훈련	• 기능 또는 여러 기능들의 조합을 검증하기 위한 훈련임 −재난안전대책본부 같은 유관기관 조정센터의 근무요원에 훈련의 초점을 맞춤 −현실적이고 긴장감 있는 실시간(Real−Time) 환경에서 수행되며, 인력과 장비는 실제로 이동하지 않고 가상적으로만 이동
실제 훈련 (종합훈련)	• 기능훈련과 현장의 대응활동 및 자원의 실제 이동을 결합한 종합훈련임 −대응계획상의 기능 대부분을 포함하여 실시됨 −인력과 장비가 실제로 배치, 실제 재난상황과 유사하게 긴장감 있고 시간에 제약을 받는 환경에서 훈련이 실시됨

02 재난대비훈련체계

1. 재난대비훈련지침

이 지침은 「재난 및 안전관리 기본법」 제35조 및 같은 법 시행령 제43조의14에 따른 재난대비훈련을 효율적으로 추진하고 중앙재난안전대책본부 차원의 대규모 재난의 대비를 위하여 재난관리책임기관으로 하여금 상시훈련체제를 구축토록 하는 데 필요한 사항을 규정함을 목적으로 한다.

1) 훈련의 필요성

모든 재난은 예방, 대비, 대응, 복구의 단계를 통해 관리되고 있지만, 재난이 발생한 경우 피해를 최소화하기 위해서는 재난현장에서 작동하는 대응역량 제고가 매우 중요하고 대응역량 제고를 위해서는 평소부터 대응계획 수립, 이행절차서 작성, 교육·훈련, 환류·평가 등 재난대비활동이 필수 요소이다.

재난현장에서는 일원화된 사고지휘 및 응원조정체계와 공공정보, 정보통신 지원, 방재자원지원 분야 공통협력이 필요하다.

최근의 재난유형에 효과적인 대응을 위해서는 다양한 재난관리책임기관 및 단체의 역량과 고유기능에 대한 협업행정기반의 횡적·종적 상호협력체계 구축이 매우 중요하다.

또한, 사고지휘체계, 응원조정체계, 공공정보, 정보통신, 방재자원 지원 등 공통협력분야에 대한 상호협력체계가 전체적인 재난관리 틀 아래 움직이도록 평소부터 교육과 훈련이 필요하며, 특히 재난현장 즉시 작동을 위해서는 다양한 재난을 상정한 지속적이고 반복적인 재난대비훈련이 중요하다.

> ▶ 협업행정이 필요한 재난대응 공동필수기능(13개 협업 기능)
> ① 상황관리총괄
> ② 긴급생활안정지원
> ③ 재난현장 환경정비
> ④ 긴급통신지원
> ⑤ 시설응급복구
> ⑥ 에너지기능복구
> ⑦ 재난수습홍보
> ⑧ 물자관리 및 자원지원
> ⑨ 교통대책
> ⑩ 의료방역
> ⑪ 자원봉사관리
> ⑫ 사회질서 유지
> ⑬ 수색·구조 구급

2) 훈련의 주요 법령

구분	내용
재난대비훈련	• 재난 및 안전관리기본법 제35조 제1항 ① 국민안전처장관, 시·도지사, 시장·군수·구청장 및 긴급구조기관(이하 이 조에서 "훈련주관기관"이라 한다)의 장은 대통령령으로 정하는 바에 따라 매년 정기적으로 또는 수시로 재난관리책임기관, 긴급구조지원기관 및 군부대 등 관계 기관(이하 이 조에서 "훈련참여기관"이라 한다)과 합동으로 재난대비훈련(제34조의5에 따른 위기관리 매뉴얼의 숙달훈련을 포함한다)을 실시하여야 한다.
재난대비훈련	• 재난 및 안전관리기본법 제35조 제2항 재난대비훈련에 참여할 것을 요청받은 기관의 장은 특별한 사유가 없으면 요청에 따라야 한다.
훈련 시 포함되어야 할 사항	• 재난 및 안전관리기본법 제35조 제4항 법 54조에 따른 긴급구조대응계획과 법 제34조의5에 따른 표준화된 재난관리에 관한 사항
훈련 횟수	• 영 제43조의12 제1항 및 제2항 - 관계기관과 합동으로 참여하는 재난대비훈련을 각각 소관 분야별로 주관하여 연 1회 이상 실시 - 자체 훈련은 수시로 실시
훈련 참여	법 제35조 제2항에 따라 재난대비훈련에 참여할 것을 요청받은 기관의 장은 특별한 사유가 없으면 요청에 따라야 함
훈련 통보	• 영 제43조의12 제3항 재난대비훈련을 실시하는 경우에는 훈련일 15일 전까지 훈련일시, 훈련장소, 훈련내용, 훈련방법, 훈련참여 인력 및 장비 그 밖에 훈련에 필요한 사항을 훈련참여기관의 장에게 통보하여야 함
훈련을 위한 교육 실시	• 영 제43조의12 제5항 재난대비훈련 수행에 필요한 능력을 기르기 위하여 재난대응훈련을 실시하기 전에 사전교육을 하여야 함
훈련 비용의 부담	• 영 제43조의12 제6항 재난대비훈련에 참여하는 데에 필요한 비용은 참여하는 기관이 부담함. 다만, 민간 긴급구조지원기관에 대하여는 훈련을 실시하는 기관에서 부담할 수 있음
훈련의 평가 실시	• 영 제43조의13 제1항 훈련주관기관의 장은 다음 각 호의 평가항목 중 훈련 특성에 맞는 평가항목을 선정하여 법 제35조제4항에 따른 재난대비훈련평가를 실시하여야 한다. - 분야별 전문인력 참여도 및 훈련목표 달성 정도 - 장비의 종류·기능 및 수량 등 동원 실태 - 유관기관과의 협력체제 구축 실태 - 긴급구조대응계획 및 세부대응계획에 의한 임무의 수행 능력 - 긴급구조기관 및 긴급구조지원기관 간의 지휘통신체계 - 긴급구조요원의 임무 수행의 전문성 수준 - 그 밖에 국민안전처장관이 정하는 평가에 필요한 사항

구분	내용
훈련 평가결과의 통보 및 조치	• 영 제43조의13 제2항 - 시장·군수·구청장 및 긴급구조기관의 장은 제1항에 따라 실시한 재난대비훈련 평가의 결과를 훈련 실시일로부터 30일 이내에 재난관리책임기관의 장 및 관계 긴급구조지원기관의 장에게 통보하여야 한다. - 통보를 받은 재난관리책임기관의 장 및 긴급구조지원기관의 장은 평가 결과에 따른 재난관리에 필요한 조치를 하여야 한다.

3) 훈련 과정

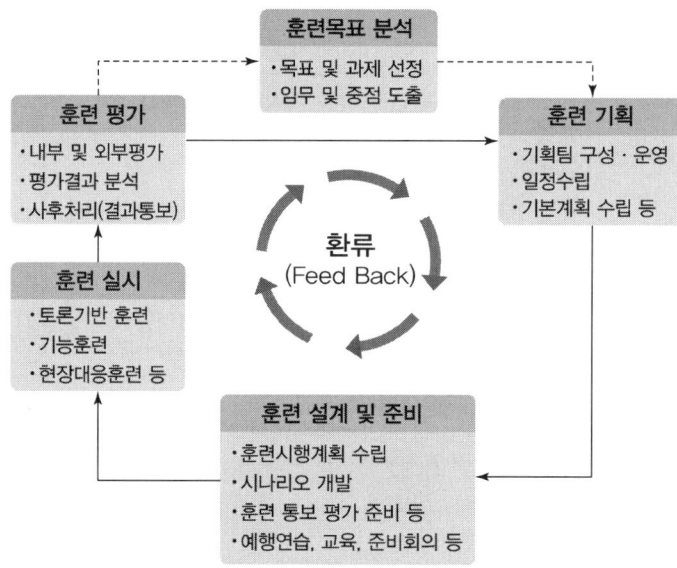

03 재난대응 안전한국훈련

1. 훈련 개요

재난대응 안전한국훈련은 「재난 및 안전관리 기본법」에 의거하여 시행하는 재난대비훈련을 의미한다. 재난대응 안전한국훈련(재난대비훈련)의 주관은 중앙안전관리위원회(위원장 국무총리), 행정안전부이며 아래 재난 및 안전관리 기본법 제35조(재난대비훈련)에 근거하여 실시한다.[4]

---

[4] 2015 재난대응안전한국훈련(www.safeculture.kr)

> ▶ 재난 및 안전관리 기본법 제35조(재난대비훈련)
> ① 행정안전부장관, 중앙행정기관의 장, 시·도지사, 시장·군수·구청장 및 긴급구조기관(이하 이 조에서 "훈련주관기관"이라 한다)의 장은 대통령령으로 정하는 바에 따라 매년 정기적으로 또는 수시로 재난관리책임기관, 긴급구조지원기관 및 군부대 등 관계 기관(이하 이 조에서 "훈련참여기관"이라 한다)과 합동으로 재난대비훈련(제34조의5에 따른 위기관리 매뉴얼의 숙달훈련을 포함한다)을 실시하여야 한다.

> ▶ 훈련목표
> 1. 국민 생명보호 최우선을 위한 초기대응훈련 강화
> 2. 불시훈련 및 실행기반훈련 강화로 실전대응역량 제고
> 3. 협업대응훈련으로 유기적 재난대응체계 마련
> 4. 국민과 함께하는 체감형 훈련 실시

재난대응 안전한국훈련은 전 국민이 참여하는 훈련을 통해 재난대응 행동요령 숙지는 물론, 안전문화 확산에 기여하도록 훈련을 추진한다.

재난대응 안전한국훈련은 2005년에 재난대응 국가종합훈련으로 시작하여 2019년도까지 총 15회 실시하였으며, 2020년은 코로나-19 확산방지로 인해 취소되었다. 매년 4~5월경 3일간 실시하였으며 2015년부터는 현장훈련 강화를 위해 5일간 실시하였다. 2015 재난대응 안전한국훈련의 주요 훈련은 다음과 같다.[5]

① 1일차(5.18) : 풍수해 전국훈련 실시
- 지하철 유독가스 살포 대비 현장 대피훈련(03:30, 경복궁역)
- 지자체 풍수해 훈련(9개 부처, 17개 시·도, 50개 시·군·구) 및 저수지 붕괴 위험 상황을 가정한 훈련(경남 의령)

② 2일차(5.19) : 육상·해상 합동의 긴급구조역량 강화 훈련
- 대형 산불에 따른 현장훈련(울산 울주군)
- 해양선박사고 현장훈련(전남 진도, 쉬미항)

③ 3일차(5.20) : 국민참여 훈련(민방위 지역특성화) 및 복합재난 대응 훈련
- 민방위 지역특성화 시범 훈련(14:00), 소소심(소화기·소화전·심폐소생술), 백화점·복합상가 화재대피훈련 등
  - 학교(마을), 또는 직장단위별 발생 가능 재난 대비 생활안전훈련 실시
  ※ 소방차 길 터주기 훈련(200개소)
- 유·도선 승객대피(경인운하), 지하철 승객대피(9개 철도운영기관) 등
- 선박사고 민관군 합동 현장종합훈련(부산, 수영만)

---

5) 보도자료-국가재난대비태세 확립을 위한 '2015 재난대응 안전한국훈련' 실시, 국민안전처, 2015

- 원전방사능방재 현장종합훈련(경북 경주, 월성원전)
- 지진복합 재난대응 훈련(충북 충주, 상황실)
- 다중밀집시설 대형화재 현장훈련(서울 강남, 코엑스)

④ 4일차(5.21) : 민·관·군 협력대응 현장종합훈련
- 항공기 사고 현장훈련(인천국제공항)
- 장대터널 대형화재 대응 현장훈련(경기 용인, 마성터널)

⑤ 5일차(5.22) : 불시메시지 훈련

▼ 안전한국훈련 주요 현장훈련 현황

일자	훈련유형	재난유형(소관부처)	장소/시간
1일차 (5.18)	현장훈련	지하철 유독가스 살포대비훈련 (행정안전부)	서울/03:30 (경복궁역)
	중대본-중수본-지대본 통합훈련	풍수해(행정안전부)	경남 의령/14:00 (서암저수지)
2일차 (5.19)	중수본-지대본 통합훈련	지하철 대형 화재사고 (국토교통부)	부산 사하/14:00 (사하지하철역)
	중수본-지대본 통합훈련	산불(산림청)	울산 울주/14:00 (KTX 역사 인근)
	중수본-지대본 통합훈련	해양선박사고(해양수산부)	전남 진도/14:00 (쉬미항)
3일차 (5.20)	국가지정 현장훈련	선박사고 민관군 합동훈련 (행정안전부)	부산/10:00 (수영만 앞바다)
	국가지정 현장훈련	원전안전(원안위)	경북 경주/12:00 (월성원전)
	중수본-지대본 통합훈련	다중밀집시설대형화재 (행정안전부)	서울 강남/14:00 (트레이드타워)
	중수본-지대본 통합훈련	대규모 해양오염(해양수산부)	충남 태안/14:00 (태안 앞바다)
	중수본-지대본 통합훈련	유해화학물질 유출사고(환경부)	전남 여수/14:00 (한화케미컬)
	중수본-지대본 통합훈련	대규모 수질오염(환경부)	경북 고령/15:00 (사문진교)
4일차 (5.21)	국가지정 현장훈련	항공기사고(국토교통부)	인천 중구/14:00 (공항신도시)
	중수본-지대본 통합훈련	고속철도대형사고(국토교통부)	광주 광산구/14:00 (하남역 철도정비창)
	중대본-중수본-지대본 통합훈련	도로터널사고(국토교통부)	경기 용인/15:00 (마성터널)

2. 훈련추진체계

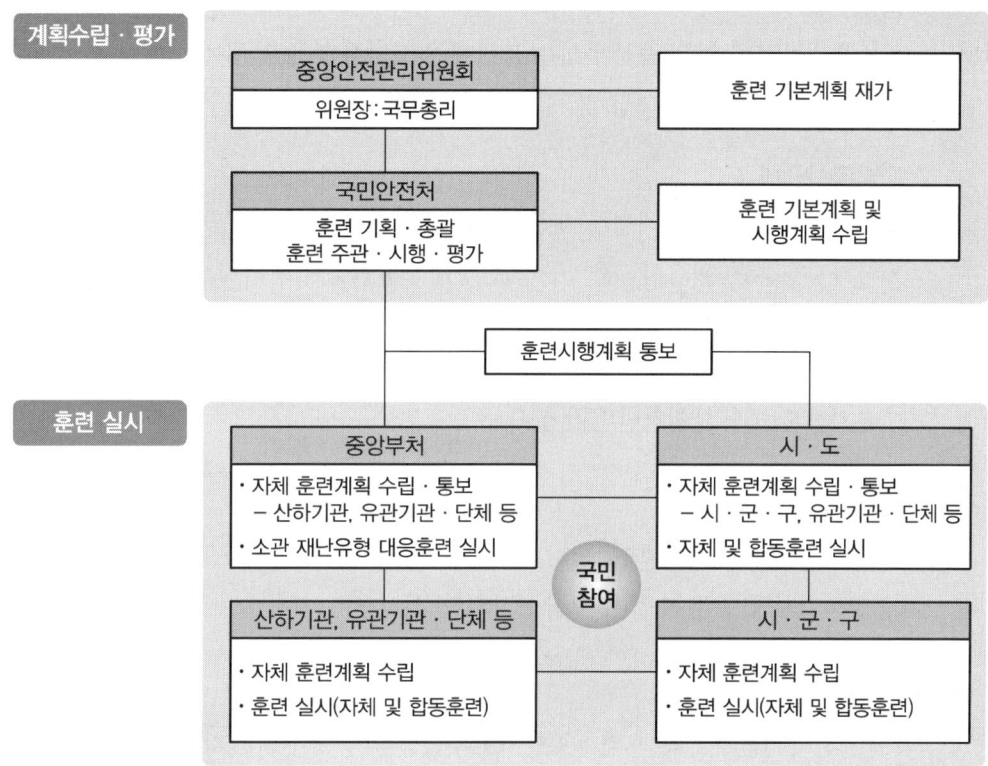

▮ 훈련체계 ▮

3. 훈련 유형

훈련 유형은 국가지정훈련과 자체훈련방식, 공통훈련으로 나뉘며 세부내용은 다음과 같다.

1) 국가지정훈련

① 중앙단위 현장종합훈련
　　중앙부처, 지자체(시·도, 시·군·구), 유관기관 합동 훈련
② 중수본－지대본 통합연계 훈련
③ 「표준매뉴얼」의 재난유형 대응훈련(중앙부터, 지자체)
④ 훈련유형 : 토론기반훈련, 실행기반훈련

2) 자체훈련방식

① 중앙부처
- 표준매뉴얼이 없는 중앙부처는 훈련대상 재난유형을 자체 선정하여 훈련 실시
- 산하기관 훈련계획 수립 및 자체 지도·점검 실시

② 지방자치단체
- 광역 시·도는 문제해결형 재난안전대책본부운영 훈련을 필수 실시
- 국가지정훈련 해당 시·군·구 중 현장대응훈련을 실시하지 않는 시·군·구는 문제해결형 재난안전대책본부운영 훈련 실시
- 국가지정훈련에서 제외된 시·군·구는 훈련대상 재난유형을 자체 선정하여 토론기반훈련과 실행기반훈련 실시

3) 공통훈련

① '비상상황전파 메시지훈련' 실시
② '중앙·지자체 공무원 불시 비상소집훈련' 실시

4) 토론기반훈련

- 재난안전대책본부운영 훈련 : 중앙사고수습본부(중앙부처), 지역재난안전대책본부(시·도, 시·군·구), 사고수습(대책)본부(공공기관 등) 운영에 따른 각 기관 및 부서별 임무와 역할 발표 및 토의 실시
- 초기대응단계 점검 : 기관장 및 소관재난관리 간부의 초기대응 지휘역량을 강화하기 위한 임무와 역할 숙지 등 초기대응태세 점검
- 훈련 소요시간 : 토론기반의 훈련시간은 일반적으로 제한은 없으나 재난유형별 훈련방향, 훈련평가 등을 고려, 2시간 이내로 실시
- 훈련 실시체계 : 훈련 사전준비 회의를 통하여 체계적·효율적 훈련 실시

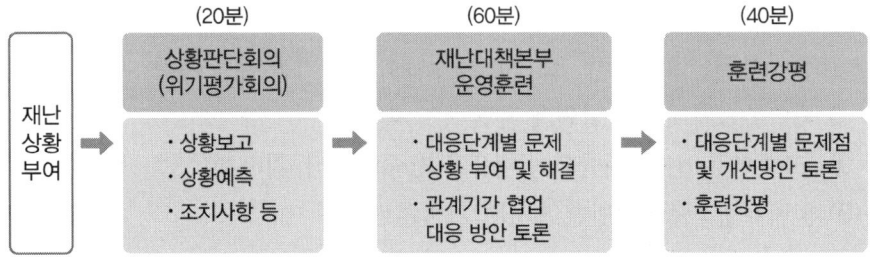

5) 실행기반훈련

- 문제해결형 훈련 : 기존 대책본부운영 훈련 시 각 기관 및 부서별 임무와 역할을 보고하는 발표식 훈련을 지양하고, 복합재난상황을 가정한 복잡 다양한 문제상황(2~3개 상황변수)을 부여, 대응 단계별 문제해결 방식의 훈련 실시
- 협업대응기반 구축 : 중앙 지정훈련은 중앙부처, 지자체(시·도, 시·군·구) 특별행정기관 및 유관기관과 연계·통합하여 협력훈련 실시

6) 기능훈련

① 기능훈련은 실시간 환경에서 인력과 장비가 실제 이동하지 않는 범위에서 실제 메시지 처리 등의 방법으로 개인의 특정 기능 수행 역량을 검증
② 훈련목표
- 신속한 상황전파 훈련(30분 이내, 기관 간 Hot-Line 구축)
- 선조치·정확한 상황판단회의 개최(20분 이내)
- 재대본 구성(13개 협업기능 가동)
- 개인별 임무와 역할숙달 훈련(개인별 임무카드)

7) 현장대응훈련

① 훈련방향 : 재난유형별 현장대응훈련을 실시할 경우 사전에 문제해결형 재난안전대책본부운영 훈련을 실시
② 훈련설계 : 훈련 시나리오 설계(개발) 시 관계기관이 모두 참석하여 단계별(초동·초기·본격·수습) 대응방안 논의
③ 훈련절차 : 단계별(4단계) 현장대응훈련 실시

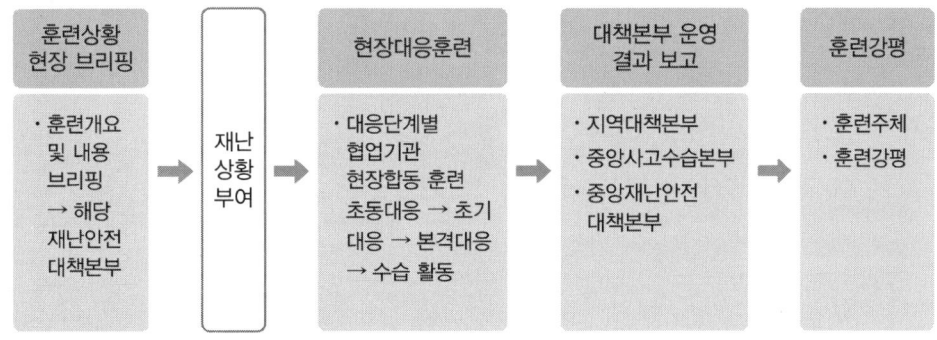

4. 훈련 사례

2015년 재난대응 안전한국훈련은 중앙부처, 전 지방자치단체, 공공기관·단체 등 470개 기관이 훈련에 참여하였으며 풍수해, 지진(해일), 다중밀집시설 대형 화재, 해양선박사고, 유해화학물질 유출 등의 발생 가능한 재난 유형을 선별하여 총 732회 훈련을 실시했다. 보도자료에 따른 2015년 훈련계획은 다음과 같다.[6]

---

[6] 보도자료 - 국가재난대비태세 확립을 위한 '2015 재난대응 안전한국훈련' 실시, 국민안전처, 2015

| 참고 1 | 지하철 유독가스 대피 현장훈련(서울특별시) |

◆ 상황 발생 시 신속한 전파체계 및 초등대응태세 점검
◆ 안전한 승객대피 유도, 사상자 구조·구급·제독 등 실제상황 숙달훈련

■ 훈련 개요

- 일시/장소 : 5.18(월) 03 : 30~04 : 40/경복궁역~독립문역(3호선)
- 주관기관 : 행정안전부, 서울메트로
- 참여기관 : 서대문구청·소방서·보건소·경찰서 및 56사단 등 7개 기관
  ※ 행정안전부장관 등 200명, 서울메트로 80명, 소방·군·경 120명, 구청·보건소 11명 등 총 411명 훈련 참여
- 훈련내용 : 지하철 운행 중 유독가스 살포에 따른 대피 훈련
  ※ 서울메트로, 군(수방사, 56사단), 경찰 등 유관기관 사전검토회의 2회 실시(4.29, 5.7)

■ 훈련 진행

- 상황 설정
  지하철 3호선 대화행 열차가 경복궁역을 출발·운행 중 독립문역 전방 200m 지점에서 신원미상의 승객이 유독가스로 추정되는 가스 살포로 다수 승객 호흡곤란

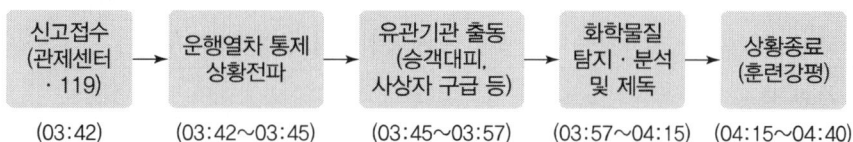

■ 향후계획

훈련과정에서 제기된 개선 필요사항 매뉴얼 보안 등 피드백

| 참고 2 | 대형 산불대응 현장합동훈련(울산광역시 울주군) |

◈ 중수본과 지대본이 연계한 기관장의 산불 재난대응 역량 강화를 위한 훈련
◈ 산불재난 실전 대응훈련 강화를 위한 매뉴얼의 단계별 점검 및 보완

■ 훈련 개요

- 일시 : 2015. 5. 19(화) 14 : 00~16 : 00
- 장소 : 울산광역시 울주군 울산역 인근

- 훈련 주관 : 울주군, 울산광역시, 산림청
- 참가 기관 : 울산지방경찰청, 7765부대, 울산기상대, 양산국유림관리소, 산림항공본부양산항공관리소
- 주요 참석인사 : 울산광역시장, 울주군수, 울산광역시 경제부시장
- 상황 설정
  5.19.(화), 14시 현재 울산시 울주군 언양면 구수리 산27번지 산불은 강한 바람(15m/s 이상)을 타고 빠르게 구수리 마을 방향으로 확산 및 인근 페인트, 건축자재 생산 KCC 공장으로 확산 위험이 있는 상황임

■ 훈련 진행

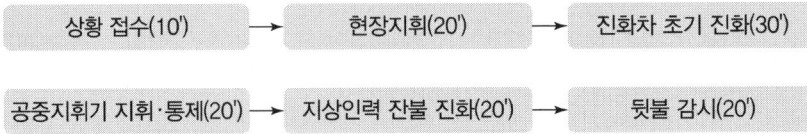

| 참고 3 | 유해화학물질 유출사고 현장훈련(전라남도 여수시) |

◆ 골든타임 내 문제점을 토대로 실전상황에서 재난대응 역량 발휘
◆ 최악의 상황을 가정한 민관군 합동, 주민참여훈련으로 재난대응 역량 향상

▣ 훈련 개요

- 일시 : 2015. 5. 20.(수) 14 : 00~15 : 00
- 장소 : 전남 여수시 한화케미칼(주) 여수 1공장(여수국가산단)

- 훈련 주관 : 환경부, 전라남도, 여수시
- 참가 기관 : 15개 기관(영산강유역환경청, 화학물질안전원, 여수합동방제센터, 전남소방본부, 여수소방서, 여수경찰서, 육군 31사단 등)

  ※ 훈련참여 200여 명, 장비 80여 점
- 주요 참석인사 : 환경부장관, 전라남도지사, 여수시장 등
- 상황 설정 : 산단 염산 누출사고 대응, 근로자 및 주민대피
  한화케미칼 여수1공장에서 염산(35%) 저장시설 인근에서 바닥 굴삭 작업 중 작업자 과실로 염산배관이 파손되어 염산 약 100톤이 누출되고 염화수소 증기가 인근지역으로 확산("심각" 경보 발령)

▣ 훈련 진행

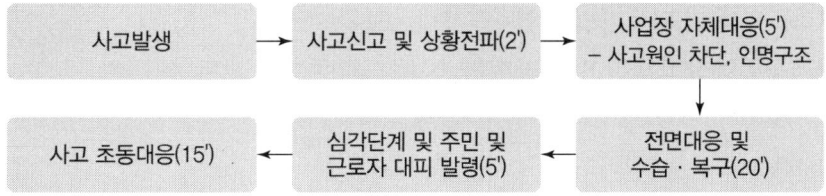

※ 훈련 종료 후 자유토론식 훈련 강평 및 평가 실시

02 국내재난안전 교육훈련기관

01 공공분야 교육훈련기관

1. 국가공무원인재개발원[7]

1) 일반 현황

- 설립일자 : 1949년 3월
- 소재지 : 충청북도 진천군 덕산면 교학로 30

2) 조직 및 기능

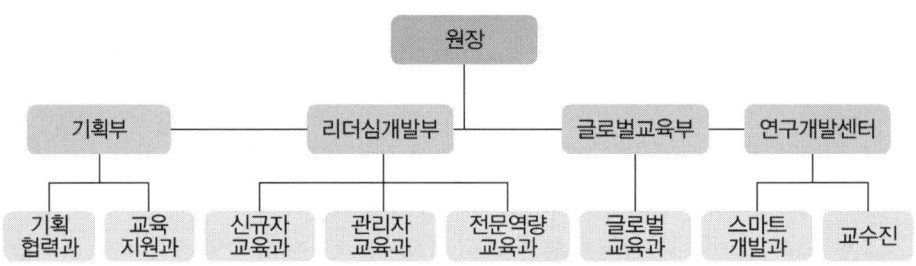

| 중앙공무원교육원 조직 |

- 국가공무원 교육훈련 실시
- 각급 공무원 교육훈련기관 지원·협력
- 교과·교재 및 교육기법의 연구·개발·보급
- 외국공무원 교육훈련 및 국제협력

---

7) 국가공무원인재개발원(www.nhi.go.kr), 2016

2. 국가민방위재난안전교육원[8]

1) 일반 현황

- 설립일자 : 1987년 1월
- 소재지 : 충청남도 공주시 사곡면 연수단지길 90

2) 조직 및 기능

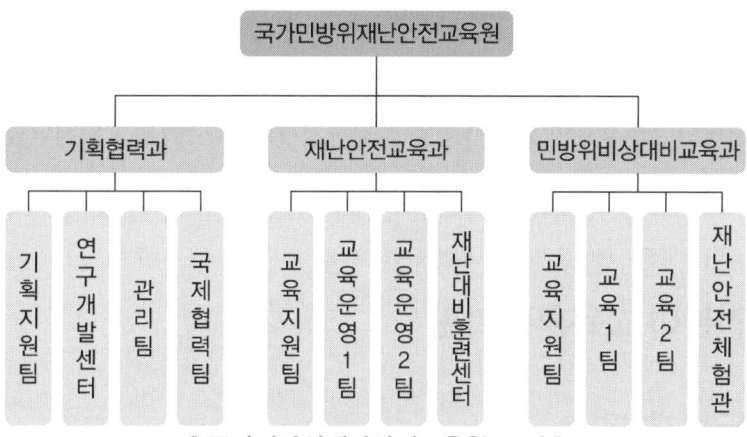

❙ 국가민방위재난안전교육원 조직 ❙

- 민방위·재난 및 안전관리 분야의 직무에 종사하는 공무원 및 민간인 등의 교육훈련
- 민방위·재난 및 안전관리 분야의 교육훈련 기법의 연구·개발

3) 교육훈련 제도

국가민방위재난안전교육원은 민방위 및 재난안전, 생활안전, 직무, 사이버 교육과정 등을 운영하고 있으며, 공무원교육훈련법, 재난 및 안전관리 기본법 등에 근거를 두고 민간인과 공무원을 대상으로 교육을 실시하고 있다.

① 공무원인재개발법(전문교육훈련기관)
특수한 직무를 담당하는 공무원의 교육훈련과 직무분야별 전문교육훈련을 실시하기 위하여 관계 중앙행정기관의 장 소속으로 전문교육훈련기관 설치

② 재난 및 안전관리 기본법 제29조의2(재난안전분야 종사자 교육)
재난관리책임기관에서 재난 및 안전관리업무를 담당하는 공무원이나 직원은 행정안전부장관이 실시하는 전문교육 이수

---

[8] 국가민방위재난안전교육원(www.ndti.go.kr)

③ 민방위기본법 제23조(민방위 대원의 교육훈련)

　　행정안전부장관이나 시·도지사는 민방위대요원의 교육 및 훈련을 위하여 필요한 교육기관 별도 설치

④ 자연재해대책법 제65조(공무원 및 기술인 등의 교육)
- 재해 관련 업무에 종사하는 공무원은 방재교육 필수
- 재해 관련 기술인을 고용한 자는 행정안전부장관이 실시하는 교육 필수
- 행정안전부장관은 이에 필요한 전문교육과정을 운영할 수 있음

⑤ 행정안전부와 그 소속기관 직제 제2조(소속기관)

　　행정안전부장관의 관장사무를 지원하기 위하여 국가민방위재난안전교육원 설치

02 민간분야 교육훈련기관

1. (특)한국방재협회

1) 설립 목적

자연재해로부터 국민의 생명과 재산을 보호하기 위하여 방재정책을 효율적으로 뒷받침하며, 방재 관련 기술의 조사와 건의, 홍보, 교육 및 공공단체가 행하는 관련 사업에 대한 기술협조, 자문과 사업 수행 등을 통하여 총체적인 방재역량의 향상에 기여하고 방재 관련 종사자의 품위 향상과 방재 관련 업계의 건전한 발전을 도모함을 그 목적으로 함(정관 제2조)

2) 목적 사업

- 재해예방과 방재의식의 고취를 위한 교육 및 홍보
- 재해예방, 재해응급대책 및 재해복구 등에 관한 회보의 발행, 출판, 홍보, 강연회 및 발표회 등의 개최
- 재해대책에 관하여 관계기관의 위탁하는 사업
- 자연재해저감분야 기술발전을 위한 관련 산업의 육성·지원
- 민간주도의 재해 관련 국내·외 행사 유치
- 방재에 관한 국내외 학회, 협회, 기타 본 협회의 목적에 부합하는 단체 및 국제 간의 교류 등에 관한 사항

- 방재분야 종사자의 연수, 해외파견 및 연수보조
- 회원의 권익보호와 복리증진 및 후생에 관한 사업
- 기능별 회원들과의 기술교류 및 유기적인 협조에 관한 사업
- 국민안전처장관의 승인을 얻은 수익사업
- 관계기관에 대한 자문, 제언 및 정책 건의
- 기타 본 협회의 목적 달성을 위하여 필요한 부대사업

2. (재)한국재난안전기술원

1) 설립 목적

국민들이 안전한 환경에서 자연재해 및 인적 재난, 사회적 재난에 대해 사회 전반에 걸쳐 안전시스템을 구축하고, 인명 및 재산을 보호하기 위한 재난안전정책 및 제도의 교육, 연구·개발, 컨설팅·진단을 통하여 안전 증진에 기여함을 목적으로 함(정관 제2조)

2) 목적 사업

- 안전문화 정착을 위한 대외 홍보 및 전파교육
- 재난·안전에 관한 교육 프로그램 개발 및 도서 출판
- 기업재난관리자 직무교육 대행
- 국내외 재난·안전 관련 교육·훈련 연구
- 재난·안전관리 우수사례 발굴 및 보급
- 분야별 전문가 세미나 개최 및 관련 전문가 구축
- 재난·안전사고 분석 및 사고 원인분석
- 국내외 안전제도 비교·분석, 연구 및 국제협력
- IT 기술을 활용한 효율적인 재난관리시스템 연구·개발
- 재난 발생에 대비한 위기관리 정보체계 구축방안 연구
- 안전문화 선진화를 위한 연구·개발
- 재난·안전관리 대상 사업장에 대한 종합 안전관리 시스템 컨설팅
- 기타 재난안전 관련 업무

03 해외재난안전 교육훈련기관

01 미국의 교육훈련체계

1. EMI[9]

미국의 연방재난관리청(FEMA ; Federal Emergency Management Agency)은 국가비상교육센터(NETC ; National Emergency Training Center)를 설립하여 운영하고 있으며, NETC의 하부 기관으로서 재난관리연구소(EMI ; Emergency Management Institute)가 있다. EMI에서는 안전관리 활동과 관련된 부서, 자원봉사 단체, 기업체 인력을 위한 전문적인 교육 및 훈련을 담당하고 있다.

EMI는 1979년에 수립되어 다양한 교육 및 훈련 프로그램을 통해 연방, 주, 지역정부관리, 자원봉사기관, 공공기관 및 개개인의 능력을 제고하기 위한 재해관리 교육 및 훈련프로그램을 개발한다. 또한 홈페이지를 통해 다양한 과목 및 개인학습과정을 제공하고 있다.

미국은 공무원을 대상으로 EMI에서 재난 관련 교육을 실시하고 있으며, 주정부에서 실시하는 연 5,500명의 거주자 교육과정과 연 100,000명의 비거주자 교육과정, EMI가 교육교재를 제공하는 연 150,000명의 개인학습과정 등 3개 교육과정으로 구분하여 운영한다.

재난관리교육원(EMI)의 교육과정은 '지역자율방재단의 조직 및 운영', '재해저감현장 운영' 등 다양한 주제의 과정으로 이루어지며 재난 및 비상사태의 예방, 대비, 방재와 복구능력 향상을 위한 기법 개발과 전문인력 양성을 위한 교육을 담당하고 있으며, 최근 9.11 테러로 인해 재난의료, 방사능 위험물질, 대량살상무기 등의 교과목 교육에 대한 중요도가 높아졌다.

EMI의 교육과목은 약 10여 년 전부터 제공되고 있는데, 미국의 메릴랜드 주의 에미츠버그(Emmitsburg)에 위치하고 있는 EMI에서 수강생들에게 직접 강의했던 수업들을 하나씩 웹 자료로 제공하고 있다.

---

9) 소방방재 교육연구시설운영 활성화 - 소방교육 프로그램, 행정안전부, 2010

▼ EMI의 실현목표

비전	정부기관에 근무하는 모든 공무원들이 비상사태 및 재난으로부터의 잠재적인 영향에 대해 예방, 대비, 대응, 복구, 완화활동을 수행하는 능력을 향상
임무	• 국토안보부 및 FEMA 직원 역량 강화 • 연방정부, 주, 지역, 지방자치단체구의 직원 능력 향상 • 훈련을 통한 개인, 가족 및 전문가들의 재난대비능력 강화
추진 전략	• 임무를 효과적으로 수행하기 위해 필요한 기술을 완벽히 습득할 수 있도록 교육훈련을 개발, 전달 • 주정부, 지방정부의 공무원들, 자원봉사자 조직, 연방비상관리청 재난담당인력, 기타 연방기관, 공공부문 및 민간부문들이 자국 내에서 발생하는 재난이나 비상사태의 영향을 최소화하기 위한 능력을 향상시키기 위한 재난관리훈련을 개발, 전달 • 각각의 조직들이 모든 위험에 대해 국가대응체계(NRF), 사건사고관리시스템(NIMS), 국가대비지침과 같은 관리지침에 따라 생명을 구하고 재산을 보호할 수 있도록 함께 협력할 수 있는 다양한 교육수요를 충족 • 각각의 지역사회 내에서 위험 취약요소를 줄이거나 재난에 대처 • 기술적 위험 영역에 대한 거주민, 현장, 자가교육 훈련프로그램에 대한 교육과정을 개발·관리

또한 EMI에서는 대학수준의 재난관리 교육과정의 기본방향을 개발하고 있다. EMI 교육과정은 여름, 겨울의 2학기제로 운영되고, 재해·재난유형별, 재난단계별(예방, 대비, 대응, 복구), 재난기관별, 교육내용별로 구분하여 구성되어 있으며, 학점제로 운영된다. 그리고, 재난·위기관리 교육을 위해 일종의 도서관인 학습자원센터(LRC ; Learning Resource Center)를 운영하고 있다.

▼ EMI 교육 프로그램

구 분	내 용
교육 대상	공무원, 일반대상
교육 단계	경감(Mitigation), 대비(Preparedness), 대응(Response), 복구(Recovery)
교육 과목	• 자연재해 : 지진, 허리케인, 홍수, 댐안전 • 기술재해 : 유독물질, 테러리즘, 방사능 누출, 화학물질 비축위기준비 • 전문개발, 리더십, 교육방법, 훈련설계 및 평가, 정보기술, 공공정보관리자, 통합재난관리, 강사 양성
교육 과정	• 합숙교육과정(Resident Courses) : FEMA가 교육, 연간 5,500명 참여 • 비합숙교육과정(Non-Resident-Courses) : 주정부가 교육, 연간 10만 명 참여 • 개인독학과정(Independent Study Courses) : EMI가 원격교육교재 및 시험문제 제공 • 대학수준의 재난관리 과정 : 재해·재난유형별, 재난단계별(예방, 예비, 대응, 복구), 재난기관별, 교육내용별
자격증 과정	• 재난관리사 자격증(CEM ; Certified Emrgency Manager) : 국제재난관리사협회 인증·관리 • 홍수터관리자자격증(CFM ; Certified Floodplain Manager) : 주정부 홍수터관리자협회가 평생교육학점인증(CECs ; Continuing Education Credits) 제도를 통해 운영

▼ EMI의 교육과정

구 분	내 용
EMI의 교육과정의 특징	• 여름·겨울의 2학기제로 운영되고, 재해·재난유형별, 재난단계별(예방, 대비, 대응, 복구), 재난기관별, 교육내용별로 구분하여 구성 • 학점제(1CEU가 10시간)로 운영 • 미국교육위원회(ACE)에 의해 LD(2년제 수준), UD(4년제 3·4학년 수준), G(대학원수준)로 구분하여 평가받고 있음
EMI 교육과정의 인증제	• EMI는 국제재난관리자협회에 의해 인증·관리되는 재난관리자 자격증(CEM ; Certified Emrgency Manager) 프로그램 • 주정부 홍수유역관리자협회가 운영하는 홍수터관리자자격증(CFM ; Certified Floodplain Manager) 프로그램을 교육학점(CECs ; Continuing Education Credits) 제도를 통해 운영하고 있음
EMI 교육과정	• FEMA 교육과정(Resident Courses) • FEMA 주정부 교육과정(Non-Resident Courses)

2. HSEEP[10]

미국의 2002년 국토안보부(DHS ; Department of Homeland Security) 설립에 따라 정부의 모든 공무원과 조직은 다양한 위협에 대한 대비책, 예방책, 수습책 마련에 노력하고 있다. 국토안보훈련 및 평가프로그램(HSEEP ; Homeland Security Exercise and Evaluation Program)은 훈련 계획관이 자신이 속한 조직이나 연관조직의 고유영역이나 구성에 관계없이 사용할 수 있는 통일된 전문용어를 정의하고, 훈련 통제관에게 복합재난대비계획의 개선을 위한 훈련의 계획, 실행, 평가수단을 제공한다.

HSEEP는 연방, 주, 지방정부 등에 관계없이 담당공무원과 비상대응요원이 활용할 수 있는 표준화된 정책과 용어를 정의함으로써, 국가훈련프로그램(NEP ; National Exercise Program)의 실행에 필요한 표준화된 정책과 방법론으로 인정받고 있는 프로그램이다. HSEEP에는 현존하는 훈련프로그램으로부터의 우수사례와 교훈이 반영되어 있으며 자연재해, 테러, 과학기술에 의한 재해 등 복합재난에 해당하는 모든 범위의 위험한 사건과 시나리오에 이를 적용한다. 다음은 HSEEP에서 실시하는 복합재난 대비 훈련유형별 특징이다.

---

10) 대규모 복합재난 대비 체계적인 훈련방안 연구, 행정안전부, 2011

▼ 복합재난대비 훈련의 특징(HSEEP)

훈련 유형		훈련 내용
토론기반 훈련	세미나 (설명회)	• 재난대비훈련의 가장 기초단계로 세미나(설명회)만을 별도로 실시하거나 다른 훈련의 사전활동으로 실시할 수 있음 • 훈련 참가자들이 현재의 계획, 정책, 협약 및 절차에 익숙하도록 하며, 새로운 계획, 정책, 협약 및 절차의 개발
	워크숍	• 워크숍만을 별도로 실시하거나 다른 훈련의 사전활동으로 실시할 수 있으며, 세미나에 비해 참여자 간 상호작용이 활발하고, 계획이나 정책의 초안과 같이 구체적인 결과물을 얻어내거나 구축하는 데 집중 • 특정 목표의 달성 또는 결과물(훈련목적, 시나리오 개발, 평가기준 개발 등 훈련개발)을 생산하기 위한 회의
	도상훈련 (TTX)	• 실제 또는 가상의 재난상황에서 일어날 수 있는 신속하고 자발적인 문제해결보다는 천천히 문제를 해결하는 과정에서 깊이 있게 현안사항에 대해 논의하고 결정 • 기관의 문제해결, 정보공유, 유관기관 간 업무조정, 특정 목적의 달성 여부 등을 측정
	게임	• 두 개 이상의 팀이 참여하는 훈련의 형태 : 실제 또는 가정된 실생활 환경을 묘사하기 위해 설계된 규칙과 데이터, 절차를 사용하여 운영되는 상황을 시뮬레이션하는 과정 • 의사결정과정의 도출 및 의사결정 결과의 검토
실행기반 훈련	드릴 (Drills)	• 단일훈련 또는 단일기관의 기능 점검(부분훈련, 반복연습) • 새로운 장비에 대한 활용훈련, 새로운 정책 또는 절차의 개발 또는 검증, 현재의 기능에 대한 연습 및 유지 등을 위해 활용
	기능훈련 (Functional Exercises)	• 기능 또는 여러 기능의 조합에 대한 검증을 위한 훈련으로 재난안전대책본부 같은 유관기관조정센터 근무요원 훈련에 초점을 맞춤 • 현실적이고 긴장감 있는 실시간(Real-time) 환경에서 수행되지만 인력과 장비는 실제로 이동하지 않고 가상적으로만 이동
	전면훈련, 종합현장 대응훈련 (Full-scale Exercises)	• 기능훈련과 현장의 대응활동 및 자원의 실제 이동을 결합한 종합훈련으로 대응계획상의 기능 대부분을 포함하여 실시 • 인력과 장비가 실제로 배치, 실제 재난상황과 유사하게 긴장감 있고 시간에 제약을 받는 환경에서 훈련 실시

02 일본의 교육훈련체계[11]

일본 중앙정부 차원의 방재 관련 기관은 방재업무를 총괄 조정하는 '내각부'와 하천, 해안, 도로 등 공공 토목시설 담당부서인 '국토교통성', 방재과학기술연구원 및 지진조사연구 추진본부를 운영하는 '문부과학성', 화재 및 재해 관련 업무를 중추적으로 수행하며 방재교육센터를 운영하는 '소방청'이 있다.

내각부에서는 재난에 대비하기 위한 인재육성과 활용을 위해 추진해야 하는 기본적인 사항을 정해놓고 있으며, 이는 재난대책에 관한 지식의 축적과 공유, 방재업무의 표준화, 관계기관의 밀접한 연대이다.

1. 소방청

일본 소방청에서는 방재교육센터를 운영하며, 이는 일반 주민들을 대상으로 화재, 지진, 풍수해 등의 재해를 미연에 방지하고, 재해에 의한 피해를 최소화하여 국민의 생명과 재산을 지키는 역할을 한다. 소방청에서 교육하는 훈련은 아래 표와 같이 체험형, 참가형, 학습형, 자격제도형, 네트워크형 등 5가지로 분류할 수 있다.

일본 소방청 방재교육은 조기교육 실시에 중점을 두고 있다. 어린이를 대상으로 한 방재훈련은 어린이 스스로가 자신의 안전을 지킬 수 있는 훈련이며, 미래의 방재인력을 양성한다는 측면에서도 그 중요성이 강조된다. 학교와 지역 비영리단체를 통해 교육을 실시하며, 지진의 경우 발생주기가 길어 재난경험이 축적되지 않기 때문에 지진을 '가까이에 있는 것'으로 인식하게 하는 것을 주안점으로 둔다. 지역 비영리단체에서 이뤄지는 교육은 대체로 자신이 살고 있는 지역에 대한 이해를 높이고, 재난이 발생했을 때 어디로 대피해야 하는지에 대한 실질적인 훈련을 중심으로 한다.

▼ 소방청 방재교육 훈련

구 분	내 용
체험형	사람을 모집하기가 쉽고 즐기면서 학습할 수 있는 형태
참가형	목적의식을 갖고 활동에 참가하여 서로 의사소통을 실시함으로써, 책임감 부여
학습형	흥미를 갖게 하기 위해 즐겁게 학습하는 것을 목적으로 함(대상 : 어린이)
자격제도형	자격 취득을 목적으로 하기 때문에 장래성을 고려하는 데 유용
네트워크형	사람과 사람 간의 연결을 통해 학습하는 형태

---

11) 소방방재 교육연구시설 운영 활성화 – 소방교육 프로그램, 행정안전부, 2010

2. 소방대학교

소방대학교는 국가와 지자체 소방사무에 종사하는 직원과 소방직원, 소방단원을 대상으로 고도의 교육훈련을 실시하며, 지자체 소방학교의 교육훈련에 대해 지원을 한다. 소방대학교에서는 종합교육 및 해당 업무에 따른 교육을 연간 1,100명의 학생들에게 실시한다. 소방대학교의 교육훈련 목적과 주요 내용은 다음과 같다.

▼ 소방대학교 교육훈련

구분		목적	주된 내용 성적 평가 적요
종합교육	간부과	소방에 관한 고도의 지식 및 기술을 종합적으로 습득시켜, 소방단의 상급 간부에 적당한 인재를 양성한다.	• 행정 동향 전반, 소방작용법 등의 소방관계 법제, 조직운영, 실무연구 • 대규모 재해 시의 현장지휘이론, 다양한 지휘훈련, 도상훈련
	상급 간부과	소방에 관한 고도의 지식 및 기술을 종합적으로 습득시켜, 실제로 소방의 상급 간부의 자질을 향상시킨다.	• 행정 동향전반, 소방실무관리, 위기관리 • 도상훈련, 지휘시뮬레이션
	신임 소방장 학교장과	신임의 소방장·소방학교장에 대해, 그 일자리에 필요한 지식 및 능력을 종합적으로 습득시킨다.	• 행정 동향 전반, 위기관리 • 지휘훈련, 도상훈련, 지휘시뮬레이션
	소방 단장과	소방단의 상급 간부에 대해, 그 일자리에 필요한 지식 및 능력을 종합적으로 습득시킨다.	• 소방단 운영, 여성 소방단 활동 • 행정 동향, 소방실무관리, 안전관리, 도상훈련
전과교육	경방과	경방업무에 관한 고도의 지식 및 기술을 전문적으로 습득시켜, 경방 업무의 교육 지도자 등으로서의 자질을 향상시킨다.	• 경방활동의 다양한 이론·사례·전술, 지휘훈련, 도상훈련 • 교육기법, 강의 연습
	구조과	구조업무에 관한 고도의 지식 및 기술을 전문적으로 습득시켜, 구조 업무의 교육 지도자 등으로서의 자질을 향상시킨다.	• 구조활동의 다양한 이론·사례·기술·전술로프 이용 • 훈련의 기획·운영연습
	구급과	구급대 출동업무에 대해, 그 일자리에 필요한 고도의 지식 및 능력을 종합적으로 습득시킨다.	• 구급활동의 다양한 이론·사례·기능 훈련 • 훈련의 기획·운영연습
	예방과	예방 업무에 관한 고도의 지식 및 기술을 전문적으로 습득시켜, 예방 업무의 교육 지도자 등으로서의 자질을 향상시킨다.	• 예방에 관한 행정 동향·법제, 연소·소화의 기초이해, 사찰·위반처리, 성능규정 • 교육기법, 강의연습
	위험물과	위험물 보안업무에 관한 고도의 지식 및 기술을 전문적으로 습득시켜, 위험물 보안업무의 교육지도자 등으로서의 자질을 향상시킨다.	• 위험물 보안에 관한 행정동향·기술기준·성능규정, 기업방재 • 위험물 이화학·재료 공학의 기초 이해, 실무연구·연습
	화재 조사과	화재조사업무에 관한 고도의 지식 및 기술을 전문적으로 습득시켜, 화재 조사 업무의 교육 지도자 등으로서의 자질을 향상시킨다.	• 화재의 기초이해, 화재조사의 현장운영·감식요령, 모의가옥조사 실습, 소송대응 • 교육기법, 강의연습
	신임 교관과	신임의 소방학교 교육훈련담당 직원 등에 대해, 그 일자리에 필요한 지식 및 능력을 전문적으로 습득시킨다.	• 교육심리학, 교육기법, 강의연습 • 소방실무관리, 안전관리, 실무연구

3. 동경소방학교

동경소방학교에서는 복잡하고 다양화된 소방업무에 대응할 수 있는 직원을 양성하기 위하여 소방청에 신규 채용된 직원의 교육을 비롯하여 간부교육, 전문적 기술을 습득시키는 전과교육 등을 실시하고 있다.

동경소방학교의 교육 과정은 채용 전에 완벽한 전인 소방공무원 양성을 목표로 하여 채용분류에 따라 9개월과 12개월의 장기간의 교육을 실시할 수 있는 초임교육 시스템이 갖추어져 있다. 또한 초임교육 후에도 실무교육을 장기간 실시하여 현장활동 및 행정실무를 수행하는 역할을 키우고 있다. 동경소방학교 교육·연수과정은 초임교육, 간부연수, 전과연수, 특별연수 및 교양강좌로 구분되며 총 2,900여 명을 대상으로 이뤄진다.

간부연수는 소방사령보(소방위) 이상인 소방직원에 대하여 간부직원으로서 필요한 교육훈련을 실시하는 교육 시스템을 갖추고 있으며, 이외에도 각 직무에 필요한 특별연수과정을 개설하여 운영하고 있고, 교육과정은 다음과 같다.

▼ 동경소방학교 교육과정

구분	내용
초임 종합교육	신규 채용된 소방직원에 대하여 방화, 방재에 대한 기초적인 지식이나 기술을 전달하고 강인한 기력, 체력을 만들도록 하며 또한 사회인으로서의 인력 형성 교육을 실시
간부연수	인격도야 업무관리, 부대 지휘능력 등 관리감독자로서 필요한 능력을 개발
전과연수	경방 지휘·구조·구급·기관·화재예방 등 업무에 종사하기 위한 각각의 전문적인 지식, 기술을 습득
특별연수	전문적 업무에 종사하는 직원에 대하여 법령, 재해현상이나 기자재 등의 최신정보를 제공하고 고도의 기술을 습득
본부교양	각 소속기관 직원에 대하여 소방행정 추이에 적응시킬 필요가 있는 경우에 행하는 교양 및 교육훈련
소속교양	소방학교 및 본부교양 이외에도 각 소속 기관별로 집행업무교양, 관리감독교양, 배치교양 및 일반교육 실시
위탁교양	소방업무에 필요한 전문적 지식 및 기능을 소방청 이외의 교육기관에 위탁 또는 참가시켜 습득할 수 있도록 실시하는 제도로 대학(원) 위탁, 소방대학교 위탁, 업무연수 위탁 및 해외연수 제도가 있음
기타 교양	직원이 여가를 활용하여 생애 교육으로써 자녀지식 및 능력 향상을 도모하기 위하여 자기개발할 수 있는 직원교양강좌, 자유연수강좌, 통신교육, 공개수업 등을 실시

03 독일의 교육훈련체계

독일은 2001년 미국 9.11 테러 이후 테러 및 재난 등으로 인한 국가적 위기 발생 시, 효율적이고 체계적으로 주민을 보호하기 위하여 2004년 연방국민보호재난지원청(BBK ; Bundesamt für Bevölkerungsschutz und Katastrophenhilfe)을 설치하여 운영하고 있다. 「민방위기본법」을 바탕으로 한 재난관리체계, 자원봉사대 등의 민간기관 및 단체들과의 긴밀한 협조와 활동을 통하여 재난관리체계를 구축하고 있다.[12), 13)]

현재 독일은 민방위법에 따라 군복무자, 민방위 대원, 자원봉사자 대상 교육훈련을 의무적으로 실시하고 있으며, 민방위 대원만 참가하는 도상훈련은 연 1회 실시하고 있다. 독일의 연방정부 및 주정부, 지역정부들은 지속적으로 국민의 안전과 피해예방에 중점을 둔 교육을 실시하고 있으며, 독일의 재난교육훈련 현황은 다음과 같다.

▼ 독일의 재난교육훈련 현황

구분		내용
교육훈련 현황		• 중앙 민방위 교육을 위해 연방재난통제학교와 2개의 분교가 설립되어 간부요원을 양성하고 재난 통제요원 연수 • 지방에는 10개소의 지방 민방위학교가 설치되어 있고 400여 개의 지부에 훈련소가 마련되어 전문연수교육, 분대장 연수교육 등을 담당하여 민방위 지원자 협회에서 민방위 전반에 걸친 국민 교육 실시

교육훈련 체계		• 평시훈련
		  - 주정부의 책임하에 자율교육 실시
		  - 주정부의 보조기관에서 훈련 재정 부담
		• 연방정부의 책임하에 연방재정으로 훈련비용 부담
		  - 전 국민의 1%에 해당하는 대장과 부대장에 대해 전시 지휘관 양성교육 실시
		  - 전국 11개 학교에서 40과목에 대한 1~2주 과정의 훈련 운영

교육 대상자	민방위 대원 및 자원 봉사자	• 군복무 대체인력에 대해서는 6년간 근무하며 연 200시간 교육 실시 • 2년 동안 70시간 교육 수료 시, 자원봉사단체 대원자격증 부여 • 민방위대 간부교육은 연방 민방위청이 주관이 되어 실시하며, 연방 민방위청 산하의 민방위교육센터에서 민방위 방재분야 전문가 교육 실시
	소방 대원	• 소방대원 교육훈련은 소방대원 임용 시 교육과 직무교육을 통해 실시 • 소방공무원은 소방공무원 교육원에서 3년간의 교육을 이수함으로써 전문성을 보장 • 화재 진압을 위한 교육과 응급처치 등의 의료, 기술지원 등에 대한 교육 실시
	일반 국민	• 전 국민을 대상으로 하는 교육은 없으며, 실제적으로 학교 교육을 통한 자주적 재난 극복을 위한 교육 • 주민 스스로 문제를 해결할 수 있는 능력개발 및 이웃 간의 협력 등 주민 의식교육 • 기관 간 협조체계 구축을 위하여 수시로 실시하는 경찰, 소방 및 지원조직과의 훈련

---

12) 소방방재 교육연구시설운영 활성화 – 소방교육 프로그램, 행정안전부, 2010
13) 국민안전 교육과정 개발연구 – 국가공무원인재개발원, 한국재난안전기술원, 2014

독일의 재난 및 비군사분야의 국가안전관리 총괄은 연방내무부가 주관기관으로, 산하에 연방국민보호재난지원청(BBK), 연방기술지원단(THW), 민간방위아카데미(AKNZ)를 두고 있다. 독일의 국가안전관리체계 구성 및 역할 정의는 다음과 같다.

▼ 독일의 국가안전관리체계 구성 및 역할 정의

구분	내용
연방국민보호재난지원청 (BBK)	• 시민보호와 위기관리 및 재난지원 • 7개 센터(위기관리센터, 긴급사태대비 및 국제협력 센터 등)와 홍보부로 구성, 312명의 인원
연방기술지원단 (THW)	• 재난현장에서의 기술원조 및 인도적 입장에서 해외지원 • 8개주 사무소, 66개 기술지원사업본부 구성 • 지방자치단체 소재 665개 THW 사업소와 6만 명의 인원
민간방위아카데미 (AKNZ)	• 재난대처 분야의 교육 및 재교육 기획 수행 • 국제적 재난정보 수집·관리

1. 민방위방재아카데미(AKNZ)

민방위방재아카데미(AKNZ ; Akademie für Krisenmanagement, Notfallplanung und Zivilschutz)는 연방국민보호재난지원청의 비상계획 및 시민보호와 위기관리를 위한 아카데미로, 재난관리를 위한 중심 교육기관 역할을 하고 있다.

민방위방재아카데미는 재난보호와 국민보호를 위한 전문가 및 지도자들을 대상으로 교육을 실시하며, 통합적이고 효율적인 위험방지체계 교육에 대해 핵심적인 역할을 담당한다. 또한 최고 연방기관의 국가위기 관련 계획을 수립하는 작업에 공동으로 참여한다. 그리고 민방위방재아카데미는 시민의 안전문제 및 재난보호 업무와 관련된 간부직과 강사진을 대상으로 교육을 실시하며, 민간과 군대의 협력에 관한 세미나, 실습 및 기타 강좌를 실시한다. 이 외에 민방위방재아카데미에서는 재난 관련 행정기관과 주정부, 지방자치단체의 재난구조기관이 참여하는 학술세미나를 정기적으로 개최한다.

04 영국의 교육훈련체계

1. 중앙정부재난대응훈련(CGERT)

영국 정부에서는 모든 조직이 모든 유형의 비상사태에 완전한 준비가 되어 있도록 하기 위해 중앙정부재난대응훈련(CGDRT ; Central Government Emergency Response Training)을 제공한다. 훈련은 주로 4가지 유형이 있는데, 토론기반 훈련, Table Top 훈련, Live 훈련과 마지막으로 이 세 가지 요소를 모두 결합한 훈련이 그것이다.

토론기반 훈련은 정책 수립 단계에서 편한 대화를 통해 계획을 확립하는 훈련으로 용이하다. Table Top 훈련은 시뮬레이션 위주로 훈련이 구성되며, 사실적인 시나리오에 대한 훈련을 실시간이나 단축된 시간으로 진행한다. 보통 하나의 공간이나 여러 공간이 이어진 곳에서 재난 시의 효율적인 커뮤니케이션을 위한 훈련을 진행하며, 훈련참가자들은 계획이 시나리오대로 이행되는지와 자신의 역할이 적합하게 완수되는지 확인한다. 이 훈련은 절차의 약점을 잡아내는 데 용이하며 시나리오의 검증 목적으로 주로 쓰인다. Live 훈련은 재난계획에 대한 실시간 리허설을 통한 실습 훈련이다. 이 훈련을 통해 관리자들은 자신의 능력에 대한 자신감을 갖게 되고 재난계획이 실제상황에서 어떻게 쓰일지 경험하는 시간을 가질 수 있다.

2. 비상계획연수원(EPC)

비상계획연수원(EPC ; Emergency Planning College)은 영국 정부의 국무조정실 비상사무국(CCS ; Civil Contingencies Secretariat)의 위탁으로써 전문교육과 리더십 교육을 실시한다. 연간 6,000여 명을 대상으로 재난안전교육을 실시하며, 이 대상에는 영국과 전 세계인이 포함된다. EPC의 기초과정은 교육희망자라면 누구나 들을 수 있도록 되어 있다. 영국 비상계획연수원의 교육과정은 다음과 같다.

▼ 비상계획연수원의 교육과정

기초 (Foundation)	국민보호의 소개
	시민보호의 개념
위험관리 (Risk Management)	시민보호 위험관리의 개선
	전략적 위험관리
계획 (Planning)	긴급대피소 및 대피 계획
	비상계획 훈련
	대량사망에 대한 계획

구분	내용
계획 (Planning)	COMAH[14] 비상계획 대비
	재난 복구
	재난대응을 위한 탄력적 커뮤니케이션 및 정보관리
	경고 및 알림 : 커뮤니케이션 전략 개발
	비상계획 문서화
재난관리 (Emergency Management)	디지털 시대에서의 대중과의 소통
	재난관리센터 운영
	미디어 위기와 평판 관리
	재난관리 전술
	결정전문가
업무연속성관리 (BCM ; Business Continuity Management)	BCI[15] 비즈니스 연속성의 개요
	BCI 자격증시험
	비즈니스연속성계획의 개발 및 유지
	모범 사례, 지침 및 교육과정
	시민보호를 위한 최고경영자의 역할
공공안전 (Public Safety)	군중 모델링, 관리, 동향
	이벤트 라이센싱
	군중·공공안전관리의 개요
	IOSH[16] 안전 관리
	이벤트 기회 극대화 : 다지역사회의 요구 부응
	공공안전 : 축제 및 대중집회, 운동장 및 행사, 쇼핑센터
	관객의 안전관리
	임시착탈식 구조
	안전자문그룹에서의 역할
전문가 및 부서별 (Specialist And Sector Specific)	고등교육기관의 재난관리
비상주 과정 (Off-Site Courses)	비즈니스연속성 챔피언
	시민보호를 위한 최고경영자의 역할
	시민보호를 위한 선출회원의 역할
	에너지 탄력성 관리
	여객운송의 전략적 재난관리
특별 행사(Special Events)	세미나

---

14) COMAH(Control of Major Accident Hazards Regulations 1999, 중대사고 및 위험규제법 1999)는 영국 내에서 적용되는 산업용 대량화학물질에 대한 규정임
15) BCI(Business Continuity Institute, 사업 연속성 협회)
16) IOSH(Institute of Occupational Safety and Health)

05 프랑스의 교육훈련체계[17]

1. 전문인력 교육

프랑스의 전문인력에 대한 교육은 내무부 시민안전총국이 중심이 되어 위기재난 전문구조기관에 종사하는 인력을 대상으로 교육을 실시하며, 소방인력에 대해서는 소방학교에서 초기교육과 전문교육을 실시한다. 긴급의료지원팀에 대해서는 보건의료학교에서 위기 재난 발생 시 대응 및 피해자 응급처치 방법 등에 대한 교육을 실시한다.

교육방법으로는 다양한 방법을 적용하고 있는데, 첫째는 수범사례의 배포이다. '경험적 지식의 환류기회'라고도 하는데 이는 주로 위기재난대응에 관하여 국가행정기관장 및 지방의 기관장 대상 교육에 많이 활용되며, 전문구조인력 교육에 대해서도 이러한 방식을 활용하여 효율을 높인다. 지방에서의 교육방법 중 하나로는 정보 네트워크를 구성하고 있는 인력들에 대하여 모범적인 경험사례 및 실패사례 등을 전파하여 현장교육과 같은 간접적인 효과를 주는 방법이 있다.

둘째는 유경험자의 인터뷰를 통한 경험담의 청취이다. 유경험자에게 사건사고의 발생 경위와 대응 및 처리방식에 대하여 이야기하도록 하여 주변 정황에 관한 정보와 현장에서의 경험담을 제공받아 사례를 배울 수 있다.

셋째는 유관기관의 담당인력 상호 간의 전체회합(Reunionpleniere)을 통한 교육이다. 기초자치단체의 현장책임자(시장, 소방구조국 등)와 주요 재난대응인력을 중심으로 전체회의를 갖는 기회를 마련하여 상호 간 교육이 가능하다.

2. 시민 및 청소년 교육

프랑스 정부는 매년 시민안전주간을 설정하여 일반시민과 청소년에 대하여 안전의식에 대한 교육을 실시한다. 1992년에 UN에서 매년 10월 두 번째 수요일을 재난 예방을 위한 국제주일로 선포하고, 이를 기초로 프랑스는 1998년부터 시민안전주간을 설정하여 교육을 실시하고 있다.

시민안전현대화법 제5조에는 모든 청소년, 학생들이 학교에서 재난예방 및 안전, 재난구조 임무 수행 등에 관한 교육을 받을 권리를 가지고 있다고 명시되어 있으며, 이에 의해 학교 내에서 동일한 법 규정을 적용하도록 법령으로 제정하였다.

---

17) 주요 선진국의 재난 및 안전관리체계 비교연구, 행정안전부, 2008

시민안전현대화법 및 관련 시행령에 의하면 학교의 총괄책임자는 반드시 내부비상대비계획을 세우고, 사고 발생 시 이 계획을 적용하여 대처하도록 하는 예방-대응-처리체계를 갖춰야 한다. 이와 관련하여 청소년과 학생들에게는 재난경보의 발생이 언제 어떤 방식으로 발령되는지 문답 방식으로 교육을 시키고 있으며, 외부와의 의사소통은 어떤 수단과 방법을 동원해야 하는지, 재난 발생 시 어떠한 문건들을 참조해서 대처해야 하는지 등에 대하여 교육을 실시하고 있다.

04 사면회의론

01 사면회의의 개념 및 특징

1. 개념

사면회의는 일본 돗토리현의 한 산골마을에서 지역 활성화 프로젝트 집단의 지도자 테라타니가 고안한 기법이다. 이는 테라타니가 20여 년에 걸쳐서 지역봉사 활동 등 다양한 농촌 경험을 바탕으로 고안한 참가형 계획입안 기법으로, 농촌 마을의 현실을 진단하여 문제점을 파악하고 새로운 농촌을 만들기 위해서는 지역 주민들 스스로가 생각하고 계획을 만들어 실천하도록 한다. 사면회의는 지역 매니지먼트의 행동계획을 만들기 위한 워크숍 기법이다.

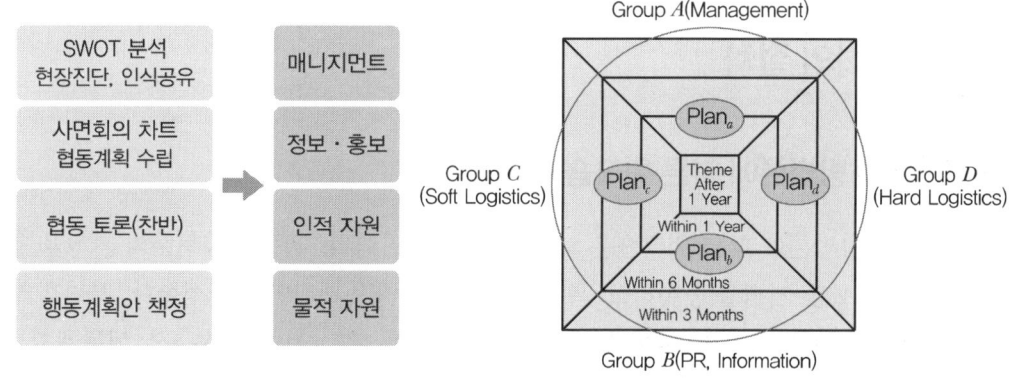

┃ 사면회의의 개념 ┃

사면회의의 기본 개념은 전체 계획 작성을 4개의 행동요소로 분할하여 역할 및 기능으로 배치하고, 4개의 행동요소를 전체적인 시간계열의 입체적인 조합을 통해 실천 가능한 계획 실행을 목적으로 하는 협동 토론을 실시한다.

2. 특징

사면회의의 특징은 다음과 같다.

- 협동 토론을 통하여, 개별의 행동계획안의 보완, 역할의 분담 등 각 그룹 간의 협업 형성
- 행동계획안에 대하여 언제까지 무엇을 하는지에 대한 결정뿐만이 아닌, 어떻게 누구와 협력하는지에 대하여도 참가자 간에 토의로 결정
- 자신에게 없는 능력이나 자원에 대해서도 다른 그룹의 참가자에게 협력 요청 가능
- 하나의 테이블에서 쌍방향 의사소통을 통해, 공통의 목표 달성을 위해 상호 간 협동하면서 행동계획안 작성을 체험하며 방재력 향상을 위한 협동적인 행동계획안 작성방법을 제공
- 단순하게 제안된 개별적인 행동계획안을 계획 실시 시간에 맞춰서 구성하는 것이 아니며, 전 참가자가 행동계획안에 대한 협력관계를 형성한 기반에서 실행 가능하도록 구체화
- '정보'에서 발전하여 최종적으로 모두 공유된 '지식'으로 형성 가능

02 사면회의 절차

1. 사면회의 방법론에 따른 워크숍 과정

사면회의 방법론에 따른 워크숍은 SWOT 분석, 사면회의 차트, 협동토론의 과정을 통해 상호 간 정보 및 지식을 공유하고, 목표달성을 위한 행동계획안을 작성한다. 사면회의 실시 시 준비물은 모조지 A0 사이즈 10장(SWAT 분석용 1장, 사면회의용 4장, 행동계획도용 1장, 예비 4장)과 수성 마커 4세트(8색×4세트, 그룹별 행동 계획안의 구별, 토론 후의 변화 등을 다른 색으로 사용해야 하기 때문)와 포스트잇 4세트(100장 1세트, 75mm×75mm)가 필요하다.

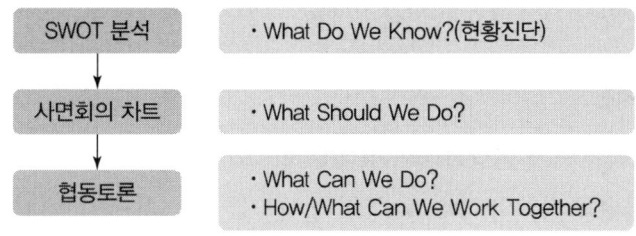

▎사면회의 과정 ▎

▼ 사면회의 시간배분 예

	구성	배분	내용	시간(예)
1	소개	15분	사면회의에 대해 소개	9 : 00~9 : 15
2	테마 공유	30분	테마에 대해서 이미지 공유	9 : 15~9 : 45
3	SWOT 분석	25분	내부요소와 외부환경을 고려한 SWOT 분석	9 : 45~10 : 10
			사면회의 차트는 사전에 준비	
4	사면회의도	20분	그룹 행동계획안을 작성하고 실시 시기에 따라서 배치	10 : 10~10 : 10
5	토론	4분	그룹 행동계획안의 실시 시나리오 준비	10 : 30~11 : 10
		36분	1 : 3 토론(9분×4그룹)	
6	역전 토론	8분	수정된 행동계획안의 실시 시나리오 준비	11 : 10~11 : 50
		32분	1 : 3 토론(8분×4그룹)	
7	발표와 선언	10분	종합 행동계획안의 발표와 참가자 선언	11 : 50~12 : 00
	총계	180분		

2. 사면회의 실시

1) 비전 공유

- 공통된 비전 공유는 반드시 필요
- 각자 생각하고 있는 테마 이미지를 기록자가 모조지에 기록
- 테마가 결정되어 있는 경우에도 참가자 전원의 목표가 공유되어 있지 않은 경우에는 비전 공유가 반드시 필요
- 현장견학이나 각종 정보 등을 통해 데이터 조사와 기본적인 정보 수집
- 현장견학은 사면회의 실시 전에 적당한 날짜를 선정하여 다수의 참여자가 참여하도록 조정
- 기록자는 모조지를 벽에 붙인 후, 참가자 전원으로부터 각자가 생각하고 있는 테마의 이미지를 듣고 모조지에 기록

- 참가자 전원이 하나의 이미지나 비전을 공유

2) SWOT 분석

- SWOT 분석은 크게 현상분석과 장래분석으로 구별하며, 현상분석에서는 내부와 외부 환경 요인별로 지역의 강점 및 약점의 현상을 있는 그대로 파악하여 분석
- 장래분석은 향후 5년을 상정한 장래분석에서 해결책의 근본을 찾아내도록 함
- 지역사정을 조사하거나 외부로부터 새로운 의견을 도입하기 위해 현지조사 또는 주민 인터뷰를 사전에 실시하거나 설문자료를 이용하는 것이 필요
- 토론의 결론이 필요한 경우 문제점이나 대상의 범위를 작게 설정할 필요가 있음
- 다양한 시점이나 의견이 요구되는 경우 범위설정 필요 없음

기회 [Opportunity]	위협 [Threat]
강점 [Strength]	약점 [Weakness]

외부요인 \ 내부요인	기회 [Opportunity]	위협 [Threat]
강점 [Strength]	고도화 전략 [SO]	차별화 전략 [ST]
약점 [Weakness]	보완 전략 [WO]	극복 전략 [WT]

▮ SWOT 분석표와 전략수립표 ▮

▮ SWOT 분석표와 전략수립표의 활용 모습 ▮

3) 그룹 결정

- 사면에 배치된 각 그룹의 역할과 기능을 알기 쉽게 설명 후, 참가자를 각 그룹에 나눠서 배치
- 참가자들에 대한 역할 배분은 개인별 능력, 직업, 경험 등을 고려하여 배분
- 일반적으로 4개의 그룹은 종합 매니지먼트, 정보, 인적 자원, 물적 자원으로 나눔
- 참가자 사이에서 이해관계가 대립하지 않는 협조적 관계의 구축 여부는 그룹을 결정함에 있어 매우 중요
- 참가자 중 중추적 역할을 갖고 있는 사람은 종합 매니지먼트 그룹에 배치
- 사전 협조관계가 설정되었다면 동일 관계를 갖는 사람들로 그룹 조직

4) 사면회의도 작성

(1) 사면회의 차트 작성(시간관계상 사전에 준비)

모조지를 정방형이 되도록 아래 부분을 절취 후, 그림과 같이 삼각형이 되도록 두 번 접는다.

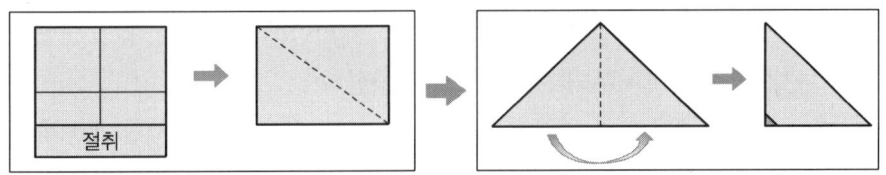

┃ 사면회의도 작성 1 ┃

행동계획 시간축을 3개로 설정한 경우, 그림과 같이 삼각형을 4등분이 되도록 접는다. 삼각형을 펼친 후 정가운데인 테마를 기재할 부분을 포함하여 접힌 선에 마커로 선을 그린다. 각각의 면의 하부에 그룹명을 기재한다.

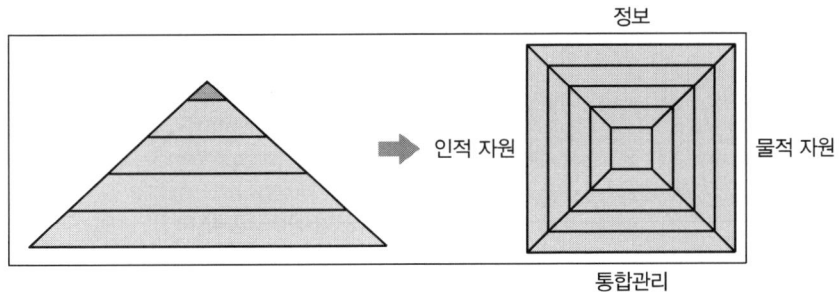

┃ 사면회의도 작성 2 ┃

(2) 준비한 포스트잇(75mm×75mm)을 각 그룹별로 다른 색으로 100장씩 배포

(3) 행동계획 카드 작성
- 각 그룹별로 포스트잇을 이용하여 그룹의 테마를 달성하기 위한 행동계획 카드를 멤버 간 상의하에 작성한다.
- 처음에는 실행단계(설계단계, 초기, 중기, 장기 등)를 특별히 고려하지 않고 관련된다고 생각되는 항목을 가급적 많이 작성한다.
- 전체의 행동계획에 특징을 부여하고, 구성되는 각 계획 항목안의 작성에는 키워드의 형식으로 각 참가자로부터 제출토록 하여 기재한다.
- 이 경우, 다른 그룹과도 상의하며 행동계획안의 실행 스토리를 보충하는 것도 바람직하다.

(4) 행동계획항목 카드의 배치
- 참가자가 작성 중인 행동계획 항목안을 실행단계의 각 기간에 분류하며, 각자의 그룹에 대응하는 삼각형의 계획영역에서 삼각형을 수직 이등분하는 선을 시간축으로 이용한다.
- 상부 단으로 올라갈수록 보다 미래의 계획안에 해당되며, 동일 단에서는 수평방향으로 왼쪽에서부터 오른쪽으로 배치한다.
- 실시단계가 다른 항목은 하부단, 즉 빠른 순으로 배치하면 계통적으로 정리되어 효과적이다.

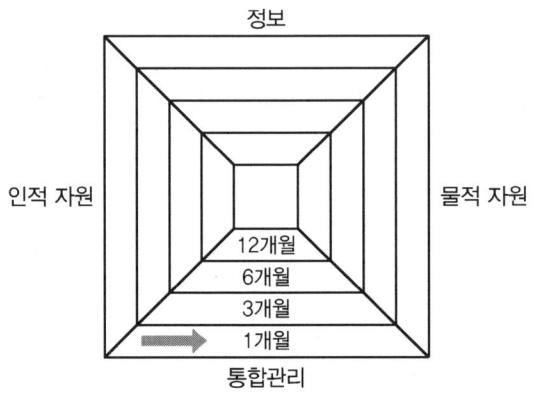

행동계획항목 카드의 배치

｜행동계획항목 카드의 작성 및 배치 모습｜

5) 토론

① 전 참가자가 테마 달성을 위해 협동 작업을 하는 것이 토론과정
② 본인의 행동계획안을 다른 그룹에 설명하는 경우도 마찬가지이며, 다른 그룹의 행동계획안을 잘 듣고 보다 상호 융합된 계획안을 작성해 나가기 위해서도 토론 과정은 중요
③ 토론과정은 사면회의에서 목표로 하고 있는 '협동에 의한 실행 가능한 행동계획안 작성'의 기본
④ 철저한 토론을 위해서는 다른 3개의 그룹과 토론 및 역전 토론이 필요하나 많은 시간이 소요되므로, 하나의 그룹과의 토론 및 역전 토론만으로도 충분히 전체적인 정보 등의 공유는 가능
⑤ 시간 제약이 있는 경우 1대 다면방식도 효과적임. 하나의 그룹이 발표한 후 다른 3개의 그룹과 1대 다면방식으로 토론을 실시하며, 다른 3개의 그룹은 본인 그룹의 당면 과제와 본인들이 협동, 협력 가능한 것을 제안함으로써 토론시간 단축
⑥ 행동계획도(로드맵)의 작성 : 전 그룹의 행동계획을 모조지 1장에 정리하여 작성
⑦ 참가자 발표와 선언
- 참가자 대표가 테마 달성을 위한 전체의 계획을 사면회의나 행동계획을 활용하면서 발표
- 각 참가자는 담당한 사면회의도의 그룹에 자신의 이름을 서명함으로써 스스로 실행하는 것을 확약하며 이것을 참가자 전원이 선언

6) 사면회의 결과 작성

(1) 보고서의 작성

퍼실리테이터(학습 촉진자)는 보고서 포맷을 사용하여 작성하며, 참가자에게 배포하고, 피드백도 확인

(2) 퍼실리테이터(학습 촉진자) 체크리스트

체크리스트를 확인하면서, 자신의 퍼실리테이션을 재확인

▼ 퍼실리테이터

NO.	체크리스트	평가 (○, △, ×)
1	사전 준비는 되어 있는가?	
2	대상 지역의 정보는 파악하였는가?	
3	진행에 필요한 역할 분담은 이루어져 있는가?(기록, 서기 등)	
4	장소의 설정은 되어 있는가?(배치, 회의장)	
5	사전에 관계자와 협의는 실시하였는가?	
6	YSM 프로세스를 이해하고 있는가?	
7	목적, 테마, 목표를 명확하게 제시하는가?	
8	사면의 역할을 정확하게 정의하고 있는가?	
9	참가자를 적절하게 역할 배치하였는가?	
10	시간 사용법(프로세스 배분)은 훌륭했는가?	
11	정체되어 있는 경우 적절한 조언이 가능한가?	
12	참가자와의 커뮤니케이션은 이루어지고 있는가?	
13	참가자의 의견을 잘 들어주는가?	
14	발언하지 않는 참가자에게 의견을 묻는가?	
15	디베이팅의 조정능력은 갖추고 있는가?	
16	발표자를 적절하게 선별하였는가?	

※ 종합 코멘트

시설물 자산관리 및 국가핵심기반 보호체계

1 시설물 자산관리

1. 시설물 자산관리의 도입배경 및 의미
2. 시설물 자산관리의 개념 및 체계
3. 국내외 시설물 자산관리 현황 및 분석

2 국가핵심기반 위험관리

1. 국가핵심기반 보호체계 개요
2. 국가핵심기반 보호계획 수립
3. 국가핵심기반 보호체계 해외 사례

01 시설물 자산관리

01 시설물 자산관리의 도입배경 및 의미

도로, 철도, 댐, 항만, 공항 등의 시설물은 경제성장과 함께 국민의 삶의 질과 직접 관련되는 국가적으로 중요한 자산임과 동시에 국가경쟁력의 중요한 지표이다.

사회기반시설은 1970~80년대에 막대한 시설물(자산평가액 : 약 272조 1,154억 원)이 건설되어 포화에 이르는 등 신규 SOC 예산은 점차 축소되고 있으며, 지금까지 건설된 시설물은 노후화가 심화되고 유지보수 예산도 증가되고 있다. 우리나라의 시설물은 1970~80년대에 건설된 시설이 큰 비중을 차지하여 노후화가 심화되고 유지보수 예산은 크게 증가하는 데 반해, 정부의 대폭적인 복지예산 증가[1]로 시설물 관리에 대한 예산경쟁은 더욱 치열해져 적정한 유지보수예산의 확보가 더욱 가중될 것으로 예상된다.

미국, 유럽 등 선진국에서도 2차 대전 이후 건설된 시설물의 노후화로 인해 유지관리 비용이 전체 예산의 40~50%를 차지하는 등 유지관리비용의 급증으로 인한 예산압박이 사회적 이슈로 대두되며, 시설물의 효율적인 관리를 위해 공학적 기반에 경영 및 경제학적 기법을 접목하여 국민의 세금을 절감하는 동시에 시설물 기능은 최대화하고 비용은 최소화하는 자산관리기법을 적극적으로 도입하고 있다.

지금까지 국내 시설물 관리는 구조적 안전점검 위주의 기술적인 관점에서 시공 이후 단순한 이력관리와 수동적인 사후유지관리 활동만을 수행하여 왔으며, 생애주기 관점에서 자산의 총비용을 최소화하는 등 최적의 경영 및 경제적 접근이 부족했던 것이 사실이다. 또한, 공공기관의 경영성과측정 및 정부회계의 투명성 제고 등을 위하여 국가회계기준을 발생주의 회계원칙으로 매년 국회에 국가자산평가를 보고하도록 의무화함에 따라, 시설물의 자산관리의 중요성은 더욱 강조될 것으로 예상되고 있다.

따라서 정부 및 발주청에서는 시설물 자산관리를 운용할 수 있는 관련 근거 및 지침, 범용적인

---

[1] 박근혜정부 공약이행을 위해 향후 5년간 135조 원(공약 주요 내용 : 국민복지 80.3%, 경제부흥 33.6%, 평화통일기반구축 16.8%, 문화융성 6.7%)의 조달이 필요한데, 이의 재원을 마련하기 위하여 사회간접자본(SOC) 분야의 지출을 5년간 12조 원 줄이기로 방침을 정하였다.

매뉴얼 개발 등의 계획을 수립하고, 효율적인 시설물 자산관리 경영성과에 대한 국민적 요구, 시설물의 노후화 가중, 재정압박 등에 대처할 수 있는 제도적 기반을 마련해야 한다.

02 시설물 자산관리의 개념 및 체계

1. 시설물 자산관리 개념

시설물 자산관리에 대한 정의는 선진외국의 기반시설물 관련 기관에서 다양한 유형으로 정의하고 있으며, 기관 및 시설물에 따라서 다양하게 자산관리가 정의되고 있다. 이렇게 다양하게 정의되는 이유는 자산 관리 주체에 따라 자산관리에서 강조되는 초점이 다르기 때문이라고 분석된다. 그중 국제시설물관리매뉴얼(IIMM)[2]에서 내리는 정의를 가장 일반적인 시설물 자산관리의 정의로 보고 있다.

IIMM에서는 "자산관리는 자산의 요구되는 서비스 수준을 유지하기 위해서 가장 경제적으로 효과적인 관리를 통해 현재와 미래의 소비자를 위해 자산의 서비스 수준을 유지시키는 것이다." 라고 정의하고 있다. 이 외에도 미국연방도로청(FHWA), 영국 환경·운수·국토성(DETR), 호주의 Austroad, 뉴질랜드의 NAMS(National Asset Management Steering) 경제협력개발기구(OECD), 세계도로회의(PAIRC)에서 정의한 자산관리 개념을 보면 다음 표와 같다.

▼ 선진외국의 시설물 자산관리 용어 정의

기관	정의
미국연방도로청 (FHWA)	• 물리적인 자산을 비용 측면에서 효율적으로 유지관리, 개수 및 운영하기 위한 체계적인 프로세스이다. • 또한 공학적인 원리와 최선의 실천 수법 및 경제학의 이론을 조합시킨 것으로 의사결정을 위한 체계적으로 이론적인 어프로치를 할 수 있는 도구를 제공하는 것이다. • 따라서 자산관리에 의하여 단기적 및 장기적인 계획의 동시에 다룬다.
영국 환경·운수·국토성(DETR)	자산관리란, 토지 및 건물의 전략적인 관리이고, 서비스 제공에 수반한 편익이나 금전적인 수익을 위해 자산 이용을 최적화한 것이다.
영국 BSI	조직의 전략적 계획을 성취하기 위한 목적으로 물리적 자산들과 자산의 성능, 위험도와 비용 등을 자산의 생애주기 관점에서 조직이 최적으로 관리할 수 있는 시스템적이고 조정된 활동과 일상적 행위를 말한다.
호주 Austroad	지역사회의 이익에 대한 효과적이고 효율적인 조달 및 구매 도구로서 자산의 장기적인 관리를 위해 이해하기 쉽고 구조화된 방법론이다.

---

[2] International Infrastructure Management Manual, INGENIUM 2006

기관	정의
뉴질랜드 NAMS	가장 비용효과적인 방법으로 요구되는 서비스 수준을 제공하기 위한 목적으로 물리적인 자산에 관리, 재무, 경제, 공학 등의 다양한 활동들을 조합하여 적용하는 것을 말한다.
경제협력개발기구 (OECD)	도로부문에 적합한 자산관리의 정의를 공공의 기대수준을 충족시키기 위해 필요한 의사결정을 해나가는 보다 조직화되고 유연한 접근방법을 마련하기 위한 도구를 제공하고, 충분한 업무수행사례와 경제적인 합리성을 가지고 공학적 원칙을 결합하여 자산을 유지, 개선 및 운영하는 시스템적인 프로세스로 정의하고 있다.
세계도로회의 (PIARC)	적절하게 정의된 목표에 근거하여, 도로 네트워크나 도로자산(포장, 교량, 터널, 도로설비 등)의 운영, 유지관리, 수선 및 갱신을 공사에 의한 교통장애의 영향에 입각하여 장기적으로 가장 비용 효율화한 방법에 따라 계획하여 최적화하는 것을 지원한 절차를 말한다.

한국에서는 시설물의 자산관리 개념 및 정의가 부재하기 때문에 본고에서는 상기의 개념을 종합하여 시설물 자산관리를 '도로, 철도, 항만, 댐, 공항, 기타 사회기반시설을 대상으로 자산에 요구되는 서비스 수준을 만족하는 동시에 최소비용·최대효과를 목적으로 합리적 의사결정을 위한 프로세스'로 정의한다.

2. 시설물 자산관리 대상

시설물 자산관리의 대상은 나라별 특성에 따라, 대상시설 관리주체마다 다양하게 제시되고 있다. 뉴질랜드, 미국, 영국 등 다국적 전문가들이 참여하여 작성, 국제적으로 인정받고 있는 자산관리 매뉴얼에서는 교통네트워크(도로, 철도, 항만, 공항), 에너지 공급시스템(가스/전기 송·배전시설/정유시설 등), 공원 및 레크리에이션 시설, 상수도 시설, 홍수 방지 및 배수 시스템, 하수도 시설, 교육 및 보건시설, 도서관 등 커뮤니티 관련 시설, 제조 플랜트, 전화 네트워크 등 Infrastructure Asset에 포함되는 대상시설물의 범주는 다양하다.

국가별로는 기반시설물 자산관리의 대상을 보면, 이는 회계 관련 법령을 근간으로 제시되고 있다. 한국에서는 「국가회계기준에 관한 규칙」과 「국토의 계획 및 이용에 관한 법률」에서 사회기반시설의 범위를 정의하고 있다. 국가회계기준에 관한 규칙에서는 도로, 철도, 항만, 댐, 공항, 상수도, 하천, 국가 어항, 기타 및 건설 중인 사회기반시설을 사회기반시설물의 범위로 정의하고 있다.

「국토의 계획 및 이용에 관한 법률」(이하, 국계법)에서는 교통시설(도로·철도·항만·공항·주차장 등), 공간시설(광장·공원·녹지), 유통·공급시설(유통업무설비, 수도·전기·가스공급설비), 공공·문화체육시설(공공청사·문화시설·체육시설 등), 방재시설(하천·유수지·방화설비), 보건위생시설(화장장·공동묘지·납골시설 등), 환경기초시설(하수도·폐기물처리시설 등) 등으로 구분하고 있다. 국가별 회계 관련 법령상 기반시설물의 대상 범위는 다음과 같다.

▼ 국가별 회계 관련 법령상 기반시설물의 대상 범위

구분	대상시설 정의
호주 및 뉴질랜드	도로, 철도, 전기, 가스 항만, 상하수도, 공항
영국	• 전기, 가스, 정유 및 가스생산, 상하수도, 도로, 철도, 공항 • 공공토지 및 빌딩, 공공교육시설, 국가보건서비스시설 • 국방시설, 운하(수로), 통신 등
미국	• 상하수도, 교통/도로/교량, 공공빌딩, 공원, 우수시설 • 전기 및 가스 등
한국	• 국가회계규칙 : 도로, 철도, 항망, 댐, 공항, 상수도, 하천, 어항시설 • 국가의 계획 및 이용에 관한 법률 : 교통시설, 공간시설, 유통·공급시설, 공공·문화체육시설, 방재시설, 보건위생시설, 환경기초시설

3. 시설물 자산관리 체계

상기에서 기술한 바와 같이 시설물 자산관리는 주체별로 정의 및 대상이 상이하기 때문에 시설물 자산관리 체계에는 정해진 명확한 단계가 존재하지 않지만, 국가별로 다음과 같은 체계에 의해 행해진다.

호주를 중심으로 뉴질랜드, 영국 등에서 공동으로 만든 IIMM(International Infrastructure Management Manual)에서는 ① 법률 및 이해관계자의 요구 파악, ② 조직의 전략적 계획수립, ③ 자산관리정책 수립, ④ 자산관리 전략/목적/서비스수준/목표 및 계획, ⑤ 자산관리 과정/절차/표준 제정, ⑥ 자산관리 솔루션의 실행, ⑦ 자산데이터 및 정보시스템 구축 및 운영으로 자산관리를 수행하고 있다.

미국의 FHWA에서는 1999년 2월에 자산관리실을 설치하고, 같은 해 12월에는 『Asset Management Primer(자산관리안내서)』를 발행하였다. 여기에서는 ① Goal&Objective, ② Analysis of option, ③ Decision-making & Resource allocation, ④ Implementation, ⑤ Monitoring & Performance Measure의 순으로 자산관리를 수행하고 있다.

AASHTO에서도 1999년에 각주 정부 대표자, FHWA 자산관리실 직원, 대학 연구자 및 민간기업에 의하여 구성된 'Task Force on Transportation Asset Management'를 조직하여 ① 목표수립, ② 자산대장 및 목록 확인, ③ 자산상태평가/성능모델화, ④ 대체안 평가/프로그램 최적화, ⑤ 단기·장기계획수립, ⑥ 프로그램 시행성과 모니터링 순으로 수행되고 있다.

영국에서는 BSI(British Standards Institution)에서 구축한 PAS-55 Asset Management를 중심으로 자산관리를 수행하고 있다. ① 자산의 상태/성과, ② 성과/상태목적 및 목표와의 비교, ③ 성과/상태목적 및 목표 달성을 위한 솔루션 결정, ④ 솔루션의 최적화 및 우선순위화, ⑤ 자산관리 계획완료 순으로 자산관리를 수행하고 있다.

▼ 각 국가별 일반적 자산관리체계

국가	기관	자산관리체계
호주	IIMM	① 법률 및 이해관계자의 요구 ② 조직의 전략적 계획 ③ 자산관리정책 ④ 자산관리 전략, 목적, 서비스수준, 목표 및 계획 ⑤ 자산관리 과정, 절차, 표준 ⑥ 자산관리 솔루션(Solution)의 실행 ⑦ 자산데이터 및 정보시스템
미국	FHWA	① Goal & Objective ② Analysis of option ③ Decision-making & Resource allocation ④ Implementation ⑤ Monitoring & Performance Measure
미국	AASHTO	① 목표 수립 ② 자산대장 및 목록 확인 ③ 자산상태평가/성능모델화 ④ 대체안평가/프로그램 최적화 ⑤ 단기 · 장기계획수립 ⑥ 프로그램 시행성과모니터링
영국	PAS55-1	① 자산의 상태/성과 ② 성과/상태목적 및 목표와의 비교 ③ 성과/상태목적 및 목표 달성을 위한 솔루션 결정 ④ 솔루션의 최적화 및 우선순위화 ⑤ 자산관리 계획 완료

따라서, 각국에서 자산관리를 수행하는 절차를 정리해 보면, ① 자산관리 전략수립, ② 자산상태파악, ③ LOS(Level of Service) 개발, ④ 자산관리솔루션 실행, ⑤ 자산관리 시행성과 모니터링 등으로 자산관리절차를 수행하고 있는 것으로 분석될 수 있다.

03 국내외 시설물 자산관리 현황 및 분석

1. 해외 자산관리 현황

1) 호주

1980년대 후반 세계 경제 위기로 인해 에너지 가격급등과 금리가 폭등함에 따라 정부재정에 심각한 위기의식이 팽배해지고, 정부의 강력한 개혁 주도와 심각한 경제 위기 속에서 1986년에 자산관리라는 신개념의 공공시설물 유지관리 개념이 등장하였다. 이와 함께 도로 등 대부분의 시설물이 1980년대에 완료되어 시설물에 대한 노후화 등으로 유지관리비용이 국가재정에 심각한 영향을 주게 되었다. 이를 위해 처음에는 도로분야로부터 시작하여, 국가적 자산관리 협의회가 구성되었으며, 1996년 Asset Management Manual(자산관리 지침서) 제1판이 나오게 되었으며 2001년 호주와 국제공공시설물관리지침서(International Infrastructure Management Manual)를 작성하였다.

IIMM에서는 공공시설물의 효율적 운영을 위한 자산관리의 기본요소를 4가지로 제시하였고, 자산관리를 위한 핵심요소는 LCC(생애주기비용)를 이용한 방법, 비용 면에서 효과적인 경영 전략, 시설물의 파손으로 인한 리스크관리 등을 제시하였다.

▼ IIMM에서 제시된 자산관리 핵심내용

구분	핵심내용
기본요소	① 현재의 서비스 수준은 목표치와 어느 정도 일치하는가? ② 어느 정도의 예산이 어느 시설물에 언제 투자되어야 하는가? ③ 운영 및 관리인원은 현재 어디서 무슨 일을 하고 있어야 하는가? ④ 언제 수리할 것이며 언제 교체할 것인가?
핵심내용	① 생애주기비용을 이용한 접근 ② 장기적인 비용 효율적 관리전략 개발 ③ 명확한 서비스 및 성능 수준 ④ 시설물의 파손으로 인한 리스크 관리 등을 통한 가장 비용효율적으로 요구되는 서비스수준을 만족시키는 것이 목표

2) 미국

미국에서는 2차 세계대전이 종결된 후, 고속도로 건설에 집중적인 투자를 실시하여 1960~80년대 초에 대규모 기반시설물이 구축되었다. 도로 등 기반시설물의 패러다임이 건설사업에서 유지, 보수, 관리 등으로 전환되었으며, 건설보다 막대한 비용이 소요되었다. 미국 주/지방정부는 매년 예산의 약 10% 이상(약 1,400~1,500억 달러) 정도의 예산을 사회간접자본시설물의 시공, 유지보수에 사용하며, 주/지방정부의 예산집행에 상당한 영향을 주고 있어 보다 정확하고 체계적인 접근법의 필요성이 대두되었다.

한편, 기반시설물의 수요자인 시민들이 정부에 자신들이 내는 세금에 대해 보다 정확하고 책임있는 성과를 요구함으로써 체계적인 예산집행이 필요하게 되었다. 이에 따라 미국은 연방의회 차원에서 공공 인프라시설을 좀 더 효과적으로 관리하기 위한 방법에 대한 연구를 진행하였으며, 시설물에 민간부문에서 사용된 경영 등 관리기법을 적용하여 자산관리 개념이 도입되었다.

미국에서는 GASB34(1999년, 재정회계기준지침서)에 의해 주 정부 및 지방정부들이 관리하는 모든 사회간접자본시설(도로, 교량, 상하수도, 전력공급 시설물, 공립학교, 공원 등)의 가치와 운용비용을 회계기준에 맞게 보고토록 의무화하였다. 이에 FHWA(Federal Highway Administration)는 1999년 2월에 자산관리실을 설치하고, 연방정부에서의 선도 및 홍보활동을 해오고 있으며, 같은 해 12월에는, 『Asset Management Primer(자산관리안내서)』를 발행하였다.

자산관리실은 경제학, 공학, 법률, 계획 및 기술개발의 사전 평가 영역과 다음과 같은 다양한 영역으로부터 선정된 전문가들로 구성되어, 항목에 따라 건설 및 시스템 보존, 시스템 관리 및 모니터링, 평가 및 경제적 투자의 세 분야의 새로운 Office가 구성되었다.

▼ 미국 FHWA 자산관리실의 주요 임무

구분	주요 임무
시스템관리/모니터링	자산관리 정책 수립, PMS, BMS 등 시스템 관리, 교육 및 모니터링, 자산관리를 위한 데이터 통합관리
건설/시스템 보전	건설 및 유지관리 정책 수립, 사용자 요구분석, 품질개선 및 성능 측정, 자산관리 인력 확보, 유지관리 계약
자산평가/경제적 투자분석	경제성 기반 투자분석 및 계획수립, 자산관리 기술지원, LCC분석 도구 및 경제성 분석도구 개발, 교통성과 측정

AASHTO(American Association of State Highway and Transportation Officials)에서도 1999년에 각주 정부 대표자, FHWA 자산관리실 직원, 대학 연구자 및 민간기업에 의하여 구성된 'Task Force on Transportation Asset Management'를 조직하여 자산관리의 기본요소인 조직적인 통합, 성능평가 개발, 분석적 도구의 실행, 정보관리에 대한 일반적인 자산관리의 방법을 제공하는 노력을 기울이고 있다.

3) 영국

영국의 BSI(British Standards Institution)는 산업인증서비스 및 교육, 표준 등을 보급하고 있는 협회로서 PAS-55Asset Management라는 범용적인 자산관리 매뉴얼을 제작 및 보급하고 있으며, PAS-55Asset Management는 기본서인 PAS 55-1과 응용서인 PAS 55-2로 구분된다.

영국의 수많은 시설물 자산이 설계수명보다 오랫동안 서비스를 제공하고 있기 때문에 PAS 55-1은 전 생애 주기의 중요성을 강조하고 있으며, 이는 시설물 자산의 수명주기 동안의 비용, 리스크, 자산시스템의 성과에 대해서도 고려해야 한다는 것을 의미한다. BSI는 자산관리부분에서 4.1(일반조건)부터 4.7(자산정보조사 및 조회)까지 세부항목으로 구분하고 일정한 수치를 정하여 서비스수준을 측정하는 도구를 이용하고 있다. PAS 55-1는 다음 그림과 같이 23개의 개별 요소를 제시하고 있다.

┃ PAS 55-1의 자산관리 구성요소 및 내용 ┃

2. 국내 시설물 유지관리 및 자산관리 현황

1) 국내 시설물 유지관리 체계

우리나라의 시설물 유지관리 체계는 중앙정부조직을 중심으로 시설물의 특성에 맞게 유지관리업무를 분담하여 관련 산하기관들이 운영하고 있으며, 그 밖에 광역시 및 지방자치단체로 유지관리업무 체계가 나뉘어 있다. 이러한 유지관리업무는 한국의 대표적인 유지관리 관련법인 「시설물안전 및 유지관리에 관한 특별법」(이하 시설물안전법)을 근거로 일정규모 이상인 시설물에 대해 일정기간에 안전점검과 정밀안전진단을 하도록 규정되어 있다.

시설물안전법 대상시설물은 시설물의 규모에 따라 제1종 시설물과 제2종 시설물로 나누어진다. 동법에 의해 1종 또는 2종 시설물을 소유한 공공 또는 민간에서는 정기적으로 안전점검 및 안전진단을 받도록 규정되어 있다. 제1종 시설물 8,368개(11.3%), 제2종 시설물 65,423개(88.7%) 등 총 73,791개의 시설물이 시설물안전법으로 관리된다.

▼ 시설물안전법 관리대상 시설물의 종별 현황

구분		SOC*	건축물(B)	소계(C)	합계
종 별	제1종 시설물	6,469 (8.7%)	1,899 (21.4%)	8,368 (11.3%)	73,791 (100.0%)
	제2종 시설물	16,403 (22.2%)	49,020 (66.4%)	65,423 (88.7%)	

* SOC라 함은 건축물을 제외한 교량, 터널, 항만, 댐, 상·하수도, 하천, 옹벽, 절토사면을 의미
* 시설물정보관리종합시스템(FMS), 2016년 기준

상기의 시설물안전법 시설물은 FMS(Facility Management System)라는 시설물관리시스템에 시설물 정보를 입력하도록 법으로 규정하고 있다. 그러나 본 시설물관리시스템은 일정규모 이상의 시설물에만 한정되어 있고, 정보입력주체(발주자, 관리주체, 시공자 등)가 제공하는 시설물 정보가 감사의 사유가 될 수 있기 때문에 시설물의 문제가 될 소지가 없는 내용을 허위로 입력하는 경우가 많아 시설물 정보에 신뢰성에 대한 문제가 지적되고 있다. 또한 운영상에서도 시설물 이력정보가 비공개로 운영되고 있어 정보의 투명성 확보에 문제가 있는 것으로 지적되고 있다. 또한, 도로, 철도 등 각 시설물의 계획 및 허가사항 등을 규정하는 개별법(도로법, 철도법, 항만법, 항공법 등)에서도 각 개별시설물에 대해 유지·관리하도록 명시하고 있으나 세부 지침 또는 규정 없이 선언적으로 규정하고 있다.

2) 정부의 시설물 자산관리 추진 현황

① 기획재정부

1993년 뉴질랜드가 발생주의 회계를 도입한 이래 주요 OECD 회원국인 미국, 영국, 프랑스 등 주요 선진국들이 참여하면서 발생주의 회계에 대한 관심이 높아졌다. 이에 따라 우리나라에서도 복식부기를 중심으로 하는 일반회계원칙에 입각하여 정부회계를 기록·분류하고 공개하는 방식을 위해 1999년부터 국정과제로 복식부기제도 도입을 선정하고, 발생주의 회계작성을 위한 본격적인 제도 개선을 시작하게 되었다.

기획재정부는 2004년 '정부회계에 복식부기 및 발생주의 체제의 확대 도입 검토'라는 자료를 통하여 발생주의 회계 도입에 대한 관심을 공식화하였고, 2008년에는 국가회계법 및 국가재정법을 강화하면서 법률적인 토대 및 제도 마련을 위한 근간을 강화하기 시작하였다. 2009년에는 국가회계기준을 제정·공포하여 2009년 회계연도부터 정부의 일반회계·특별회계 및 모든 기금의 회계처리에 이를 적용토록 하였다.

특히, 사회기반시설은 기획재정부의 국유재산정책과를 중심으로 국가회계기준 마련 이후 발생주의 회계에 적용될 수 있도록 「자산재평가 회계처리지침」, 「사회기반시설회계처리지침」 등 각종 지침이 마련되었다. 이러한 지침을 바탕으로 2011년에 사회기반시설의 재무제표 시행과 함께 2012년 5월에는 발생주의 회계에 따른 국가결산보고서가 작성되어 주요 사회기반시설물의 가격재평가를 통해 사회기반시설의 자산가치를 파악하였다.

② 국토교통부

국토교통부에서 추진하는 시설물의 자산관리 관련 제도 및 지침 등은 전무한 실정이나, 지식경제부를 중심으로 정부의 발생주의 회계방식의 재무제표 작성이 의무화되면서 국토교통부에서는 2011년에 재무제표 작성을 위한 도로, 항만시설 등 기존 시설물의 가격을 최초로 평가하였다. 국토교통부에서는 지식경제부가 제시한 시설물 가격평가 지침에 의하여 도로, 철도, 항만, 공항, 수자원(댐, 하천, 상수도), 어항 등 시설물의 가격을 평가하여 자산가치가 272조 1,154억 원으로 파악되었다.

이러한 시설물의 자산목록 및 자산가치는 국토부에서 국유재산관리시스템을 구축하여 DB화하였으나, 처음으로 자산재평가를 실시함에 따라 자산재평가 방법이 세밀하지 못하고 주관적 판단에 의해 만들어졌다는 한계가 있는 것으로 파악되었다.[3] 즉, 자산관리를 운영하기 위해서는 시설물 상태 점검, 서비스수준 정의, 위험관리(Risk Management) 등 기본적으로 거쳐야 하는 다양한 절차가 있으나, 아직까지 국토교통부에서는 시설물의 자산목록 및 가격평가 정도의 수준에서 자산관리가 실행되고 있는 실정이다.

한편, 국토교통부의 대표적인 유관기관인 한국건설기술연구원에서는 2008년에 시설물의 자산관리 적용 가능성을 검토한 보고서를 발간하였다. 본 보고서에서는 시설물의 자산관리 근거법령 마련, 자산관리 기본계획의 수립 및 매뉴얼 마련, 자산가치 평가방법개발, 자산관리 서비스수준(Level of Service) 개발 등을 제안하였으나, 구체적인 실행방안이 부족하여 현실화에 한계가 있었다. 그러나 최근에 국토교통부에서 발간된 "제3차 시설물의 안전 및 유지관리 기본계획"[4]에서 시설물의 자산관리 개념, 시설물 자산관리 도입기반 구축 등이 추진과제로 선정되어 자산관리기반을 구축할 계획이다.

---

3) 국토부 담당자 인터뷰 결과, 2013년 01월
4) 시설물안전에 관한 특별법에 의해 5년마다 시설물의 안전 및 유지관리의 정책방향을 제시한 기본계획

3) 발주청의 유지관리체계

국토교통부 산하의 발주청에서도 시설물의 자산관리에 대한 관심을 갖고 있으나, 국토교통부에서 제시하는 자산관리 관련 법령 및 관련 지침 등이 없어 일관성 있는 자산관리 업무 추진에 어려움을 겪고 있다. 국토교통부 각 산하발주청의 유지관리체계는 다음과 같다.

① 한국도로공사

한국도로공사는 국토교통부 산하기관으로 도로의 기능보전과 편의, 안전을 위해 시설물의 일상적인 정비는 물론 손상된 시설물의 복구와 시간의 경과와 함께 진행되는 시설물의 노후화에 대해 개량 및 시설의 추가 등으로 시설물 사용연한의 연장을 목적으로 유지관리를 수행하고 있다.

한국도로공사에서 관리 중인 고속도로 교량구조물은 10년 전에 비하여 2.5배 증가하고 노후화에 의한 결함도가 급격하게 증가되고 있으나, 보수보강예산은 연평균 1,000억 규모로 모든 경합을 적기에 보수하기에는 충분치 못한 실정이다. 이와 같이 충분한 예산을 배정하지 못한 이유는 보수보강을 구조물의 성능과 가치를 향상시키는 행위로 인지하고 않고 비용이 소요되는 문제로 인식되기 때문이다. 이러한 문제를 해결하기 위해 1990년 후반부터 포장유지관리시스템(PMS ; Pavement Management System)과 교량유지관리시스템(HBMS ; Highway Bridge Management System)을 구축하여 노선별 도로 현황 자료, 설계 및 시공요소, 교통량, 유지보수실적, 포장상태 등의 DB화와 교량대장, 보수 및 점검실적 등 각종 교량 관련 데이터를 전산화하는 작업을 하였으나, 유지관리의 기술적 검토 수준에 머물러, 우선순위 분석, 경제성 검토 및 미래 예측시나리오 등 최적의 의사결정을 지원하는 도구로서는 한계가 있었다.

이에 최근에 한국도로공사에서는 적정한 유지보수예산 확보와 예산압박에 적극적으로 대응하기 위하여 "선진구조물 자산관리체계 적용연구(2011년)"라는 보고서를 통해 도로상태예측 방법론, 선진구조물 자산관리체계 구축 등에 대한 연구를 실시하였다. 그러나 현재까지 구조물 자산관리를 위한 해외사례 분석 수준으로 기초적인 단계에 머물러 있는 것으로 지적되고 있으며, 도로시설물에 대한 자산관리를 담당하는 조직 및 관련 규정 등도 부재한 것으로 파악되고 있다.

② 한국수자원공사

한국수자원공사는 수자원을 종합적으로 개발·관리하여 생활용수 등의 공급을 원활하게 하고 수질의 개선을 목적으로 댐 운영 및 관리, 수도관리업무 등을 담당하면서 수자원시설의 건설과 관리, 상하수도의 건설과 관리, 산업단지 및 신도시조성을 주요 사업으로 시행 및 관리하고 있다. 국내의 댐 운영 및 수도관리에 필요한 막대한 시설을 관리하기 위해 한국수자원공사 재무관리처에서는 유형 및 무형자산의 취득·유지·보존·운용 및 처분의 기준과 방법을 정하기 위해 "자산관리규정"을 운용하고 있다.

자산관리규정의 세부내용을 살펴보면, 총칙(제1장), 유형자산(제2장), 무형자산(제3장), 보칙(제4장)으로 구성된다. 총칙(제1장)은 자산관리의 목적, 정의, 적용범위, 자산관리자 등을 명시하고 있고, 유형자산(제2장)은 유형자산 취득 및 관리, 재물조사, 자산의 임차 및 임대, 불용 및 처분, 건설 중인 자산 등을 규정하고 있다. 무형자산(제3장)은 대상사업통지 및 협의, 다목적댐의 비용배분, 설정 또는 출자신청 등으로 구성되어 있으며, 마지막으로 보칙(제4장) 부분은 자재, 반납대상소모품 등으로 상기 부분에 포함되지 않은 내용을 다룬다.

▼ 한국수자원공사 자산관리업무 매뉴얼

장	구성	주요 내용
제1장	회사 설립 근거	법인의 종류
제2장	자산의 개요 및 체계	• 자산의 분류 • 재고자산 • 고정자산 • 부외 고정자산 • 부외 재고자산
제3장	자산관리업무	• 고정자산의 정수 • 예비자재의 재고수준 • 수급계획수립제도 • 고정자산의 취득 • 고정자산의 관리와 감가상각 • 고정자산의 감가상각 • 고정자산의 불용 및 처분
제4장	부동산 관리	• 부동산관리의 개념 및 종류 • 우리공사 부동산관리 업무 • 부동산의 취득 • 부동산 관련 공부
제5장	자산 관련 세무사항	• 차량운반구 구입 및 매각 시 부가가치세 검토 • 사택 매각 시 부가가치세 사항 • 댐건설 완료 시 발전소건물 및 발전시설의 취득 • 국가현물출자에 따른 취득/등록세 등 사항 • 선박 및 폰툰(PONTOON)항 취득세 납부 • 가압장 건축물 사용승인 관련 지방세 문제

장	구성	주요 내용
제6장	자산 관련 회계사항	• 고정자산 취득 및 불용·처분 전 과정에 대한 회계처리 • 조경수에 대한 회계처리 • 보험차익 회계처리방법 • 토지환매대금 회계처리 요령 • 선박취득·등록세 납기 후 납부 시 가산세 회계처리 • 광고·선전용 전광판에 대한 회계처리 • 기업회계기준서 시행에 따른 유·무형 자산정리 • 고정자산 관련 회계처리 질의
제7장	자산 관련 제도	• 기업회계기준서 제3호 무형자산 • 기업회계기준서 제5호 유형자산
제8장	자산관리 및 자재관리시스템 사용법	• 자산관리시스템 사용법 • 예비자재관리시스템 사용법

아울러, 한국수자원공사는 자산관리규정에 따라 "자산관리업무 매뉴얼"을 운영하고 있다. 본 매뉴얼은 회사 설립 근거, 자산의 개요 및 체계, 자산관리업무, 부동산관리, 자산 관련 세무사항 및 회계사항, 자산 관련 제도, 자산 관리 및 자재관리시스템 사용법 등 총 7장으로 구성되어 있다. 매뉴얼을 살펴보면, 호주의 IIMM, 미국의 AASHTO의 매뉴얼에서 중요하게 다루고 있는 자산관리 정책 및 전략, Level of Service, 자산상태평가, 대체안 평가, 최적화, 중장기 시나리오 등 자산관리에서 기본적이며 핵심내용을 다루고 있지 않고 유·무형자산의 세무 및 회계처리 중심으로 내용이 구성되어 있다. 그러나 한국수자원공사의 "자산관리 규정"과 "자산관리업무 매뉴얼"은 댐 및 수도관리 등 자산에 요구되는 서비스 수준을 만족하고 최소비용, 최대효과를 목적으로 하는 자산관리에서 정의하는 개념이 아닌 자산의 세무회계처리 중심으로 다루어져 부분적인 보완이 필요한 실정이다.

③ 한국철도공사

국내 철도산업의 구조가 시설의 건설 및 관리를 담당하는 한국철도시설공단과 열차를 운영하는 한국철도공사로 분리되어 운영되고 있다. 1899년 철도가 개통된 이래 국가 기관으로 존재하던 철도가 최근 들어 부족한 국가예산으로 인해 BTL, BOT 등의 방식으로 민간자본을 유치하여 지역철도를 건설하고 있으며, 인천공항철도나 경전철 등과 주요 지방자치단체의 도시철도 확대 등 철도시설 및 운영의 주체가 많아지고 다양화되고 있다. 기존의 안전과 편의성을 강조하던 철도 유지보수 방향이 저비용, 고효율화의 경제성을 강조하는 자산관리 도입의 당위성에 대해 인식을 같이 하고 있다. 면담조사(2013년 기준)에 의하면, 생애주기 관점에서 자산의 총비용을 최소화하기 위해 철도시설물의 자산관리 도입에 대한 인식은 하고 있으나, 아직까지

철도시설물의 자산관리에 대한 연구 및 규정 등에 대한 연구가 부족한 실정이다.

한국철도공사는 철도라는 시설물의 특성상 사고 시 막대한 인명 및 재산피해가 수반됨에 따라 안전관리위주로 운용되고 있다. 현재 한국철도공사는 "철도시설물 안전관리 네트워크 시범구축"이라는 용역을 실시하여 정보공유분석시스템 및 DB 개발, 철도시설물 안전관리 네트워크 시범구축, 철도시설물 안전관리를 위한 관리기준치 제안, 통합운영센터 연계방안 설정 등에 관한 연구개발이 진행되어 철도시설물 안전관리 네트워크 등을 구축하였다.

향후, 한국철도공사는 철도시설물의 실시간 상시 감시체계에 적합한 시설물의 상태평가법, 비용 및 노후화 예측모델, 최적 유지보수를 위한 의사결정지원시스템 등 철도시설물 자산관리를 위한 중장기적인 연구 등을 계획하고 있는 것으로 파악되고 있다.

④ 한국시설안전공단

한국시설안전공단은 시설물안전법에 의해 1995년에 설립된 국토교통부 산하기관으로 시설물안전법에서 규정하고 있는 전담시설물의 유지관리 및 안전을 책임지고 있으며, 진단, 계측, 보수·보강에 대한 제반업무를 총괄한다. 또한 시설물안전법에서 규정하는 제1종·2종 시설물의 안전관리와 함께 동법에서 규정하는 "시설물의 안전 및 유지관리 기본계획"에 따라 운영 및 관리하고 있다. 한국시설안전공단에서는 약 6만여 개의 제1·2종 시설물을 상기에서 언급한 바와 같이 시설물의 효과적인 운영관리를 위해 시설물정보통합관리시스템(FMS)을 개발하여 운영하고 있다.

시설물정보통합관리시스템은 시설물의 기본정보 및 목록, 안전점검 및 진단정보, 시설물의 관련 기술정보가 주를 이루었으나, 최근 시설물기본정보 중 상세제원과 시설물 생애주기 비용정보가 추가되어 시설물의 생애주기비용에 대한 대응을 추진하고 있다. 그러나 아직 생애주기비용에 대한 실적자료가 부족하여 실질적인 생애주기비용 파악은 어려운 실정이다.

▼ 시설물 관리 정보

항목	내용
시설물 기본 정보	• 현황(초기비용정보 포함) • 상세제원
시설물 안전관리 정보	• 점검·진단 계획/실적 • 보수·보강 계획/실적 • 점검·진단 결과정보

항목	내용
시설물 생애주기 비용 정보	• 초기비용 • 유지관리비용 • 처리비용
시설물 관련 업계 정보	• 안전진단전문기관의 실적, 장비·인력 현황 • 유지관리업체의 실적, 장비·인력 현황
시설물 이력 정보	• 설계도서 및 감리보고서 • 점검 및 진단결과보고서
시설물 관련 기술 정보	• 유지관리기술정보 · 점검, 진단기술 · 보수, 보강기술 • 기술정보 분석 및 제공 • 기술자료 DB • 기술상담
시설물 사고사례 정보	• 사고유형, 사고원인 • 수습사례 및 대처방안

3. 시사점 분석

국내의 시설물은 1970~80년대에 건설된 시설이 큰 비중을 차지하여 노후화가 심화되고 유지보수 예산은 크게 증가하는 데 반해, 최근 정부에 들어 복지예산의 대폭적 증가로 인해 예산경쟁은 더욱 치열해져 적정한 유지보수예산의 확보가 더욱 가중될 것으로 예상되고 있다.

미국, 유럽 등 선진국에서는 2차 대전 이후 건설된 시설물의 노후화로 인해 유지관리 비용이 전체 예산의 40~50%를 차지하는 등 유지관리비용의 급증으로 인한 예산압박이 사회적 이슈로 대두되면서 시설물의 효율적인 관리를 위해 공학적 기반에 경영 및 경제학적 기법을 접목하여 국민의 세금을 절감하는 동시에 시설물 기능은 최대화하는 자산관리기법을 적극 도입하고 있다.

최근 공공기관의 경영성과측정 및 정부회계의 투명성 제고 등을 위하여 국가회계기준을 발생주의 회계원칙으로 매년 국회에 국가자산평가를 보고하도록 의무화하고 있는 등 사회적 변화가 대두되고 있다. 그러나 정부 및 발주청의 시설물의 자산관리체계가 부족한 실정이다. 다음은 한국의 정부 및 발주청의 자산관리유형을 비교한 결과를 나타낸다.

▼ 한국의 정부 및 발주청의 자산관리유형 비교

항목		관련 조직	관련 규정	자산관리 프로세스	매뉴얼	비고
정부	기획재정부	△	○	×	△	
	국토교통부	△	×	×	×	
발주청	한국도로공사	×	×	×	×	연구용역 등은 실시
	한국수자원공사	△	△	△	△	세무/회계중심
	한국철도공사	×	×	×	×	
	한국시설안전공단	×	×	×	×	연구용역 등은 실시

※ ○ : 있음, △ : 부분적 있음, × : 없음

정부기관은 국가회계기준에 따라 국가자산평가를 하기 위한 관련 조직을 부분적으로 갖추고 있으나, 발주청의 경우 조직 및 관련 규정 등이 매우 미약한 것으로 분석된다. 한국수자원공사에서는 댐 및 수도관 시설물에 대해 자산관리를 실시하고는 있으나, 자산관리 정책 및 전략 등 자산관리에서 기본적이며 핵심내용을 다루고 있지 않고 유·무형자산의 세무 및 회계처리 중심으로 매뉴얼이 구성되고 있다.

기획재정부는 시설물의 자산관리를 위해 관련지침을 발표하는 등 상당한 노력을 하고 있으나, 국토교통부를 비롯한 산하 발주청은 자산관리에 대한 이해 및 준비가 미흡한 실정이며, 이의 근본원인은 시설물의 자산관리를 효율적으로 운용할 수 있는 제도적 기반 구축이 미흡하다.

이에 시설물 자산관리를 위해 보다 근본적으로 다루어져야 할 시설물 자산관리의 법적 근거 마련, 범용적 시설물 자산관리매뉴얼 개발, 가격재평가를 위한 지수 개발 등 제도적 기반구축을 위한 연구가 필요하다.

02 국가핵심기반 위험관리

01 국가핵심기반 보호체계 개요

1. 국가핵심기반 보호체계의 정의

1) 법적 근거[5]

① 「재난 및 안전관리 기본법」 및 「재난 및 안전관리 기본법 시행령」
- 법 제26조(국가핵심기반의 지정), 시행령 제30조(국가핵심기반의 지정 등) 및 시행령 별표 2(분야별 국가핵심기반의 지정기준)
- 법 제26조(재난관리책임기관의 장의 재난예방조치) 및 시행령 제30조
- 법 제29조(재난관리 체계 등의 정비·평가) 및 시행령 제37조
- 법 제35조(물자·자재의 비축 등), 시행령 제43조의2(장비 및 인력의 지정·관리) 및 시행령 별표 3

② 국가위기관리기본지침(대통령훈령 제388호)
③ 중앙재난안전대책본부 구성 및 운영 등에 관한 규정(대통령훈령 제428호)

2) 용어 정의

① **국가핵심기반** : 에너지, 정보통신, 교통수송, 보건의료 등 국가경제, 국민의 안전·건강 및 정부의 핵심기능에 중대한 영향을 미칠 수 있는 시설, 정보기술시스템 및 자산 등을 말한다.
② **필수기능** : 국가의 최소한의 기능유지를 위하여 국가핵심기반 분야별로 반드시 유지하여야 할 기능이나 서비스 수준의 하한선
③ **보호자원** : 재난 및 안전관리기본법 제3조에 따른 국가핵심기반의 마비 등 재난 발생에 대비하여 국가핵심기반 분야별로 필수기능 유지를 위하여 동법 제35조 제2항에 따라 재난관리책임기관의 장이 지정·관리하는 장비 및 인력

---
[5] 2021년 국가핵심기반 보호계획 수립지침, 행정안전부 2021

④ **취약성 분석** : 인력·장비·시설·정보·업무운영 절차 및 행정 등의 취약점을 조사·확인·평가·분류하는 것
⑤ **영향력 분석** : 재난으로 인한 피해 영향을 사전에 구체적으로 분석하는 것
⑥ **재난 홍보** : 평상시 또는 재난 발생 시 국가·지역사회 및 언론매체에 재난정보 및 상황 등을 전달하는 활동

2. 국가핵심기반의 지정관리

1) 국가핵심기반의 지정기준

국가핵심기반은 관계 중앙행정기관의 장은 소관분야 기반시설 중 국가핵심기반 보호를 위해 계속적으로 관리할 필요가 있다고 인정되는 시설을 조정위원회의 심의를 거쳐 지정한다. 국가핵심기반으로 지정하기 위하여 조정위원회에서는 다음과 같은 지정기준을 고려하여 심의한다.(재난 및 안전관리 기본법 제26조)

- 다른 기반시설이나 체계 등에 미치는 연쇄효과
- 둘 이상의 중앙행정기관의 공동대응 필요성
- 국가 안전보장과 경제·사회에 미치는 피해규모 및 범위

▼ **분야별 국가핵심기반 지정기준(시행령 별표 2)**

분야별	지정기준
에너지	전력·석유·가스 공급에 필요한 생산·공급시설과 비축시설
정보통신	• 교환기 등 주요 통신장비가 집중된 시설 및 정보통신 서비스의 전국상황 감시시설 • 국가행정을 운영·관리하는 데에 필요한 기간망과 주요 전산시스템
교통수송	인력 수송과 물류 기능을 담당하는 체계와 실제 운용하는 데에 필요한 교통·운송시설 및 이를 통제하는 시설
금융	은행 및 투자매매업·투자중개업을 운영하는 데에 필요한 시설이나 체계
보건의료	응급의료서비스를 제공하는 시설과 이를 지원하는 혈액관리 업무를 담당하는 시설
원자력	원자력시설의 안정적 운영에 필요한 주제어장치(主制御裝置)가 집중된 시설과 방사성폐기물을 영구 처분하기 위한 시설
환경	「폐기물관리법」에 따른 생활폐기물 처리를 위한 수집부터 소각·매립까지의 계통상의 시설
정부중요시설	중앙행정기관이 입주하고 있는 주요 시설
식용수	식용수 공급을 위한 담수(湛水)부터 정수(淨水)까지 계통상의 시설
문화재	「문화재보호법」 제2조제3항제1호에 따른 국가지정문화재로서 문화재청장이 특별히 관리할 필요가 있다고 인정하는 문화재
공동구	「국토의 계획 및 이용에 관한 법률」 제2조제9호에 따른 공동구로서 행정안전부장관 또는 국토교통부장관이 특별히 관리할 필요가 있다고 인정하는 공동구

다음 그림은 국가핵심기반시설의 지정 및 해제 절차기준을 나타내고 있다.

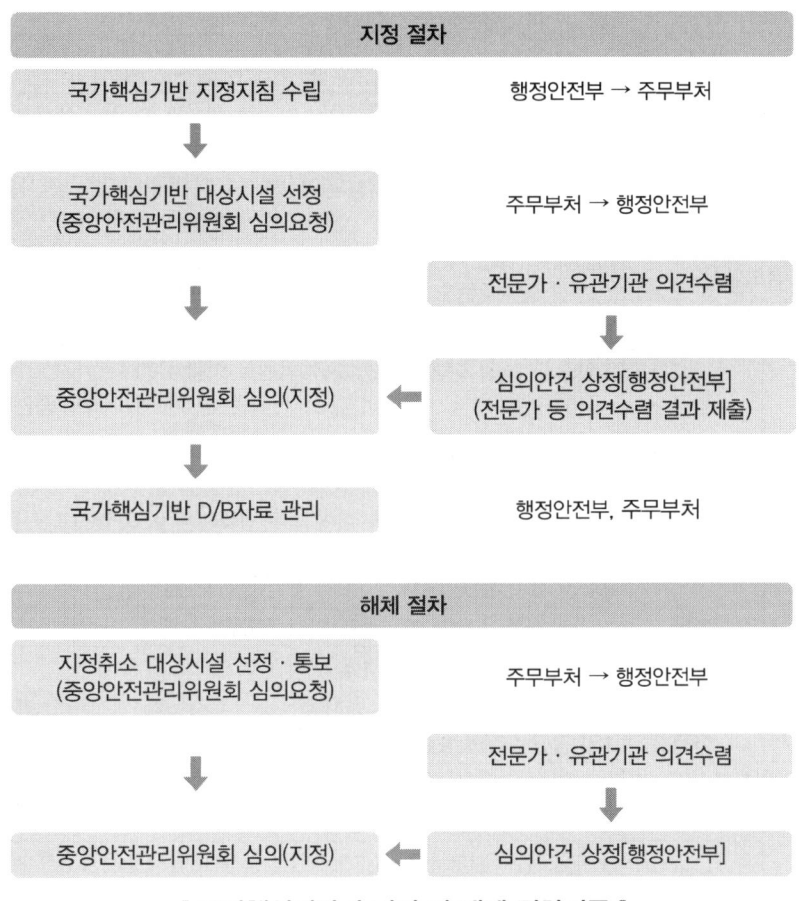

┃ 국가핵심기반의 지정 및 해제 절차기준 ┃

국가핵심기반의 필수기능 범위는 "재난 및 안전관리기본법 시행령 43조의2에 따라 재난관리책임기관의 장은 동법 제3조 1호 다목에 해당하는 재난의 발생에 대비하여 시행규칙 별표 1의2 기준에 따라 응급조치에 사용할 장비 및 인력을 지정·관리 및 사용할 수 있다."고 명시하고 있다. 시행규칙 별표1의2의 내용은 다음과 같다.

▼ 응급조치에 사용할 장비, 시설 및 인력의 지정 대상 및 관리 기준

(시행규칙 별표 1의2)

분야별		필수기능의 범위
에너지	전기	예비전력 1,000MW 이상 유지할 수 있는 발전소 가동
	석유	• 30일분의 석유 사용량을 30일 이내에 생산할 수 있는 생산능력 유지 • 연간 내수량의 일평균 사용량 55일분 석유 비축량 유지
	가스	최소 운영재고 19.6만 톤 이상의 안전재고 유지 및 중단 없는 공급을 위한 공급능력 유지
정보통신		「방송통신발전 기본법」 제35조에 따른 방송통신재난관리기본계획상의 복구 우선순위 중 제2순위 이상의 대상에 대한 통신기능 유지
교통 수송	철도	1일 열차 운행률 30퍼센트 이상 유지
	항공	• 항공사 : 1일 항공기 운항률 50퍼센트 이상 유지 • 공항운영 : 항공기 운항이 다소 지연되는 경우가 있더라도 중단되지 않는 공항 운영 유지
	항만	컨테이너 야드(CY) 장치율 85퍼센트 미만으로 운영 유지
	화물	컨테이너 야드(CY) 장치율 85퍼센트 미만으로 운영 유지
	도로	고속도로 및 우회도로 모두 교통 두절로 인터체인지(IC) 간 접근 불가능 지속 상태를 24시간 미만으로 유지
	기타	1일 지하철 운행률 40퍼센트 이상 유지
금융		금융전산시스템 마비 상태를 12시간 미만으로 유지
보건 의료	의료서비스	응급의료기능 100퍼센트 유지
	혈액	1일 공급능력의 100퍼센트 이상 유지
원자력		주제어실 근무 주기를 24시간 미만으로 유지
환경	소각	주 4일 이상(1일 8시간 이상) 쓰레기 반입 및 소각
	매립	주 4일 이상(1일 8시간 이상) 쓰레기 반입 및 매립시설 운영(침출수(沈出水) 처리업무는 매일 8시간 이상 운영)
식용수		• 정수장(광역) : 1일 식용수 공급량의 70퍼센트 이상 공급능력 유지 • 정수장(지방) : 1일 식용수 공급량의 30퍼센트 이상 공급능력 유지
기타 분야		그 밖에 재난발생에 대비하여 응급조치에 일시 사용할 장비, 시설 및 인력의 지정 대상 및 관리 기준 등은 재난발생 유형, 특성, 빈도, 기능 및 용도 등을 고려하여 재난관리책임기관별로 기준을 정하여 유지

2) 국가핵심기반 관리기관

국가핵심기반 주관 및 관리기관은 재난 및 안전관리기본법 제26조에 따라 지정·관리하며, 국가핵심기반 주관기관 및 관리기관과 분야별 핵심기능은 다음 표와 같다.

▼ 국가핵심기반 주관기관

에너지	정보통신	교통수송	금융	보건의료	원자력	환경·식용수	정부중요시설	공동구	문화재
산업통상자원부	과학기술정보통신부	국토교통부 해양수산부	기획재정부 금융위원회	보건복지부	원자력안전위원회	환경부	행정안전부 (정부청사관리본부)	국토교통부 행정안전부	문화재청

▼ 국가핵심기반 관리기관 및 핵심기능

관리기관	핵심기능
에너지 분야	관리기관(15)
한국수력원자력	5개 원자력발전소 및 수력발전소(양양, 팔당)의 기능연속성 관리
한국남동발전	화력발전소(삼천포, 영흥)의 기능연속성 관리
한국중부발전	화력발전소(보령, 인천)의 기능연속성 관리
한국서부발전	화력발전소(태안, 평택, 서인천)의 기능연속성 관리
한국남부발전	화력발전소(하동, 신인천, 부산, 삼척)의 기능연속성 관리
한국동서발전	화력발전소(당진, 울산)의 기능연속성 관리
전력거래소	중앙전력관제시설의 기능연속성 관리
한국가스공사	전국 가스 저장 및 공급의 기능연속성 관리
한국석유공사	전국 석유 저장 및 공급의 기능연속성 관리
대한송유관공사	경질류 수송의 기능연속성 관리
SK에너지(주)	석유제품의 생산 및 공급시설(울산)의 기능연속성 관리
SK인천석유화학(주)	석유제품의 생산 및 공급시설(인천)의 기능연속성 관리
현대오일뱅크	석유제품의 생산 및 공급시설(대산)의 기능연속성 관리
S-OIL	석유제품의 생산 및 공급시설(온산)의 기능연속성 관리
GS 칼텍스	석유제품의 생산 및 공급시설(여수)의 기능연속성 관리
정보통신 분야	관리기관(10)
국가정보자원관리원	31개 중앙행정기관의 정보시스템 기능연속성 관리
우정사업정보센터	우정사업 기반망의 기능연속성 관리
한국고용정보원	고용보험전산망의 기능연속성 관리
국민건강보험공단	건강보험관리시스템의 기능연속성 관리
국민연금공단	국민연금정보시스템의 기능연속성 관리
근로복지공단	산재보험 정보시스템의 기능연속성 관리
KT(주)	KT 중요통신시설(7개)의 기능연속성 관리

관리기관	핵심기능
정보통신 분야	관리기관(10)
LG U+	LG U+ 중요통신시설(5개)의 기능연속성 관리
SKT	SKT 중요통신시설(4개)의 기능연속성 관리
SK브로드밴드	SK브로드밴드 중요통신시설(1개)의 기능연속성 관리
교통수송 분야	관리기관(47)
한국도로공사	전국 고속국도(29개 노선, 연장 4,113km, 출입시설 226개소)의 기능연속성 관리
한국철도공사	전국 철도노선(4,077.7km), 여객, 화물운송 등의 기능연속성 관리
울산지방해양수산청	울산항 이용 항만화물의 원활한 수송지원
여수지방해양수산청	경인항 이용 항만화물의 원활한 수송지원
군산지방해양수산청	군산항 이용 항만화물의 원활한 수송지원
대산지방해양수산청	대산항 이용 항만화물의 원활한 수송지원
동해지방해양수산청	동해·묵호항 이용 항만화물의 원활한 수송지원
마산지방해양수산청	마산항 이용 항만화물의 원활한 수송지원
목포지방해양수산청	목포항 이용 항만화물의 원활한 수송지원
부산지방해양수산청	부산항 이용 항만화물의 원활한 수송지원
인천지방해양수산청	인천항·경인항 이용 항만화물의 원활한 수송지원
평택지방해양수산청	평택항·당진항 이용 항만화물의 원활한 수송지원
포항지방해양수산청	포항항 이용 항만화물의 원활한 수송지원
서울교통공사	서울지하철 1~9호선의 기능연속성 관리
인천교통공사	인천지하철 1~2호선의 기능연속성 관리
부산교통공사	부산지하철 1~4호선의 기능연속성 관리
대전도시철도공사	대전지하철 1호선의 기능연속성 관리
대구도시철도공사	대구지하철 1~3호선의 기능연속성 관리
광주도시철도공사	광주지하철 1호선의 기능연속성 관리
서울메트로 9호선(주)	서울지하철 9호선의 기능연속성 관리(서울교통공사 구간 제외)
신분당선(주)	신분당선의 기능연속성 관리
공항철도(주)	공항철도(인천공항2터미널~서울역)의 기능연속성 관리
경기철도(주)	신분당선 연장구간(정자역~미금역)의 기능연속성 관리
한국공항공사	김포공항 등 7개 공항의 기능연속성 관리
항공교통본부	항공관제 기능연속성 관리
인천국제공항	인천국제공항의 기능연속성 관리
의왕ICD(주)	내륙 수출입컨테이너 기지의 기능연속성 관리
신공항하이웨이(주)	인천국제공항 연결도로(38.2km)의 기능연속성 관리

관리기관	핵심기능
교통수송 분야	**관리기관(47)**
천안논산고속도로(주)	수도권 및 호남지역 연결도로(80.96km)의 기능연속성 관리
신대구부산고속도로(주)	대구권·부산권 교통수송(82.05km)의 기능연속성 관리
서울고속도로(주)	수도권 교통수송(36.3km)의 기능연속성 관리
부산울산고속도로(주)	울산권 및 부산권 연결도로(47.17km)의 기능연속성 관리
서울춘천고속도로(주)	수도권 및 강원지역, 동해안 연결도로(61.4km)의 기능연속성 관리
경수고속도로(주)	수도권 남부 고속 간선망(22.9km)의 기능연속성 관리
인천대교(주)	인천공항 및 송도국제도시 연결(21.38km)의 기능연속성 관리
경기고속도로(주)	수도권남부 동서축과 남북축 연결(38.5km)의 기능연속성 관리
제이서해안고속도로(주)	수도권남부 동서축과 남북축 연결(38.5km)의 기능연속성 관리
수도권서부고속도로(주)	수도권 서부지역 주요 간선 연계도로(27.38km)의 기능연속성 관리
제이영동고속도로(주)	수도권, 강원지역, 동해안 연결도로(56.95km)의 기능연속성 관리
부산신항제이배후도로(주)	부산신항 컨테이너 물동량 수송(15.26km)의 기능연속성 관리
인천김포고속도로(주)	영종·송도·청라·김포 신도시 연결(28.88km)의 기능연속성 관리
상주영천고속도로(주)	국토 동남부 5개 고속도로 연결(94km)의 기능연속성 관리
서울북부고속도로(주)	수도권 및 경기북부지역 연결(50.6km)의 기능연속성 관리
제이경인연결고속도로(주)	인천대교, 제2경인, 제2영동 연결도로(21.92km)의 기능연속성 관리
옥산오창고속도로(주)	경부고속도로 및 중부고속도로 연결(12.1km)의 기능연속성 관리
㈜에스알(SR)	서울, 화성, 평택 구간 고속철도(61.1km)의 기능연속성 관리
서부광역철도(주)	경기부천, 안산단원 구간 전철(22km)의 기능연속성 관리
금융 분야	**관리기관(8)**
한국은행	한국은행 강남전산센터의 기능연속성 관리
한국수출입은행	한국수출입은행 정보시스템의 기능연속성 관리
한국산업은행	한국산업은행 정보시스템의 기능연속성 관리
금융결제원	전자금융공동망시스템 및 전자거래공인인증시스템의 기능연속성 관리
중소기업은행	중소기업은행 인터넷뱅킹시스템의 기능연속성 관리
한국예탁결제원	예탁자통신시스템의 기능연속성 관리
㈜코스콤	코스콤 정보시스템의 기능연속성 관리
한국거래소	증권 및 파생상품 시장관리를 위한 정보시스템의 기능연속성 관리
보건의료 분야	**관리기관(11)**
국립중앙의료원	중앙응급의료센터의 기능연속성 관리
대한적십자사	혈액관리본부, 혈액원(15개소), 혈액검사센터(3개소)의 기능연속성 관리
서울대학교병원	권역응급의료센터의 기능연속성 관리

관리기관	핵심기능
보건의료 분야	관리기관(11)
경북대학교병원	권역응급의료센터의 기능연속성 관리
충남대학교병원	권역응급의료센터의 기능연속성 관리
충북대학교병원	권역응급의료센터의 기능연속성 관리
전남대학교병원	권역응급의료센터의 기능연속성 관리
경상대학교병원	권역응급의료센터의 기능연속성 관리
분당서울대학교병원	권역응급의료센터의 기능연속성 관리
양산부산대학교병원	권역응급의료센터의 기능연속성 관리
(사)대한산업보건협회	한마음혈액원의 기능연속성 관리
원자력 분야	관리기관(1)한국수력원자력(주)은 에너지 분야 중복)
한국수력원자력(주)	방사능 방재를 위한 비상대비 시설의 기능연속성 관리
한국원자력환경공단	중·저준위 방사성폐기물 처분시설의 기능연속성 관리
환경 분야	관리기관(6)
수도권매립지관리공사	수도권 폐기물 매립시설의 기능연속성 관리
부산시	부산 생곡매립장의 기능연속성 관리
대구시	대구 환경자원매립장의 기능연속성 관리
광주시	광주 광역위생매립장의 기능연속성 관리
대전시	대전 환경자원매립장의 기능연속성 관리
울산시	울산 성암매립장의 기능연속성 관리
식용수 분야	관리기관(20)
한국수자원공사	댐(34개소) 및 광역정수장(20개소)의 기능연속성 관리
서울시	식용수 공급시설(강북, 암사)의 기능연속성 관리
부산시	식용수 공급시설(화명, 덕산)의 기능연속성 관리
대구시	식용수 공급시설(매곡, 고산)의 기능연속성 관리
인천시	식용수 공급시설(부평, 수산)의 기능연속성 관리
광주시	식용수 공급시설(용연, 덕남)의 기능연속성 관리
대전시	식용수 공급시설(송촌, 월평)의 기능연속성 관리
울산시	식용수 공급시설(회야, 천상)의 기능연속성 관리
안양시	식용수 공급시설(비산, 포일)의 기능연속성 관리
안산시	식용수 공급시설(안산, 연성)의 기능연속성 관리
군포시	식용수 공급시설(군포)의 기능연속성 관리
김포시	식용수 공급시설(고촌)의 기능연속성 관리
성남시	식용수 공급시설(복정)의 기능연속성 관리

관리기관	핵심기능
식용수 분야	**관리기관(20)**
부천시	식용수 공급시설(까치울)의 기능연속성 관리
춘천시	식용수 공급시설(소양)의 기능연속성 관리
여수시	식용수 공급시설(둔덕)의 기능연속성 관리
목포시	식용수 공급시설(몽탄)의 기능연속성 관리
김해시	식용수 공급시설(삼계)의 기능연속성 관리
창원시	식용수 공급시설(칠서)의 기능연속성 관리
진주시	식용수 공급시설(진주)의 기능연속성 관리
정부중요시설 분야	**관리기관(8)**
정부서울청사관리소	정부중요시설(외교부, 통일부 등)의 기능연속성 관리
정부과천청사관리소	정부중요시설(법무부, 방통위 등)의 기능연속성 관리
정부대전청사관리소	정부중요시설(중기부, 관세청 등)의 기능연속성 관리
국방부	정부중요시설(국방부)의 기능연속성 관리
대검찰청	정부중요시설(대검찰청)의 기능연속성 관리
경찰청	정부중요시설(경찰청)의 기능연속성 관리
농촌진흥청	정부중요시설(농촌진흥청)의 기능연속성 관리
기상청	정부중요시설(기상청, 국가기상위성센터, 국가기상슈퍼컴퓨터센터, 국가태풍센터)의 기능연속성 관리
공동구 분야	**관리기관(11)**
서울시	서울 소재 8개 공동구의 기능연속성 관리
부산시	부산 소재 1개 공동구의 기능연속성 관리
인천시	인천 소재 5개 공동구의 기능연속성 관리
대전시	대전 소재 1개 공동구의 기능연속성 관리
광주시	광주 소재 1개 공동구의 기능연속성 관리
세종시	세종 소재 1개 공동구의 기능연속성 관리
경기도	경기 소재 6개 공동구의 기능연속성 관리
충청북도	충북 소재 1개 공동구의 기능연속성 관리
충청남도	충남 소재 1개 공동구의 기능연속성 관리
경상북도	경북 소재 2개 공동구의 기능연속성 관리
경상남도	경남 소재 1개 공동구의 기능연속성 관리
문화재 분야	**관리기관(1)**
궁능유적본부	경복궁 등 5개 문화재의 재난관리

3. 국가핵심기반의 지정 현황

국가핵심기반은 국가핵심기반을 보고하기 위하여 계속적으로 관리할 필요가 있다고 인정되는 시설이다. 에너지, 정보통신, 교통수송, 금융, 보건의료, 원자력, 환경, 식용수, 정부중요시설, 공동구, 문화재로 총 10개 주관부처에 대해 지정되어 있다. 하위 138개의 관리기관과 340개의 국가핵심기반이 있으며 자세한 사항은 다음과 같다.

분야별	시설명	소재지 (주사무실)	관리기관	지정일자
총계	340개		138개 기관	
에너지	소계(48)		15개 기관	
화력	삼천포화력본부	경남 고성군	한국남동발전㈜	2007.9.17.
화력	영흥화력본부	인천 옹진군	한국남동발전㈜	2007.9.17.
화력	보령화력본부	충남 보령시	한국중부발전㈜	2007.9.17.
화력	인천화력본부	인천 서구	한국중부발전㈜	2007.9.17.
화력	하동화력본부	경남 하동군	한국남부발전㈜	2007.9.17.
화력	신인천복합화력본부	인천 서구	한국남부발전㈜	2007.9.17.
화력	부산복합화력본부	부산 사하구	한국남부발전㈜	2007.9.17.
화력	당진화력본부	충남 당진군	한국동서발전㈜	2007.9.17.
화력	울산화력본부	울산 남구	한국동서발전㈜	2007.9.17.
화력	태안발전본부	충남 태안군	한국서부발전㈜	2007.9.17.
화력	평택발전본부	경기 평택시	한국서부발전㈜	2007.9.17.
화력	서인천발전본부	인천 서구	한국서부발전㈜	2007.9.17.
화력	삼척그린파워	강원 삼척시	한국남부발전㈜	2017.4.5.
화력	신보령화력본부	충남 보령시	한국중부발전㈜	2019.7.8.
원자력	고리원자력본부	부산 기장군	한국수력원자력㈜	2007.9.17.
원자력	월성원자력본부	경북 경주시	한국수력원자력㈜	2007.9.17.
원자력	한빛원자력본부	전남 영광군	한국수력원자력㈜	2007.9.17.
원자력	한울원자력본부	경북 울진군	한국수력원자력㈜	2007.9.17.
원자력	새울원자력본부	울산 울주군	한국수력원자력㈜	2019.7.8.
수력	양양양수발전소	강원 양양군	한국수력원자력㈜	2007.9.17.
수력	팔당수력발전소	경기 남양주시	한국수력원자력㈜	2011.1.20.
전기	한국전력거래소 (중앙전력관제센터)	서울 강남구	한국전력거래소	2011.1.20.
전기	한국전력거래소 경인지사	경기 의왕시	한국전력거래소	2019.7.8.

분야별	시설명	소재지 (주사무실)	관리기관	지정일자
에너지	소계(48)		15개 기관	
가스	평택생산기지	경기 평택시	한국가스공사	2007.9.17.
가스	인천생산기지	인천 연수구	한국가스공사	2007.9.17.
가스	통영생산기지	경남 통영시	한국가스공사	2007.9.17.
가스	삼척생산기지	강원 삼척시	한국가스공사	2015.10.12.
석유	SK㈜ 울산공장	울산 남구	SK㈜	2007.9.17.
석유	GS-칼텍스㈜ 여수공장	전남 여수시	GS-칼텍스㈜	2007.9.17.
석유	SK인천정유㈜ 인천공장	인천 서구	SK인천정유㈜	2007.9.17.
석유	S-Oil㈜ 온산공장	울산 울주군	S-Oil㈜	2007.9.17.
석유	현대오일뱅크㈜ 대산공장	충남 서산시	현대오일뱅크㈜	2007.9.17.
석유	한국석유공사 울산지사	울산 울주군	한국석유공사	2007.9.17.
석유	한국석유공사 거제지사	경남 거제시	한국석유공사	2007.9.17.
석유	한국석유공사 여수지사	전남 여수시	한국석유공사	2007.9.17.
석유	한국석유공사 서산지사	충남 서산시	한국석유공사	2007.9.17.
석유	한국석유공사 평택지사	경기 평택시	한국석유공사	2007.9.17.
석유	한국석유공사 구리지사	경기 구리시	한국석유공사	2007.9.17.
석유	한국석유공사 용인지사	경기 용인시	한국석유공사	2007.9.17.
석유	한국석유공사 곡성지사	전남 곡성군	한국석유공사	2007.9.17.
석유	한국석유공사 동해지사	강원 동해시	한국석유공사	2007.9.17.
석유	한국송유관공사 서울지사(송유관로/저장탱크)	경기 성남시	한국송유관공사	2013.9.13.
석유	한국송유관공사 경인지사(송유관로/저장탱크)	경기 고양시	한국송유관공사	2013.9.13.
석유	한국송유관공사 대전지사(송유관로/저장탱크)	대전 유성구	한국송유관공사	2013.9.13.
석유	한국송유관공사 충청지사(송유관로/저장탱크)	충남 천안시	한국송유관공사	2013.9.13.
석유	한국송유관공사 영남지사(송유관로/저장탱크)	대구 동구	한국송유관공사	2019.7.8.
석유	한국송유관공사 전남지사(송유관로)	광주 광산구	한국송유관공사	2019.7.8.
석유	한국송유관공사 전북지사(송유관로)	전북 익산시	한국송유관공사	2019.7.8.

분야별	시설명	소재지(주사무실)	관리기관	지정일자
정보통신	소계(25)		10개 기관	
통신망	KT 혜화국사	서울 종로구	KT	2007.9.17.
통신망	KT 용인교환국	경기 용인시	KT	2007.9.17.
통신망	KT 전국망관리센터	경기 과천시	KT	2007.9.17.
통신망	해저케이블육양국	부산 해운대구	KT	2007.9.17.
통신망	LGU+ 종합연구소	대전 유성구	(주)LG 유플러스	2007.9.17.
통신망	SK브로드밴드동작종합정보센터	서울 동작구	하나로산업개발	2007.9.17.
통신망	SKT 분당사옥	경기 성남시	㈜SK telecom	2007.9.17.
통신망	SKT 보라매사옥	서울 관악구	㈜SK telecom	2007.9.17.
통신망	SKT 둔산사옥	대전 서구	㈜SK telecom	2007.9.17.
통신망	LGU+상암교환국	서울 마포구	(주)LG 유플러스	2011.1.20.
통신망	KT 구로국사	서울 관악구	KT	2019.7.8.
통신망	KT 문화국사	대전 중구	KT	2019.7.8.
통신망	KT 거제해저케이블육양국	경남 거제시	KT	2019.7.8.
통신망	LGU+ 대전오류국사	대전 중구	(주)LG 유플러스	2019.7.8.
통신망	LGU+ 안양국사	경기 안양시	(주)LG 유플러스	2019.7.8.
통신망	LGU+ 마곡국사	서울 강서구	(주)LG 유플러스	2019.7.8.
통신망	SKT 성수사옥	서울 성동구	㈜SK telecom	2019.7.8.
전산망	국가정보자원관리원	대전 유성구	국가정보자원관리원	2007.9.17.
전산망	국가정보통신망	서울 종로구	국가정보자원관리원	2007.9.17.
전산망	우정사업정보센터	전남 나주시	우정사업정보센터	2007.9.17.
전산망	고용보험전산망	충북 음성군	한국고용정보원	2007.9.17.
전산망	국가정보자원관리원 광주센터	광주 서구	국가정보자원관리원	2011.1.20.
전산망	국민건강보험공단	강원 원주시	국민건강보험공단	2013.9.13.
전산망	국민연금정보시스템	전북 전주시	국민연금공단	2017.4.5.
전산망	산재보험정보시스템	서울 영등포구	근로복지공단	2017.4.5.
교통수송	소계(55)		47개 기관	
철도	전국 철도시설(한국철도공사)	대전 서구	한국철도공사	2007.9.17.
철도	수도권고속철도(㈜SR)	서울 강남구	㈜에스알	2019.7.8.
항공교통	항공교통본부 인천항공교통관제소	인천 중구	항공교통본부	2007.9.17.
항공교통	항공교통본부	대구 동구	항공교통본부	2019.7.8.
공항	인천국제공항	인천 중구	인천국제공항공사	2007.9.17.

분야별	시설명	소재지 (주사무실)	관리기관	지정일자
교통수송	소계(55)		47개 기관	
공항	김포공항	서울 강서구	한국공항공사	2007.9.17.
공항	김해공항	부산 강서구	한국공항공사	2007.9.17.
공항	제주공항	제주	한국공항공사	2007.9.17.
공항	울산공항	울산 북구	한국공항공사	2007.9.17.
공항	양양공항	강원 양양군	한국공항공사	2007.9.17.
공항	여수공항	전남 여수시	한국공항공사	2007.9.17.
공항	무안공항	전남 무안군	한국공항공사	2011.1.20.
내륙컨테이너기지	의왕ICD	경기 의왕시	의왕ICD	2007.9.17.
고속국도	전국 고속국도 시설(한국도로공사)	경기 성남시	한국도로공사	2007.9.17.
고속국도	인천국제공항고속도로 (신공항하이웨이㈜)	인천 서구	신공항하이웨이㈜	2019.7.8.
고속국도	천안논산고속도로 (천안논산고속도로㈜)	충남 공주시	천안논산고속도로㈜	2019.7.8.
고속국도	대구고속도로 (신대구고속도로㈜)	경남 밀양시	신대구고속도로㈜	2019.7.8.
고속국도	수도권제1순환도로 (서울고속도로㈜)	경기 양주시	서울고속도로㈜	2019.7.8.
고속국도	부산울산고속도로 (부산울산고속도로㈜)	울산 울주군	부산울산고속도로㈜	2019.7.8.
고속국도	서울춘천고속도로 (서울춘천고속도로㈜)	강원 춘천시	서울춘천고속도로㈜	2019.7.8.
고속국도	용인서울고속도로 (경수고속도로㈜)	경기 용인시	경수고속도로㈜	2019.7.8.
고속국도	인천대교고속도로 (인천대교㈜)	인천 중구	인천대교㈜	2019.7.8.
고속국도	서수원평택고속도로 (경기고속도로㈜)	경기 화성시	경기고속도로㈜	2019.7.8.
고속국도	평택시흥고속도로 (제이서해안고속도로㈜)	경기 화성시	제이서해안고속도로㈜	2019.7.8.
고속국도	수원광명고속도로 (수도권서부고속도로㈜)	경기 군포시	수도권서부고속도로㈜	2019.7.8.
고속국도	광주원주고속도로 (제이영동고속도로㈜)	경기 광주시	제이영동고속도로㈜	2019.7.8.

분야별	시설명	소재지(주사무실)	관리기관	지정일자
교통수송	소계(55)		47개 기관	
고속국도	부산신항제2배후도로(부산신항제이배후도로㈜)	경남 창원시	부산신항제이배후도로㈜	2019.7.8.
고속국도	인천김포고속도로(인천김포고속도로㈜)	인천 서구	인천김포고속도로㈜	2019.7.8.
고속국도	상주영천고속도로(상주영천고속도로㈜)	경북 영천시	상주영천고속도로㈜	2019.7.8.
고속국도	구리포천고속도로(서울북부고속도로㈜)	경기 남양주시	서울북부고속도로㈜	2019.7.8.
고속국도	안양성남고속도로(제이경인연결고속도로㈜)	경기 의왕시	제이경인연결고속도로㈜	2019.7.8.
고속국도	옥산오창고속도로(옥산오창고속도로㈜)	충북 청주시	옥산오창고속도로㈜	2019.7.8.
지하철	서울지하철1~9호선(서울교통공사)	서울 성동구	서울교통공사	2007.9.17.
지하철	부산지하철(부산교통공사)	부산 부산진구	부산교통공사	2007.9.17.
지하철	대구지하철(대구도시철도공사)	대구 달서구	대구도시철도공사	2007.9.17.
지하철	인천지하철(인천교통공사)	인천 남구	인천교통공사	2007.9.17.
지하철	광주지하철(광주도시철도공사)	광주 서구	광주도시철도공사	2007.9.17.
지하철	대전지하철(대전도시철도공사)	대전 서구	대전도시철도공사	2007.9.17.
지하철	서울지하철9호선(서울메트로9호선㈜)	서울 강서구	서울메트로9호선㈜	2013.9.13.
지하철	신분당선(신분당선㈜)	경기 성남시	신분당선㈜	2013.9.13.
지하철	공항철도(공항철도㈜)	인천 서구	공항철도㈜	2013.9.13.
지하철	경기철도(경기철도㈜)	경기 수원시	경기철도㈜	2017.4.5.
지하철	서부광역철도(서부광역철도㈜)	서울 강서구	서부광역철도㈜	2019.7.8.
무역항	부산항	부산 중구	부산지방해양수산청	2007.9.17.
무역항	인천항	인천 중구	인천지방해양수산청	2007.9.17.
무역항	광양항	전남 광양시	여수지방해양수산청	2007.9.17.
무역항	마산항	경남 마산시	마산지방해양수산청	2007.9.17.
무역항	울산항	울산 남구	울산지방해양수산청	2007.9.17.

분야별	시설명	소재지 (주사무실)	관리기관	지정일자
교통수송	소계(55)		47개 기관	
무역항	동해묵호항	강원 동해시	동해지방해양수산청	2007.9.17.
무역항	군산항	전북 군산시	군산지방해양수산청	2007.9.17.
무역항	목포항	전남 목포시	목포지방해양수산청	2007.9.17.
무역항	포항항	경북 포항시	포항지방해양수산청	2007.9.17.
무역항	평택당진항	경기 평택시	평택지방해양수산청	2007.9.17.
무역항	대산항	충남 서산시	대산지방해양수산청	2007.9.17.
무역항	경인항	인천 서구	인천지방해양수산청	2019.7.8.
금융	소계(8)		8개 기관	
금융	한국은행	서울 중구	한국은행	2007.9.17.
금융	산업은행	서울 영등포구	산업은행	2007.9.17.
금융	중소기업은행	경기 용인시	중소기업은행	2007.9.17.
금융	한국수출입은행	서울 영등포구	한국수출입은행	2007.9.17.
금융	금융결제원	서울 강남구	금융결제원	2007.9.17.
금융	한국거래소	부산 남구	한국거래소	2007.9.17.
금융	코스콤	서울 영등포구	코스콤	2007.9.17.
금융	한국예탁결제원	경기 고양시	한국예탁결제원	2007.9.17.
보건의료	소계(29)		11개 기관	
병원	국립중앙의료원	서울 중구	국립중앙의료원	2007.9.17.
병원	서울대학교병원	서울 종로구	서울대학교병원	2007.9.17.
병원	경북대학교병원	대구 중구	경북대학교병원	2007.9.17.
병원	전남대학교병원	광주 동구	전남대학교병원	2007.9.17.
병원	충남대학교병원	대전 중구	충남대학교병원	2007.9.17.
병원	충북대학교병원	충북 청주시	충북대학교병원	2007.9.17.
병원	경상대학교병원	경남 진주시	경상대학교병원	2017.4.5.
병원	분당서울대학교병원	경기 성남시	분당서울대학교병원	2017.4.5.
병원	양산부산대학교병원	경남 양산시	양산부산대학교병원	2017.4.5.
혈액원	혈액관리본부	서울 중구	대한적십자사	2007.9.17.
혈액원	서울중앙혈액원	서울 강서구	대한적십자사	2007.9.17.
혈액원	서울남부혈액원	서울 강남구	대한적십자사	2007.9.17.
혈액원	서울동부혈액원	서울 노원구	대한적십자사	2007.9.17.
혈액원	부산혈액원	부산 부산진구	대한적십자사	2007.9.17.

분야별	시설명	소재지 (주사무실)	관리기관	지정일자
보건의료	**소계(29)**		**11개 기관**	
혈액원	대구경북혈액원	대구 중구	대한적십자사	2007.9.17.
혈액원	인천혈액원	인천 연수구	대한적십자사	2007.9.17.
혈액원	울산혈액원	울산 중구	대한적십자사	2007.9.17.
혈액원	경기혈액원	경기 수원시	대한적십자사	2007.9.17.
혈액원	강원혈액원	강원 춘천시	대한적십자사	2007.9.17.
혈액원	충북혈액원	청북 청주시	대한적십자사	2007.9.17.
혈액원	대전세종충남혈액원	대전 대덕구	대한적십자사	2007.9.17.
혈액원	전북혈액원	전북 전주시	대한적십자사	2007.9.17.
혈액원	광주전남혈액원	광주 남구	대한적십자사	2007.9.17.
혈액원	경남혈액원	경남 창원시	대한적십자사	2007.9.17.
혈액원	제주혈액원	제주	대한적십자사	2007.9.17.
혈액원	한마음혈액원	경기 과천시	(사)대한산업보건협회	2019.7.8.
혈액검사센터	중앙혈액검사센터	서울 노원구	대한적십자사	2007.9.17.
혈액검사센터	중부혈액검사센터	대전 대덕구	대한적십자사	2007.9.17.
혈액검사센터	남부혈액검사센터	부산 북구	대한적십자사	2007.9.17.
원자력	**소계(40)**		**2개 기관**	
원자력발전소	고리2호기 주제어실	부산 기장군	한국수력원자력㈜	2007.9.17.
원자력발전소	고리3호기 주제어실	부산 기장군	한국수력원자력㈜	2007.9.17.
원자력발전소	고리4호기 주제어실	부산 기장군	한국수력원자력㈜	2007.9.17.
원자력발전소	한빛원전1호기 주제어실	전남 영광군	한국수력원자력㈜	2007.9.17.
원자력발전소	한빛원전2호기 주제어실	전남 영광군	한국수력원자력㈜	2007.9.17.
원자력발전소	한빛원전3호기 주제어실	전남 영광군	한국수력원자력㈜	2007.9.17.
원자력발전소	한빛원전4호기 주제어실	전남 영광군	한국수력원자력㈜	2007.9.17.
원자력발전소	한빛원전5호기 주제어실	전남 영광군	한국수력원자력㈜	2007.9.17.
원자력발전소	한빛원전6호기 주제어실	전남 영광군	한국수력원자력㈜	2007.9.17.
원자력발전소	월성원전2호기 주제어실	경북 경주시	한국수력원자력㈜	2007.9.17.
원자력발전소	월성원전3호기 주제어실	경북 경주시	한국수력원자력㈜	2007.9.17.
원자력발전소	월성원전4호기 주제어실	경북 경주시	한국수력원자력㈜	2007.9.17.
원자력발전소	한울원전1호기 주제어실	경북 울진군	한국수력원자력㈜	2007.9.17.
원자력발전소	한울원전2호기 주제어실	경북 울진군	한국수력원자력㈜	2007.9.17.
원자력발전소	한울원전3호기 주제어실	경북 울진군	한국수력원자력㈜	2007.9.17.

분야별	시설명	소재지 (주사무실)	관리기관	지정일자
원자력	소계(40)		2개 기관	
원자력발전소	한울원전4호기 주제어실	경북 울진군	한국수력원자력㈜	2007.9.17.
원자력발전소	한울원전5호기 주제어실	경북 울진군	한국수력원자력㈜	2007.9.17.
원자력발전소	한울원전6호기 주제어실	경북 울진군	한국수력원자력㈜	2007.9.17.
원자력발전소	신고리1호기 주제어실	부산 기장군	한국수력원자력㈜	2011.1.20.
원자력발전소	신고리2호기 주제어실	부산 기장군	한국수력원자력㈜	2013.9.13.
원자력발전소	고리원전 비상대책실(EOF)	부산 기장군	한국수력원자력㈜	2013.9.13.
원자력발전소	고리원전 비상기술지원실(TSC)	부산 기장군	한국수력원자력㈜	2013.9.13.
원자력발전소	고리원전 비상운영지원실(OSC)	부산 기장군	한국수력원자력㈜	2013.9.13.
원자력발전소	한빛원전 비상대책실(EOF)	전남 영광군	한국수력원자력㈜	2013.9.13.
원자력발전소	한빛원전 비상기술지원실(TSC)	전남 영광군	한국수력원자력㈜	2013.9.13.
원자력발전소	한빛원전 비상운영지원실(OSC)	전남 영광군	한국수력원자력㈜	2013.9.13.
원자력발전소	월성원전 비상대책실(EOF)	경북 경주시	한국수력원자력㈜	2013.9.13.
원자력발전소	월성원전 비상기술지원실(TSC)	경북 경주시	한국수력원자력㈜	2013.9.13.
원자력발전소	월성원전 비상운영지원실(OSC)	경북 경주시	한국수력원자력㈜	2013.9.13.
원자력발전소	신월성1호기 주제어실	경북 경주시	한국수력원자력㈜	2013.9.13.
원자력발전소	신월성2호기 주제어실	경북 경주시	한국수력원자력㈜	2013.9.13.
원자력발전소	한울원전 비상대책실(EOF)	경북 울진군	한국수력원자력㈜	2013.9.13.
원자력발전소	한울원전 비상기술지원실(TSC)	경북 울진군	한국수력원자력㈜	2013.9.13.
원자력발전소	한울원전 비상운영지원실(OSC)	경북 울진군	한국수력원자력㈜	2013.9.13.
원자력발전소	신고리3호기 주제어실	울산 울주군	한국수력원자력㈜	2019.7.8.
원자력발전소	새울원전 비상대책실(EOF)	울산 울주군	한국수력원자력㈜	2019.7.8.
원자력발전소	새울원전 비상기술지원실(TSC)	울산 울주군	한국수력원자력㈜	2019.7.8.
원자력발전소	새울원전 비상운영지원실(OSC)	울산 울주군	한국수력원자력㈜	2019.7.8.
원자력발전소	신고리4호기 주제어실	울산 울주군	한국수력원자력㈜	2020.6.23.

분야별	시설명	소재지 (주사무실)	관리기관	지정일자
원자력	소계(40)		2개 기관	
방사성폐기물 처분시설	중저준위 방사성폐기물 처분시설	경북 경주시	한국원자력환경공단	2011.1.20.
환경	소계(6)		6개 기관	
쓰레기매립장	수도권매립지	인천 서구	수도권매립지관리 공사	2007.9.17.
쓰레기매립장	부산시 생곡매립장	부산 강서구	부산시	2007.9.17.
쓰레기매립장	대구 환경자원매립장	대구 달성군	대구시	2007.9.17.
쓰레기매립장	광주 광역위생매립장	광주 남구	광주시	2007.9.17.
쓰레기매립장	대전시 환경자원매립장	대전 유성구	대전시	2007.9.17.
쓰레기매립장	울산 성암매립장	울산 남구	울산시	2017.4.5.
식용수	소계(84)		20개 기관	
다목적댐	소양강댐	강원 춘천시	한국수자원공사	2007.9.17.
다목적댐	충주댐	충북 충주시	한국수자원공사	2007.9.17.
다목적댐	횡성댐	강원 횡성군	한국수자원공사	2007.9.17.
다목적댐	안동댐	경북 안동시	한국수자원공사	2007.9.17.
다목적댐	임하댐	경북 안동시	한국수자원공사	2007.9.17.
다목적댐	합천댐	경남 합천군	한국수자원공사	2007.9.17.
다목적댐	남강댐	경남 진주시	한국수자원공사	2007.9.17.
다목적댐	밀양댐	경남 밀양시	한국수자원공사	2007.9.17.
다목적댐	대청댐	대전, 충남 청원군	한국수자원공사	2007.9.17.
다목적댐	용담댐	전북 진안군	한국수자원공사	2007.9.17.
다목적댐	섬진강댐	전북 임실군	한국수자원공사	2007.9.17.
다목적댐	주암댐	전남 순천시	한국수자원공사	2007.9.17.
다목적댐	부안댐	전북 부안군	한국수자원공사	2007.9.17.
다목적댐	보령댐	충남 보령시	한국수자원공사	2007.9.17.
다목적댐	장흥댐	전남 장흥군	한국수자원공사	2011.1.20.
다목적댐	군위댐	경북 군위군	한국수자원공사	2013.9.13.
다목적댐	보현산댐	경북 영천시	한국수자원공사	2017.4.5.
다목적댐	김천부항댐	경북 김천시	한국수자원공사	2017.4.5.
다목적댐	성덕댐	경북 청송군	한국수자원공사	2017.4.5.
다목적댐	영주댐	경북 경주시	한국수자원공사	2017.4.5.
생공용수댐	대곡댐	울산 울주군	한국수자원공사	2007.9.17.

분야별	시설명	소재지 (주사무실)	관리기관	지정일자
식용수	소계(84)		20개 기관	
생공용수댐	사연댐	울산 울주군	한국수자원공사	2007.9.17.
생공용수댐	대암댐	울산 울주군	한국수자원공사	2007.9.17.
생공용수댐	선암댐	울산 남구	한국수자원공사	2007.9.17.
생공용수댐	영천댐	경북 영천시	한국수자원공사	2007.9.17.
생공용수댐	안계댐	경북 경주시	한국수자원공사	2007.9.17.
생공용수댐	구천댐	경남 거제시	한국수자원공사	2007.9.17.
생공용수댐	연초댐	경남 거제시	한국수자원공사	2007.9.17.
생공용수댐	광동댐	강원 삼척시	한국수자원공사	2007.9.17.
생공용수댐	달방댐	강원 동해시	한국수자원공사	2007.9.17.
생공용수댐	수어댐	전남 광양시	한국수자원공사	2007.9.17.
생공용수댐	운문댐	경북 청도군	한국수자원공사	2007.9.17.
생공용수댐	평림댐	전남 장성군	한국수자원공사	2011.1.20.
생공용수댐	감포댐	경북 경주시	한국수자원공사	2011.1.20.
광역정수장	반월정수장	경기 안산시	한국수자원공사	2007.9.17.
광역정수장	시흥정수장	경기 안산시	한국수자원공사	2007.9.17.
광역정수장	성남정수장	경기 성남시	한국수자원공사	2007.9.17.
광역정수장	수지정수장	경기 용인시	한국수자원공사	2007.9.17.
광역정수장	와부정수장	경기 남양주시	한국수자원공사	2007.9.17.
광역정수장	덕소정수장	경기 남양주시	한국수자원공사	2007.9.17.
광역정수장	일산정수장	경기 고양시	한국수자원공사	2007.9.17.
광역정수장	송전정수장	강원 횡성군	한국수자원공사	2007.9.17.
광역정수장	청주정수장	충북 청주시	한국수자원공사	2007.9.17.
광역정수장	충주정수장	충북 충주시	한국수자원공사	2007.9.17.
광역정수장	석성정수장	충남 부여군	한국수자원공사	2007.9.17.
광역정수장	보령정수장	충남 보령시	한국수자원공사	2007.9.17.
광역정수장	천안정수장	충남 천안시	한국수자원공사	2007.9.17.
광역정수장	고산정수장	전북 완주군	한국수자원공사	2007.9.17.
광역정수장	화순정수장	전남 화순군	한국수자원공사	2007.9.17.
광역정수장	구미정수장	경북 구미시	한국수자원공사	2007.9.17.
광역정수장	사천정수장	경남 사천시	한국수자원공사	2007.9.17.
광역정수장	고양정수장	경기 고양시	한국수자원공사	2011.1.20.
광역정수장	덕정정수장	전남 장흥군	한국수자원공사	2011.1.20.

분야별	시설명	소재지 (주사무실)	관리기관	지정일자
식용수	소계(84)		20개 기관	
광역정수장	반송정수장	경남 창원시	한국수자원공사	2011.1.20.
지방정수장	암사정수장	서울 강동구	서울시	2007.9.17.
지방정수장	강북정수장	경기 남양주시	서울시	2007.9.17.
지방정수장	화명정수장	부산 북구	부산시	2007.9.17.
지방정수장	덕산정수장	경남 김해시	부산시	2007.9.17.
지방정수장	매곡정수장	대구 달성군	대구시	2007.9.17.
지방정수장	고산정수장	대구 수성구	대구시	2007.9.17.
지방정수장	부평정수장	인천 부평구	인천시	2007.9.17.
지방정수장	수산정수장	인천 남동구	인천시	2007.9.17.
지방정수장	용연정수장	광주 동구	광주시	2007.9.17.
지방정수장	덕남정수장	광주 남구	광주시	2007.9.17.
지방정수장	송촌정수장	대전 대덕구	대전시	2007.9.17.
지방정수장	월평정수장	대전 서구	대전시	2007.9.17.
지방정수장	회야정수장	울산 울주군	울산시	2007.9.17.
지방정수장	천상정수장	울산 울주군	울산시	2007.9.17.
지방정수장	복정정수장	경기 성남시	경기도	2007.9.17.
지방정수장	까치울정수장	경기 부천시	경기도	2007.9.17.
지방정수장	비산정수장	경기 안양시	경기도	2007.9.17.
지방정수장	포일정수장	경기 의왕시	경기도	2007.9.17.
지방정수장	청계정수장	경기 의왕시	경기도	2007.9.17.
지방정수장	안산정수장	경기 안산시	경기도	2007.9.17.
지방정수장	연성정수장	경기 시흥시	경기도	2007.9.17.
지방정수장	군포정수장	경기 군포시	경기도	2007.9.17.
지방정수장	고촌정수장	경기 김포시	경기도	2007.9.17.
지방정수장	소양정수장	강원 춘천시	강원도	2007.9.17.
지방정수장	둔덕정수장	전남 여수시	전라남도	2007.9.17.
지방정수장	몽탄정수장	전남 무안군	전라남도	2007.9.17.
지방정수장	삼계정수장	경남 김해시	경상남도	2007.9.17.
지방정수장	명동정수장	경남 김해시	경상남도	2007.9.17.
지방정수장	칠서정수장	경남 함안군	경상남도	2007.9.17.
지방정수장	진주정수장	경남 진주시	경상남도	2007.9.17.

분야별	시설명	소재지 (주사무실)	관리기관	지정일자
정부중요시설	**소계(12)**		**8개 기관**	
중앙행정기관	정부서울청사	서울 종로구	정부서울청사관리소	2007.9.17.
중앙행정기관	정부과천청사	경기 과천시	정부과천청사관리소	2007.9.17.
중앙행정기관	정부대전청사	대전 서구	정부대전청사관리소	2007.9.17.
중앙행정기관	정부세종청사	세종	정부청사관리본부	2013.9.13.
중앙행정기관	국방부	서울 용산구	국방부	2015.10.12.
중앙행정기관	대검찰청	서울 서초구	대검찰청	2015.10.12.
중앙행정기관	경찰청	서울 서대문구	경찰청	2015.10.12.
중앙행정기관	농촌진흥청	전북 전주시	농촌진흥청	2015.10.12.
중앙행정기관	기상청	서울 동작구	기상청	2015.10.12.
중앙행정기관	국가기상위성센터	충북 진천군	기상청	2015.10.12.
중앙행정기관	국가기상슈퍼컴퓨터센터	충북 청주시	기상청	2015.10.12.
중앙행정기관	국가태풍센터	제주 서귀포시	기상청	2015.10.12.
공동구	**소계(28)**		**11개 기관**	
공동구	목동공동구	서울 양천구	서울시	2020.6.23.
공동구	여의도공동구	서울 영등포구	서울시	2020.6.23.
공동구	가락공동구	서울 송파구	서울시	2020.6.23.
공동구	개포공동구	서울 서초구	서울시	2020.6.23.
공동구	상계공동구	서울 노원구	서울시	2020.6.23.
공동구	상암공동구	서울 마포구	서울시	2020.6.23.
공동구	은평공동구	서울 은평구	서울시	2020.6.23.
공동구	마곡공동구	서울 강서구	서울시	2020.6.23.
공동구	둔산공동구	대전 서구	서울시	2020.6.23.
공동구	세종공동구	세종	세종시	2020.6.23.
공동구	해운대공동구	부산 해운대구	부산시	2020.6.23.
공동구	송도1,3공동구	인천 연수구	인천시	2020.6.23.
공동구	송도5,7공동구	인천 연수구	인천시	2020.6.23.
공동구	송도6,8공동구	인천 연수구	인천시	2020.6.23.
공동구	연수구공동구	인천 연수구	인천시	2020.6.23.
공동구	논현공동구	인천 남동구	인천시	2020.6.23.
공동구	상무공동구	광주 서구	광주시	2020.6.23.
공동구	파주공동구	경기 파주시	경기도	2020.6.23.

분야별	시설명	소재지 (주사무실)	관리기관	지정일자
공동구	소계(28)		11개 기관	
공동구	일산공동구	경기 고양시	경기도	2020.6.23.
공동구	안양공동구	경기 안양시	경기도	2020.6.23.
공동구	성남공동구	경기 성남시	경기도	2020.6.23.
공동구	안산공동구	경기 안산시	경기도	2020.6.23.
공동구	부천공동구	경기 부천시	경기도	2020.6.23.
공동구	오창공동구	충북 청주시	충청북도	2020.6.23.
공동구	내포공동구	충남 홍성구	충청남도	2020.6.23.
공동구	안동공동구	경북 안동시	경상북도	2020.6.23.
공동구	구미공동구	경북 구미시	경상북도	2020.6.23.
공동구	창원공동구	경남 창원시	경상남도	2020.6.23.
문화재	소계(5)		1개 기관	
공동구	경복궁	서울 종로구	궁능유적본부	2020.6.23.
공동구	창덕궁	서울 종로구	궁능유적본부	2020.6.23.
공동구	창경궁	서울 종로구	궁능유적본부	2020.6.23.
공동구	덕수궁(숭례문 포함)	서울 중구	궁능유적본부	2020.6.23.
공동구	종묘	서울 종로구	궁능유적본부	2020.6.23.

4. 국가핵심기반의 보호계획

국가핵심기반 보호계획의 기본 방향은 다음과 같다.

(합목적성) 국가핵심기반에서의 재난은 기관의 위기를 초월하여 국가 경제, 국민의 안전·건강 및 정부의 핵심기능에 중대한 영향을 미칠 수 있다는 국가적 사명감과 책임감을 가지고 국가핵심기능의 연속성 유지를 위해 보호계획을 수립하여야 한다.

(재난관리) 보호계획은 줄일 수 없는 위험(Hazard)과 줄일 수 있는 취약성(Vulnerable)으로 인해 발생할 수 있는 재난(Disaster)을 줄이는 방법으로 수립하여야 한다.

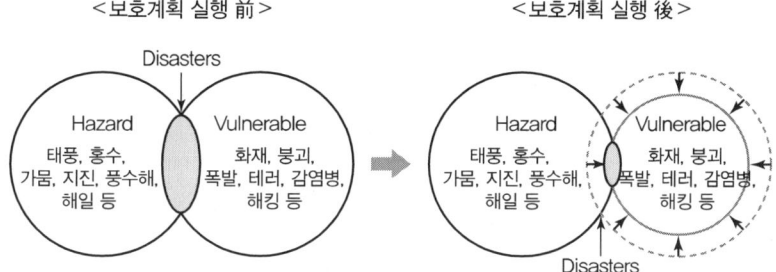

(상호의존성) 국가핵심기반의 보호계획은 단일 시설물, 단일 지정분야 단위로 보호하고 관리하는 수직적 차원에서 탈피, 수평적인 상호의존성 및 연관성 관계에서의 국가 기능연속성을 고려하여야 한다.

(시설별 보호계획 수립) 하나의 기관에서 여러 시설을 관리할 경우 지역의 지리적·환경적 여건과 시설의 특성을 감안하여 시설별 보호계획을 각각 수립한다. 특히 유관기관과의 상호연계성 강화를 위해 정보공유, 대체자원 협력 등 상호협력 사항을 도출·연계한다.

1) 국가핵심기반 보호계획

① 보호계획의 목적

국가핵심기반의 핵심기능연속성 확보를 위하여 관리기관은 사전에 위험평가 및 위험관리전략 수립지침(안)을 작성하여야 한다. 이 지침은 위험요인과 상호의존성을 고려하여 보호목표에 따른 전략수립과 위험경감을 위한 필요한 절차를 정의하고 운용계획을 수립하는 데 목적이 있다.

② 기본방향

행정안전부의 국가핵심기반 보호계획 수립지침에 따라 보호계획을 수립하되, 각 시설에서 마련하여 사용 중인 기타 시설별 실무매뉴얼 등과 큰 테두리에서 연계·참고 작성하여 계획의 실효성과 적합성 제고하여야 한다.

- 주관기관-관리기관-시설담당자-유관기관 간 역할 및 임무를 명확히 규정, 담당자의 책임성 제고 및 원활한 의사소통 확보
- 보호계획의 목적 달성을 위한 자체 조직·재원 확보, 제도 개선 및 행정안전부 및 주관기관에 제안·요구사항 등을 발굴

▼ 보호계획 작성 시 참고 가능 지침

각종 매뉴얼	실무매뉴얼	현장조치 행동매뉴얼	자연재난표준 행동매뉴얼	안전관리매뉴얼 (민간)
	공항안전관리매뉴얼	기타 매뉴얼		
각종 계획서	주요 정보통신 기반시설 보호계획	재난안전관리계획 (집행계획, 세부집행계획)	시·도·시·군·구 안전관리계획	풍수해저감 종합계획
	비상대처계획 (항공, 철도, 전력, 댐)	방사선비상계획서	전력수습계획	소방계획
	지진대책	시설보강계획	안전점검계획	기타 계획서

③ 국가핵심기반 담당관 지정
- 국가핵심기반 관리 전담인원 지정
  - 주관부처 : 기존의 부처별 비상기획관실 소속 직원뿐만 아니라, 실제 업무를 담당하는 소관과 담당자 지정 필요
  ※ 전력-산업통상자원부 전력산업과, 가스-산업통상자원부 가스산업과, 도로-국토부 도로과 등
  - 관리기관 및 시설 : 경영전략 또는 재난안전담당 부서 담당자

④ 담당관별 역할·책임 및 유관기관 연락망
- 주관부처-관리기관-시설 담당관별 주요 임무 및 역할 규정, 업무 연계성이 높은 정부부처·행정기관·민간기관 등을 파악하여 비상연락망 구축
  - 행정안전부와 연계하여 국가핵심기반 담당관을 항시 현행화하고, 재난 발생 시 신속한 상황 보고·전파

⑤ 국가핵심기반 관리
- 주관 및 관리기관은 소관 국가핵심기반 지정 현황을 국가핵심기반 관리카드에 작성하여 보관하여야 하며, 향후 행정안전부에서 관련 데이터베이스 구축 시, 소관 국가핵심기반에 대한 기본 자료를 입력하여 관리
  - 관리카드는 국가핵심기반 관리기관 기본현황, 재난사례, 위치도 및 시설전경에 대한 사항까지 포함하여 작성
  ※ 상반기 중 데이터베이스에 입력할 항목을 정한 기본틀을 마련, 주관기관 및 관리기관에 필요사항을 입력하도록 협조 요청
  - 관리기관은 소관 국가핵심기반에 변동사항이 발생한 경우 시설정보, 변동사유 등을 작성하여 주관기관을 거쳐 행정안전부에 통보하고 변동사항을 데이터베이스에 반영

▼ 국가핵심기반 관리카드

<table>
<tr><td colspan="6" align="center">시 설 명</td></tr>
<tr><td colspan="6" align="right">지정일자 : 2000년 0월 00일</td></tr>
<tr><td>지정분야</td><td></td><td>세부분야</td><td></td><td>관리기관</td><td></td></tr>
<tr><td rowspan="3">소재지/
지역환경</td><td colspan="5">(소재지 주소)</td></tr>
<tr><td colspan="5">(시설 주변환경 특징)</td></tr>
<tr><td colspan="5">(서비스영향 행정구역)</td></tr>
<tr><td>총괄부서
(전화번호)</td><td>(　　)</td><td>책임자
(휴대폰)</td><td>(010-　　)</td><td>담당자
(휴대폰)</td><td>(010-　　)</td></tr>
<tr><td>사업부서
(전화번호)</td><td>(　　)</td><td>책임자
(휴대폰)</td><td>(010-　　)</td><td>담당자
(휴대폰)</td><td>(010-　　)</td></tr>
<tr><td>주요 업무(기능)</td><td colspan="5"></td></tr>
<tr><td>주요연혁</td><td colspan="5"></td></tr>
<tr><td>관계법령</td><td colspan="5">*재난 및 안전관리 기본법 외 지정분야별 개별법상 안전관리 주요 조항 명시</td></tr>
<tr><td>시설규모(용량)</td><td colspan="5"></td></tr>
<tr><td>서비스범위</td><td colspan="5"></td></tr>
<tr><td>관리인원/
방호인원</td><td colspan="5"></td></tr>
<tr><td>국가핵심기반
지정범위</td><td colspan="5"></td></tr>
<tr><td>관리기관(단체)</td><td colspan="5"></td></tr>
<tr><td>유관·협력기관</td><td colspan="5">* 보호자원 응급지원 등 외부자원 협약기관 또는 협약내용 요약 기재</td></tr>
<tr><td>과거 재난사례</td><td colspan="5">* 인명·재산피해가 있거나 언론 등에 보도된 사건·사고에 대한 발생원인, 피해규모, 시간대별 조치사항을 모두 기재</td></tr>
</table>

▼ 국가핵심기반 관리카드(계속)

시 설 명

위치도

* 보안 규정상 가능한 범위에서 작성 가능

시설전경 / 주요보호대상(시설 등)

* 보안 규정상 가능한 범위에서 작성 가능

5. 국가핵심기반의 평가체계

국가핵심기반 평가체계는 해당 기관의 보호계획 수립 및 보호활동 시행 여부를 점검·평가하여 부진 기관에 대해서는 시정요구 및 컨설팅을 제공하고, 우수기관에는 포상 및 사례를 전파하는 기능을 하며, 일반사항과 보호목표/보호대상, 위험평가, 중점위험관리, 재난관리에 대한 평가를 실시한다.

평가분야	평가항목	번호	지표명	배점
일반사항 (10점)	사전준비	1.1.1	조직상황 이해 및 사전준비	10
보호목표 보호대상 (10점)	보호목표 설정	2.1.1	보호목표 설정	5
	보호대상 범위설정	2.1.2	보호대상 범위 설정	5
위험평가 (10점)	위험평가	3.1.1	위험평가 실행	10
중점위험관리 (10점)	중점위험 관리전략	4.1.1	중점위험관리 세부수행계획	10
재난관리 (60)점	예방대책 (15점) 안전점검	5.1.1	안전점검 및 정밀안전진단	5
	자체방호	5.1.2	자체방호계획	5
	정보통신	5.1.3	정보통신시설 보호계획	5
	대비대책 (20점) 위기관리 매뉴얼	5.2.1	재난유형별 위기관리 매뉴얼	10
	교육	5.2.2	전문교육 프로그램 관리	5
	훈련	5.2.3	훈련 프로그램 관리	5
	대응대책 (5점) 상황관리	5.3.1	상황전파체계	5
	복구대책 (20점) 보호자원관리	5.4.1	보호자원 확보방안 및 동원절차	10
	조기복구대책	5.4.2	중점위험관리 유형별 복구계획서	10
가·감점 (±5점)	가점 (+5점)	6.1.1	추진성과 및 수범사례 등(정성평가)	+5
	감점 (-5점)	6.2.1	실제 재난, 사고로 인한 피해	-2
		6.2.2	국가핵심기반 추진일정, 교육참여 등 미준수	-3

02 국가핵심기반 보호계획 수립

1. 국가핵심기반 보호계획 프레임 워크

국가핵심기반 보호계획 프레임워크의 목적은 국가핵심기반 보호계획을 수립하는 기관이 핵심기능의 연속성 관리의 중요한 활동 및 기능에 통합할 수 있도록 지원하는 것이다.

국가핵심기반 관리의 효과는 의사결정을 포함하여 조직의 형태 및 구조에 대한 통합적 대응이며, 이를 위해서는 이해 관계자들과의 소통이 필요하고 특히 기관장의 관심과 지원이 필수 요소이다.

프레임워크는 국가핵심기반 보호계획 수립의 계획, 이행, 모니터링, 검토 및 지속적 개선을 위한 기반 및 조직적 준비를 제공하는 일련의 구성요소를 보여 주는 것이다.

프레임워크의 구성 요소는 조직의 형태에 맞게 조정 및 적용되어야 한다.

2. 국가핵심기반 보호계획 수립 절차

국가핵심기반 보호계획 수립 절차는 다음과 같다.

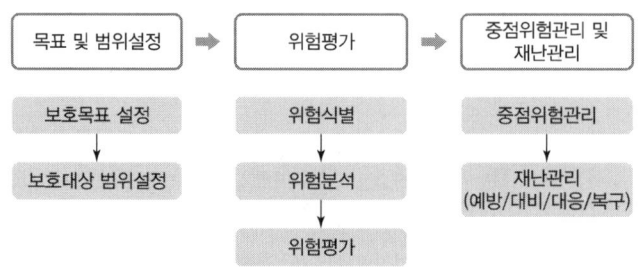

‖ 보호계획 수립절차 Process ‖

- (보호목표 및 보호대상 범위 설정) 정부중요시설 분야의 핵심 기능연속성 확보를 위하여 반드시 유지해야 할 보호목표 및 보호대상 범위를 설정하는 절차
- (위험평가) 보호대상의 핵심기능을 중단시킬 수 있는 위험요인을 재난유형별, 시설별로 분류하고 위험분석 실시 및 중점관리 위험을 우선 순위화하는 절차
- (중점위험관리 및 재난관리) 위험평가 결과에서 도출된 중점관리 위험에 대한 전략과 예방·대비·대응·복구를 위한 재난관리대책을 수립하는 절차

1) 보호목표 설정

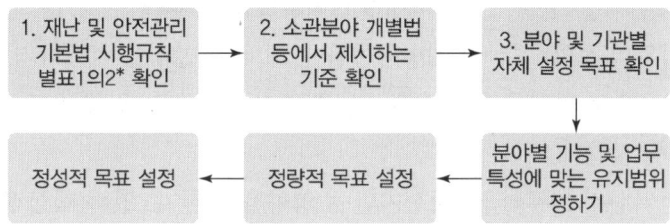

| 보호목표 설정 Process |

(보호목표의 정의) 어떠한 유형의 재난 발생 시에도 중단 없이 유지해야 하는 최소한의 기능 및 서비스 수준을 말하며, 기관의 특성에 따라 평상시 지속적으로 유지해야 하는 목표도 가능하다.

(보호목표 설정기준) 보호목표 설정 시 아래 제시된 기준 중 적절한 방법으로 택일하되, 국가적 수요·여건변동 등을 반영하여 주기적으로 적정성을 판단하여 목표내용 또는 수준을 변경한다.

- 재난 및 안전관리 기본법 시행규칙 별표 1의 2 〈응급조치에 사용할 장비 및 인력의 지정 대상 및 관리기준〉을 참고하는 방법
- 소관분야 개별법 등에서 제시하는 기준을 반영하는 방법
- 분야 및 기관별 자체설정 목표를 반영하는 방법

※ 분야별, 시설유형별 등 해당 기관의 특성에 따라 자체 실정에 맞게 탄력적으로 적용(보호목표 설정방법) 분야별 기능 및 업무특성에 맞는 유지범위를 정하여 정량적 목표를 설정하고, 필요시 정성적 목표도 함께 설정한다.
  - 정량적 목표의 경우 기관의 특성에 따라 한 개 이상 설정 가능
  - 업무특성상 정량적 보호목표 설정이 어렵거나 정성적 보호목표가 더 효율적일 경우 정성적으로 보호목표 설정 가능

2) 보호대상 범위설정

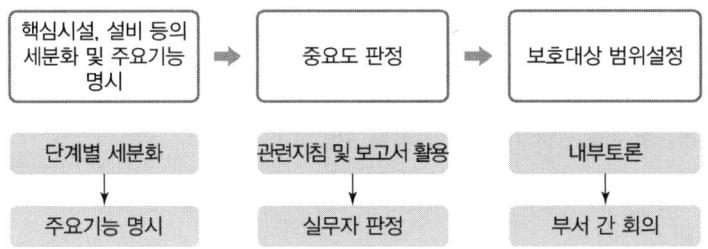

| 보호대상 범위설정 Process |

(보호대상 범위의 정의) 평상시 예방활동을 통해 위험 발생을 억제하거나, 사고 또는 재난시 신속한 대응으로 피해를 최소화하는 등 보호목표 달성을 위해 반드시 보호되어야 하는 대상의 범위를 말한다.

(보호대상 범위설정 기준) 국가핵심기반에 영향을 미칠 수 있는 핵심적인 요소에 대하여 시설, 설비, 인력, 자원, 업무, 정보시스템 등을 중심으로 중요도에 따라 보호대상의 범위를 구체적으로 명시하고, 해당 국가핵심기반의 기능유지에 필수적인 핵심 시설 및 설비 위주로 설정하되, 기관 실정에 맞게 필요시 확장하여 적용한다.

3) 위험평가

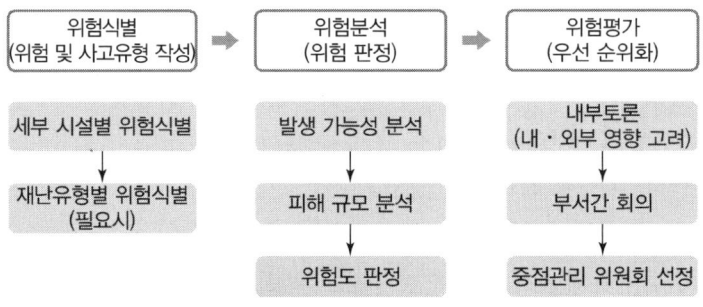

| 위험평가 Process |

(위험평가의 정의) 보호대상 범위인 시설, 설비, 인력, 자원 등에서 발생할 수 있는 잠재된 위험요인들을 식별하고, 위험도를 판정함으로써 위험별 우선순위를 반영한 중점관리 위험요인을 선정하는 일련의 활동을 말한다.

(위험평가 기준) 보호대상 범위에 속하는 핵심적 시설 및 설비 등에서 발생할 수 있는 위험요인을 식별하고, 해당 위험요인의 발생 가능성 및 피해 정도를 분석하여 위험평가를 실시하되 필요시 기관 고유기능 및 세부시설 마비의 경우 동종 또는 타 유관기관에 미칠 수 있는 영향을 고려하여야 한다.

4) 중점위험관리

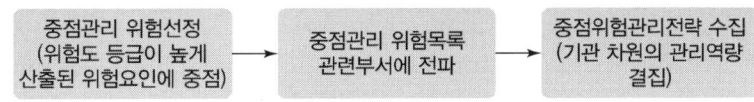

┃ 중점위험관리 Process ┃

(중점위험관리전략) 중점관리위험별 위험경감대책(예방계획) 및 사고 발생 시 대응대책을 포함하는 세부계획을 의미한다.

(중점위험관리전략 수립방법) 위험평가 결과 위험도 등급이 높게 산출된 '관리위험 목록'을 관련 부서에 전파하여, 기관 차원의 관리역량이 결집된 전략 및 계획을 수립하고, 위험평가 결과와 연계하여 위험도 등급이 높게 산출된 위험요인에 대한 중점위험관리전략을 수립한다.

5) 재난관리

부서별로 수립하고 있는 연간계획 참고 → 각 위험별 위험경감대책 및 사고 발생 시 대응대책을 포괄적으로 작성

위험평가 결과 도출된 중점관리 위험에 대한 대응 대책뿐만 아니라,
해당 국가핵심기반의 종합적인 안전계획을 포함

┃ 재난관리 Process ┃

(재난관리의 정의) 국가핵심기반에서 중점적으로 관리해야 할 분야에 대한 재난의 예방·대비·대응·복구를 위한 모든 활동을 통해 위험으로부터의 기반체계의 보호를 위미함

(재난관리대책 수립 방법) 부서별 수립하고 있는 연간계획을 참고하여 해당 국가핵심기반 보호를 위해 실시하고 있는 각 위험별 위험경감 대책 및 사고 발생 시 대응 대책을 포괄적으로 작성하고, 위험평가 결과 도출된 중점관리 위험에 대한 대응 대책뿐만 아니라, 해당 국가핵심기반의 종합적인 재난관리를 포함한다.

① 예방대책

> ▶ **안전점검 및 정밀안전진단**
> - (안전점검·정밀안전진단 실시) 지정시설에 대해 관련 자격자가 실시하는 안전점검 및 정밀안전진단을 실시해야 함
> - (안전점검·정밀진단 우선순위 선정) 시설물 중요도에 따라 관리주체의 종합적인 판단에 따라 정성적으로 선정함
> - (점검 및 진단 계획) 시설물의 특성에 따라 결정하되, 우선순위에 따라 실시
> - (시설물 유지·보수계획) 안전점검·정밀안전진단 시 발견된 결함을 보수, 보강하여 최적의 운행상태를 유지할 수 있도록 유지보수 계획 작성

> ▶ 자체방호
> (방호계획 수립) 테러, 무단침입 등에 대비하여 각 관리기관의 특성에 맞게 출입통제 · 경비 · 보안 · 당직 등의 자체방호계획을 수립

> ▶ 정보통신시설 보호계획
> - (보호계획 수립) 사이버 공격 및 자연재해, 사회적 재난에 따른 정보통신망 장애 등에 대비하여 각 기관별 특성에 맞게 정보통신시설 보호계획 수립
> - (주요내용) 보호계획에는 시설의 '취약점 분석 · 평가', '침해사고에 대한 예방 및 복구대책', '망 이원화 · 이중화 등 기타 정보통신 시설 보호에 필요한 사항' 등을 포함

② 대비 대응

> ▶ 위기관리매뉴얼
> - (작성방향) 재난발생 시 각 재난 유형별 매뉴얼에 규정된 절차와 내용에 따라 대응할 수 있도록 작성하고, 위기관리 표준매뉴얼 등 상위계획과 부합되도록 작성
> - (개선사항) 사고 피해자 보호조치 사항, 폭염 · 한파 · 감염병 · 드론테러 등 신종재난 대비, 안전취약 계층을 고려한 대피절차 등 반영
> - (작성방법) 행정안전부에서 기 배부한 작성기준 표준(안)에 따라 작성하되, 각 기관별 · 시설별 현장 여건에 따라 탄력적으로 작성
> - (정비) 매뉴얼은 재난발생 시 즉시 적용가능 하도록 인사이동, 조직개편, 훈련 후 개선사항 도출, 상위계획 변동 등에 따라 수시로 정비

> ▶ 상황관리(경보 및 의사소통)
> - (관리체계) 재난 발생 시 대응을 위한 종합체계도, 상황전파체계 및 기구별 임무와 역할, 유형별 담당자 대응수칙 등이 구체적으로 기술되어야 함
>   ※ 근거 :「재난 및 안전관리 기본법」제18조(재난안전상황실) 등
> - (상황 보고체계) 국가핵심기반 재난 발생 시 재난상황과 응급조치 및 수습 내용을 아래 보고체계에 따라 즉시 보고(통보)해야 함
>   - 관리기관 → 주관기관, 행정안전부, 해당지자체, 유관기관 등
>   - 중앙행정기관이 관리기관인 경우는 행정안전부로 직접 통보
>   - 상황보고서는 재난발생 일시, 재난발생 규모, 비상상황단계(관심, 주의, 경계, 심각), 상황분석, 피해예측, 조치사항 등을 재난유형별로 작성
>   ※ 기관 내외부 부서 및 유관기관과의 협조 요청, 지시 및 요청사항, 보고의 주체와 내용 등이 명확히 드러나도록 작성
> - (위기경보 단계별 기준 및 조치사항) 소관분야 국가핵심기반 위기경보 발령 기준을 사전에 설정, 상황 발생 시 즉시 경보를 발령해야 함
>   - 위기경보 수준별 발령 판단기준 및 활동내용을 참고하여 주요 사고유형에 대해 위기징후 목록 개발 및 조치사항 작성

수준	발령 판단기준	활동내용
관심 (Blue)	징후가 있으나 그 활동수준이 낮아서 가까운 기간 내에 국가 위기로 발전할 가능성이 비교적 낮은 상태	징후활동 감시 기관과의 협조체계 점검
주의 (Yellow)	징후 활동이 비교적 활발하고 국가위기로 발전할 수 있는 일정 수준의 경향성이 나타나는 상태	관련 정보수집 정보공유 활동 강화 관련기관과의 협조체계 가동
경계 (Orange)	징후 활동이 활발하고 전개 속도, 경향성이 현저하여 국가위기로 발전할 가능성이 농후한 상태	조치계획 점검 관련기관과 함께 인적·물적 자원의 동원 준비
심각 (Red)	징후 활동이 매우 활발하고 전개 속도, 경향성 등이 심각하여 국가위기 발생이 확실시 되는 상태	즉각 대응태세 유지

▶ 교육
- (목표) 국가핵심기반 보호의 의미와 중요성, 시설별 위험관리 기법을 전수하여 기반시설관리자의 보호역량 강화
  ※ 근거 : 「재난 및 안전관리 기본법」제29조의2(재난안전분야 종사자교육)
- (교육운영) 행정안전부 전문교육 및 워크숍, 주관기관 및 관리기관 자체교육, 외부 위탁교육 등 실시
- (교육내용) 국가핵심기반보호의 중요성, 위험분석체계 및 필요성, 필수기능의 개념 및 중요성, 재난발생 시 유형별 대처방법, 외부자원 활용방안 등을 교육내용으로 함

▶ 훈련
- (목표) 국가핵심기반에서 재난상황을 가정, 이에 적절하게 대처하는 능력을 제고하여 어떠한 재난발생 시에도 중단 없는 공공서비스를 제공하기 위함
- (훈련중점) 소관분야 위기대응매뉴얼에 대한 적절성을 점검하고, 개선사항을 발굴하여 보완에 중점을 두어야 함
  - 관계 기관 간 공통 필수기능에 대한 원활한 상호협력체계 점검
  - 새로운 재난유형을 도출하여 대응절차를 정립하고 대응체계 구축
  - 대체자원 동원 등 외부 유관기관 연계 시 합동훈련 실시
- (훈련평가) 훈련실시 후 목표 달성여부, 대응체계상 문제점 등에 대한 훈련결과보고서를 작성하여 개선사항 환류조치

③ 복구 대책

▶ 보호자원 관리
- (보호자원의 목적 및 정의) 국가핵심기반 마비 등의 재난 발생에 대비, 재난관리책임기관의 장 등이 지정·관리하는 자재·장비 및 인력
  ※ 근거 : 「재난 및 안전관리 기본법」제34조(재난관리자원의 비축·관리) 등
- (보호자원 소요기준) 보호목표 유지를 위해 필요한 인적·물적 자원 규모를 구체적 산식으로 제시

- (보호자원 확보방법 및 동원절차)
  - 보호자원은 자체자원과 외부자원으로 구분하고, 내부 소요자원 부족 시 외부자원 동원을 위한 종류 및 확보방법, 유형별 동원순서 설정
    ※ 외부자원의 경우 유관기관 또는 민간협력업체 등 자원확보 대상을 구체적으로 정하여 비상시 대체자원 동원이 가능하도록 미리 협약 체결하고, 협약기관의 자원 보유현황 및 지원 가능성을 주기적으로 점검 필요
  - 보호자원 확보가 현실적으로 불가능할 시 보호자원 확보를 위한 교육·훈련 등 양성계획 수립
- (보호자원 관리) 보호자원 관리 전담조직 체계도 및 담당자 지정, 관리주체별 역할과 책임 규정

▶ 조기복구대책
- (임무와 역할) 복구계획을 실행하기 위하여 조직 및 유관기관 비상연락 체계 구축, 장비 등 인력 및 기능별 활동계획 수립, 상황판단 회의소집기준 수립
- (복구조직 구성) 중점위험관리를 중심으로 조기복구를 위한 응급복구반 구성 및 상호협력 체계 마련, 필요시 비정상적인 재난대비를 위한 복구 TFT구성
  ※ 비정상적인 경우 : 감염병 확산 등
- (복구계획 수립) 중점위험관리 우선순위에 따라 피해상황 분석, 상황판단 회의, 복구조직 가동, 기능재개 선언, 복구조직 해제
  ※ 복구비 산정, 복구 우선순위 결정, 단기 또는 중기 계획
- (복구상황 보도 및 홍보) 복구상황 보도 및 홍보는 복구 진행상황 보고양식, 보도자료 준비, 보도자료 배포 계획

03 국가핵심기반 보호체계 해외 사례

1. 미국

1) 국가핵심기반의 개요

① 지정목적

테러, 자연재난 등의 위기 상황이 발생하여 국가핵심기반이 파괴되거나 무능화되는 것을 방지하기 위하여 안전하고 강력하게 국가적 방어태세를 강화하기 위하여 지정한다.

② 지정범위
- 필수기반시설 : 무능화되거나 파괴될 경우 연방, 주, 지역, 지방에 걸쳐 보안, 경제, 공공보건 및 안전, 환경을 쇠약하게 하는 영향을 주는 없어서는 안 될 물리적, 가상

적인 시스템 및 자산을 말한다.
- 중요자산시설 : 국토 안보법에서 정의하는 바와 같이 공공이나 민간부문에서 통제하는 자산으로서 국가 경제 및 정부를 최소한으로 운영하는 데 필수적인 시설을 말한다.

③ 지정기준
- 정보분석 및 보호이사회(Information Analysis and Infrastructure Protection, IA/IP)가 내부 절차를 통해 중요도를 판단하여 지정한다.
- 특정 장소 및 시설에 대한 33,000개의 기반시설 자산 목록을 축적하고 이중 국가적 관점에서 중요하다고 판단되는 1,700개의 자산을 선택한다.

2) 국가핵심기반의 현황

미국의 국가핵심기반은 중요기반시설(Critical Infrastructure)과 핵심자원(Key Resources)으로 나뉘며 그 분류에 대한 변천과정은 아래 표6)와 같다.

▼ 미국 국가핵심기반 분류체계의 변천과정

기반 시설	미정부 보고서 및 훈령							
	CBO (1983)	NCPWI (1988)	E.O. 13010 (1996)	PDD -63 (1998)	E.O. 13228 (2001)	NSHS (2002)	NSPP (2003)	HSPD-7 (2003)
수송	X	X	X	X	X	X	X	X
물공급/ 물처리	X	X	X	X	X	X	X	X
교육	X							
공중위생	X			X		X	X	X
감옥	X							
산업역량	X							
쓰레기 서비스		X						
통신			X	X	X	X	X	X
에너지			X	X	X	X	X	X
은행과 금융			X	X		X	X	X
비상 서비스			X	X		X	X	X
정부 연속성			X	X		X	X	

6) 국가핵심기반 보호전략 개발연구, 한국건설기술연구원, 2012

기반시설	미정부 보고서 및 훈령							
	CBO (1983)	NCPWI (1988)	E.O. 13010 (1996)	PDD-63 (1998)	E.O. 13228 (2001)	NSHS (2002)	NSPP (2003)	HSPD-7 (2003)
정보시스템				×	×	×	×	×
원자력시설					×			
특별공연장소					×			
농업/식품공급					×	×	×	×
방위산업기초						×	×	×
화학산업						×	×	×
우편/해운서비스						×	×	×
기념물 및 상징물							×	×
핵심산업/기술분야							×	
대규모 집회장소							×	

미국은 본래 17개로 국가핵심기반를 분류하였으나 2008년도에 제철 및 철강 등을 제조하는 제조 산업(Metal Manufacturing)을 포함하여 총 18개 분야로 구분하고 있다. 특히 주요 보호자산의 개념을 도입하여 핵심체계를 위협하지는 않으나, 지역적 재난이나 국민적 긍지·신뢰에 심대한 손상을 주는 대상물도 지정하여 관리하고 있다. 국가 핵심기반 시설은 국방, 경제, 안전에 주요한 영향을 미칠 수 있는 시설이나 시스템으로서 핵심기반 보호대상으로는 농업 및 식량, 식용수, 공중보건의료, 행정서비스, 방위산업기지, 통신, 에너지, 교통, 은행·금융, 화학산업 및 유해물질, 우편·해운, 주요 제조산업 등이 있으며, 주요 자산에는 국가적 기념물 및 상징, 핵발전소, 댐, 정부시설, 주요 상업자산 등이 있다. 미국의 국가핵심기반 분류는 다음과 같다.

▼ 미국의 국가핵심기반 분류 및 관리기관

국가핵심기반 분류(18)	관리기관
농업 및 식량(Agriculture & Food)	• 농림부(Department of Agriculture) • 보건복지부(Department of Health & Human Services)

국가핵심기반 분류(18)	관리기관
방위산업기지(Defense Industrial Base)	국방부(Department of Defense)
에너지(Energy)	에너지국(Department of Energy)
공중보건의료(Public Health & Healthcare)	보건복지부(Department of Health & Human Services)
국가기념물 및 상징물 (National Monuments & Icons)	내무부(Department of Interior)
은행 및 금융(Banking & Finance)	재무부(Department of Treasury)
식용수 및 수질관리체계 (Drinking Water & Water Treatment Systems)	환경보호청(Environmental Protection Agency)
• 화학(Chemical) • 상업시설 Commercial Facilities) • 댐(Dams) • 긴급서비스(Emergency Service) • 상업 원자로, 재료 및 폐기물(Commercial Nuclear Reactors, Materials & Waste) • 제조산업(Metal Manufacturing)	• 국토안보부(Department of Homeland Security) • 시설보호국(Office of Infrastructure Protection)
• 정보기술(Information Technology) • 통신(Telecommunication)	사이버 보안 및 전기통신국 (Office of Cyber Security & Telecommunication)
채신 및 해운(Postal & Shipping)	교통안전국(Transportation Security Administration)
수송체계(Transportation System)	• 교통안전국(Transportation Security Administration) • 해안 경비대(US Coast Guard)
정부시설(Goverment Facilities)	• 이민귀하세관검사국(Immigration & Customs Enforcement) • 연방보호국(Federal Protective Service)

2. 독일

1) 국가핵심기반의 개요

① 지정목적

사회재난, 자연재해 등으로부터 인간의 삶을 보호하기 위해 국가핵심기반이 파괴되는 위험을 감소시킴으로써 시설의 피해를 줄이고 위기상황에 효율적으로 대처하기 위하여 지정한다.

② 지정범위

핵심기반시설 : 고장 또는 손실로 공공안전 또는 사회적 중요성에 대한 심각한 붕괴, 그리고 지속적인 공급체계에 결함을 초래할 수 있는 국가적으로 중요성이 있는 조직 또는 시설을 범위로 한정한다.

③ 지정기준

위험에 대해 중요한 정도(Criticality), 위험도 측정을 실시한 후 이를 기준으로 핵심기반시설을 지정한다.

※ 위험도 : 사회적으로 중요한 재화 및 서비스를 제공하는 공급수단의 기능상 결함이나 중단의 영향으로 기반시설의 중요성을 나타내는 상대적인 척도

2) 국가핵심기반의 현황

독일은 공공복지를 위해 중요한 조직체계 및 제도의 파괴 또는 중단은 공공 안전 또는 다른 극적인 사회적 중요성들에 장기간에 걸친 공급 병목과 큰 혼란을 초래함을 국가적으로 인식하고 다음과 같이 중요 기반시설 보호대상 분야를 분류하여 관리한다.

▼ 독일의 중요기반시설 보호대상분야

기반시설분야	기반시설 세부분야
교통수송	항공, 해상교통, 철도, 지역교통, 운하, 도로, 우편시스템
에너지	전력, 원자력, 가스, 유류
위험물질	화학 및 생물학적 물질, 유해물질운송 등
통신 및 정보기술	통신, 정보기술 분야
금융 및 보험	은행, 보험, 금융서비스 제공자, 주식거래소
서비스	비상, 건강과 구조서비스, 시민보호, 음식 및 식수공급, 쓰레기처리
행정부 및 사법시스템	행정부 및 사법시스템(경찰, 군 포함)
기타	방송, 주요 연구기관, 상징적 빌딩, 문화적 자산 등

▼ 독일 핵심기반시설의 분류

기술적 필수기반시설 (Technical Basic Infrastructure)	사회경제적인 서비스 기반시설 (Socio-Economic Services Infrastructure)
전력공급(Power Supply)	공중보건/식품(Public Health ; Food)
정보/통신기술 (Information and Communications Technology)	응급/대응서비스 및 재난통제관리 (Emergency and Rescue Services ; Disaster Control and Management)
교통(Transportation)	의회/정부/공공행정/사법당국 (Parliament ; Government ; Public Administration ; Law Enforcement Agencies)
음용수공급 및 하수처리((Drinking-) Water Supply and Sewage Disposal)	재정/보험업(Finance ; Insurance Business)
-	미디어/문화유산(Media ; and Cultural Objects(Cultural Heritage Items))

3. 영국

1) 국가핵심기반의 개요

① 지정목적

자연재해, 인적재해 등 모든 위험요소로부터 공급 및 배분 시스템 역할을 하는 공공 및 민간부문 조직들이 국가 기반시설로서의 무능화를 방지하기 위하여 지정한다.

② 지정범위

핵심기반시설 : 의존하고 있는 필수 서비스의 지속적인 제공 및 통합에 없어서는 안 되며 손실이나 위태로움이 심각한 경제적, 사회적 손실과 인명피해를 야기하는 물리적, 전자적 기반 자산을 핵심기반시설의 범위로 한정한다.

③ 지정기준
- 기반시설의 가치, 중요도 및 손실이 미치는 영향에 따라 분류한다.
- 중요도 척도(Criticality Scale)를 "국가적 차원에서 파괴될 때 심각한 영향을 주는 정도"로 규정하여 기준으로 활용한다.

2) 국가핵심기반의 현황

영국은 2010년 핵심기반시설 분야별 방재 계획(Sector Resilience Plan for Critical Infrastructure 2010)에서 주요 국가핵심기반을 물, 통신, 에너지, 교통, 음식, 건강, 응급서비스, 재정, 정부 등으로 구분하고, 각 분야에 대한 홍수 위험성을 평가하였다. 세부적으로는 각 분야별 개요, 배경, 위험성평가, 방재력 형성, 추가 조치 등을 포함한다.

▼ 영국의 중요기반 체계분야 및 세부분야

분야	세부분야
통신	데이터통신, 음성통신, 메일, 공공정보, 무선통신
비상서비스	앰뷸런스, 화재구조, 해양경찰, 경찰
에너지	전력, 가스, 석유
금융	자산관리, 금융시설, 투자은행, 주식거래소, 소매은행
식품	생산, 수입, 가공처리, 배송, 소매
정부 및 공공서비스	청사, 지역 및 지방정부, 의회 및 사법, 국가안보
대중안전	화학 · 생물학 · 방사능 · 원자력 테러, 대규모 행사장 등
보건	건강관리, 공중위생
수송	항공, 해상, 철도, 도로
물	식수, 하수

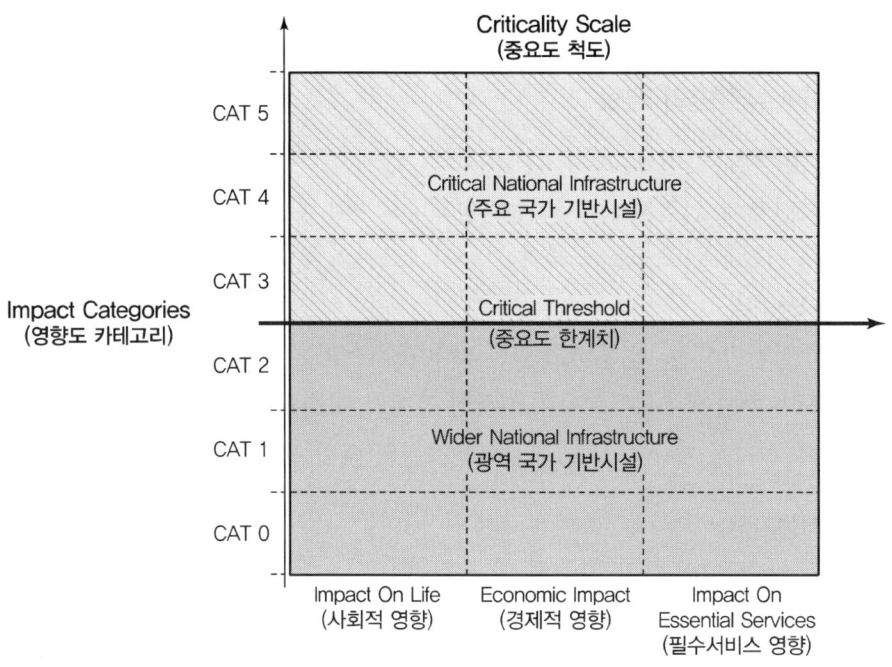

‖ 중요도 척도의 3개 기준(Cabinet Office, 2010a) ‖

4. 호주

1) 국가핵심기반의 개요

① 지정목적

국가 보안을 강화하고 경제적인 자산과 사회적인 삶의 질을 보장하는 필수적인 요소로서 각종 재난 상황에 직면하였을 때 필수기반체계의 지속적인 운영을 위하여 지정한다.

② 지정범위

필수기반체계 : 물리적 시설, 공급 체계, 정보기술 및 통신 네트워크와 같이 일정기간 동안 파괴되거나 가치의 저하, 무능화될 경우 국가에 사회적·경제적으로 중대한 영향을 미치거나 호주의 국방 및 국가안보 수행능력에 영향을 주는 것이 필수기반체계의 범위이다.

③ 지정기준

자연적, 인적, 사회적 재난을 나누지 않고 시설 자체가 아닌 전반적인 기반체계의 유지 및 국가 안보의 유지를 목표로 기반 시설과 네트워크, 공급체계들을 포괄적으로 포함한다.

2) 국가핵심기반의 현황

호주는 모든 국민들이 의존하고 있는 전력, 식수, 공공의료 서비스, 통신 시스템, 은행 등과 같은 기초적인 서비스를 필수기반체계 보호대상으로 하여 관리하고 있다. 호주의 약 90% 이상의 필수기반체계는 사적소유물 또는 상업적 거래기반에서 운용되고 있는데, 일부 필수기반체계는 정부, 주, 준주의 소유로 되어 있어 공공 및 민간분야와의 파트너십 관계 구축이 당연시되고 있다.

호주는 필수기반체계를 9개 분야로 분류하여 보호체계를 구축하고, 각 분야는 은행 및 금융, 통신, 비상(응급) 서비스, 에너지, 식품(Food Chain), 공중위생(Health), 상징물 및 공공집회(Icons and Public Gatherings), 수송, 물 서비스(Water Services)로 필수기반체계 보호를 위하여 보호대상 분야별로 실무대응조직을 구축하여 기반체계 재난에 대비하고 있다. 법무장관 소속하에 필수기반체계 자문위원회를 두고, 산하에 기반체계보증 자문그룹과 전문가 자문그룹을 설치하여 기반시설 재난에 대응하고 있다.

5. 일본

1) 국가핵심기반의 개요

① 지정목적

행정 측면에서 가장 중요한 기능 유지를 목적으로 사회재난 및 자연재해로부터 인명, 재산, 국토를 보호하기 위하여 지정한다.

② 지정범위

방재 또는 재해대책/재난관리 : 자연현상이 발생하고 있는 거대한 테두리인 자연과 사람, 토지 등 사회의 테두리 안에서 발생하는 재해로부터 보호하는 행정적 차원의 가장 중요한 기능으로 범위를 한정한다.

③ 지정기준

"재해대책기본법"에 의거하여 국가기반 시설을 지정할 수 있도록 근거조항을 규정하고, 이에 대한 세부적인 국가기반 체계에 대한 정부방침 및 계획과 아울러 각 국가핵심기반에 대해 재해예방, 재해대응 대책 등을 명시한다.

2) 국가핵심기반의 현황

일본의 내각관방정보보호센터인 NISC(National Information Security Center)는 국가기반체계 보호 업무를 담당하고 있다. 국가핵심기반에 대한 분류는 '04년 정보보안 문제에 관한 정부 핵심기능 강화를 위해 '중요인프라 보호를 위한 행동계획'에 의해 10개 분야로 구분하고 있으며, 주요 내용은 각각 에너지(전력, 가스), 정보통신(정보통신), 교통수송(항공, 철도), 금융, 의료, 식용수(수도), 정부행정 서비스, 화물(물류) 등이다.

▼ 일본의 국가핵심기반 분류 현황

구분	세부분야
에너지	전력, 가스
정보통신	정보통신
교통수송	항공, 철도
금융	금융
의료	의료
식용수	수조
정부행정서비스	정부, 행정
화물	물류

6. 해외 사례를 통한 시사점

선진국의 경우 국가핵심기반을 보호하기 위하여 국가주요기반시설 보호계획(NIPP), 중요인프라 보호를 위한 행동계획, 주요핵심기반시설 보호센터 등 관련 계획과 정책을 수립하고, 관련 부서를 설립하여 운영하고 있다. 국가핵심기반의 지속적인 관리를 위하여 위협, 위험과 관련된 요인 파악, 위험 분석 등을 수행하고 있으며 장기적 관점의 위험관리 프로그램을 도입하여 효과적인 보호 활동을 수행하고 있다.

우리나라의 경우 보호지침을 통해서 취약성 분석, 위험 평가 등 위험분석을 실시하는 것을 의무화하고 있으나, 구체적인 방법이 제시되어 있지 않고, 실질적으로 적용된 사례가 없다. 따라서 국가핵심기반 담당 기관에서 제각각 위험분석을 수행하여 통일성이 없거나, 수행하고 있지 못한 경우가 대부분이다. 따라서 국가핵심기반을 보호하기 위하여 국가핵심기반을 정립하고, 체계화하는 것이 시급한 실정이다.

PART 09 재난·사고 사례

PREVENTION OF DISASTERS

1. 아시아나 항공 여객기 사고
2. ㈜코리아 냉장창고(안성)화재
3. 포항·울주 산불
4. 대구 지하철 화재
5. 구미 불산 누출
6. 경주 마우나리조트 붕괴
7. 세월호 침몰
8. 싱크홀
9. 시설물의 노후화
10. 메르스 사태
11. 태풍 루사
12. 국내 주요 지진
13. 집중호우
14. 폭설/한파
15. 폭염
16. 강원 동해안 산불
17. 고양 백석동 온수배관 파열 사고
18. KT 아현지사 화재 사고
19. 동일본 대지진
20. 허리케인 카트리나

01 아시아나 항공 여객기 사고

01 사고 개요

① 사고일시 : 2013년 7월 7일 일요일 오전 03시 27분경
② 사고경위 : 인천발 샌프란시스코행 아시아나 항공 214편(B777-200 여객기, 총 307명 탑승)이 샌프란시스코 공항 착륙 중 사고 발생
③ 인명피해 : 총 307명(승객 291, 승무원 16) 중 사망 3명, 부상 180명 발생
④ 재산피해 : 기체(대파, 약 1,136억 원), 공항시설물(방파제 파손 등 약 2억 원)
⑤ 대책본부 운영 : 국토교통부 사고수습본부, 외교부 재외국민보호대책본부

∥ 아시아나항공 여객기 사고[1](2013.07.07.) ∥

---

1) 아시아나 여객기, 美공항서 착륙 사고, 연합뉴스, 2013년 7월 8일

02 경과 및 조치사항

1. 초동대응

① 2013년 7월 7일(일) 03시 27분(한국시간) 항공기 사고 발생
② 상황접수 및 신속 전파 24시간 근무부서인 항공사 종합통제실에서 운항정책과 담당자에게 사고 발생 보고(03시 50분)
③ 주미 샌프란시스코 총영사관의 이동률 영사가 외교부 재외국민보호과장에게 유선으로 사고 발생 보고(04시 00분)
④ (비상 근무체제로 신속 전환) 국토교통부에 사고수습본부 설치 및 국토교통부 항공정책실 전 직원 비상소집 발령(04시 30분)
 - 1차적으로 세종시 인근에 거주하는 직원을 중심으로 긴급 사고수습본부 구성 지시(04시 50분, 항공정책실장)
 - 사고 수습에 만전을 기하도록 관계자에게 지시(05시 00분, 2차관)
 - 서울 등 원거리 거주 직원 포함 전 직원 비상소집 완료 및 사고수습본부 운영(08 : 00)
⑤ (재외국민보호대책본부 가동) 외교부에 '재외국민보호대책본부(본부장 : 이정관 재외동포영사대사)' 설치 및 가동(06시 00분)
⑥ (피해상황 등 현지상황 신속 파악 및 전파) 미국 NTSB(국가교통안전위원회), 외교부 등 관계기관, 사고 항공사와 협조체제를 유지하고, 현지상황 정보 입수 및 언론 모니터링 등을 실시
⑦ (긴급항공안전 신속 지시) 8개 국적 항공사에 유사사례 재발 방지 지시(7월 7일, 07시 30분, 2차관)
 - 항공사별 재발 방지대책 및 과거 유사사례 등을 파악하여 대처토록 하고, 아시아나항공에 사고 수습에 만전을 기하도록 지시
⑧ (국토교통부 긴급 사고수습대책회의 개최) 2차관 주재(7시 30분), 장관 주재(08시 00분)
 - 외교부 등 관련 기관 간 긴밀한 협업체계를 구축하여 사고 수습에 만전을 기하고 현장에서 피해승객 지원을 철저히 할 것을 당부

2. 현장조치

① (부상자 구조) 현지 총 영사관을 통해 샌프란시스코 공항당국에 신속한 피해상황 파악 및 구조 · 구급 요청
② (현장 총괄 지휘) 현장 지휘 · 통솔은 사고대책 본부장 총영사가 시행

- 사고 조사는 국토교통부 조사팀이, 피해국민 보호 및 지원은 총영사관과 외교부 신속대응팀이 전담(국토교통부에서도 주미대사관 소속 국토교통관을 현장에 파견하여 협력)

③ (현지 영사관과 협업체계 구축) 외교부는 샌프란시스코 영사관을 중심으로 피해상황 및 부상자 조치상황 등을 신속하게 파악토록 하여 사고 초기 '사고 수습본부'에서 피해자와 가족지원을 위해 필요한 사항을 사전에 확인·조치토록 함으로써 피해자 가족들의 만족도 제고(피해자 가족 현지수송 항공편 제공, 연락처 등 정보 제공 등)

3. 사고수습본부의 설치·운영

① 사고정보 입수 즉시 '항공사고 위기대응 실무 매뉴얼'에 따라, 국토교통부 2차관을 본부장으로 하는 "아시아나항공 사고 수습본부" 설치·운영
- 상황반, 국제반, 사고현지대책반 등 6개 반, 20여 명으로 구성하고, 각 반별/개인별 임무를 명확히 부여

② (협업체계 강화) 사고 당일부터 총리실, 외교부, (구)안전행정부(소방방재청), 국토교통부 등 관계기관 간 인력을 서로 파견하여 합동근무를 수행하는 등 부처 간 협업체계 강화
- 총리실 1명, 외교부 2명(1명 사고수습본부, 1명 샌프란시스코 현지 신속대응팀 파견), 소방방재청 2명 국토교통부 사고수습본부에 파견 / 국토교통부는 외교부에 1명 파견

③ (정부조치 신속전파) 사고 당일(7월 7일) 언론 브리핑(7회), 보도자료 배포(2회) 등 사고 수습 동향 및 정부조치 신속 보도

4. 피해승객 및 가족 지원

① (피해승객 지원) 정부(현지 총영사관, 외교부 등), 아시아나 직원 등(92명)을 부상자가 입원 중인 미국 현지 병원(14개)에 분산 배치하여 현장 지원활동 실시
- 현장 지원 : 현지 의료, 귀국, 송환, 체류, 식사 등
- 가족 지원 : 가족 방문 및 피해자 가족 현지체류 관련 사항 전반
- 피해자 가족지원을 위한 가족지원센터를 아시아나항공에 운영

② (심리상담 지원) 국토교통부와 소방방재청이 협업하여 사고항공기 탑승객 등 희망자를 대상으로 관련 전문가의 심리상담 지원(7월 9일~)

③ (피해자 수송용 특별기 투입 요청) 항공사에 피해자 가족 수송용 항공기 조기투입 지시(국토교통부 2차관, 7월 7일 14시 12분)
- 아시아나항공, 자사 항공편으로 피해승객 가족 현지 수송

- 부상자 가족 현지방문 지원 : 76명(한국인 37, 중국인 39)
- 사고항공기 탑승객·승무원 귀국 : 185명(한국 71, 중국 110, 인도 3, 태국 1)

④ **(유가족 지원)** 사상자 가족에 대해 항공사 담당직원(415명)을 배치하여 지원
- 사망·중상자·유가족에게 1명씩, 경상자는 1인당 1명씩 전담시켜 현지 의료 서비스, 귀국, 체류, 식사 등을 지원

5. 사고원인 규명

① 사고조사반 현장 급파 등 사고원인 조사 신속 개시
② 기자단을 포함한 사고 조사단 현지 급파(7월 7일 13시 30분, 특별기 운항)
- 국토교통부 사고 조사관(6), 외교부 신속대응팀(2), 항공사 현지지원 요원(12), 기자단(39)

③ 한미합동조사 시, 미국의 일방적인 정보공개를 예방하기 위해 언론 브리핑
④ 이전에 관련 정보를 우리 측에 사전 제공 요청(7월 9일) → 미국 수용(7월 10일)
⑤ 국토교통부 사고조사반(6명 : 사고조사관 4명, 안전감독관 2명)은 운항, 관제, 정비, 블랙박스 등 7개 분야별 현장조사 완료 후 귀국(7월 17일)
- 현지 초동 조사결과 보고서를 바탕으로 우리나라에서 심층 분석
- 외교부 신속대응팀(1명)은 피해국민 보호조치, 언론대응 등 지원 후 귀국(7월 11일)
- 미국 NTSB 의장에게 객관적이고 과학적인 조사를 요청하는 서한 발송(7월 13일, 항공·철도사고조사위원회 위원장)
- 미국 NTSB 의장으로부터 양국 간 공조에 적극적으로 협력하겠다는 내용의 서한 접수(7월 18일)

03 시사점

1. '항공사고 위기대응 실무 매뉴얼'에 따른 신속한 초동 대처

① 지속적인 사고대응 훈련을 통해 매뉴얼을 보완하고, 관계 직원들이 숙지하도록 하여 유사시 준비된 대로 행동 및 대응체계 가동

② 항공사고 대비 "CEO 액션플랜"을 사전에 수립하여 유사시 즉시 적용으로 신속하게 초기 대응
③ 매뉴얼에 따라 관계기관에 신속하게 상황 전파 및 기관 간 긴밀한 협업체계 유지
④ 국토교통부, (구)안전행정부(소방방재청), 외교부 등 관계기관의 상호 인력 파견 등 적극적인 업무지원으로 사고 수습에 크게 기여

2. CEO의 탁월한 위기대응 리더십 발휘로 신속 대응

① '항공사고 시 장관 행동요령(별첨 참조)'에 따라 신속한 판단과 정확한 지시
② 위기관리 매뉴얼에 따라, 명확한 임무 부여
③ 담당 장관은 물론 국무총리가 직접 수습본부를 방문하고, 부처 간 협업을 당부한 것이 신속한 업무처리에 기여

3. 원칙 있는 언론 대응을 통한 적극적인 국민홍보 시행

① 사실 왜곡 또는 추측성 보도 등을 사전에 예방하기 위해 언론에 사실 정보를 정기적이고 지속적으로 언론 브리핑 실시 및 보도자료 배포
② 언론채널 단일화를 위한 전담 공보관제도 운영을 통해 정확한 정보를 실시간으로 제공
③ 사실과 다른 보도에 대한 적극적인 해명 실시로 잘못된 정보가 확산되지 않도록 적극 대응
④ 신속 보도를 위해 전파속도가 빠른 SNS 등 매체를 최대한 활용
⑤ 외신보도에 신속하게 대응할 수 있도록 영문 에디터를 사고수습본부에 포함하도록 개선
⑥ 일부 언론에서 중국인 사망자에 대한 미숙한 보도로 양국 관계에 영향을 주었으며 향후 이에 대한 대응방안 마련 필요

4. 각 나라의 상황과 정서 등을 고려한 외교 협력 필요

① 탑승객이 가장 많았던 중국의 경우 탑승객과 부상자들의 명단을 최대한 빨리 확보하고자 했음. 그러나 개인정보 보호를 중요시하는 미국 측과 이에 대한 협조가 쉽지 않았음
② 외교적으로 문제가 안 되는 선에서 명단을 입수하고 중국 측에 통보함. 중국 측에 이에 대해 큰 사의를 표했음. 그러나 미국 측의 항의가 있었음

5. '항공사고 위기대응 실무매뉴얼'의 보완

① 사고 항공사 직원을 수습본부에 포함하도록 하고, 항공사로부터 정기적인 상황 보고서 접수방안 마련
② '항공철도사고조사위원회'와의 협력채널 구축
③ 사고조사 협조관을 지정하여 사고수습본부와 사고조사위원회와의 소통채널 사전 구성 방안 검토 등

6. 피해자 신원확인 과정 개선

① 대형 사고 발생 시 가장 급선무는 피해자 신원확인이나, 이번 사고의 경우 사고 초기 아시아나 측에서 탑승자 명단을 제공하지 않아 외국인 인원과 피해상태 파악에 곤란을 겪음
② 우리 국적 항공사와 비상사태 대비 매뉴얼 공유 및 정보제공 협약체결 필요(외교부)

7. 한인회 등 동포단체와 사전 협력체계 구축 필요

① 사망자 및 부상자가 다수 발생하는 사고의 경우, 평상시 관계를 맺어 둔 동포 및 현지경찰·의사·간호사 등의 협조가 절대적임
② 사전에 관련자 명단 확보 및 인적 네트워크 구축 필요
③ 입원 환자 통역서비스, 운전지원이 가능한 봉사자 풀 확보

02 ㈜코리아 냉장창고(안성) 화재

01 사고 개요

① 사고일시 : 2013년 5월 3일(금) 01시 10분경
② 발화 장소 : 경기도 안성시 일죽면 ㈜코리아냉장(2층 중앙통로 212호실 앞)
③ 사고원인 : 불명
④ 피해현황 : 재산피해 총 1,366억 원(부동산 403억, 동산 963억)

▮ 안성㈜코리아 냉장창고 화재사고[2](2013.05.03.) ▮

02 경과 및 조치사항

1. 초기 진화

① 안성시 재난안전대책본부에서 초기 대응·수습을 했으나 화재 장기화로 사고 수습이 교착상태에 빠지면서 환경오염 등 2차 피해 발생
② 중앙재난안전대책본부가 건물 철거 및 폐기물 처리 긴급 이행명령 시달 등 사고 수습에 적극적으로 대응

---

2) 경기도 이천소방서, "이천시 코리아 2000 냉동창고 화재사고 백서", 2008

③ 화재사고 신고 및 상황전파, 안성경찰서 및 소방서 등 초동대응은 신속히 이루어졌으나 샌드위치 패널 등 화재건물의 구조적 특성과 내부 저장물 기름의 연소가 지속되면서 건물내부 진입이 어려워 완전 진화까지 60여 일 소요

④ (사고신고, 접수 및 전파) '13.5.3.(금) 01시 10분경 화재건물의 1층 방재실 직원이 CCTV 및 수신반 화재표시·경보음 확인 후 2층에서 화재 발생 사실 인지, 119로 즉시 신고하고, 안성소방서는 즉시 2착대 최소 인원을 제외한 모든 장비를 출동시킴

⑤ 01시 22분경 안성소방서는 현장에 도착하여 대응하였으며 유관 기관에 상황을 전파·공유하는 등 상호 협력체계 유지
- 화재단계별 비상발령 : 광역 1호(01 : 57) → 광역 2호(03 : 06) → 광역 3호(03 : 25)

⑥ (초기사고 대응을 위한 지시·통제) 안성시는 재난안전대책본부(본부장 : 안성시장)를 구성하여 신속한 현장대응 조치 실시
- 화재현장 통제는 안성경찰서 및 안성소방서 인원이 동원되어 이루어졌으며, 연소 확대 방지를 위해 인접건물에 집중 방수 실시
- 소방차량과 CJ 물류차량만 진입토록 신속히 통제선 설치
- 대응기관 간 통신망 운영(KT), 화재건물 전기공급 중단 및 비상전력 운영(한국전력공사)

⑦ (초기화재 대응) 화재 발생 초기에 화재건물 내부저장물(돼지고기 등 20,048톤)의 기름으로 연소가 지속되고 건물 후면은 대덕산 절개지로 접근 불가
- 화재건물이 샌드위치 패널로 된 철판구조로 폭열이 되면 건축물이 변형되면서 붕괴가 우려됨
- 화재잔해물 낙화에 의한 소방관의 부상 우려가 있어 경기도 소방본부 재난안전부 안전진단팀이 내부진입이 불가함으로 판정
- 완전 진화까지 60여 일 소요(7월 4일 완전 진압됨에 따라 건물 인계, 안성시 → (주)코리아냉장)
- 초기 배연 작업을 위한 건물외벽 천공작업 실시, 무인방수 로봇을 이용하다 내부진입이 어려워 창고를 원격으로 파괴할 수 있는 '다기능 무인파괴 방수차'로 화재 진화

2. 초기대응

① 안성시·경기도 긴급구조통제단은 바람으로 인해 창고 뒤에 위치한 대덕산으로 불이 옮겨 붙지 않도록 계속하여 소방용수를 투입

② 초기 화재진압을 위해 화재현장에 소방용수 5,700여 톤 투입
- 화재진화에 사용된 소방용수와 냉장창고에 보관된 고기류의 침출수 및 잿가루가 혼합된 오염수가 인근 방초천으로 유출될 위험이 발생

- 안성시 재난안전대책본부에서 저류조 설치 등 초기 방제작업을 실시
③ (초기 방제작업) 안성시 재난안전대책본부에서 선조치 후구상권 청구 방침을 결정
- 저류조를 설치(20개소, V=12,000m³)하고, 오일붐과 흡착포로 초기 방제작업 실시
- 사고 발생 6일 후인 5월 9일부터 우천이 예보됨에 따라 저류조 내 폐수를 인근 폐수종말처리장과 산업단지 폐수처리장으로 위탁처리(5.19. 완료)

┃ 저류조 설치 전경(길이 1km, 용량 7,500m³) ┃

┃ 오일붐, 흡착포 설치 ┃

┃ 화재 진압수 정화(약 3,000m³) ┃

3. 2차 피해 확산 방지를 위한 대책활동

① 건물의 연소가 지속되고, 폭염 등으로 저장물 부패로 인한 악취가 발생함에 따라 대기오염과 감염병 등 2차 피해 확산 방지를 위하여 안성시 재난안전대책본부에서는 유관기관과의 협력을 통하여 대기오염 측정, 의료지원 등 주민보건활동을 선제적으로 전개
② (사고수습 대책회의) 안성시 재난안전대책본부는 2차 피해 방지대책 등 사고수습 대책회의를 개최(5월 3일~5월 6일, 총 4회)
- 안성시 부시장 주재로 화재 진화를 위한 현장대책회의를 개최하여 재난관리기금 지원검토와 유관기관 지원자의 숙식제공 등 논의(5월 4일 14시 30분)

- 안성시장 주재로 현장대책회의를 개최하여 화재진압 장기화에 따른 2차 피해 대책과 주민불편 해소방안 논의(5월 5일 08시 30분)
- 안성시 부시장 주재로 사업주 측 비용부담 범위 및 조기 진화 방안마련을 위한 대책회의 개최(5월 6일 16 : 00)

③ (대기오염 대비) 경기도 보건환경연구원에서는 5월 8일부터 6월 4일까지 29일간 지속적으로 대기오염을 측정하는 등 모니터링을 실시하고, 안성시에서 인근 마을주민들에게 방진마스크 1,400개를 보급
- 측정결과 5월 8일~5월 9일까지 일산화탄소(CO) 농도가 안성시 평균(0.4ppm)보다 높게 측정(0.6ppm)되었으나 5월 9일부터 내린 비로 안성시 평균농도 내 유지

④ (감염병 대비) 악취, 해충 등으로 인한 감염병을 대비하여 주민진료 상황실을 운영하는 등 주민보건 대책활동 실시
- 화재지점 및 인근마을, 하천부근 방역강화 1일 2회 이상 실시
- 안성보건소를 임시 진료소로 운영(장소 : 방초 보건지소)하여 주민 100명 진료
- 경기도 이동검진차량 운영으로 4개 마을 주민 81명 진료
- 대한결핵협회에서 이동검진(X-ray)을 실시하여 4개 마을 주민 114명 검진
- 진료상황실 운영으로 화재 관련 질환자 및 피부병 의심환자 36명 진료 등 총 696명 진료 및 상담 실시

∥ 방역 강화 ∥

∥ 주민진료소 운영 ∥

∥ 이동검진 운영 ∥

⑤ (피해지역 주민지원) 화재 장기화 및 사업주의 건물철거 지연 등 재난수습이 교착상태에 빠져 악취 및 수질오염 등 생활환경 불편을 호소하는 화재 주변 6개 마을 100여 명이 안

성시청에서 집회(2013년 9월 2일)를 열어 자체 피해지원대책을 요구함에 따라 안성시는 지원방안을 마련하고 시행

03 시사점

- 안성 (주)코리아냉장창고 화재사고는 사유 시설물의 단순화재로 시작되었지만 점진적으로 재난 상황이 확대되어 화재진압수와 저장육류 부패, 연무, 악취 등 2차 환경오염을 초래한 복합 재난으로 전개
- 샌드위치 패널 등 건물의 구조적 특성으로 인해 화재가 장기화
- 복합재난에 대비한 대책마련과 재난관리자의 대응역량 제고 및 샌드위치 패널에 대한 건축물 구조안전기준 강화 등 재난예방과 대비활동 강화에 대한 과제를 남김

복합재난에 대비한 재난대응·수습대책 마련 필요

① 최근 재난은 한 가지 재난유형으로 시작되었다가 환경오염 등 2차적 피해를 초래하여 복합재난으로 전개되는 경우가 많아지고 있으며, 현재까지는 재난유형별로 종적인 매뉴얼과 재난대응체계를 갖추고 재난관리를 하고 있으므로 복합재난에 대비한 전체적인 대응체계를 강화할 필요가 있음
② 복합재난 전담부서를 지정·검토하고, 유관기관별·담당자별 명확한 임무와 역할을 부여하여 복합재난에 적극적으로 대응할 수 있도록 제도 개선이 필요함
  - 안성 ㈜코리아냉장창고 화재사고는 단순한 화재사고나 1차적으로 화재진압수와 잿가루, 저장육류의 기름 침출수가 혼합되어 수질오염을 유발
  - 장기 연소와 악취 등으로 인해 대기오염과 감염병 등 2차적인 환경문제 발생
  - 이 사고를 계기로 수질오염 주관부처인 환경부에서는 화재진압 소방관의 공공수역 유입으로 인한 수질오염사고를 방지하도록 '대규모 수질오염 위기관리 표준·실무매뉴얼'을 '14년 2월 개정하고, 점진적 재난 확대에 따른 모니터링 기능 강화
③ 재난이 발생하면 재난의 피해규모와 확산속도, 2차 피해 가능성, 사회·정치적 파급성, 기상상황, 지리적 여건 등을 고려하여 상황판단을 실시하여야 하나 점진적으로 재난이 확대되는 경우가 많으므로 재난상황에 대해 지속적인 모니터링 기능이 중요함

- 산불 등 재난의 확산속도가 빠른 경우나 피해규모가 명확할 경우에는 정확한 상황판단을 지원할 수 있지만, 구미 ㈜휴브글로벌 불산 누출사고(2012. 9.)처럼 시간이 지날수록 화학반응이 전개되어 농작물 고사 등 2차 피해가 발생한 경우나 감염병같이 기간이 경과할수록 점진적으로 재난상황이 악화되는 경우는 상황판단이 어려움
- 환경에 대한 국민의 관심이 높고, 환경을 보호하는 것이 국가의 책무이므로 각 재난 관리책임기관에서는 재난처리과정에서 환경오염 등 2차 피해를 예상하는 등 재난상황에 대한 모니터링 기능을 강화해야 함
- 안성 ㈜코리아냉장창고 화재사례의 경우 지역차원에서 수습이 될 것으로 판단하여 중앙 차원에서 재난상황에 대해 지속적인 모니터링이 부족하여 장기 교착상태가 조기 해결되지 못함
- 재난 발생 시 점진적인 재난상황 모니터링을 강화하고 지속적인 실시가 필요함

03 포항·울주 산불

01 사고 개요

1. 경북 포항 산불

① 발화 일시 : 2013년 3월 9일(토) 15시 38분~3월 10일(일) 08시 30분
② 장소 / 원인 : 경북 포항시 북구 용흥동 산 122번지 / 학생의 불장난
③ 피해 현황 : 인명 30명(사망 1명, 부상 29명), 재산피해 54.16억 원(산림 79ha, 건물 111동)

2. 울산 울주 산불

① 발화 일시 : 2013년 3월 9일(토) 20시 30분~3월 10일(일) 11시 30분
② 장소 / 원인 : 울산시 울주군 언양읍·상북면 일원 / 가해자 미상(쓰레기 소각 추정)
③ 피해 현황 : 인명 3명(부상 3명) / 재산피해 111.13억 원(산림 280ha, 건물 37동)

‖ 포항·울주 산불3)(2013.03.09.) ‖

---

3) 4가지 불쏘시개가 '화마' 불렀다, 동아일보, 2013년 3월 11일

02 경과 및 조치사항

① 일반재난 발생 시 소방관서에서 초기 대응을 하고 규모에 따라 긴급구조 통제단(구조구급), 재난안전대책본부(총괄조정), 사고수습본부(사고수습)를 운영·가동하여 재난에 대응
② 산불의 경우에는 지자체가 중심이 되어 산불 방지대책 기간을 운영하는 등 상시대비 체계를 구축하여 대응력 강화
③ 대부분 산불은 감시 인력이나 소방서로 최초신고가 접수되며 지자체가 산불전문예방진화대원에 의한 초기 진화, 산불확산 규모에 따라 산불현장통합지휘본부를 설치·운영, 산불사고 전반적인 대응체계를 구축·운영
④ 한편 도시형 산불인 경우에는 지자체가 초기 진화 임무를 수행하고, 소방관서가 관련 규정 및 매뉴얼에 따라 인명·민가 피해 우려 시 긴급구조통제단을 가동하여 인명 및 시설물 보호 임무를 지자체와 협조하여 수행

1. 경북 포항시 산불의 사고대응[4]

① 최초 경북소방본부 상황실에 산불 발생 신고가 접수되었고 즉시 포항시청 등 유관기관에 전파하였음. 1차 산불진화기관인 지자체 산불진화대는 사고접수 10분 후에 현장에 도착하여 진화를 실시하였으나 건조한 날씨와 강풍 등으로 초기 진화에 실패하여 산불이 급속히 비산화됨에 따라 유관기관 간 협업체계가 가동됨
② (지자체) 포항시에서는 산불이 급속히 확산됨에 따라 16시 20분 산불현장통합지휘 본부를 설치하였고 지역주민 긴급 대피명령 발령, 전 직원 비상소집 및 유관기관 응원, 헬기 등 장비지원 요청 임무를 실시함
③ (산림청) 산림청 중앙산불상황실에서 포항 산불에 대한 헬기 투입과 진화대책 회의를 소집하여 전국적으로 동시다발 산불 상황에 따른 동원 가능한 헬기자원을 투입하였고 산불현장지원단을 급파하여 산불진화를 지원함
④ (소방서) 최초 산불접수에 따른 상황전파를 신속히 하였으나 산림 인접 주택가의 도로협소 및 주정차로 신속한 소방차량 진입에 어려움을 겪었고, 강풍에 의해 산불이 급속히 확산됨에 따라 16시 17분 대흥초등학교에 현장지휘소를 설치하여 인명피해 대응 활동이 전개됨

---

[4] 포항시, 용흥동 산불백서, 2014년

⑤ 특히 2차 피해 발생을 막기 위해 화재위험시설인 주요소 등에 소방인력과 장비를 집중 배치함
⑥ (기타 기관) 국방부와 경찰청 등에서는 지자체의 지원요청에 따라 헬기와 병력을 지원함
⑦ 일정 부분 진화가 이뤄진 후에는 민간단체를 중심으로 구성된 자원봉사단에서 이재민들에게 식사를 제공하였고 구호품을 지급하는 등 구호활동을 전개함

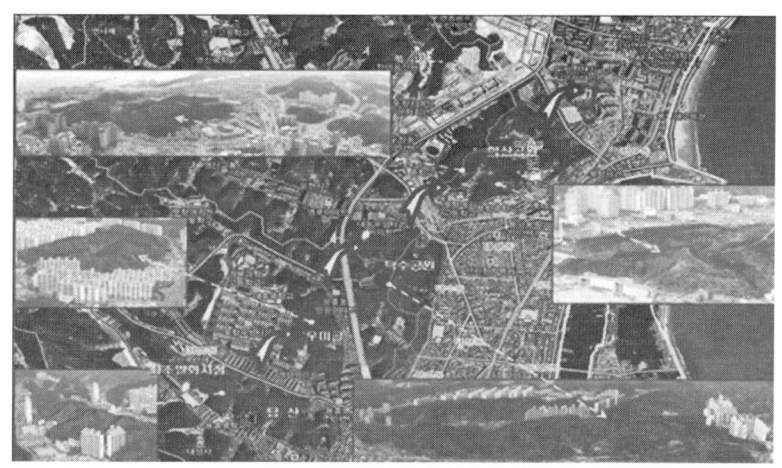

┃ 경북 포항시 산불 발생 현황도 ┃

▼ 포항 산불의 대응기관별 조치사항

일자	시간	지자체	산림청	소방관서	기타 기관
3월 9일 (토)	15 : 38			산불신고 접수 및 전파	
	15 : 46	유관기관 헬기 투입 요청 (산림청, 경주임차, 소방)	산불 접수(15 : 40) 산림청 헬기 투입 지시		
	15 : 48	포항북구청 산불진화대 현장 도착			
	15 : 58			포항북부 · 남부소방서 전 직원 비상소집	
	16 : 00		상황실 인력 보강	의용소방대 비상소집	
	16 : 04	산불발생 지역 주민 긴급 대피령 발령			
	16 : 10		주민 긴급 대피 독려	포항북부소방서 대흥초등학교 현장지휘소 설치	
	16 : 14	포항시 직원 비상소집 및 군 병력 요청			

일자	시간	지자체	산림청	소방관서	기타 기관
3월 9일 (토)	16:17			광역2호 발령 및 경북소방본부 긴급구조통제단 가동	
	16:20	산불현장통합지휘본부 설치 및 포항시장 현장 지휘	상황실 대책회의 개최		군부대 산불 상황 접수
	16:52	유관기관 헬기 투입 요청 (경산 임차)			위기조치반 소집 및 상황 평가 회의 개최
	16:59	경상북도 산불현장 지원단 급파			
	17:00	상황실 → 경찰, 교통통제 및 인명 대피 요청		MBC 등 5개 언론사 주민 대피 자막방송 요청	해병 2사단 병력 지원
	17:06	도 민방위경보통제소에서 주민대피 명령 방송 실시			
	17:10		진화헬기 3대 추가 투입		
	18:10		BH 등 상황보고	광역3호 발령 및 소방본부 전 직원 비상소집	
	18:30		산불현장지원단 급파		구미삼성전자 고성능 화학 차량 지원
	19:45				군 병력 추가 지원
	21:00		광역진화대 투입		
	22:04			법륜사 옆 전소주택 거주자 안전 확인출동(특수구조단)	
	22:59				포항경찰서 산불가해자 검거
3월 10일 (일)	04:00	산불현장 대책회의 개최 및 진화계획 수립	진화현황 점검 및 대책회의 개최		경찰병력 투입
	05:40	용흥동 포항해양 경찰서 인근 주민 대피령 발령			
	06:00	진압대원 재투입		구조대 5팀 28명 인명 검색 실시	
	06:30	일출과 동시 진화헬기 9대 투입(산림청 5, 소방 1, 임차 1, 군 2)			
	08:30	산불진화 완료(뒷불감시 전환), 대한적십자사 급식소 설치(10:00)			

2. 울산 울주군 산불의 사고대응

① 최초 울산 중부소방서 상황실에 산불 발생 신고가 접수되었고 관계기관에 신속히 전파하였으나, 야간산불로 현장 접근이 어려워 초기 진화에 실패함
② (지자체) 울주군에서는 즉시 특별진화대를 현장에 투입하였으나 야간에 발생한 산불이 건조한 날씨와 강풍으로 순식간에 인근 야산으로 확산됨에 따라 지역주민 긴급 대피령을 발령하였고, 산불현장통합지휘본부(22시 55분)를 설치하여 익일 진화계획과 인력 및 장비투입계획을 수립함
③ (산림청) 진화계획 수립을 위해 대책회의를 개최하였으며 일출과 동시에 진화헬기(14대)를 투입하여 진화를 실시함
④ (소방서) 산불 발생 지역이 광범위하였고 소방차 진입이 곤란하여 다중 인명피해 우려지역인 울산양육원과 위험물저장소를 집중 방어하는 임무를 수행함
⑤ (기타 기관) 울주산불은 야간에 발생한 산불로 병력 지원 시 안전사고의 위험과 병력 관리에 어려움으로 있어 익일 06시 20분경부터 병력과 장비(헬기) 투입 진화활동을 전개함
⑥ 대한적십자사, 한국원자력㈜, SK에너지, 굿모닝병원 등에서 이재민 구호와 자원봉사활동을 실시함

‖ 울산시 울주군 산불의 발생 현황도 ‖

▼ 울주 산불의 대응기관별 조치사항

일자	시간	지자체	산림청	소방관서	기타 기관
3월 9일 (토)	20 : 30	군청 특별진화대 현장 투입		산불 신고접수 및 전파	
	20 : 31	시 녹지공원과, 울주군청 통보	산불신고 접수	중부소방서, 남부(무거) 출동	
	21 : 03			언양 의용소방대 98명 동원	
	21 : 40	산불발생 지역 주민 긴급 대피령 발령	야간 진화대책 수립 지시		삼성 SDI 자체 소방대 동원
	22 : 10		BH 등 상황보고 (21 : 48)	소방본부 산하 비상소집 발령	
	22 : 12			광역 3호 발령 및 소방본부장 현장지휘	
	22 : 30	주민 긴급 대피령 독려 (언양읍)			산불상황접수 및 작전회의 개최
	22 : 48	울주군 전 직원 비상소집	주민 대피 독려		
	22 : 55	산불현장통합지휘본부 설치 및 울산시장 현장지휘			
	23 : 00			긴급구조통제단 운영 (가천린포크 주차장)	
	23 : 50	주민 긴급 대피령 추가 발령 (언양읍, 상북면 일원)			
3월 10일 (토)	02 : 40	특별진화대를 제외한 시청직원 일시해산	진화현황 점검 및 대책회의(04 : 00)		
	06 : 00	주간 진화계획 수립 (인력 및 장비 투입) 및 진압 실시			
	06 : 20			긴급구조통제단 현장지휘소 장소 이동 (언양읍사무소)	경찰 및 병력 지원
	06 : 30	산불진화인력 및 헬기 26대 투입(산림청 14, 소방 2, 군 9, 임차 1)			
	09 : 15	산불현장대책본부 대책회의 개최			
	11 : 30	산불진화 완료(뒷불감시 전환)			

03 시사점

1. 기상 및 지리적인 여건

① 건조주의보, 강풍주의보 상태였으며 강풍을 동반한 도시형 산불로 30분 만에 산림 인접 취락지역으로 화재가 확대되었고 산림과 근접한 거리에 민가가 있어 불티가 순식간에 온 마을을 삼켜 민가의 소실이 발생함
② 산림 인접 주택가의 협소한 도로와 주정차된 차량으로 진화차량 진입이 불가하였고 당일 열렸던 프로축구 개막전과 주말 나들이객 차량으로 교통정체가 심화되어 신속한 지상진화자원 투입의 어려움이 발생함

2. 산불대응 지휘체계의 이원화

① 긴급구조통제단과 산불현장대책본부가 각각 가동·운영되었으며 초기 대응 시 지휘권에 대한 일원화가 이루어지지 않고 협업에 대한 문제점이 발생함
② 산불 발생 시「산림보호법」규정에 따라 산림부서에서는 산불현장통합지휘본부를 설치하여 총괄지휘하고, 소방관서 등은 유관기관으로서 지원임무를 부여하고 있지만, 「재난 및 안전관리 기본법」에서는 산림청 등을 긴급구조지원기관으로 지정하여 재난이 발생한 경우 긴급구조기관(소방관서)의 주도하에 지원기관의 지원을 받아 구조업무를 협력적으로 수행하도록 규정되어 있음
③ 이번 산불현장에서도 기관 간 협조, 정보소통, 지원인력 배치 등의 행정조정이 필요하였으나 현장지휘소가 이중 운영됨에 따라 진화기관 간 협업에 의한 종합적 대응이 미흡하였음

3. 광역대응체계 가동에 따른 자원의 적절한 배치

산불의 확산에 따라 인접지역 기관에서 지원출동하였으나 지역의 지리 파악이 어렵고 전문적 지식과 경험 등이 부족하여 효과적으로 산불진화가 이뤄지지 못하고 현장지휘의 이원화로 지원된 자원배치에 어려움이 발생하며, 동원 인력의 개인차량 이용으로 현장접근 곤란(현장통제 불가)

4. 산불현장통합지휘본부와 공중진화반 및 유관기관과 의사전달체계 구축 필요

① 산불현장통합지휘본부가 공중진화반을 총괄 지휘토록 규정되어 있으나, 실제 공중 진화는 산림항공기 선임조종사가 지휘하면서 공중작전을 수행하고 있어 실제 지상에서 보는 것과 공중에서의 시야가 다를 경우 일반적으로 공중에서 전체적인 산불상황을 조망할 수 있기 때문에 선임조종사 등 공중지휘반의 판단하에 공중진화를 실시함

② 포항·울주산불의 경우도 일반 산불과 같이 공중지휘반의 지휘로 공중작전을 실시하고, 도시형 산불은 민가가 인접해 있어 인명피해의 위험이 높기 때문에 인명구조가 무엇보다 중요하여 긴급구조통제단의 판단과 지휘가 우선시되어야 하지만, 산불현장통합지휘본부와 긴급구조통제단과의 상호연락관 미파견으로 의사전달이 미흡하였고 공중진화반은 일반산불과 같은 공중진화를 실시함

5. 도심지 산불의 진압 우선순위에 따른 공동 진화전략 및 전술 미흡

① 도심지 동시다발·야간산불에 대한 진화계획을 수립하여 위기대응매뉴얼에 따라 진압 우선순위대로 대응자원을 배분하여 작전활동을 전개해야 하지만 산림청은 산림 보호 및 화점 공격, 소방관서는 위험시설, 민가 및 인명 보호를 중점으로 진화 활동을 전개함

② 도시형 산불의 특성을 반영한 산림청, 지자체, 소방관서, 기타 유관기관 간 공동 대응 진화작전과 전략, 전술이 미흡함

04 대구 지하철 화재

01 사고개요[5]

① **사고일시** : 2003년 2월 18일(화) 09시 53분경
② **발화 장소** : 대구지하철 1호선 중앙로역 지하철 전동차 1079호 내부
③ **발화원인** : 방화(放火)
④ **피해현황** : 인명피해 343명(사망 192, 부상 151), 재산피해 615억 원
⑤ 사고 경위
- 2003년 2월 18일(화) 09시 53분경 대구지하철 1호선 중앙로 역에 정차한 안심행 1079호 전동차 1호 객차에서 자신의 처지를 비관한 50대 남자의 방화로 화재 발생
- 09시 56분경 맞은편에 정차한 1080호 전동차로 화재 확산

∥ 대구 지하철 화재사고(2003.02.18.) ∥

---

5) 대구지하철 방화사건 순간, 동아일보, 2003년 2월 18일

02 경과 및 조치사항[6]

대구지하철 화재사고는 대구도시철도공사에서 상황전파 및 승객대피, 대구소방관서에서 화재진압 및 인명구조·구급, 대구광역시 사고수습대책본부에서 실종·사망·부상자 처리 등 사고수습, 중앙부처에서 '중앙특별지원단'을 구성하여 사고 수습을 지원함

화재발생	상황 전파 초기 대응	화재진압 구조·구급	사고 수습
대구지하철 중앙로역 1079호 전동차 내부	대구도시철도공사	대구소방본부 소방서	대구광역시, 중앙부처
'03.2.18. 09:53 방화로 화재 발생, 1080호 전동차로 확산	'03.2.18. 09:53~10:28 화재신고, 상황전파, 승객대피 유도	'03.2.18. 09:54~13:38 화재신고 접수, 화재진압, 구조·구급	'03.2.18.~'05.6.9. 대구시 사고수습 대책본부, 중앙특별지원단 (03.3.1.~4.30.) 에서 사고 수습

‖ 대구지하철 화재사고 대응 현황 ‖

1. 초기 대응

① (최초 발화) 2003년 2월 18일 09시 53분 안심행 1079호 전동차량이 중앙로 역에 들어 설 무렵 1호 객차 내에서 방화범이 자신의 처지를 비관하여 휘발유가 들어 있는 페트병에 라이터로 불을 붙여 순식간에 화재가 확산됨

② (화재 인지) 1079호 기관사가 중앙로 역에 도착하여 출입문을 연 뒤 "불이야!"하는 소리와 기관실 앞에 있는 폐쇄회로 TV 화면에서 승객들이 서둘러 빠져나오는 모습을 보고 화재 발생을 인지함

③ (화재 신고) 1079호 기관사가 기관실 옆 소화기로 초기 소화를 시도하였으나 거센 불길과 매연 및 유독가스로 인하여 초기 소화에 실패하자 승객들에게 대피하라고 소리 치고 운전사령에게 화재사실 보고 없이 대피함
  • 09시 54분 1079호 전동차 승객이 119에 최초 신고

④ (승객대피 유도) 매표소 근무자들은 1079호 전동차 화재로 인한 화재경보와 승객의 고함 소리를 듣고 즉시 게이트를 개방하고 승객대피 안내방송을 실시하여 대부분의 승객을 대피시킴

---

6) 대구광역시, 대구지하철 중앙로역 화재사고백서, 2005년

⑤ (상황접수 및 전파) 화재 발생 후 종합사령실 기계설비사령의 주 컴퓨터에 중앙로역 화재 경보 문구가 뜨고, 경보음이 울렸으나 종합사령실에서는 확인하지 못하고, 09시 55분 중앙로역 역무원이 종합사령실에 "중앙로역 실제 화재입니다, 전혀 앞이 분간이 안 됩니다. 신고 좀 부탁드립니다."라고 화재사실 보고했으나 종합사령실은 사태의 심각성을 파악 못하고 119 신고를 하지 않은 채, 전체 열차에 "중앙로역 진입 시 조심하여 운전하여 들어가시기 바랍니다. 지금 화재가 발생했습니다"라고 단순히 열차무선 전체호출을 통해 주의를 당부하는 데 그침

⑥ (2차 피해 확산) 1080호 전동차 기관사는 중앙로역 화재사실을 알았지만 중앙로 역에 진입하였고, 09시 56분 1080호 전동차 중앙로역 도착 시 연기 때문에 출입문을 닫았고, 09시 57분 1080호 전동차 전원이 끊어지면서 09시 57분경 기관사가 열차무선으로 "엉망입니다. 빠른 조치바랍니다."라며 적정한 지시를 요구함

- 운전사령은 상황파악을 하지 못한 채 "대기하고 승객들에게 안내방송하라."고 지시하였고, 1080호 기관사는 "잠시 후 출발할 것이니 기다려 달라."고 안내방송을 실시함
- 09시 58분 1080호 전동차에 전력공급과 중단이 반복되면서 승객대피여부를 결정하기 어려운 상황이 계속되었고, 1080호 기관사는 "전동차가 곧 출발할 예정이므로 전동차 안에 대기"하도록 승객들에게 방송을 재차 실시함
- 이후 종합사령실과 전동차 간 열차무선 통화가 두절되어 자신의 휴대폰으로 운전사령실과 통화하면서 10시 02분 종합사령실로부터 "승객들을 승강장 위로 대피시키라"고 지시받아 1080호 기관사는 출입문을 개방하고 승객대피 안내방송을 실시하였고, 일부 승객 3~4명이 대피시켜줄 것을 요청하여 계단입구까지 유도하고 다시 운전실로 돌아옴
- 10시 10분 운전사령으로부터 "전동차 판 내리고 대피하라."는 지시를 받은 1080호 기관사는 전동차의 마스터키를 뽑고 역사 출입구를 통해 탈출함에 따라 일부 객차 승객들이 출입문을 여는 방법을 몰라 전동차 안에 갇힘

⑦ (열차 운행통제) 10시 17분 종합사령실에서 각 역과 전동차 기관사들에게 열차운행 중지 및 대기를 지시하였으며, 10시 28분경 다시 전 전동차와 각 역에 전동차 운행 중단 및 승객 하차를 지시함

2. 화재진압 및 구조·구급

① (화재진압) 09시 54분 승객으로부터 화재신고 접수 후 소방본부 출동대 출동 명령에 따라 09시 57분 중부소방서 소방대원이 현장 도착 이후 화재 확산에 따른 대구소방본부 소방공무원 154명과 차량 38대를 동원하여 13시 38분에 완전 진압

- 화재진압을 위하여 화재지점인 4번 출구로 진입을 시도하였으나, 가득 찬 연기와 지하 1, 2층 구조자에 대한 구조작업으로 빠른 진화가 어려움
- 지하층까지 송수관 연결이 어렵고, 지하층 화재로 열 방출이 되지 않아 실제 화재 위치에 진입이 어려워 인근역사 환풍 통로 및 선로를 통하여 진입함

② **(구조 활동)** 09시 47분경 현장 도착, 지하철역 내의 연기를 제연하며 구조 활동을 진행하였으나, 화재에 의한 연기의 배연경로와 대피로가 동일하여 구조가 어려움

③ 중앙 119 구조대, 경북·경남소방본부 등의 소방응원 요청과 더불어 진압 대원 및 비상소집공무원 등 216명을 동원하여 209명을 구조
- 지하 2층에 사망자가 많이 발생한 것은 대피하던 승객이 출구를 찾다가 유독가스와 연기에 질식된 것으로 추정

④ **(구급활동)** 소방본부 소속 구급차량 42대와 소방공무원 131명을 동원하여 전 응급 의료기관에 응급실 병상 확보와 의료진의 대기를 요청, 사상자를 응급처치하고 병원으로 이송 조치
- 구급의 수요가 일시에 발생하여 응급처치와 환자의 상태에 따른 병원 이송이 곤란하였으나 추가 구급대 편성과 의료기관의 자체 구급대 확보로 충당함

∥ **화재진압 및 구조구급 활동** ∥

3. 사고 수습(지자체, 중앙)

① 사고 당시 「재난관리법」에 따라 '대구시 사고대책본부'를 운영하였으나, 사고 초기 수사가 종료되지 않았음에도 사고현장 잔재물 정리를 서둘러 대구시가 유가족들로부터 불신을 받아 사고 수습이 답보상태에 이르렀고, 대규모 재난사태의 조기수습을 위해 중앙정부 차원에서 '정부특별지원단'을 처음으로 구성하여 실종자 문제 등을 집중적으로 처리함

② (지자체) 대구광역시는 2003년 2월 18일 '대구시사고대책본부'를 구성하여 특별재난지역 지정 건의, 사망자 장례, 부상자 진료, 피해보상, 구호, 자원봉사자 관리, 시설복구, 추모사업 등을 추진하였지만 사고 수습이 장기화되면서 사고대책본부를 유동적으로 운영함

03 문제 및 시사점

1. 지하철 안전기준과 방재설비 미비

1) 지하철 화재안전기준 미흡

사고 당시 역사 내 불연성 마감재 사용, 제연설비, 비상조명등, 피난보호구, 승강장 비상피난통로 등 피난안전시설 기준과 운전실 내 승강장 감시 CCTV 설치 등 지하철 화재에 대한 안전기준의 규제효과가 낮아 실효성이 없었음

2) 전동차의 내장불량과 역사 시설 미비

불연소재가 아닌 가연성의 전동차 내장재로 인해 순식간에 발화되어 전동차 내부를 타고 빠른 속도로 다른 차량으로 화재가 확산됨. 또한, 인체에 치명적인 심한 고온의 유독가스와 검은 연기를 발생시키면서 진입과 승객대피에 어려움이 발생함

2. 지하철 직원들의 초기대응 미흡

1) 상황보고 및 전파체계 미확립

지하철 화재 발생 시 무엇보다도 긴급한 사안은 기관사 등 최초 발견자가 화재 발생사실 및 현장상황 등을 종합사령실에 보고하고, 종합사령실에서는 다른 전동차가 화재현장에 진입하지 않도록 조치하여 2차 사고를 방지하여야 하며, 상황을 신속히 보고

하여 관련기관이 상황전개 속도 및 심각성을 알고 조치할 수 있도록 정확하게 상황을 전파해야 함

2) 지하철 직원들의 위기대응 역량 강화를 위한 행동매뉴얼과 교육훈련 필요

지하철 직원(기관사, 관제사, 역무원, 역장 등)은 지하철 화재(연소) 사고 시 승객대피 요령 등 각자의 임무와 역할이 담긴 행동조치 매뉴얼을 사전에 숙지하고 있어야 하나, 당시 도시철도 관련 법령과 지하철 대형 화재사고 위기대응매뉴얼, 비상대응 계획 및 현장조치매뉴얼, 기관사 화재 시 자체 행동지침이 없었음

3) 지하철 재난 발생 시 국민행동요령에 대한 홍보 부족

① 재난 발생 시 인명피해 최소화를 위해서는 국민 스스로 안전에 대한 의식을 가질 수 있도록 정부가 다양한 교육훈련 홍보를 통해 국민의 위기대처능력을 향상시켜야 함
② 사고 당시 대피로나 출입문 수동 개폐요령 등 안내표지판도 없었고, 국민들에게 재난안전교육이나, 홍보를 한 적이 거의 없었음

3. 대규모 재난에 대한 대응체계 미확립

1) 대규모 재난에 대한 위기관리체계가 확립되지 않아 협업에 대한 문제점 발생

대규모 재난이 발생할 시 중앙(지역)재난안전대책본부, 중앙사고수습본부, 긴급구조통제단을 설치하여 관계기관과 협력·운영해야 하나, 사고 당시 오늘날의 재난체계가 미확립되어 효율적으로 재난관리가 이루어지지 못함

2) 현장 대응 시 유관기관 협업체제 미흡

당시는 화재진압, 인명구조 등 긴급구조·구급체계가 소방, 군, 의료, 경찰, 민간단체 등에 분산되어 있어 현장대응 시 유관기관 공조체계가 제대로 이뤄지지 않아 유관기관, 언론사, 시민 등에 대한 현장 지휘 및 긴급구조 대응활동이 어려움

3) 지역사고수습체계와 의사결정과정 미흡

대구광역시는 공무원들로만 '사고대책본부'를 구성하였으나 관계부서와 유관 기관과의 긴밀한 협조 없이 각 반별로 수습업무를 독자적으로 추진하여 피해자들의 무리한 요구사항을 수용하거나 추후 의사결정 번복으로 시민들의 불신을 초래하는 등 지역 차원의 사고 수습이 원활하지 못하여 수습이 장기화됨

05 구미 불산 누출

01 사고 개요

① 일시 : 2012년 09월 27일(목) 15시 43분경
② 장소 : 구미4공단 내 (주)휴브글로벌(LCD 액정세척제 제조)
③ 사고경위 : 불화수소가스 적재 탱크로리(20통)에서 공장 저장탱크로 옮기던 중 약 8통 누출, 기체상태로 확산
④ 인적 피해 : 불화수소가스 누출과 동시에 사망 5명, 부상 18명, 건강검진 12,243건, 임시거주 340명 등 발생
⑤ 물리적 피해
  - 농작물 피해 : 212ha(벼, 멜론, 대추 등의 잎, 열매 고사 현상 발생)
  - 가축 피해 : 3,943두(소, 개 등의 가축에게서 기침, 콧물, 호흡기 이상 현상 발생)
  - 기타 피해 : 차량(부식) 1,958대 등

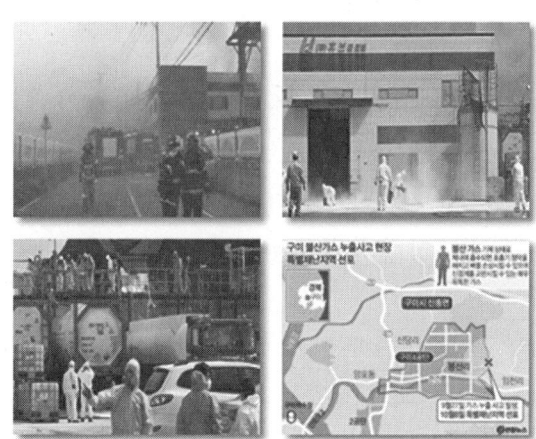

┃ 구미 불산 누출사고[7](2012.09.27.) ┃

---

7) 구미 불산누출 사고, MBC뉴스, 2012년

02 경과 및 조치사항[8]

1. 초동대응

1) 구미소방서와 구미시의 초기 대응

① 2012년 9월 27일 15시 43분에 소방서로 최초 신고가 접수된 후, 구미소방서는 소방관을 현장에 출동시켰음. 잠시 후 소방서는 불화수소(HF, 기체)의 위험성을 인지하고, 유관기관인 구미경찰서에 통보한 후 현장에 출동 중인 소방관에게 화학보호복을 착용토록 무전연락을 취함

② 동시에 구미시청(건설과 재난안전계)에 가스 누출사고를 통보하고, 현장에 도착, 인명구조활동을 시작함. 이를 통해 사고 발생 후 14분이 지난 15시 57분에 최초로 구조한 1명을 구미 순천향병원으로 이송했고(16시 07분 도착), 지속적으로 16시 45분까지 1시간여에 걸쳐 5명을 구조하여 병원으로 이송

③ 구미소방서에서는 구미소방서장이 지휘하는 지휘본부가 15시 58분에 현장에 도착하여 인명구조 및 사고 수습을 지휘했고, 16시 15분부터는 긴급구조통제단을 가동하기 시작함

④ 이와는 별개로 유관기관에 대한 사고통보와 협조요청도 이루어짐. 16시 1분에 구미시청으로 주민대피 협조 요청(1차)을 하고, 한국가스안전공사(16시 07분)와 구미시 하수처리장(16시 08분), 대구지방환경청(16시 58분)에 각각 사고통보를 실시함

⑤ 구미시에서는 16시 10분부터 주민들에게 대피하도록 마을앰프 방송을 실시하고 직원들이 직접 나서 현장 독려를 실시함

⑥ 또한, 17시 30분부터는 1km 반경에 거주하는 주민 50가구 500명과 공장 20개소의 대피를 적극적으로 유도함

⑦ 이후에도 화학물질을 처리하기 위하여, 대구소방본부 서부화학구조대(17시 10분)와 미8군 소방대에 화학장비 응원요청(17시 19분)을 하는 등 사고 처리를 위한 협조요청을 지속함

⑧ 이후 17시 3분, 구미시청에 두 번째로 주민대피를 다시 요청하고, 이에 구미시청에서는 주민대피용 방독면과 제독장비 등을 요청하여 구미 양포동사무소에서 방독면 700개를 배부하는 등 주민 안전을 위한 조치도 긴급하게 이루어졌음. 이러한 조치에 따라 인근 주민은 19시 21분경 모두 대피를 완료함

---

8) 구미시청, (주)휴브글로벌 불산누출사고 백서, 2013년

2) 고농도 불산 세척수의 낙동강 유출 차단

① 사고 당시 소방차가 출동해 엄청난 양의 세척수가 뿌려지며 불산에 오염된 물이 발생했지만, 불산의 하천 유입은 없었음
② 대구지방환경청은 16시 58분 사고 접수 후, 출장 복귀 중인 직원 4명을 현장에 출동시켜 세척수 유출을 차단함
③ 이에 17시 35분 현장에 도착한 직원들은 불산 누출로 현장접근이 용이하지 않자 화학보호복을 착용한 소방관에게 요청하여 사내로 진입하여 17시 50분에 우수로를 차단함
④ 우수로 흐름 추적 결과 초기우수 처리시설과 유수지로 연결됨을 파악하고, 18시 30분에 초기 우수처리시설(2,300m³) 유입밸브를 개방하여 유수지(40,000m³) 유출수문을 차단함
⑤ 공장 내 저류 중이던 4,600ppm의 고농도 세척수는 폐수처리업체에 위탁하여 적정 처리하였으며, 초기 우수처리시설에 저류된 약 2,300톤가량의 소방폐수는 10월 13일에 하수처리장에 유입·정화 처리함

3) 사고 수습체계 확대와 불화수소의 누출 차단

① 17시부터 구미소방서의 구조대가 탱크로리 밸브를 차단하기 위하여 투입, 이때는 사고 수습과 피해 확산 방지를 위해 인근의 의성, 김천, 성주, 상주, 칠곡 등 5개 소방서의 구조대가 추가 출동한 상태로, 17시부터 18시 30분까지 수차례 구조대를 투입하여 밸브 차단을 시도함
② 사고 상황이 점점 커지자, 17시 35분 경상북도 소방본부는 긴급구조통제단을 가동하고 18시 4분에 경북소방본부장이 지휘권을 인수함
③ 18시 33분경 국립환경과학원은 현장에 출동하는 중앙 119 구조단에게 물질대응정보 및 사고대응정보와 사고탱크 차단방법 등에 대한 기술자문을 제공하였으며, 현장진입 시 화학보호복을 필히 착용할 것을 권고함
④ 19시 10분경 미8군 응원협정대가 펌프 등 장비를 갖추고 현장에 도착하고 20시 1분에는 중앙 119 구조단이 현장에 도착하여 밸브 차단을 위한 방안을 다시 협의 후 현장지휘본부는 중앙 119 구조단 화생방대응팀이 밸브 차단을 실시하기로 결정하고, 20시 7분부터 밸브차단조를 구성하여 현장에 투입함
⑤ 그리고 3차례에 걸쳐 밸브 차단을 위한 현장 투입을 시도한 끝에 결국 22시 18분에 밸브 차단에 성공하여 불화수소 가스의 추가 누출을 막음
⑥ 누출원인 탱크로리 밸브를 차단한 이후에는 다시 물을 뿌려 제독을 하고 오염수는 저류시설에 보관하는 한편, 23시 30분에는 가스가 계속 누출되는지 여부를 확인코자

구조대를 재투입하고, 23시 50분 사고 현장의 최종 안전 확인을 거쳐 본격적인 제독작업을 진행함

4) 상황 종료 판단 및 주민 복귀

① 9월 28일 4시 10분, 경북소방본부는 긴급구조통제단과 대원을 철수하고 구미소방서장, 즉 구미 긴급구조통제단장에게 현장 지휘권을 이양함. 이에 새벽 5시 39분경 구미소방서는 현장에 불산 피해자가 더 있는지 인명 검색을 실시함

② 6시 21분에는 옥계 119 안전센터 등에서 추가 인명검색과 불화수소에 노출된 장비 등을 세척하는 세척작업을 실시하고, 8시 22분에는 구미소방서 지휘본부도 현장 인명검색과 안전조치를 취한 후 철수함

③ 28일 00시에는 환경부 소속 국립환경과학원의 특수화학 분석차량이 사고현장에 도착하여 탐지활동을 전개하였고, 이를 통해 00시 30분과 1시 40분에 사고지점과 주거지역에서의 탐지결과 사고지점에서는 불화수소가 일부 검출되었으나, 인근 주거지역에서는 검출되지 않았음을 확인함

④ 이후 소방기관이 주거지역에 대한 추가 제독작업을 실시하는 등 대응활동을 지속적으로 전개하였으며, 불산의 존재 여부를 확인하기 위해 수소이온농도(pH) 측정 결과 반응이 나타나지 않음

⑤ 사고 탱크로리의 누출부위가 차단되어 추가누출이 없고 주변지역 및 인근 주거지역 탐지 결과 불소가 검출되지 않음에 따라 환경부는 3시 30분을 기해 위기경보 "심각" 단계를 해제함

⑥ 사고 지점 역시 국립환경과학원의 검사 결과 아침 09시 30분에는 1ppm이 검출되었으나, 지속적인 측정 결과 14시 40분 이후에는 불검출로 나타났음. 이에 따라 구미시에서는 28일 아침 8시 30분에 유관기관 대책회의를 개최하여 조치사항을 논의한 결과 불화수소 누출사고가 수습되었다고 판단하고, "사고현장 50m 반경을 제외하고는 주민들이 정상적으로 활동할 수 있다"고 홍보함(09시 30분)

2. 2차 피해 확산에 따른 본격적인 대응 추진

① 불화수소가스의 누출사고는 일단 수습된 것으로 보였으나, 이후에 주민들이 불산 후유증을 호소하고 관련 여론이 확산되면서, 사고 발생으로부터 일주일이 지난 10월 4일 다시 구미 불화수소가스 누출 피해 신고 상황이 보고되기 시작함

② 이 기간 동안 피해주민에 대한 대책으로 소방차가 피해지역 마을 도로와 지붕에 물로 불산 화합물과 잔여물을 제거함

③ 불소 오염 여부의 조사 및 발표
- 정부는 우선 환경부와 소방방재청 등 유관기관에서 식수, 대기오염도 조사결과 및 방재 관련 사항들을 신속히 정리, 발표함으로써 지역주민의 불안감 확대를 방지함
- 실제 사고 이후 환경오염 조사결과, 사고지점과 인근 주거지역의 대기에서는 불소가스가 검출되지 않고 있으며, 구미 한천 등의 4개 지점의 수질 측정결과에서도 오염은 없었던 것으로 확인되었으나, 냄새와 함께 주변 동식물에 가시적인 피해가 나타나면서 여론이 크게 동요됨
- 사고 인근지역의 가축에 대해서는 이동 금지 조치와 함께 임상관찰을 실시하고, 사고 인근지역의 과일, 채소, 곡물 등 농산물에 대해서는 수확 중단 및 식용 금지 조치를 내렸으며, 오염 정도를 파악하여 필요한 추가 조치를 실시함

④ 정부합동 피해조사 실시
- 10월 5일부터 총리실과 관계부처 합동으로 '재난합동조사단'을 현지에 급파하여 정확한 피해규모조사를 실시함
- 이러한 피해조사결과를 바탕으로, 해당 지자체의 자체 복구능력 등을 종합적으로 판단하여 관계법령 등에 따라 특별재난지역을 조기에 선포하는 방안도 적극 검토함
- 10월 5일~7일 실시된 1차 정부합동조사 결과, 구미시 불화수소 누출사고로 인한 피해가 상당한 것으로 나타남에 따라 피해 발생 지방자치단체의 행정·재정상의 능력으로는 재난 수습이 곤란하여 「재난 및 안전관리 기본법」 제59조에 따라 국가적 차원의 특별조치가 필요하다고 판단하고, 정부는 피해 지역을 "특별재난지역"으로 선포함

03 시사점

1. 대응과정에서 드러난 한계

1) 부처 간 정보 공유 및 협조 미흡

① 불화수소가스 누출사고의 경우, 산업안전을 담당하고 있는 고용노동부, 고압가스 및 산업단지의 안전관리를 담당하는 지식경제부 및 유해화학물질과 환경을 담당하는 환경부가 연관되어 있는데, 이들 간의 재난관리 공조체계 미흡으로 재난대응과정에서 어려움이 있었음

② 복합재난이 발생하면 유관부처의 업무를 총괄하여 재난현장을 신속하게 통제하고 재난의 범위가 확대되는 것을 방지하는 조직이 가장 중요하나 현장에서는 이와 같은 조직 또는 체계도가 없음

③ 소방방재 조직이 광역자치단체의 기능 체제로 운영되고 있기 때문에 현 체계로는 전체 지방자치단체에 대한 일괄적이고 통일성 있는 재난관리 역량 강화에 한계가 있으며, 청 단위 조직으로는 각 중앙부처를 총괄 조정하기에도 어려움이 있음

2) 체계적인 2차 피해예방 미흡

① 불화수소가스 누출사고의 경우 사고 발생 시점에서 발생한 1차 피해보다 2차 피해로 인해 재난으로 확대되는 특성을 가짐. 선진국에서는 1차 사고 수습 이후 일정기간 모니터링 및 사고조사를 통해 사고피해 확대 방지 및 재발 방지를 위해 노력하고 있지만, 28일 오전 사고현장에서 불화수소가스가 미검출됨에 따라 "심각단계"를 해제하고, 구미시는 대피해 있던 주민들을 마을로 복귀하도록 결정함

② 복귀주민들이 피해를 호소하여 10월 4일부터 본격적인 모니터링과 상황관리를 개시하여 11월까지 진행, 당시 주민복귀 결정이 너무 쉽게 내려졌고, 정부와 지자체의 독성가스 위험기준에 의존해 소극적으로 대처하였다고 판단됨

3) 재난관리 재원 부족 및 방재자원의 효율적 공급지원체계 미비

① 불화수소가스 노출사고 사업장에는 소석회 등 사고에 대비한 중화제가 준비되어 있지 않았으며, 사고현장에 출동한 소방관, 조사요원 및 경찰관은 방호복을 비롯한 안전장비가 부족하여 적기에 공급되지 못해 독성가스에 그대로 노출됨

② 특히 소방관서는 물론이고 해당 업체에도 방재복, 중화제가 미비하여 적절히 대응하지 못함

③ 또한 화학사고 지원기관인 국립환경과학원에서도 특수화학분석차량을 인천 지역 1대밖에 보유하고 있지 않아 사고 발생지점까지 도착하는 데 4시간이나 소요되어 초기 단계에 신속히 대응하지 못한 문제점이 있었음

2. 재난대응 매뉴얼 문제

① 유해화학물질 누출사고 대응 매뉴얼에 따르면, 사고 발생 초기에 사고위험성을 평가하기 위한 자체위기평가회의를 개최하도록 되어 있으나 실제로는 이를 개최하지 않아 매뉴얼에 따른 사고대응조치가 이뤄지지 않았음

② 위기대응 실무매뉴얼에 따르면 담당기관은 잔류오염조사를 모두 마친 뒤 관계기관 합동회의를 열어 주민 복귀를 결정하지만, 구미시에서 9월 28일 오전 국립환경과학원의 불화수소 측정 결과가 나오기 전에 자체회의를 통해 주민 귀가조치를 내린 것은 매뉴얼에 따른 시스템이 제대로 작동되지 않은 것임
③ 발생지 바로 옆에 위치한 '아사히 글라스' 근로자들은 사고 이후 추석 당일 하루만 휴업한 후 계속 근무하는 사태도 있었음

3. 이재민 구호 문제

① 구미시는 27일 대피주민에게 빵, 컵라면, 우유 등 100인분과 임시 구호세트를 제공하였고, 대한적십자사에서 자체 구호세트를 지급하였으며, 10월 주민 자체 대피 이후 심리치료 프로그램을 운영함
- 28일 주민들이 마을에 복귀하였을 때 안전생활 지원, 안전정보, 향후 재건계획이 제공되지 않아 주민들이 불안한 생활을 지속함
- 일례로 수확을 앞둔 농작물 처리문제, 지하수 식수원 문제, 지역이미지 복원계획, 향후 농사활동 가능 여부 등이 필요 정보로 꼽혔으나, 이러한 정보 제공은 2차 피해 확산 후 정부의 직접적인 지원이 있은 후에나 제공됨

② 안전관리 및 재난 예방 · 대비활동의 문제점
- 예방관리 시스템의 법률 정비 미흡
- 화학사고 대비 안전관리시스템, 대응매뉴얼 보완 및 역량 강화 필요
- 교육훈련 및 홍보 미흡

06 경주 마우나리조트 붕괴

01 사고 개요

① **일시** : 2014년 02월 17일(월) 21시 11분경
② **장소** : 경상북도 경주시 양남면 신대리 마우나오션리조트(코오롱 그룹 소유)
③ **사고경위** : 마우나오션리조트의 강당 건물이 폭설로 무너져 내려 새내기 오리엔테이션을 진행 중이던 부산외국어대학교 학생들이 매몰
④ **동원인력 및 장비** : 인력 1,498명(소방 788명, 경찰 550명, 시청 80명, 군부대 80명), 장비 124대
⑤ **피해현황** : 사망 10명, 중상 2명, 부상 128명

▌경주 마우나리조트 붕괴사고[9](2014.02.17.) ▌

---

9) 경주 마우나리조트 붕괴사고 현장, jtbc, 2014년 2월 18일

02 경과 및 조치사항

1. 사고대응

1) 중앙재난안전대책본부

① 사고 발생 직후 중앙재난안전대책본부 상황실은 초기 상황을 파악, 중앙재난안전대책본부를 즉각 가동했으며 신속한 현장 대응 및 사고 수습을 위해 중앙사고수습본부(본부장 남상호 소방방재청장)를 동시에 구성하고 교육부, 국토부, 문체부 등 관련 부처 장관들에게 사고대책본부 구성을 지시함

② 중앙재난안전대책본부 총괄조정관으로서 사고 브리핑을 한 안전관리 본부장은 사고원인에 대해 폭설, 구조물 결함 등을 중심으로 관계기관이 다각도로 조사하고 있다고 전하면서 사망자 장례절차 준비, 부상자 치료 및 보상조치, 유사구조물 긴급안전점검, 철저한 사고원인조사 및 재발 방지대책 수립 등 범정부적 차원의 수습대책을 신속히 마련하겠다고 함

2) 보건복지부

① 보건복지부(장관 문형표)는 시·도 소방본부로부터 경주 마우나오션 리조트붕괴 신고 접수 이후 즉시 중앙응급의료센터에 사고대책본부를 설치하고 인근 권역응급의료센터인 울산대병원에 현장응급의료소 출동을 지시함

② 보건복지부 사고대책본부는 시·도 대책본부와 연계하여 전체 환자 발생 및 인근 병원 상황을 파악하여 현장에 전달하였으며, 현장응급의료소는 설치 완료 후(23시 40분) 환자 상태(중증도)에 따라 중증도가 높은 환자는 울산대병원으로 우선 이송하고, 경증 환자는 사고대책본부로부터 전달받은 병원정보에 맞춰 분산·이송함

3) 경찰청

① 경찰청은 매몰된 피해자들의 신속한 구조를 위해 신고접수 후 즉시 경주경찰서 전 직원 비상소집을 발령하여 현장에 급파하고 경북지방청장, 경주경찰서장 등 경찰 지휘부가 현장 지휘하여 효과적인 구조 활동을 하도록 조치함

② 또한 경주경찰서 경찰관은 물론 경북 등 기동대 5개 중대와 부산 및 대구경찰특공대 등 가용경력 550여 명을 동원하여 구조작업을 실시함

③ 2월 18일 아침 경찰청장이 직접 경주 마우나리조트 붕괴 현장을 방문하여 구조 활동을 하는 경찰관을 격려하는 한편, 특공대·기동대 및 경찰견·조명차량 등 경찰의 인력 및 장비를 최대한 지원하여 신속하고 효과적인 구조작업을 하도록 당부함

2. 붕괴사고 원인·규명

1) 제조업체 임의로 확인 도장 사용

① 설계와 관련 건축구조기술사가 서울에 근무하며 건축물 관련 구조계산서 등을 확인하지 않고 강구조물 제작업체가 임의로 도장을 사용하여 허가함
② 기술사는 구조계산서 검토비 명목으로 강구조물 제작업체로부터 매월 250만 원을 지급받는 조건으로 도장을 맡겨 둠
③ 건축사가 설계도면을 작성하거나 변경할 때 건축구조기술사로부터 구조안전 확인을 받거나 협의해야 함에도 이러한 절차를 거치지 않고 보조기둥의 앵커볼트를 4개에서 2개로 줄임

2) 시공·감리의 부실

① 강구조물 제작업체가 주 기둥을 시공하는 과정에서 고강도 무수축 모르타르 대신 시멘트로 마감처리함. 이로 인해 앵커볼트와 주 기둥 하부가 상당히 부식됨으로써 하부 지지 구조가 부실해짐
② 국과수 감식결과 주 기둥 등 일부 부재가 기준치에 미달되는 등 부실자재가 사용됨
③ 감리단계에서도 감리일지 등을 작성한 사실이 없고, 현장을 제대로 확인하지 않은 채 감리보고서를 작성해 모르타르 시공을 생략함

3) 지붕 제설을 등한시한 리조트 측

많은 눈이 내렸음에도 진입로와 주차장 등에 대한 제설작업만 하고 적설하중이 $1m^2$당 50kg으로 설계돼 붕괴위험이 있는 체육관 지붕에 대한 제설 작업은 실시하지 않음

03 시사점

1. 사고대응 문제점

1) 구조·장비차량 현장 접근 못해

① 좁은 진입도로에 각종 차량과 장비가 몰린 상황에서 폭설과 야간이라는 악조건 속에서 사람과 차량이 북새통을 이룸. 따라서 리조트 안쪽 구석진 비탈길에 있는 체육관에 크레인 등 주요 중장비가 접근하는 데 많은 시간이 소요됨

② 사고 당일 오후 9시 20분께 출동 요청을 받은 8t 무게의 기중기는 10시 30분께 현장에 도착했고, 10시 30분께 출동요청을 받은 50t 무게의 기중기는 자정이 돼서야 도착함
③ 경주시청 건설과의 한 관계자는 "다급해진 상황실에서 여러 장비를 한꺼번에 투입했다."며 "차량과 장비가 너무 많이 갔다."고 언급함

2) 늑장 교통통제 … 경찰서장이 경주시장보다 늦게 도착

① 초기 현장 통제 및 지휘가 체계적으로 이뤄지지 않아 구조 · 구급 · 취재차량 등이 집중되는 바람에 사고현장은 난장판이었으며, 이는 경찰의 교통통제가 늦은 데서 가장 큰 원인을 찾을 수 있음
② 경주 경찰서장이 경주시장보다 더 늦게 현장에 도착한 점만 봐도 교통통제에 실패한 점이 여실히 드러남
③ 긴급의료체계도 미비해 사망 · 부상자들이 병원에 도착했다가 다른 병원으로 이송되는 일이 속출함

2. 개선방안

1) 구급기능

① 긴급구조통제단장은 사상자 수에 따라 현장응급의료소를 설치 · 운영함
② 응급의료소장은 관할 보건소장이 담당하고, 도착 전 권역응급의료센터장 등이 대행함
③ 지자체는 긴급구조통제단 구급대응 역량 초과 시에 대비한 응급지원 매뉴얼을 마련함
④ 긴급구조통제단의 부상자 이송현황을 공유함
⑤ 119 구급상황센터의 관내병원 응급환자 수용능력 및 환자이송 현황을 파악 · 점검함

2) 사회질서 유지

① 경찰과 Police Line 설치에 대한 세부 가이드라인을 마련함
② 재난현장 진출입로 확보(구조 및 복구장비 출입) 및 재난현장 통제(언론 및 민간)체제를 갖춤

3) 설해 대비 건축물 설계기준 개선

① 이상기후로 남부지역에도 발생하고 있는 폭설에 대비한 적설하중 기준이 낮아 관련 규정이 급변하는 기후변화에 대응하지 못함
② 과거에 비하여 강설 빈도와 양이 복합적으로 증가함에 따라 각 지역별로 적설량에 따른 설압을 고려하여 지붕 경사각도 및 건축물 설계기준을 강화함

4) 시설물 안전관리 강화

① 붕괴된 체육관은 면적 1,205m²의 「건축법」 제2조에서 정의하고 있는 '운동시설' 용도의 건축물로 해당 건물은 「시특법」의 5,000m² 이상 규모의 '다중이용건축물', 「재난관리법」의 '특정관리대상시설' 및 「건축법」상의 구조 안전점검 대상 건축물에 포함되지 않아 법률상에 해당되지 않음

② 시설물의 안전관리 강화를 위하여 소규모의 숙박시설, 체육관, 쇼핑몰 등과 같은 다중이용 시설물에 대한 안전점검을 의무화하는 방안을 고려함

③ 이를 위해서는 다시 관련 법령에 따라 시행 방안을 구분하여 검토할 필요가 있으며 「재난관리법」과 「건축법」에서 규정하고 있는 지자체의 관리·감독을 강화함

④ 마우나리조트 붕괴 사고와 같이 적설하중에 취약한 구조로 설계된 건축물에 대하여 지자체별로 전수조사를 거쳐 「건축법」의 규정에 따라 구조안전진단을 실시하고 「재난관리법」상 특정관리대상시설의 범위에 소규모 다중이용 시설물을 포함시키는 대책을 마련함

5) 폭설 취약지도 구축 및 지역 특성에 따른 폭설 예방대책 마련

① 기후변화에 따른 대설로 인하여 상습설해지역이 확대될 것으로 전망되는 바 이에 대비하기 위해 폭설데이터에 대한 시계열 분석을 통해 지역별 폭설 취약지도를 구축하고, 이에 따른 도시설계와 폭설 대응 매뉴얼을 마련함

② 작성된 취약지도에 따라 폭설피해 우려지역의 개발에 대한 관리·감독을 강화하며 더불어 취약지역 특성에 따라 차폐용 수목식재, 눈막이 울타리 설치 등 폭설 피해 저감을 위한 선제적 차원의 공간계획을 설계함

07 세월호 침몰

01 사고 개요

① **일시** : 2014년 04월 16일(수) 15시 43분경
② **장소** : 진도군 병풍도 북방 3.1마일 해상
③ **사고원인** : 세월호 도입부터 증축, 안전점검, 운항관리 등의 여객선 안전관리가 부실하여, "복원성이 취약한 세월호가 과적·고박불량 상태에서 출항하게 된 것"이 원인으로 작용
④ **피해현황** : 탑승자(추정) 476명, 구조 174명, 실종자 12명, 사망자 292명

‖ 세월호 침몰사고[10](2014.04.16.) ‖

---

10) 침몰하는 세월호, 연합뉴스, 2014년 4월 17일

02 경과 및 조치사항

1. 사고 발생 후 출동명령 전(08 : 48~08 : 58경)

1) 사고해역에 연안구역을 경비하는 '소형함정만 배치', 사고대응에 취약

① 원칙적으로 세월호가 지나가는 항로구역에는 중형 함정(200톤 이상)을 1일 1척씩 배치해야 하는데도, 사고 당일 중국어선 불법조업 특별단속에 서해해경청 소속 중형 함정을 모두 동원

② 지휘·통신장비, 구조인력 등이 부족한 연안경비정인 123정(100톤급)에게 위 구역까지 확대 경비하도록 지시, 현장대응에 한계 발생

③ (123정) 사고 발생 이후 09시 16분부터 11시 19분까지 현장지휘함정(OSC)으로 지정되었으나 실질적인 구조인력은 총 9명(정원 13명)에 불과하고, 위성 통신장비가 없어 사고현장의 영상송신이 불가능한 등 사고 대응능력이 중형 함정에 비해 상대적으로 취약

2) 해상관제를 소홀히 하여 사고 사실 '조기 인지' 실패

① 진도 VTS는 사고 당시 관제해역에 있는 82대의 선박 중 특별관제대상 선박(여객선, 위험화물 운반선 등)은 세월호를 포함, 18척에 불과

② 세월호가 급변침(08시 48분경) 후 표류하는 것을 08시 50분경부터 관제 모니터 상에서 포착할 수 있었는데도 모니터링에 소홀, 인지하지 못하다가 16분 후인 09시 06분에야 목포해경서의 통보를 받고 사고 발생 사실을 인지

③ 초동대응기관인 목포해경서는 전남소방본부로부터 08시 55분경 사고사실을 통보받았으므로 진도 VTS가 08시 50분경 사고를 인지하여 목포해경서에 통보하였다면, 초동대응이 5분 정도 빨라졌을 것으로 예상

④ 관제사 2명이 관제해역을 2개 섹터로 나누어 각각 관제하여야 하는데도 야간(전일 18시 00분~당일 09시 00분경)에는 1명이 2개 섹터를 모두 관제하는 등 근무기강의 문제점이 있었음

2. 출동명령 후 구조세력 현장도착 전(08시 58분~09시 30분경)

1) 사고 발생 초기, 세월호와의 교신 등을 통한 '사전 구조조치' 미흡

① 구조본부 및 현장 구조세력 관련 매뉴얼에 따르면 가용수단을 최대한 동원하여 조난 선박과 교신을 시도하도록 규정

② 구조본부는 해경본청(중앙) – 서해해경청(광역) – 목포해경서(지역)에 설치, 상황통제·구조 활동 등 지휘

③ 하지만 세월호와의 직접 교신에 실패, 선장 등을 통한 갑판집결, 승객퇴선 지시 기회 등 일실(08시 55분~09시 27분, 32분간)

④ (123정) 09시 03분경 세월호와의 교신에 실패하자 재교신 미시도, 이후 조난통신망(VHF CH16)으로 세월호가 2차례 호출(09시 26~28분)하였는데도 청취 불가

⑤ (목포해경서) "09시 10분경 선장과 핸드폰 통화만 2차례 시도"하고 조난통신망 등을 통한 직접 교신방안 부재

⑥ 목포해경서(122 접수자)는 09시 04분 세월호 승무원의 신고를 접수하여 선내상황을 인지하고도 이를 방치, 승객 갑판집결·퇴선유도 지시 등 초동조치 기회 미대응

⑦ 서해해경청은 09시 24분 세월호에서 진도 VTS를 통해 승객 비상탈출 여부를 문의하자, 선장이 취한 조치상황(갑판집결 등)을 파악하거나 적절한 구조조치를 지시하지 않고 "선장이 현장상황을 판단해서 결정하라"고 대응

2) 현장상황 및 이동수단을 고려하지 않고, '출동명령'만 시달

① (구조본부) 08시 58분 이후 출동명령을 시달하면서, 구조 활동에 필수적인 탑승인원, 침몰 정도 등도 제대로 알리지 않아, 효과적인 구조 활동 곤란 초래

② (B511 헬기 항공구조사) 구조본부에서 세월호 탑승 승객, 침몰 정도 등 기초정보도 제공하지 않아 "세월호가 완전 침몰 후에야 300여 명이 탑승한 사실을 알았다."고 진술

③ 122구조대 등이 헬기 등에 탑승·출동하였다면 수색·구조 활동에 보다 신속하게 투입될 수 있었는데도 이동수단(헬기 등) 확보에 소홀, 늑장 도착 야기

④ (목포 122구조대) 해경 전용부두(100m 거리)에 정박 중인 513함(상황 대기함) 대신 버스를 이용하여 09시 13분 팽목항으로 이동한 후 어선에 탑승, 현장출동(→ 12시 19분 현장 도착)

⑤ (서해해경청 특공대) 탑승 가능한 선박이 있는지 확인 없이, 09시 35분 목포항으로 이동한 후 가용 선박이 없자, 10시 25분 전남경찰청 헬기를 수배·출동(→ 11시 28분 현장 도착)

3. 구조세력 현장 도착 후 침몰(90% 이상) 전(09시 30분~10시 28분경)

1) 구조세력의 '현장 구조 활동' 및 구조본부의 '상황지휘' 부적절

① (123정) 관련 매뉴얼에 따르면 '선박 전복사고' 시 승무원의 위치, 퇴선 및 구명조끼 착용 여부 등을 정확하게 파악·대처토록 규정

② 09시 30분 현장 도착 후 "갑판·해상에 승객 대부분이 보이지 않아 승객들의 즉각적인 퇴선이 필요하다고 판단"하고도, 즉시 선실 내 진입·승객퇴선 유도 등의 조치 없이 소극적으로 대응
③ 상당수 승객이 선내에 남아 있다는 사실도 구조본부에 뒤늦게 보고
④ 구조된 선장·선원 등을 통해 승객위치 파악 및 퇴선방안 등을 강구하지 않고 방치, 선내 승객구조 기회 일실
⑤ (구조본부) 대다수 승객들이 선내에 대기 중인 상황을 파악한 후(해경본청 09시 37분, 서해해경청·목포해경서 09시 43분)에도 현장 구조세력(123정, 헬기 등)에게 선실 내부 진입, 승객 퇴선 유도 등을 직접 지시하지 않았고, 현장 지휘에도 소극적으로 대응
⑥ 세월호 좌현이 완전 침수(09시 53분)된 이후에도 사고 및 승객대피상황 등을 제대로 파악하지 못한 채 현장상황과 동떨어진 지시 시달

03 문제 및 시사점

1. 사고 발생 시, 중대본의 '컨트롤타워' 기능 미작동

① (안행부) 재난대응을 총괄·조정하는 본연의 임무(사고 상황·구조자원 파악, 행정적 지원 등)는 소홀히 한 채 언론 브리핑에 집중(1시간 간격, 총 6회)
② 해경 등과 협의 없이 서로 다른 내용을 발표, 혼선 발생
③ 사실 확인 없이 구조자 수를 집계·발표하였다가 뒤늦게 정정(14시 00분경 368명 ⇨ 16시 30분경 164명), 정부 불신 초래
④ (안행부장관) 중대본부장으로서, 09시 45분 중대본 가동만 지시하고, 외부 행사에 참석(경찰교육원 졸업식, 10시 00분~10시 37분)하는 등 사고 상황 파악·초동조치 지휘 소홀

2. 상황보고 지연·왜곡 전파 등 혼선 발생

① (해수부) 사고 상황 및 위기경보 발령 내용을 관계기관 등에 지연·왜곡 전파
② (해경) 08시 55분경 사고를 접수하고도 중대본·국가안보실 등에 보고 지연(09시 33분경), 피해·구조상황도 6차례나 부정확하게 작성·전파

③ (중대본) '학생전원구조', '선체 진입성공' 등 검증되지 않은 언론보도를 정부기관에서 인용·확인, 공식입장으로 확대·재생산되어 불신 가중

3. 인력·매뉴얼·교육훈련 등 '재난 대비태세' 부실

① (조직·인력) '13. 8월 컨트롤타워 기능 강화를 위해 인적재난 총괄 기능을 소방방재청에서 안행부로 이관(「재난기본법」 개정)하고도, 부처 간 이견으로 업무 수행에 필수적인 조직·인력은 미이관 (⇨ 형식적으로 2명 이체)

② (매뉴얼·훈련) 안행부 등은 평소 재난대비 역량 강화를 위한 매뉴얼 정비·숙달훈련 등에 소홀하여 사고 발생 시 역할 불명확·업무혼선 등 초래

08 싱크홀

01 개요

① 우리나라는 싱크홀 발생 사례가 많지 않으나 지하수 과다 사용, 상하수도 누수 등의 이유로 크고 작은 지반침하가 발생되고 있음
② 최근 도시지역에서도 점점 자주 출현하고 있는 싱크홀을 예방하기 위해서는 무분별한 도시개발을 중단해야 함
③ 싱크홀 발생을 막기 위해서는 도시 주요 지역에서 지하수의 흐름을 늘 모니터링하고, 특히 도심지 공사장의 무분별한 공사는 싱크홀의 가능성을 높이고 있는 만큼 집중적으로 감시해야 함

∥ 여러 나라의 싱크홀 발생 모습(과테말라(좌), 미국 플로리다주(중), 중국 선전(우)) ∥

02 도심지 싱크홀

1. 수도권 지역(서울, 인천, 경기도 등)의 싱크홀 발생 현황[11]

① 2010년 하반기부터 현재까지 서울에서만 가로와 세로가 2m 이상인 대형 싱크홀 14개 발생
- 2014년 싱크홀 발생 지역은 강서구, 영등포구, 송파구이며, 8월까지 총 5건이나 발생
- 발생 원인은 지반 약화, 성토부 침하, 상·하수도 누수 등이며 정확한 원인 파악이 어려운 것도 다수 존재

② 경기도 의정부시에서 7월 24일 신곡동 한 아파트 단지 앞 보도가 갑자기 2m 깊이로 내려앉아 행인 한 명이 추락하여 부상
- 정화조와 연결된 오수관 누수로 인해 지반 침하

③ 인천시에서도 2012년 깊이 20m의 대형 싱크홀이 발생하여 지나가던 오토바이 운전자가 추락하여 사망하는 사고 발생

▼ 서울시 싱크홀 발생 현황(가로, 세로 2m 이상)

발생연도	발생장소	발생원인	건수
2010	영등포구(한강대교, 여의하류)	지반 약화에 의한 동공 발생, 성토부 침하	2건
2011	• 동대문구(서울시립대) • 강남구(일원지하차도) • 구로구(안양철교) • 중랑구(망우선 철교)	원인불명(장기압밀로 추정)	4건
2012	강동구(천호역)	상수도 파열	1건
2013	• 서초구(강남역) • 강서구(방화대교)	• 원인불명(지하철 공사 원인 추정) • 도로횡단 배수관 공사로 침하	2건
2014	• 강서구(강서구청, 중미역 교차로, 방화동) • 영등포구(국회의사당) • 송파구(석촌지하차도)	상·하수도 누수	5건
2015	• 서울 용산 • 서울 서대문 • 서울 강남 • 서울 논현 • 서울 동대문	• 차수벽 부실시공 • 하수누수 • 상수관 파열	11건

자료 : 아주경제

---

11) 국내 싱크홀 발생 현황, 뉴시스, 2015년 7월 16일

| 국회의사당 앞 싱크홀(2014.06.19.) |

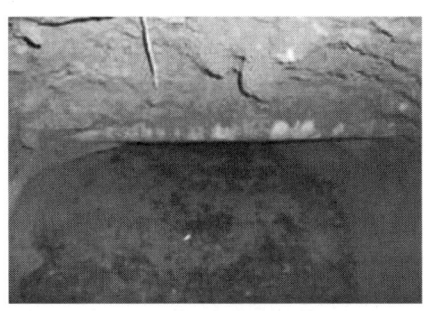
| 국회의사당 앞 싱크홀(2014.07.17.) |

| 의정부 신곡동 싱크홀(2014.07.24.) | | 인천시 지하철 공사현장 싱크홀(2012.02.18.) |

④ 제2롯데월드 공사, 지하철 9호선 공사 등 대규모 공사가 진행 중인 송파구에서 싱크홀이 집중적으로 발생(2014.6월 말부터 2014.8월 초 사이 5건 이상 발생)
- 송파구 오금로, 방산초등학교 입구, 잠실경기장 등의 싱크홀은 직경 0.5~0.6m, 깊이 0.05~1m 정도로 비교적 작은 규모
- 반면 2014년 8월 5일 석촌지하차도 종점부(백제고분로)에서 발생한 싱크홀은 폭 2.5m, 길이 8m, 깊이 5m로 이전의 싱크홀에 비해 큰 규모
- 석촌지하차도 싱크홀 원인 조사 중 인근 지역에 폭 5~8m, 깊이 4~5m, 연장 80m의 동공(洞空)을 비롯한 다수의 동공이 추가 발견

| 송파구의 싱크홀 발생 현황 |

⑤ 서울시에서 싱크홀 발생 원인을 조사하고 있으며 국토교통부에서도 싱크홀 대응 방안 마련 중
- 서울시는 싱크홀 원인 분석을 위해 제2롯데월드 공사, 지하철 9호선 공사, 상하수도관 누수 등과의 연관성을 조사 중
- 국토교통부에서도 도시계획, 인허가, 설계·시공 등에 대한 제도현황을 분석하고 싱크홀 예방에 필요한 제도적 개선방안을 모색할 계획

⑥ 2019년 12월 22일 7시 21분경 영등포구 여의도 국제금융로 2길의 공사현장에서 2.5m 깊이의 싱크홀이 발생
- 공사 현장에서 아스팔트 지반이 붕괴하면서 지상에서 근무하던 인부가 추락해서 사망
- 지하에 있던 상수도관이 누수되어 흙이 쓸려나감. 이 때문에 지반이 약해지면서 붕괴

⑦ 2021년 9월 1일 6시 10분경 충청남도 당진시 서해로의 한 주차장에서 싱크홀이 발생
- 인명피해는 없었으나 주차되어 있던 승용차 1대가 싱크홀에 빠지는 사고가 발생
- 당일 6시까지 내린 83.5mm의 폭우가 싱크홀의 원인으로 지목됨

2. 싱크홀 발생 원인

① 수도권의 싱크홀 발생은 공사승인 및 관리체계 미흡, 상하수도 시설 노후화, 지하수위 저하 등이 복합적으로 작용한 결과
② 지하수 흐름 교란을 일으키는 대규모 개발사업 승인 시 싱크홀에 대한 고려 부족, 지하시설물인 상하수도 시설의 누수관리 미흡
③ 매년 낮아지는 지하수위가 싱크홀을 가속화시키는 주원인
- 지하에 석회성분 용해나 다른 이유로 만들어진 공간을 채웠던 지하수가 아래로 내려가면 토양과 구조물의 하중을 지탱하기 어렵게 되어 싱크홀 발생
- 지하수위 저하는 구조물을 지탱하는 기초를 약화시켜 부등침하를 일으키고, 상하수도관도 침하시켜 누수를 일으키는 원인이 됨

▍송파구 석촌 지하차도의 싱크홀 발생 및 복구 작업 현장(2014.08.05.)▍

▍충청남도 당진시에서 발생한 싱크홀(2021.09.01.)▍

03 미국의 싱크홀 방재대책

싱크홀이 빈번하게 발생하는 미국 플로리다 주는 2010년부터 싱크홀 관련 조례를 시행하였다.

① 플로리다는 지하수로 인해 석회암이 녹아 지하에 빈 공간 생성이 빈번하며 인구 증가에 따른 지하수 사용 증가도 싱크홀 발생의 원인으로 지적
② 싱크홀 발생에 영향을 미칠 수 있는 건축기준과 건축시공방법들에 대한 등급 기준을 마련하고 그에 따라 건축물 보험료를 산정토록 규정
③ 싱크홀이 빈번히 발생하는 플로리다 지역의 주택소유자는 싱크홀 보험가입이 의무화로 사고 징후 발생 시 보험사는 해당 주택의 싱크홀 여부를 확인토록 규정

플로리다 주는 싱크홀 방지를 위한 시공방법뿐 아니라 일반시민들이 싱크홀 발생 징후를 인지할 수 있는 지침 등을 제시하였다.

① 지하수량 보전이 싱크홀 방지에 있어 필수적이라는 점을 고려하여 도시 물 순환 체계조성 및 식수·생활용수 공급방안을 핵심내용으로 제시
② 싱크홀 발생 징후 리스트는 일반시민들이 쉽게 이해할 수 있는 현상을 중심으로 작성되어 있으며 사전대비 실효성이 높음

∥ 미국 플로리다 주의 싱크홀 분석지도(좌), 발생 현황(우) ∥

▼ 미국 플로리다 지역의 싱크홀 방지를 위한 6가지 방법

단계	주요 내용
물길차단 및 우회 (Redirect or Block Water)	지표수나 강우유출수가 건물과 인접해서 흐르거나 건물 내로 스며들지 않도록 하는 배수체계가 중요
지하 석회암 처리공정 (Treating Underground Limestone)	지반의 석회암에 대한 공정이 중요함. 고대 이집트 피라미드 자재의 95%는 석회석으로 이루어졌음에도 공정과정을 통해 물과 산성비에 스며들지 않음
공사방법 (Construction Measures)	구조물 공사 전 지반에 대한 싱크홀 가능성에 대한 토양 조사와 건축 시 기반공사 강화가 중요
습지 위 구조물 공사 지양 (Avoid Construction on Wetlands)	습지 또는 늪지 위의 구조물 및 건축행위를 지양
지하수 사용 자제를 목적으로 한 담수화장치 확대 (Seawater Treatment Facilities)	담수화를 통한 식수 및 생활용수 공급으로 지하수 사용 자제와 지하수원 유지
지하수 사용 자제를 목적으로 한 빗물 재이용 (Recycling Gray Water Runoff)	빗물재활용을 통한 생활용수 공급으로 지하수 사용 자제와 지하수원 유지

미국 항공우주국(NASA)은 인공위성과 항공기에서 촬영한 레이더자료를 이용한 싱크홀 예측기술을 연구개발하고 이를 범용화하고 있다. 실제로 2012년 미국 로스앤젤레스에 발생한 거대 싱크홀을 최소 한 달 전에 예측하여 인근 주민을 대피시켰으며 해당 기술을 범용화 작업 중이다. 분석 자료인 SAR(Synthetic Aperture Radar)은 기존의 레이더 자료와는 달리 매우 높은 해상도를 가진 레이더 자료이다.

▼ 싱크홀 발생 징후

	징후
1	건축물의 기초벽체에 금이 생기는 현상
2	창문이나 방문틀 모서리 부분에 금이 생기는 현상
3	건물 바닥이나 건물진입로 바닥에 금이 생기거나 바닥의 수평이 어긋나는 현상
4	바닥이 움푹 들어간 곳이 생기는 현상
5	건축물 기초구조물 부분에 이슬이 맺히거나 젖어 있는 공간이 발생하는 경우
6	천장이나 지붕에 누수가 되는 경우
7	벽면의 못 등이 튀어나오는 경우
8	창문이나 방문이 삐걱거리고 잘 안 열리고 닫히는 경우

04 시사점

1. 싱크홀에 대응할 제도적 장치와 지침 마련 시급

① 싱크홀 발생 위험지역에서는 플로리다 주처럼 일반시민들이 감지할 수 있는 싱크홀 징후리스트를 만들어 재난방지에 활용
- 넓은 지역에 분포하는 싱크홀의 특성상 관 주도의 조사로는 싱크홀 발생 위험 파악에 한계가 있기 때문에 시민들과의 공조 필요
- 기초 벽체에 균열이 생기거나, 문이나 창문이 제대로 작동되지 않거나, 못이 튀어나오거나, 가로수가 기울어지는 징후가 발생 지역의 데이터를 확보·분석하여 대응

② 싱크홀로부터 안전한 개발을 위해 사업 승인, 적정 보강공법, 사후관리를 다루는 제도적 장치 마련
- 지질정보, 지하수위, 상하수도관 등을 포함하는 통합 지반정보시스템을 구축하고 이를 토대로 싱크홀 위험지도(Sinkhole Hazard Map) 작성

- 싱크홀 위험지도에 기초한 사업 승인, 공법, 공사 중 지하수위 관리 방안, 사후관리 지침 등을 작성하고 도시계획부터 사업승인 및 관리의 제도적 단계에서 싱크홀 방지 대책 포함

2. 싱크홀 방지를 포함한 융합적 물 관리체계 구축

① 지하수위 저하 및 개발사업 추진 시 급격한 지하수위 변화가 싱크홀 발생의 원인이므로 지하수위 관리가 매우 중요
② 적정 지하수위 관리로부터 싱크홀 방지, 홍수대책, 용수확보, 수질개선 등의 효과를 부수적으로 기대
- 지하로 물을 침투시키고 빗물을 적극 이용하려는 그린인프라 구축사업, 빗물 이용시설, 비점오염저감사업, 저영향개발(LID) 기법 등 기존사업과의 연계 및 활성화가 필요

③ 수자원의 이용·관리, 물로 인한 홍수, 가뭄, 물부족, 싱크홀 등의 재난 문제 해결을 위해 중장기적으로 빅데이터를 활용한 관리체계 구축 필요
- 네덜란드는 수자원분야에서 빅데이터를 활용한 「Digital Delta」 프로젝트를 2013년부터 시작했으며, 국토교통부도 스마트워터그리드 사업에서 기초연구 수행 중

3. 싱크홀 방지 시범사업과 제도 개선방안 마련

싱크홀 발생 우려가 큰 대도시 지역을 대상으로 시범사업을 추진하여 향후 전국의 싱크홀 방지 대책 수립

① 1단계는 지하수위, 지질주상도, 상하수도 관망도를 기초로 싱크홀 위험지도 작성, 기초자료 보강방안, 싱크홀 위험지도를 고려한 상하수관 교체 우선 순위 선정, 위험도에 따른 사업 승인 및 공법 적용방안, 제도 개선방안 제시
② 2단계 사업에서는 SAR(Synthetic Aperture Radar) 등 레이더를 통한 싱크홀 예측 및 조사방안과 싱크홀을 일으키는 지하수위 저하방지를 위한 시범 사업을 물 순환 관점에서 제시하고 실제 현장에 적용한 이후 모니터링을 통한 효과 검증

09 시설물의 노후화

01 사고 개요[12]

① 일시 : 2014년 7월 24일(14시 00분경)
② 장소 : 중흥동 평화맨션 B동(북구 서방로 39번길 49)
③ 피해상황 : 지하 1층 기둥 12개 중 2개에서 철근노출 및 콘크리트 박리
④ 거주주민 : 59세대, 142명(실거주인)
⑤ 아파트 현황
- 규모 : 10층 2동 172세대(전용면적 : 95.87~115.70m^2)
- A동 : 가구수 112세대, 주민등록상 세대수 103세대, 실거주 112세대, 인원수 286명
- B동 : 가구수 60세대, 주민등록상 세대수 53세대, 실거주 59세대, 인원수 142명
- 평화맨션 A동과 B동 건물 이격거리 약 30m
- 준공일자 : 1981년 03월 20일(33년 경과)
- 시 공 자 : 평화건설(현재 법인 소멸)

02 경과 및 조치사항

1. 1일차 : 2014년 07월 24일(목)

① 13시 56분 신고접수, 북부소방서 출동
② 14시 02분 선착대 현장도착, 지하층 점검 및 주민대피유도
③ 14시 20분 시 재난안전대책본부 운영

---

12) '기둥파손' 광주 평화맨션 59가구 거주지 이전, 연합뉴스, 2014년 8월 24일

④ 15시 40분 구조안전진단팀 현장 도착, 응급진단 및 관계자 회의
- 콘크리트 파열로 잭서포트 설치 및 계측관리업체 요청

⑤ 16시 30분 광주광역시장 현장 도착, 상황청취
- 안전진단 및 주민대피 등에 불편함이 없도록 시와 긴밀한 협력체계 구축 지시

⑥ 16시 40분 주민대피소 설치 완료(정수기, 급식차량 지원 등 구호물품)

⑦ 17시 30분~20시 00분 긴급 구조보강 실시(4개 기둥/잭서포트 40개 설치)

⑧ 20시 00분~20시 20분 유관기관 대책회의
- 수도·전기 공급재개, 입주민 출입 임시 허용(소방서 직원 동행)

⑨ 20시 30분~22시 20분 입주민 자가 방문(57세대) 생필품 반출

┃ 광주 평화맨션 지하기둥 파손(2014.07.24.) ┃

2. 2일차 : 2014년 07월 25일(금)

① 06시 30분 유관기관 대책회의 개최(2차) : 2차 자가 방문

② 15시 00분~ 정밀안전진단 실시
- 지하실 기둥 8개소 주변 잭서포트(30개) 추가 설치
- 아파트 단위세대 안전진단 실시 중

③ 16시 00분 임시 거주인원 38세대 83명

3. 3일차 : 2014년 07월 26일(토)

① 09시 30분 광주광역시장 대피소 방문(2차)
- 이재민 격려 및 건의사항 청취

② 10시 05분 정밀안전진단 실시(한국구조안전기술원 정밀안전진단부 7명)

③ 15시 40분 입주민 자가 방문(5, 6, 7라인)
- 생필품, 의복 등 필요물품 반출

④ 21시 00분~21시 50분 입주자 대책 회의
- 안전진단 추진에 동의(입주민 자체 의결) 등 향후 대응방안 논의

⑤ 22시 00분 임시 거주인원 45세대, 110명

4. 4일차 : 2014년 07월 27일(일)

① 10시 55분 입주민 자가 방문
- 생필품, 의복 등 필요물품 반출

② 13시 00분~14시 00분 입주민대표자회의 개최
- 안전진단 등 현안사항 논의

③ 22시 00분 임시 거주인원 45세대, 110명

03 향후 조치계획

1. 평화맨션 안전진단 및 보수보강

① 평화맨션 2개동(A, B동) 정밀안전진단 실시
- 진단 업체 : ㈜한국구조안전기술원
- 진단 기간 : 약 4주 예정
- 진단보고서 : 진단 후 구조적 안정성 평가 및 보수·보강 방법 제시

② 정밀안전진단 보고서에 제시된 보수·보강 방법에 따라 조속한 시일 내 보수공사 시행 안전성 확보

2. 유사 공동주택 특별안전점검 실시 및 제도개선 건의

1) 유사 공동주택 특별안전점검 실시

① 대상 : 30년 이상 공동주택(147개소 14,736세대)과 자치구 자체 판단에 의한 필요단지
② 방법 : 구조전문가와 합동점검 실시(지침상 구청자체 점검)
③ 기간 : 2014년 08월 01일부터(조속한 시일 내 완료)
④ 자치구별 계획 수립(2014년 07월 31일까지)
⑤ 자치구와 협의 시비지원방안 검토

2) 제도 개선 건의

주택법 제50조(안전점검)에 16층 이상 공동주택에 대하여는 일정 자격기준을 갖춘(시 특법에 의한 책임기술자, 교육 이수한 관리소장, 안전진단전문기관, 유지관리업자) 전문가가 안점점검을 실시하도록 되어 있으나, 15층 이하 공동주택에 대해서도 경과년도, 세대수 등을 감안하여 점검기준을 강화할 수 있도록 제도개선 건의함

10 메르스 사태

01 사고 개요[13]

① 2012년 4월 사우디아라비아에서 최초로 메르스(Middle East Respiratory Syndrome) 감염 환자가 발견돼 2015년 10월 13일까지 26개국에서 1,616명의 환자가 발생했다. 이 가운데 642명이 사망했다. 국내에서는 2015년 5월 20일 첫 환자가 확진된 후 평택○○병원과 국내 일류 병원인 ○○서울병원 등 병원을 중심으로 모두 186명의 환자가 발생했다.
② 기간 : 2015년 5월 20일~12월 23일(첫 확진 후 7개월 만에 사태 종식)
③ 인명피해 : 총 186명(사망자 38명, 치사율 20.4%, 격리 1만 6,752명)
④ 대책본부 운영 : (보건복지부)질병관리본부 → (보건복지부)중앙메르스관리대책본부 → (범정부)메르스대책지원본부

02 경과 및 조치사항

① 2015년 5월 4일 1번 환자가 카타르를 경유해 인천공항에 입국하였고, 7일 후(11일)에 고열과 기침 증상이 발현하여 20일까지 4개의 병원을 거쳤다.(11일 아산서울의원 외래, 12~14일 평택○○병원 입원, 당시 2인실에 3번 환자 함께 있었음. 17일 ○○서울병원 응급실 방문, ○○의원으로 외래 진료, 18일 ○○서울병원에 입원, 병원 측의 의뢰로 서울시 역학조사가 실시되었다. 20일이 돼서야 1번 환자와 부인(2번 환자)이 국내 최초 메르스 확진을 받고, 국가 지정 격리 병상으로 이송되었으며 위기 경보 '주의' 단계로 격상하였다.)
② 2015년 5월 21일 3번 환자 확진판정, 3번 환자는 딸에 대한 메르스 검사·격리 요구를 하

---
13) 메르스(MERS) 대응 통합 행정지침, 중앙메르스관리대책본부, 2015

였으나 "증세 없다."며 질병관리본부에서 거절하였다. 26일 3번 환자 딸이 네 번째로 확진(아버지와 5시간 정도 접촉해 있었던 것으로 알려짐), 1번 환자 진료한 ㅇㅇ의원 의사가 다섯 번째 확진

- 5월 28일 보건복지부 메르스 대응 관련 긴급회의 소집(차관급)

③ 아산서울의원 의료진 등 6명 추가 감염돼 확진자 13명으로 증가
④ ㅇㅇ서울병원 응급실 27~29일 머문 환자 확진

- 문형표 보건복지부 장관 "메르스 전파력 판단 미흡했다." 사과문 발표

⑤ 6월 1일 메르스 사망자 최초 발생(평택ㅇㅇ병원, 1번 환자와 같은 병동 환자)
⑥ 6월 2일 확진자 총 30명, 3차 감염자 2명 첫 발생, 메르스 의심 평택 초등생 음성 판정(전국 153개 초·중·고·대학교 휴교)

- 중앙메르스대책본부(보건복지부 장관) 격상, 시·도 내 역학조사, 접촉자관리, 환자 관리, 대외홍보, 인력 등 의료자원 지원, 격리병상, 보호장구 지원이 이루어졌다.

⑦ 6월 3일 격리자 1,000명 돌파. 비격리 3차 감염자 첫 사망

- 박근혜 대통령 메르스 대응 민관 합동 긴급 점검회의 주재 – 민간 전문가 참여 TF(즉각 대응팀) 설치 지시
- TF팀 운영 : 메르스 감염 전파 확산 가능성이 높은 의료기관에 대해 즉시 현장 점검 및 결과에 따라 즉각 대응 총괄 지휘

∥ 대통령 긴급 점검회의 ∥

⑧ 6월 6일 부산 메르스 첫 양성반응자 발생 등 전국 확산 총 64명. 메르스 대상자 조회 시스템 가동

- 보건복지부와 경기, 서울, 충남, 대전 4개 광역단체 정보 공유와 공동 대응 합의(시·도 대책반에서 총괄해 일일상황보고, 접촉자 모니터링 상황 '메르스통합정보시스템'을 통해 전산보고, 대국민 홍보)

⑨ 6월 8일 메르스 종합 대응 TF팀과 범정부 메르스대책지원본부 출범
⑩ 6월 9일 확진자 100명 돌파, WHO 메르스 합동조사단 국내 활동 개시, 보건 당국 전국 폐렴 환자 전수조사

⑪ 6월 10일 메르스 포털 가동, 임신부 포함해 확진자 총 122명, 박근혜 대통령 14~19일 예정됐던 미국 순방 연기
- 정부 '국민안심병원' 운영 계획 발표(국민들이 메르스 감염 불안을 덜고, 보다 안심하고 진료받을 수 있는 안전병원체계 구축, 대규모 병원 내 감염 확산(super-spread) 발생 차단)
- WHO 메르스 합동평가단 활동 결과 발표 "과밀 응급실, 병문안 문화, 닥터 쇼핑이 확산 부추겨…"

⑫ 6월 13일 ㅇㅇ서울병원 부분 폐쇄, 15일 평택ㅇㅇ병원 전수 조사 결과 전원(1,679명) 음성판정
⑬ 6월 16일 정부 메르스 유가족에 심리 치료 지원, 확진자 발생·경유 의료기관 '집중관리병원'으로 관리
⑭ 6월 18일 제주ㅇㅇ호텔 투숙객 중 141번 확진자 발생, CEO 영업중단 결정
⑮ 6월 29일 국내 첫 메르스 환자 완치판정(한 달 넘게 강제 수면 상태에서 치료를 진행해 후유증 심각, 퇴원까지 많은 시간이 필요하다고 전해짐)
⑯ 7월 6일 평택ㅇㅇ병원 휴원 39일 만에 재개원, 20일 ㅇㅇ서울병원 부분 폐쇄 해제
⑰ 7월 27일 자가격리자 전원 해제, 28일 황교안 국무총리 메르스 사태 종식 선언

03 향후 조치계획

1. 감염병 위기 경보 수준별 대응 방향

위기경보수준	조치사항
관심(Blue) • 해외 중동호흡기 증후군 발생	• 질병관리본부 '메르스 대책반' 선제적 구성·운영 - 주간 상황점검 및 주간 동향보고 - 해외 질병발생 상황 및 최신 연구동향 등 관련 정보 수집 및 분석 - 국내 유입 차단을 위한 검역활동 - 국내 환자 조기발견을 위한 감시체계 가동 - 의심환자 조기진단을 위한 실험실 진단체계 구축 및 병원체 확보 - 국가 방역 인프라 가동 준비태세 점검(격리병원, 개인보호장비 등) - 대국민 홍보 실시(감염예방주의 안내, 보도자료 배포 등) - 유관기관 및 관련 전문가 협력 네트워크 점검 - 전문가 자문회의 개최

위기경보수준	조치사항
주의(Yellow) • 해외 중동호흡기 증후군 국내 유입 • 국내 중동호흡기 증후군 환자 발생	• 보건복지부(질병관리본부) '중앙방역대책본부' 설치 · 운영 　- 국내 감염병 발생 일일 상황점검 및 일일 동향보고 　- 해외 질병발생 상황 및 최신 연구동향 등 관련 정보 수집 및 분석 　- 검역활동 강화(입국게이트 밀착 발열감시, 건강상태질문서 징구) 　- 의료기관 대상 감시체계 및 치료대응체계 강화 　- 국가지정 입원치료병상 가동 및 개인보호장비, 진단시약 배포 　- 대국민 홍보 지속 및 언론브리핑 실시 　- 전문가 자문회의 및 감염병 전문 자문위원회 개최 * '주의' 단계에서 '관심' 단계로 위기관리 수준 변경 : 21일 동안 중동호흡기 증후군 국내 감염환자 발생이 없을 경우, 위기관리평가회의를 통하여 결정
경계(Orange) • 해외 중동호흡기 증후군 국내 유입 후 타 지역 전파 • 국내 중동호흡기 증후군 타 지역 전파	• 보건복지부(질병관리본부) '중앙방역대책본부' 설치 · 운영 강화 　- 국가 방역체계 활동 강화(전국 방역요원 24시간 비상 방역체제 등) 　- 국가 방역 · 검역인력 보강 검토 　- 실험실 진단 체계 강화 및 변이 여부 감시 강화 　- 대국민 홍보 지속 및 언론브리핑
심각(Red) • 해외 중동호흡기 증후군 전국적 확산 징후 • 국내 메르스 전국적 확산 징후	• 보건복지부(질병관리본부) '중앙사고수습본부' 설치 · 운영 강화 　- 필요시 국민안전처 '중앙재난안전대책본부' 운영 요청 　- 범정부적 대응체계 구축 · 운영강화 지속 　- 국가 모든 가용자원 파악 및 동원방안 마련 　- 대국민 홍보 지속 및 언론브리핑, 대국민 담화

2. 중앙방역대책본부 구성 · 운영

1) 중앙방역대책본부 구성 · 운영

① 관심단계 : 질병관리본부 내 메르스대책반(반장 : 감염병관리센터장) 구성 · 운영

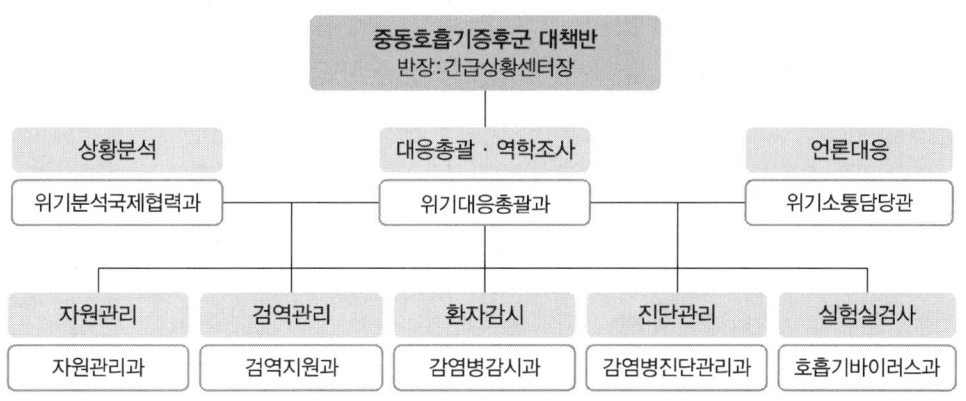

| 메르스 대책반 |

부서명	역할
위기대응총괄과	• 대책반 운영 총괄 및 긴급상황실(EOC) 운영 • 일일보고 및 상황전파
위기분석국제협력과	• 국내외 환자 발생 모니터링, 자료분석 및 정보 환류
자원관리과	• 국가 비상 의료자원 관리(입원치료병상, 국가비축물자)
위기소통담당관	• 언론대응
검역지원과	• 13개 국립검역소에 상황전파
감염병감시과	• 국내 환자발생 감시 및 발생 현황 보고
감염병 진단관리과	• 표준검사법 검증 및 보급
호흡기 바이러스과	• 메르스 확진 검사

② 주의단계 : 중앙방역대책본부(본부장 : 질병관리본부장) 구성·운영

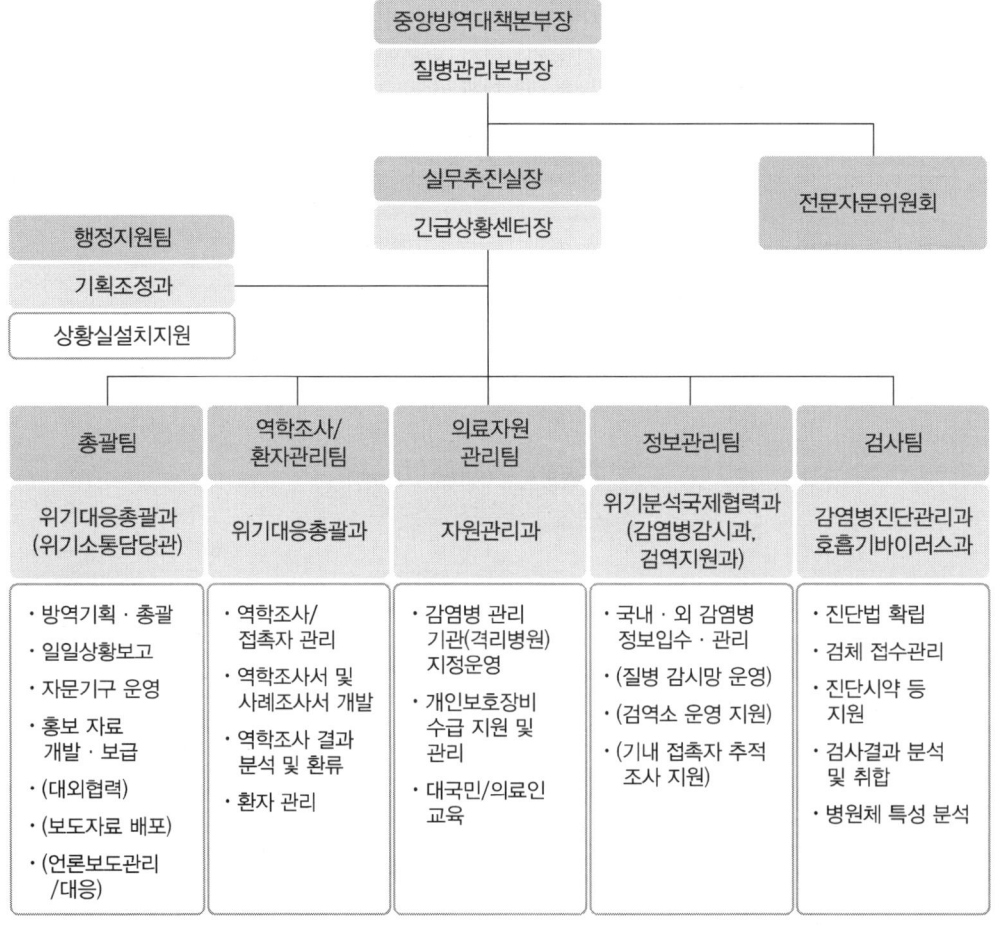

┃중앙방역대책본부┃

11 태풍 루사

01 사고 개요

① 일시 : 2002년 08월 31일
② 장소 : 전라남도 고흥에서 강원도 속초 관통
③ 사고원인
- 우리나라로 상륙한 태풍 중 가장 세력이 강력한 태풍으로 남해상 해수면온도가 평년보다 2~3℃ 높아 태풍 발달을 촉진시켰음[14]
- 8월 23일 태풍 발생과 함께 일본 남쪽해상을 거쳐 서귀포 동쪽해상으로 진출하여 한반도를 관통하였고, 9월 1일 15시경 동해북부 해상으로 빠져나감
- 최대풍속 56.7m/s 초강풍이었으며, 연평균 강우량(1,401.9mm)의 62% 내린 것으로 기록되었음

④ 재산피해 : 5조 1,419억 원

| 루사의 영향으로 수위가 높아진 강릉시 [강원일보] |

| 아수라장으로 변한 강릉시 [경향신문] |

---

[14] 태풍의 에너지원은 높은 수온에서 증발하는 수증기로, 우리나라의 경우 여름철 해수면 온도가 높아져 수증기를 공급받기 쉬운 조건이 되어 태풍이 발달하기 좋은 조건이 된다. [출처 : 기상청]

02 경과 및 조치사항

1. 시간별 "루사" 관련 기상현황

① 제15호 태풍 루사가 서태평양 해상에서 열대저기압에서 소형태풍으로 발전 후 기상청은 시간대별 기상자료를 발표하였음

② 기상청과 강원지방기상청은 기상특보와 보도자료를 통하여 태풍 루사가 한반도에 상륙하기 이전에 수차례 그 위험성을 경고하였음

③ 특히 '02년 08월 29일 09시에는 중심기압(950hPa), 풍속(41m/s)로서 강한 대형 태풍임을 발표하였고 08월 30일 10시에는 보도자료를 통하여 "태풍 루사 강원도에 큰 피해예상"이라는 발표를 하면서 피해 가능성을 재차 강조하였음

④ 이에 따르면 최소 12~24시간 이전에 이미 피해 가능성은 충분히 예보된 것으로 판단되고 있음

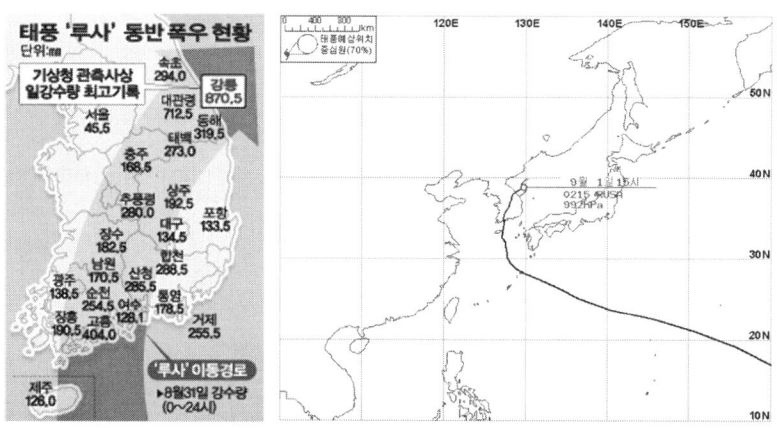

┃ 태풍 루사 이동경로 [기상청] ┃

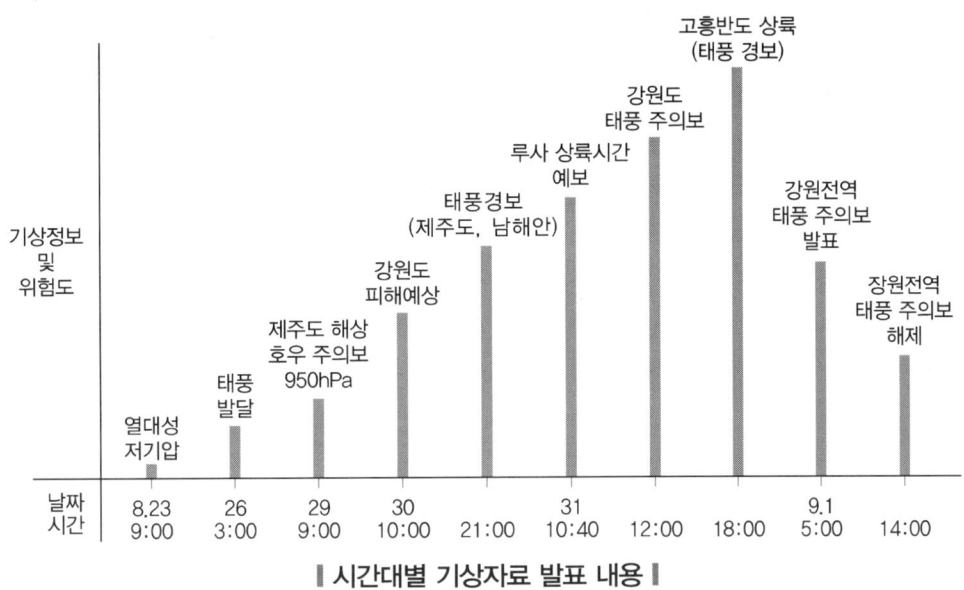

▎시간대별 기상자료 발표 내용 ▎

2. 재해대책본부의 시간별 "루사" 대응 체제

① 당시의 각 단위 재해대책본부의 근무태세는 08월 29일 09시의 1단계 준비체제 발령 이후, 경계 및 비상체제는 동일한 시간에 중앙과 강원도 재해대책본부의 근무태세가 결정되었음
② 이때의 기상청 및 강원지방기상청의 특보와 보도자료 상에는 태풍 피해에 대한 위험도의 변화내용이 반영되어 있었음
③ 도내 시군의 재해대책본부의 실제 대응은 3단계 비상체제가 발표된 직후부터 대응활동을 수행하였음

▼ 시간대별 재난대책본부의 근무태세 및 조치사항(강원도, 중앙)

날짜	시간	조치사항
8.23	9:00	열대성 저기압
8.26	3:0	태풍 발달
8.29	9:00	1단계 준비체제
8.29	14:30	루사 대처계획 시달
8.29	18:05	방송사 자막방송 요청
8.30	09:00	2단계 경계체제
8.31	05:00	재해예방 강화지시
		3단계 비상체제

날짜	시간	조치사항
8.31	07:30	재대본비상 근무지시
8.31	10:40	태풍경보에 따른 재해예방강화지시
8.31	18:30	도암댐 방류량 조정
9.1	14:00	태풍주의보 해제

④ 동해시의 경우 8월 31일 07시 30분부터 10시 40분까지는 관련 부서중심의 대응체제였으나 전면적 피해사항이 보고되는 10시 40분 강원도 재해대책본부의 "태풍경보에 따른 재해예방강화지시" 이후 전자게시판을 이용한 방재활동 강화 및 현지출장지시가 발령되었고, 동일 12시 00분경에는 전직원 비상근무 명령이 발령되어 총체적 대응체제로 전환되었음

▼ 동해시의 초기 대응

날짜/시간		조치사항
8.31	7:30	기상특보(태풍경보)
	9:18	재해사전 대비 및 조치사항
	9:50	발한동 재해위험지 순찰동향보고
	10:30	상수도 사업소 피해상황 보고
	10:40	전실과소 직원 담당동 출동지시
	10:50	전자게시판을 이용한 예방활동 강화 및 출장지시
	11:50	천곡동 호수막국수 침수 예상 상황보고
	12:00	전 직원 비상근무 명령
	18:55	루사 대처계획 통보(전실과소동 통보)
		주민대피 자막방송 의뢰(통신두절로 실패)
	19:30	재대본 확대운영(58명)
	20:10	경보방송의뢰(시 → 도)
	20:59	달방댐 상황파악, 주민대피상황 점검반 출동
	23:17	발한동 재해위험지 순찰동향보고
9.1	01:36	재해위험지 순찰동향보고
	06:00	비상근무 직원 조기출근 지지
	06:30	상황근무 철저

03 시사점

1. 자연조건을 고려치 않은 재난

① 가파른 절개지와 사면을 발생시킨 도로공사
- 발생된 절개지와 사면의 허술한 관리가 자연재해를 가중시키는 주요 인재 요소임
- 영동고속도로 구간, 동해고속도로 구간, 35번 국도, 59번 국도, 424번 지방도 등 모든 도로에서 도로 길옆 절개면과 사면 붕괴가 확인되었으며, 이때 발생한 토사가 농경지와 가옥을 덮치며 피해를 가중시켰음
- 도로관리의 문제점은 도로시공 시 토질 등 지질층을 고려하지 않고 일괄적인 절개면 각도를 적용한 점과 유량에 대한 충분한 고려 없이 산간도로에 배수구를 묻어 사면 붕괴가 발생한 것으로 들어남

| 루사의 영향으로 무너진 59번 국도 [조선일보] |

② 물길을 바꾸며 건설된 하천변 도로나 시설물, 유속, 유량, 지형을 고려하지 않고 세워진 교각 등 하천관리가 제대로 이루어지지 않음
- 도로를 건설할 때 아무런 생각 없이 바꾼 물길이 호우로 불어나자 제 길을 찾아가며, 도로를 유실시키고, 유량·유속, 지형, 교각 사이의 거리에 대한 충분한 고려 없이 세워진 교량이 불어난 물에 흔적도 없이 사라졌음
- 또한, 하천부지를 쓸모없는 땅이라고 판단하여 농사시설물을 짓거나 개간하여 농경지로 사용하고 하천 바로 옆으로 도로를 내는 등 하천부지를 없앤 것도 도로 유실과 시설물 파괴, 전답 침수를 불러와 막대한 재산 피해와 함께 주변 마을에도 심각한 피해를 입힌 원인으로 볼 수 있음

2. 공사기간과 비용만을 고려한 인재

① 공사기간과 비용만을 고려하며 마구잡이로 낸 송전탑 작업도로가 산사태를 불러와 산림파괴와 산자락에 사는 주민들의 피해를 가중시킴
- 송전탑 건설이 갖는 문제점은 주위 환경을 고려하지 않은 채 80도가 넘는 급경사지에 작업로를 강행하는 등 공사 기간과 금액을 줄이기 위해 무리한 위치선정을 한다는 점과 측구 유수처리, 배수관 유출구 처리 등 배수에 대한 고려가 불충분하게 진행된다는 점

② 사용이 끝난 광산들을 방치하여 호우로 광산 내 폐석이 지하수와 함께 터져 나온 것이 자연재해를 가중시킴
- 본디 폐광은 사용이 끝나면, 광산 입구 등을 철저히 막아야 함에도 그러한 마무리 공사를 시행하지 않아 이렇듯 막대한 피해를 입음

| 태풍 루사가 남기고 간 피해 [조선일보] |

12 국내 주요 지진

01 사고 개요

1. 포항지진

① 사고일시 : 2017년 11월 15일 14시 29분경
② 장소 : 경북 포항시 북구 북쪽 8km 지역
③ 사고원인

- 포항 지진은 2017년 11월 15일 14시 29분경 땅이 수평으로 엇갈리는 동시에 아래위로 밀려 움직이는 역단층성 주향이 원인이 되어 경북 포항시 북구 북쪽 8km 지역에서 관측 사상 2번째로 큰 5.4의 규모로 발생함
- 포항 지진은 수 km 이내의 얕은 깊이에서 발생하였고, 상대적으로 저주파 성분의 지진 운동이 두꺼운 퇴적층으로 이루어진 진앙 일대의 흥해분지에서 증폭되었기 때문에 큰 지진동으로 인근의 저층 구조물에 비해 고층 건물 및 구조물에서 더 큰 파손이 발생하였으며, 도심지 인근에서 발생하여 필로티 등 주택에 피해가 집중되었음
- 포항 지진의 영향으로 지반에서 물이 지표면 밖으로 솟아 올라 지반이 액체와 같은 상태로 변하는 액상화피해, 땅덩어리가 한번에 이동하는 땅밀림현상, 지반균열 등이 발생함
- 사회·경제적 피해로는 공공시설(도로, 상하수도, 항만, 학교, 공공건물) 56,622개소/582억 원, 사유시설(주택, 상가,공장 등) 417개소/268억 원 등 850.2억 원의 재산 피해를 입었음

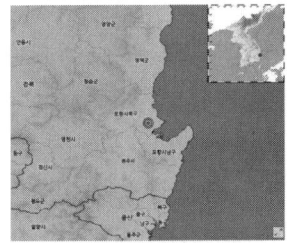

┃ 태풍 루사 이동경로
　　[기상청] ┃

④ 인명피해 : 부상 135명, 이재민 1,797명

▌ 지진피해를 입은 포항시[경북도청] ▌   ▌ 포항시 이재민 대피소 [NEWS1] ▌

02 경과 및 조치사항

1. 중앙정부

① 행정안전부는 신속한 피해 상황 파악과 필요한 긴급조치 등을 위하여 지진 발생 직후 중앙재난안전대책본부 1단계를 가동하였고, 지진 피해 현황 파악 및 상황관리를 위하여 현장상황관리관을 파견함

② 행정안전부 장관은 상황판단회의를 통해 관계 부처 및 지자체에 피해 상황을 신속하게 파악하여 필요한 조치를 취하도록 지시하고 현지 상황을 직접 확인하고 지원 대책을 마련하기 위하여 현지로 출발했음. 또한, 중앙재난안전대책본부는 원자력안전위원회, 국토교통부, 교육부, 산업통상자원부 등 관계 부처에도 비상대응기구 가동과 피해 상황 파악을 지시하였음

③ 교육부에서는 20시 20분, 수험생들과 학부모의 우려에 따라 2018년도 대학수학능력 평가를 1주일 연기한다고 전격 발표하는 등 정부의 신속한 초기 대응이 실시되었음

④ 지진 발생 후 35초 만에 긴급재난문자를 발송하여 수도권 일부 지역에서는 지진으로 인한 진동보다 긴급재난문자를 먼저 받을 수 있었지만, 신속한 지진 긴급재난문자 발송, 비상대응체계 가동에도 불구하고 지진으로 인한 피해는 피할 수 없었음. 이에 정부는 지진 발생 후 5일 만인 11월 20일에 포항시를 '특별재난지역'으로 조기에 선포하여 지진 피해를 효과적으로 수습할 수 있도록 지원하였음.

⑤ 신속한 조치와 함께 응급복구 등 초기 대응이 어느 정도 마무리됨에 따라 중앙재난안전대책본부는 지진 발생 24일 만에 비상단계를 해제하였지만, 본진 발생 후 3개월 만인 2018년 2월 11일 규모 4.6의 여진이 발생하여 피해와 이재민이 추가로 발생함에 따라 피해 수습은 장기화 되었음.

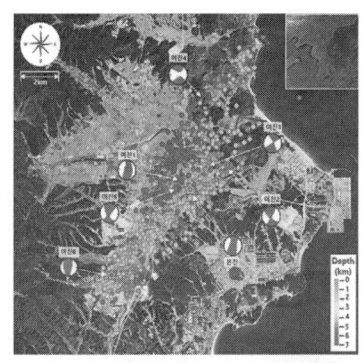 

| 포항 여진 발생지역[한국지질자원연구원] | 포항지진으로 인한 2017 수능 연기[교육부] |

2. 경상북도 지역재난안전대책본부 가동

경상북도 지역재난안전대책본부는 2018년 11월 15일 14시32분부터 2018년 12월 13일 24시 00분까지 29일간 운영하였으며, 매일 아침 대책회의를 거쳐 피해 상황 유지 및 복구에 총력을 기울임

| 포항시 지진 피해 복구를 하는 모습[BBS NEWS] |

3. 포항시 지역안전대책본부 가동

① 포항시는 지진 발생 즉시, 이재민 구호, 응급복구, 의료지원 등 13개 재난관리 협업을 위해 지역재난안전대책본부를 운영하였으며, 재난 예·경보 시스템으로 정보를 송출하고 긴급재난문자를 3회 발송함

② 인명 피해 발생으로 민관군 협력 인명 구조에 주력하고 현장 대응조직을 가동해 상황을 파악하고 지원하였음. 또한, 여진에 대비하여 시민 긴급대피 장소와 대피 홍보를 유도하였고 '지진 국민행동요령'도 전파함

4. 소방청

① 소방청은 지진 피해가 발생함에 따라 중앙119구조본부에 포항 지역 인근 출동대인 영남특수구조대, 울산화학센터, 구미화학센터 등 인근 출동대에 출동을 지시하였고 경북 소방본부는 포항북부소방서를 비롯 인근 소방서, 특수구조단 등 소방력 자원을 투입함
② 동원된 소방 인력은 피해 현장 수습을 비롯하여 실내 구호소의 구급 활동을 지원하였고, 주요 시설에 대한 합동조사를 실시하는 등 다양한 활동을 전개함

▮ 지진 현장에 투입된 소방관들[소방청] ▮

5. 각 부처

① 국토교통부는 11월 15일부터 포항 지역 건축물의 안전점검을 지원하기 위해 한국시설안전공단 안전팀(26명)을 긴급 파견하고, 추가로 11월 20일부터는 외부 전문가도 확대 투입하였음
② 국방부 및 각 군본부, 해당 지역 부대 등 재난대책본부를 운영하고 지진 발생에 따른 국방부 대응 지침 및 장관 지시사항을 전군에 시달하였음. 각급 부대 인명·재산 피해 방지에 만전을 기하고 선제적·적극적 대민 지원을 실시하였음
③ 방송통신위원회는 경북 포항시 지진 발생에 따른 상황대책반을 2017년 11월 15~24일까지 설치·운영하고 지진 발생에 따른 상황을 철저하게 관리하는 한편 재난방송을 68개 방송사에 신속하게 방영해 줄 것을 요청함
④ 산림청장을 본부장으로 하는 산사태예방지원본부가 11월 15일 14시 45분부터 중앙대책본부 해제일인 12월 8일까지 설치·운영되었음. 산사태예방지원본부는 지진·땅밀림 발생 후 중대본 운영 상황에 따라 비상근무조를 편성하여 운영하였고, 땅밀림 현상을 감지하여 주민을 대피시킴

03 문제점 및 시사점

1. 문제점

① 지진방재 개선대책이 성공적으로 추진되기 위해서는 「지진·화산재해대책법」, 「재해구호법」, 「풍수해보험법」, 「건축법」, 「도시재생 활성화 및 지원에 관한 특별법」 등의 법률과 「지진·화산재해대책법 시행령」, 「건축법 시행령」, 「건축물의 구조기준 등에 관한 규칙」 등 하위 법령의 개정이 필요함

② 법 개정과 함께, 그동안 수립한 지진대책과 종합대책 등을 포함할 수 있도록 법정 계획인 「제2차 지진방재 종합계획」을 조기에 수립하고, 개선대책 외에 의연금 배분 등 추가 개선이 필요한 부분도 종합계획에 반영하여야 할 것임. 또한, 내진 보강 대상 및 투자 확대 등을 반영하여 2차 기본계획을 조기에 마무리하고 「제3차 내진보강 기본계획」 등 관련 제도와 계획을 조속히 정비하여야 함

2. 시사점

① 정부는 지진에 대한 위험성을 인지하고 그동안 몇 차례의 대책을 마련하였으며, 특히 2016년 경주 지역에서 발생한 9.12지진을 계기로 종합대책을 마련해서 추진 중에 있었음

② 포항지진 시 정보전달 등 일부 분야에서는 성과를 거두기도 했으나 피해 및 수습과정에서 미비점들이 노출되었고, 지진 대비 체계의 개선 필요성이 강하게 대두되었음

③ 긴급재난문자의 발송 체계를 개선하여 신속하게 지진 정보를 국민들에게 전달했지만, 정보 이외에 행동 요령에 대한 정보 제공과 추가적인 시간 단축의 필요성이 요구되었음

④ 포항지진 시 실내 구호소로 사용한 일부 학교가 내진 성능을 확보하지 못하여 패쇄됨으로 인해 지진 취약시설물의 안전성 확보를 위한 내진보강과 내진설계에 대한 중요성을 다시 한번 깨닫게 되었음. 특히, 학교시설은 조기에 내진보강을 완료하고, 필로티 등 지진취약 건축물에 대한 내진설계·시공 및 공사 관리를 강화할 마련할 있음을 확인함

⑤ 지진 위험 지역에 대한 정확한 정보도 부족함. 지진 방재 선진국인 일본처럼 우리나라도 전국 활성단층에 대한 조속한 조사가 필요함에 따라 그간 경험하지 못한 액상화현상 조사와 지진 원인 규명 등을 위한 지진관련 연구개발 확대의 중요성을 인식하게 됨

⑥ 평소 국민들이 지진에 대비할 수 있는 역량을 갖추기 위해 지진 특성을 반영한 행동 요령과 매뉴얼을 보완하고 이에 따른 교육과 훈련도 지속적으로 실시해야 할 필요가 있음

⑦ 포항지진은 지진 관측 이래 가장 큰 피해를 낳았지만, 지진을 겪으면서 다양한 개선사항이 도출됨으로써 지진으로부터 더욱 안전한 나라로 발돋움할 수 있는 기회를 제공해 주었음

04 사고 개요

1. 9.12지진

① 일시 : 2016년 9월 12일 19시 44분경
② 장소 : 경북 경주시 남남서쪽 8.2km 지역
③ 사고원인

- 경주 9.12지진은 2016년 9월 12일 19시 44분경 땅이 수평으로 엇갈리는 단층성 주향이 원인이 되어 발생하였고, 한반도에서 발생한 역대 최고인 5.8규모로 발생함
- 경주 지진의 진원 깊이는 15km로 국내에서 발생한 규모 5.0 이상의 지진의 평균심도인 8.16km보다 깊은 곳에서 발생하였고, 지진의 지속시간은 약 5~7초이며, 강진지속시간은 1~2초로 매우 짧았음
- 진원 깊이가 깊고 지속시간이 짧은 특성 때문에 9.12지진은 한반도에서 발생한 역대 최대 규모의 지진임에도 불구하고 상대적으로 피해가 크지 않았지만 지진파가 고주파 특성을 띠고 있어 중저층 이하 건축물이 상대적으로 위험에 노출되었음
- 경주시에서는 지진으로 인하여 보물 1744호인 불국사 대웅전 기와 3장이 낙하하였고, 불국사 서회랑 흙벽 일부가 파손되었음. 석굴암 진입로는 산사태로 수목이 붕괴되었고, 사적 172호 오릉 담장 기와 일부가 파손되는 등 문화재의 피해가 잇따라 발생하였음
- 사회·경제적 피해로는 공공시설 피해 182건/58억 원, 사유시설 피해 4,996건/35억 원, 문화재피해 59건/50억 원 등의 재산 피해를 입었음

④ 인명피해 : 부상 23명, 이재민 111명

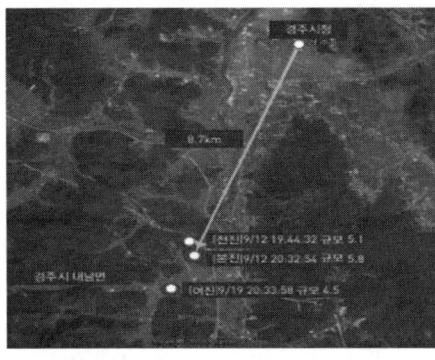

| 경주 지진 진앙지 위치[포토뉴스] |

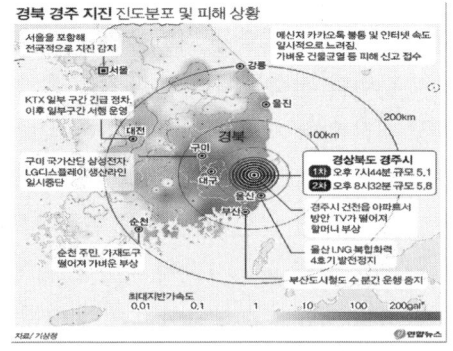

| 경주 지진 진도분포 및 피해상황
[9.12지진백서] |

| 지진으로 파손된 도로[채널24] |

| 지진으로 파손된 주택 내부[YTN] |

05 경과 및 조치사항

1. 중앙정부

① 지진 발생 이후 12개 중앙부처에서 비상상황 근무를 실시하였다. 9월 12일 19시 47분 핫라인을 통해 BH, 총리실 1차 상황전파를 시작으로 20시에 2차 상황전파 후 국민안전처 차관이 20시 21분에 국무총리에게 지진발생과 관련하여 상황보고를 하였음

② 지진 발생 직후 국민안전처에서는 20시 2분에 신속한 피해상황 파악 및 필요시 긴급조치 등을 위해 중앙재난안전대책본부 1단계를 가동하였으며, 20시 38분에 모든 지방자치단체에도 비상대응을 위해 지역재난안전대책본부를 즉시 가동하도록 긴급지시함

③ 국민안전처 장관은 상황판단회의를 마친 후 9월 12일 22시 15분을 기해 경주 지진에 따른 대응조치를 강화하기 위해 중앙재난안전대책본부 비상단계를 2단계로 격상시킴

④ 중앙재난안전대책본부는 원자력안전위원회, 국토교통부, 산업자원부 등 관계부처에 비상대응기구를 가동하고 피해상황 파악을 지시하였으며, 지진매뉴얼에 따라 산하기관 등에 필요한 비상조치를 취하도록 하였음. 아울러, 건축물에 큰 피해가 발생하지 않은 만큼 실내에서 방송을 청취하면서 지진행동요령에 따라 행동할 것을 당부함

⑤ 국민안전처는 9월 13일 지진발생 관련 관계부처 합동 브리핑을 개최하여 지진 발생 개요와 인명·재산 피해상황, 그리고 국민안전처·국토교통부·해양수산부 등 관계부처와 지자체의 대처상황 및 현장상황 관리관과 지진원인 조사단 파견 등 향후계획에 대하여 공식입장을 발표하였음

⑥ 중앙재난안전대책본부는 9.12지진으로 피해가 발생한 경북, 울산을 포함한 8개시·도 45개 시·군·구에 지진피해시설물 위험도 평가단 운영을 지시하였고, 9월 17일 재난예방정책관 주재로 지진피해 시설물위험도 평가단 운영상황을 점검하였음

2. 중앙부처 및 주요공공기관

① 각 공공기관은 지진발생으로부터 국민의 안전을 지키는 한편 피해상황을 줄이고 신속한 복구를 위해 신속한 초기대응을 실시하였음
② 수자원공사는 19시 44분 전사차원으로 위기대응을 전파한 후 비상대책본부를 소집·운영하여 시설현황과 268개소를 긴급점검하였음. 한국수력원자력에서는 위기경보를 발령하고, 월성, 한울, 고리, 한빛 등 4개 원전본부와 수력·양수 발전설비를 점검하였으며, 운전정지기준인 0.1g을 초과한 월성 1·2·3·4호기에 대한 정밀안전점검을 위해 9월 12일 23시 56분부터 발전소를 순차적으로 수동정지하였음
③ 철도공사는 지진발생 즉시 운행 중인 열차를 비상정차한 후 서행 조치했으며(30km/h), 이후 열차 속도를 단계적으로 올리고, 도보 및 열차순회점검을 실시한 후 내외부 전문가와 합동으로 특별점검을 시행하였고, 한국시설안전공단은 비상상황실을 설치하여 현장 긴급대응팀을 파견하였으며, 중앙지진재해원인조사단을 지원하는 한편 청소년 수련시설 등 시설물을 긴급점검하였음

3. 경찰청

① 경찰청, 경북지방경찰청과 경주경찰서는 9월 12일 20시경 재난상황실을 운영하여 각각 대책회의를 실시하고 전 직원을 비상소집하였으며, 경남·울산·부산 등 인접 지방청에서도 재난상황실을 운영하였음
② 22시 10시에는 진앙지 인근에 교통 혼잡을 막고 질서유지를 위해 관련병력을 지원하고, 21시 57분경 내남 진앙지 주변을 순찰하였으며 주민 대피로를 설정하였고 주민대피장소 주변 교통정리를 실시하였음. 경주 전 직원이 범죄예방활동을 실시하여 재난 상황 시 발생할 수 있는 2차 사고 피해를 예방하였음
③ 9월 16일 10시 경주경찰서 31명과 상성중대 100명은 제16호 태풍 북상에 따른 피해방지를 위해 경주 내남면·선도동 일대 피해가옥 응급복구를 실시하였음
④ 경찰청장은 신속한 지진 피해 복구 및 경찰 대응 매뉴얼 개선을 지시하고 신속한 지진 피해 복구 및 경찰 대응 매뉴얼 개선을 지시한 후 9월 23일, 재난 상황파악·보고, 현장접근, 주민대피, 현장상황 판단, 현장통제, 사상자 파악, 추가 위험 확인, 현장 진출입로

확보, 피해현장, 위치파악, 인명구조 참여 등의 내용이 실린「지진 피해 현장 경찰관 초동조치 요령」을 발표하였음
⑤ 9월 21일에는 112 · 형사 · 교통 · 경비 등 관련 기능별 대책 수립과 협조체계를 구축하는 등 경주 지진관련 종합치안대책을 수립하고 시행하여 주민 불안감 해소와 민생안전을 도모하였음

| 지진현장에 투입된 경찰들[경북도민일보] |

06 문제점 및 시사점

1. 문제점

① 지진방재 개선대책이 성공적으로 추진되기 위해서는 「지진 · 화산재해대책법」, 「재해구호법」, 「풍수해보험법」, 「건축법」, 「도시재생 활성화 및 지원에 관한 특별법」 등의 법률과 「지진 · 화산재해대책법 시행령」, 「건축법 시행령」, 「건축물의 구조기준 등에 관한 규칙」 등 하위 법령의 개정이 필요함

② 법 개정과 함께, 그동안 수립한 지진대책과 종합대책 등을 포함할 수 있도록 법정 계획인「제2차 지진방재 종합계획」을 조기에 수립하고, 개선대책 외에 의연금 배분 등 추가 개선이 필요한 부분도 종합계획에 반영하여야 할 것임. 또한, 내진 보강 대상 및 투자 확대 등을 반영하여 2차 기본계획을 조기에 마무리하고「제3차 내진보강 기본계획」등 관련 제도와 계획을 조속히 정비하여야 함

2. 시사점

① 9.12 경주지진은 리히터규모 5.8로 국내 최초로 무시할 수 없는 구조 및 비구조 피해를 야기한 계기지진으로 지진으로 인해 국내에서는 규모 5 언저리의 약진만 발생할 것이라는 통념이 잘못된 것임이 분명히 확인되었고, 우리 국민과 정부 모두 지진을 실효적 위협을 지닌 자연재난으로 인정하는 계기가 됨

② 9.12 경주지진은 국내에서 다수의 가속도기록이 계측된 최초의 손해가 발생한 지진이므로 이 지진의 가속도기록은 향후 국내 내진연구에서 매우 중요한 가치를 지님

③ 이 지진의 가속도기록에 포함된 지진공학적 특성을 철저히 분석하여 외국의 강진기록과 차별화되는 국내 지진의 특성이 무엇인지를 철저히 규명할 필요가 있음. 미비점들이 노출되었고, 지진 대비 체계의 개선 필요성이 강하게 대두되었음

④ 9.12 경주지진을 계기로 각 중앙부처, 17개 광역시도, 229개 시·군·구, 98개 재난관리책임기관이 각자의 영역에서 전문성을 가지고 직접 재난대응을 할 수 있도록 역량을 강화하고, 국민안전처는 재난관리책임기관이 재난관리를 더 잘 할 수 있도록 지원·조정하는 역할로 탈바꿈하는 노력이 필요함

⑤ 지진은 다른 재난과 달리 사회·경제적으로 미치는 영향이 매우 크기 때문에 평상시 지속적인 관리가 필요함.

⑥ 지진관측망 확대 등을 통하여 지진조기경보 시간을 단축하고 지진 긴급재난문자체계를 개선하여 신속하고 정확한 지진정보를 제공하는 등 지진알림 서비스를 강화해야 함

⑦ 지진은 순식간에 발생하여 광범위한 지역에 막대한 피해를 주기 때문에 피해복구에 많은 시간과 복구비용이 소요됨. 따라서, 지진재난은 시설물의 내진설계 도입과 내진보강과 같은 예방이 매우 중요함

⑧ 지진대응역량을 강화하기 위해서는 지진분야 전문인력을 양성하고 지진업무를 전담할 수 있도록 중앙부처, 지자체 및 재난관리책임기관의 지진대응조직을 보강하고 지진관련 예산에 대해서 지속적으로 지원해야 함

13 집중호우

01 사고 개요

① **사고일시** : 2020.06.10~2020.09.12
② **사고장소** : 한반도 전체
③ **사고원인**
- 2020년 폭우의 원인은 한국과 타국들의 기후가 여러모로 이례적으로 충돌하면서 발생하였으며, 동아시아 전역에는 5월 말부터 장마전선이 걸쳐져 있었으나 한국은 그 특유의 고기압 때문에 장마전선이 자리를 잡지 못하고 있었음
- 시베리아쪽에서 발생한 폭염 탓에 밀려난 북부의 한기가 남쪽으로 내려오며 세력을 확장 중이던 북태평양 고기압과 충돌하였고, 중국에 머무르던 비구름이 한반도로 이동하게 된 장마전선이 북상하지 못했던 것과는 별개로 힘이 매우 강해서 마치 스콜과 같은 비구름대를 형성하며 강한 폭우가 내림
- 장마가 장기화되는 것은 지구온난화로 인한 기상이변으로 북극과 동부 시베리아 지역이 고온으로 유지되고 있기 때문이며, 지구온난화가 수십 년 동안 진행되면서 각종 기상이변이 잦아지고 있었는데, 이번 사태는 한국에 직접적으로 영향을 끼침
- 2020년 한반도 폭우 사태에 영향을 준 폭풍우들이 제트 기류까지 방해하여 변화를 줬고, 이 변화가 태평양을 건너 미국 서부까지 영향을 끼쳐 이례적인 저기압 현상을 야기하였음
- 2020년 한반도 폭우 사태는 2020년 캘리포니아 산불 사태까지 직간접적인 영향을 주었을 수도 있는 이례적인 폭우임

④ **피해내용** : 사망자 46명, 실종 12명, 부상 7명 , 이재민 6,946명이 발생하였고, 1조 2,585억 원의 재산피해가 발생하였음

▌2020장마피해 규모[경향신문] ▌

02 경과 및 조치사항

1. 경과

① 2020년 5월 29일부터 중국과 일본에 많은 비를 쏟아 냈던 동아시아 거대 장마전선이 2020년 6월 10일부터 한반도 남부지방과 제주도를 시작으로 이동해 오면서 6월 말부터 본격적으로 시작된 전국적인 집중호우 사태이며, 이후, 8월 중순엔 장마전선이 올라가며 잠시 쉬어 갔지만 하순부터 태풍 3개가 연달아 한반도를 향하면서 폭우 사태는 9월 12일까지 지속되었음

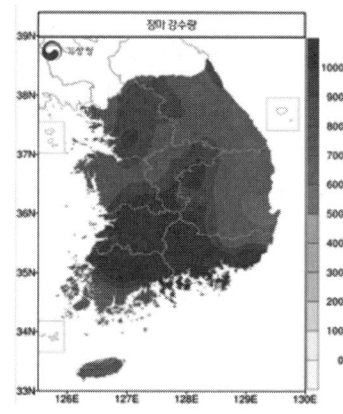

▌장마기간(6.10~8.16)전국강수량[기상청] ▌

② 2020년 6월 10일 제주도에서 공식적으로 장마가 시작되었으며, 6월 중순 부산 및 경남 일대, 전라도에 100mm가 넘는 폭우가 내렸고, 2020.06.30. 제주도, 강원도지역에 200mm가 넘는 폭우가 내림
③ 2020년 07월 10일 부산광역시 전역에 200mm가 넘는 폭우가 쏟아져 도로 및 주택 침수, 토사 붕괴, 하천 범람 등으로 360여 건의 피해 신고가 접수되는 등 한때 도심 기능이 마비되었으며, 2020년 07월 23일 전국적인 폭우와 함께 벼락과 강풍이 동반되어 전국 각지에서 도로 및 주택 침수, 기물파손, 토사붕괴, 하천범람 등의 피해가 발생하였음
④ 2020년 08월 07일~2020년 08월 08일 250mm가 넘는 폭우로 인하여 광주광역시는 도로, 건물지하시설이 침수되었고, 전라남도는 농경지 침수, 하천범람, 산사태가 발생함
⑤ 2020년 장마철 전국 강수량은 693.4mm로 평년(356.1mm)보다 많았으며, 여름철 전국 강수량의 68%를 차지하였음. 전국적으로 많은 비가 기록되었고, 시간당 80~100mm 이상의 집중호우가 내린 지역도 있었음
⑥ 폭우기간 대표적인 침수사고로는 07월 23일 부산역 침수, 07월 27일 강남역 침수, 07월 30일 대전, 충청권 침수, 08월 06일 춘천의암댐 전복사고 등이 있음

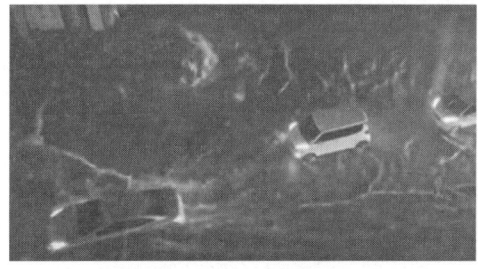
| 부산역 침수[나무위키] |

| 강남역 침수[유튜브] |

| 대전, 충청권 침수[굿모닝충청] |

| 춘천 의암댐 전복사고[강원일보]] |

2. 조치사항

① 정부는 2020년 07월 03일 호우대처 '중앙재난안전대책본부' 1단계를 가동하였음
② 기상청은 2020년 07월 03일 부산, 인천, 경남, 충남, 서해 5도, 서울 전역에 호우주의보 발효함
③ 행정안전부는 2020년 07월 23일 풍수해 위기경보를 주의에서 경계로 격상하고 중앙재난안전대책본부 비상 2단계 대응을 시작함
④ 중앙재난안전대책본부는 2020년 08월 03일 풍수해 위기 경보를 경계에서 심각으로 격상하고, 모든 관계부처와 지방자치단체는 위기경보 심각단계에 상응하는 대응태세와 비상체계를 가동하였으며, 인명 및 재산피해의 최소화를 위해 인력, 장비, 물자 동원이 제때 이루어질 수 있도록 사전에 준비요청함
⑤ 산림청은 2020년 08월 08일 제주도를 제외한 전국에 산사태 심각경보를 발효하였고, 이는 9월 초까지 유지되었음

03 문제 및 시사점

① 기상청은 7월과 8월에 폭염이 있다고 예보를 했지만 예상이 빗나가면서 기상청에 대한 불신이 이어졌으며, 이번 여름 장마의 마지막 예보마저도 100~200mm, 최고 300mm가 내린다는 기상청 예보와는 달리 비가 오는 시기도 8월 14~15일이 아닌 8월 15일 하루에 그쳤으며, 가장 많이 온 지역이 150mm 정도, 대다수 지역이 100mm를 넘기지도 못하였음
② 부정확한 예측으로 인해 특히 농가 피해가 많이 발생하였고, 그 외 다수의 인명피해와 재산피해가 발생하였음
③ 지방에 대한 피해가 심각했음에도 불구하고, 방송사들은 정규방송을 계속하였으며, 지방 보도 홀대론이 대두되었음. 이에 8월 10일부터는 서울 방송국의 자체 방송분에서도 지방 피해 상황을 중점적으로 보도하였음
④ 금번 폭우는 코로나사태와 겹쳐 여러 가지로 어려움이 있었는데 그중 군장병에 대한 대민지원이 있었음. 코로나사태로 전역일까지도 일체의 휴가나 외박/외출 등까지 금지되어 군부대에 갇혀 있어야 했는데, 전국적으로 발생하는 수해를 상대로 하는 외부로의 대규모 지원은 자연스럽게 시도하려 한 점이 문제가 되었음

14 폭설/한파

01 사고 개요

① 사고일시 : 2020년 겨울
② 사고장소 : 한반도 전체
③ 사고내용
- 발해만 부근에서 생성된 발해만 저기압의 영향으로, 해기차 구름대가 강화되면서 내륙으로 유입되었고, 내륙으로 유입된 구름들은 더 발달하며 수도권, 그중에서도 서울 동남권과 경기 서남부를 위주로 폭설이 내림
- 북극의 이상 고온으로 인하여 북반구의 제트기류가 약해지고, 이로 인하여 제트기류에서 떨어져 나간 영하 51℃의 한기를 품은 저기압, 즉 절리저기압이 대한민국 상공에 영향을 미쳤으며, 이로 인하여 이상 저온 현상이 일어남

02 경과 및 조치사항

1. 경과

① 2020년 01월 06일 19시 서울·경기 등을 시작으로 대설주의보가 발효되며 영동, 영남 지역을 제외한 한반도 전역에 대설주의보가 내려짐
② 2020년 01월 06일 오후 수도권 일대를 시작으로 충청, 전라, 제주 산간 일대에 상당한 눈이 쏟아졌음. 특히 서울, 경기중부권 일대는 퇴근 시간대(17~21시)에 눈이 집중됨에 따라 퇴근길이 마비되는 사태가 발생하였음
③ 강설로 인해 2020년 01월 06일 21시 30분부터 용인 경전철 운행이 중단되었고, 이후 23시 15분경 운행이 재개되어 목요일 1시까지 연장하여 운행하였음

④ 2020년 01월 07일 전국적으로 최저기온이 영하 15℃ 전후까지 떨어지며 매우 추운 날씨가 나타났으며, 21시부터 전국적 한파주의보가 내려짐
⑤ 2020년 01월 08일 한파의 최절정에 이른 날로 특히 수도권과 남부지방에 기록적인 한파가 몰아쳤는데, 서울의 공식 최저기온이 −18.6℃로 2000년대 이후 서울 최저기온인 2001년 한파 때의 연최저기온과 동일한 수치를 기록하였음
⑥ 강원도 인제 향로봉에서는 −29.1℃가 기록되어 전국 관측 기록 중 최저치를 달성하였고, 체감온도는 −44.1℃까지 떨어졌음
⑦ 2020년 03월 01일 오후부터 폭설이 내리기 시작하여 영동 지역 산간 고갯길 및 서울양양고속도로, 영동고속도로, 동해고속도로 등 고속도로와 주요 국도 곳곳이 통제되어 극심한 교통 정체 현상이 발생하였고, 16시 기준 적설량은 진부령 31.7cm, 미시령 29.8cm, 양구 해안 26.4cm, 고성 현내 11.9cm, 북강릉 11.1cm, 양양 9.6cm로 확인됨

‖ 폭설로 버스를 미는 시민들[뉴시스] ‖

‖ 폭설로 뒤덮인 아파트 주차창[이데일리] ‖

‖ 한파로 인해 아파트 외벽에 생긴 고드름[나무위키] ‖

‖ 한파로 인해 얼어버린 한강[나무위키] ‖

2. 조치사항

① 2020년 01월 06일 18시 폭설 중앙재난안전대책본부 비상 1단계를 가동하였음
② 2020년 01월 07일 15시 행정안전부는 중앙재난안전대책본부 대응 수위를 기존 1단계에서 2단계로 격상하고 관계부처와 지방자치단체에 자체적으로 비상근무체계를 강화하고 대설 및 한파 대비에 모든 역량을 집중할 것을 요청하였음
③ 2020년 01월 11일 전국적으로 대부분의 대설특보와 한파특보가 해제됨에 따라 중앙재난안전대책본부는 대설 위기경보를 경계에서 관심으로, 한파 위기경보를 심각에서 경계로 하향조정하였으며 2단계 비상근무를 해제하였음
④ 2020년 03월 01일 강원도 폭설로 강원도재난안전대책본부는 21시부터 2단계 운영에 돌입하였고, 18개 시·군 6,383개 노선 9,339km 구간에 장비 1,085대와 인력 1,262명이 투입돼 제설재 5,670톤을 도로 곳곳에 뿌리는 등 제설작업을 하였으며, 주요도로 통행이 대부분 재개된 2020년 03월 02일 15시를 기해 재대본 운영을 종료하였음

15 폭염

01 사고 개요

1. 전 세계 폭염

① 사고일시 : 2016년
② 사고장소 : 전 세계
③ 사고내용
- 2016년 7~8월은 전 세계적으로 극심한 폭염이 찾아왔음. 대한민국은 이미 7월 초에 폭염이 찾아왔지만 장마 때문에 주춤하다가 7월 30일자로 장마가 끝나면서 한반도가 북태평양 고기압의 영향권에 들어가면서 본격적으로 폭염이 시작되었고, 8월 4일부터는 아예 중국 내륙에서 뜨거운 공기가 유입되면서 한반도는 극심한 폭염이 지속됨
- 1994년 이후 22년 만에 가장 심한 폭염이라는 평가가 나왔으며, 습도가 낮고 열기가 강하다는 점에서 1994년 폭염과 양상이 비슷함
- 2016년 5월, 인도에서도 51℃라는 기록적인 폭염이 발생하였으며, 5월 내내 연일 45℃ 이상의 폭염이 계속되었음
- NASA는 2016년 7월이 1880년 이래 관측사상 가장 더운 달이었다고 밝혔음

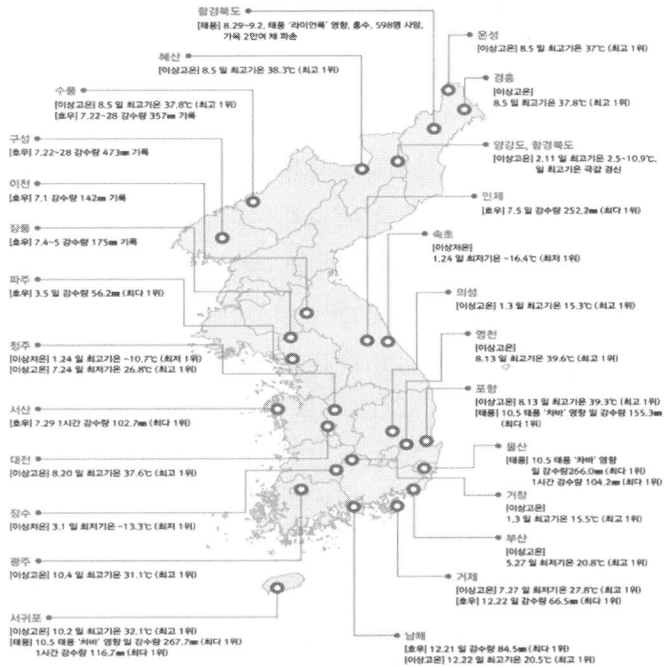

2016년 우리나라 이상기후 발생분포도[2018기후보고서]

02 경과

1. 경과

① 2016년 8월 6일 경기도 안성시에서 최고기온 39.4℃, 8월 8일 경상남도 창녕군에서 최고기온 39.2℃로 관측되었으며, 8월 12일 경북 경산시 하양읍에서 이전 기록인 1942년 대구에서 측정된 최고기온 40℃를 넘는 40.3℃를 이틀 연속 기록하였음

② 8월 14일 천안시의 한 가정집에서 상온에 놓아 두었던 달걀에서 병아리가 부화하였고, 서울 대방역에서는 열기를 버티지 못한 스크린도어 유리벽면이 박살나는 사고가 발생함

③ 폭염으로 인해 전국적으로 닭이 약 390만 마리 폐사하는 등 가축들이 무려 411만 마리가량 폐사했고, 각지의 양식장에서 기르던 물고기나 전복 등도 엄청난 폐사가 발생하였음. 사과, 배 등 농장의 과일들이 제대로 자라지 못하고 화상을 입거나 그대로 익어버리는 현상도 발생하였음

④ 2016년 5월, 인도에서도 51℃라는 기록적인 폭염이 발생하였으며, 5월 내내 연일 45℃ 이상의 폭염이 계속되었음
⑤ 중동에서는 50℃ 넘는 기록을 보일 뿐만 아니라, 중국 상하이를 비롯한 남부지방은 40℃를 넘는 더위를 보였으며, 미국에서는 대기권 중상층에서 발달한 고기압이 오랜 기간 머물러 뜨거운 공기를 지면에 가둬놓는 열돔 현상이 발생해 일부 지역에서는 50℃에 가까운 기온을 보였음
⑥ 남유럽도 고온현상으로 인해 어마어마한 피해를 입었음. 프랑스 남부와 포르투갈에서는 극단적으로 고온건조한 날씨로 인해 산불이 빈발했고, 특히 마데이라 제도는 4명이 산불에 휘말려 숨지는 등 피해가 극심하였음
⑦ 2016폭염사태는 4월 말 서울을 시작으로 5월부터 평년 기온을 웃도는 아열대에 가까운 날씨가 계속되었으며, 10월 중하순에야 잠깐의 가을을 거쳐 겨울로 진입했음

∥ 폭염으로 익어버린 과일[광남일보] ∥

∥ 폭염으로 익어버린 어패류[남도일보] ∥

01 사고 개요

2. 우리나라 폭염

① 사고일시 : 2018년
② 사고장소 : 한반도 전체
③ 사고내용
- 2018년 여름, 오호츠크해 기단이 확장하여 일본 규슈와 혼슈 서부지역까지 밀려난 장마전선이 태풍 프라피룬이 밀어 올린 수증기와 만나 일본 서부 지역에 폭우가 쏟아짐

- 한국 주변으로는 중국에서 강하게 발달한 덥고 건조한 티베트 고기압과 덥고 습한 북태평양 고기압이 만나 장마전선이 빠르게 북상하여 만주 지방까지 올라감
- 결국 열이 다른 곳으로 빠져나가지 못하고 한반도 상공에 강한 열대류 현상이 자리를 잡아 무더운 날씨가 지속되었음. 7월 말에는 태풍 종다리가 폭염을 식혀 주기는커녕 푄현상을 일으키면서 폭염을 부추겼고, 결국 8월 1일, 서울 39.6℃, 강원 홍천 41.0℃라는 기상 관측 이래 역대 최고기온을 기록하면서 대한민국 역사상 최악의 폭염을 기록하였음

┃ 2018 폭염원인[연합뉴스] ┃

02 경과

1. 경과

① 2018년 5월 17일 포항 아침 최저기온이 25.5℃를 기록해 작년보다 45일 이른 그해 첫 열대야가 나타났으며, 전국적으로도 열대야까지는 아니더라도 16~17일에 최저 기온이 20℃가 넘는 곳이 많았음

② 6월 2일 남부 일부 지역, 6월 22일 강원영서지역, 6월 24일 그해 첫 폭염주의보가 내려짐

③ 7월 8일, 일본 서남부 폭우 이후로 장마전선이 빠르게 북상하면서 남부지방은 7월 9일, 중부지방은 7월 11일에 장마가 끝났으며, 장마가 역대 두 번째로 짧게 끝나면서 본격적인 무더위가 찾아왔음

④ 특히, 태풍 프라피룬이 지나간 뒤 태풍 마리아의 중국행으로 인해 고온다습한 북태평양 고기압과 고온건조한 티베트 고기압이 동시에 한반도를 덮쳤으며, 7월 15일 열돔현상이 본격화되기 시작함

⑤ 일부 도서지방과 전남 고흥, 경남 통영을 제외한 내륙 전역에 폭염경보가 내려졌음. 이는 2008년 폭염특보 도입 이래 가장 넓은 지역에 폭염경보가 내려진 것이며, 서울은 36.9℃까지 오르면서 기록적인 폭염이 시작되었음

⑥ 8월 1일 서울 39.6℃, 강원 홍천은 41.0℃까지 치솟아 종전 서울 최고기온과 전국 최고기온 기록을 각각 경신하였음

⑦ 8월 2일 밤사이 서울 최저기온은 30.3℃로 확인되어 역대 네 번째 초열대야 현상이 나타났으며, 8월 3일 밤사이 서울 최저기온이 30.4℃를 기록하며 이틀 연속 초유의 초열대야 현상이 나타났음

⑧ 8월13일 전국폭염일수가 역대 1위인 26.1일을 기록하였으며, 서울은 7월 22일부터 8월 16일까지 26일간 열대야가 이어져 이전의 1994년 7월 18일~8월 10일 24일간의 기록을 뛰어넘어 최장 기록을 세웠음

⑨ 8월 17일 북쪽에 위치한 고기압으로부터 차고 건조한 공기가 유입되면서 지난 밤사이 전국 대부분 지역의 기온이 25℃ 아래로 내려갔으며, 기상청은 오후 8시부터 경기 남부, 충남, 호남 일부 지역에 내려져 있던 폭염경보도 주의보로 한 단계 낮춰져 7월 11일 이후 38일 만에 전국의 폭염경보가 모두 해제되었음

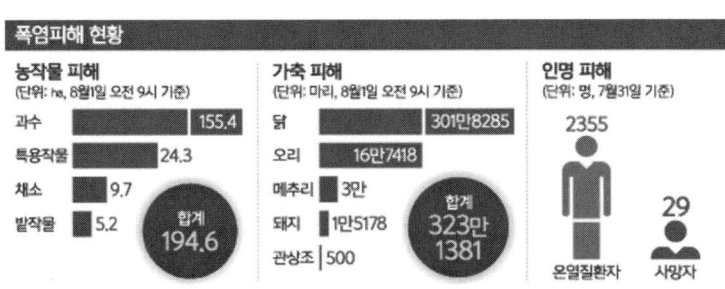

┃ 2018 폭염피해현황[질병관리본부] ┃

03 문제점 및 시사점

① 정부의 폭염 대책은 평년과 같은 내용을 반복하여 부실함이 드러남
② 폭염으로 인해 에어컨을 트는 시간이 늘어나면서 전기요금 누진세로 인한 전기세 폭탄에 대한 두려움이 확산되었으며, 수십만 원 단위의 전기요금폭탄을 맞은 가정의 피해사례가 속출하였음
③ 폭염 피해가 발생한 농수산물의 가격이 갑자기 폭등하여 농어민들과 서민들의 가계부담이 심해짐

16 강원 동해안 산불

01 사고 개요

① 사고일시 : 2019년 4월 4일
② 사고장소 : 강릉 동해안 일대 – 인제, 고성, 속초, 강릉, 동해
③ 사고원인
- 국토를 이루고 있는 임목지의 38%가 산불에 취약한 침엽수림
- 전기설비시설기준에 따른 안전조치 미흡
- 야간에 발생하여 강풍을 타고 산불이 확산

┃불타는 산림 [BBC NEWS 코리아]┃

┃진화하는 헬기 [강원동해안 산불백서]┃

┃전국에서 집결하는 소방차량
[강원동해안 산불백서]]┃

┃군부대 장병 잔불 정리
[강원동해안 산불백서]┃

④ 피해내용 : 사망자(2명), 부상자(1명), 재산피해(1,291억 원)

▎산불로 전소된 가옥 [아시아경제] ▎

02 경과 및 조치사항

1. 고성·속초 산불의 발생 및 진화

2019년 4월 4일 19시 17분경 강원도 고성군 토성면 원암리 산 89-2번지 원암저수지 인근 전신주 개폐기 내 전선 스파크로 불씨가 시작되어 산불이 발생함. 일몰 후 발생한 산불은 건조한 날씨(습도 19%) 속에 순간 최대풍속 34m/s의 남서풍을 타고 속초 도심지를 향해 빠르게 확산되었고 발생 2시간 30여분 만에 신흥3리 마을회관 방향으로 4.2km, 영랑호 방향으로 4.2km, 영랑호 방향으로 5.3km 지점까지 확산됨. 2시간 40여 분이 더 지난 4월 5일 00시 21분에는 산불이 동해안 해안선까지 확산되어 발화 5시간 만에 발화지점에서부터 총 7.5km를 이동함. 이후 북동쪽 인흥초등학교 방향으로 진행한 산불은 잼버리 동로를 진화선으로 하여 집중 배치한 진화인력에 의해 확산이 저지되었고, 남동쪽 영랑호 방향의 불길은 56번 지방도를 진화선으로 저지하여 남하가 중단됨. 강풍을 타고 야간에도 화세가 계속되던 산불은 4월 5일 일출과 동시에 진화헬기가 집중 투입되어 8시 15분 주불이 진화됨으로써 추가 확산을 저지함

2. 강릉·동해 산불의 발생 및 진화

2019년 4월 5일 00시 09분경 강릉시 옥계면 남양리 산171에서 발생한 산불은 신당 내 전기초 합선으로 발생함. 이후 건조한 날씨와 8m/s의 강한 남서풍을 타고 2시간 15분 만에 남양

천을 건너 8km 떨어진 동해안까지 급속하게 확산됨. 남북방향으로 확산되는 화세를 막기 위해 북쪽으로는 화산 및 불산 정상 능선부와 옥계중학교를 지나는 연접 산림에 방어선을 구축하였고, 남쪽으로는 옥녀봉, 망운선 능선과 동해 약천온천 실버타운 연접 지역을 진화선으로 설정하여 진화인력과 장비를 배치함. 발화 약 9시간이 경과한 8시 51분 남쪽으로 진행하던 산불은 차단되었으나, 북쪽 진화선의 한라시멘트 및 쌍둥이 동물농장 경계 약 3km 구간의 화세가 수그러들지 않아 진화가 지연됨. 또한, 약 2시간이 지난 11시 44분 남쪽의 실버타운 근처 불씨가 재발하였으나 16시 54분 경 진화선 내 주불을 모두 진화하고 뒷불감시로 전환함. 주수천이 흐르는 한라시멘트 연접 산림은 숲이 울창하고 진출입로가 없어 마지막까지 진화작업에 난항을 겪음

3. 인제 산불 발생 및 진화

① 2019년 4월 4일 14시 45분경 인제군 남면 남전리 산168번지 남전약수 휴게소 인근 산불은 산림 연접지의 노천 아궁이에서 쓰레기 소각 중에 발생함. 불씨는 건조한 날씨(습도 27%) 속에 5.6~6.5m/s의 서남풍을 타고 산정상부로 확산됨. 발화 초기에는 능선부 200m 안쪽에서 진화될 수 있을 것으로 판단되었으나 강한 바람으로 인해 약 3시간 30분만에 화선이 1km 이상으로 급속히 확대됨. 진화인력의 진출입이 가능한 도로와 민가를 중심으로 진화선을 구축하였으나 바람을 타고 불씨가 북쪽과 동쪽 방향으로 1.5~2km를 비산하여 새로운 발화지점을 형성함. 일몰 후 헬기가 철수하자 다음날 7시 42분경에는 산불이 남전리 마을 산림 전역으로 확산. 이에 따라 일출과 동시에 헬기를 투입하여 전날 비산불씨가 군상으로 형성되어 화세가 살아있는 산불 진화에 집중 및 추가 확산을 저지함. 해발 600m가 최고봉인 남전리 지역 산림은 수목이 빽빽하게 들어서 있었으며 진화자원을 투입할 진출입로가 없어 헬기진화 의존도가 타 지역에 비해 컸고, 주불 진화 후 잔불정리를 위한 인력투입도 어려운 여건이었기에 총 14대의 헬기가 투입된 산불은 셋째 날인 4월 6일 12시에 이르러서야 주불이 진화되고 잔불정리 및 뒷불감시 체제로 전환함
② 주·지방정부소속 소방관으로 구성되는 FEMA 구조팀이 재난 현장에서 너무 멀리 소재해 신속하게 대응하지 못했고, FEMA 존재 이유인 위기관리보다는 자체 인력을 동원한 구조활동에 더 노력을 투자했기 때문에 효율적인 대처가 어려웠음

4. 정부 차원에서의 대응

① 강원 동해안 산불 대응과정은 초기대응, 구호, 수습, 복구의 3단계로 분류됨. 산불 발생 직후 정부는 범정부적 차원의 통합 대응체계를 가동하여 신속한 초기대응을 실시하였

고 이를 통해 산불이 크게 번져 2차 피해가 발생하는 것을 방지함
② 산불피해 지역 및 주변 민가 등 주변 상황을 실시간으로 파악해 체계적으로 대응하였고 산림청과 소방청, 국방부 등 각 부처는 가용한 인적, 물적, 자원을 총동원하고 신속하게 산불진화자원을 투입하여 산불을 조기에 진화함
③ 수습단계에서는 민, 관, 군의 협력으로 피해지역 주민을 위한 이재민 구호 및 수습활동을 전개. 전국 각지의 국민들로부터 다양한 구호물품을 지원받았으며 전국에서 모여든 16,655명의 민간자원봉사자는 이재민 급식지원 등 구호활동을 수행함
④ 또한 마을회관, 공공기관 연수시설 등 가용한 시설을 모두 활용하여 임시주거시설을 제공하고 의료지원 및 재난심리 지원도 이루어졌으며 국민들의 자발적 참여에 의한 성금 모금으로 총 560.9억 원에 이르는 성금을 모음
⑤ 복구단계에서는 일반적인 복구절차보다 빠르게 주불 진화가 완료된 4월 6일부터 지자체가 피해조사에 착수하였고 4월 11일부터 중앙재난피해합동조사단을 운영하여 산불피해를 조사하였으며 4월 30일 복구계획을 수립함. 이재민의 주거안정을 위한 임시 조립주택을 설치하고 영농재개를 위한 농업인 지원 및 중소기업과 소상공인을 위한 지원이 이루어졌으며 강원도 지역 관광활성화를 위한 다양한 지원을 제공함

‖ 피해복구를 돕고 있는 자원봉사자 [에너지 Time 뉴스] ‖

03 시사점

① 동해안 산불 발생 당시, 야간에 산불이 발생하였고 순간풍속이 25m/s 이상의 강풍이 불어 초동 진화를 위해 보유하고 있던 산불진화헬기의 운항이 불가능한 상황이 발생함. 동해안 지역의 양간지풍 조건하에서 산불을 효과적으로 진화하기 위해서는 강풍에도 투입이 가능한 초대형 헬기를 추가적으로 확보하고 야간산불에 대비해 조종사의 야간 비행훈련 및 실전투입 가능여부 평가 그리고 노후화된 산불진화차와 지휘차량의 교체가 필요함

② 산림청은 산불진화 특화 인력인 '산불재난특수진화대'를 운용하고 있지만 장비가 열악해 진화활동에 어려움을 겪고 있으며, 진화인력이 비정규적으로 운영되고 있어 일자리의 연속성이 보장되지 않고 전문성이 확보되기 어려움. 산불이 계절에 상관없이 연중발생하고 있는 추세인 현 상황에서는 산불진화인력을 정규직화하고 진화장비를 개선하는 것이 필요함

③ 산불 진화과정에서 나타난 소방력의 전국적 총력 대응으로 소방관의 처우개선에 대한 국민적 공감과 인식이 높아짐. 이러한 배경에 힘입어 2019년 11월 19일자로 소방공무원의 신분을 국가직으로 전환하기 위한 법률이 국회 본회의를 통과함

④ 강원도 동해안 지역의 토양은 주로 척박지로 이루어져 있으며, 기후 및 토양의 특성상 활엽수가 생육하기에 어려운 환경이기에 대부분이 산불이 발생하기 쉬운 소나무 단순림으로 조성되어 있음. 이를 위해서는 척박지에 소나무를 대체하여 심을 수 있는 대체 수종의 발굴 및 개발이 이루어져야 하며, 임목지를 신규로 조성하거나 피해지역을 복구할 때 활엽수 혼효림을 조성해야 함. 또한 산림과 도시가 연접한 지역의 임도 확충을 통해 산불 진화 시 차량 및 인력을 적기에 투입할 수 있는 진입로 및 방화선 확보가 필요함

⑤ 산불 발생 당시 재난방송은 신속하게 송출되지 않았으며 방송사는 산불에 대한 정보를 자체적으로 확보하는 데 한계가 있어 상황중계에만 집중하여 주민대피에 실질적으로 도움이 되는 정보를 제공하지 못하는 등 신속성과 신뢰성 측면에서 미흡함을 노출함. 사회재난의 경우 방송사에 재난방송 송출을 요청하는 주체가 분산되어 있고 예측이 힘든 사회재난의 특성상 심각성 판단이 어려운 것이 원인으로 지목됨. 또한 방송사의 부족한 책임의식으로 정규방송을 다시 재개하는 등의 안일한 대처가 나타났으며 수어, 외국어 자막 방송 등을 실시하지 않아 재난취약계층에 대한 정보제공이 부족했음

⑥ 이번 산불의 경우 발생 초기에 각 기초자치단체에서 해당지역 주민들에게 대피를 안내하는 재난문자를 발송했으나 대피장소가 명확하게 명시되어 있지 않아 주민들이 혼란을 겪음. 산불 발생 초기부터 구체적으로 장소를 특정하여 안내하는 등 대피가 안전하게 이루어질 수 있도록 재난문자 발송체계를 개선하고 대피훈련 강화가 요구됨

17 고양 백석동 온수배관 파열 사고

01 사고 개요

① 사고일시 : 2018년 12월 4일 20시 40분경
② 사고장소 : 경기도 고양시 일산동구 백석동 백석역 인근
③ 사고원인
- 1991년 설치된 낡은 열수송관의 연결구간 용접부 덮개 파열
- 2002년 이전 사용된 온수예열공법에서 사용된 연결구간 용접부 덮개의 내구성이 낮아짐
- 배관 시공 당시 용접사의 부실한 시공
- 용접사의 미흡한 시공과 그에 대한 당국의 안일한 유지보수, 감독, 관리

④ 인명피해 : 사망 1명, 부상자 41명(중화상 4명, 화상 37명)

┃ 온수관 파열로 수증기가 가득 찬 모습 [뉴시스] ┃

∥ 지하에 고인 온수를 펌프로 빼내고 있는 소방대원 [NSP 통신] ∥

02 경과 및 조치사항

1. 사건경과

① 2018년 12월 4일 20시 40분경, 고양시 백석역 인근의 온수배관이 파열되어 중앙로와 일산로 일대에 75~100℃의 고온의 온수가 땅에서 분출함
② 백석동 전 지역에는 전면적으로 열공급이 일시중단되고, 퇴근길에 있던 시민들 10여 명이 화상피해를 입음
③ 200m가 넘는 도로가 파손됨
④ 고양시 4,700세대가 넘는 가구에 온수공급이 끊기고 난방이 중단됨

∥ 복구작업 현장 [서울경제] ∥

∥ 사고로 매몰된 차량 [이데일리] ∥

2. 정부의 대응

① 한국지역난방공사와 일산소방서에서 21시 20분경 긴급출동하여 현장을 확인하고 밸브 차단, 현장정리 및 통제 등의 과정을 거쳐 22시 15분부터 긴급복구에 착수함
② 사고 발생 다음날인 2018년 12월 15일 7시 55분부터 열공급을 재개하고 2018년 12월 11일 11시에 복구공사가 완료됨
③ 2018년 12월 5일부터 12월 12일까지 설치 후 20년 이상 사용한 열수송관 전 구간(686km)을 대상으로 긴급점검을 시작함. 열화상카메라 등을 사용하여 진행하였으며 5개의 사고발생가능 지점을 확인함. 발견된 지점을 굴착하여 확인한 결과, 4개 지점은 이상이 없었으며 1개 지점은 미세누수로 배관교체공사를 실시함
④ 2018년 12월 12일부터 잠재적 사고 발생원에 대한 선제적 긴급 조치를 실시함. 사고원인과 동일한 용접부를 가진 443개 지점을 대상으로 모든 지점을 굴착하여 용접부의 상태를 점검하고 점검 결과에 따라 보강공사 또는 열수송관 교체공사를 실시함(예산 약 200억 원)
⑤ 2018년 12월 13일부터 2019년 1월 12일까지 정밀진단을 실시함. 120명의 인원을 동원한 긴급점검 결과, 확인된 지열 차이 발생지점을 정밀진단하고 지하매설물 관련 외부전문가로 '위원회'를 구성하여 보수, 교체대상 선정기준을 마련함. 평가 결과를 바탕으로 취약지점, 주의구간, 안전구간으로 분류하여 보수 또는 교체, 점검기준 단축 등의 차별적 조치를 시행함
⑥ 2019년 1월말 안전관리 종합대책을 마련하고 열수송관 유지보수 예산을 확보함(200억 원 → 1,000억 원)
⑦ 기존의 위험현황도가 실제 보수, 교체대상 기준과 연계되지 않아 진단결과와 보수, 교체대상 기준이 부합되도록 관리체계를 전면 개편하고 관리분류를 구간단위만을 사용하던 분류체계를 구간단위와 지점단위를 병행하여 사용하도록 변경함. 열수송관 관로점검, 감시시스템 점검의 외주인력과 업무를 한국지역난방공사의 자회사로 전환하고 지자체가 운영하는 CCTV를 활용하는 열수송관 모니터링 시스템 구축 등 열수송관 유지관리 업무 지침을 전면 개정함

난방공사의 복구작업 현장 [한겨레]

03 시사점

① 최초에 지역난방공사에서는 노후화된 배관을 원인으로 지명했으나, 국립과학수사연구원은 감정 결과, 배수관 파열의 원인을 용접 불량으로 발표함
② 사고원인 조사과정에서 온수관 파열은 드문 일이 아니며 언론에 보도되지 않은 사고가 몇 건 더 있었다는 것이 언론에 의해 밝혀짐
③ 용접과 같은 시공을 할 때 하청에 하청을 주어 설계가의 절반 이하로 공사를 진행하는 지역난방공사의 구조적 문제가 또 다른 원인으로 지목됨. 이러한 과정 때문에 서류상에 있는 계약업체와 실제 시공사가 다르게 나타나고 지역난방공사가 직접해야 하는 감독 역할도 명함을 새로 파서 위장하는 등의 폐단이 밝혀짐
④ 하청에 재하청을 주는 과정에서 공사비로 이윤을 남기기 위해 공사비를 최대한 줄이는 작업이 만연하고 이로 인해 부실한 시공이 발생함
⑤ 사고가 발생하기 전 감사원이 열수송관 위험도를 측정하는 구체적인 규정이 없어 관리 상태가 엉망이라는 점을 지적하고 시정을 요구했으나 개선이 이루어지지 않음
⑥ 이미 공사가 완료된 곳에 대한 재점검은 물론, 앞으로 진행될 수도관 공사에 있어서도 철저한 주의와 감시가 요구됨

18 KT 아현지사 화재

01 사고 개요

① **사고일시** : 2018년 11월 24일 11시 12분경
② **사고장소** : 서울특별시 서대문구 충정로3가 KT아현지사 지하 통신구
③ **사고원인**
- 화재의 정확한 원인은 불명
- 통신망을 운영, 유지, 보수하는 핵심 기술 인력들을 외주화시키면서 발생한 폐해
- 통신구에 CCTV와 스프링클러가 설치되어 있지 않았음
- 전화국사(영업국)의 무리한 통폐합 과정에서 장비만 있는 수용국(분국)이었던 아현지사에 지나치게 많은 회선과 장비가 몰림
- 많은 장비가 아현지사에 집중되었음에도 불구하고 관리비용을 줄이기위해 시설물 등급은 수용국 때와 같이 D등급을 유지하였고 관리 인력 또한 최대한으로 축소하여 운영

④ **피해내용** : 사망자 1명(통신장애로 119신고가 늦어지면서 발생), 재산피해 약 469억 원

┃ KT 아현지사 화재진압 현장 [공공뉴스] ┃

| 맨홀을 통한 화재진압 [한겨레] |

02 경과 및 조치사항

1. 사건경과

① 2018년 11월 24일 오전 11시 12분경 KT 아현지사 빌딩 지하 통신구(Cable Tunnel)에서 화재가 발생. 각종 통신선을 지하를 통해 연결하기 위한 갱도인 통신구를 통해 불이 옮겨 붙어 지상에 위치한 맨홀에서도 화재가 관측됨

② 11월 24일 12시에 소방재난본부청에서 서대문구, 마포구 주민들에게 '긴급재난문자'를 발송하였으나 정작 KT 휴대폰을 사용 중인 사람들은 KT망이 끊어지면서 해당 재난문자를 수신하지 못함. 이 문자를 끝으로 서울 강북지역(서대문구, 마포구, 중구, 용산구)과 고양시 일부(특히 지역번호로 02를 사용하는 삼송지구), 성남시 등 북서부 수도권 지역에서 핸드폰, 초고속인터넷, 인터넷멀티미디어TV 등에서 유무선 통신장애가 발생함

③ 소방당국은 화재 장소가 지하이기 때문에 혹시 지하에서 작업 중인 인부의 구조가 필요할 가능성과 완전히 진화되는데까지 상당한 시간이 걸릴것으로 예상되어 광역 1호를 발령하고 관할 소방서의 소방차와 특수구조대가 출동시킴

④ 소방당국은 인원 208명과 장비 60대를 투입하였지만 지하에서 불길이 번지며 초기 진압에 실패함. 이후 맨홀 등을 통해 화재현장에 진입하여 화재를 진압하였고 사고 발생 약 11시간만인 11월 24일 21시 26분쯤 화재가 진압되었지만, 화재로 인해 발생한 연기와 열기 때문에 통신망 복구(손상된 광케이블의 교체)가 늦어짐

⑤ 빠른 복구를 위해 굴착기로 주변을 파서 연기를 빼는 작업을 진행하였고 지하 통신구가 아닌 지상에서 외부와 통신 장비를 연결하여 11월 25일 9시 기준 이동전화기지국은 60%, 일반 인터넷 회선은 70%, 기업용 인터넷 회선은 50% 수준의 복구가 완료됨
⑥ 화재 발생 이후 일주일이 지난 12월 1일 통신장애의 완전복구작업이 완료됨

▎소방당국의 화재 감식 [뉴시스]▎

2. 조치사항

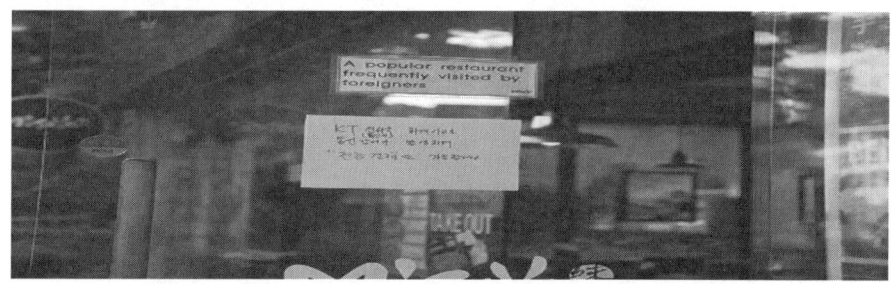

▎통신장애로 인한 현금 결제 안내문 [녹색경제신문]▎

① 화재가 발생한 2018년 11월 24일 오전 11시, 정보통신재난 위기관리 표준매뉴얼에 따라 주의 단계를 발령하고 통신재난상황실을 운영하여 대응함
② 11월 25일 황창규 KT회장이 현장에서 사과문을 발표하고 KT는 피해를 입은 유선 및 무선 가입고객에게 1개월 요금감면을 약속함
③ 2019년 3월 KT는 통신재난 대응 계획을 발표함. 향후 3년간 4,800억 원을 투입해 통신구 감시 및 소방시설 보강, 통신국사 전송로 이원화를 단계적으로 추진하고 계획 발표에 앞서 각 분야별 전문기술인력을 투입해 전국의 통신구 및 전체 유무선 네트워크 시설에 대

한 통신망 생존성 자체진단을 실시함
④ 고객수용 규모 및 중요도가 높은 통신국사의 통신구를 대상으로 소방시설을 보강하고 중요 통신시설 생존성 강화를 위해 우회 통신경로 확보, 통신 재난대응인력 지정, 운용 및 출입통제, 전력 공급 안전성 확보 등의 계획을 수립함
⑤ 중요 통신시설에 신규로 지정된 곳에 대해서는 3년간 단계적으로 우회 통신경로를 확보함
⑥ 2년간 전체 통신구에 대한 소방시설 보강 및 감시시스템을 구축하고 통신구 내 전기시설 제어반에 대해선 내구성이 약한 섬유강화플라스틱 재질의 제어반을 스테인리스 재질로 전량 교체함
⑦ 2019년 3월 피해 지역 소상공인들에 대한 지원금을 확정함. 지원금은 서비스 장애복구 기간의 차이에 따라 차등지급되었고 지급 대상은 매출 30억원 이하의 소상공인으로 정해짐. 소상공인 1만 1,500명에게 62억 5,000만 원을 보상하였고 전체 피해고객 110여만 명을 대상으로 350억 8,000만 원 규모의 요금 감면을 실시함

▎화재로 불탄 케이블 [녹색경제신문]▎

3. 원인규명

① 1차 감식 결과 통신구 약 79m가 소실됨
② 화재원인을 찾기 위해 11월 26일 현장 감식을 실행하였으나 실화나 방화 등 외부 요인일 가능성은 낮다고 밝혀짐. 이후 시설 잔해를 국립과학수사연구원에서 분석함
③ 사고 발생 한 달 후 인 12월 21일 보고서에서 서울지방경찰청, 서울시소방재난본부, 국립과학수사원, 과학기술정보통신부 등 7개 기관에서 33명의 인원이 조사를 진행하였으나 원인 미상으로 발표함
④ 이후 경찰의 조사마저 원인을 밝혀내지 못하면서 원인 미상으로 조사가 종료됨

03 시사점

① 통신구에 CCTV와 스프링클러가 설치되어 있지 않아 화재의 원인을 파악할 수 없었으며 지하에서 화재가 발생하여 초기 진압에 실패함

② 관리비용을 아끼기 위해 한 지사에 지나치게 많은 회선과 장비를 집중시켰고 시설물 등급은 높이지 않았으며 관리 인력은 최대한으로 축소하여 운영하는 민영화의 폐해가 원인으로 지목됨

③ 주요 IT기술은 필연적으로 통신 인프라에 의존할 수 밖에 없는데 이번 사고로 통신 인프라가 마비될 시 어떤 일이 벌어지는지가 밝혀짐(대한민국 국방부 외부전화망, 경찰 업무 시스템, 119구조대 등). 때문에 국가기반 통신 사업자인 KT는 군부대 등과 같은 국가 주요시설들처럼 화재, 테러 등에 대한 대비책이 필요함

④ 국가 기간 통신망은 KT가 독점적으로 소유, 운영하고 있기 때문에 KT의 관문국들이 무력화되면 타 통신사나 기관들이 구축한 우회 노드는 의미가 없어짐. 특히 물리적인 해외 연결망은 KT의 혜화 지사 단 한 곳에만 구축되어 있기 때문에 KT가 무력화될 시 해외와의 통신 단절도 발생할 수 있음. 또한 국내 관문국 시설 6개는 모두 서울에 위치한 KT 지사들에 집중됨. 만일의 사태에 대비해 이러한 관문 시설의 분산이 필요하지만, 이러한 문제점들이 전혀 고려되지 않은 채 통신 인프라만 고도화되었기에 현재로서는 해결책이 없음

⑤ 복구과정에서도 전체적인 복구율 숫자만을 발표할 뿐 복구 지역 등을 제대로 안내하지 않아 시민들은 정확한 복구 상황을 파악할 수 없었음

⑥ 통신망을 수리하는 인원의 대부분이 비용절감을 위해 하청업체가 맡아서 해왔기 때문에 KT직원들은 파손된 망을 복구할 능력이 없었음

⑦ 이번 사고를 계기로 통신재난 발생에 대비하여 FM방송과 같은 지상파 기반 재난방송 인프라와 접근도에 대한 개선이 요구됨

19 동일본 대지진

01 사고 개요[15]

① **사고일시** : 2011년 03월 11일 14시 46분경
② **사고장소** : 동일본 미야기현 센다이 동쪽 179km 지점의 산리쿠오키 해역
③ **사고원인**
- 동일본 대지진으로 불리는 도호쿠 지방 태평양 해역 지진은 2011년 3월 11일 14시 46분경 일본 해저의 태평양판과 북미판이 충돌한 것이 원인이 되어 동일본 미야기 현 센다이 동쪽 179km 지점의 산리쿠오키(三陸沖) 해역에서 일본 지진관측사상 최대의 지진으로 규모 9.0의 강진이 발생
- 지진으로 이와테(岩手)현에서 이바라키(茨城)현에 걸친 약 400km² 지역이 지진 및 최대 8.5m 높이가 넘는 쓰나미의 영향을 받아 인적·물적으로 큰 피해를 입음
- 무엇보다 지진해일의 영향으로 후쿠시마현 소재의 동경전력 원자력발전소(제1원전)에 전기 공급이 중단되면서 핵 연료봉이 공기 중으로 노출되는 심각한 긴급사태가 발생함
- 사회·경제적 피해 또한 작지 않았는데, 지바현 이치하라 정유공장에서는 대형 화재가 발생했고 제철소가 폭발했으며, 주요 항구에서 하역작업에 막대한 차질이 발생하는 등 자동차, 철강, 정유, 전력, 반도체, 물류 등 산업 전반에서 피해가 확산되었음

④ **인명피해** : 사망 15,879명, 실종 2,712명, 부상 6,126명, 간접적 요인에 의한 재해 관련 사망자 2,303명(2012년 12월 26일 기준)

---

15) 2012 소방방재백서, 일본 총무성, 2012

▎도호쿠 지진의 진앙 위치 [연합뉴스] ▎

▎쓰나미 피해를 받고 있는 미야기현 [아시아투데이] ▎

▎미야기현의 이재민 [중앙일보] ▎

▎쓰나미가 휩쓸고 간 미야기현의 모습 [THE SCIENCE] ▎

02 경과 및 조치사항

1. 중앙정부

① 중앙정부는 즉각 총리를 장(長)으로 하는 긴급재해대책본부를 설치하여, 모든 정부기관을 동원하고 지방자치단체와 협력을 통해 지진피해자의 수색과 원조, 지원과 복구 등에 온 전력을 기울였음
② 피해상황을 확인하고 국민들에게 피해상황에 대한 정보를 제공하였고, 피해지역에 신칸센의 운행을 중지하고 공항과 도로를 폐쇄하는 등 피해 확대방지를 위한 긴급조치를 취하함

③ 곧이어 피해자 생활지원을 위한 '피해자생활지원 특별대책본부'를 설치(2011.3.17.)했고, 동일본 대지진 부흥 구상 회의 개최를 각의 결정(2011.4.11.)하는 등 국민 생활 및 경제활동의 조기 회복을 위해 노력을 기울임
④ 향후 원자력발전소 가동 중단으로 원전에서 방사능 유출 가능성을 발표하고 원자력 긴급사태를 선언하였고 이에 따라 피해 지역의 주민들의 소개가 진행되었음
⑤ 원전사고로 인해 방사성 물질의 누출이 지속되어 해수 및 토양 오염이 심각하게 진행되었으며, 우유, 채소, 수돗물 등에서 기준치 이상의 방사능이 검출되는 등 문제가 지속적으로 발생하였으나 일본정부는 이번 원전사고를 국제원자력사고등급 최악의 단계인 7단계에 해당된다고 뒤늦게 발표하였음

▎후쿠시마원전 사고 [일본 방위성, http://www.mod.go.jp/]

▎후쿠시마원전의 화재를 진압하는 모습 [일본 방위성, http://www.mod.go.jp/]

2. 방위성[16]

인명구조를 위한 지자체장들의 자위대 파견 요청을 받아들여 해상자위대에서 항공기를 출동시킨 것을 시작으로 육상자위대와 항공자위대도 대응을 개시함

▎미야기현을 수습하고 있는 모습 [일본 방위성, http://www.mod.go.jp/]

---

16) 방위성은 일본의 행정기관으로, 일본 방위성 소속의 자위대를 합하면 일본 정부 최대의 조직임

3. 경찰

① 동일본 지진 발생 직후 전국에서 지속적으로 경찰부대를 파견하여 매뉴얼에 따라 피해자 피난 유도·구출 및 구조, 행방불명자 수색, 검문, 긴급교통로 확보, 순찰, 피해자 지원, 범죄단속, 시체 수습·검시 활동 등을 수행

② 경찰은 후쿠시마 원전사고 발생 직후부터 후쿠시마 제1 및 제2원자력 발전소 주변에서 경찰무선을 활용하여 각 지자체에 상황 전달 등을 실시하고, 주민 피난유도와 교통정리를 실시함

┃ 교통정리 및 피난유도를 하고 있는 일본 경찰 [일본 경찰청] ┃

4. 각 부처

① 원자력 주무부서인 경제산업성은 후쿠시마 원전 사고 수습을 위한 향후 방향을 발표(2011.4.17.)하였고 후쿠시마원전 사고수습 로드맵을 제시(2011.5.17.)하면서 수습 진척사항을 정기적으로 발표하였음

② 원자로 폐기를 위한 로드맵이 가동되어, 정부·동경전력 중장기 대책회의(2011.12.21.)에서 '동경전력 후쿠시마 제1원자력발전소 1~4호기 폐기설치 등을 위한 중장기 로드맵' 및 그 실시체계를 결정하였고, 2012년 모든 원자력발전소 가동을 중단함

┃ 구조되고 있는 지진 피해자 [일본 소방청] ┃

03 시사점

1. 문제점

① 복잡한 법령체계가 신속적 대응을 가로막는 주요인이 됨. 일본은 '동일본 대지진'이 일어나기 전부터 지진재해에 대한 법제가 이미 마련되었음에도 지진재해 관련 법령이 너무 복잡한 체계로 구성되어 있어서 동일본 대지진 당시 신속히 대응할 수 없었음

② 유사한 법률인 「지진방재대책 특별조치법」과 「대규모지진대책 특별조치법」이 병존했고, 각기 법률에 규정된 '대책 본부'가 「지진방재대책 특별조치법」에서는 문무과학성 하에 설치되는 반면, 「대규모지진대책 특별조치법」에서는 내각부하에 설치한다고 규정하고 있어 효율적으로 대처할 수 없었음

2. 시사점

① 재해를 완벽히 예상할 수 없더라도 재해에 대한 대응에 '예상 밖'은 없어야 하며, 낙관적인 예상이 아닌 비관적인 예상을 해야 함

② 재해 발생 직후에는 충분한 정보를 얻어서 대책을 마련할 수는 없으므로, 불충분한 정보를 가지고 대책을 세울 수 있는 대비·훈련이 필요함

③ 재해대책에서 하드웨어적·소프트웨어적 다양한 대책보다는 피해를 최소화하는 「감재(減災)」를 지향하고, 행정뿐만 아니라 지역, 시민, 기업레벨의 조직을 편성해야 만전의 대책을 기할 수 있음

④ 동일본대진재는 광범위하게 극심한 피해를 주었기 때문에, 주민의 피난이나 재해를 당한 지방공공단체에 대한 지원 등에 관하여, 광역적인 대응을 보다 유효하게 할 수 있는 관련 제도가 절실히 필요함

⑤ 한신·아와지대지진(阪神·淡路大震災)에서 많은 교훈을 얻었으나, 그것은 지진동(地震動)으로 인한 교훈이었으며 쓰나미로 인한 교훈은 아니었음. 동일본대지진에서는 쓰나미로 인한 교훈만을 주목하기보다는 광역적으로 피해를 당한 점이나 지진동에 의한 교훈 등에도 주목해야 함

⑥ 재해대책은 지역성과 역사성에 입각할 필요가 있음

⑦ 이들 교훈·과제에 대해서는 종래와 같이 한시적인 논의에 그치지 말아야 하며, 방재교육 등을 통해 후세에도 확실히 전수·전달해야 하고 이에 각별한 노력이 필요함

20 허리케인 카트리나

01 사고 개요

① 사고일시 : 2005년 8월 23일
② 사고장소 : 미국 루이지애나 주 남부도시 뉴올리언즈
③ 사고원인
- 2005년 8월 23일 바하마군도에서 발달한 카트리나(Katrina)는 멕시코 만에서 에너지를 받으며 강력한 초특급 허리케인[17]으로 발전
- 허리케인이 8월 29일 루이지애나 주의 남부도시 뉴올리언즈를 강타했을 때 강력한 비바람으로 도시를 둘러싼 제방이 무너지면서 도시 전체가 침수

∥ 울부짖는 이재민 [SBS 뉴스] ∥

∥ 카트리나로 파괴된 집 [FEMA] ∥

---

17) 허리케인(Hurricane) : 대서양 서부에서 발생하는 열대저기압을 말하며 우리말로 싹쓸바람이라고 한다. 북대서양·카리브해·멕시코만 등에 발생하는 허리케인의 연간 평균출현수는 10개 정도이고, 그 밖에 발생하는 것도 5~10개인데, 태풍보다 발생수가 훨씬 적다. 8~10월에 가장 많이 발생한다.

▎이재민으로 가득 찬 휴스턴 애스트로돔 스타디움 [삼성방재연구소] ▎

▎휴스턴 애스트로돔 스타디움의 이재민들 [조선일보] ▎

④ 피해내용 : 사망자(998명), 실종자(2,576명)

▎강에 떠다니는 시신과 갈 곳 잃은 주인과 강아지 [중앙일보] ▎

02 경과 및 조치사항

1. 연방 및 주·지방정부 차원에서의 정부대응

① 연방차원에서 연방재난관리청(FEMA)은 긴급구호를 총괄 수행하는 기관이었지만 2001년 9·11테러 사태 이후 국가의 위기관리 대응체계의 변화로 인해 본연의 임무였던 위기관리시스템 총괄에 총력을 기울이지 못함으로써 조직적이고 구조적인 결함을 보임

② 즉, 9·11테러 사태 이후 FEMA가 국토안보부에 통합되면서 각료급에서 부각료급으로 격하되고 임무도 자연재해 대처보다는 테러 대처에 초점을 맞춘 관계로 신속한 대응을 하지 못했음
③ 또한, 대통령이 FEMA의 수장으로 재난관리에 전혀 경험이 없는 사람을 앉힌 것도 문제로 지적됨
④ 주·지방정부소속 소방관으로 구성되는 FEMA 구조팀이 재난 현장에서 너무 멀리 소재해 신속하게 대응하지 못했고, FEMA 존재 이유인 위기관리보다는 자체인력을 동원한 구조활동에 더 노력을 투자했기 때문에 효율적으로 대처하지 못했음

2. 주 정부와 지방정부 차원에서의 대응

① 주지사나 시장 등 리더들의 결단력 부족과 연방정부의 직접 개입으로 인한 책임 회피와 전가가 큰 문제가 되었음
② 당시 루이지애나 주지사는 즉각적인 비상사태 선포를 거부하고, 연방정부에 대한 지원 요청을 미루었으며, 심지어 연방정부의 보안군 투입도 거절함
③ 뉴올리언스의 경우에도 카트리나에 대비한 준비단계에서부터 시의 홍수방제계획과 지역개발 사이에 충돌이 있었는데, 뉴올리언스의 제방지구(Levee district)는 홍수방지가 주목적이었음에도 최초의 설치 목적 및 설계와 달리 개발을 함으로써 홍수피해의 원인을 제공함
④ 지방의회는 공원, 산책로, 공항, 카지노 등 지역개발 사업에 더 비중을 두고 운영한 결과 사회질서의 붕괴와 아노미 상태를 야기하는 결과를 가져옴

‖ 카트리나 피해지역 및 구조대원 [FEMA] ‖

03 시사점

① 무주택자, 노약자, 극빈층(자동차 미소유자) 등 사회적 약자에 대한 배려 부족으로 지역 내 사회갈등이 첨예화
② 극심한 교통체증 유발로 피난은 물론이거니와 재난에 대응한 복구자체가 지연될 수밖에 없었음
③ 피해 지역의 콜레라, 이질 등 수인성 전염병 발병 등 보건·위생상 문제점
  - 구조한 사람들을 슈퍼돔이나 컨벤션센터 같은 수용시설에 정원을 과도하게 넘기면서 수용함으로써 음료공급 부족 및 환기 문제 등에 의한 이재민의 불만을 야기함
  - 폐허시가지에서의 약탈, 총격전, 방화, 강간 등 각종 범죄 발생 및 이재민의 대부분을 차지하는 흑인들의 인종갈등 조짐 등 다양한 연쇄적 문제가 발생

PART 10 사업연속성 관리체계 (BCP/BCM/COOP)

1. 사업연속성 관리체계의 이해
2. 기업재난관리표준
3. 국외 표준 현황
4. 기업재해경감활동 제도
5. 재해경감 우수기업
6. 우수기업지원체계
7. 기능연속성계획(COOP)

01 사업연속성 관리체계의 이해

01 개요

사업연속성 관리(BCM ; Business Continuity Management)란 기업이 재해 발생 시에도 핵심 업무 기능을 계획된 수준 또는 중대한 변경 없이 지속할 수 있도록 회사 전체 차원에서의 정책 및 절차를 수립하여 이행하는 것을 의미한다. 이러한 BCM에는 회사 전체의 인력, 자원, 업무 프로세스를 대상으로 구축되므로 단순한 IT 영역만이 아닌 비즈니스 영역까지 포함하고 있다. 사업연속성관리체계(BCMS ; Business Continuity Management System)란 사업연속성을 수립, 실행, 운영, 모니터링, 검토, 유지 및 개선하는 전체적 관리시스템을 말한다.

▼ 사업연속성 관리 관련 용어 정리

용어	약어	정의
사업연속성 관리 (Business Continuity Management)	BCM	조직에 대한 잠재적 위협과 그 위협이 실제로 발생할 경우 야기될 수 있는 비즈니스 운영 위협에 대한 영향을 파악하고, 조직의 핵심 이해관계자 이익, 조직의 명성, 브랜드 및 가치 창조 활동을 보호하는 효과적인 대응능력을 갖고 조직 회복력을 구축하는 프레임워크를 제공하는 총체적 관리 프로세스
사업(업무)연속성 관리체계 (Business Continuity Management System)	BCMS	비즈니스연속성을 수립, 실행, 운영, 모니터링, 검토, 유지 및 개선하는 전체적 관리시스템의 부분 *관리시스템은 조직 구조, 방침, 기획 활동, 책임, 절차, 프로세스 및 자원을 포함
사업연속성(확보) 계획 (Business Continuity Plan)	BCP	중단적 사고 후 사전 정의된 운영 수준으로 대응, 복구, 재개 및 회복하는 데 조직에 지침이 되는 문서적 절차

02 문서체계

사업연속성 확보계획(Business Continuity Plan)은 기업재난관리 표준에서 "재난 또는 업무 중단 사고 발생 시 사전 합의되고 수용 가능한 수준으로 핵심업무를 재개하기 위해 개발, 편집 및 유지관리되어야 하는 즉시 사용 가능한 문서화된 절차와 정보의 집합"으로 규정하고 있고, ISO 22301에서는 "중단적 사고 후 사전 정의된 운영 수준으로 대응, 복구, 재개 및 회복하는 데 조직에 지침이 되는 문서적 절차"로 규정한다. 이에 따라 문서화된 절차는 흔히 다른 명칭으로 부르기도 하는데 가장 대표적인 형태로는 위기 대응 계획(Emergency Response Plan)과 위기관리계획(Crisis Management Plan) 등으로 표현하기도 한다.

1. BCP 문서체계(예시)

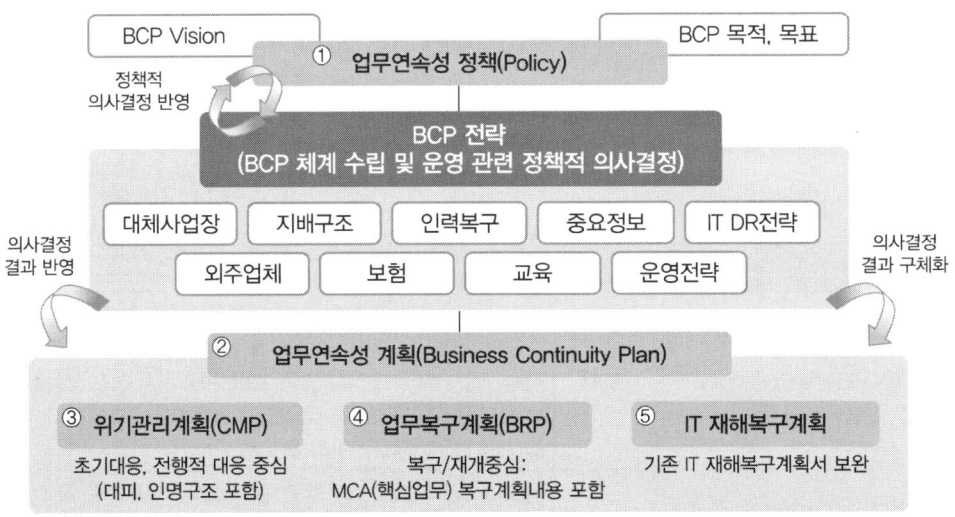

* CMP(Crisis Management Plan), BRP(Business Recovery Plan)
* BIA, RA 수행가이드, 대체사업장운영지침 등 BCP운영의 상세지침은 BCP 운영 매뉴얼로 제공

┃ 사업연속성 확보계획서 체계도 사례 ┃

2. BCP 계획서의 계층적 구조(예시)

사업연속성 확보계획은 BCP 계획서의 상위문서로서 재해예방, 재해대응, 사후활동의 일련의 활동을 모두 포괄하며, 재해 발생 시 따라야 하는 단계별 세부지침은 3개의 하위 계획서(위기관리계획, 핵심업무복구계획, IT 재해복구계획) 등으로 구성할 수 있다.

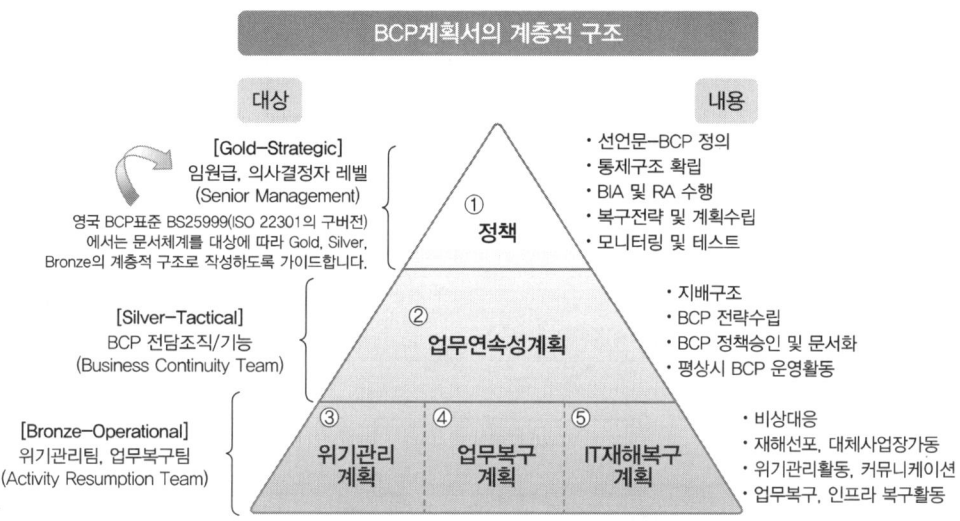

▍사업연속성 확보계획서 체계도 사례 ▍

3. BCP 계획서의 시계열적 구조(예시)

사업연속성 확보계획은 재해예방, 재해대응, 사후활동의 일련의 활동을 포함하며 재해 발생을 기준으로 시계열적으로 하부의 BCP 계획서를 총괄하는 형태로 예상할 수 있다.

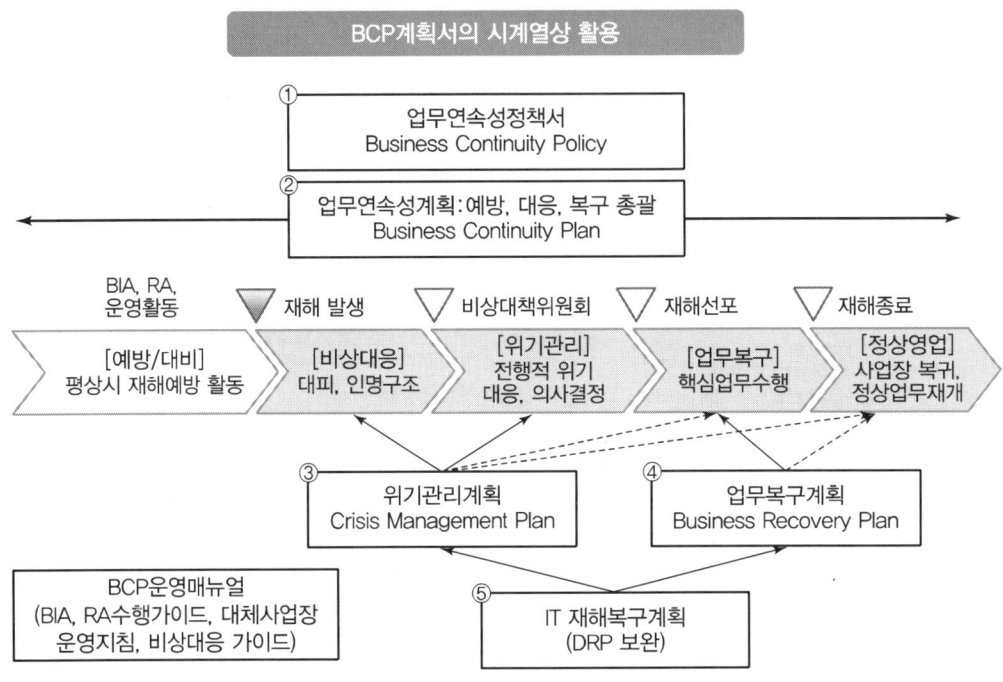

∥ 사업연속성 확보계획서의 시계열적 구성 ∥

사업연속성 확보계획이란 BCMS(재해경감활동관리체계) 범위에 따른 모든 요구 사항을 포함하여 단일한 문서 형태로 존재할 수도 있고 다양한 절차서들의 집합으로 구성될 수도 있다. 각각의 문서화된 절차에는 목적, 범위 및 목표가 명확하게 정의되고 각 절차서에 참여하는 인원들이 효과적으로 사용할 수 있도록 이해 가능해야 한다. 또한 여러 절차서 간의 실행에 있어 연관이 있는 경우에는 각각 인용되는 절차서에 대한 참조가 명확해야 하며 또한 각 절차서를 획득하는 방법에 대해서도 정보가 포함되어야 한다. 사업연속성 확보계획서의 구성요소는 다음과 같은 사항을 포함한다.

1) 역할 및 책임

사업연속성 확보계획을 사용할 인원, 팀의 역할, 책임 및 권한 등을 명확하게 정의한다. 만약 사업연속성 확보계획이 1개 이상의 절차서를 포함한다면 각각의 절차서에는 역할, 책임 및 권한에 대한 내용이 공통적으로 포함되어야 한다. 또한 절차를 발동시킬 권한을 가진 인원이 어떠한 상황에서 계획을 발동할 수 있는지에 대한 가이드라인 및 조건 등이 명확하게 정의되어야 한다.

2) 계획의 발동 및 복귀

각각의 문서화된 절차서에는 업무 중단을 초래할 수 있는 사고에 대해 조직이 대응하도록 하는 프로세스와 그것의 실행 조건 및 절차가 포함되어야 한다. 또한 이것은 정상적인 업무 시간 내 또는 그 밖의 경우에 대한 고려가 함께 필요하다. 그리고 계획서에는 사고가 지나간 다음의 관련팀의 복귀 절차가 정의되어야 하며, 적절한 대안을 가지고 있는 지정 집결장소에 대한 정보가 필요하다.

3) 재난(사고) 관리

재난(업무중단 사고)의 즉각적인 결과에 대한 관리는 영향받는 인원의 복리 후생을 충분히 감안하여 중단에 대응하는 조치(전략적, 전술적, 운영이라는 표현으로 구분하여 서명할 수 있다.)와 우선순위 활동들에 대한 방어, 추가적인 손실 또는 불능 등을 포함한다.

각각의 재난(사고) 관리 관련 문서화된 절차에는 조직이 사전에 예정한 시간 일정 내에서 우선순위의 활동들을 유지 또는 복구하는 데 필요한 조치 및 과제 등을 확인하는 실행 절차 등을 포함해야 한다. 또한 문서화된 절차에 관계된 자원 요구 사항이 구체적으로 안내되어야 하고 사고, 대응 조치 및 의사결의 결과 등의 주요한 정보를 기록하는 수단에 대해서도 결정해야 한다.

4) 각 절차서 내의 비상연락망

각 절차서에는 인원의 역할 책임과 함께 팀원 및 기타 인원의 연락 정보가 포함되어야 하며, 개인 정보에 관한 보호 법률이 적용되는 경우 개인 연락처 정보는 관련 법률에 따라 관리되어야 한다. 그리고 비상시에 필요한 모든 관련 기관, 조직 및 자원에 연락하고 동원하는 데 필요한 정보를 충분히 포함하고 있어야 한다.

5) 의사소통

조직이 어떠한 상황에서 누구와 어떻게 연락할 것인가에 대한 계획을 마련하기 위해서는 종업원, 종업원의 가족, 주요한 이해관계자 및 긴급 연락처 등과의 의사소통 계획을 우선 마련해야 한다. 또한 재난(사고)에 따른 조직의 미디어 대응 계획의 세부 사항에 대해 의사소통 전략, 우선순위의 의사소통 대상의 미디어, 가이드라인 및 보도문 양식 그리고 대변인 역할 등에 대해 구체적인 정의가 필요하다.

(1) 사업연속성 확보계획서의 작성 요령
　① 관련 절차서들은 반드시 명확하게 작성해야 한다.
　② 구체적으로 작성해야 하며, 계획서를 사용하는 사람이 조직의 관련 업무에 완전히 익숙하지 않는 상태에서도 가정에 따른 계획 실행이 가능해야 한다.
　③ 긴 문장은 파악하는 데 어려움을 줄 수 있으므로 짧고 직접적인 문장을 사용한다.
　④ 각 문단을 시작할 때에는 주제문을 제시한다.
　⑤ 긴 문단은 읽은 사람의 이해를 방해할 수 있으므로 문단은 짧게 한다.
　⑥ 각 논리 단위에 하나의 아이디어를 제시해야 한다.
　⑦ 문서의 다른 부분에 설명되어 있다 해도 최대한 기술적인 용어의 사용을 피해야 한다.
　⑧ 개인 연락망의 경우를 제외하고는 가능하면 직위 또는 직함(개인의 이름보다는) 등을 사용하여 문서의 갱신 및 유지에 따른 수정의 반복을 최소화해야 한다.
　⑨ 특정한 성별에 한정된 명사 또는 대명사를 사용하여 불필요한 문서개정을 초래하는 일을 삼가야 한다.
　⑩ 각 문서의 통일성을 고려하여 향후 훈련 프로세스 그리고 상황 및 조치 등에 대한 예외 사항을 최소화해야 한다.
　⑪ 동시에 필요한 조치들, 그리고 연속적으로 뒤따르는 조치들에 대해서 파악해야 한다.
　⑫ 서술형의 문장을 활용한다.

02 기업재난관리표준

01 개요

기업재난관리표준은 「재해경감을 위한 기업의 자율활동 지원에 관한 법률」 제5조에 따라 기업의 재해경감활동 계획 수립을 위한 표준화된 절차 및 원칙을 의미한다. 또한 기업재난관리표준은 자연재난이 발생하는 경우 기업경영활동이 중단되지 않고 운영의 연속성을 유지하기 위한 일련의 체계로서 자연 재난에 의해 연쇄적으로 발생할 수 있는 기술, 시설, 경영, 환경에 관련된 각종 위험 요인으로 인하여 발생하는 재난을 예방하고, 재난으로 업무 운영에 문제가 생길 경우 적정 시간 안에 순차적으로 업무 및 서비스 기능을 회복하기 위해 평상시부터 재해 경감 활동을 전략적으로 결정하고 준비해 두는 표준화된 절차를 포함한다. 재난이 발생하는 경우 기업이 인명 및 자산 등을 보호하고 사업의 연속성을 유지하기 위해 재난관리표준은 매우 중요한 요소이며, 기업은 기업활동 전반의 재해경감을 위해 기업재난관리표준을 활용할 수 있고, 기업의 다양한 여건을 고려하여 적용범위 및 방법을 재구성할 수 있다.

02 주요 내용

기업재난관리표준은 기업재난관리표준 개요, 용어 및 정의, 재해경감활동관리체계 기획, 목표달성계획 수립, 운영 및 실행, 교육 및 훈련, 수행평가, 개선, 행정사항으로 구성되어 있다. 기업재난관리표준 개요는 정의와 목적, 재해경감활동관리 모델 및 구성체계, 적용범위 등 일반적 사항을 서술하고 있으며, 실질적으로 기업들이 재해경감활동을 위하여 무엇을 해야 하고, 어떻게 해야 하는지에 대한 내용은 재해경감활동관리체계 기획, 목표달성계획 수립, 운영 및 실행, 교육 및 훈련, 수행평가, 개선에서 정의하고 있다. 기업재난관리표준의 주요 내용은 다음과 같다.

▶ 기업재난관리표준 개요(2021년 기준)
[시행2017.7.26.] [행정안전부고시 제2017-1호, 2017.7.26. 타법개정]

1. 정의
「재해경감을 위한 기업의 자율활동 지원에 관한 법률」제5조에 따라 기업의 재해경감활동계획 수립을 위한 재해경감활동관리체계 구축, 운영 및 실행, 교육과 훈련, 감시 및 검토, 유지관리 및 지속적 개선 등의 표준화된 절차와 원칙을 규정한다.

2. 재해경감활동관리체계 모델 및 구성체계
   1) 재해경감활동관리체계 모델
      기업재난관리표준은 재해경감활동관리체계의 수립, 운영 및 실행, 교육과 훈련, 감시 및 검토, 유지관리 및 지속적 개선 등을 위한 프로세스 접근방법으로 P(Plan)-D(Do)-C(Check)-A(Act) 모델을 적용한다.

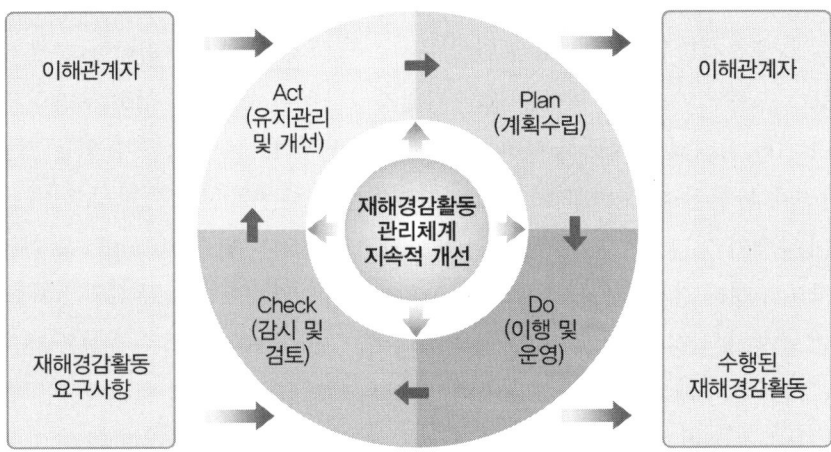

‖ 재해경감활동관리체계 적용 모델 ‖

▼ PDCA 모델의 주요 내용

구 분	주 요 내 용
Plan (계획 수립)	기업의 정책 및 목표, 이해관계자의 요구사항에 따라 결과를 도출하는 데 필요한 재해경감활동 목표 및 프로세스의 절차 수립
Do (운영 및 실행)	재해경감활동 목표 및 프로세스 절차의 실행
Check (감시 및 검토)	재해경감활동 정책 및 목표의 성과를 평가하고 검토하여 관리자에게 시정 및 개선활동 사항을 결정하도록 권한 위임
Act (유지관리 및 개선)	관리자 검토, 재해경감활동관리체계의 범위, 정책 및 목표에 대한 재검토와 시정조치를 통한 지속적인 개선

2) 구성체계
　　재해경감활동관리체계를 확립하기 위한 기업재난관리표준의 주요 구성체계는 다음과 같다.

▼ 기업재난관리표준의 주요 구성체계

구분		주요내용
Plan	1절. 개요	계획 수립에 관한 일반적인 사항
	2절. 용어의 정의	용어에 대한 설명
Plan	3절. 재해경감활동 관리체계 기획	재해경감활동관리체계 기획을 위한 기업 경영현황 분석, 요구사항 및 범위, 최고 경영진 및 관리자의 역할, 운영 지원 등에 대한 사항
	4절. 목표달성계획 수립	재해경감활동관리체계의 목표 및 목표달성 계획 수립 등에 대한 사항
Do	5절. 운영 및 실행	재해경감활동 실행 과정으로서 업무영향분석 및 리스크 평가, 사업연속성 전략 수립, 재해경감활동 절차 수립 및 실행 등에 대한 사항
	6절. 교육 및 훈련	재해경감활동관리체계를 효과적으로 실행하기 위한 교육프로그램 개발, 운영 및 연습에 관한 사항
Check	7절. 수행평가	재해경감활동관리체계 수행평가와 유효성 검증을 위한 절차와 프로세스
Act	8절. 개선	감사 및 검토를 통해 시정사항을 식별하고 지속적인 개선을 위한 요구사항

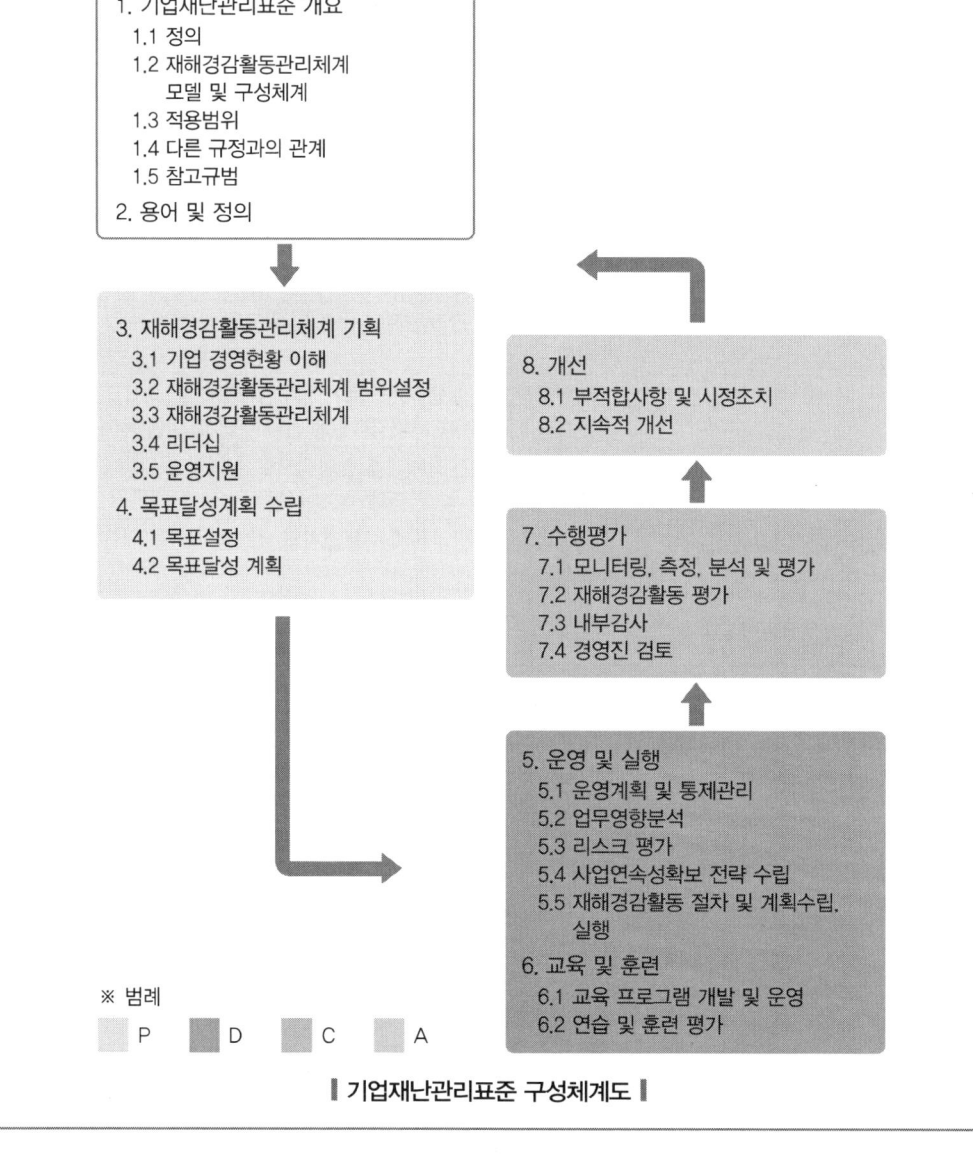

기업재난관리표준 구성체계도

03 국외 표준 현황

01 BS 25999 – 1

1. 개요

BS 25999-1은 영국표준에서 말하는 업무연속성관리이며, 이는 조직을 위협하는 잠재영향을 파악하고 주요 이해관계자의 이익, 조직의 평판, 브랜드 및 가치창출활동을 효과적으로 보호하기 위해 필요한 대응 및 복원역량 확보를 가능케 해주는 체계 제공의 통합 경영 프로세스를 의미한다.

2. 주요 내용

BS 25999-1 표준에서 기술하는 BCM 구현단계들은 개념적으로는 단계순서에 따라 BCM 정책 및 프로그램 관리, 조직에 대한 이해, BCM 전략 수립, BCM 대응체계 수립 및 구현, BCM 테스트, 유지관리 및 검토, 조직문화로의 BCM 융합으로 진행되는 것으로 권고하고 있으나, 실제로 경험 있는 BCM 전문가는 이러한 단계별 방법론을 엄격하게 따를 필요는 없다. 하지만 이러한 단계별 수행방법론은 전체 BCM 라이프사이클과 전체 조직에 대해 측정 가능해야 한다고 정의하고 있다.

1) BCM 정책 및 프로그램 관리

① BCM 정책은 BCM 역량 설계와 수립을 위한 체계를 제공하는 역할을 함
② BCM 구현의 중요성에 대해 문서화하는 선언문이며 이는 최고경영진에 의해 작성
③ 또한 프로그램 범위를 정의하고 관련 책임을 할당
④ 효과적인 BCM 프로그램은 다양한 관리적 · 운영적 · 행정적 그리고 기술적 규정을 포함해야 함
⑤ BCM이 본래 비상대응에 대한 것을 의미하는 것은 아니지만, 현실적으로는 BCM 조직이 비상시 대응과 지도를 담당

2) 조직에 대한 이해(분석)

(1) 개요

적절한 BCM 프로그램이 개발, 구현되기 위해서는 조직에 대한 이해를 비롯하여, 업무가 중단되는 상황에서 가장 먼저 복구되어야 하는 업무활동과 프로세스의 시급성 및 긴급성(Urgency)을 파악해야 한다. 조직에 대한 이해의 기초사항은 다음과 같다.

① 조직의 비즈니스 목표
② 비즈니스 목표가 어떻게 달성되는지 파악
③ 조직의 주요 제품/서비스
④ 제품/서비스 조달, 제공에 관여하는 실체, 조직/기관(대/내외 포함)
⑤ 시급성(Time Imperatives)을 요하는 업무 여부

(2) 업무영향 분석

① BIA는 전체 BCM 프로세스의 기반이 되는 작업(the Foundation)으로, 업무 프로세스의 손실, 중단 등이 조직에 미치는 영향을 식별하고 정량적·정성적으로 파악, 분석할 수 있도록 해주며, 이러한 분석결과는 경영진이 업무 중단 후 얼마의 시간 이상이 흐르면 수용 불가능한지 판단 가능
② MTPD(최대 수용가능한중단기간, Maximum Tolerable Period of Disruption)를 통해 적절한 BCM 전략 수립이 가능해짐

(3) 리스크 평가

① BCM 구현에서의 리스크 평가를 통해 업무 중단을 야기하는 다양한 위협(Threat)의 발생 가능성(Probability)과 영향(Impact)을 파악
② BIA를 통해 파악된 가장 긴급한 기능 수행의 복구에 필요한 자원에 초점을 맞출 수 있게 우선 순위화하여 관리

3) BCM 전략 수립

(1) BIA를 통해 파악된 복구목표시간에 기반을 둔 복구우선순위가 높은 주요 비즈니스 활동과 이들의 대내외 의존도 연속성을 확보, 보장해주는 대체 운영방안 선택

① 리스크평가에서 식별된 주요 업무프로세스의 취약성과 SPOF에 대응

(2) 전사차원 전략

① 주요 업무에 대한 복구목표시간(MTPD 이내로)
② 원격지에 분리된 대체업무시설과 데이터 보관

(3) 주요 단위별 전략

① 사람/임직원, 업무기술/지식
② 사업장/업무장소
③ 지원기술
④ 정보
⑤ 장비 및 보급품
⑥ 주주, 협력/계약업체
⑦ 해당 지역 비상 관련 서비스 제공기관의 역할 파악
⑧ 특정 위협의 발생 가능성을 경감
⑨ 적절한 영향 감소 조치

(4) 대응/복구필요자원 통합

4) BCM 대응체계 수립 및 구현

(1) 위기(사고) 관리계획

외부 이해관계자의 요구사항을 효과적이고 시의 적절하게 대응·관리하여 조직의 재정, 평판을 보호

(2) 사업연속성 계획

사업연속성 계획(Business Continuity Plan)은 업무활동의 복구, 재개를 위해 업무 중단 사고에 대한 조직 전체 차원의 대응역량을 집중

(3) 상세복구계획(업무단위별)

① 업무단위별 상세복구계획은 각 부서별 위기, 사고에 운영적 대응방안(Operational Response)을 제공
② 위기대응팀, 위기 시 직원복지 문제에 대한 HR(인사) 대응방안, 부서업무 복구계획, IT 시스템/장비 조달

5) BCM 테스트, 유지관리 및 검토

(1) 테스트

성공적인 BCM 역량 개발을 위해서는 체계화된 테스트 프로그램이 필요하고, 이러한 테스트 활동은 점진적으로 그 대상과 범위를 확대

(2) 유지관리

BCM 유지관리 프로그램을 통해 끊임없는 변화에도 위기, 비상상황에 대응할 수 있도록 조직을 정비

(3) 검토

① 감사 기능(Audit Function)에 의해 사전에 정의된 표준과 정책을 기준으로 공정한 (Impartial) 점검활동 수행
② 감사 수행 시 발견된 개선점에 대한 권고를 제공

6) 조직문화로의 BCM 융합

① 인식 캠페인 활동의 구성요소를 계획하고 설계하기 전에 현 인식수준을 파악
② 조직문화 내에 융합될 수 있도록 BCM 교육, 훈련과 인식활동을 설계하고 제공
③ 조직문화 내에서의 BCM 개발
④ 조직문화 변화 모니터링

02 NFPA 1600

NFPA 1600은 미국표준으로 NFPA 1600 기술위원회에서 제정한 "재난관리와 업무서비스연속성 프로그램의 표준(Standard on Disaster/Emergency Management and Business Continuity Programs)"이며 공공부문에 초점을 맞추었으나 민간부문까지 포함한 모든 조직을 위한 표준이다.

NFPA 1600은 비상사태관리, 사고처리(Incident Response) 및 사업연속성 등을 기술하고 있고 이 표준은 최초 미국의 비상사태관리표준으로 2007년 제정되어 2010년, 2013년, 2016년에 이어 개정되어 오다 "NFPA 1600-2019" 기준을 2019년 개정·고시하였다.

NFPA 1600은 재난복구 등 재난관리와 사업연속성에 관계된 포괄적인 체계를 위하여 가장 기본적인 범주에 대한 안내를 하고자 설계되어 있다. 명확한 기준과 일반적인 의무사항으로 구성된 NFPA 1600은 미국 재난관리 체계에 중요한 영향을 끼치고 있으며, 국내 기업재난관리표준(구)의 근간이다.

1. 범위 및 목적

NFPA 1600에서 다루고 있는 위험은 모든 일반적인 재해이며, 예방·완화·준비·대응 그리고 위기 상황에서의 복구를 그 목적으로 한다.

2. 적용대상

공공의 모든 분야, 비영리단체 및 민간 프로그램이 그 적용 대상이다.

3. 주요 내용

NFPA 1600은 다음과 같이 문서화된 프로그램으로 구성되어 있다.
- 정책 요약(Executive Policy)
- 프로그램 목적, 목표(Program Goals, Objectives)
- 프로그램 계획, 절차(Program Plan, Procedures)
- 허용 가능한 권한(Applicable Authorities)
- 프로그램 예산(Program Budget)
- 기록 관리(Records Management)

1) 프로그램의 요소(Chapter 5 Program Elements)

(1) 일반 사항

위험과 영향에 의해 결정

(2) 법률 및 기관

시간의 경과 규정 준수

(3) 위험 평가(Risk Assessment)

① 잠재적인 위험 식별(Identify Potential Hazards)

② 발생 가능성(Likelihood of Occurrence)

③ 사람, 재산, 환경의 취약성 평가(Assess Vulnerability of People, Property, Environment)

④ 위험 평가 범주 : 자연, 인간, 기술에 의해 발생된 재해 및 재난(Natural hazards, human-caused events and Technology-caused events)

(4) 사고 예방(Incident Prevention)

    ① 예방 전략 개발(Develop a Prevention Strategy)

    ② 전략을 모니터링하고 조정(Monitor and Adjust the Strategy)

(5) 완화(Mitigation)

(6) 자원 관리 및 물류

    ① 위험 또는 이벤트별(Hazard or Event Specific)

    ② 인력, 장비, 시설, 교육, 자금(Personnel, Equipment, Facilities, Training, Funding)

    ③ 지식, 시간 프레임(Knowledge, Time Frame)

    ④ 자원의 수량, 조달시간, 용량(Quantity, Response Time, Capability)

    ⑤ GAP 분석

(7) 상호 보조 / 지원

(8) 계획(Planning)

    ① 전략(비전, 미션, 목표 및 거래를 하는 목적)

    ② 위험과 기회(with Hazards and Opportunities)

    ③ 비상 운영/대응(Emergency Operations/Response)

    ④ 완화(중간 및 장기)

    ⑤ 운영의 연속성(단기 및 장기)

    ⑥ 복구(Recovery)

(9) 사고 관리(Incident Management)

    ① 직접 제어하는 기능 및 조정(Capability to Direct, Control, and Coordinate)

    ② 사고 관리 시스템(Incident Management System)

    ③ 각 기능의 역할 및 책임(Roles & Responsibilities for Each Function)

(10) 위기상황 전파 및 커뮤니케이션(Communications Warning)

    ① 경고 관리(Alerting Officials)

    ② 비상 대응(Emergency Response)

    ③ 조직(Teams, Those Affected)

    ④ 프로세스 및 절차 테스트 방법 개발(Develop, Test Protocols Processes, Procedures)

    ⑤ 검증(Ensure Interoperability)

(11) 운영 절차(Operational Procedures)

　① 표준 운영 절차　　　　　② 안정화 및 자산 보호
　③ 안전 및 보건　　　　　　④ 피해 평가 등의 상황 분석
　⑤ 경영 승계

(12) 시설(Facilities)

　① 기본 및 대체 비상 운영 센터(EOC ; Emergency Operations Centers)
　② 물리적, 가상적 시설 정의

(13) 교육(Training)

(14) 훈련, 평가 및 시정 조치(Exercises, Evaluations Corrective Action)

(15) 위기 커뮤니케이션 및 공공 정보(Crisis Communications Public Information)

　① 이해 관계자에게 정보 보급(Dissemination of Information to Stakeholder)
　② 재해 사전 사후 관리(Pre-disaster and Post-disaster)
　③ 공공 및 임직원 문화 확산 프로그램(Public and Employee Awareness Program)

(16) 재정 및 관리(Finance & Administration)

03 ISO 22301

1. 범위 및 목적

ISO 22301은 조직의 핵심 목표를 달성하기 위한 업무능력의 중단에 대비하여 조직의 탄력성(복구능력)을 사전에 개선하고 업무 중단 이후 합의된 시간 내에 합의된 수준으로 회사의 핵심 제품과 서비스 제공 능력을 복구하는 반복 훈련의 방법론을 갖는다. 또한 업무 중단을 관리하기 위한 입증된 능력을 갖추고 회사의 명성과 브랜드를 보호하는 목적을 가진다.

본 규격은 사업 연속성을 다양한 영역에서 접근하고 있으며, 복구계획이 필요한 프로세스들은 마케팅이나 고객관점의 이슈, 파트너사 관리, 법규 요구사항, 재무, 노무, IT 자산의 가용성에서부터 재해, 각종 사고까지 포함한다. Supply Chain 및 사무공간에서부터 데이터 백업과 관련된 기술적 복구에 이르기까지 다양한 영역을 포함하고 있다. 또한 내부감사, 경영 검토 및 지속적 개선 같은 모든 경영시스템에서 다루는 공통적인 요구사항들도 포함한다.

ISO 22301은 BS 25999-2를 교체한 것으로 이 두 표준은 다소 비슷하지만, ISO 22301은 BS 25999-2에서 개선된 표준으로 간주할 수 있다.

2. 적용 대상

사업 연속성의 개별 프로세스들은 조직의 규모, 구조나 책임에 따라 달라질 수 있다. 하지만 기본 원칙들은 규모나, 범위 또는 복잡성에 관계없이 자원봉사단체, 개인 또는 공공 부문 등 모든 조직에 대해 동일하게 적용된다.

ISO 22301 표준은 모든 비즈니스영역 및 모든 조직에 적용 가능하며, 특히 인프라, 금융, 에너지, 운송, 통신, 식품 및 공공 부문과 같이 위험도가 높은 환경에서 운영되는 기업에서는 중요도가 더 크다.

3. 주요 내용

1) Introduction 소개

① 일반 사항
② Plan-Do-Check-Act(PDCA) 모델
③ 국제표준의 PDCA 구성 요소

▼ ISO 22301의 주요 내용

Plan	조직의 상황	조직 및 조직의 상황 이해	
		이해당사자의 니즈 및 기대 이해	일반사항
			법률 및 규제 요구사항
		사업연속성 관리시스템의 적용범위 결정	일반사항
			BCMS의 적용범위
		사업연속성 관리체계(BCMS)	
	리더십	리더십 및 의지표명	
		경영자 의지표명	
		방침	
		조직의 역할, 책임 및 권한	
	기획	리스크 및 기회를 다루는 조치	
		사업/업무연속성 목표 및 목표를 달성하기 위한 기획	
	지원	자원	
		역량	
		인지	

Plan	지원	의사소통	
		문서화된 정보	일반사항
			생성 및 업데이트
			문서화된 정보에 대한 통제
Do	운영	운용 기획 및 통제	
		비즈니스 영향 분석 및 리스크 평가	일반사항
			업무영향분석
			리스크 평가
		사업연속성 전략	결정 및 선택
			자원 요구사항 결정
			보호 및 완화
		사업/업무연속성 절차 수립 및 실행	일반사항
			사고대응구조
			경보 및 의사소통
			사업/업무연속성 계획
			복구
		연습 및 시험실시	
Check	성과 평가	모니터링, 측정, 분석 및 평가	일반사항
			사업연속성 절차에 대한 평가
		내부 심사	
		경영 검토	
Act	개선	부적합 및 시정조치	
		지속적 개선	

04 기업재해경감활동 제도

01 개요

기업재해경감활동 제도의 기본 이념은 태풍, 집중호우, 각종 자연·사회 재난 발생 시에도 기업 활동이 중단되지 않아야 한다는 것이다. 기업의 재해경감활동이 활성화된다면 국가 전체의 재난관리 능력이 함양될 수 있다. 중소기업은 자연재해 등의 재난에 취약한 구조이며, 재난 대비의 중요성을 인식하면서도 재무구조가 열악하며 투자효과가 불명확하다. 특히 재난으로 인한 기업의 피해는 국가 경제 및 사회에 막대한 피해를 입히기 때문에 기업재해경감 활동 제도의 제정은 중요하다.

02 관계법률 제·개정 추진경위

1) 「재해경감을 위한 기업의 자율활동 지원에 관한 법률」 제정(2007.7.19.)
2) 「재해경감을 위한 기업의 자율활동 지원에 관한 법률」 타법개정(2008.2.29.)
3) 「재해경감을 위한 기업의 자율활동 지원에 관한 법률」 시행규칙 제정(2008.9.11.)
4) 「재해경감을 위한 기업의 자율활동 지원에 관한 법률」 시행령 타법개정(2008.12.31.)
5) 「재해경감을 위한 기업의 자율활동 지원에 관한 법률」 시행령 일부개정(2009.4.21.)
6) 「재해경감을 위한 기업의 자율활동 지원에 관한 법률」 타법개정(2009.5.21.)
7) 「재해경감을 위한 기업의 자율활동 지원에 관한 법률」 시행령 타법개정(2009.11.20.)
8) 「재해경감을 위한 기업의 자율활동 지원에 관한 법률」 일부개정(2010.3.31.)
   기업 재해경감활동 대상범위를 "자연재난"에서 "모든 재난"으로 확대
9) 기업재난관리표준 제정(2010.4.2.)
10) 「재해경감을 위한 기업의 자율활동 지원에 관한 법률」 시행령 일부개정(2010.7.9.)

11) 「재해경감을 위한 기업의 자율활동 지원에 관한 법률」 시행규칙 일부개정(2010.7.9.)
12) 기업재해경감활동계획 수립기준 제정(2011.3.24.)
13) 「재해경감을 위한 기업의 자율활동 지원에 관한 법률」 타법개정(2011.8.4.)
14) 기업재해경감활동계획 전문인력 교육운영규정 제정(2011.11.4.)
15) 기업재해경감활동계획 전문인력 교육운영규정 일부개정(2012.6.19.)
16) 「재해경감을 위한 기업의 자율활동 지원에 관한 법률」 타법개정(2013.3.23.)
17) 「재해경감을 위한 기업의 자율활동 지원에 관한 법률」 시행령 타법개정(2013.3.23.)
18) 「재해경감을 위한 기업의 자율활동 지원에 관한 법률」 타법개정(2013.8.6.)
19) 기업재난관리표준 전부개정(2013.12.9.) : ISO 22301 반영
20) 기업재난관리 특성화대학원 선정 및 운영에 관한 규정 제정(2014.3.10.)
21) 「재해경감을 위한 기업의 자율활동 지원에 관한 법률」 시행령 일부개정(2014.4.29.)
22) 「재해경감을 위한 기업의 자율활동 지원에 관한 법률」 시행령 타법개정(2014.8.6.)
23) 기업재해경감활동계획 전문인력 교육운영규정 일부개정(2014.10.30.)
24) 기업재난관리 특성화대학원 선정 및 운영에 관한 규정 일부개정(2014.10.30.)
25) 기업재난관리표준 일부개정(2014.11.17.)
26) 기업재해경감활동계획 수립기준 전부개정(2014.11.17.)
27) 「재해경감을 위한 기업의 자율활동 지원에 관한 법률」 타법개정(2014.11.19.)
28) 「재해경감을 위한 기업의 자율활동 지원에 관한 법률」 시행령 타법개정(2014.11.19.)
29) 「재해경감을 위한 기업의 자율활동 지원에 관한 법률」 시행규칙 타법개정(2014.11.19.)
30) 「재해경감을 위한 기업의 자율활동 지원에 관한 법률」 시행령 타법개정(2014.12.9.)
31) 재해경감 우수기업 인증 등에 관한 운영규정 제정(2014.12.31.)
32) 기업재해경감활동계획 전문인력 교육운영규정 타법개정(2015.1.6.)
33) 기업재난관리 특성화대학원 선정 및 운영에 관한 규정 타법개정(2015.1.6.)
34) 「재해경감을 위한 기업의 자율활동 지원에 관한 법률」 일부개정(2015.7.20.)
35) 기업재해경감활동계획 전문인력 교육운영규정 일부개정(2015.10.30.)
36) 「재해경감을 위한 기업의 자율활동 지원에 관한 법률」 시행령 일부개정(2016.1.19.)
37) 「재해경감을 위한 기업의 자율활동 지원에 관한 법률」 시행규칙 타법개정(2016.1.27.)
38) 「재해경감을 위한 기업의 자율활동 지원에 관한 법률」 시행규칙 일부개정(2016.2.15.)
39) 「재해경감을 위한 기업의 자율활동 지원에 관한 법률」 타법개정(2016.3.29.)
40) 「재해경감을 위한 기업의 자율활동 지원에 관한 법률」 일부개정(2016.5.29.)
41) 「재해경감을 위한 기업의 자율활동 지원에 관한 법률」 시행령 타법개정(2016.5.31.)
42) 기업재난관리표준 일부개정(2016.6.30.)

43) 기업재해경감활동계획 수립기준 일부개정(2016.6.30.)
44) 「재해경감을 위한 기업의 자율활동 지원에 관한 법률」 시행령 타법개정(2016.9.29.)
45) 「재해경감을 위한 기업의 자율활동 지원에 관한 법률」 시행령 일부개정(2016.11.29.)
46) 「재해경감을 위한 기업의 자율활동 지원에 관한 법률」 시행규칙 일부개정(2017.1.17.)
47) 기업재해경감활동계획 전문인력 교육운영규정 일부개정(2017.7.18.)
48) 기업재난관리 특성화대학원 선정 및 운영에 관한 규정 일부개정(2017.7.18.)
49) 재해경감 우수기업 인증 등에 관한 운영규정 일부개정(2017.7.18.)
50) 「재해경감을 위한 기업의 자율활동 지원에 관한 법률」 타법개정(2017.7.26.)
51) 「재해경감을 위한 기업의 자율활동 지원에 관한 법률」 시행령 타법개정(2017.7.26.)
52) 「재해경감을 위한 기업의 자율활동 지원에 관한 법률」 시행규칙 타법개정(2017.7.26.)
53) 기업재난관리표준 타법개정(2017.7.26.)
54) 기업재해경감활동계획 수립기준 타법개정(2017.7.26.)
55) 기업재해경감활동계획 전문인력 교육운영규정 타법개정(2017.7.26.)
56) 기업재난관리 특성화대학원 선정 및 운영에 관한 규정 타법개정(2017.7.26.)
57) 재해경감 우수기업 인증 등에 관한 운영규정 타법개정(2017.7.26.)
58) 「재해경감을 위한 기업의 자율활동 지원에 관한 법률」 시행규칙 일부개정(2017.10.27.)
59) 재해경감 우수기업 인증 등에 관한 운영규정 일부개정(2017.12.26.)
60) 「재해경감을 위한 기업의 자율활동 지원에 관한 법률」 일부개정(2018.6.12.)
61) 「재해경감을 위한 기업의 자율활동 지원에 관한 법률」 일부개정(2018.10.16.)
62) 「재해경감을 위한 기업의 자율활동 지원에 관한 법률」 타법개정(2018.12.31.)
63) 「재해경감을 위한 기업의 자율활동 지원에 관한 법률」 시행령 타법개정(2020.3.3.)
64) 「재해경감을 위한 기업의 자율활동 지원에 관한 법률」 시행령 타법개정(2021.1.5.)
65) 「재해경감을 위한 기업의 자율활동 지원에 관한 법률」 타법개정(2021.1.12.)
66) 「재해경감을 위한 기업의 자율활동 지원에 관한 법률」 시행령 타법개정(2021.4.6.)

03 기업재해경감활동체계

기업의 재해경감활동체계를 위한 사업연속성 관리는 1970년대 후반 미국 기업에서 재해복구사이트가 운영되기 시작하면서 그 개념이 도입되기 시작하였다. 이는 제3자 컨설팅에 대한 수요를 촉진시켰다. 이러한 컨설팅 사업은 초기에는 데이터 처리와 IT에 초점을 맞추고 자연히 기술적인 면에 치중되어 있었다.

> ▶ **사업연속성 관리(Business Continuity Management)]**
> 조직에 대한 잠재적 위협과 그 위협이 출현하였을 때 조직 운영에 미치는 영향을 식별하고 조직의 중요 이해관계자의 이익, 명성, 브랜드와 가치 창조활동을 안전하게 보호하는 효과적인 대응역량으로 조직의 탄력성(복원력)을 수립하는 프레임워크를 제공하기 위한 총체적 관리 프로세스(국제표준 ISO 22301 : 2012(E))

사업연속성 관리의 초기 개념으로 90년대 초 재해복구계획(DRP)이 있다. 그러나 이 개념만으로는 최고경영자에게 가능성이 낮은 위험요소에 투자를 하도록 납득시키는 것은 어렵기 때문에 비즈니스와 업무의 중단으로 인해 발생하는 영향을 분석하는 방법론의 개념을 도입하게 되었다.

> ▶ **재해복구계획(Disaster Recovery Plan)**
> 기업의 주 전산센터 또는 실제 User Site에 재해가 발생하였을 때, 최단 시간 내에 복구하여 정상적인 기업 활동을 가능하게 하기 위하여 시스템을 구축하고 비상 운영할 수 있는 복구계획을 수립하는 프로세스 체계

사업연속성 관리체계(BCMS)는 정책 및 프로그램 단계, 사업연속성 내재화 단계, 분석 단계, 설계 단계, 이행 단계, 유효성 검증단계의 6가지의 논리적인 수행단계로 나누어져 있다. 각 단계별 세부내용은 다음과 같다.

1. BCM 정책 및 프로그램 관리 단계

BCM 정책은 BCM 프로그램의 범위, 지배구조(Governance)를 정하는 주요 문서이며, BCM 팀이 조직의 사업연속성 확보를 위해 필요한 역량을 구현하는 근거 또는 배경(Context)을 제공한다.
조직이 BCM을 도입하는 시점에서 BCM 정책을 갖고 있지 못하거나, 이러한 문서를 만들어야 하는 이유를 이해하지 못하는 경우에는 아래에 기술된 주요 단계의 업무 수행을 통해 정책 수립을 이끌어 내야 한다.

1) 전략적 레벨

전략적 레벨은 의사결정이 이루어지고 정책이 결정되는 레벨이다. 조직은 조직의 목적에 관련되어 있으며 조직의 BCMS에 대한 예상된 결과를 달성하기 위한 능력에 영향을 주는 외부 및 내부의 문제점들을 결정하여야 한다. 또한 조직의 사업연속성 정책은 조직이 무엇을 보호하려는지 그리고 그 정책이, 조직이 현실적으로 살아남을 수 있는 최대한도의 피해, 손실 및 업무중단의 크기에 대해 설계하였는지의 관점에서 BCMS 범위를 포함해야 한다. 마지막으로 BCM 프로그램은 적정 자원 및 자금이 공급되어야 한다.

2) 전술적 레벨

전술적 레벨은 수행되는 업무가 조정되고 관리되는 레벨이다. 이 단계에서는 사업연속성의 실행을 성공적으로 완수하는 것이 목표지만, 궁극적인 목적은 조직의 복원능력을 향상시키는 것이다. 따라서 역할 및 책임 부여를 통해 BCM 프로그램을 책임지고 관리할 역량을 지닌 적절한 담당자를 임명하여 지속적인 사업연속성 관리를 위한 프로그램 관리를 수행한다. 또한 아웃소싱 업체에 대한 사업연속성 관련 조치 계획을 진행해야 한다. 이후 프로그램 관리에 대한 BCM 관련 문서를 관리해야 하는데, 문서는 일관성을 유지하면서 이해하기 쉬워야 하며 운영목적과 감사/검토 목적에 모두 적합한 수준으로 작성되어야 한다.

3) 수행 레벨

수행 레벨은 활동에 대한 책임이 부여되는 레벨이다. 각 조직은 그들의 사업연속성 이행에 요구되는 바에 대해 어떠한 방법으로 활동을 수행할지 결정해야 한다. 이러한 방법은 기초적인 가이드라인부터 사업연속성 정책에서 정의된 표준에 기초한 공식적인 방법까지 포함된다.

2. 사업연속성 내재화 단계

BCM 정책과 프로그램 관리 단계의 결과로써 지속적으로 이루어지는 활동 중 하나이다. 이 활동은 사업연속성을 일상적인 비즈니스 활동과 조직 문화에 통합시키려는 목표를 가지고 지속적으로 추구한다. 또한 이 활동은 사업연속성에만 국한된 것이 아니라, 다른 규범 역시 유사한 방법으로 조직에 내재화되어야 한다. 사업연속성 내재화는 조직 내에서 성공적인 사업연속성 구축은 업무 우선순위와 조직 문화에 맞춰 조정되는 것만 아니라 조직의 전략적이고 일상적인 관리를 어떻게 하느냐에 따라 융합 여부가 달려 있다. 사업연속성 내재화는 다음의 내용을 포함한다.

① 사업연속성과 관련된 작업을 수행하는 모든 직급의 개인들은 그 역할에 맞는 숙련도를 갖추어야 한다.
② BCM 프로그램에서 각 역할에 대한 필요 스킬과 목표 숙련도 수준이 인식되어야 한다.
③ 역할이 부여된 개개인은 그 후 본인의 역할에 대한 현재 숙련도를 평가받고 그에 따라 필요한 훈련이 식별되어야 한다.
④ 사업연속성에 대한 현재의 인식 수준을 확인하고, 조직의 지식수준을 높이도록 인식 캠페인을 관리한다.

3. 분석 단계

1) 업무영향분석(BIA)

업무영향분석(BIA ; Business Impact Analysis)은 회사의 '수익성 강화와 건전성 확보' 및 '성장기조 유지와 최상의 서비스 제공'을 통한 회사 입지를 확고히 하는 것을 목적으로 한다. 이는 재해, 재난 등으로 인한 회사의 업무중단 상황에서 사업연속성을 확보하기 위해 우선적으로 복구되어야 하는 회사의 핵심업무를 도출 및 규명하고, 복구 필요자원을 산정하는 사업연속성 체제 구축을 위한 활동이며, 사업연속성계획(BCP) 대상 단위업무 및 업무분류 기준을 정의하고, 정성적/정량적 영향분석을 통한 단위업무의 복구우선순위와 복구목표시간(RTO ; Recovery Time Objective) 정의, 그리고 복구 필요 인력 및 자원을 산정하는 활동이다.

수행 목적은 다음과 같다.
① 정성적 · 정량적 영향 분석을 통한 사업연속성 계획 핵심업무 도출
② 업무 복구 전략 및 계획 수립 자원 정보 제공

업무영향분석의 수행절차는 일반적으로 사업연속성 계획 대상 단위업무 정의 및 업무분류 기준 정의, 정성적 · 정량적 영향 분석, 업무연관성 · 전략적 고려사항 반영 및 복구 필요인력, 자원 산정의 절차로 수행된다.

2) 위험평가(Risk Assessment)

위험평가(RA ; Risk Assessment)는 조직 내외부 환경에 존재하는 취약요인을 정의 및 식별하고, 각 요인에 대한 취약성으로 인한 재해/재난 발생 가능성과 영향도를 사전에 분석하여 위험에 대한 대응방안을 수립하는 것을 목적으로 하며, 재해/재난 발생 시 피해를 억제하기 위한 절차를 따른다.

일반적으로 위험평가는 예상되는 대상재해 중 업무 중단과 관련성이 적은 재해를 제외한 사업연속성 계획 관련 재해를 피해형태 및 대응체계 유사성을 기준으로 대표 그룹화한 재해 범위를 재검토한 후 보완을 실시한다.

위험평가는 1) 취약요인의 정의, 2) 재해 유발 가능한 BCP 재해 식별, 3) 분석 기준 마련 및 평가 방법론 선정, 4) 자료수집 및 현장실사, 분석 및 평가, 5) 결과도출의 절차로 수행한다.

4. 설계단계

설계단계는 사업연속성 전략(Business Continuity Strategy)을 수립하는 단계로 볼 수 있는데, 사업연속성 전략은 업무중단으로부터 연속성과 복구를 어떻게 가능하게 할 것인지를 결정하기 위한 전략과 전술을 식별하고 선택하는 것을 의미한다.

사업연속성 전략은 기본적으로 정책과 프로그램 관리 단계에서 만들어진 결정사항과 업무영향분석 등을 활용해야 하며, 사업연속성 전략 수립 시 정의되어야 하는 내용은 1. 결정 및 선택, 2. 자원 요구사항 수립, 3. 보호 및 완화이다. 세부내용은 다음과 같다.

1) 결정 및 선택

우선순위 활동의 보호, 우선순위 활동들과 이들이 의존하는 것 및 이들을 지원하는 자원들의 안정화, 연속성 부여, 재개 및 복구, 영향의 완화, 대응 및 관리를 위해 전략을 수립해야 한다.

2) 자원 요구사항 수립

고려되는 자원의 유형은 인력, 정보 및 데이터, 건물, 사업장 환경 및 관련 유틸리티, 시설, 장비 및 소모품, 정보 및 통신시스템, 운송, 재무, 파트너 및 협력업체 등을 포함하되 한정하지는 않는다.

3) 보호 및 완화

중단 발생 가능성 축소, 중단 기간 축소, 조직의 주요 업무에 대한 중단영향 제한과 같은 사전대책을 고려해야 한다. 조직의 리스크 성향에 적합하게 적절한 리스크 대응방안을 선택하고 시행해야 한다.

5. 이행단계

이행단계는 중단 사고를 관리하는 조직 지원을 지원하는 데 필요한 우선권, 절차, 책임, 자원들을 식별하고 문서화하는 단계이다. 사업연속성 확보계획(Business Continuity Plan)은 이 단계에 해당되며, 기업재난관리 표준에서는 '재난 또는 업무중단 사고 발생 시 사전 합의되고 수용 가능한 수준으로 핵심업무를 재개하기 위해 개발, 편집 및 유지관리되어야 하는 즉시 사용 가능한 문서화된 절차와 정보의 집합'으로 규정하고 있으며, ISO 22301에서는 '조직으로 하여금 중단사고에 따라 사전에 정의된 업무 수준에 준하여 대응, 복구, 재개 및 복원을 할 수 있도록 설명된 문서화된 절차'로 규정하고 있다.

사업연속성 확보계획이란 재해경감활동관리체계(BCMS) 범위에 따른 모든 요구 사항을 포함하여 단일한 문서 형태로 존재할 수도 있고 다양한 절차서들의 집합으로 구성될 수도 있다. 그러나 내용적인 면에서는 공통적으로 모든 각각의 문서화된 절차는 목적, 범위 및 목표가 명확하게 정의되어야 하고 참여하는 인원들이 효과적으로 사용할 수 있도록 이해 가능해야 한다.

기업재난관리표준 및 ISO 22301에 의하면 사업연속성 확보계획을 이용할 인원과 팀의 역할, 책임 및 권한 등이 명확하게 정의되어야 하며(역할 및 책임), 각각의 문서화된 절차서에는 업무 중단을 초래할 수 있는 사고에 대해 조직이 대응하도록 하는 프로세스와 그것의 실행 조건 및 절차가 포함되어야 한다(계획의 발동 및 복귀).

각각의 재난(사고) 관리와 관련한 문서화된 절차에는 조직이 사전에 예정한 시간 일정 내에서 우선 순위의 활동들을 유지 또는 복구하는 데 필요한 조치 및 과제 등을 확인하는 실행 절차 등을 포함한다(재난 관리). 그리고 각 절차서에는 인원의 역할 책임과 함께 팀원 및 기타 인원의 연락 정보를 포함해야 하며(각 문서 절차 내의 비상연락망), 조직이 어떠한 상황에서 누구와 어떻게 연락할 것인가에 대한 계획 및 직원, 직원의 가족, 주요한 이해관계자 및 긴급 연락처 등과의 의사소통 계획을 마련해야 한다(의사소통).

6. 유효성 검증단계

재해 발생 시 사업연속성 확보계획의 실효성 검증을 위한 수단은 모의훈련이다. 모의훈련은 일반적으로 재해 발생에 대비하여 사전에 재해 시나리오, BCP 조직, 대체사업장 등을 정의하고 부여된 과제를 수행함으로써 작성된 BCP 계획의 실행 가능성을 점검하고, 그 결과를 검토한 뒤 개선해 나가는 것을 의미한다. 또한 BCP 계획서의 범위 내에서 참가자가 모의훈련을 통해 사전에 초기 비상대응과 업무복구를 수행하여 자연스럽게 위기 대처능력을 습득하고 개선해 나가는 것을 포함한다.

모의훈련을 통한 기대 효과는 다음과 같다.
① 비상대응계획 및 업무복구계획 절차에 따라 훈련함으로써 사업연속성 확보계획(BCP)의 효율성 제고
② 재해, 위기상황 발생 시 업무 담당자 대응 능력 향상
③ 운영 조직의 비상 대응능력 배양 및 숙련도 향상
④ 고객의 신뢰도 향상
⑤ 수립된 사업연속성 확보계획(BCP)의 미비사항, 결함 등의 개선점 파악

05 재해경감 우수기업

01 개요

기업은 국가가 제정한 재난관리 표준에 따라 재해를 경감할 수 있는 활동계획을 수립하고 이행하도록 추진한다. 우수기업으로 인증받기 위해서는 기술인력의 확보 등 대통령령으로 정하는 요건을 갖춘 재해경감활동수립 대행자로부터 재해를 경감할 수 있는 재해경감활동계획을 수립하고 계획에 의한 재난관리체계를 확립해야 한다. 재해경감 활동계획은 재난관리조직의 구성, 재난위험요인의 분류 및 평가, 상호원조 협약, 위기 관리체계 확립, 전략·대응·경감·복구 프로그램·교육·훈련 전개 등의 내용이 포함되어야 한다.(재해경감을 위한 기업의 자율활동 지원에 관한 법률 제11조 재해경감활동계획 수립)

02 인증평가 기준

재해경감을 위한 기업의 자율활동 지원에 관한 법률 시행령 제5조(우수기업 평가기준)에 의하면 우수기업 평가기준은 다음과 같다.
① 재난관리 전담조직을 갖출 것
② 기업 종사자 등에게 적절한 재난관리 교육을 실시할 것
③ 법 제26조(재해경감활동 비용의 충당 등)에 따른 재해경감활동 비용을 충분히 충당할 것
④ 방재에 관한 적절한 협력체계를 구축할 것
⑤ 기업 생산설비 및 종사자 등에 대한 적절한 재난위험 및 취약성 검토·분석을 실시할 것
⑥ 그 밖에 행정안전부장관이 정하는 우수기업 평가기준에 적합할 것

기업재난관리표준에 의한 재해경감 우수기업 인증·평가 기준은 다음 표와 같다.

▼ 재해경감 우수기업 인증·평가 기준

평가분야	평가항목	세부 평가항목
1. 재해경감활동 관리체계 기획	1.1 기업 경영현황 이해	1.1.1 기업 경영현황 분석
		1.1.2 이해관계자 및 법적, 제도적 요구사항
		1.1.3 리스크와 기회의 식별
	1.2 재해경감활동체계의 범위 설정	
	1.3 재해경감활동관리체계	
	1.4 리더십	1.4.1 최고관리자의 책무
		1.4.2 정책
		1.4.3 최고관리자의 역할, 책임 및 권한
		1.4.4 재해경감활동 조직체계 구성
	1.5 운영 지원	1.5.1 자원
		1.5.2 수행능력
		1.5.3 인지
		1.5.4 의사소통
		1.5.5 문서화된 정보
2. 목표달성 계획 수립	2.1 목표 설정	
	2.2 목표 달성 계획	
3. 운영 및 실행	3.1 운영계획 및 통제관리	
	3.2 업무영향 분석	
	3.3 리스크 평가	
	3.4 사업연속성 전략 수립	3.4.1 전략 결정 및 선택
		3.4.2 소요자원 파악
		3.4.3 경감계획
		3.4.4 2차 피해 방지
		3.4.5 재무관리
	3.5 재해경감활동 절차 및 계획 수립, 실행	3.5.1 재난(사고)대응체계
		3.5.2 경보 및 의사소통
		3.5.3 대응 및 사업연속성 확보계획
		3.5.4 복구계획
4. 교육 및 훈련	4.1 교육 프로그램 개발 및 운영	
	4.2 연습 및 훈련 평가	4.2.1 연습과 시험
5. 수행평가	5.1 모니터링, 측정, 분석 및 평가	
	5.2 재해경감활동 평가	
	5.3 내부감사	
	5.4 경영진 검토	
6. 개선	6.1 부적합사항 및 시정조치	
	6.2 지속적 개선	

03 인증평가 절차

인증평가는 신청, 접수, 평가, 인증서 발급, 인증관리의 절차로 진행된다. 기업의 재해경감 활동계획 등에 대한 조사·분석 및 평가는 다음 중 어느 하나에 해당할 때 시행한다.
① 재난관리와 관련된 법령이 제정·개정되거나 국제표준이 제정·개정되어 재난관리표준을 개정할 필요가 있을 때
② 대형재난 등의 발생으로 기업의 재해경감활동 등이 강화될 필요가 있다고 판단되는 때
③ 그 밖에 행정안전부장관이 기업의 재해경감활동계획 등에 대한 조사가 필요하다고 판단하는 때

재해경감 우수기업으로 인증받고자 하는 기업은 행정안전부장관에게 신청한다. 행정안전부장관은 신청한 기업의 재해경감활동에 대하여 평가를 실시하고 우수기업 인증서를 발급한다. 행정안전부장관은 인증대행기관을 지정하여 우수기업 인증을 효율적으로 추진한다. 조사는 서면조사를 원칙으로 하며, 다만 현장 확인이 필요한 경우 현지조사를 실시할 수 있다. 행정안전부장관은 조사를 실시할 때에는 사전에 조사 대상, 조사 내용 등을 대상기업에 서면으로 통지한다. 평가 및 인증서 발급에 소요되는 비용은 신청하는 자가 부담한다. 거짓이나 그 밖의 부정한 방법으로 인증을 받은 경우나 인증평가기준에 미달되는 경우, 양도·양수·합병 등에 의하여 인증받은 요건이 변경된 경우에는 우수기업 인증을 취소한다.

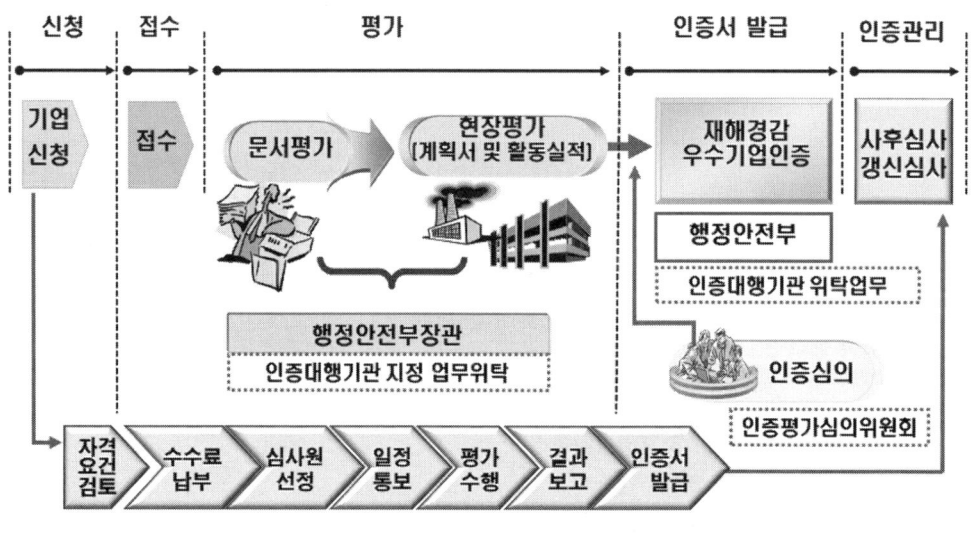

∥ 인증평가의 절차 ∥

06 우수기업지원체계

01 개요

재해경감 우수기업으로 인증을 받고자 하는 자는 재해경감 우수기업 인증신청서에 사업자 등록증 등 인증신청에 필요한 서류를 첨부하여 행정안전부장관에게 제출한다. 행정안전부장관은 재해경감 우수기업 인증기관을 지정·설립하여 자연재해 경감활동계획 수립 및 이행 등의 인증을 위한 평가를 실시하고, 그 결과를 토대로 재해경감 우수기업 인증서를 발급한다. 재해경감 우수기업 인증기업은 국가가 지원하는 각종 인센티브 혜택을 받을 수 있도록 제도화하여 기업이 자율적으로 자연재해 경감 활동에 참여하도록 유도한다.(재해경감을 위한 기업의 자율활동 지원에 관한 법률 제7조 재해경감활동에 대한 인증 등)

우수기업지원체계 법안으로 인한 기대효과는 재해경감 우수기업을 지속적으로 육성함으로써 기업의 재해경감활동 활성화를 통한 국가재난관리 역량이 강화될 수 있으며, 기업의 재난 발생 전 재해경감활동이 활성화되어 자연재해로 인한 기업종사자 및 생산설비 등에 대한 인명·재산·기반시설 폐해 등 경제적 손실이 경감된다. 또한 재해경감 우수기업에 대한 고객 이미지 제고 및 기업의 사업연속성 확보를 통한 기업의 가치가 향상되며 기업 재난관리체계의 연구개발사업 및 관련 사업의 육성으로 고용 창출이 기대된다.

02 주요 지원내용

1. 가산점 부여(재해경감을 위한 기업의 자율활동 지원에 관한 법률 제19조)

행정안전부장관은 「중소기업진흥에 관한 법률」 제2조 제2호에 따른 공공기관이 자금 등을 지원하고자 할 때에는 우수기업에 대하여 가산점 부여 등 필요한 조치를 요청할 수 있다. 또한 우수기업이 「재난 및 안전 관리기본법」 제3조 제5호에 따른 재난관리책임기관(이하 "책임기관"이라 한다.)에서 발주하는 물품구매·시설공사·용역 등의 사업에 대하여 입찰 참여를 하는 경우에는 가산점 부여 등 필요한 조치를 요청할 수 있다.

> ▶ 가산점 부여
> 1. 공공기관이 중소기업 정책자금 지원 대상업체를 선정·심사하는 경우의 가점
> 2. 책임기관에서 발주하는 물품조달·시설공사·용역의 적격심사를 하는 경우 신인도 평가에서의 가점
> 3. 그 밖에 공공기관이 자금지원을 하는 경우 필요하다고 인정하여 대통령령으로 정하는 가점

2. 보험료 할인(재해경감을 위한 기업의 자율활동 지원에 관한 법률 제20조)

기업의 재난 관련 보험운영기관은 우수기업에 대한 재난 관련 보험계약을 체결하는 경우 보험료율을 차등 적용할 수 있다. 보험운영기관이 보험료율을 차등 적용하고자 할 때에는 재난위험에 대비한 투자액 등 대통령령으로 정하는 사항을 고려한다.

> ▶ 고려사항
> 1. 재난위험에 대비한 기업시설물 또는 종사자 등에 대한 기업의 재해경감활동에 관한 사항
> 2. 재해경감활동을 위한 방재투자 규모
> 3. 그 밖에 기업의 재해경감활동과 관련하여 소방방재청장이 정하여 고시하는 사항

보험운영기관은 제1항에 따라 보험료율 차등 적용 여부를 결정할 때 필요한 경우 행정안전부장관이나 특별시장·광역시장·특별자치시장·도지사·특별자치도지사 또는 시장·군수·구청장에게 검토에 필요한 자료를 요청한다.

3. 세제지원(재해경감을 위한 기업의 자율활동 지원에 관한 법률 제21조)

국가 및 지방자치단체는 기업의 재해경감활동을 촉진하기 위하여 우수기업에 대하여 「조세특례제한법」 또는 「지방세특례제한법」 등 조세 관련 법률로 정하는 바에 따라 세제상의 지원을 할 수 있다.

4. 자금지원 우대(재해경감을 위한 기업의 자율활동 지원에 관한 법률 제22조)

국가 및 지방자치단체는 중소기업에 대한 자금을 지원함에 있어서 우수기업을 우대한다. 국가 및 지방자치단체는 우수기업의 재해경감활동에 필요한 자금의 원활한 조달을 위하여 「신용보증기금법」에 따른 신용보증기금, 「기술보증기금법」에 따른 기술보증기금 및 「지역신용보증재단법」 제9조에 따라 설립한 신용보증재단으로 하여금 우수기업을 대상으로 하는 보증제도를 수립·운용하도록 할 수 있다.

5. 재해경감 설비자금 등의 지원(재해경감을 위한 기업의 자율활동 지원에 관한 법률 제23조)

국가 및 지방자치단체는 기업이 재해경감활동에 필요한 시설의 설치·개선, 설비의 개체(改替) 및 신·증설투자사업에 대하여 다음 각 호의 기금·회계 또는 자금에서 필요한 지원을 할 수 있다.

> ▶ 자금 지원
> 1. 「중소기업진흥에 관한 법률」 제63조에 따른 중소벤처기업창업 및 진흥기금
> 2. 「한국산업은행법」에 따른 한국산업은행의 설비투자지원 관련 자금
> 3. 그 밖에 대통령령으로 정하는 기금·회계 또는 자금

행정안전부장관은 재해경감 설비자금 등에 관하여 필요한 협조를 관계 기관의 장에게 요청할 수 있다.

07 기능연속성계획(COOP)

01 개요

기능연속성계획(COOP ; Continuity Of Operation Plan)이란 재난관리책임기관이 다양한 위기상황에서 기관의 핵심기능을 지속할 수 있도록 수립하여 이행하는 것을 말하며 목적은 다음과 같다.
① 재난 등으로 인한 핵심 기능의 피해 최소화 및 신속한 복구
② 핵심기능 식별, 소요자원 분석, 연속성을 위한 절차 등 마련
③ 실효성 있는 계획을 위한 주기적인 교육·훈련 및 개선

이는 위기상황의 외부적 대응이 아니라 재난관리책임기관이 재난 및 기관 내부사정으로 인해 피해를 입더라도 핵심기능을 중단하지 않고 지속적으로 수행하는 것이다.

02 법적 근거 및 대상

재난관리에 대한 정부 정책이 예방·대비·대응에서 복구 중심의 연속성확보 체계로 전환되고 있으며, 재난관리책임기관의 경우 재난 및 안전관리 기본법 제25조의 2(재난관리책임기관의 장의 재난예방조치 등)에 의해 기능연속성계획의 수립이 의무화되었다.

> ▶ 「재난 및 안전관리 기본법」 제3조5호(정의)에 따른 재난관리책임기관
> 1. 중앙행정기관(본부, 1차 소속기관, 2차 소속기관 일부)
> 2. 지방자치단체(시도, 시군구, 상·하수도 등 일상생활 기반사업 사업소)
> 3. 재난안전법 시행령 별표 1의2의 지방행정기관·공공기관 등

특히, 재난 발생 시 업무 민감도가 높고 국민을 대상으로 공공서비스를 제공하는 지방자치단체의 경우 기능연속성계획을 우선적으로 수립하도록 요구하고 있다.

이에 따라 2021년 3월부터 시범 사례인 충청남도, 광주광역시, 대전광역시 유성구, 천안시, 해남군을 시작으로 전국 226개 광역 및 기초 지방자치단체가 기능연속성계획을 수립하기 시작하였다.

행정안전부장관은 지방자치단체의 기능연속성계획 이행실태를 정기적으로 점검하고, 그 결과를 제33조의 2에 따른 재난관리체계 등에 대한 평가에 반영할 수 있다.

> ▶ 「재난 및 안전관리 기본법」 제25조의 2(재난관리책임기관의 장의 재난예방조치 등) 제5항 내지 제7항
> 1. 재난관리책임기관의 장은 재난상황에서 해당 기관의 핵심기능을 유지하는 데 필요한 계획(이하 "기능연속성계획"이라 한다)을 수립·시행하여야 한다.
> 2. 행정안전부장관은 재난관리책임기관의 기능연속성계획 이행실태를 정기적으로 점검하고, 그 결과를 제33조의2에 따른 재난관리체계 등에 대한 평가에 반영할 수 있다.
> 3. 기능연속성계획에 포함되어야 할 사항 및 계획수립의 절차 등은 대통령령으로 정한다.

> ▶ 「재난 및 안전관리 기본법」 제33조의 2(재난관리체계 등에 대한 평가 등) 제1항
> 1. 대규모재난의 발생에 대비한 단계별 예방·대응 및 복구과정
> 2. 제25조의2제1항제1호에 따른 재난에 대응할 조직의 구성 및 정비 실태
> 3. 제25조의2제4항에 따른 안전관리체계 및 안전관리규정
> 4. 제68조에 따른 재난관리기금의 운용 현황

03 주요 내용 및 절차

행정안전부장관은 재난상황에서 각 재난관리책임기관의 핵심기능을 유지하는 데 필요한 계획(이하 "기능연속성계획"이라 한다)의 수립을 위한 지침을 작성하여 재난관리책임기관의 장에게 통보하여야 한다.

기능연속성계획의 수립을 위한 지침을 통보받은 관계 중앙행정기관의 장 및 시·도지사는 소관 업무 또는 관할 지역의 특수성을 반영한 지침을 작성하여 관계 재난관리책임기관의 장 및 관할 지역의 재난관리책임기관의 장에게 각각 통보할 수 있다.

기능연속성계획에 포함되어야 할 사항은 다음과 같다.
① 재난관리책임기관의 핵심기능의 선정과 우선순위에 관한 사항
② 재난상황에서 핵심기능을 유지하기 위한 의사결정권자 지정 및 그 권한의 대행에 관한 사항
③ 핵심기능의 유지를 위한 대체시설, 장비 등의 확보에 관한 사항
④ 재난상황에서의 소속 직원의 활동계획 등 기능연속성계획의 구체적인 시행절차에 관한 사항
⑤ 소속 직원 등에 대한 기능연속성계획의 교육·훈련에 관한 사항
⑥ 그 밖에 재난관리책임기관의 장이 재난상황에서 해당 기관의 핵심기능을 유지하는 데 필요하다고 인정하는 사항

▼ 기능연속성계획 수립 절차

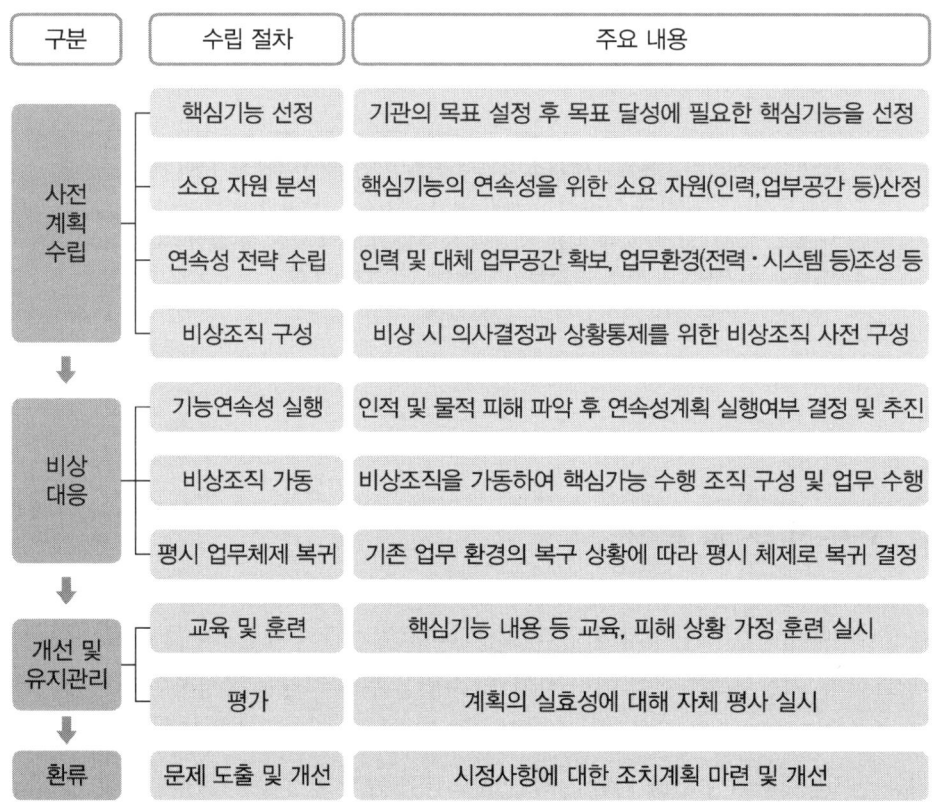

04 기능연속성계획 구축 사례

1. ○○광역시 기능연속성계획 구축 사례

○○광역시에서는 '정의롭고 풍요로운 ○○'라는 시정목표를 기반으로 다양한 위기 상황에서 기관의 핵심 기능을 중단 없이 연속적으로 수행할 수 있도록 기능연속성계획을 구축하였다.

 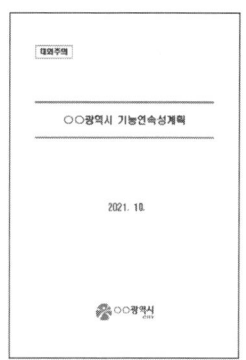

| ○○광역시 기능연속성계획 |

본 기능연속성계획은 행정안전부에서 공표한 '지방자치단체 기능연속성계획 수립 지침'을 반영하여 지역의 특수성을 반영하여 수립한 계획으로서 다음과 같은 배경에 의해 추진되었다.

▼ 행정안전부 '지방자치단체 기능연속성계획 수립 지침'의 주요 내용

주요 내용	정의
1. 비상시 핵심기능 및 소요자원 분석	재난 등으로 업무수행에 필요한 자원이 크게 부족한 상황이 발생했을 경우, 중단없이 우선적으로 수행해야 하는 핵심기능을 사전에 식별하고, 이를 중심으로 기관 내 유한한 자원을 배분
2. 기능연속성 전략 수립	핵심기능 유지를 위해 필요한 인력, 공간, 시설, 장비 등의 수급 방안을 마련
3. 비상조직체계 구성 및 업무 부여	비상상황 발생 시를 대비한 비상조직체계를 사전에 구성
4. 기능연속성 실행	비상상황 발생 시 비상조직을 구성하고 핵심기능의 중단 방지 및 복구를 위한 비상대응체계를 운영
5. 개선 및 유지관리	교육·훈련 및 평가를 통해 기능연속성계획의 실효성을 검증하고 지속적 개선

○○광역시는 자치법규정보시스템의 「○○광역시 행정기구 설치 조례 시행규칙(일부개정 2021.04.08.)」을 참고하여 조직도에 따른 1,916개 업무를 파악하고 각 부서별 담당자 의견 및 '행정안전부 지방자치단체 기능연속성계획 수립 지침'의 주요 내용을 반영하여 총 20개의 핵심기능을 도출하고 다양한 위기상황에서 기관의 핵심기능을 지속할 수 있도록 계획을 수립하였다.

▼ ○○광역시의 기능연속성을 위한 핵심기능 도출 결과

핵심기능	관리부서
공보관련업무	본청 대변인실
비상 시 민원 접수 및 안내 업무	본청 혁신소통기획관
취약계층 긴급복지에 관한 사항	본청 복지건강국 사회복지과
폐기물 수거 및 처리 업무	본청 환경생태국 자원순환과
급수구역 조정 및 통제	상수도사업본부 급수과
수돗물 생산 업무(용연, 덕남)	상수도사업본부 용연정수사업소
상수도 통합관제상황실 운영관리 업무	상수도사업본부 물운용총괄과
비상 검사 관련 업무(감염병, 수질, 축산물)	보건환경연구원(감염병, 수질, 축산물)
긴급업무 지원 예산편성	본청 기획조정실 예산담당관
긴급업무를 위한 계약 및 지출	본청 자치행정국 회계과
행정정보시스템 및 정보시스템실 운영관리에 관한 업무	본청 기획조정실 정보화담당관
정보통신망ㆍ정보보안 운영관리	본청 기획조정실 정보화담당관
국가비상대비 업무(테러 등) 지원에 관한 사항	본청 시민안전실 안전정책관
재난안전대책본부 통합 운영 업무(자연, 사회)	본청 시민안전실 자연재난과
재난관리자원 관리 및 재난구호기금 운용	본청 시민안전실자연재난과
감염병대응 및 응급의료 관련 업무	본청 복지건강국감염병관리과
비상 시 시내버스 운행지원 업무	본청 교통건설국대중교통과
도로 및 도로시설물 유지관리 업무	본청 교통건설국도로과
소방관서 지휘 감독 및 소방장비 관리 업무	본청 소방안전본부 소방행정과
119 신고 접수	본청 소방안전본부 119종합상황실

2. ○○시 기능연속성계획 구축 사례

○○시에서는 '새희망 미래도시, 고품격 문화도시, 스마트 교통도시'라는 시정목표를 기반으로 대규모 재난 시 핵심기능을 최소화하고 연속성 유지 대비를 위해 ○○시 기능연속성계획을 수립하였다.

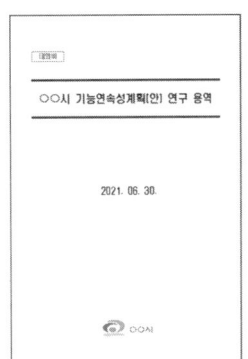

| ○○시 기능연속성계획 |

본 기능연속성계획은 주민의 편의와 복리증진 등 기관에서 반드시 연속성을 확보해야 하는 시책 또는 서비스의 목표를 설정하기 위해 행정안전부에서 공표한 '지방자치단체 기능연속성계획 수립 지침'에 따른 필수사무 5개와 ○○시 조직도에 따른 3,525개의 업무를 비교 분석하였다.

> ▶ 「행정안전부 지방자치단체 기능연속성계획 수립 지침」 내 필수사무(5개)
>   1. 재난대응 및 복구
>   2. 주민 행정관리 (민원처리 등)
>   3. 복지증진 (취약계층 보호, 질병의 예방 및 방역, 청소 및 오물의 처리 등)
>   4. 생활환경시설 관리 (상·하수도 관리, 교통편의시설 관리 등)
>   5. 지역 공공질서 유지

필수사무에 따른 정합성 및 긴급성 분석을 통해 21개의 핵심기능을 선정하였고, 기능연속성계획의 비상조직체계 및 비상조직 가동 절차를 기반으로 기능연속성 실행을 위한 모의상황 시나리오를 제시하였다.

기능연속성 실행을 위한 모의상황 시나리오는 '○○시청 4층 전산실에서 화재가 발생한 경우'를 가정하여 구성하였고, 화재발생 상황은 상황접수 및 보고 초기대응, 재난현장대응 및 복구, 재난현장 수습완료에 따른 절차로 진행되며, 기능연속성을 유지하기 위한 비상조직 가동, 핵심기능 체계, 통상업무 복귀를 포함하여 제시하였다.

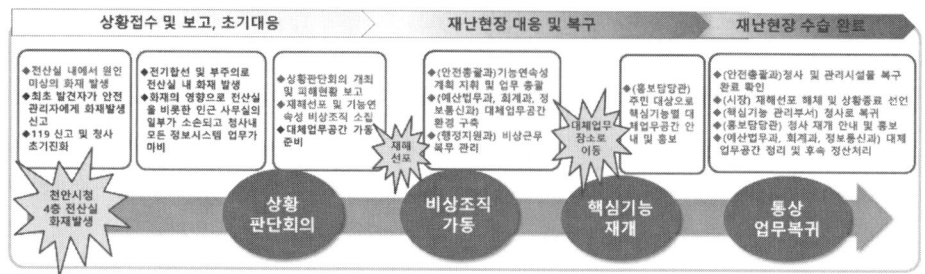

| ○○시 기능연속성실행을 위한 모의상황 시나리오 |

3. ○○군 기능연속성계획 구축 사례

○○군에서는 '현장중심 소통행정, 살기좋은 부자농촌, 체류하는 문화관광, 생동하는 지역경제, 감동주는 맞춤복지'라는 시정목표를 기반하여 예측이 불가능한 재난이 발생하더라도 군민의 안전을 보장하고 주요 핵심기능이 중단없이 유지될 수 있도록 ○○군 기능연속성계획을 수립하였다.

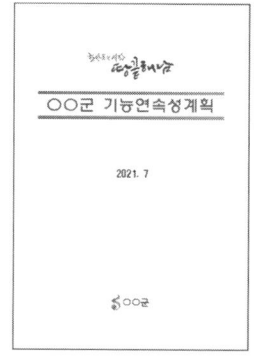

| ○○시 기능연속성계획 |

본 기능연속성계획은 지진, 화재 등 재난 발생 시 시민들의 주민 편의와 복리증진 등 연속성을 확보해야 하는 18개의 핵심기능을 선정하고, 핵심기능 중단을 야기할 수 있는 인력, 청사, 정보통신 등 위험요소 분석과 소요자원 산정을 통해 이에 대한 수급 방안을 마련하여 비상조직 체계를 구성하였다.

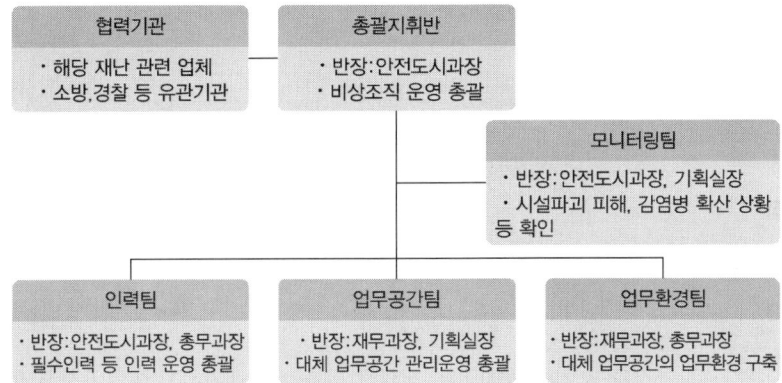

┃ ○○군 기능연속성계획 비상대책본부 조직도 ┃

▼ ○○군 기능연속성 비상대책본부의 업무

구분	반장	업무
총괄지휘반	안전도시과장	• 기능연속성계획 지휘 및 업무 총괄 • 업무 진행사항 총괄 및 보고, 지원사항 검토
모니터링팀	안전도시과장	• 위기 진행상황 실시간 모니터링 • 필수인력소집현황, 대체공간이전 추진상황 등 관리
	기획실장	상황별 홍보 대응 및 기관 대응조치 홍보
인력팀	안전도시과장	• 필수인력소집, 대체인력 준비 • 인력 집합 상황 정비, 집합 방법 검토 등
	총무과장	비상근무 복무 관리 (인사 포함)
업무공간팀	재무과장, 기획실장	대체 업무공간 사용 가능 여부 확인 및 입주 지원
업무환경팀	재무과장	PC, 복사기 등 업무 용품 재배치
	총무과장	전력, 시스템 등 업무수행 기반 정비

참고문헌

PREVENTION OF DISASTERS

국내 자료

- (주)휴브글로벌 불산누출사고 백서, 구미시청, 2013
- 2004년도 기상연감, 기상청, 2004
- 2011회계연도 국가결산보고서, 국회, 2012
- 2015년 재난 및 안전관리 기술개발 시행계획(안) 보고(정책자료), 국민안전처 안전총괄기획관실, 2015
- 2015년 재난대응 안전한국훈련(www.safeculture.kr), 국민안전처, 2015
- 2016년 재난대응 안전한국훈련 기본계획, 국민안전처, 2016
- 2017 포항지진 백서, 행정안전부, 2018.08
- 2019 강원 동해안 산불백서, 행정안전부, 2019.12
- 2019년 재난안전산업 진흥정책, 산업경제 정책과 이슈 7월호, 2019
- 4M 위험성 평가 매뉴얼, 한국산업안전보건공단, 2010
- 5000년 재난관리 역사로 보는 소방방재청의 VISION, 소방방재청, 2005
- 9.12지진 백서, 행정안전부, 2017
- ICT를 활용한 사회현안 해결 해외사례 분석 – (1) 재난/안전, 2013
- 가스사고 발생 시 국민행동요령, 행정안전부, 2021
- 가스폭발사고 발생 시 국민행동요령, 행정안전부, 2021
- 감염병 위기관리 매뉴얼, 보건복지부, 2014
- 감염병 확산 시 국민행동요령, 행정안전부, 2021
- 강광규 등 5인, 동북아지역의 황사 피해 분석 및 피해저감을 위한 지역 협력방안 II, 한국환경정책평가연구원(KEI), 2004
- 건축물 붕괴사고 발생 시 국민행동요령, 행정안전부, 2021
- 교육교재, 2014년 재난안전관리자과정, 중앙민방위방재교육원, 2014
- 교육부 학교안전 정보센터, 어린이 안전사고 예방 가이드, 2016
- 구원회, 도시재난 발생 시 표준운영절차(SOP) 작성에 관한 연구, 강원대학교, 2014
- 국가기반시설 위험관리 강화방안 연구, 한국재난안전기술원, 2013
- 국가기반체계 보호전략 개발연구, 한국건설기술연구원, 2012
- 국가안전관리기본계획, 행정안전부, 2019
- 국가재난대비태세 확립을 위한 '2015 재난대응 안전한국훈련' 실시(보도자료), 국민안전처, 2015
- 국가핵심기반 보호계획 수립지침, 행정안전부, 2021
- 국가핵심기반 재난관리 평가지표, 행정안전부, 2021
- 국민생활 안전관리를 위한 전략개발 및 운영방안(정책자료), 행정자치부, 2007
- 기상특보 발표기준, 기상청, 2016
- 김윤종 등, 도시재난 감소를 위한 재난위험도평가 방안, 서울시정개발연구원, 2009

- 김정욱, 카트리나 재난 대응 잘못해서 부시, 무능력한 지도자로 전락, 중앙일보, 2009
- 김진영, 「안전도시 안양」마스터플랜, 안양시, 2015
- 김진영, 새로운 재난관리 플랫폼 : 스마트 재난 빅보드, 2016
- 김충수·박범환·안준용, 철도자산관리와 LCC에 관한 연구, 한국철도학회, 2013
- 김호, 허드슨 강의 기적 이끈 4가지 비결, Dong-A Business Review, 2009
- 대구지하철 중앙로역 화재사고백서, 대구광역시, 2005
- 대규모 복합재난 대비 체계적인 훈련방안 연구, 행정안전부, 2011
- 대설특보 시 국민행동요령, 행정안전부, 2021
- 도로, 철도 등 기반시설물 자산관리체계 도입방안 연구, 한국건설기술연구원, 2008
- 류충, 재난관리론, 미래소방, 2014
- 마우나오션리조트 체육관 붕괴사건 수사결과(보도자료), 대구지방검찰청, 2014
- 마츠무라 연구실 자료, 동경대학, 2012년
- 메르스(MERS) 대응 통합 행정지침, 중앙메르스관리대책본부, 2015
- 물놀이 국민행동요령, 행정안전부, 2021
- 물놀이 안전매뉴얼, 국민안전처, 2016
- 방재산업 육성·발전 방안 연구, 안재현, 2014년
- 백동승, 도시재난관리체제에 관한 연구, 안양대학교, 2005
- 사회위험 전망과 스마트 안전관리, 한국정보화진흥원, 2011
- 생활안전길라잡이 1, 서울시, 2013
- 생활안전길라잡이 2, 서울시, 2013
- 생활안전길라잡이 3, 서울시, 2014
- 생활안전길라잡이 4, 서울시, 2014
- 선진 구조물 자산관리체계 적용연구, 한국도로공사, 2011
- 성기환, 재난관리 자원봉사자의 임파워먼트, 대영문화사, 2009
- 세월호 사고 6개월 국민안전의식 변화 설문조사 결과(보도자료), 한국교통연구원, 2014
- 세이프 코리아, 국민안전처, vol.36, 2014
- 소방방재 교육연구시설운영 활성화-소방교육 프로그램, 국민안전처, 2010
- 시설물정보관리종합시스템(FMS), 한국시설안전공단, 2012
- 신민호·김현기·이수형, 철도시설물 안전관리 네트워크 시범구축, 건설교통부, 2007
- 안재민·박종범·이동열·이민재, 도로시설물의 자산관리를 위한 자산가치평가방법에 관한 연구, 한국건설관리학회, 2012
- 안전보건경영시스템〈KOSHA 18001〉인증업무 처리규칙, 안전보건공단, 2012
- 양정숙 등, 2011년 이상기후 보고서, 산림청, 2011
- 어린이 놀이시설 안전사고 예방대책, 국립재난안전연구원, 2013
- 용흥동 산불백서, 포항시, 2014
- 위험성 평가 지원시스템(kras.kosha.or.kr), 안전보건공단, 2016
- 유승훈, 독도의 가치평가, 서울과학기술대학교 연구발표, 2012
- 이관호, 대설, 2010

- 이상경, 재난관리의 과거, 현재, 그리고 미래, 삼성방재연구소 위험관리지, 2006
- 이제 다양한 지진정보 한곳으로 모은다−국가지진종합정보 웹서비스 운영(보도자료), 기상청, 2013
- 이천시 코리아2000 냉동창고 화재사고 백서, 경기도 이천소방서, 2008
- 이태식, 재난환경변화에 대응한 인적재난 R&D 중장기 로드맵 수립 기획연구, 국민안전처, 2013
- 재난・안전 분야의 新ICT융합전략, 한국정보화진흥원, 2014
- 재난상황관리 정보 제10호 호우, 국민안전처, 2014
- 재난안전 A to Z, 송창영, 2014
- 재난안전 이론과 실무, 송창영, 2011
- 정진엽, 방재산업의 발전방향−방재 R&D와 민간투자 활성화를 통한 산업육성방안, 한국에너지기술방재연구원, 2007
- 제3차 재난 및 안전관리 기술개발종합계획 2021년도 시행계획, 관계부처 합동, 2021년
- 조해성, 미래 재난환경에 대비 소방방재 R&D 로드맵 기획 연구, 국민안전처, 2015
- 주요 선진국의 재난 및 안전관리체계 비교연구, 행정자치부, 2008
- 지방자치단체 기능연속성계획 수립 지침, 행정안전부, 2019
- 지진 발생 시 행동요령, 행정안전부, 2021
- 직접 찾아가는 종합검진 서비스, 2015년 지역안전도 진단실시(정책자료), 국민안전처, 2015
- 최상복, 산업안전대사전, 2004
- 태풍특보 시 국민행동요령, 행정안전부, 2021
- 테러 국민행동요령, 행정안전부, 2021
- 한국재난안전기술원, KEPCO 재난관리 중장기 마스터플랜 수립 연구 용역, 한국전력공사, 2021
- 한국재난안전기술원, K-water 위기대응 역량강화 컨설팅, 한국수자원공사, 2015
- 한국재난안전기술원, 광주광역시 기능연속성계획 수립 연구, 광주광역시, 2021
- 한국재난안전기술원, 광주광역시 재난안전 마스터플랜 수립 연구용역, 광주광역시, 2020
- 한국재난안전기술원, 국민안전 교육과정 개발연구, 중앙공무원교육원, 2014
- 한국재난안전기술원, 파주시 재난안전 중장기계획 수립 연구용역, 경기도 파주시, 2019
- 허보영, 어린이 놀이시설 안전사고 예방대책, 국립재난안전연구원, 2013
- 호우특보 시 국민행동요령, 행정안전부, 2021
- 홍성호・김태준・정대운, 제3차 시설물의 안전 및 유지관리 기본계획 수립연구, 한국시설안전공단, 2012.12.
- 화재 발생 시 국민행동요령, 행정안전부, 2021
- 황사대비 국민행동요령, 행정안전부, 2021

국외 자료

- 2010 Status of the Nation's Highways, Bridges, and Transit: Conditions & Performance, U.S.Department of Transportation, 2010
- ASSET MANAGEMENT FOR THE ROAD SECTOR, 2000
- Asset Management of Local Authority Land and Buildings-Good Practice Guidelines, 2000
- Austroads, Strategy for Improving asset management practice, 1997

- Danilo, N.H and Lemer, Andrew., Asset Management for the Public Works Manager, Challenge and Strategies, Findings of the APWA task force on asset management, 1998
- FHWA, Asset Management Primer, 1999
- Governmental Accounting Stands Board, Statement 43 : Basic Financial Statement and Management Discussion and Analysis for State and Local Government, GS43, 1999
- International Infrastructure Management Manual, INGENIUM 2006
- National Asset Management Steering(NAMS), International infrastructure management Manual, 2006
- National Bridge Index의 Sufficiency Rating Factors, FHWA, 2012
- PAS-55 Asset Management, British Standards Institution, 2012
- PIARC C11 Working Group1.Questionnaire, 2001
- Strategic Plan for Transportion Asset Management, AASHTO, 2000
- Transportation Asset Management in Australia, Canada, England, and New Zealand, Federal Highway Administration, 2005
- Ulich Beck, Riskogesellschaft, 1986
- 2012 소방방재백서, 일본 총무성, 2012

법령
- 감염병의 예방 및 관리에 관한 법률 시행규칙
- 공무원인재개발법
- 기술신용보증기금법
- 기업재난관리표준
- 산업안전보건법
- 시설물의 안전 및 유지관리에 관한 특별법
- 신용보증기금법
- 자연재해대책법
- 재난 및 안전관리 기본법
- 재난 및 안전관리 기본법 시행령
- 재난 및 안전관리 기본법 시행규칙
- 재해경감을 위한 기업의 자율 활동 지원에 관한 법률
- 재해경감을 위한 기업의 자율 활동 지원에 관한 법률 시행령
- 조세특례제한법
- 중대재해 처벌 등에 관한 법률
- 중소기업진흥에 관한 법률
- 지방세특례제한법
- 지속가능한 기반시설 관리 기본법
- 지역신용보증재단법

웹사이트

- 국가법령정보센터(www.law.go.kr)
- 국가민방위재난안전교육원(www.ndti.go.kr)
- 국민재난안전포털(www.safekorea.go.kr)
- 소방청 국가화재정보센터(www.nfds.go.kr)
- 대한적십자사(www.redcross.or.kr)
- 전국재해구호협회(www.relief.or.kr)
- 국가공무원인재개발원(www.coti.go.kr)
- 한국기자협회(www.journalist.or.kr)
- 한국철도공사(www.korail.com)
- 한국방재협회(www.kodipa.or.kr)

방재관리총론

발행일 | 2017. 1. 15. 초판발행
2022. 3. 20. 개정 1판1쇄

저 자 | 송창영
발행인 | 정용수
발행처 | 예문사

주 소 | 경기도 파주시 직지길 460(출판도시) 도서출판 예문사
T E L | 031) 955 – 0550
F A X | 031) 955 – 0660
등록번호 | 11 – 76호

- 이 책의 어느 부분도 저작권자나 발행인의 승인 없이 무단 복제하여 이용할 수 없습니다.
- 파본 및 낙장은 구입하신 서점에서 교환하여 드립니다.
- 예문사 홈페이지 http : //www.yeamoonsa.com

정가 : 28,000원

ISBN 978-89-274-4449-7 13530